市政工程工程量清单工程系列丛书

市政工程工程量清单编制及应用实务

上海市市政公路工程行业协会 编写

中国建筑工业出版社

图书在版编目(CIP)数据

市政工程工程量清单编制及应用实务/上海市市政公路工程行业协会编写. —北京：中国建筑工业出版社，2008
（市政工程工程量清单工程系列丛书）
ISBN 978-7-112-10075-0

Ⅰ. 市… Ⅱ. 上… Ⅲ. 市政工程-工程造价 Ⅳ. TU723.3

中国版本图书馆 CIP 数据核字(2008)第 062785 号

市政工程工程量清单工程系列丛书
市政工程工程量清单编制及应用实务
上海市市政公路工程行业协会 编写

*

中国建筑工业出版社出版、发行(北京西郊百万庄)
各地新华书店、建筑书店经销
北京天成排版公司制版
北京云浩印刷有限责任公司印刷

*

开本：880×1230 毫米 1/16 印张：27¼ 插页：6 字数：887 千字
2008 年 10 月第一版 2008 年 10 月第一次印刷
印数：1—4500 册 定价：**85.00** 元

ISBN 978-7-112-10075-0
(16878)

本书是以原建设部第119号公告发布《建设工程工程量清单计价规范》(GB 50500—2003)为准绳，并结合市政工程工程量清单编制及应用实务的实际组织编写的，是《市政工程工程量清单工程系列丛书》的一分册。

这是一本关于市政工程工程量清单编制，工程量清单中工程数量的计算方法，工程造价的经济分析与确定，投标报价的策略及技巧运用的书籍。

本书内容包括：《建设工程工程量清单计价规范》概论，依法自由组价、制定适合自己企业的计价报价体系，工程量清单的编制及应用，工程量计算的原则与技巧，投标报价编制的技巧和方法，计价软件在工程量清单算量、报价中的应用，招投标编制及应用实例等。

本书的特点是：系统性较强，应用实务的计算公式、图表资料、示意图多，且具备索引表查用方便；在传承与创新上，注重理论知识与实际操作结合、理论课程与实际需求同步，通过对三项教案从多个视角的解析，诠释了《建设工程工程量清单计价规范》标准的应用，对提高工程量清单计价与施工图预算的编制质量和工作效益，能起到专业教材的作用；同时书中又详细说明和列举了道路工程，简支板梁及悬浇箱梁、护岸的桥涵护岸工程，盾构掘进、地下连续墙的隧道工程，管道铺设(开槽埋管)及井类、顶管(沉井工作井、SMW工法接受井、ϕ1000TLM管道顶管)的市政管网工程，提升泵房下部结构、SBR池的污水处理构筑物工程等九个单位工程及其工程量清单招、投标编制与施工图预算对照应用的计算实例，对从事具体工作时，本书又能起到指导作用。

本书为读者在实践中提升预算技能、在应用中融会理论、在学习中积累工作经验提供必要的知识支持，具有很强的实用性和可操作性，是一本价值颇高的参考书。

本书可作为市政工程专业人员岗位培训教材，还可供业主单位、设计、施工、监理以及政府主管部门从事市政工程造价专业技术人员的工具书，及有关院校相关专业师生使用参考。

* * *

责任编辑：于 莉 田启铭
责任设计：董建平
责任校对：孟 楠 王金珠

《市政工程工程量清单工程系列丛书》编委会名单

序

《建设工程工程量清单计价规范》(GB 50500—2003)于2003年7月以原建设部第119号公告发布执行。随着我国建筑市场日益规范，招投标制和合同制的逐步推行，尤其是我国加入WTO后工程造价管理体制改革的要求，以及《建设工程工程量清单计价规范》的新结构、新理论的发展，广大市政工程造价人员迫切需要有一本切合实际应用的指导书。我们在上海市市政公路工程行业协会组织和指导下，于2005年11月正式成立了《市政工程工程量清单工程系列丛书》编写委员会，并组建了由上海市行业中既有丰富工作经验又有文字功底的工程造价专业人员承担撰写、编纂工作的编写组，确定了编写《市政工程工程量清单编制及应用实务》及其姊妹篇《市政工程工程量清单"算量"手册》和《市政工程工程量清单常用数据手册》三本书为系列，为市政工程造价人员提供的实用性较强的工作用书。

《工程系列丛书》编写工作中，力求做到内容充实，文字叙述简明扼要，归类便查；指导在编制工程招标、投标清单时，既按部颁《建设工程工程量清单计价规范》、又按《市政工程预算定额》的计算规则，表述、引用准确，套用《市政工程预算定额》子目，计算过程及结论正确的方针；帮助从事市政工程造价人员提高实际操作的动手能力，解决工作中遇到的实际问题。

《工程系列丛书》在编写工作中，得到了上海市市政公路工程行业有关领导、上海市市政工程定额管理站、上海市市政公路工程行业协会培训工作部、上海市市政行业岗位培训考核管理办公室、上海市第118国家职业技能鉴定所、上海市市政行业协会市政造价专业委员会、同济大学及上海市政工程设计研究总院的知名教授和上海市市政公路工程行业老专家等的支持、帮助与指导，并在书稿的审定工作中提出了大量的修改意见，很好的丰富和完善了本书内容，谨在此表示衷心感谢。

编写《工程系列丛书》是一次新的尝试，在传承与创新的选项中，涉及内容多、覆盖面宽，为便于广大读者查阅，在内容上力求保持系统性和完整性。但限于我们的水平，书中难免有缺点和错误，恳切希望广大读者提出批评和指正，敬请将意见寄至上海市市政公路工程行业协会。

编委会主任

陈明德

前　言

《建设工程工程量清单计价规范》(GB 50500—2003)(以下简称《规范》)经反复修改，征求意见，多次审查，由原建设部第119号公告发布，从2003年7月1日起实施。

我国加入WTO后，全球经济一体化的进程加快，使我们更加深切地感受到境外市政建设业、咨询业在我国市场中造成的竞争压力。这一进程和压力在沿海开放城市中更为明显，这就在客观上要求每个造价工程师至少应该了解和掌握国际上通行的工程量计算规则与报价理论、国际工程项目管理惯例、国际工程合同、招标与投标(FIDIC与ICB)等，应该尽快掌握电子计算机与网络信息技术等新技术手段，极大地丰富自己的知识，以便在国际竞争中处于优势地位。

信息是现代社会发展的一个重要支柱，信息具有精神和物质的双重属性，“信息唾手可得”是信息处理的一个重要目标。

企图通过一本书就能全面而详尽地介绍这样庞大的知识系统是相当困难的。编写组考虑到现行的“量、价分离”《市政工程预算定额》系统已在国内得到相当程度的普及；况且目前我国市政产业的大部分企业不具备建立和拥有自己的报价定额系统，因此，消耗量定额仍然是企业进行投标报价时不可或缺的计算依据之一；同时，尽管有些读者对《规范》还比较陌生，但《规范》本身也是个庞大的知识系统，结合目前已有许多关于《规范》的书籍，所以本书不再对《规范》作详细介绍，对计价软件界面也不作详细讨论；编写组认为，在熟悉了本书介绍的“工程量清单”的编制和“工程量清单报价表”的报价投标的应用后，再在《规范》的《关于工程量清单计价软件》界面上进行操作应用应当是件容易的事；使《规范》这个既规范化又具有严谨性的国家标准，通过在平面的文字叙述且在图、文、表并茂的阐释中生出立体感；宗旨就是让任何一位读者都可以无障碍地了解《规范》，这是编写组的最大心愿。

本书不采用用户手册式的编写，也不采用学院式教科书写法，因为编写组在学习、研究应用及推广中认为它不能提供读者一种循序渐进的学习过程。鉴于目前造价工程师必须是懂技术、懂经济、懂商务、懂管理、懂法律，甚至会外语的全面发展的多面手编制及应用人员；同样，投标人的造价工程师亦应具备同样素质的复合型人才，才能实现较好的报价；而且报价投标班子的成员中亦应有经济管理类人才、专业技术类人才、商务金融类人才、合同管理类人才。为此，编写组根据上海市市政工程专业的特点，准备遵循以实践为主、理论课程与实际需求同步展开的原则；设身处地把自己看成实际操作者，实际需求什么，就编写什么，使理论知识与实际操作紧密联系起来，同时以一个前后关联的三项基本教案贯穿全书，读者可以通过上机操作加深对内容的理解，能准确、熟练地应用《规范》编制工程量清单暨编制工程量清单报价，适应目前发展的市政工程建设的需要。

一位伟人讲过，“读书是学习，使用也是学习，而且是更重要的学习。”了解一个编制工程量清单及计价投标报价编制过程，了解一个电子计算机系统，学习一门算量、计价软件语言，必须经过从模仿到创造的过程，这个过程不是通过学习几本书能够完成的。为了更好地将市政工程编制工程量清单及计价报价编制涉及到的设计、施工和施工组织设计编制、施工和组织管理的最新技术、方法与实际操作技能系统地结合起来，同时为了便于读者加深理解，掌握和参照应用，收到举一反三、触类旁通的效果，本书还提供了九个典型的单位工程计算实例与上机操作循序渐进的步骤，希望能对读者学习本书起到引导作用，与此同时，帮助读者掌握招标文件编制、工程量清单编制、投标报价编制的一般原理及开拓造价工程师的新思路，意在提供实用性较强的工作用书，可以说本书是帮助广大读者全面了解《规范》的著作。

本书对关于市政工程工程量清单算量、计价软件的工具和实用程序只作简单介绍，因这方面的内容本身就可构成一本内容翔实的书籍。

本书在上海市市政公路工程行业协会组织与指导下，由上海市市政公路工程行业工程造价专业人员承担编纂工作。编写组由邝森栋、蒋明震、韩宏珠三位组成，对全书进行统稿、纂辑、编排。在撰写过程中，得到许多同行的多方帮助和大力支持，其中张慧弟、谢钧、陈益梁、蔡慧芳等同志分别为道路、桥涵护岸、隧道、市政管网等工程实例的纂辑作了大量的审定工作，且给予宝贵的建议；同时，参考了国内大量的相关文献，在此一并致谢。对关心、参加、支持与审阅本书编纂工作的上海市市政公路工程行业领导及编委会各位市政公路行业老专家和大专院校老学者致以诚挚的谢意。

编纂的整个过程在传承与创新的选项中，虽然作了很大考量，但是本书这种安排方法在理论阐述上可能有些散乱之虞，在功能介绍上有重复之患，故在讨论中可能有遗缺和不当之处，这些都希望得到读者斧正。由于时间仓促，编写组水平有限，本书难免有疏忽、遗漏等不妥之处，敬请批评指正；编写组再一次衷心欢迎读者对本书提出批评和意见。

《市政工程工程量清单编制及应用实务》编写组

于上海市市政公路工程行业协会

目　录

第一章 《建设工程工程量清单计价规范》概论

第一节 工程量清单编制的概述

《建设事业“十五”计划纲要》提出，“在工程建设领域推行工程量清单招标报价方式，建立工程造价市场形成和有效监督管理机制。”随着我国建设市场的快速发展，招标投标制、合同制的逐步推行，以及加入WTO与国际接轨等要求，工程造价计价依据改革不断深化。工程量清单计价方法已得到各级工程造价管理部门和各有关单位的赞同，也得到了建设行政主管部门的认可。建设部标准定额研究所受建设部标准定额司的委托组织了几十位专家，按照市场形成价格，企业自主报价的市场经济管理模式，编制了《建设工程工程量清单计价规范》(GB 50500—2003)，经反复修改，征求意见，多次审查，由原建设部第119号公告发布，从2003年7月1日起实施。

《建设工程工程量清单计价规范》(GB 50500—2003)是根据《中华人民共和国招标投标法》、原建设部第107号令《建筑工程施工发包与承包计价管理办法》等法规、规定，按照我国工程造价管理改革的要求，本着“国家宏观调控、市场竞争形成价格的原则”制定，是我国深化工程造价管理改革的重要举措。

一、实行工程量清单计价的目的和意义

1. 工程量清单的涵义

(1) 工程量清单是把承包合同中规定的准备实施的全部工程项目和内容，按工程部位、性质以及它们的数量、单价、合价等列表表示出来，用于投标报价和中标后计算工程价款的依据，工程量清单是承包合同的重要组成部分。

(2) 工程量清单是按照招标要求和施工设计图纸要求，将拟建招标工程的全部项目和内容依据统一的工程量计算规则和子目分项要求，计算分部分项工程实物量，列在清单上作为招标文件的组成部分。供投标单位逐项填写单价用于投标报价。

(3) 工程量清单是表现拟建工程的分部分项工程项目、措施项目、其他项目名称和相应数量的明细清单。

2. 实行工程量清单计价的目的和意义在于适应市场定价机制、深化工程造价管理改革的重要措施，是规范建设市场秩序的治本措施之一。

由于现行的工程造价管理体系在工程发承包计价中调整发承包方利益和反映市场实际价格、需求，特别是在建立公开、公平、公正竞争机制方面还有许多不相适应的地方，如建设单位招标中盲目压级压价、施工企业在投标报价中高估冒算造成合同执行中产生的大量工程造价纠纷和扯皮。为了逐步规范这种不合理或不正当的计价行为，除了法律规范、行政监管以外，发挥市场规律中“竞争”和“价格”的作用是治本之策。实行工程量清单计价，将工程量清单作为招标文件和合同文件的重要组成部分，对于规范招标人的计价行为，在技术上避免招标中弄虚作假和暗箱操作以及保证工程款的支付结算都会起到重要作用。

这种计价方式有利于市场竞争机制的形成，符合社会主义市场经济条件下工程价格由市场形成的

原则。

二、工程量清单投标报价的计价特点

1. 量价分离，企业自主计价

招标人提供清单工程量，投标人除要审核清单工程量外还要计算施工图工程量，并要按每一个工程量清单自主计价，计价依据由定额模式的固定化变为多样化。定额由政府法定性变为企业自主维护管理的企业定额及有参考价值的政府消耗量定额；价格由政府指导预算基价及调价系数变为企业自主确定的价格体系，除对外能多方询价外，还要在内建立一整套价格维护系统。

2. 价格来源是多样的，政府不再作任何参与，由企业自主确定

国家采用的是"全部放开、自由询价、预测风险、宏观管理"。"全部放开"就是凡与计价有关的价格全部放开，政府不进行任何限制。"自由询价"是指企业在计价过程中采用什么方式得到的价格都有效，价格来源的途径不作任何限制。"预测风险"是指企业确定的价格必须是完成该清单项的完全价格，由于社会、环境、内部、外部原因造成的风险必须在投标前就预测到，包括在报价内。由于预测不准而造成的风险损失由投标人承担。"宏观管理"是因为建筑业在国民经济中占的比例特别大，国家从总体上还得宏观调控，政府造价管理部门定期或不定期发布价格信息，还得编制反映社会平均水平的消耗量定额，用于指导企业快速计价，并作为确定企业自身的技术水平的依据。

3. 提高企业竞争力，增强风险意识

清单模式下的招投标特点，就是综合评价最优，在保证质量、工期的前提下，合理低价中标。最低价中标，体现的是个别成本，企业必须通过合理的市场竞争，提升施工工艺水平，把利润逐步提高。企业不同于其他竞争对手的核心优势除企业本身的因素外，报价是主要的竞争优势。企业要体现自己的竞争优势就得有灵活全面的信息、强大的成本管理能力、先进的施工工艺水平、高效率的软件工具。除此之外企业需要有反映自己施工管理水平的企业定额作为计价依据，有自己的材料价格系统、施工方案和数据积累体系，并且这些优势都要体现到投标报价中。

实行工程量清单就是风险共担，工程量清单计价无论对招标人还是投标人在工程量变更时都必须承担一定风险，有些风险不是承包人本身造成的，就得由招标人承担。因此，在"计价规范"中规定了工程量的风险由招标人承担，综合单价的风险由投标人承担。投标报价有风险，但是不应怕风险，而是要采取措施降低风险，避免风险，转移风险。

三、投标报价的前期工作

系指确定投标报价的准备期，主要包括：取得招标信息、提交资格预审资料、研究招标文件、踏勘施工现场、准备答疑会提问、准备投标资料、确定投标策略等(图 1-1)。这一时期是为后面准备报价的必要工作阶段，往往有好多投标人对前期工作不重视，得到招标文件就开始编制投标文件，在编制过程中会出现缺这缺那，这不明白那不清楚，造成无法挽回的损失。

1. 工程量清单分析与研究

为了正确地进行工程量清单计价，应对工程量清单进行认真地分析与研究，主要应注意以下三方面问题：

(1) 熟悉工程量清单的计算规则

由于不同的工程量计算规则，对应的分部分项工程的划分以及各分部分项所包含的工作内容不完全相同。因而，只有弄清这一点，才能避免漏项或重复计算，才可能对各分部分项工程作出正确的估价。为此，造价工程师人员应熟悉国际上常用的工程量计算规则和国内计算规则，及其相互之间的主要区别。

(2) 复核工程量清单中的工程量

当项目特征描述不够准确时，投标人应在招标答疑和投标前及时提出；当招标人提供的工程量清单漏

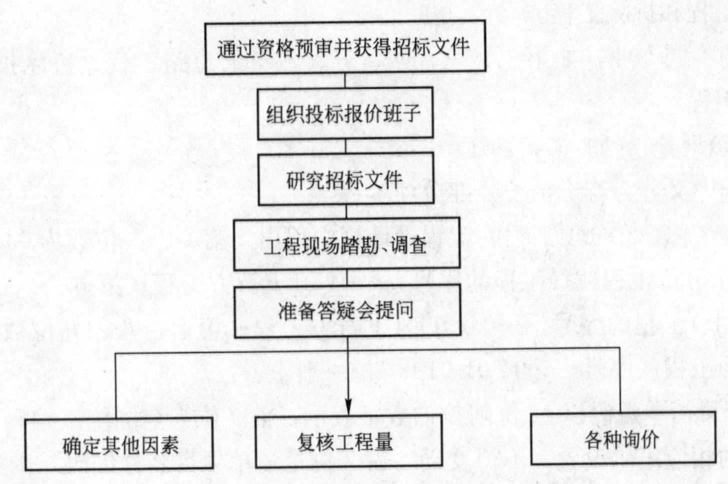

图 1-1 投标报价的主要前期工作示意图

项，且要求包干时，如果包干范围仅就招标人提供的工程量清单而言，出现漏项属于招标人提供的工程量清单漏项，应由招标人负责并补充计入相应费用；如果包干范围是指完成该项目，出现漏项投标人应及时提出，并与招标人协商计入相应费用；然而，有经验的投标人在计算施工工程量时就对工程量清单的工程量进行审核，这样可以知道招标人提供的工程量的准确度，为投标人不平衡报价及结算、索赔做好准备。

(3) 其他工作项目中关于暂定金额、计日工等规定，暂定金额一般是专款专用，不会损害承包商利益。但预先了解其内容、要求，有利于承包商统筹安排施工，可能降低其他分项工程的实际成本。计日工是指在工程实施过程中，业主有一些临时性的或新增的但未列入工程量清单的工作，需要使用人工、机械(有时还可能包括材料)。投标者应对计日工报出单价，但并不计入总价。造价工程师人员应注意工作费用包括哪些内容、工作时间如何计算。一般来说，计日工单价可报得较高，但不宜太高。

2. 积极准备投标资料

投标报价之前，必须准备与报价有关的所有资料，这些资料的质量高低直接影响到投标报价成败。投标前需要准备的资料主要有：招标文件；设计文件；施工规范；有关的法律、法规；企业内部定额及有参考价值的政府消耗量定额；企业人工、材料、机械价格系统资料；可以询价的网站及其他信息来源；与报价有关的财务报表及企业积累的数据资源；拟建工程所在地的地质资料及周围的环境情况；投标对手的情况及对手常用的投标策略；招标人的情况及资金情况等。所有这些都是确定投标策略的依据，只有全面地掌握第一手资料，才能快速准确地确定投标策略。

投标人在报价之前需要准备的资料可分为两类：

一类是公用的，任何工程都必须用，投标人可以在平时日常积累，如规范、法律、法规、企业内部定额及价格系统等；

另一类是特有资料，只能针对投标工程，这些必须是在得到招标文件后才能收集整理，如设计文件、地质、环境、竞争对手的资料等。

第二节 《建设工程工程量清单计价规范》中的工程量清单

一、项目编码划分原则

1. 分部工程(章)划分：(如：04-01)

(1) 将工程对象相同的尽量划归在供《附录 D. 市政工程》使用；如分部分项工程第一、七、八章的土石方工程、钢筋工程和拆除工程。

(2) 按市政工程的不同专业，如第二、三、四、五、六章的道路工程、桥涵护岸工程、隧道工程、市政管网工程和地铁工程。

2. 子分部工程(节)划分：(如：0401-01)

(1) 每个分部工程中又分为若干个子分部分项工程。

(2) 各个分项工程名称，在分项工程的工程量计算中列出。第一、二位数为04，表示市政工程；第三、四位数为01，表示分部工程(章)工程的序号——04-01土石方工程；第五、六位数为01，表示该分部工程中子分部工程(节)工程的序号——04-01-01土石方工程；第七、八、九位数为001，表示该子分部工程中分项工程(项)工程的序号——04-01-01-001挖一般土。

(3) 分部分项工程量清单编码以12位阿拉伯数字表示，前9位为全国统一编码，编制分部分项工程量清单时应按附录中的相应编码设置，不得变动，后3位是清单项目名称编码，由清单编制人根据设置的清单项目编制。

3. 分项工程(项)划分：(如：040101-001)

(1) 每个分项工程中又分为若干个子目，子目有一个编码，编码由十二位数字组成。

(2) 最后3位数应根据拟建设工程清单项目名称编码，由清单编制人根据设置的清单项目编制，并应自001起顺序编制。

工程量清单项目编码示意如图1-2所示。

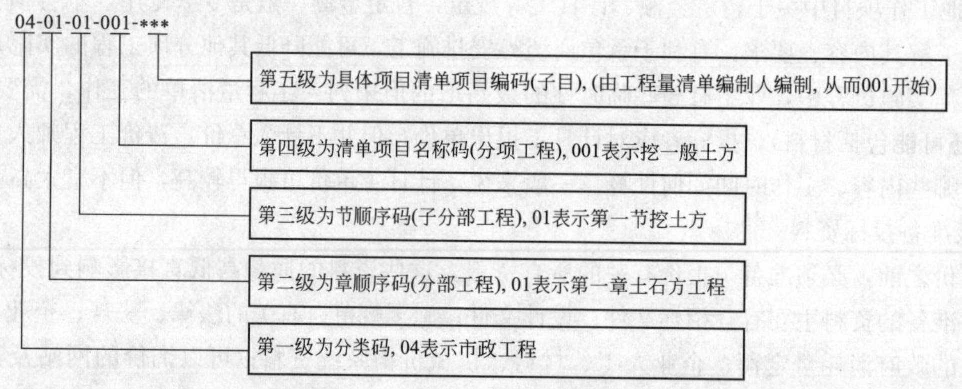

图1-2 工程量清单项目编码示意图

二、《建设工程工程量清单计价规范》中工程的计价模式

1. 招标文件必须规定采用统一的计价模式报价，当采用《建设工程工程量清单计价规范》时必须采用综合单价法报价，根据建设部、财政部建标［2003］206号文《建筑安装工程费用项目组成》中规定："综合单价法是分部分项工程单价为全费用单价，全费用单价经综合计算后生成，其内容包括直接工程费、间接费、利润和税金(措施费也可按此方法生成全费用价格)"。

2. 计价报价方法

(1) 部颁——综合单价法(部分费用单价)：工料单价法＋综合管理费＋利润

部分费用单价只综合了直接费、管理费和利润，并依综合单价计算公式确定综合单价。该综合单价对应图纸分部分项工程量清单即分部分项工程实物量计价表，一般这部分费用属于非竞争性费用。我国目前非竞争性费用采用定额预算编制方法套用定额及相应的调差文件计算。而竞争性费用由投标人依据工程实际情况和自己的能力自由报价。

(2) 工料单价法(直接费单价)：工料单价法

直接费单价由人工、材料和机械费组成。我国目前的单价是按照现行预算定额的工、料、机消耗标准及预算价格和可进入直接费的调价确定。其他直接费、间接费、利润、材料差价、税金等按现行的计算方法计取列入其他相应价格计算其中。这是我国目前绝大部分地区采用的编制方式。

(3) 完全费用单价法(国际惯例)：工料单价法＋综合管理费＋利润＋规费＋税金

全费用单价由直接费、非竞争性费用和竞争性费用组成。该工程量清单项目由工程清单、措施费和暂定金额组成。工程量清单由分部分项工程组成，措施费由各措施项目费组成：暂定金额即不可预见费，它包括工程变更和零星工程(计日工)。工作量清单不能单独使用，应与招标文件的招标须知、合同文件、技术规范和图纸等结合使用。

具体情况如何执行，由招标人在标书的总说明中明确指出、规定或确定。结合第三章教案二桥梁及护岸工程实例，详见表3-32《预(结)算与工程量清单报价模式编制对照表(单位工程费汇总表)》及教案三市政管网工程实例表3-57《单位工程各类计价方法及步骤区别》将作“计价报价方法”专案详细阐述。

三、运用《市政工程预算定额》，编制“附录D. 市政工程道路项目编码对应《〈建设工程工程量清单计价规范〉上海市市政工程操作指南》，便于工程量清单投标报价

1. 分部分项工程量清单——即工程实体部分

采用《市政工程预算定额》编制工程量清单报价，其工、料、机等要素价格的信息要与招标文件指定的定额相适应，现行定额大多数为“量、价分离”的方式，其消耗量已由定额作了规定，所以投标人均按其规定执行。但实际上《市政工程预算定额》已存在许多与实物工程量清单不匹配的地方。例如：预算定额规定的施工机械类型和规格、实物消耗量、人工消耗量等都限制了投标人在施工技术、施工管理水平方面的竞争，约束了企业自主；由于《市政工程预算定额》的消耗量一般反映的是社会平均水平，现在施工企业一般以总承包方式进行施工项目的管理，因此每个投标人应根据企业内部消耗水平与定额消耗水平之间的空间，确定适度的间接费和利润，参与市场竞争。

投标人应根据招标人提供“工程量清单”计算综合单价，然而可作为消耗量的依据为：《企业定额》和《市政工程预算定额》。

但是由于目前大多数施工企业没有《企业定额》，一般都通过计价参照预算定额的消耗量来完成计价过程；再则，考虑到实际工作需要，为了便于编制标底和投标报价，根据上海市建委［沪建建(2003)829号］文件精神，依据《建设工程工程量清单计价规范》，结合上海市市政工程特点，上海市市政工程定额管理站编写了《〈建设工程工程量清单计价规范〉上海市市政工程操作指南》，同时补充了上海地区缺项的清单项目，通过对每一分部分项工程进行分部分项工程量清单综合单价的计算，以方便大家对《建设工程工程量清单计价规范》的熟悉、了解和操作，更好地贯彻执行《建设工程工程量清单计价规范》。

2. 措施项目清单(包括措施项目计量清单)——即辅助实体项目

在整个附录D的章节，仅仅解决了构成工程实体部分，而对于辅助实体项目完成并且必然要发生的手段、措施方法和构成工程完整价值的措施项目，没有在各实体项目中一一编列，个别实体项目也并不一定发生和需要；这就构成工程实体消耗项目与辅助实体项目完成的非实体消耗的措施项目的分开单列。

措施项目又分为施工技术措施费用及施工组织措施费用。

(1) 市政工程措施项目清单包含内容很多，所涉及面很广。由于《建设工程工程量清单计价规范》措施项目清单以项为单位，这在许多措施项目计量支付和招标评审中易产生困难。因此，上海市在大型机械设备进出场及安拆、混凝土模板及支架、脚手架、施工排水、降水、围堰、现场施工围栏、便道、便桥等方面，根据上海市市政工程的特点，严格按照《建设工程工程量清单计价规范》要求，在项目编

码、项目名称、计量单位和计算规则“四统一”的强制性标准前提下，补充了项目编码、项目特征、工作内容和计算规则的上海地区补充《措施项目计量清单》项目。

(2) 当措施项目不能列全时，或者说工程数量无法估计时，可在总说明中加以说明，便于投标人立项计算工程量，并进行报价，避免发生措施费用上的遗漏。

(3) 这里需要重复强调的是招标人在做工程量清单时，应对措施项目进行立项和计算工程量，并结合工程特点进行编制，明确措施项目的内容和工程量，为措施项目计量支付和招标、评审提供方便。这是因为措施项目应明确体现招标人的要求且完整表述招标人的需求。

第三节 工程量清单计价原则概况

计价组成的确定则根据对“项目特征”的描述及对该“工作内容”的规定，对照《〈建设工程工程量清单计价规范〉上海市市政工程操作指南》的子目号名称、子目编号，套用适合的子目。

按照量价分离的计价模式，施工企业根据本企业设备力量、人员力量、成本管理和技术、安全管理等情况，研究本企业的报价系统，快速准确地报价，提高竞争能力。

一、工程量清单投标报价编制的原则和方法

投标单位根据招标文件及有关计价办法，计算出投标报价，并在此基础上研究投标策略，提出更有竞争力的报价。可以说，投标报价对投标单位竞标的成败和将来实施工程的盈亏起着决定性的作用。

1. 采用工程量清单招标后，投标单位真正有了报价的自主权，但企业在充分合理地发挥自身的优势自主报价时，还应遵守有关文件的规定：《建筑工程施工发包与承包计价管理办法》明确指出，投标报价应满足以下条件：①满足招标文件要求；②依据企业定额和市场参考价格信息，并按照上海市建设行政主管部门发布的工程造价计价办法进行编制。

2.《建设工程工程量清单计价规范》规定：“投标报价应根据招标文件中的工程量清单和有关要求、施工现场实际情况及拟定的施工方案或施工组织设计，依据企业定额和市场价格信息，或参照建设行政主管部门发布的社会平均消耗量定额进行编制”。

二、《附录 D. 市政工程》内容及其适用范围

《建设工程工程量清单计价规范》的附录是规范的组成部分，与正文具有同等效力。

1.《附录 D. 市政工程》按不同的专业和不同的工程对象共划分为八章 38 节 432 个项目(详见表 1-1)。

《附录 D. 市政工程》(章、节、项划分排列表) **表 1-1**

序号	分部工程(章)及附录 D. 市政工程编号		分部工程名称	子分部工程(节)	分项工程(项)
1	第一章	D.1	土石方工程	3	12
2	第二章	D.2	道路工程	5	60
3	第三章	D.3	桥涵护岸工程	9	74
4	第四章	D.4	隧道工程	8	82
5	第五章	D.5	市政管网工程	7	110
6	第六章	D.6	地铁工程	4	81
7	第七章	D.7	钢筋工程	1	5
8	第八章	D.8	拆除工程	1	8
	8		合计	38	432

2.《附录D. 市政工程》没编列路灯工程，此部分工程量清单按附录C安装工程相应项目编制。

3.《附录D. 市政工程》内容基本上可以涵盖市政工程编制工程量清单的需要。

附录是编制工程量清单的依据，主要体现在工程量清单中的12位编码的前9位应按附录中的编码确定，工程量清单中的项目名称应依据附录中的项目名称和项目特征设置，工程量清单中的计量单位应按附录中的计量单位确定，工程量清单中的工程数量应依据附录中的计算规则计算确定。

三、《附录D. 市政工程》的章、节的划分原则

1. 附录中将工程对象相同的尽量划归在一起供使用。如土石方工程、钢筋工程和拆除工程。

2. 按市政工程的不同专业分道路、桥涵护岸、隧道、管网、地铁等工程。

3. 其他附录已经编有的清单项目，而且对市政工程也适用的，如路灯工程的相应清单项目，地铁工程中的通信、供电、通风、空调、给水、排水、消防、电视监控等这些在附录C安装工程中都有相应的清单项目，可直接用来编制市政工程上述内容的工程量清单，附录不再重复设置这些清单项目。

4. 各章中的节是按工程对象和施工部位及施工工艺不同来划分的。例如第二章D.2道路工程共为5节(表1-2)。

道路工程章节划分细目表　　**表1-2**

分部工程(章)	子分部工程(节)	分项工程(项)	
第二章D.2	D.2.1　路基处理	将工程对象为路基处理的不同清单项目集中划归	14
	D.2.2　道路基层	将不同的道路基层清单项目划归	15
	D.2.3　道路面层	按此进行划分归类	7
	D.2.4　人行道及其他	按此进行划分归类	6
	D.2.5　交通管理设施	按此进行划分归类	18
小　计	5	60	

5. 当编制道路工程工程量清单时，除路基土石方的清单项目要到第一章D.1土石方工程中去找外，其余所有清单项目都可以在这一章中找到，这样层次分明，使用起来比较方便。其他各章也按上述原则划分节。

投标人在编制工程量清单报价表时，应对照招标文件提出的具体招标要求以及拟建工程的内容进行，并依照施工图纸及现行市政工程预算定额、工程量计算规则，计算全部工程量。分部分项工程量计价表和措施项目计价表应分别计算。同时，注意招标文件中的计量单位与预算定额中的计量单位是否有差别。

四、分部分项工程量清单编制与计价组成

1. 分部分项工程量清单编制要求

分部分项工程量清单编制按《建设工程工程量清单计价规范》3.2附录D规定的统一项目编码、统一项目名称、统一计量单位和统一工程量计算规则进行编制；其中项目名称按《建设工程工程量清单计价规范》附录D的项目名称与“项目特征”、“工作内容”并结合拟建工程的实际确定。

市政工程量清单和各种计价格式可参照《建设工程工程量清单计价规范》5.1节及5.2节的规定。其中清单格式中的总说明，主要是描述拟建工程的概况和具体要求，一般由招标方在招标清单文件中提出。招标清单文件中分部分项工程量清单是拟建工程的具体量化要求，与措施项目清单和其他项目清单一起，既是对拟建工程构建的一个数量化标准，也是供投标方据以提出投标报价和进行评标、定标以及工程竣工后结算的依据。

投标方应根据招标清单文件的要求，采用统一的计价格式提出投标报价书。

投标报价书应包括：

(1) 分部分项工程量清单计价表；

(2) 措施项目清单计价表；

(3) 其他项目清单计价表；

(4) 分部分项工程量清单综合单价分析表；

(5) 措施项目费分析表；

(6) 零星工作项目计价表；

(7) 主要材料价格表等。

在上述表式的基础上，形成整个工程项目的的分部分项工程量清单计价表、工程措施项目清单计价表和其他项目清单计价表，并据此形成单位工程费汇总表，最后生成工程项目总价表和投标总价。

分部分项工程量清单综合单价分析表、措施项目计量清单综合单价分析表、零星工作项目计价表，应由招标人根据需要提出要求后，由投标人填写。

2. 分部分项工程量清单计价组成

分部分项工程量清单计价的单价组成按《建设工程工程量清单计价规范》4.0.4按设计文件或参照附录D中的"工程内容"确定。

根据上海市有关部门的规定的精神，拟定了《〈建设工程工程量清单计价规范〉上海市市政工程操作指南》，仅供分部分项工程量清单(表1-3)、措施项目计量清单(表1-4)计价时，对于清单项目的每一项项目特征、工程内容则分别对应着现行预算定额中可能选用的相应子目，提示完成这项工程可能发生的主要工作内容和可选套的定额子目或计算参数，供招标人根据实际情况进行查阅、选用，同时运用于招标、投标、报价时参考。

附录D市政(章、节、项)与《上海市市政工程预算定额(2000)》(定额相)对照表 **表1-3**

《建设工程工程量清单计价规范》附录D市政工程(章、节、项)					《上海市市政工程预算定额》(2000)	
分部分项工程(章)	项次	子分部分项工程(节)		分项工程(项)	分项工程(节)	工程名称(册、章)
		项目编码	项目名称			
土方工程	D.1	0401	3节	12项		
	D.1.1	040101	挖土方	6	19	S1-1-、S2-1-、S4-2-、S5-1-、S6-1-
	D.1.2	040102	挖石方	3		
	D.1.3	040103	填方及土方运输	3	10	S2-1-、S4-2-、S5-1-、S6-1-、ZSM19-1-
道路工程	D.2	0402	5节	60项		
	D.2.1	040201	路基处理	14	14	S1-6-、S2-1-、6-、S5-1、3-、S4-6-
	D.2.2	040202	道路基层	15	8	S2-1、2-
	D.2.3	040203	道路面层	7	6	S2-3-
	D.2.4	040204	人行道及其他	6	15	S2-4-
	D.2.5	040205	交通管理设施	18	25	S3-1、2、3、4-
桥涵护岸工程	D.3	0403	9节	74项		
	D.3.1	040301	桩基础	7	60	S1-1、3-、S4-1、3、4、7-、ZSM19、20-1-
	D.3.2	040302	现浇混凝土	20	27	S1-1-、S2-3-、S4-6-
	D.3.3	040303	预制混凝土	5	67	S4-1、6、7、8-
	D.3.4	040304	砌筑	4	7	S4-5、8-
	D.3.5	040305	挡墙、护坡	5	8	S4-5、6

续表

《建设工程工程量清单计价规范》附录D市政工程(章、节、项)					《上海市市政工程预算定额》(2000)	
分部分项工程(章)	项次	子分部分项工程(节) 项目编码	项目名称	分项工程(项)	分项工程(节)	工程名称(册、章)
桥涵护岸工程	D.3.6	040306	立交箱涵	6	22	S1-1-、S4-9-、ZSM19-1-
	D.3.7	040307	钢结构	9	—	—
	D.3.8	040308	装饰	8	—	—
	D.3.9	040309	其他	10	8	S4-6、8-
隧道工程	D.4	0404	8节	82项		
	D.4.1	040401	隧道岩石开挖	4	—	—
	D.4.2	040402	岩石隧道衬砌	15	—	—
	D.4.3	040403	盾构掘进	9	31	S7-2、3、7-、ZSM19-1-
	D.4.4	040404	管节顶升、旁通道	8	8	S7-3、7-
	D.4.5	040405	隧道沉井	6	15	S7-1-、ZSM19、20-1-
	D.4.6	040406	地下连续墙	4	16	S1-1、5、6-、S4-6-、S7-4-、ZSM19、20-1-、CSM7-4-
	D.4.7	040407	混凝土结构	14	15	S7-5-
	D.4.8	040408	沉管隧道	22	—	—
市政管网工程	D.5	0405	7节	110项		
	D.5.1	040501	管道铺设	12	11	S5-1-、PS1-1、2、3、4、5-
	D.5.2	040502	管件、钢支架制作、安装及新旧管连接	15	—	—
	D.5.3	040503	阀门、水表、消火栓安装	3	—	—
	D.5.4	040504	井类、设备基础及出水口	8	64	S1-1、6-、S5-1、2、3-、S4-5-、S6-2-、S7-1-、PS1-3、4-、ZSM19-1-
	D.5.5	040505	顶管	5	12	S5-2-、ZSM19、20-1
	D.5.6	040506	构筑物	31	50	S1-1、S5-1-、S6-1、2、3、4-、S7-1-、ZSM19-1-
	D.5.7	040507	设备安装	36	21	S6-5-
轨道交通工程	D.6	0406	4节	81项	—	—
		040601	结构	23	—	—
		040602	轨道	19	—	—
		040603	信号	27	—	—
		040604	电力牵引	12	—	—
钢筋工程	D.7	0407	1节	5项		表4.1.1中带有ϕ上标记号者
	D.7.1	040701	钢筋工程	5	39	S1-1-、S4-4、6、7、9-、S5-1、3-、S6-2-、S7-1、2、4、5-
拆除工程	D.8	0408	1节	8项		
	D.8.1	040801	拆除工程	8	13	S1-1、3-、ZSM19-1-

注：1. 选自《建设工程工程量清单计价规范》(GB 50500—2003)“附录D市政工程工程量清单项目及计算规则”；

2. S——《上海市市政工程预算定额》；S1、2为第几册；S1-1、2-2为第几册第几章；PS——《上海市市政工程室外排水管道工程预算组合定额(2000)》；PS3、4为综合定额第几册；ZSM19-为总说明第几条；CSM7为第几册的册说明。

措施项目(一、二)一览表 **表 1-4**

措施项目(一)

序　号	项 目 编 码	项 目 名 称	内 容 说 明
	01	1　通用项目	
1.1	0101	环境保护	
1.2	0102	文明施工	
1.3	0103	安全施工	
1.4	0104	临时设施费	
1.5	0105	夜间施工	
1.6	0106	二次搬运	
1.7	0107	已完工程及设备保护费	

措施项目(二)

《建设工程工程量清单计价规范》附录 D 市政工程			《上海市市政工程预算定额（2000）》	
项次	项目编码	项 目 名 称	分项工程(节)	工程名称(册、章)
5		5　市政工程		
5.1	0501	5.1　大型机械设备进出场运输及安拆	2	ZSM20-1、2
5.2	0502	5.2　混凝土、钢筋混凝土模板及支架		表 4.1.1 中带有 * 下标记号者
5.3	0503	5.3　脚手架	1	S1-1-
5.4	0504	5.4　施工排水、降水	7	S1-1、5-
5.5	0505	5.5　围堰	7	S1-2-、ZSM19-1-
5.6	0506	5.6　筑岛	—	—
5.7	0507	5.7　现场施工围栏	1	S1-1-
5.8	0508	5.8　施工便道	1	S1-4-
5.9	0509	5.9　便桥	2	S1-4-
5.10	0510	5.10　洞内施工的通风、供水、供气、供电、照明及通信设施	—	隧道盾构掘进定额已包括这些内容
5.11	0511	5.11　驳岸块石清理	—	—
5.12	沪 0512	5.12　地基加固	7	S1-6-
5.13	沪 0513	5.13　地下监测	3	S7-6-
5.14	临-001	5.14　堆场	2	S1-4-、ZSM27-2-

注：选自《建设工程工程量清单计价规范》(GB 50500—2003)“附录 D 市政工程工程量清单项目及计算规则”。

地铁工程中的通信、供电、通风、空调、给水、排水、消防、电视监控等及路灯工程的相应清单项目等，这些在附录 C 安装工程中都有相应的清单项目。

根据招标文件规定区分报价是采用“全费用综合单价法”还是“工料单价法”，再依据要素价格、“定额”规定的消耗量、适度的间接费和利润水平，即可着手填写分部分项工程量清单报价。尽管采用“定额”，报价仍需注意项目特征与工作内容，在采用“综合定额”时，更应注意每个项目综合的内容是否与工程量清单项目吻合，必要时应有所取舍。

当清单项目内容与定额子目内容一致时，可以直接套用定额；当清单项目内容与定额子目内容不完全一致时，应进行换算，然后套换算后的定额，并在该定额编号后添加“换”字；当定额缺项时，应编制补充定额或单位估价表，并写上“补”字。

五、措施项目计量清单计价组成

市政工程措施项目清单包含内容很多，所涉及面很广。由于措施项目清单以项为单位，这在许多措施项目计量支付和招标评审中易产生困难。因此，本市在商品混凝土输送及泵管安拆使用(输送)、混凝土模板、脚手架、湿土排水、围堰、现场施工围栏、便道、便桥等方面，严格按照《建设工程工程量清单计价规范》要求，在项目编码、项目名称、计量单位和计算规则“四统一”的强制性标准前提下，补充了编码、项目特征、工作内容和计算规则的上海地区补充计量清单项目。

而根据《〈建设工程工程量清单计价规范〉上海市市政工程操作指南》7.0.1条：措施项目中所列的模板、支架、脚手架、施工排水、井点降水应计入分部分项工程项目综合单价中(除桥梁工程预制构件模板已在本指南附录中考虑外)，在措施项目表中只是反映其费用数额(费用数额加括号，不计入总价)。

招标人在做工程量清单时，应对上列项目进行立项和计算工程量，并结合工程特点进行编制，明确措施项目的内容和工程量，为措施项目计量支付和招标评审提供方便。

六、其他项目清单计价组成

其他项目清单应根据拟建工程的具体情况，参照下列内容列项：预留金、材料购置费、总承包服务费和零星工作项目费等。

1. 工程建设标准的高低、工程的复杂程度、工程的工期长短、工程的组成内容等直接影响其他项目清单中的具体内容，《建设工程工程量清单计价规范》提供了两部分四项作为列项的参考。其不足部分，清单编制人可作补充，补充项目应列在清单项目的最后，并以“补”字在“序号”栏中示之。

2. 编制零星工作项目表和主要材料表，系指投标人为完成招标人提出的，工程量暂估的零星工作项目所需的费用。

(1) 零星工作项目计量清单表应根据拟建工程的实际情况，详细列出人工、材料、机械的名称、计量单位和相应数量。

(2) 零星工作项目计价表中的人工、材料、机械名称、计量单位和相应数量，应按零星工作项目表中相应的内容填写，工程竣工后，零星工作费应按实际完成的工程量所需的费用结算。

(3) 主要材料价格表中的材料品种由招标人决定。

主要材料价格表应包括详细的材料编码、材料名称、规格型号、计量单位等。所填写的单价必须与工程量清单计价中采用的相应材料的单价一致。

七、各类费率

1. 综合管理费

由于过去施工预算中的一些直接费项目，在工程量清单中已列为项目措施费，除了临时设施费原来包含在定额综合费用之中，现单独列项外，有些直接费项目如列为项目措施费后，无法计算管理费和利润，例如钢板桩租赁费等。还有些项目措施费较难列全。考虑这些因素，有的投标方在考虑工程量清单综合单价的管理费率和利润率时，可能比编制施工预算的综合费率取得略高些，一般约高0.5%～1.5%左右。根据以往编制预算定额时的测算资料，以及编制施工预算和投标报价的经验，本工程施工预算中的综合费率如取定在8.5%～11%左右，则与之相当，扣除临时设施费率后，本案例中投标清单综合单价所拟取的管理费率和利润率二者相加的费率为10%左右。根据定额测算时资料用插入法计算，管理费率取为6.7%，利润率取为3.3%。二者相加，费率为8%～11%左右。以清单的工程直接费(即人、材、机之和)为计费基数。

市政工程以人工费、材料费、机械使用费之和占基数的百分数，其中局部项目(即市政安装工程，其包括：道路交通管理设施中的交通标志、信号设施、值勤亭、隔离设施、排水构筑物机械设备安装工程)为人工费的45%～55%(参考率)。

2. 安全防护、文明施工措施费

按沪建交［2006］445号文单独立项报价。

3. 规费按照相关规定计取

根据上海市物价局、上海市财政局［沪价费(2005)047号、沪财预联(2005)22号］文件“关于本市工程定额测量费有关事项的通知”以及上海市市政工程管理局［沪市政计(2006)314号］文件“关于编制本市市政、公路概预算的工程定额测定费有关事项的通知”的规定：(1)编制市政概预算时，工程定额测定费以建安工程量(不包括税金)为基数，按0.74‰计算。(2)执行《〈建设工程工程量清单计价规范〉上海市市政操作指南》按工程量清单计价时，工程定额测定费应计入分部分项工程项目、措施项目、其他项目的综合单价中，并以相应的建安工作量(不包括税金)为计费基数，按0.74‰计算。

另外，工程质量监督费建安工作量(分部分项工程量费，措施项目费、其他项目费)为计算基数(不包括税金)，费率为1‰。

4. 税金

以分部分项工程量费、措施项目费、其他项目费、规费(行政事业性收费)之和为计算基数的市区为3.41%、县城为3.35%、其他为3.22%。

市政工程费用构成如图1-3所示。

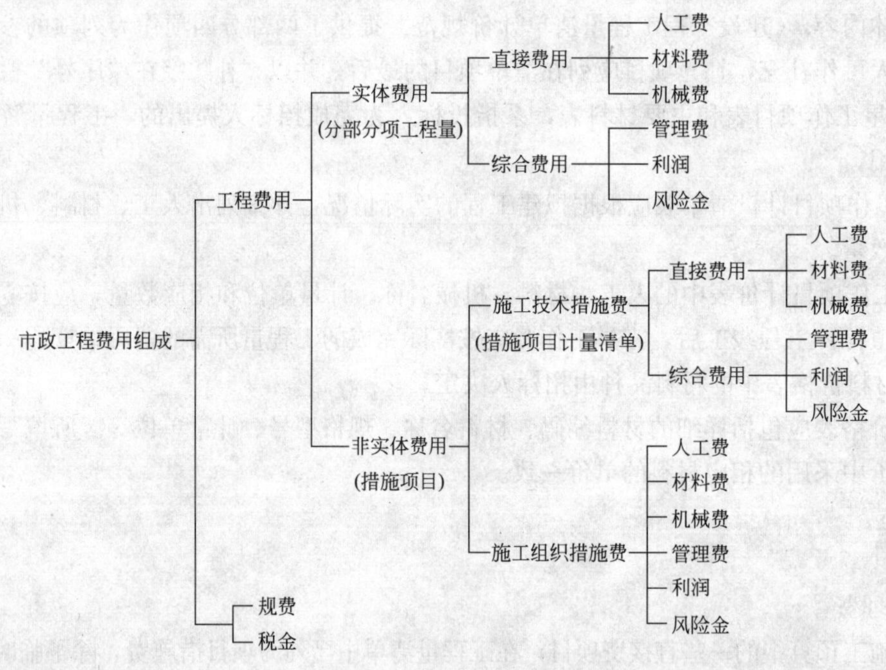

图1-3 市政工程费用构成图

单位工程计价方法及步骤见表1-5。

单位工程计价方法及步骤表 表1-5

序号	名称		计算方法	说明
1	工程量清单费(分部分项工程费)			综合单价系指完成单位分部分项工程清单项目所需的各项费用，它包括完成该工程清单所发生的人工费、材料费、机械费、管理费和利润，并考虑风险因素
2	措施项目费	施工技术措施项目		措施项目费系指为完成工程项目施工，发生于该工程施工前和施工过程中技术、生活、安全等方面的非工程实体项目
		施工组织措施项目		

续表

序号	名称		计算方法	说明
3	其他项目费	招标人部分费用	不可预见费、工程总包服务和材料购置费、其他	招标人部分的金额可按估算金额确定
		投标人部分费用	察看现场费用、履约保证金手续费、工程保险费、总承包服务费、其他	根据招标人提出要求所发生的费用确定
		零星工作项目		根据“零星工作项目计量清单”确定
4	行政事业性收费(规费)			按规费相关规定计取
5	不含税工程造价		1+2+3+4之和	
6	税金			税金系指按照税收法律、法规的规定，列入工程造价的费用：以分部分项工程量费、措施项目费、其他项目费、规费(行政事业性收费)之和为计算基数的市区为3.41%、县城为3.35%、其他为3.22%
7	含税工程造价		5+6之和	

说明：1. 综合单价内的综合管理费为：(1)市政工程以人工费、材料费、机械使用费之和占基数的百分比；(2)其中局部项目(即市政安装工程，其包括：道路交通管理设施中的交通标志、信号设施、值勤亭、隔离设施、排水构筑物机械设备安装工程)为人工费的45%～55%(参考率)。

2. 综合单价内的利润率为：(1)市政工程以人工费、材料费、机械使用费之和占基数的百分比；(2)其中局部项目(即市政安装工程，其包括：道路交通管理设施中的交通标志、信号设施、值勤亭、隔离设施、排水构筑物机械设备安装工程)占人工费的百分比。

八、编制单位工程费汇总表

将各类清单和表格中所得数据填入单位工程费汇总表，根据规定费率计算出规费和税金，计算后得出投标总价。

试想一下，假若投标人均使用相同的人工、材料、机械台班消耗量即依据建设行政主管部门颁发的预算定额，人工、材料、机械台班单价依据工程造价管理部门发布的价格信息进行计算定额和计价取费模式，从理论上来讲将得出相同的结论，结果是一致的，无非是所算工程量的平均值的计量误差而已，从根本上来讲不难看出它不能体现投标人(即施工企业)的经营管理和技术水平的高低；如果在《单位工程费汇总表》后再下浮的话，招标人一看即知，便对投标人产生对诚实、信任的影响。

综合单价费用的组合多少，将直接影响到投标总价的大小；然而它又是直接决定投标人能否中标的关键所在。因此，综合单价中的量、价、费的组成和计算，应根据企业自己的技术水平、管理能力的实际情况而确定自主报价，参与竞争。

第四节　工程量清单计价运作

一、计价、报价的程序

投标报价的编制工作是投标人进行投标的实质性工作，由投标人组织的专门机构来完成，主要包括审核工程量清单、编制施工组织设计、材料询价、计算工程量计价单价、标价分析决策及编制投标文件等。投标报价的主要编制工作程序见图1-4。

1. 依据招标书工程量清单中的项目编码，查阅该条项目名称。

2. 计价组成的确定则根据对“项目特征”的描述及对该“工作内容”的规定，对照《检索表》的对应《上海市市政工程预算定额(2000)》的子目号名称、子目编号，套用适合的子目，如图1-5所示。

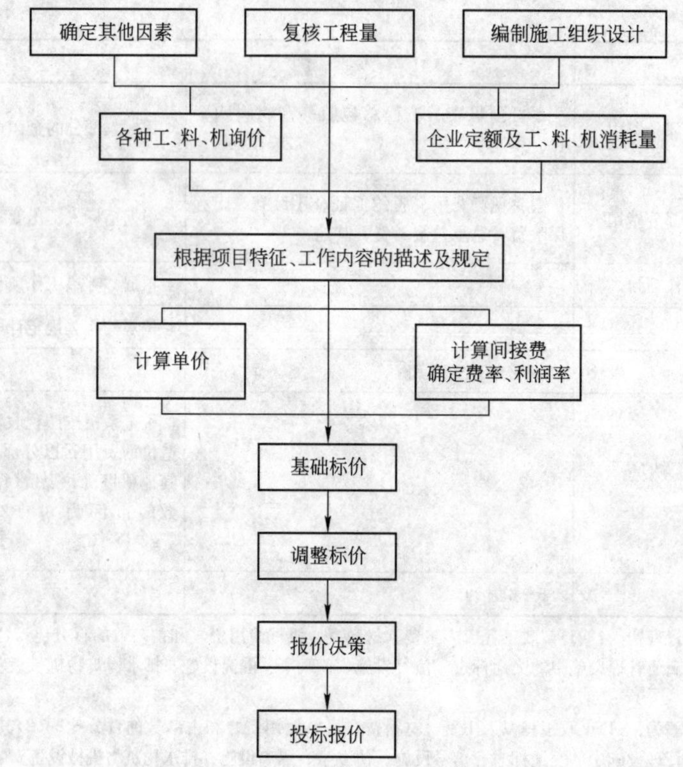

图 1-4 投标报价的主要编制工作程序示意图

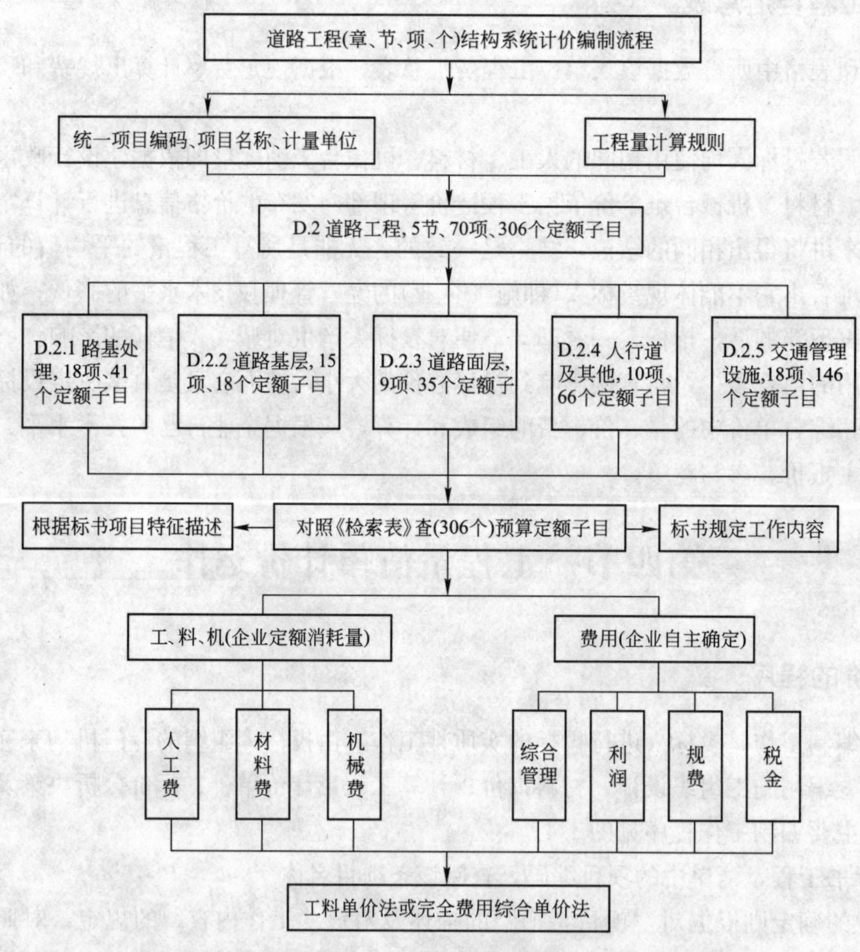

图 1-5 道路工程(章、节、项、个)结构系统计价编制流程图

3. 确定消耗量与标书的“项目特征”的描述及对该“工程内容”的规定，及施工组织设计(或施工方案)、工程数量的大小密切相关，不能像以往那样对照定额一“套”了之，而必须认真分析影响消耗量水平的诸多因素；再根据本企业定额及工、料、机消耗量，确定或调整该项目名称的消耗量。

4. 鉴于本企业自己的人工、材料、机械价格系统、施工方案和数据积累体系，确定该项目名称的人工费、材料费、机械费。

5. 基于本企业自身的管理优势、技术优势、资源优势，根据投标对象的不同，采取不同的取费标准，自主确定综合管理、利润率落实到工料单价法或完全费用综合单价法的清单项目报价中。

6. 根据规定计算的按规定足额上缴的行政事业性收费(规费)及按照税收法律、法规的规定的税金如数计算，得出基础标价。

7. 工程清单项目(分部分项工程费)的清单工程量、措施项目费的措施项目工程量、其他工作项目费中的零星工作项目费的工程量的工料单价法或完全综合单价法的单价，均按以上的计价、报价的程序依此类推。

8. 通过上述基础标价的运算，再根据企业自己制定的工程实施计划，包括施工总进度计划、施工方法、分包计划、资源安排等进行调整标价，结合企业的实际情况进行报价决策投标报价及编制投标文件等。

二、工程量(计量)清单及计价报价的编制(举例)

1. 招标人

(1) 查阅《〈建设工程工程量清单计价规范〉上海市市政工程操作指南》及地铁工程中的通信、供电、通风、空调、给水、排水、消防、电视监控等及路灯工程的相应清单项目等，这些在附录C安装工程中都有相应的清单项目。

附录D. 市政工程项目编码对应《上海市市政工程预算定额(2000)》子目编号检索如表1-6所示。

通过上述表式来做到附录D. 市政工程道路项目编码对应《上海市市政工程预算定额(2000)》子目编号的转换，应通过软件开发来实现。

(2) 按照《上海市市政预算定额(2000)》规定的计算规则计算工程量，确定项目编码、项目特征、工作内容；编制分部分项工程量清单(表1-7)、措施项目计量清单(表1-8)等，供投标人计价、报价、投标。

附录D. 市政工程道路项目编码对应《上海市市政工程预算定额(2000)》子目编号检索表　　表1-6

《建设工程工程量清单计价规范》按市政工程分部分项工程划分						《上海市市政工程预算定额(2000)》		
序号	分项工程(项目编码)确定				计价组成确定	子目号名称		子目编号
	项目编码	项目名称	根据项目特征描述	计量单位	根据规定工作内容			
1	2	3	4	5	6	7		8
1	04081002001	拆除基层	1. 材质 2. 厚度	m^2	1. 拆除 2. 运输	翻挖二渣及三渣类 h=20cm	√	S1-3-11
						翻挖二渣及三渣类 h=20cm，每增减1cm	√	S1-3-12
						翻挖块石 h=30cm		S1-3-13
						翻挖块石类，每增减1cm		S1-3-14
						翻挖碎石类 h=15cm	√	S1-3-15
						翻挖碎石类类，每增减1cm	√	S1-3-16
						双轮斗车场内运输50m以内	√	S2-1-42
						每增加50m	√	S2-1-43
						汽车场内运输200m以内		S2-1-44
						每增加50m		S2-1-45

分部分项工程量清单 **表 1-7**

工程名称：上海市某路道路改建工程

项 次	项目及说明	计算说明	单 位	数 量
1.1 040101001001	挖路基土方 （Ⅰ、Ⅱ类土）	依据总说明《挖土方土方分类表》及积距法算量公式、《土方挖、填计算表》算量表格；同时依据《计算规则》路幅宽按车行道、人行道和隔离带的宽度之和计算方法 根据施工设计横断面图计算（已知）	m^3	1800

措施项目计量清单 **表 1-8**

工程名称：上海市某路道路改建工程

序 号	项目编码	项目名称	项目特征	工作内容	计量单位	工程数量
		一、拆除工程(040801)				
1	040801002001	拆除基层（三渣 $h=30$cm，碎石 $h=20$cm）	1. 材质 2. 厚度	1. 拆除 2. 运输	m^2	5851.190
2	040203004001 换	沥青混凝土 （粗粒式 AC-30-8cm，中粒式 AC-20-5cm，细粒式 AC-13-3cm）	1. 沥青品种 2. 石料最大粒径 3. 厚度	1. 洒铺底油 2. 铺筑 3. 碾压	m^2	2836.780

(3) 这里需强调的是在“项目特征”的描述及对该“工程内容”的规定，在编制工程量清单时，应结合施工设计图纸要求，尽可能地对拟建分部分项工程量清单、措施项目计量清单的项目特征描述及规定工作内容详细到位，避免今后在招标、评标和以后结算时发生争议。

(4) 所谓详细到位就是要将完成该项目的全部内容体现在分部分项工程量清单、措施项目清单、其他项目清单、措施项目计量清单、零星工作项目计量清单上不能有遗漏，以便投标人报价。如果因描述不到位而引发纠纷，将以清单的描述论责任，而不是以附录提示的“工程内容”来论定。所以编制工程量清单时，项目特征描述和工程内容规定一定要到位。

2. 投标人

消耗量可以根据企业的定额自定，或根据市场价格信息、费用自选，将报价权交给企业。

(1) 首先确定以下各经济技术参数，清单费用(企业自主、自选)确定：

1) 暂定综合管理费 6%(企业追求的综合管理费用)；

2) 暂定利润率 5%(企业追求的利润费用)；

3) 规费、税金按照相关规定计取；

4) 税金以市区；

5) 相对应的要素价格采用投标人(施工企业)自己完善的询价系统自主确定或参照选用 2006 年 6 月。

(2) 根据招标人提供的《分部分项工程量清单》、《措施项目计量清单》及也有投标人按照自己编制的施工组织设计(或施工方案)自主确定，利用微机或工程量清单计价软件进行计算。

(3) 按照《分部分项工程量清单》、《措施项目计量清单》和“附录 D. 市政工程道路项目编码对应《上海市市政工程预算定额(2000)》子目编号检索表”中可查到相应的内容，选用、勾选如下的定额子目，录入《分部分项工程量清单》、《措施项目计量清单》的工程量；鉴于在计算规则方面《建设工程工程量清单计价规范》与《市政工程预算定额》有所不同，应对每个项目编码的工程量计算规则认真阅读，不能简单地凭以往经验沿用过去《市政工程预算定额》的办法，以免引起不必要的误差。

(4) 投标人可根据《企业定额》的工、料、机消耗量，也可参照现行的《上海市市政工程预算定额(2000)》，结合市场价格，编制《分部分项工程量清单综合单价分析表》、《工程措施项目计量清单综合单价分析表》和《其他项目清单中的零星工作项目计量清单综合单价分析表》。

注意：工程量清单计价格式列明的所有需要填报的单价和合价，未填报的单价和合价，应视为此项费用已包含在工程量清单的其他单价和合价中。

(5) 计算机软件自动生成分部分项工程量清单单价分析表(表1-9)。

(6) 计算机软件自动生成工程量清单计价工程量汇总及分部分项工程量清单综合单价计算表(表1-10)。

(7) 最后形成分部分项工程量清单计价表的报价和分部分项工程量清单计价表(表1-11)及其报价表(表1-12)。

分部分项工程量清单单价分析表　　**表1-9**

工程名称：上海市某路道路改建工程

序号	定额编号	工程内容	单位	数量	其中(元)							
					人工费	材料费	机械费	管理费	利润	规费	税金	小计
1		土石方工程										
1.1	040101001001	挖路基土方(Ⅰ、Ⅱ类土)	m³	1800.000	19373.78		6047.95	127.11	2554.88	46.41	959.92	29110
1.1.1	S2-1-1	人工挖土方(Ⅰ、Ⅱ类)		1800.000	12165.72			60.83	1222.65	22.21	459.38	13931
1.1.2	S2-1-44	土方场内自卸汽车运输(运距≤200m)		923.00	5135.99		5062.36	50.99	1024.93	18.62	385.09	11678
1.1.3	S2-1-38	车行道路基整修(Ⅰ、Ⅱ类)	m²	2954.00	1261.38		697.05	9.79	196.82	3.58	73.95	2243
1.1.4	S2-1-40	人行道路基整修(Ⅰ、Ⅱ类)	m²	823.77	810.69		288.54	5.50	110.47	2.01	41.51	1259

分部分项工程量清单综合单价计算表　　**表1-10**

项　次	项目编码	项目名称	单　位	数　量
1		土石方工程		
1.1	040101001001	挖路基土方(Ⅰ、Ⅱ类土)	m³	1800.00
1.1.1		人工挖土方(Ⅰ、Ⅱ类)	m³	1800.00
1.1.2		土方场内自卸汽车运输(运距≤200m)	m³	923.00
1.1.3		车行道路基整修(Ⅰ、Ⅱ类)	m²	2954.00
1.1.4		人行道路基整修(Ⅰ、Ⅱ类)	m²	823.77

分部分项工程量清单计价表　　**表1-11**

项次	项目编码	项目名称	单　位	数　量	金额(元)	
					综合单价	合　价
1		土石方工程				
1.1	040101001001	挖路基土方(Ⅰ、Ⅱ类土)	m³	1800.00	30.66	29110.01

分部分项工程量清单计价表的报价表　　**表1-12**

工程名称：上海市某路道路改建工程

序号	项目编码	项目名称	项目特征	工作内容	计量单位	工程数量	金额(元)	
							综合单价	合　价
1	040801002001	拆除基层(三渣 $h=30$cm，碎石 $h=20$cm)	1. 材质 2. 厚度	1. 拆除 2. 运输	m²	5851.190		
2	040203004001	沥青混凝土(粗粒式AC-30-8cm，中粒式AC-20-5cm，细粒式AC-13-3cm)	1. 沥青品种 2. 石料最大粒径 3. 厚度	1. 洒铺底油 2. 铺筑 3. 碾压	m²	2836.780	1813.85	3627.70
3		合　计						3904.10

(8) 主要综合单价分析表(表 1-13)

主要综合单价分析表 **表 1-13**

工程名称:

项目名称:

项目编码:040101001001　　项目数量:1800.00　　项目单位:m³　　综合单价:16.17 元/m³

序号	类　别	名称及规格型号	单　位	数　量	金额(元)	
					综合单价	合　价
	人工	综合人工	工日	580.75	33.36	19373.76
1	人工	小计	元			19373.76
	材料					
2	材料					
	机械	轻型内燃光轮压路机	台·班	0.59	234.88	138.77
	机械	重型内燃光轮压路机	台·班	1.18	472.48	558.28
	机械	手扶振动压路机	台·班	1.40	206.04	288.53
	机械	4t 自卸汽车	台·班	14.31	353.85	5062.36
3	机械	小计	元			6047.94
4		大型周材运输费	元			127.00
5		综合费	元			2555.00
6		规费	元			46.00
7		税金	元			960.00
8		合计(综合单价)	元	1800.00		29110.01

(9) 投标文件标准格(表)式编号(表 1-14)

投标文件标准格(表)式 **表 1-14**

序号、项目名称	通用表格	部颁-综合单价	工料单价法	完全费用综合单价法	投标文件标准格(表)式编号
(1) 封面	★				
(2) 投标总价	★				表 1
(3) 工程项目总价	★				表 2
(4) 单项工程费汇总表		●	●	●	表 3
(5) 单位工程费用汇总表		●	●	●	表 4
(6) 分部分项工程量清单计价表		●	●	●	表 5
(7) 措施项目清单计价表		●	●	●	表 6
(8) 其他项目清单计价表		●	●	●	表 7
(9) 措施项目计量清单计价表		●	●	●	表 8
(10) 零星工作项目计量清单计价表		●	●	●	表 9
(11) 分部分项工程量清单单价分析表		●	●	●	表 10
(12) 措施项目计量清单单价分析表		●	●	●	表 11
(13) 零星工作项目计量清单分析表		●	●	●	表 12
(14) 分部分项工程量清单报价分析表	★				表 13
(15) 措施项目计量清单报价分析表	★				表 14
(16) 零星工作项目计量清单报价分析表	★				表 15
(17) 主要材料价格表	★				表 16
(18) 工日、材料、机械数量及价格分析表	★				表 17
(19) 主要材料分析表	★				表 18
(20) 拟投入的主要施工机械配备表	★				表 19

由此看来，长久困惑着造价工程师人员的、亟待解决问题的繁杂计算工作量、运算程序及如何入手套取定额的，将通过微机或软件查阅对应《检索表》及直接选用、勾选预算定额子目，录入清单工程量来完成；以便腾出更多的精力将主要从事传统的工程造价管理业务中的“造价分析、投标策略、合同谈判与处理索赔”等事务。

第五节　工程量清单计价为共存于招标报价计价活动中的另一种计价方式

一、三项单位工程教案案例的设置说明

1. 本书第三章第二节合理、有效地运用《上海市市政工程预算定额(2000版)》与工程量清单关系编制清单(教案一——道路工程单位工程)、第三节深入掌握工程结构，结合《施工组织设计》编制清单(教案二——简支梁单位工程)和第四节注重《计价规范》中“项目特征”的描述，“工作内容”的规定编制清单(教案三——开槽埋管单位工程)三项单位工程教案案例，通过常规预(结)算表与工程量清单项目之间的关系，来编制工程量清单，通过这些例子来说明按照“部颁-综合单价、工料单价法、全费用综合单价法”方法工程量清单、综合单价分析表的编制(定额子目与清单项目编码对照表)。

2. 所填入的人工、材料、机械的单价，均采用的消耗量、单价一致。

间接费中的综合管理费、规费及利润率、税金，分别为6.0%、0.35%、5.0%、3.41%，仅供参考。

二、工程量清单计价模式的剖析

1. 项目编码

常规编码采用传统的预算定额项目编码，全国各省市采用不同的定额子目，而采用工程量清单计价全国实行统一编码，项目编码采用十二位阿拉伯数字表示。一到九位为统一编码，其中，一、二位为附录顺序码，三、四位为专业工程顺序码，五、六位为分部工程顺序码。七、八、九位为分项工程项目名称顺序码，十到十二位为清单项目名称顺序码。前九位码不能变动，后三位码，由清单编制人根据项目设置的清单项目编制。

同时注意到综合单价分析表对应的是清单中的项目编码和项目名称，与预算定额子目的编号和名称并不一致；编制清单时，通常一个清单项目名称或项目编码对应一个综合单价分析表，有的综合单价分析表可能对应预算定额的一个子目。而有的综合单价分析表可能包含预算定额的多个子目。编制施工预算时，套用相同子目的工程量往往是相加后列入预算书，而清单计价时，套用相同子目的工程量必须分别按不同清单项目名称或项目编码计算项目综合单价。

2. 工程量清单与工程直接费位置划分的变化

工程实体消耗与施工手段消耗分离，将现行预算定额中的非实体消耗，统一进入措施项目清单；因此，这就是说要求措施项目清单的主要编制人员必须是懂技术、懂经济、懂商务、懂管理、懂法律的，甚至会外语的全面发展的多面手造价工程师。同样，投标人的主要造价工程师亦应具备同样素质的复合型人才，才能实现较好报价；为此，报价投标班子的成员中亦应有经济管理类人才、专业技术类人才、商务金融类人才、合同管理类人才。

市政工程量清单计价有分部分项工程量计价表和措施项目计价表之别。工程量清单完全按照完成工程项目施工的工程实体与非实体之分，它分别列为拟建工程的分部分项工程量清单、措施项目清单、其他项目清单；分部分项工程量只计工程实体的消耗量，其余工程内容全部列入措施项目计价表。且非实

体措施项目费用中又分别列为施工技术措施、施工组织项目费用及招投标人各部分的费用。

然而使用市政工程预算定额计价则将其全部作为工程直接费计价。为此工程量清单则把在常规预(结)算中的直接费分别划入分部分项工程量清单、措施项目计量清单、其他项目中零星工作项目计量清单中；且列入常规预(结)算的综合费用及施工措施费内的项目又分别划入措施项目清单，只仅仅发生在位置的变化(开办费(措施)项目与清单费用对照表)。为此，凡有依据的费用可按实计取，对可以使用《上海市市政工程预算定额(2000)》计算的工程量应列表计算，对单项无法计算的费用可根据实际经验测算。

3. 表现形式

采用传统的定额预算计价法一般是总价形式。

工程量清单报价法采用部颁-综合单价、工料单价法、全费用综合单价法，其中部颁-综合单价形式，综合单价包括人工费、材料费、机械使用费、管理费、利润，并考虑风险因素。

因而工程量清单报价具有直观、单价相对固定的特点；工程量发生变化时，单价一般不作调整。

4. 费用组成

传统预算定额计价法的工程造价由直接费、综合费用、施工措施费、规费、税金组成。

市政工程施工费用计算顺序见表 1-15。

工程量清单计价法工程造价包括分部分项工程费、措施项目费、其他项目费、规费、税金；包括完成每项工程包含的全部工程内容的费用；包括完成每项工程内容所需的费用(规费、税金除外)；包括工程量清单中没有体现的，施工中又必须发生的工程内容所需费用，包括风险因素而增加的费用。

使用市政工程量清单计价与使用市政工程预算定额编制的工程预算计价，主要表现在表现形式上不同。

在使用市政工程量清单计价时还应注意其与使用《市政工程预算定额》计价在项目范围、工作内容、计算程序上的不同详见表 1-16。

市政工程施工费用计算顺序表 **表 1-15**

	名 称		表 达 式	备 注
1	直接费		按定额子目规定计算	包括说明
其中	(1) 人工费			
	(2) 材料费			
	(3) 机械费			包括机械进出场及安拆费
	(4) 大型周转性材料运输费		工料机直接费×费率	
	(5) 土方、泥浆外运费			
2	综合费用		直接费×费率	市政安全工程按人工费计取
3	安全防护、文明施工措施费			按沪建交［2006］445 号文单独立项报价
4	施工措施费		按报价方式计取	由双方合同约定
5	其他	工程定额测定费	[(一)+(二)+(三)+(四)]×0.074%	
		工程质量监督费	[(一)+(二)+(三)+(四)]×0.1%	
6	税金		[(一)+(二)+(三)+(四)+(五)]×3.41%	
7	工程施工费用合计		(一)+(二)+(三)+(四)+(五)+(六)	

说明：1. 市政工程大型周材运输费率为 0.5%；

2. 市政工程综合费率按公布的费率计取(按直接费计取)，市政安装工程综合费费率按公布的费率计取(按人工费计取)。

《上海市市政工程预算定额(2000)》与工程量清单计价法报价分析表　　表 1-16

序号	类别	工程量清单计价法	《上海市市政工程预算定额(2000)》	报价分析
1	项目编码	全国实行统一编码，项目编码采用十二位阿拉伯数字表示	预算定额项目编码	编码不同
2	费用组成	分部分项工程量清单、措施项目(施工技术措施费)计量清单、其他项目(零星工作项目)计量清单"建设项目分三部分"	直接工程费(人工费、材料费、机械费及零星工作项目等)	直接费一致；设置位置不同
		施工组织措施费、其他项目(招、投标部分项目费用)	综合费用及施工措施费项目	位置不同，费用一致
		包括分部分项工程费、措施项目费、其他项目费、规费、税金等	直接费、综合费用、施工措施费、规费、税金组成	直接费、间接成本、利润、税金一致
3	表现形式	部颁—综合单价、工料单价法、全费用综合单价法，并考虑风险因素	总价形式	总价一致

5. 综合费用部分项目、内涵调整

《上海市市政工程预算定额(2000)》的综合费用中包含两大部分(即施工管理费及利润组成)，具体分别规定了十九个项目，具体详见《上海市市政工程预算定额(2000)》与工程量清单计价法综合费用对照表(表 1-17)。

《上海市市政工程预算定额(2000)》与工程量清单计价法综合费用对照表　　表 1-17

序号	项目名称	《建设工程工程量清单计价规范》	上海市市政工程预算定额(2000)》
1	管理人员的工资总额	√	●
2	职工福利费	√	●
3	劳动保护费	√	●
4	工会经费	√	●
5	职工教育经费	√	●
6	办公费	√	●
7	差旅费	√	●
8	非生产性固定资产使用费	√	●
9	低值易耗品摊销(包括不属于固定资产的工具使用费)	√	●
10	税金(土地、房产、车船、印花税等)	√	●
11	社会保险基金	√	●
12	住房公积金	√	●
13	业务活动经费	√	●
14	检验试验费	√	●
15	施工因素增加费		●
16	临时设施费		●
17	工程定位、复测、点交	√	●
18	场地清理费	√	●
19	其他	√	●

而《建设工程工程量清单计价规范》把两大部分中的利润独立单列；施工管理费中的施工因素增加费、临时设施费两项费用将调整在《建设工程工程量清单计价规范》中列入措施项目清单计价范围内。

(1) 临时设施费(正常情况下都要发生)

临时设施费原包含在预算定额综合费用之中的，现依据《上海市建设工程安全防护、文明施工措施费用管理暂行规定》[沪建交(2006)445 号] 文件精神，临时设施费已列入"市政基础设施工程安全防护、文明施工措施费率"中。

本工程对应招标文件中的措施清单内容，实际应发生的工程措施费除上述几项之外，还应有现场安全、文明施工措施费、夜间施工费，夜间施工噪声防治费、施工现场交通秩序维持费等，由于上述每项费用可能一般在500～5000元左右，而施工前对这些措施项目的数量、费用也很难准确估算，因此，投标单位为了简化计算，提高投标中标可能性，在投标报价时，应将主要的、可以计算确定的工程措施费内容一一详细列出。通常情况下，对数量、费用较难准确估算，而且费用估计不太大的措施项目，在投标报价时往往略去，或在编制清单综合报价时，在选择管理费率上加以适当的考虑。

(2) 施工因素增加费

为此工程量清单计价作为一种独立的计价模式，主要在工程项目的招标、投标过程中使用，而估算、概算、预算的编制依然沿用过去的计算方法。因此工程量清单计价方法又时常被称为工程量清单招标。

由此可以看出部颁-综合单价、工料单价法及全费用综合单价法三种不同工程量清单计价方式是与《上海市市政工程预算定额(2000)》计价方式是有别于现行定额工料单价计价的另一种单价计价方式，共存于招标报价计价活动中的另一种计价方式。

第六节 加强学习，转变观念

从单位估价表定额1986《市政工程预算定额》、1993《市政工程预算定额》、2000消耗量定额《市政工程预算定额》，演变到《建设工程工程量清单计价规范》过程来看，以往的实践证明，历史的发展应该是在前人基础上的继承与发展，甚至于对前人的不足之处、不适应性，哲学上都主张扬弃而不是否定。因而坚持摈弃落后、鼓励先进的原则，是适应市政“新技术、新工艺、新材料、新设备”即四新技术发展的需求，是历史的进步，具有时代的先进性；为与国际上惯用的工程造价计算方法顺利接轨，创造了条件。

鉴于《建设工程工程量清单计价规范》是本着“国家宏观调控、市场竞争形成价格的原则”所制定，其特征显然是有本质区别，本着循序渐进思路，这就要求造价工程师们加强学习，转变观念，与日俱增。

一、招标方及投标方(即建设业主、施工承包商)双方都必须遵守的准则

1.《建设工程工程量清单计价规范》适应范围

全部使用国有资金投资或国有资金投资为主的大中型建设工程，必须执行《建设工程工程量清单计价规范》。

国有资金是指国家财政预算内或预算外资金，国家机关、国有企事业单位和社会团体的自由资金及借贷资金。国家通过对内发行政府债券或向外国政府及国际金融机构举借主权外债所筹集的资金。

国有资金投资为主的工程是指国有资金占总投资额50%(不含50%)以上，或不足50%但国有资产投资者实质上拥有控股权的工程。

2. 工程量清单计价活动原则

工程量清单计价活动应符合国家和本市有关法律法规及标准规范的规定，并遵循公平、公正和诚实信用原则。

3. 工程量清单编制准则

工程量清单应按照《建设工程工程量清单计价规范》(GB 50500—2003)附录中统一项目编码、统一项目名称、统一计量单位，统一工程量计算规则进行编制。

4. 报价内容

工程量清单计价应按招标文件的要求，完成工程量清单所列项目的全部费用，包括分部分项工程费、措施项目费、其他项目费和规费、税金。

二、建立企业内部定额，精心选择施工方案，优化组合，发挥企业自己的最大优势

采用综合单价的真正含义，系为积极推行由投标单位即施工企业根据自己的施工经验、施工能力、技术装备、市场价格信息掌握体系以及对本工程的施工组织设计方案等各种因素，综合利弊，采用《企业定额》，完全自主报价的一种方式，有利于企业发挥自己的最大优势。

投标人更应注意建立企业内部定额，提高自主报价能力。《企业定额》系指根据本企业施工技术和管理水平以及有关工程造价资料合理地确定人工、材料、施工机械等生产要素制定的，供本企业使用的人工、材料和机械台班的消耗量标准。

通过制定《企业定额》，投标人对单位成本、利润进行分析可以清楚地计算出完成项目所需耗费的成本与工期，统筹考虑，精心选择施工方案，从而可以在投标报价时做到心中有数，优化组合，有效地控制现场费用和技术措施费用，形成最具有竞争力的报价，避免盲目报价导致最终亏损现象的发生(详见第二章第二节)。

三、仔细研究清单“项目特征”的描述，“工作内容”的规定，真正把自身的管理优势、技术优势、资源优势等落实到细微的清单项目报价中

在推行工程量清单计价的初期，投标人即各施工企业应花一定的精力去研究工程量清单计价规范的各项规定，明确各清单项目所包含的工作内容和要求、各项费用的组成等，投标时仔细研究按照《〈建设工程工程量清单计价规范〉上海市市政工程操作指南》编制的清单“项目特征”的描述，“工作内容”的规定，真正把自身的管理优势、技术优势、资源优势等落实到细微的清单项目报价中(第三章第四节注重《建设工程工程量清单计价规范》中“项目特征”的描述，“工作内容”的规定编制清单(教案三)将作详细阐述)。

四、投标报价中，做到不漏项、不缺项

在投标报价书中，没有填写单价和合价的项目将不予支付，因此，投标企业应仔细填写每一单项的单价和合价，做到报价时不漏项不缺项。

五、编制技术标及相应报价，应避免重复，注意区分

若需编制技术标及相应报价，应避免技术标报价与商务标报价出现重复，尤其是技术标中已经包括的措施项目，投标时应注意区分。

六、掌握投标报价策略和技巧，提高企业的市场竞争力

投标人更要掌握一定的投标报价谋略和技巧，根据各种影响因素和工程具体情况灵活机动地调整报价，提高企业的市场竞争力(详见第五章第二节)。

第二章　依法自由组价、制定适合自己企业的计价报价体系

第一节　工程建设定额的分类和体系结构

一、工程定额的管理体制

工程定额管理体制是工程建设管理体制的组成部分。它主要是指国家、地方、部门和企业之间管理权限和职责范围的划分。建立定额管理体制，就在于保证工程定额管理能够组织各种力量，调动各方面的积极性，以便保证定额管理任务的顺利完成。

工程定额的多种类、多层次，决定了管理体制的多部门、多层次。我国现行工程定额管理体系如图 2-1 所示。

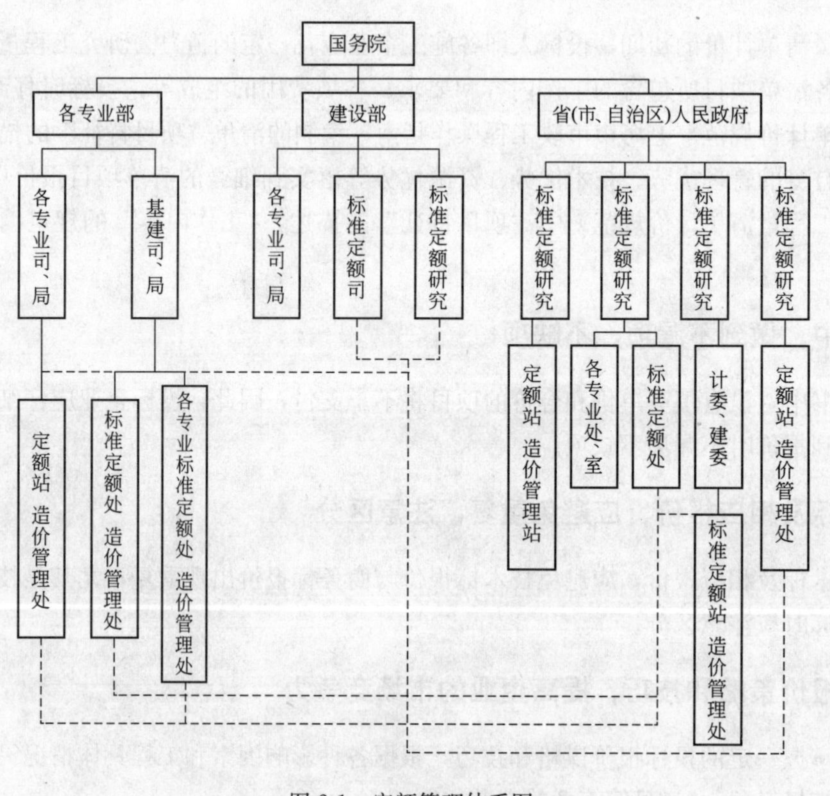

图 2-1　定额管理体系图

——表示领导关系　……表示业务关系

我国工程定额管理，基本上属于政府职能。这是因为定额是国家管理和控制工程造价的有效手段；在进一步深化经济体制改革的形势下，定额仍然是国家对工程建设进行预测、决策、宏观调控的手段。当然，工程建设定额管理不仅是政府职能以内的事。如果从定额的贯彻执行来说，大量的管理工作落实在工程项目，落实在设计机构、建设单位和施工企业。即使是编制定额，也离不开这些企业和单位在提供资料、信息方面的配合。这里尚且未提施工定额管理。所以，在工程定额管理

体系中，单位、企业是基础。同时，图 2-1 也大体上描绘出集中领(指)导分级管理和多部门、多层次管理的基本模式。

建设部标准定额研究所是部属专业研究机构。它主要负责工程建设定额基础理论和现代化管理方法、手段的研究和推广运用；提出有关的政策性建议；根据委托组织各类国家级定额和指标的编制；建立和管理全国定额信息中心；利用各种科学手段和方法调查、研究定额执行情况等工作。司和所的工作，既应有明确的分工，也应有密切协作。

省、自治区、直辖市和国务院行业主管部的定额管理机构，是在其管辖范围内各自行使自己的定额管理职能。它在统一政策、统一规划的指导下，主要负责本地区、本部门定额的编制、报批、发行工作；定额的宣传解释工作；定额纠纷的调解仲裁工作；为编制全国统一定额提供基础资料，如统计资料、测定资料和调查资料等；收集、定额执行情况，分析研究定额中存在的问题，提出改进和解决措施；组织专业人员的培训和考核，指导下属定额机构的业务工作。

直辖市和地区的定额管理机构，接受上级定额机构的指导，在所辖地区的范围内执行定额管理职能。

二、工程建设定额的体系结构

工程建设定额是由多种定额结合而成的有机整体。它的结构复杂，具有鲜明的层次联系和明确的目标，又是相对独立的系统。

从总体上工程建设定额的体系可以图 2-2 表示。

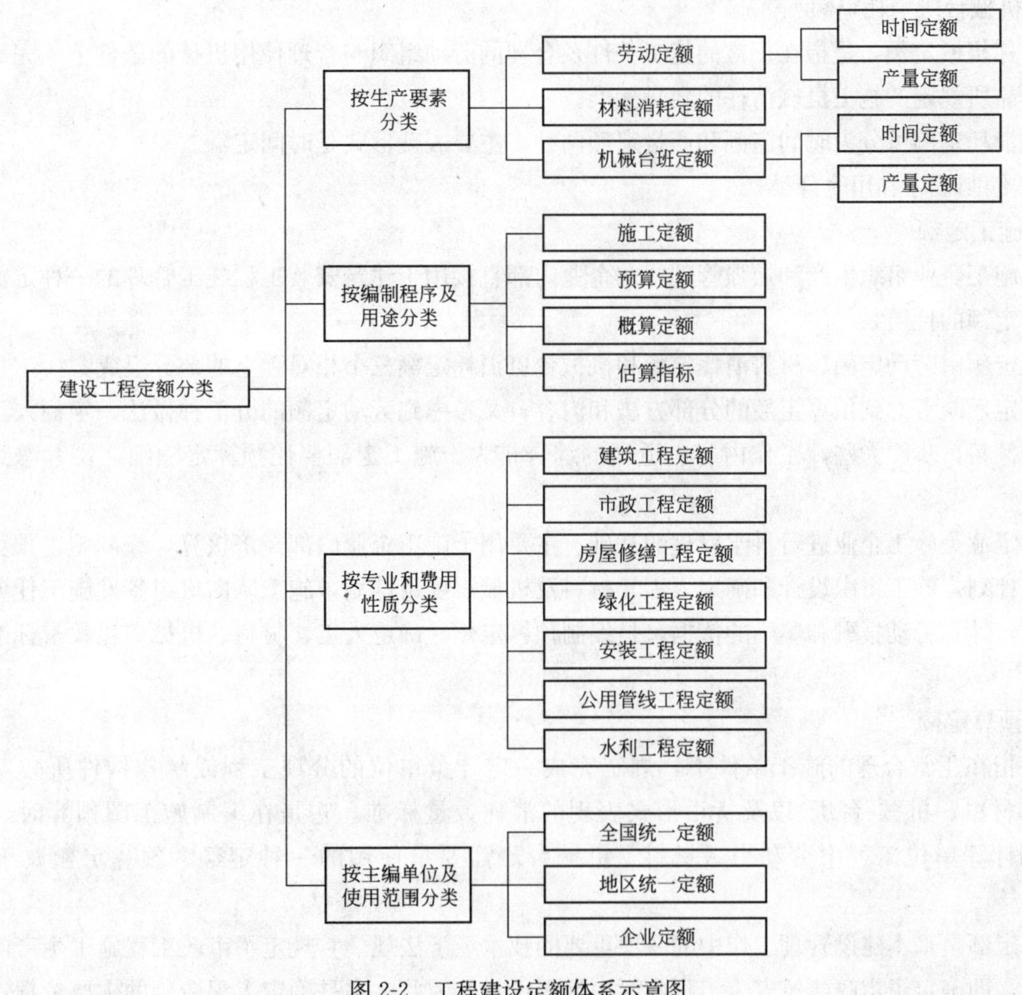

图 2-2　工程建设定额体系示意图

三、工程建设定额的分类

定额种类繁多，为了对基本建设工程定额有一个全面的概念性的了解，可以按照以下不同的原则和方法进行分类。

1. 按生产因素分类

按照定额所反映的生产因素消耗内容不同，工程建设定额可分为以下三种：

(1) 劳动消耗定额

它简称劳动定额，是指在合理的劳动组织及正常的施工条件下，完成单位合格产品(工程实体)规定劳动消耗的数量标准或在一定的劳动消耗中所产生的合格产品的数量。

劳动定额按其表现形式不同，可分为时间定额和产量定额两种。

(2) 材料消耗定额

它是指在节约和合理使用材料的条件下，生产单位工程合格产品所必须消耗的一定品种规格的主要材料、辅助材料和其他材料的数量标准。

材料是基本建设工程中所使用的原材料、成品、半成品、构配件、燃料以及水、电、动力资源等的总称。

材料作为劳动对象是构成工程的实体物资，需要量很大，种类繁多、规格繁杂，所以材料消耗多少，消耗是否合理，不仅关系到资源能否得到有效利用，而且对建设项目的投资、建筑产品的成本控制都起着决定性影响。

(3) 机械台班消耗定额

它简称机械定额，是指在正常的施工条件及合理的劳动组织与合理使用机械的条件下，完成单位工程合格产品所规定的施工机械消耗的数量标准。

机械消耗定额可分为时间定额和产量定额两种，主要表现形式是时间定额。

2. 按编制程序和用途分类

(1) 施工定额

它是施工企业组织生产和加强管理，在企业内部直接用于建筑安装工程施工管理的一种定额，属于企业生产定额的性质。

施工定额由劳动定额、材料消耗定额和机械台班消耗定额三个相对独立的部分组成。

施工定额既考虑到预算定额的分部方法和内容，又考虑到劳动定额的分工种做法。定额人工部分要比劳动定额粗，步距大些，工作内容有适当的综合扩大。施工定额要比预算定额细，要考虑到劳动组合等。

施工定额是施工企业进行科学管理的基础。主要用于施工企业内部经济核算，编制施工预算，编制施工作业计划，施工组织设计和确定人工、材料及机械需要量计划，施工队向班组签发施工任务单和限额领料单，计算劳动报酬和奖励的依据，是编制预算定额，确定人工、材料、机械消耗数量标准的基础依据。

(2) 预算定额

它是指在正常合理的施工条件下，规定完成一定计量单位的分项工程或结构构件所必需的人工(工日)、材料、机械(台班)以及货币形式表现的消耗数量标准。它是在编制施工图预算时，计算工程造价和计算单位工程中劳动力、材料、机械台班需要量使用的一种定额。预算定额属于计价性定额。

预算定额是基本建设管理工作中的一项重要的技术经济法规。它规定了市政工程施工生产的社会必要劳动量，即确定了市政建筑安装工程(产品)计划价格。因此，它是确定工程造价的主要依据，是计算标底和确定报价的主要依据。

(3) 概算定额

它是在相应预算定额的基础上，以分部工程为主，综合、扩大、合并与其相关部分，使其达到项目少，内容全，简化计算，准确适用的目的。它是设计单位编制初步设计或扩大初步设计概算时，计算和确定拟建项目概算造价，计算劳动力(工日)、材料、机械(台班)需要量所使用的定额。

(4) 估算指标

它是在相应概算定额的基础上，对市政建筑安装单位工程进行综合、扩大而成的一种规定完成一定计量单位的建筑物或构筑物所需要的劳动力(工日)、主要材料消耗量和相应费用的指标。它主要是在项目建议书和可行性研究报告编制阶段用以投资估算所使用的定额。计量单位例如：$1m^2$，$100m^2$，$1m^3$，$1000m^3$，1km，幢(建筑物)，座(构筑物)，套(系统)等。

估算指标编制内容，各项指标的取定以及形式等，国家无统一规定，由各部门结合本行业工程建设的特点和需要自行制定。

(5) 间接费用定额

它是施工企业为组织和管理施工生产所需的各项经营管理费用的标准。它是工程造价的重要组成部分；由地方主管部门按照工程性质，分别规定不同的取费率和计算基数进行计算。由于它不是构成工程实体所需的费用，是施工中必须发生但又不便于具体计算的费用，只能以费率的形式间接地摊入单位工程造价内，所以对这一费用标准，称为间接费用定额。

(6) 工期定额

它是为各类工程规定施工期限的定额。包括建设工期定额和施工工期定额两个层次。

建设工期是指建设项目中构成固定资产的单项工程、单位工程从正式开工之日起到全部建成投产或交付使用之日止。所经历的时间，一般以日历或天数表示。

建设工期是考核建设项目经济效益和社会效益的重要指标。建设项目缩短工期，提前投产或交付使用，不仅能节约投资，也能更快地发挥设计效益，创造出更多的物质和精神财富。工期对于施工企业来说，是履行承包合同、安排施工计划、降低成本、提高经营效益等必须考虑的指标。

建设工期同工程造价、工程质量一起被视为建设项目管理的三大目标。

3. 按制定单位和执行范围分类

(1) 全国统一定额

它是由国家建设行政主管部门组织制定，综合全国基本建设的生产技术和施工组织的一般情况编制，并在全国范围内执行的定额。例如《全国市政工程预算定额》、《全国公路工程概算定额》、《全国安装工程预算定额》、《全国建筑安装工程统一劳动定额》、《全国市政工程统一劳动定额》等。

(2) 部门统一定额

指由中央各部(委)根据本部门专业性质不同的特点，参照全国统一定额的编制水平，编的适用于本部门工程技术特点以及施工生产和管理水平的一种定额。如交通部的《公路工程预算定额》，化工部的《工业建筑防腐工程预算定额》等。部门定额的特点是专业性强，仅适用于本部门及其他部门相同专业性质的工程建设项目。

(3) 地区统一定额

由于我国地域辽阔，各地气候条件、经济技术、物质资源和交通运输条件等方面的差异，构成对全国统一定额项目、内容和水平不能完全适应本地区经济技术特点的要求。为此，由各省、自治区、直辖市建设行政主管部门结合本地区经济发展水平和特点，在全国统一定额水平的基础上对定额项目作适当调整补充而成的一种定额。地区定额仅限于在本地区范围内所有的工程建设项目使用，但不适用于专业性特强的建设项目。

(4) 企业定额

它是指由建筑安装施工企业结合自身具体情况，参照国家、部门或地区统一定额的技术水平自行编制、企业内部自己使用的一种定额。

4. 按专业分类

(1) 建筑工程定额及其配套的费用定额

它适用于一般工业与民用建筑的新建、扩建工程，改建工程及单独承包装饰装修工程，但不适用于修缮及临时性工程，例如《上海市建筑工程预算定额(2000)》、《上海市房屋修缮工程结构加固预算定额》。

(2) 安装工程定额及其配套的费用定额

它适用于工业与民用建筑新建、扩建的安装工程。范围包括：机械设备安装、电气设备安装、工艺管道、给水排水、采暖、煤气、通风空调、自动化控制装置及仪表、工艺金属结构、炉窑砌筑、热力设备安装、工业设备安装、非标设备制作工程以及：上述工程的刷油、绝热、防腐蚀工程，例如《上海市安装工程预算定额(2000)》。

(3) 市政工程定额及其配套的费用定额

它适用于新建、扩建和市政大修工程及住宅区、厂区内道路、排水管道工程。主要专业包括：道路、桥涵、隧道、给水、排水、防洪堤、燃气、集中供热、路灯等工程，例如《上海市市政工程预算定额(1993)》、《上海市市政工程综合预算定额(1993)》、《上海市市政工程预算定额(2000)》、《上海市市政工程室外排水管道工程预算综合组合定额(2002)》。

(4) 仿古园林工程定额及其配套费用定额

它主要适用于新建、扩建的仿古建筑及园林绿化工程，也适用于小区的绿化和小品设施，例如《上海市园林工程预算定额(2000)》。

(5) 市政养护维修定额及其配套费用定额

它主要适用于城市、城镇的道路、排水设施、公路设施、高架道路、高速公路设施、桥涵、路灯等市政设施中、小型养护维修等工程，例如《上海市城市道路掘路修复结算标准(1998)》、《上海市公路设施掘路修复结算标准(1998)》、《上海市城市排水设施(泵站、污水厂)运行维修估算指标(1999)》、《上海市黄浦江斜拉桥养护维修定额(1999)》、《上海市市政设施养护维修定额(2000)》、《上海市公路设施养护维修定额(2000)》、《上海市高架道路养护维修定额(2002)》、《上海市高速公路设施养护维修工程定额(2002)》等。

(6) 房屋修缮、抗震加固定额及其配套费用定额

它适用于房屋的整体拆除、局部拆除、局部翻修、零星维修以及随同房屋维修施工的零星工程；房屋抗震加固工程及增加阳台工程；房屋修缮工程中的水、暖、电、通风和煤气工程的拆除、修理和更换，以及旧建筑物新装水、暖、电、通风和民用煤气工程，例如《上海市房屋修缮工程预算定额(2000)》。

(7) 其他水利、人防、公用管线专业等定额，例如《上海市水利工程预算定额(2000)》、《上海市人防工程预算定额(2000)》、《上海市公用管线工程预算定额(2000)》等。

(8) 由国务院有关部门编制的专门定额

其专业性很强，如《核岛建筑工程预算定额》、《煤炭井巷工程预算定额》、《煤炭露天剥离工程预算定额》及配套费用定额等。

四、市政建设工程的定额分类(图 2-3)

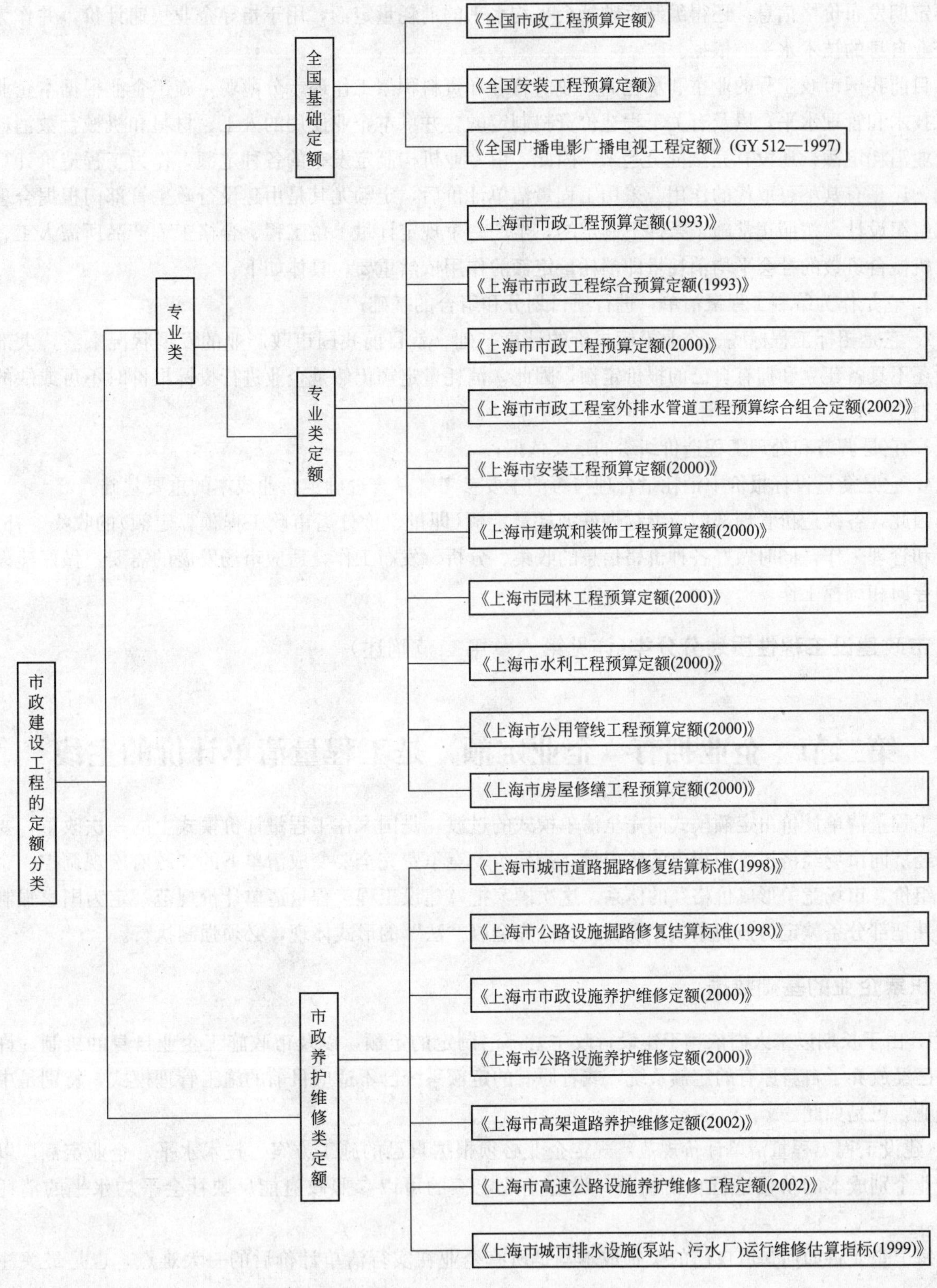

图 2-3　市政建设工程的定额分类示意图

五、作为工程造价计算的基础，消耗量定额还是有其不可取代的作用

由于市政工程在国民经济中占的比例特别大，国家从总体上还得宏观调控，政府造价管理部门定期或不定期发布价格信息，还得编制反映社会平均水平的消耗量定额，用于指导企业快速计价，并作为确定企业自身的技术水平的依据。

目前我国市政工程的业主和承包商企业的管理和资料积累工作还十分薄弱。施工企业根据本企业的施工技术和管理水平，以及有关工程造价资料制定的，并供本企业使用的人工、材料和机械台数消耗量即企业消耗定额，还没有完全健全起来。因此，由专业机构制定发布的各种定额，作为工程造价计算的基础，还是有其不可取代的作用。采用工程量清单计价后，定额尤其是由建设行政主管部门根据合理的施工组织设计，按照正常施工条件下制定的，生产一个规定计量单位工程、合格工程产品所需人工、材料、机械台班数的社会平均消耗量即消耗量定额的作用依然重要，具体如下：

1. 它是作为编制工程量清单，进行项目划分和组合的基础；

2. 它是招标工程标底、企业投标报价的计算基础。就目前我国市政产业的发展状况来看，大部分企业还不具备建立和拥有自己的报价定额，因此，消耗量定额仍然是企业进行投标报价时不可或缺的计算依据之一；

3. 它是调节和处理工程造价纠纷的重要依据；

4. 它是衡量投标报价中消耗量合理与否的主要参考，是合理确定行业成本的重要基础。

因此，各级造价管理部门应继续做好消耗量定额（即量、价分离市政工程预算定额）的收集、补充、制定和管理工作，同时做好各种价格信息的收集、分析、发布工作，适应市场发展的需要，做好建设市场的导向和调控工作。

六、市政建设工程性质划分分类(详见第六章第二节阐述)

第二节　企业拥有《企业定额》是工程量清单计价的主线

工程量清单计价由定额模式向完全清单模式的过渡，是国家在工程量计价模式上的一次改革，要由计划经济向市场经济过渡中提出的法定量、指导价、竞争费完全要变成清单下的“政府宏观调控、企业自由组价、市场竞争形成价格”的体系。这次国家把《建设工程工程量清单计价规范》定为国家强制标准，并把部分条款定为强制条款，说明此规范完全以“法”的形式体现，必须强制执行。

一、积累企业的基础数据

1. 由于长期以来人们依赖于建设行政主管部门制定的定额，以及市政施工企业自身的机制，许多企业已经放弃了自身原有的定额系统，或者原有的定额系统已不适应目前的施工管理模式，特别是中小型企业，更是如此。

《建设工程工程量清单计价规范》规定企业必须根据自己的施工方案、技术水平、企业定额，以体现企业个别成本的价格进行自由组价，没有企业定额的可以参照政府能反映社会平均水平的消耗量定额。

每个企业将如何知道自己的个别成本，是所有企业在实行清单计价后的一大难点，也是最关注的焦点。

企业只有有了自己的《企业定额》，才能摆脱《市政工程预算定额》的束缚，在市场竞争中才能做到心中有数，积累价格资料和相应价格资料，组织技术人员以自己的定额，作为企业计价或参与工程投

标报价的基础。

企业要适应清单下的计价必须要对本企业的基础数据进行收集、积累，形成反映企业施工工艺水平，用以快速报价的企业定额、材料预算价格库，对每次报价能很好进行判断分析，并能快速测算出企业的盈利润成本。也就是说，要在最短的时间内测算出本企业对于某一工程投入量多少不会发生亏损（不包括风险因素的亏损），必须在投标阶段很好地控制工程的可控预算成本，就是在不考虑风险的情况下，利润为零的成本。

2. 不断提升企业管理水平和管理体制

由于招标人不再提供人工、材料、机械消耗量指标，消耗量则由投标人根据企业人员技能、采购能力、劳动生产率、技术装备水平、管理水平等因素自行确定或按企业内部消耗量定额确定。

综合单价是指完成单位工程中分部分项工程量清单项目所需的各项费用。它包括完成该工程量清单项目所发生的人工费、材料费、机械费、管理费、利润、规费和税金，并考虑风险因素。其中人工费、材料费、机械费是根据企业定额的人工、材料和机械台班消耗量与其相应的单价相乘得到。

企业综合单价形成和发展要经历由不成熟到成熟、由实践到理论的多次反复的积累过程。在这个过程中，企业的生产技术在不断发展，管理水平和管理体制也在不断更新。企业定额的制定过程，是一个快速互动的内部自我完善过程。编制企业定额，除了要有充分的资料积累外，还必须运用计算机等科学的手段和先进的管理思想作为指导。

二、建立完善的询价系统

国家推行工程量清单计价后，要求企业必须适应工程量清单模式的计价。对每个工程项目在计价之前都不能临时寻找投标资料，而需要企业拥有《企业定额》（或确定适合企业的现行消耗量定额）、价格库、价格来源系统、历史数据的积累、快速计价及费用分摊的投标软件，只有这样才能体现投标人在清单计价模式下的核心竞争力。

实行工程量清单计价模式后，投标人自由组价，所有与价格有关的全部放开，政府不再进行任何干预。那么，企业用什么方式询价，具体询什么价，这是投标人所面临的新形势下的新问题。

具体说来，询价的内容主要包括：工程所在地的材料市场价、人工单价、机械设备价及租赁价、分部分项工程内部核算等，现分述如下：

1. 材料市场价

材料和设备在工程造价中常常占总造价的60%左右，对报价影响很大，因而在报价阶段对材料和设备市场价的了解要十分认真。对于一项建筑工程，材料品种规格有上百种甚至上千种，要对每一种材料在有限的投标时间内都进行询价有点不现实，必须对材料进行分类，分为主要材料和次要材料，主要材料是指对工程造价影响比较大的，必须进行多方询价并进行对比分析，选择合理的价格。询价方式有：到厂家或供应商上门询问、已施工工程材料的购买价、厂家或供应商的挂牌价、政府定期或不定期发布的信息价、各种信息网站上发布的信息价等。在清单模式下计价，由于材料价格随着时间的推移变化特别大，不能只看当时的建筑材料价格，必须做到对不同渠道询到的价格进行有机的综合，并能分析今后材料价格的变化趋势，用综合方法预测价格变化，把风险变为具体数值加到价格上。可以说投标报价引起的损失有一大部分就是由于预测风险失误造成的。对于次要材料，投标人应建立材料价格储存库，按库内的材料价格分析市场行情及时对未来进行预测，用系数的形式进行整体调整，不需临时询价。

（1）材料及供应价格

材料及供应价格的外业调查，包括建设项目中所发生的一切材料，可按表2-1、表2-2所列内容，到供应单位进行调查，并由提供单位进行签证。

物资供应商评价记录表　　**表 2-1**

供应商名称　　上海某混凝土制品有限公司

供应商经营范围：市政工程方砖、路缘石、隔离墩、地面砖、花饰等

供应商提供资料情况：供应商提供营业执照、资质等级证书、质量监督证

材料名称、规格、型号　　计量单位

单价、价格信息(含该材料低价、均价等)定额市场价　　元/m^2　市场价　元/m^2　元/m^2

生产厂家名称

生产厂家地址　　邮政编码

联系人　　电话号码

上海市建设工程材料准用证、生产许可证、检测报告、产品品牌、产品合格证书、应用项目等

评价内容：

对供应商提供的资料经查阅，具备合格供应商条件。

材料名称：高、低侧石及碎石

记录人：

日期：　200　年　月　日

评价结论意见：

负责人：

日期：

材料费用调查表　　**表 2-2**

材料名称	规　格	单　位	单　价	供应地点	可供应量	运输方式	运　距

(2) 材料运输情况

对材料的运距、运输方式、运价、装卸费和运输过程中有关费用的调查，为材料预算价格运杂费的计算提供依据。运输条件调查和运价调查可参照表 2-3、表 2-4 所示填列。

集装箱规格尺寸(mm)和额定质量(kg)见表 2-5 所示。

运输条件调查表　　**表 2-3**

车辆种类	台　数	出车单位	运价费(元/t)	说　明

运 价 调 查 表　　**表 2-4**

物质类别	运输路线	运输方式	运 价 费	装卸费率	运杂费率	其他杂费	说　明

集装箱规格尺寸和额定质量表　　　　**表 2-5**

类　型	型　号	高度(mm)		宽度(mm)		长度(mm)		额定最大总质量(kg)
		外部	内部	外部	内部	外部	内部	
国内	5D	2438	2197	2438	2330	1968	1789	5000
	10D					4012	3823	10000
国际	1CC	2591	2350			6058	5867	20320
	1AA	2591	2350			12192	11998	30480

注：额定最大总质量＝集装箱＋载重。

2. 人工综合单价

人工是市政行业唯一能创造利润，反映企业管理水平的指标。人工综合单价的高低，直接影响到投标人个别成本的真实性和竞争性。人工应是企业内部人员水平及工资标准的综合。从表面上没有必要询价，但必须用社会的平均水平和当地的人工工资标准，来判断企业内部管理水平，并确定一个适中的价格，既要保证风险最低，又要具有一定的竞争力。

3. 机械设备的租赁价

施工机械使用费作为市政工程直接费的主要组成之一，通常占整个工程造价的 8%～10%，随着市政行业的发展，机械化程度逐渐加强，手工操作的比例将大大降低，人工消耗和费用的降低及机械使用费的上升，将成为较为重要的事宜。

机械设备是以折旧摊销的方式进入报价的，进入报价的多少主要体现在机械设备的利用率及机械设备的完好率上。机械设备除与工程数量有关外，还与施工工期及施工方案有关。进行机械设备租赁价的询价分析，可以判定是购买机械还是租赁机械，确保投标人资金的利用率最高。

主要施工机械、设备供货、租赁一览汇总如表 2-6 所示。

主要施工机械、设备供货、租赁一览汇总表　　　　**表 2-6**

序号	机械或设备名称	型号、规格	单位	额定功率	生产能力	用于施工部位	国别产地	采购单价(元)	定额市场价(元/台班)	租赁单价(元/台班)	大型机械设备
一、土方及筑路机械											
1	二轮振动压路机	YZZ-8	台		8148(m^2/台班)	土方及垫基层	徐州				√
2	三轮压路机	3Y12/15	台		3675(m^2/台班)	土方及垫基层	徐州				√
3	单斗挖掘机	现代 210LC-3	台	1.05m^3			常州				√
4	装载机	ZL-30A	台								√
	拖式铲运机(连拖斗)		台								√
5	推土机	TY220	台	120kW		土方回填	进口				√
6	沥青混凝土摊铺机		台								√
7	水泥混凝土摊铺机		台								√
8	铣刨机	SF500	台								√
二、打桩机械											
9	钻孔灌注桩钻机	GB-15	台								√
10	柴油打桩机		台								√
11	深层搅拌桩机		台								√
12	树根桩钻机		台								√
三、起重机械											
13	轮台式起重机	25t	台								√

续表

序号	机械或设备名称	型号、规格	单位	额定功率	生产能力	用于施工部位	国别产地	采购单价（元）	定额市场价（元/台班）	租赁单价（元/台班）	大型机械设备
14	履带式起重机	30～50t	台								√
15	轮台式起重机	8t	台								
四、水平运输机械											
16	东风10t货车	CSZ9171HE	台								
17	东风4.5t货车	EQ3092F	台								
18	江铃货车	NK55LLW	台								
19	机动翻斗车	F1A	台	1t/次		混凝土工程					
20	机动翻斗车	FC15	台								
21	自卸式汽车	15t	台								
22	洒水车	LSFO-5(CA)	台								
23	洒水车	SZQ39170GSS	台								
五、垂直运输机械											
24	5t慢速卷扬机	JM5	台	11kW		钢筋制作					
六、混凝土及砂浆机械											
25	混凝土搅拌机	JS500	台	$10m^3/h$		混凝土工程	山东				
26	砂浆拌合机	UJ325/200L	台	$4m^3/h$		砌筑粉刷	山东				
27	插入式振捣棒	MJ104	台	1.1kW		混凝土工程	南京				
28	平板振动器	ZX-50	台	1.1kW		混凝土工程	南京				
29	振动梁		套	1.5kW		混凝土路面	自制				
30	滚筒	5.5m/ϕ100	套			混凝土路面	自制				
31	抹面机		台			混凝土路面					
32	切缝机		台	3kW		混凝土路面	苏州				
七、加工机械											
33	钢筋切断机	QJS-40	台								
34	钢筋弯曲机	WJ40-1	台								
35	钢筋切割机	QW32、QW40	台	7.5kW		混凝土路面 钢筋制作					
36	钢筋调直机	CT4/14	台	2.21kW		混凝土路面 钢筋制作					
37	闪光对焊机	UN-DH	台								
38	台式钻床	ZS20	台								
39	木工平刨机	MB504B	台								
40	木工圆电机	MJ104A	台								
41	型材切割机	J3G-400	台								
42	立式砂轮机	ST-125	台								
43	角相砂轮机	4′-6′	台								
44	套丝机	G15-100	台								
八、泵类机械											
45	泥浆泵	BW250/40	台								
46	潜水泵	QY15-26-2.2	台	2.5kW		场地					
47	污水泵	4PW-160	台								
48	高压清水泵	3XB-75/50	台								
49	真空吸水泵		台			混凝土路面					

续表

序号	机械或设备名称	型号、规格	单位	额定功率	生产能力	用于施工部位	国别产地	采购单价（元）	定额市场价（元/台班）	租赁单价（元/台班）	大型机械设备
九、焊接机械											
50	电弧焊机	BX1301 BX2400	台	10～21kW		混凝土路面钢筋制作					
51	直流电焊机	AXS-500	台								
52	交流电焊机	BX3-300-2	台								
53	焊条烘箱		台								
54	气割工具	Q3-1	台								
十、动力机械											
55	蛙式打夯机	HW-01	台	3.0kW		土方回填					
56	电动空压机	W-1.5/5	台								
57	柴油空压机	W-2.6/5	台								
58	蛙式打夯机		台								
59	空气压缩机	$1.0m^3$	台								
60	发电机	100kW	台								
61	发电机	ZMC24	台			场地					
62	电力配电柜	1000A	台			场地	常州				
十一、地下工程机械											
63	压密注浆机械		套								
64	高压旋喷桩机	G-ZA-50	套								
65	地下连续墙成槽机械	（综合）	台								√
十二、特殊机械											
66	千斤顶	YCW150B	台								
67	高压油压泵	ZB/630	台								
68	孔道压浆机	UB3	台								
69	混凝土切割机	HQ120	台								
70	真空吸水机	H2X60A	台								
十三、其他											
71	沥青混凝土拌合机	60～100t/h	台								
72	集装箱		台								
73	经纬仪	J2	台			全程	苏州				
74	全站仪		台			全程					
75	水准仪	WTI	台			全程	上海				

4. 专业分包询价（表2-7）

专业分包询价（单位：t、m、m^2、m^3 等）　　表2-7

序号	项目名称	单位	综合单价			备注
			市场指导价	报价单价	分包单价	
1	钢结构的制作安装	t				
2	特殊设备安装	套				
3	绿化工程					

总承包的投标人一般都得用自身的管理优势总包大中型工程，包括此工程的设计、施工及调试等。投标人自己组织结构工程的设计及施工，把专业性强的分部分项工程如：沥青混凝土摊铺、钢结构的制作安装、特殊设备安装、绿化工程的下水道顶管等，分包给专业分包人或与设备制造、租赁商一同去完成。分包价格的高低会影响投标人的总体报价，投标人的施工方案及技术措施与报价有直接关系。因此，必须在投标报价前对施工方案及施工工艺进行分析，确定分包范围，确定分包价。有些投标人为了能够准确确定分包价，采用先分包，后报价的策略。不然会造成报价高了中不了标，而报价低了，按中标价又分包不出去的现象。

三、企业自编《企业预算定额》与《建设工程工程量清单计价规范》衔接

项目划分、计量规则要适应《建设工程工程量清单计价规范》的要求。《建设工程工程量清单计价规范》所编列的工程量清单项目是分部工程或分项工程的综合。工程量清单中的一个项目可能是一个或综合了多个预算定额子目，其目的是为了提高投标人的报价自主性、灵活性，体现竞争。一个分部工程是多个分项工程的综合，因此，企业自编预算定额的项目应当是分项工程、甚至是分项工程的下一级，如：水泥混凝土路面应区分不同厚度。企业自编预算定额的项目划分宜细、不宜粗，应用时就可以根据工程实际情况来选用合适的定额子目，宜多不宜少。例如，应编制多种模板消耗量以供参考，而不能以一种模板消耗量来代替或综合所有类型的模板消耗量。

工程造价是工程建设的核心内容，也是建设市场运行的核心。因此，投标报价的价格即工程建设产品的价格，应同其他商品一样，采用的生产要素由市场价格规律来决定，不能人为地盲目压低或抬高。

通过由政府发布统一的社会平均消耗量指导标准，为企业提供一个社会平均尺度，避免企业盲目或随意扩大消耗量，从而达到投标报价质量的目的。

四、依法自由组价，及时、迅速组建制定适合自己企业的计价报价体系

在实行工程量清单计价后，企业如果不形成反映自身施工工艺水平的企业定额，不进行人工、材料、机械台班含量及价格信息的积累，完全依靠政府定额是无法竞争的。这就给予了投标人(施工企业)通过加强内部管理，提高经济效益，参与市场竞争以更大的空间完全摆脱了定额的预算单价、费用标准等的束缚，真正实现了“政府宏观调控，企业自主报价，市场竞争定价”的改革机制。因此，投标人要有独立的私人估价信息，最好有自己的企业定额，投标单位可以按照自己的内部工程造价标准进行自主报价。

一提到积累，在市政工程中需要积累的内容太多了，如施工方案、企业报价、历史结算资料、企业真实成本消耗资料、材料名称、规格、型号、单价、价格信息(含该材料低价、均价等)及合格供应商信息(内含信息来源及生产厂家、厂家地址、电话号码、邮政编码、联系人、产品品牌、合格证书等)、竞争对手资料的积累等。对于造价执业人员要有积累分析后的工程指标经验数据、应对多种报价方式的技能和素质、要有企业定额和行业指标库的积累、灵通的市场信息和充分利用现代软件工具及通晓多种能够快速、准确地估价、报价的市场渠道——环境关系、厂家联络及网站信息。这一切对计算机的应用提供了绝好的环境及机遇。

现在是科技信息的时代，计算机的发展日新月异，信息化已经进入到企业的管理层面。只有靠计算机的强大储存、自动处理和信息传递，才能提高企业的管理水平。企业只有选择满足要求的管理软件和管理人才，才能在激烈的竞争中立于不败之地。

第三节　牢固树立定额三要素理念，最终建立企业自己的人工、材料、机械消耗量定额库

定额产生于19世纪末，资本主义企业管理科学的发展时期。当时工业发展速度之快与工人劳动生

产率很低的矛盾是相当突出的。在这种背景下，美国工程师泰罗(1856～1915年)制定出工时定额，以提高工人的劳动效益。他为了减少工时消耗，研究改进工具与设备，提出一整套科学管理的方法，这就是著名的“泰罗制”，被尊为“科学管理之父”。泰罗制的推行对提高劳动效益方面取得了显著成果，也给资本主义企业管理带来了根本性的变革和深远的影响。

继泰罗制之后，资本主义企业管理又有许多新的发展，对于定额的制定也有很多新的研究，20世纪40年代到60年代，出现所谓资本主义管理科学，实际是泰罗制的继续和发展。一方面，管理科学从操作方法，作业水平的研究向科学组织的研究上扩展。另一方面，它利用现代自然科学的新成果——运筹学，电子计算机等科学技术手段进行科学管理。20世纪70年代进入“最新管理阶段”，出现了行为科学，系统管理理论。前者从社会学、心理学的角度研究管理，强调和重视社会环境、人的相互关系对提高工效的影响。后者把管理科学与行为科学结合起来，以企业为一个系统，从事物整体出发，对企业中人、物和环境等要素定性、定量相结合的系统分析研究，选择和确定企业管理最优方案，实现最佳的经济效益。

一、定额的基本数据管理是企业实现科学管理的基础

定额虽然是管理科学发展初期的产物，但它在企业管理中一直有重要地位，因为定额提供的基本管理数据，始终是实现科学管理的必备条件，即使是数学方法和电子计算机普遍应用，也不能降低其作用，所以定额是科学管理的基础，也是管理科学中的一门学科。

《建设工程工程量清单计价规范》的推行要求市政施工企业尽快建立和完善企业的定额系统。目前尚无企业定额的施工企业，可以利用全国基础定额(如《全国市政工程预算定额》、《全国安装工程预算定额》等)或专业类定额《上海市市政工程预算定额(1993)》、《上海市市政工程综合定额(1993)》、《上海市市政工程预算定额(2000)》、《上海市市政工程室外排水管道工程预算综合组合定额(2000)》；再则市政养护维修类定额，如《上海市城市道路掘路修复结算标准(1998)》、《上海市公路设施掘路修复结算标准(1998)》、《上海市黄浦江斜拉桥养护维修定额(1999)》、《上海市市政设施养护维修定额(2000)》、《上海市公路设施养护维修定额(2000)》、《上海市高架道路养护维修定额(2002)》、《上海市城市排水设施(泵站、污水厂)运行维修估算指标(1999)》及《上海市安装工程预算定额(2000)》等的消耗量，起到一个参照的作用，在此基础上，人工、材料、机械消耗量，结合自身的情况乘上系数，确定消耗水平，今后不断地积累和修正，最终建立企业的人工、材料、机械消耗定额库。

二、市政工程预算定额的内容

1. 市政工程预算定额项目的排列

预算定额项目应根据施工顺序和工程分类排列。按册、章、节、项目、子目等顺序排列，分部工程为章，它是将单位工程中一些性质相近，工作对象、材料大致相同的项目合并在一起，便于查找定额，对进行材料分析有一定帮助。

分部工程以下，要按工程性质、内容、施工方法、使用材料等分许多“节”，以便查找。如《上海市市政工程预算定额(2000)》第四册桥梁及护岸工程分为临时工程、土方工程、打桩工程、钻孔灌注桩工程、砌筑工程、现浇混凝土工程、预制混凝土构建、安装工程、箱涵工程等九个章。

章以下分为节，如第三章砌筑工程中又分为干浆块石、浆砌块石、砖砌挡墙、坞土勾缝、滤层及排水孔、抛石等六节。

节以下分为目，如浆砌块石的节中又分为基础、护底、护脚、护坡、锥坡、压顶、台阶、沟槽、墩身、台身及挡墙10个目。

浆砌块石基础S4-5-6，S为《市政工程预算定额》，4为第四章，5为第5节，6为第6目。

工程量计算如表 2-8 所示。

工程量计算表　　表 2-8

工程编号：　　工程名称：　　第　页共　页

序号	定额编号	分部分项工程名称	计算式及说明	单位	数量	备注
1	2	3	4	5	6	7
1	S2-4-21	排砌预制侧石	$L=50.4\times2$	m	100.8	2边
2	S2-4-11	铺砌预制人行道	$S=50.4\times2\times3.0$	$100m^2$	3.02	$b=3.0m$
3						

编制单位：　　编制日期：

2. 定额三要素的取定原则

定额的三要素，指定额组成的三个基本内容，通常指定额中人工、材料、机械三项费用简称人工、材料、机械。

一般的定额，均包括以上三种要素，少量特殊定额，可能缺其中一个主要内容。通常，三种要素齐全的定额称为完全定额，三个要素中缺内容的，称之为不完全定额。例如在园林建设工程预算定额中，绿化中的部分定额，仅包括人工、机械两要素，材料中，除了少量次要材料(水、辅助材料等)外，没有包括主材料苗木价格在内，这样的定额，就可以称之为不完全定额。

在定额中，三要素的出现以“定额消耗量×市场价格＝费用”的形式出现。通常在使用中，往往仅使用费用，直接计算某工程的直接费用。但是当定额子目中数量(包括规格)及预算定价不符时，需要换算，这就要求重新计算，这就需要我们对定额中耗用数量(包括材料规格)及预算单价的取定，要有一个正确的理解。

3. 计算规定

(1) 人工消耗量包括基本用工、辅助用工、超运距用工、人工幅度差用工。

1) 基本用工＝∑(某工序工程量×相应工序的时间定额)　　(2-1)

2) 辅助用工是指技术工种劳动定额内不包括，而在预算定额内又必须考虑的工时；

3) 超运距用工是指预算定额中规定的材料、成品、半成品的平均运距超过劳动定额规定的运距用工；

4) 超运距＝总运距－劳动定额基本运距

5) 人工幅度差用工＝(基本用工＋辅助用工＋超运距用工)×人工幅度差系数　　(2-2)

6) 材料运输人工按材料净用量计算。

(2) 材料消耗量包括主要材料、辅助材料、周转性材料、其他材料。

材料消耗量公式＝材料净用量＋材料损耗量

＝材料净用量×(1＋材料损耗率)　　(2-3)

周转性材料摊销量计算：

周转性材料摊销量＝[一次使用量×(1＋损耗率)]/周转次数　　(2-4)

其他材料总价＝∑(相应其他材料数量×相应材料单价)　　(2-5)

其他材料费占材料费(%)＝(其他材料总价/主要材料总价)×100%　　(2-6)

(3) 机械台班消耗量是指正常施工条件下，合理组合人工和使用机械，为完成某单位项目工程所必须消耗的机械台班数量。

1) 大型机械台班消耗量的计算：

分项工程机械台班消耗量＝(分项工程定额子目的计量单位/机械台班产量)×机械幅度差　　(2-7)

2）施工作业小组配用的机械台班消耗量的计算：

市政定额中的中、小型机械，一般是按作业小组配用，其机械台班消耗量应按作业小组的日产量计算，不另增机械幅度差。

分项工程机械台班消耗量＝分项工程定额计量单位/作业小组的日产量

式中：

作业小组日产量＝小组成员工日数总和（即小组总人数）/单位产品时间定额
＝小组成员工日数总和（即小组总人数）×每工产量　(2-8)

3）其他机械费计算：

其他机械费占机械费（%）＝（其他机械费总价/主要机械费总价）×100%　(2-9)

4. 基本数据

(1) 人工幅度差 12%；

(2) 施工现场人工水平总运距 150m；

(3) 基本数据（主要是以下附表）

附表一、材料密度及损耗率（略）

附表二、主要周转材料周转次数（略）

附表三、材料压实系数（略）

附表四、砖砌体用砖及砂浆数量（略）

附表五、机械幅度差系数表（略）

附表六、土的工程分类表（略）

附表七、填土土方的体积变化（略）

附表八、压路机碾压遍数一览表（略）

附表九、各类工程项目定额用水数量（略）

三、定额“三要素”取定的原则

在具体的编制过程中，依据定额“三要素”的原则，一般取定方法如下：

1. 人工费用的取定

(1) 选用相应的技术工种及加工（或制作）该子目规定内容所需的技术等级水平，确定和定额配套的人工单价。

(2) 人工耗用量的取定，必须按国家规定的劳动定额标准，国家无明确规定的新结构、新材料，可按劳动定额规定的计算方法合理取定。

(3) 选用和定额配套接近的人工幅度差比例，不得随意选用比例。

根据以上要求和规定的计算方法，合理计取补充子目的人工费用。

2. 材料耗用的取定

(1) 定额材料的单价组成，应以国家规定的内容组成，除国家规定有特殊要求外，不得减少或另增费用组成内容。

(2) 各项材料耗用的计算，应按规定方法计算或摊销，不得随意扩大或缩小。

(3) 材料耗用量的取定，一般应以定额配套相应的损耗取定，如定额中缺项，则原则上以相近材料的损耗系数作参考基准。

(4) 材料各种损耗和包装材料、周转性材料的摊销，应按国家和定额编制配套资料相一致的规定执行。

3. 机械台班耗用的取定

(1) 机械台班耗用的取定，必须确定使用机械名称、型号、规格以及国家规定的每台班有效工作时间和工作产量。

(2) 机械台班耗用量的取定，应根据国家规定的台班有效工作时间和工作产量，结合补充子目发生的实际工作量确定。

路面沥青混凝土施工机械主要计算参数见表 2-9。

路面沥青混凝土施工机械主要计算参数表　　表 2-9

机械设备名称	型号、规格	用　途	幅度差系数	台班产量	碾压遍数	
					轻　型	重　型
筑路机械			1.33			
沥青混凝土搅拌设备	LJG60	生产沥青混凝土		60t/h		
沥青混凝土搅拌设备	DHNB100	生产沥青混凝土		100t/h		
沥青混凝土搅拌设备	DHNB160	生产沥青混凝土		160t/h		
沥青混凝土摊铺机	8t	5cm 粗粒式		200t/台班		
沥青混凝土摊铺机	8t	8cm 粗粒式		260t/台班		
沥青混凝土摊铺机	8t	3cm 中粒式		130t/台班		
沥青混凝土摊铺机	8t	细 粒 式		120t/台班		
光轮压路机	轻　型	碾　压		$8403m^2$/台班		
光轮压路机	重　型	碾　压		$3666m^2$/台班		
沥青混凝土 AC-30	5cm 粗粒式	碾　压			4	5
沥青混凝土 AC-30	8cm 粗粒式	碾　压			5	6
沥青混凝土 AC-30	10cm 粗粒式	碾　压			6	6
沥青混凝土 AC-20	4cm 中粒式	碾　压			4	3
沥青混凝土 AC-13	2.5cm 细粒式	碾　压			4	3

四、定额“三要素”耗用量的确定原则

1. 人工耗用量的确定

人工耗用量的确定，又可称为用工数量的确定。

用工数量的平均技术等级必须和专业的技术操作等级水平相匹配。用工数量的计算，必须按统一的劳动定额中的时间定额逐项计算，在计算时，必须考虑定额规定范围内和一定比例的超运距运输用工、辅助用工和劳动定额规定范围外人工幅度差等因素。

人工幅度差的计算公式是：

人工幅度差=(基本用工+超运距用工+辅助用工)×人工幅度差系数　　(2-10)

人工幅度差系数一般由定额编制部门的上级统一规定。

人工幅度差，一般均包括以下五个方面的内容：

(1) 在正常施工的情况下，各工序之间的工序搭接及交叉配合所需停歇时间。

(2) 工程质量检查及隐蔽工程验收而影响工人的操作时间。

(3) 场内单位工程之间操作地点转移，影响工人的操作时间。

(4) 施工过程中工种之间交叉作业，造成损失所需要的修理用工。

(5) 施工中不可避免的少数零星用工。

综上所述，定额人工单价确定及定额人工耗用量确定，则可计算出定额子目的人工费用。

2. 材料耗用量的确定

(1) 材料净用及其基本计算方法

材料消耗用量是指单位工程所消耗的材料用量，包括材料的净用量和消耗量，其计算方法有下列几种：

1) 理论计算方法：根据设计、施工验收规范和材料规格等，从理论上计算材料的净用量。

2) 图纸计算方法：根据选定的图纸、计算各种材料的体积、面积、延长米或重量。

3) 下料方法：根据施工设计等要求计算材料的消耗量。

4) 测定法：根据科学试验情况和现场测定资料，确定材料消耗量。

5) 经验方法：根据历史上的经验估算。

(2) 定额材料耗用量的数据，一般均大于定额计量单位。例如：浇筑 1.0m^3混凝土需要 1.015m^3混凝土，制作 1.0m^3竣工木料桩方，需 1.109m^3圆木材钢筋制作安装 10t，需要 1.025t 钢筋等，这是为什么呢？这里考虑了材料在实际使用中各种损耗因素，所以材料耗用量，一般均大于定额计量单位。

定额中的主要材料、成品和半成品的消耗量，在定额编制时，应以国家规定的材料消耗定额为计算基础。如没有材料消耗定额规定者，必须以典型工程、代表性规范图纸计算分析后，确定相应的材料损耗率和材料耗用量。

(3) 材料的损耗率取定，应以材料消耗定额为基础，包括以下内容：

1) 由工地仓库、甲方存放地点或施工现场加工地点到施工操作地点的运输损耗。

2) 施工操作地点的堆放损耗。

3) 操作损耗，不包括二次搬运和规格变化的加工损耗。

各种材料损耗率的取定，在定额编制时，必须得到上级有关部门的批准。各种补充的材料损耗率，必须在采用先进施工方法的条件下，最合理的取定。这是正确计算材料耗用量的前提。

在确定材料损耗率中，还有一个周转材料推销问题。

周转材料指该材料在工程施工中，非一次性使用的材料(如：钢模板、脚手架、挡土板等材料)，这些材料往往经少量维修后，可重复使用若干次，则这些材料的消耗量往往要分若干次分摊。

3. 机械台班耗用量的确定

机械台班耗用量的确定是根据定额子目规定的工作量和规格、质量、安全等要求乘以相应子目机械消耗定额而得。即：

定额子目机械耗用量(台班)＝定额计算单位×机械耗用时间定额　　(2-11)

例如：浇筑某种混凝土、子目计量单位为 10m^3，查该子目需机械塔吊，其时间定额为每立方米混凝土需要 0.02 台班，则该子目机械消耗量为：

$$10m^3 \times 0.02\text{台班}/m^3 = 0.2\text{台班}$$

机械消耗定额的制订，大致情况如下：

(1) 根据国家规定及产品说明书，查找或计算该机械理论台班产量。

(2) 根据定额子目产品特点，选用若干种型号机械综合取定各种机械比例，计算理论台班产量。

(3) 根据人工耗用量确定中，必须考虑人工幅度差的 5 个内容，结合机械施工特点，确定机械施工幅度差。

(4) 场内施工机械在单位工程之间变换及临时水电线路在施工过程中移动所发生不可避免的工人操作间隙时间。

(5) 确定各种施工机械，在完成各项子目内容时的机械定额消耗标准。

路面工程定额中施工机械的配置，例：沥青混凝土路面的沥青混凝土搅拌设备、沥青混凝土摊铺机、压路机等机械设备的配置。

压路机配合沥青混凝土搅拌设备、沥青混凝土摊铺机作业时，按正常条件合理配置，压路机定额台班数量按相应的定额台班产量，具体配置如表 2-10 所示。

压路机配合沥青混凝土摊铺定额台班产量配置表　　表 2-10

项　目		压路机(台)		
沥青混凝土搅拌设备	沥青混凝土摊铺机	6～8t(光轮)	12～15t(光轮)	9～16t 轮胎式
LJG60 生产率 60t/h	LT4500-4.5m 以内 1 台(自动找平)	1	1	1
DHNB100 生产率 100t/h	LTLY8000-6.0m 以内 1 台	2	1.5	1
DHNB160 生产率 160t/h	LTLY9000-8.5m 以内 1 台	2	2	1

1）沥青混凝土搅拌设备

① 间歇强制式沥青混凝土搅拌设备(图 2-4)

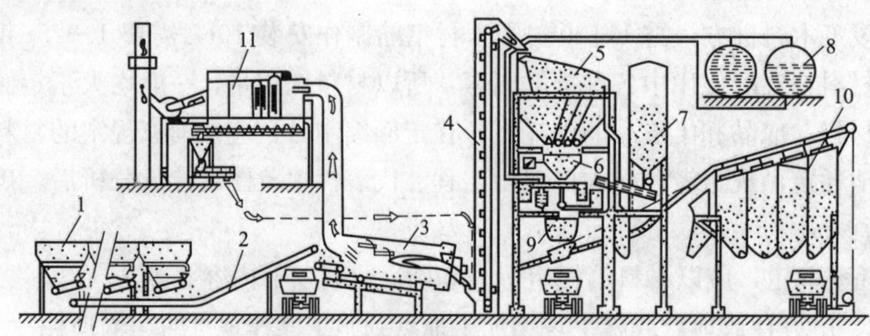

图 2-4　间歇强制式沥青混凝土搅拌设备总体结构示意图

1—冷骨料储存及配料装置；2—冷骨料带式输送机；3—冷骨料干燥滚筒；4—热骨料提升机；5—热骨料筛分及储存装置；6—热骨料计量装置；7—石粉储仓；8—沥青供给系统；9—搅拌器；10—成品料储仓；11—除尘装置

② 连续滚筒式沥青混凝土搅拌设备(图 2-5)

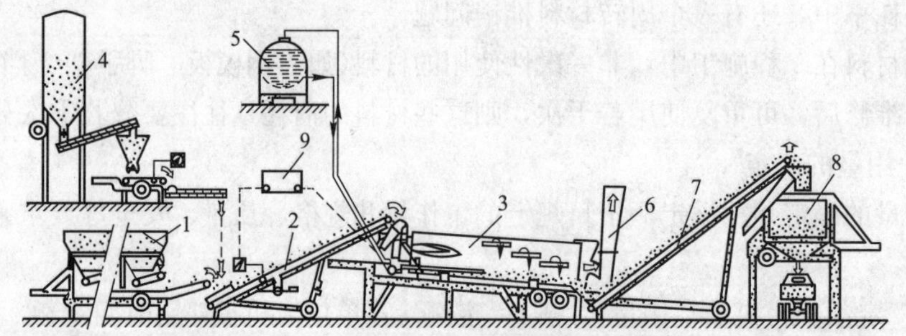

图 2-5　连续滚筒式沥青混凝土搅拌设备结构示意图

1—冷骨料储存和配料装置；2—冷骨料带式输送机；3—干燥搅拌筒；4—石粉供给系统；5—沥青供给系统；6—除尘装置；7—成品料输送机；8—成品料储仓；9—控制系统

2）沥青混凝土摊铺机(图 2-6)

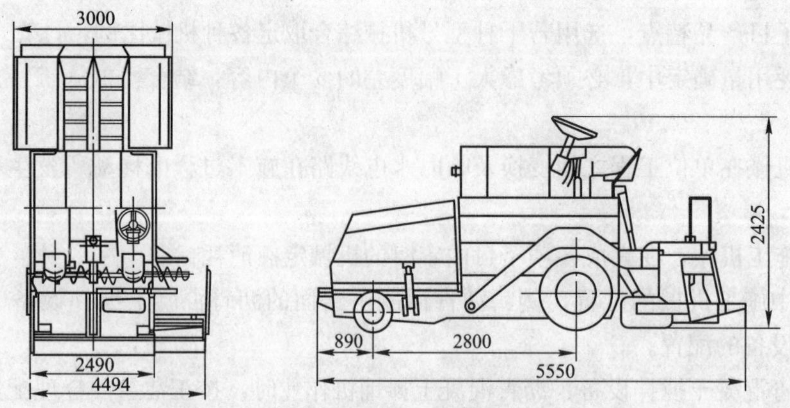

图 2-6　LT4500(2LTLZ45)轮胎式沥青混凝土摊铺机结构简图

沥青混凝土摊铺机主要性能见表 2-11。

沥青混凝土摊铺机主要性能　　**表 2-11**

技术参数 \ 型号		LT4500 (2LTLZ45)	LTY8000 (LTY8)	LTLY9000
发动机功率(kW)		46	82	96
行走方式		轮胎式	轮胎式	轮胎式
摊铺厚度(mm)		10～250	0～270	10～300
摊铺宽度(mm)		2500～4500	3000～7250	3000～9000
摊铺速度(m/min)		2.8～9.2	0～31.2	0～18
行走速度(km/h)		16.4	0～18.6	0～4.2
料斗容量(t)		11	12	
整机质量(t)		9.98	15.56	
外形尺寸	长(mm)	5850		6400
	宽(mm)	2490		9000
	高(mm)	2630		2540
生产厂家		镇江路面机械厂	西安筑路机械厂	镇江路面机械厂

3）压路机(图 2-7～图 2-9)

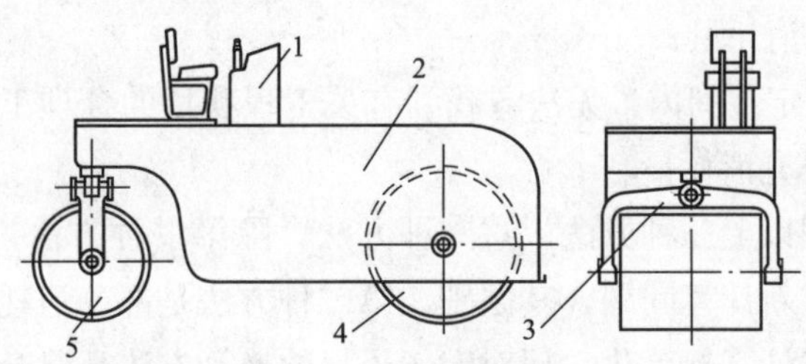

图 2-7　二轮二轴压路机外形结构示意图

1—操纵台；2—机罩；3—方向轮叉脚；4—驱动轮；5—方向轮

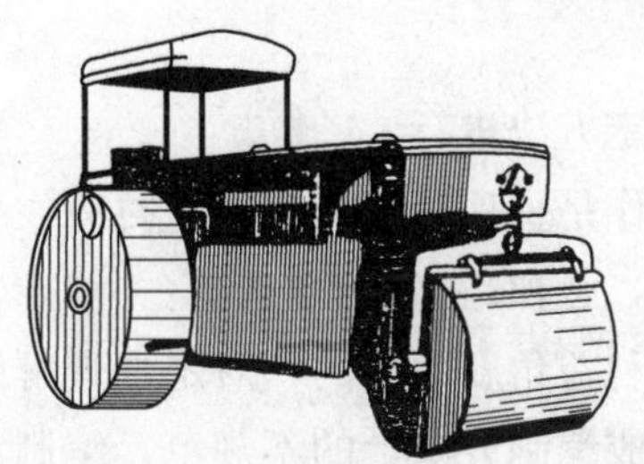

图 2-8　三轮二轴压路机结构示意图

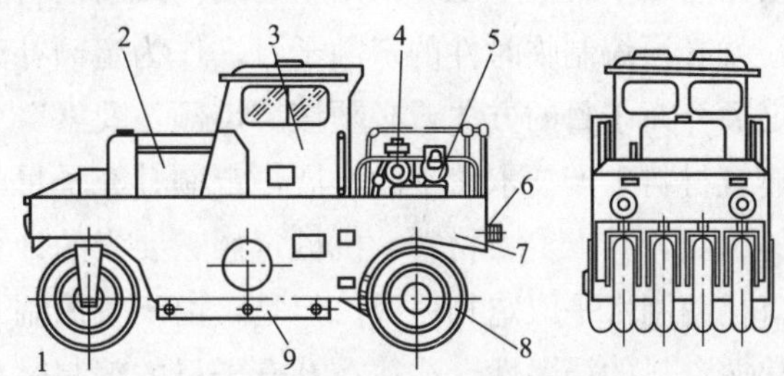

图 2-9　轮胎式压路机结构示意图

1—转向轮；2—发动机；3—驾驶室；4—汽油机；5—水泵；6—拖挂装置；7—机架；8—驱动轮；9—配重铁

压路机机械效率见表 2-12。

压路机机械效率表　　**表 2-12**

项目		压路机型号(光轮) 双轮 6～8t(轻型)	三轮 12～15t(重型)
行驶速度(m/h)		1500	1500
轮宽(cm)	轮　宽	127	2×50
	计算轮宽	97	25×2＝50
工作小时(h)		7	7
有效工作系数		0.9	0.9
台班产量(m²)		8403	3666
每 100m² 碾压一遍(定额台班)		0.0123	0.0272

五、定额子目的换算和补充

为了熟练运用定额，编制各种预算，首先应通晓和熟记定额的使用性质、章、节和子目的划分、总说明、册说明、章说明和工程量计算规则等。对常用的分项工程定额项目表各栏所包括的内容、计量等，要通过日常工作实践，逐步加深印象。

1. 定额子目的换算

在预算定额中由于定额子目步距的划分，设计标准要求的不同，以及受到定额篇幅的限制，采用预算额时，有的需要按规定换算。如设计的材料品种规格与定额不同，或是混凝土及砂浆的设计强度等级与定额规定不同时，在套用定额时，都需要进行换算。主要有运距的换算、断面的换算、强度等级的换算、厚度的换算和重量的换算等五种。

子目的换算和定额子目的补充计算，原则上必须按“定额三要素”介绍的精神执行。不得改变其基本工作内容，其价格的取定和计算，必须符合定额管理部门的有关规定。补充定额子目基价必须经定额管理部门备案、认可后，方可有效。

当我们需确定某一个工程项目的单位消耗量时，一般有以下三种途径：

(1) 直接套用定额子目；

(2) 换算定额子目工料机消耗量；

(3) 补充定额：在定额规定范围内，无法寻找到有关工程项目的合理工料机消耗量，必须重新确定工料机消耗量作为该定额的补充消耗量。

在编制预算时，经常使用以上三种方法。这三种方法，除第一种方法，直接套用定额预算价格外，第二、三种方法，均涉及到重新计算问题，其区别，第二种方法是部分消耗量的换算，第三种方法需全部重新计算。为使这两种价格计算规范化，现对定额子目的换算方法简单介绍如下。

2. 补充定额子目的编制

如在设计图纸上，某个工程采用新的结构或新的材料，或在原有定额中缺项的内容，为了确定工程完整的价，就必须编制临时性的定额子目，作为定额补充子目。

编制定额补充子目的方法，必须按“定额三要素”介绍的规定方法进行。

随着建筑材料生产技术水平的发展，定额补充子目的编制工作是一项经常性工作，时有发生。定额补充子目的编制，其人工、材料、机械定额三要素的计算和取定，必须严格按照国家有关规定，并要和定额计算口径编制水平取定相一致。但是，由于各编制人员所处利益角度不同的，对定额理解的水平不一，以及掌握资料的局限性，往往在补充子目的编制过程中，造成编制方法上的不规范，编制水平上的不统一，计算结果出现严重偏差等问题。所以定额补充子目的使用，一般可作为预算造价的依据，但不能直接作为结算造价的依据。

所以定额补充子目的正式运用，必须报定额管理部门，经复核、审定后，方可作为工程结算造价计算依据，同时便于定额管理部门收集资料，并根据社会的需要程度和编制正式补充定额子目的条件成熟程度，统一编制和发布供社会使用的正式补充定额子目。

3. 定额补充子目的编制程序

(1) 计算阶段

1) 耗用量计算

① 材料损耗率的取定及耗用量的计算；

② 人工耗用标准的取定及耗用量的计算；

③ 机械台班的取定及耗用量的计算。

2) 费用计算

① 人工技术等级、人工单价的取定和费用计算；

② 材料预算单价的取定和费用计算；

③ 机械台班预算单价的取定和费用计算。

(2) 制表阶段

1) 根据人工费用计算稿，填写“定额补充子目劳动力计算表”(略)；

2) 根据材料费用计算稿，填写“定额补充子目材料费用计算表”(略)；

3) 根据机械费用计算稿，填写“定额补充子目机械费用计算表”(略)。

(3) 汇总报批阶段

1) 按照定额子目正式发布的表格，填制汇总表。

2) 核对计算数据，加封页，按序装订成册。

3) 向上级定额管理部门申报、核批。

4) 依据核批意见修改，并以正式文件形式对外发布。

根据以上程序可以知道，定额补充子目的编制首先应确定合理的施工工艺和流程，在计算阶段，一般先计算材料耗用量，在确定材料耗用量的计算上，再分别计算其加工这些材料所需耗用的人工和机械数量，耗用量的计算为费用计算服务，费用计算时要注意，其单价的选用(包括人工、材料、机械台班)是否正确，在三要素费用计算完成的基础上，方可填制各种表式，并仔细核对，其计算的尾数取舍和累计数是否一致，并微量调整，在资料完整、计算无误的基础上，方可按报批程序：申报→核批→修改→拟定→发布。

第三章 工程量清单的编制及应用

第一节 工程量清单与《市政工程预算定额(量价分离消耗量定额)》的区别、比较

一、《建设工程工程量清单计价规范》与《上海市市政工程预算定额(2000)》区别(表 3-1)

在实行工程量清单模式计价后，建设工程项目分为三部分进行计价：分部分项工程项目计价、措施项目计价及其他项目计价。招标人提供的工程量清单是分部分项工程项目清单中的工程量，但措施项目中的工程量及施工方案工程量招标人一般不提供或不全部提供，必须由投标人在投标时按设计文件及施工组织设计、施工方案进行二次计算。因此这部分用价格的形式分摊到报价内的量必须要认真计算，要全面考虑。由于清单报价最低是占优，投标人由于没有考虑全面造成低价中标亏损，招标人不予承担。

《建设工程工程量清单计价规范》与《上海市市政工程预算定额(2000)》区别表　　表 3-1

序号	内容		《建设工程工程量清单计价规范》			《上海市市政工程预算定额(2000)》
			分部分项工程	开办(措施)项目	其他项目	
1	2		3	4	5	6
1	报价		不再提供人工、材料、机械及没有具体消耗量指标，可以根据企业的定额自定，和市场价格信息、费用自选，将报价权交给企业			建设行政主管部门发布的社会平均消耗量定额报价，限制了投标人在施工技术、施工管理水平方面的竞争，约束了企业自主
2	工程量计算规则		一般是以一个“综合实体”考虑的，一般包括多项工程内容，据此规定了相应的工程量计算规则；以“设计图示尺寸”，计算体积或面积			按施工工序进行设置(包括工程内容)，一般是单一；考虑工作面等因素
3	计量单位		一般采用基本计量单位，如 m、m^2、m^3、kg、t、项等			有时出现不规范的复合单位，如 $100m^2$、10m 等
4	工程量清单(实体消耗与施工手段消耗分离)		工程实体项目	辅助实体项目完成的施工手段	零星工作项目	工程直接费
其中①	分部分项工程		附录 D. 或附录 C. 工程实体消耗量			工程直接费
②	开办(措施)项目	施工技术措施费		工、料、机		属直接费范畴
		施工组织措施费		费用		属其他直接费范畴
③	零星工作项目				工、料、机	工程直接费

为了简化计价程序，实现与国际接轨，工程量清单计价采用综合单价计价。综合单价计价是有别于现行定额工料单价计价的另一种单价计价方式，它包括完成规定计量单位、合格产品所需的全部费用，考虑我国的现实情况，综合单价包括除规费、税金等以外的全部费用。综合单价不但适用于分部分项工程量清单，也适用于措施项目计量清单、其他项目中零星工作项目计量清单等。上海市工程造价管理机构，制定具体办法，统一了工料单价法或完全费用综合单价法的计算和编制。同一个分项工程，由于受

各种因素的影响可能设计不同，因此所含工程内容也有差异。附录中“工程内容”栏所列的工程内容，没有区别不同设计逐一列出，就某一个具体工程项目而言，确定工料单价法或完全费用综合单价法时，附录中的工程内容仅供参考。

工程量清单计价真实反映了工程实际，为把定价自主权交给市场参与方提供了可能。在工程招标投标过程中，投标企业在投标报价时必须考虑工程本身的内容、范围、技术特点要求以及招标文件的有关规定、工程现场情况等因素；同时还必须充分考虑到许多其他方面的因素，如投标单位自己制定的工程总进度计划、施工方案、分包计划、资源安排计划等。这些因素对投标报价有直接而重大的影响，对每一项招标工程都具有其特殊性，所以应该允许投标单位针对这些方面灵活机动地调整报价，以使报价能够比较准确地与工程实际吻合。只有这样才能把投标定价自主权真正交给招标和投标单位，投标单位才会对自己的报价承担相应的风险与责任，从而建立起真正的风险制约和竞争机制，避免合同实施过程中的推诿和扯皮现象发生，为工程管理提供方便。

二、《建设工程工程量清单计价规范》与传统的定额预算计价法之比较

1. 招标人部分

(1) 工程量清单的编制单位不同

传统的定额预算计价法是：建设工程的工程量分别由招标单位和投标单位分别按图计算。工程量清单计价是：工程量由招标单位统一计算或委托有工程造价咨询资质的单位统一计算，工程量清单是招标文件的重要组成部分，各投标单位根据招标人提供的工程量清单，根据自身的技术装备、施工经验、企业成本、企业定额、管理水平自主填写报单价。

这样避免了所有投标人按照同一图纸计算工程数量的重复劳动，节省大量的社会财富和时间。

(2) 编制的依据不同

传统的定额预算计价法依据图纸，人工、材料、机械台班消耗量依据建设行政主管部门颁发的预算定额；人工、材料、机械台班单价依据工程造价管理部门发布的价格信息进行计算。工程量清单报价法根据原建设部第107号令规定，标底的编制根据招标文件中的工程量清单和有关要求、施工现场情况、合理的施工方法以及按建设行政主管部门制定的有关工程造价计价办法编制。

企业的投标报价根据企业定额和市场价格信息，或参照建设行政主管部门发布的社会平均消耗量定额编制。

(3) 计算工程量时间前置

工程量清单在招标前由招标人编制，也可能业主为了缩短建设周期，通常在初步设计完成后就开始施工招标，在不影响施工进度的前提下陆续发放施工图纸，因此投标人据以报价的工程量清单中各项工作内容下的工程量一般为概算工程量。工程量清单体现了招标人要求投标人完成的工程项目及相应工程数量。

(4) 编制工程量清单时间不同

传统的定额预算计价法是在发出招标文件后编制(招标与投标人同时编制或投标人编制在前，招标人编制在后)。工程量清单报价法必须在发出招标文件前编制。

编制工程量清单要求应遵循客观、公正、科学、合理的原则，重视编制工作的精确性和严肃性。工程量清单的内容应尽量完整、不遗漏，其所附属的内容说明、技术标准和工艺要求应明确、无异义。

2. 投标人部分

(1) 根据自己的施工经验、施工能力、技术装备、市场价格信息掌握体系以及对本工程的施工组织设计方案等各种因素，综合利弊，采用《企业定额》，完全自主报价，提高施工单位企业的竞争力。

(2) 有了具体的工程量清单，不仅在自主组织专业施工队伍时可以选择最好的技术人员，更可以通

过倒推成本优化材料地采购、通过有效组织生产节约消耗降低成本，而且有利于施工制定更适宜的工程网络进度计划，更好地组织施工。

3. 达到了投标计算口径统一

在以往传统预算定额招标时，各投标人分别各自计算工程量，不但计算工程量的工作约占投标报价工作量的70%～80%；而且由于对设计图纸的理解不同，各投标人计算结果的工程量均不一致，往往相差很大。因为各投标单位都根据统一的工程量清单报价，根据项目特征描述及工作内容的规定，各投标人只需填报单价和计算合价，达到了投标计算口径统一。

4. 评标采用的办法不同

传统预算定额计价投标一般采用百分制评分法。采用工程量清单计价法投标，一般采用合理低报价中标法，既要对总价进行评分，还要对综合单价进行分析评分。

5. 合同价调整方式不同

传统的定额预算计价合同价调整方式有：变更签证、定额解释、政策性调整。采用传统的预算定额经常有这个定额解释那个定额规定，结算中又有政策性文件调整。

工程量清单的综合单价一般通过招标中报价的形式体现，中标后，业主要与中标施工企业签订施工合同，工程量清单报价基础上的中标报价就成了合同价的基础；报价作为签订施工合同的依据相对固定下来，工程结算按承包商实际完成工程量乘以清单中相应的单价计算，解决了以往招标、投标内容与合同签订内容脱节的状况；减少了调整活口。投标清单上的单价也就成了拨付工程款的依据；业主根据施工企业完成的工程量，可以很容易地确定进度款的拨付额。工程量清单计价单价不能随意调整；即使设计变更，按照"量变价不变"的原则，可以为建设单位的工程成本控制提供准确、可靠的依据，科学合理地控制投资，提高资金使用效益。工程竣工后，再根据设计变更、工程量的增减乘以相应单价，业主也很容易确定工程的最终造价。

工程量清单计价法合同价调整方式主要是索赔；这样既维护了双方的合法权益，又使招标的成果得到落实。

6. 索赔事件增加

采用工程量清单报价方式后，《建设工程工程量清单计价规范》强调"量价分离、风险分担"。招标人对项目特征的描述、工作内容的规定及计算的工程量负责，承担"量"的风险。投标人只对自己所报的成本、单价的合理性负责，承担"价"的风险，对工程量的变更或计算错误等不负责任。这种格局符合风险合理分担与责、权、利关系对等的一般原则。

因而，因中标承包商对工程量清单单价包含的工作内容一目了然，故凡招标人(项目业主方)不按清单内容施工的，任意要求修改清单的，都会增加施工索赔的因素。

7. 有利于业主对投资的控制

采用现在的施工图预算形式，招标人(项目业主方)对因设计变更、工程量增减引起的工程造价变化不敏感，往往到竣工结算时才知道这些对项目投资的影响有多大，但此时常常为时已晚；而采用工程量清单计价的方式则一目了然，在要进行设计变更时，能马上知道它对工程造价的影响，这样招标人(项目业主方)就能根据投资情况决定是否变更或进行方案比较，以决定最恰当的处理方法。

为了学习贯彻《建设工程工程量清单计价规范》，现就实际工作中的典型案例进行归纳和总结，使招标、投标单位了解市政工程的工程量清单报价过程，便于进一步理解、编写工程量清单或报价投标，特汇集以下工程量清单和报价实例，供参考。

三、清单计价模式完全实现了量、价分离，招标人可以直接计算出十二位项目编码的工程量

瞻望本章第二节教案一招标书中的分部分项工程量清单(一)(招标4)与投标书中的工程量清单计价

工程量汇总表(表 3-19)及《工程预算》的道路改建工程工程量汇总表(表 3-5)来瓯别其区别。

按《工程预算》、《工程量清单计价》编制的工程量区别如表 3-2 所示。

按《工程预算》、《工程量清单计价》编制的工程量区别　　表 3-2

序号	顺序号	"分部分项、措施项目"工程量清单计价表					《工程预算》	
		项次	项目编码、定额编号	项目及说明	单位	数量	序号	数量
1	2	3	4	5	6	7	8	9
				一、分部分项工程量清单				
	1	1		土方工程　挖土方(040101)				
1	2	1.1	040101001001	挖路基土方(Ⅰ、Ⅱ类土)	m^3	1800		
	3	1.1.1	S2-1-1	人工挖(Ⅰ、Ⅱ类土)	m^3	1800	1	1800
	4	1.1.2	S2-1-44	土方场内运输(自卸汽车运土 200m)	m^3	923	2	923
	5	1.1.3	S2-1-38	车行道人工整修(Ⅰ、Ⅱ类土)	m^2	2954	3	5908.11
	6	1.1.4	S2-1-40	人行道人工整修(Ⅰ、Ⅱ类土)	m^2	823.75	4	1647.75
	7			填方及土方运输(040103)				
2	8	1.2	040103001001	路基人行道填土方	m^3	210		
	9	1.2.1	S2-1-7	填人行道土方	m^3	210	5	210
	10	1.2.2	S2-1-40	人行道人工整修(Ⅰ、Ⅱ类土)	m^2	823.75	6	
3	11	1.3	040103001002	路基车行道填筑土方(密实度 90%)	m^3	628		
	12	1.3.1	S2-1-8	车行道填筑土方(密实度 90%)	m^3	628	7	628
	13	1.3.2	S2-1-38	车行道人工整修(Ⅰ、Ⅱ类土)	m^2	2954	8	
4	14	1.4	040103002001	余方场外运输	m^3	974.5		
	15	1.4.1	ZSM19-1-1	余方场外运输	m^3	974.5	9	1079.46
	16	2		道路工程　路基处理(040201)				
5	17	2.1	040201014001	碎石盲沟($b \times h$)	m	656		
	18	2.1.1	S2-1-35	碎石盲沟(40cm×40cm)	m^3	104.96	10	104.96
	19	2.1.2	ZSM19-1-1	余方场外运输	m^3	104.96	(9)	
	20			道路基层(040202)				
6	21	2.2	040202001001	砾石砂隔离层	m^2	5908.11		
	22	2.2.1	S2-2-3	h=15cm 砾石砂隔离层	$100m^2$	59.08	11	58.59
7	23	2.3	040202013001	厂拌粉煤灰三渣基层	m^2	2100		
	24	2.3.1	S2-2-13	h=25cm 厂拌粉煤灰三渣基层	$100m^2$	21	12	21
8	25	2.4	040202013002	厂拌粉煤灰三渣基层	m^2	3808.11		
	26	2.4.1	S2-2-14	h=35cm 厂拌粉煤灰三渣基层	$100m^2$	38.0811	13	37.59
	27	3		道路面层(040203)				
9	28	3.1	040203004001	粗粒式沥青混凝土	m^2	36.81		
	29	3.1.1	S2-3-12 换	h=5cm　AC-30 机械摊铺粗粒式沥青混凝土	$100m^2$	36.81	14	36.99
10	30	3.2	040203004002	细粒式沥青混凝土面层	m^2	36.81		
	31	3.2.1	S2-3-16	h=3cm　AC-15 机械摊铺细粒式沥青混凝土面层	$100m^2$	36.81	15	36.99
11	32	3.3	040203005001	水泥混凝土面层	m^2	2100		
	33	3.3.1	S2-3-32 换	h=20cm　C30 非泵送商品混凝土(5～40mm)	$100m^2$	21	16	21
	34	4		人行道及其他(040204)				
12	35	4.1	040204001001	铺筑预制人行道板	m^2	1647.75		
	36	4.1.1	S2-4-11	铺筑预制水泥混凝土人行道板	$100m^2$	16.37	18	16.48

续表

序号	顺序号	“分部分项、措施项目”工程量清单计价表					《工程预算》	
		项次	项目编码、定额编号	项目及说明	单位	数量	序号	数量
1	2	3	4	5	6	7	8	9
13	37	4.2	040204003001	排砌预制混凝土侧石	m	300		
	38	4.2.1	S2-4-21	排砌预制混凝土侧石、现浇混凝土(5～20mm)C20	m	300	19	300
14	39	4.3	040204003002	排砌预制混凝土侧平石	m	260		
	40	4.3.1	S2-4-23	排砌预制混凝土侧平石、现浇混凝土(5～20mm)C20	m	260	20	263.37
15	41	4.5	040204003003	排砌预制混凝土块(双排宽 30cm)	m	56		
	42	4.5.1	S2-4-29	混凝土块砌边(双排宽 30cm)、现浇混凝土(5～15mm)C20	m	56	21	56
	43	7		钢筋工程(040701)				
16	44	7.1	040701002001	道路水泥混凝土路面钢筋网加固	t	9.122		
	45	7.1.1	S2-3-38	水泥混凝土路面钢筋网	t	9.122	22	9.122
17	46	7.2	040701002002	道路水泥混凝土路面构造筋	t	2.623		
	47	7.2.1	S2-3-37	水泥混凝土路面构造筋	t	2.623	23	2.623
	48			二、措施项目清单				
	49	05		措施项目(5　市政工程)				
18	50	0510.1	0510	大型机械设备进出场及安拆				
	51	0510.1.1	ZSM21-2-6	$1m^3$ 以内单斗挖掘机场外运输	台·次	1	24	1
	52	0510.1.2	ZSM21-2-7	压路机场外运输	台·次	2	25	2
	53	0510.1.3	ZSM21-2-8	沥青摊铺机场外运输	台·次	1	26	1
19	54	0502.1	0502	混凝土、钢筋混凝土模板及支架				
	55	0502.1.1	S2-3-36	h=20cm 水泥混凝土面层模板	m^2	161.2	17	161.2
19	55	项	合计				24 项	

说明：1. 工程量清单的编制和报价，不论采取哪种合同价款形式，归根到底是对招标文件规定的发包工程范围内的工作进行经济上的体现，使业主、承包商双方达到利益上的平衡，具体表达为工程量清单上的“项目特征”的描述及“工程内容”的规定、相应的工程量和综合单价三个要素。

2. 本实例仅作教学实例，有争议时，以工程造价管理部门解释为准。

第二节　合理、有效地运用《市政工程预算定额(量价分离消耗量定额)》与工程量清单关系编制清单(教案一)

(上海某某路道路新建工程施工图预算实例)

一、常规预(结)算方法

(1) 道路工程量数量计算表［按工程量清单顺序暨定额预(结)算编列］

(2) 工程量汇总表

(3) 预(结)算表

(4) 取费表

【例】 上海某某路道路新建工程施工图预算实例

1. 编制依据

(1) 道路工程施工平面图(图 3-6)，标准横断面图(图 3-7)，钢筋布置图(图 3-10、图 3-11)

(2)《上海市市政工程预算定额(2000)》

(3)《上海市建设工程施工费用计算规则》

(4) 人工、各类材料及各类机械台班单价采用上海市 2006 年 6 月的市场参考价

2. 工程范围，从某某路 2+433.5～2+713，其中包括某某路和某某路两个交叉口范围［根据道路平面交叉的不同形式(图 3-1)，结合本工程特征，运用相关公式计算道路面积及侧平石的长度等］。

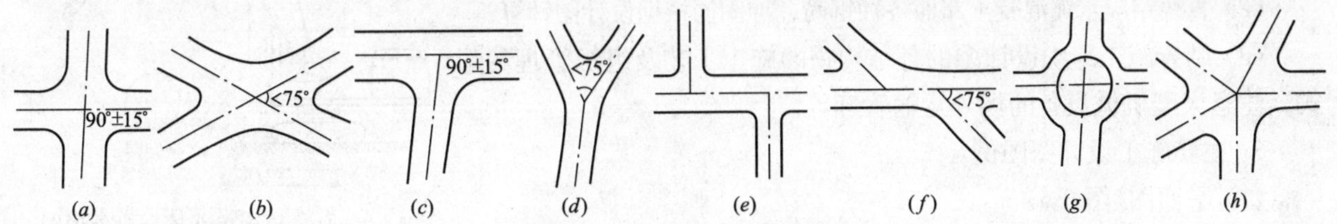

图 3-1　平面交叉的形式示意图

(a)十字交叉；(b)X 字交叉；(c)T 形交叉；(d)Y 形交叉；(e)、(f)错位交叉；(g)环形交叉；(h)复合交叉

3. 工程概况

某某路的道路路幅宽度 20m，直线段长度 281m，车行道宽度 14m，人行道宽度 3m×2；车行道结构层为：C30 商品混凝土面层厚 20cm，厂拌粉煤灰粗粒径三渣基层厚 25cm，砾石砂垫层厚 15cm。

路面面层的施工及组织管理采用商品混凝土搅拌、输送、浇筑工艺。混凝土搅拌输送车见图 3-2，混凝土泵及布料杆的施工情况见图 3-3。

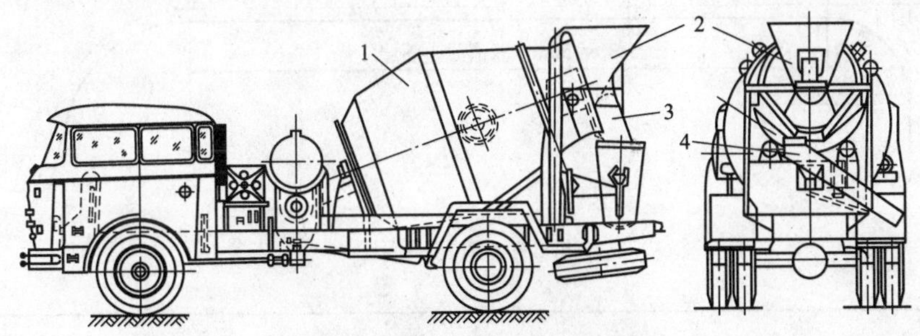

图 3-2　混凝土搅拌输送车外形图

1—拌筒；2—进料斗；3—卸料斗；4—卸料溜槽

另有 2 个交叉口，一正一斜，交叉口车行道结构层为 5cm 粗粒式沥青混凝土，3cm 细粒式沥青混凝土面层，厚 35cm 厂拌粉煤灰三渣基层，厚 15cm 砾石砂垫层；人行道为铺筑预制混凝土人行道板。

沥青混凝土的施工及组织管理采用沥青混凝土运输、机械摊铺、压路机碾压的一体化施工的工法，示意见图 3-4。

图 3-3　混凝土泵及布料杆的施工情况示意图

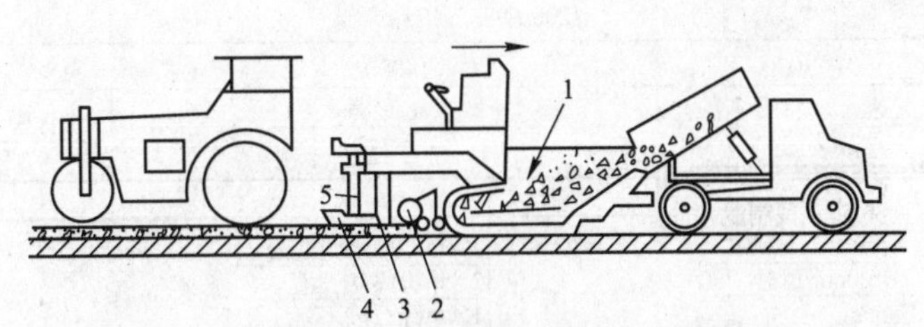

图 3-4　沥青混合料摊铺机操作示意图

1—供料器；2—螺旋摊铺器；3—振捣板；4—整平板；5—调节螺旋

4. 有关说明

(1) 道路填挖方计算是根据道路横断面图采用积距法进行计算(第四章第二节将详细阐述)，其中已知：道路挖方 1800m^3(挖方均可利用填筑土方)，道路填方 838m^3，其中：车行道填方 628m^3(密实度 90%)，人行道填方 210m^3。

填筑的方式，采用机械化挖掘及场内土方的平衡和调配，$1m^3$以内单斗挖掘机见图 3-5。

(2) 直线路段水泥混凝土路面各种钢筋、加固筋根据设计图计算。

(3) 结合施工组织设计中的各结构物的施工工艺及组织管理的形式，注意大型机械设备的场外运输管理等。

5. 主要施工设计图图例

(1) 平面图(图 3-6)

(2) 标准横断面图(图 3-7)

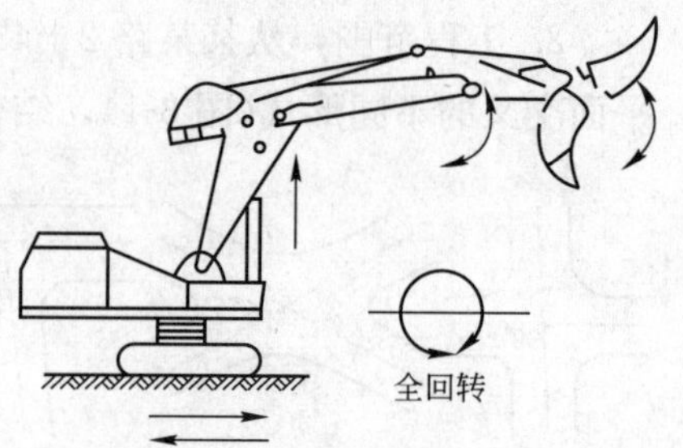

图 3-5　$1m^3$ 以内单斗挖掘机外形图

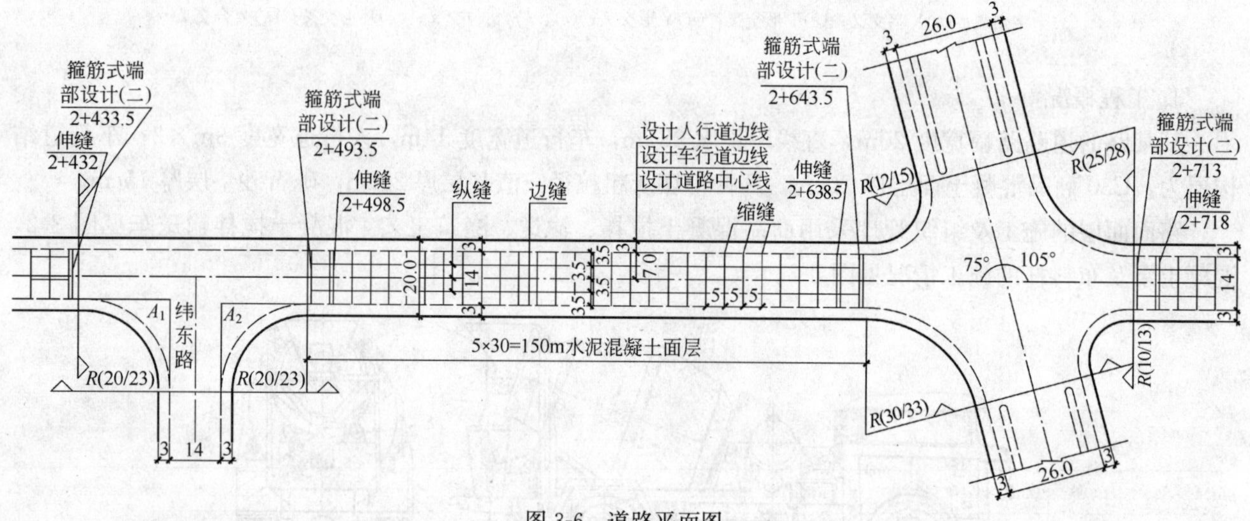

图 3-6　道路平面图

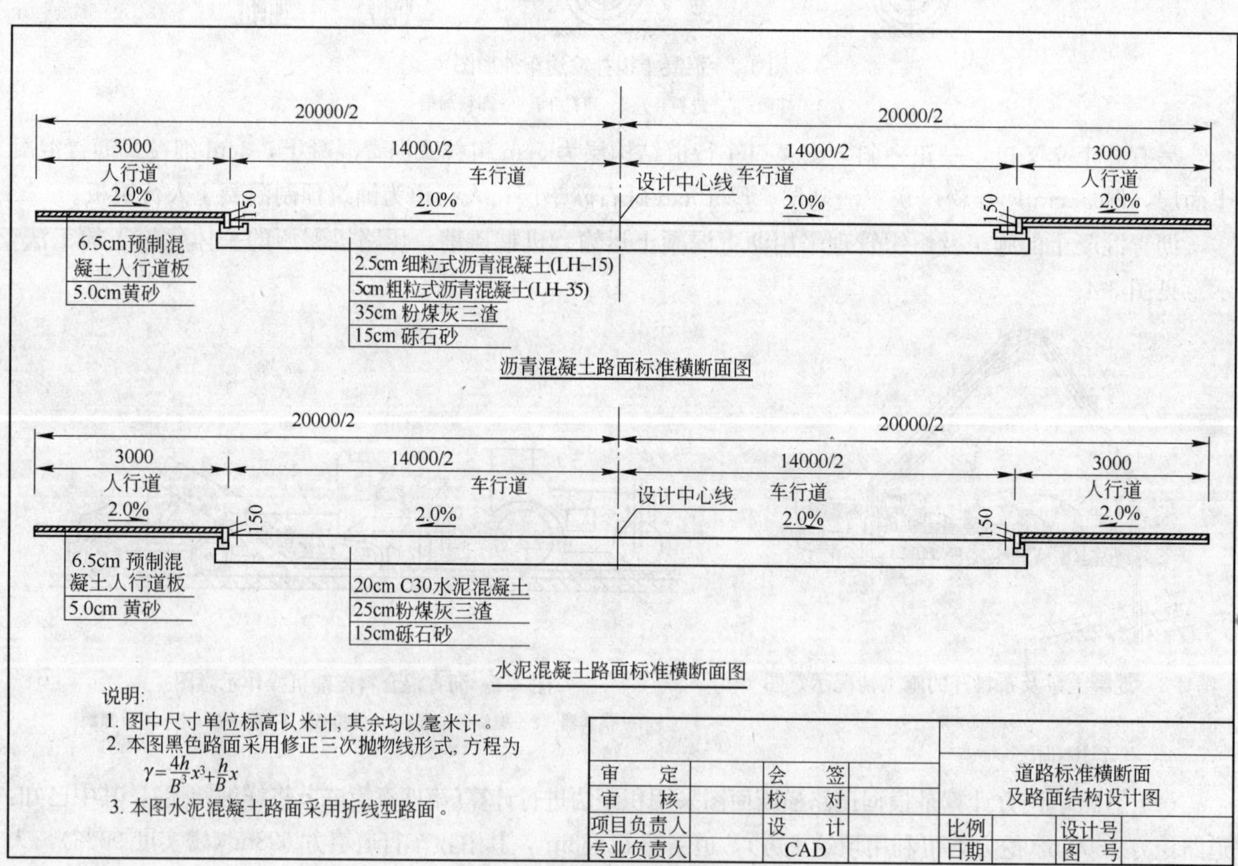

图 3-7　道路标准横断面图

（3）纵断面图(图 3-8)

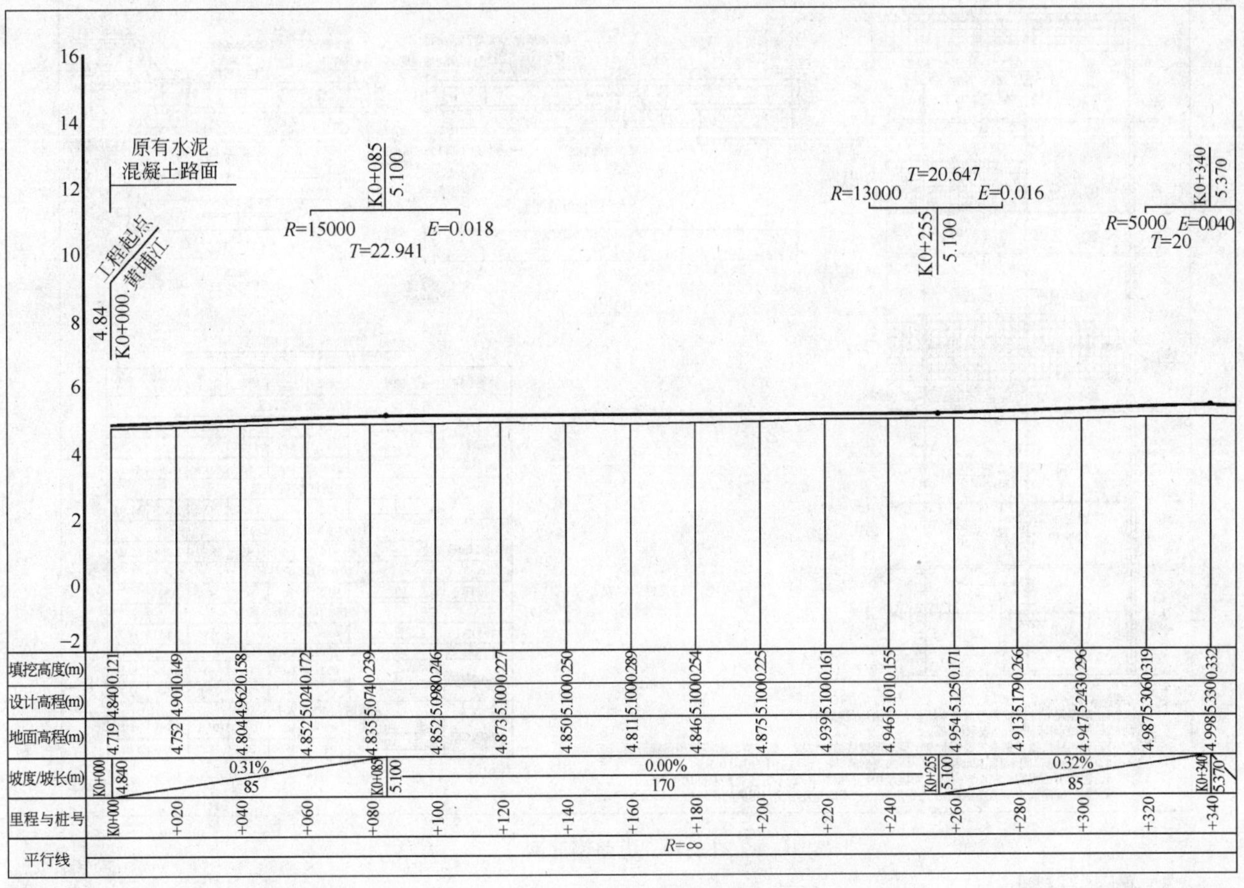

图 3-8　道路纵断面图

（4）横断面图(图 3-9)

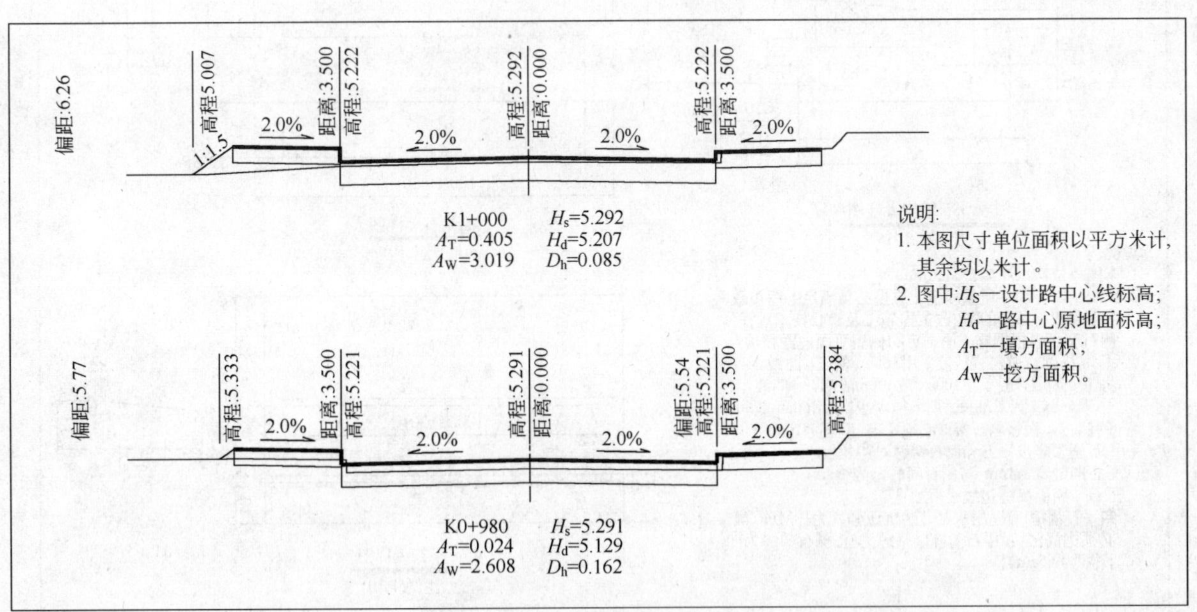

图 3-9　道路横断面图

（5）钢筋网、构造筋(图 3-10)

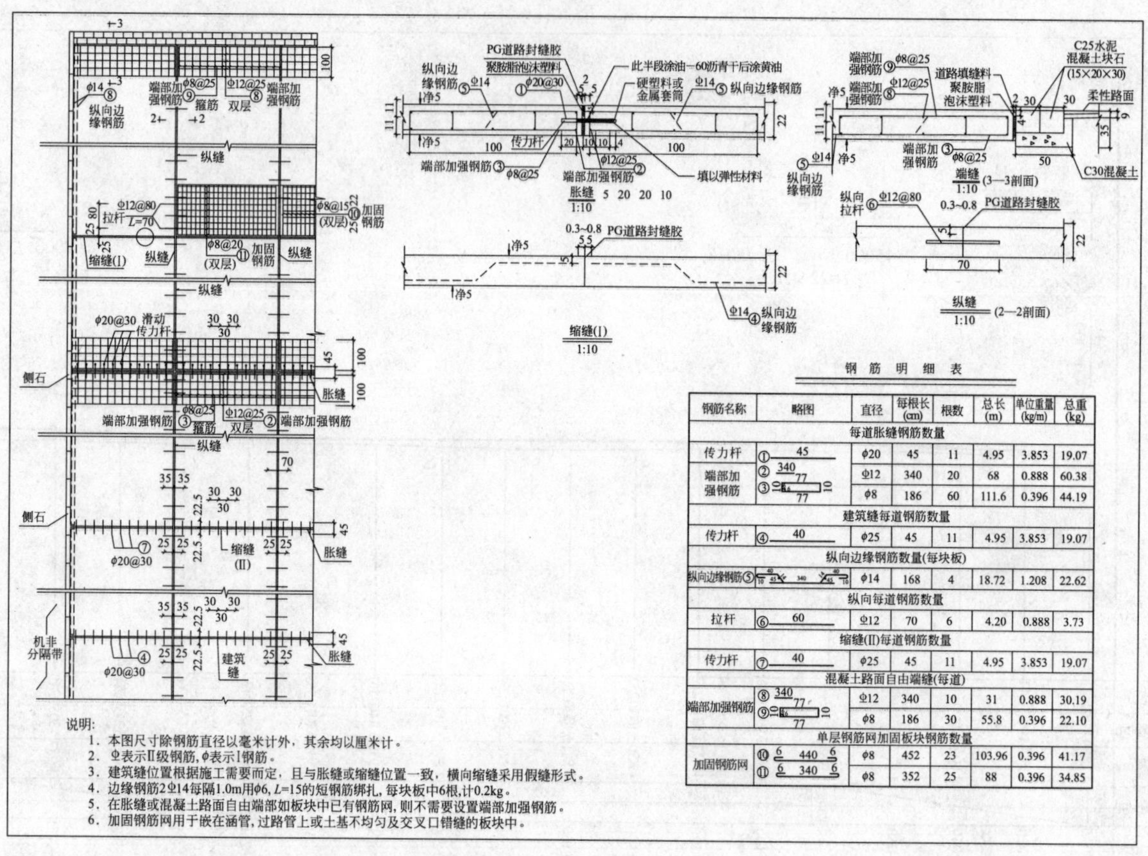

钢筋名称	略图	直径	每根长(cm)	根数	总长(m)	单位重量(kg/m)	总重(kg)
每道胀缝钢筋数量							
传力杆	① 45	φ20	45	11	4.95	3.853	19.07
端部加强钢筋	② 340	Ф12	340	20	68	0.888	60.38
	③ 10 77 10 77	φ8	186	60	111.6	0.396	44.19
建筑缝每道钢筋数量							
传力杆	④ 40	φ25	45	11	4.95	3.853	19.07
纵向边缘钢筋数量(每块板)							
纵向边缘钢筋⑤	10 40 45 340 45 40 10	φ14	168	4	18.72	1.208	22.62
纵向每道钢筋数量							
拉杆	⑥ 60	Ф12	70	6	4.20	0.888	3.73
缩缝(Ⅱ)每道钢筋数量							
传力杆	⑦ 40	φ25	45	11	4.95	3.853	19.07
混凝土路面自由端缝(每道)							
端部加强钢筋	⑧ 340	Ф12	340	10	31	0.888	30.19
	⑨ 10 77 10 77	φ8	186	30	55.8	0.396	22.10
单层钢筋网加固板块钢筋数量							
加固钢筋网	⑩ 6 440 6	φ8	452	23	103.96	0.396	41.17
	⑪ 6 340 6	φ8	352	25	88	0.396	34.85

说明：
1. 本图尺寸除钢筋直径以毫米计外，其余均以厘米计。
2. Ф表示Ⅱ级钢筋，φ表示Ⅰ钢筋。
3. 建筑缝位置根据施工需要而定，且与胀缝或缩缝位置一致，横向缩缝采用假缝形式。
4. 边缘钢筋2Ф14每隔1.0m用φ6，L=15的短钢筋绑扎，每块板中6根，计0.2kg。
5. 在胀缝或混凝土路面自由端部如板块中已有钢筋网，则不需要设置端部加强钢筋。
6. 加固钢筋网用于嵌在涵管，过路管上或土基不均匀及交叉口错缝的板块中。

图 3-10　道路钢筋网

（6）侧平石(图 3-11)

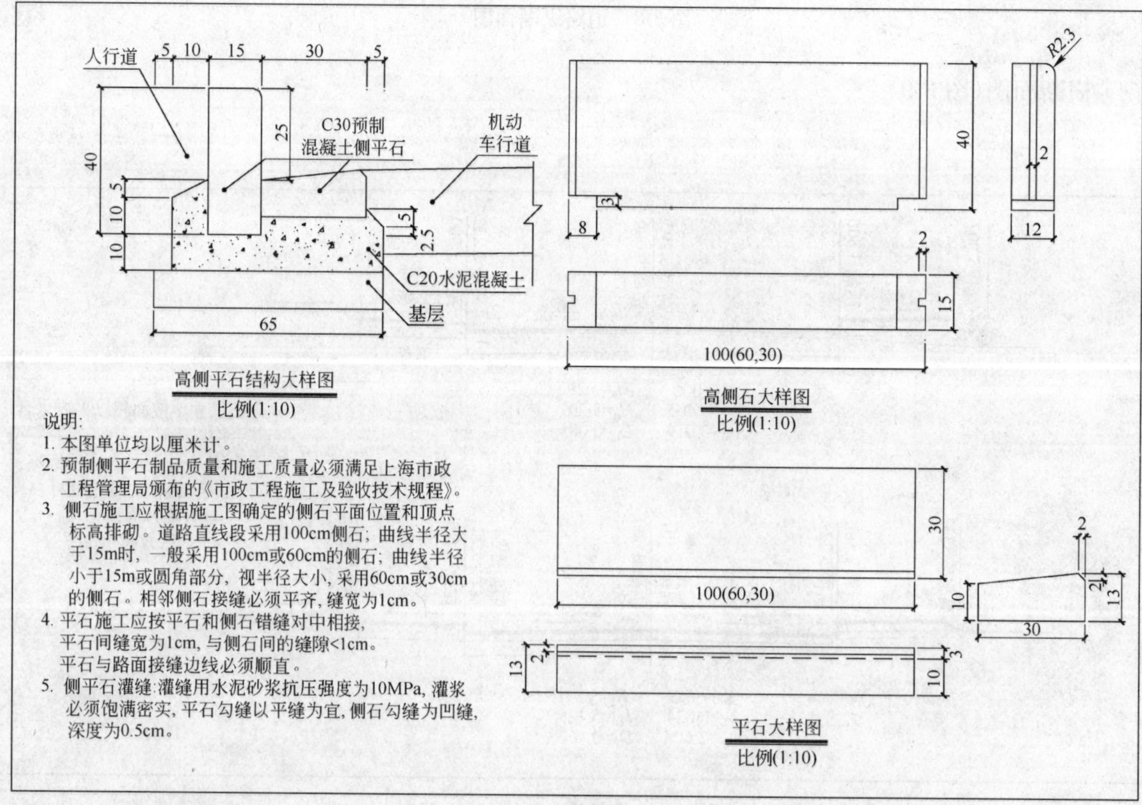

说明：
1. 本图单位均以厘米计。
2. 预制侧平石制品质量和施工质量必须满足上海市政工程管理局颁布的《市政工程施工及验收技术规程》。
3. 侧石施工应根据施工图确定的侧石平面位置和顶点标高排砌。道路直线段采用100cm侧石；曲线半径大于15m时，一般采用100cm或60cm的侧石；曲线半径小于15m或圆角部分，视半径大小，采用60cm或30cm的侧石。相邻侧石接缝必须平齐，缝宽为1cm。
4. 平石施工应按平石和侧石错缝对中相接，平石间缝宽为1cm，与侧石间的缝隙<1cm。平石与路面接缝边线必须顺直。
5. 侧平石灌缝：灌缝用水泥砂浆抗压强度为10MPa，灌浆必须饱满密实，平石勾缝以平缝为宜，侧石勾缝为凹缝，深度为0.5cm。

图 3-11　道路侧平石

道路工程量数量计算表 **表 3-3**

项 次	项目及说明	计 算 说 明	单位	数量
1 1.1 040101001001 1.1.1	人工挖Ⅰ、Ⅱ类土 $B=20.00$m 人工挖Ⅰ、Ⅱ类土 $B=20.00$m	一、分部分项工程量清单 土方工程 挖土方(040101) 依据总说明《挖土方土方分类表》及积距法算量公式、《土方挖、填计算表》算量表格；同时依据《计算规则》路幅宽按车行道、人行道和隔离带的宽度之和计算计算方法 根据施工设计横断面图计算(已知)	m^3 m^3	1800 1800
1.1.2	土方场内运输(自卸汽车运土 200m)	依据总说明“填土土方的体积变化系数表”计算方法；其中路基车行道填筑土方(密实度 90%)628m^3、路基人行道填土方 210m^3 根据施工设计横断面图计算(已知) $V=628m^3\times1.135m^3/m^3+210m^3=923m^3$	m^3	923
1.1.3	车行道人工整修Ⅰ、Ⅱ类土(2K+443.50～2K+713$b=14.00$m) 1)唐陆路交叉口 $b_1=26.00$m(X 字形，$\alpha=75°$、$\beta=105°$) 转角处：直线段(2K+643.50～2K+713) 2) 纬东路交叉口 $b_2=14.00$m 转角处(T 字形、$\alpha=90°$)：直线段(2K+433.50～2K+493.50)； 3) 经零路直线段(2K+493.50～2K+643.50)；	1. 直线段依据 $L\times b$ 及直线段交叉口(正交暨斜交)$L_{pj}\times b_1$ 面积算量公式；2. 交叉口依据正交暨斜交转角面积算量公式；3. 同时依据《计算规则》道路基层及垫层不扣除各种井位所占面积计算方法。 $A_{1)}=(15^2+13^2)\times[\tan(105°/2)-0.00873\times105]$ $+(28^2+33^2)\times[\tan(75°/2)-0.00873\times75]$ $=394\times(1.30323-0.91665)+1873\times(0.76733$ $-0.65475)=363.17m^2$ $A_{直}=(713-643.5)\times14m+[(15+13)\times\tan(105°/2)$ $+(28+33)\times\tan(75°/2)]\div2\times26m$ $=69.50\times14+(28\times1.30323+61\times0.76733)\div2\times26m$ $=2055.90m^2$ $\sum A_{(1)}=363.17m^2+2055.90m^2=2419.07m^2$ $A_{2)}=0.2146\times23^2\times2$ 边$=227.04m^2$ $A=(493.50-433.50+23)\times14.0m=1162.0m^2$ $\sum A_{(2)}=227.04m^2+1162.0m^2=1389.04m^2$ $A_{3)}=(643.50-493.50)\times14.0m=2100.0m^2$ 小计：$2419.07m^2+1389.04m^2+2100.0m^2=5908.11m^2$ $5908.11m^2\times50\%=2954.0m^2$	m^2	2954
1.1.4	人行道人工整修(Ⅰ、Ⅱ类土)$b=3.0$m 1) 唐陆路交叉口 $b_1=26.00$m (X 字形，$\alpha=75°$、$\beta=105°$) 转角处： 2) 纬东路交叉口 $b_2=14.00$m 转角处：(T 字形，$\alpha=90°$)直线段(2K+493.50～2K+643.50)； 3) 经零路直线段(2K+493.50～2K+643.50)；	1. 直线段依据 $L\times b$ 及直线段交叉口(正交暨斜交)$L_{pj}\times b_1$ 面积算量公式；2. 交叉口依据正交暨斜交转角面积算量公式；3. 同时依据《计算规则》人行道铺筑按设计面积计算，人行道面积不扣除各类井位所占面积，但应扣除种植树穴面积计算方法。 $A=\left[0.01745\times105\times\left(\frac{15+12}{2}+\frac{13+10}{2}\right)+0.01745\times75\right.$ $\left.\times\left(\frac{28+25}{2}+\frac{33+30}{2}\right)\right]\times3.0m=(45.81+7591)\times3.0m$ $=365.16m^2$ $A=\left(1.5707\times\frac{23+20}{2}\times3.0m\right)\times2$ 边$=202.59m^2$ $(493.5-433.5)\times3.0m=180.0m^2$ 小计：$202.59m^2+180.0m^2=382.59m^2$ $A=[(643.50-493.50)\times2$ 边$]\times3.0m=900.0m^2$ 合计：$365.16m^2+382.59m^2+900.0m^2=1647.75m^2$ $1647.75m^2\times50\%=823.75m^2$	m^2	823.75
1.2 040103001001 1.2.1 1.2.2	路基人行道填土方 填人行道土方 人行道人工整修(Ⅰ、Ⅱ类土)	依据总说明《挖土方土方分类表》及积距法算量公式、《土方挖、填计算表》表格计算方法 根据施工设计横断面图计算(已知) 序号 1.1.4×50%＝$1647.75m^2\times50\%=824.00m^2$	m^3	210
1.3 040103001002	路基车行道填筑土方 (密实度 90%) 车行道填筑土方(密实度 90%) 车行道人工整修(Ⅰ、Ⅱ类土)	依据总说明当填土有密实度要求时，土方挖、填平衡及缺土时外来土方，应按土方体积变化系数来计算回填土方数量。《挖土方土方分类表》及积距法算量公式、《土方挖、填计算表》表格计算方法 根据施工设计横断面图计算(已知)	m^3	628

续表

项　　次	项目及说明	计 算 说 明	单位	数量
1.4 040103002001	余方场外运输	依据总说明"填土土方的体积变化系数表"和土方密度计算方法 $(1800m^3-210m^3-628m^3\times1.135m^3/m^3)+97.28m^3$	m^3 t	974.5 1754.10
2.1 040201014001	碎石盲沟($b\times h$) 1. 纬东路交叉口 $B_2=20.00m$； 2. 直线段 $B=20.00m$； 3. 唐陆路交叉口 $B_1=32.00m$ 碎石盲沟(40×40)	依据《计算规则》路幅宽按车行道、人行道和隔离带的宽度之和计算、总说明土方密度计算方法及章说明计算方法 23/15×20m＝1道×20m＝20.0m (713－433.5＋1)/15×20m＝190道×20m＝380.0m (45.8/15＋75.9/15)×32m ＝(3＋5)道×32mm ＝256.0m 合计：$\sum L=380.00m+20.00m+256.00m=656.00m$	m m^3	656.0 104.96
2.2 040202001001 2.2.1	砾石砂隔离层 $h=25cm$ 砾石砂隔离层	同车行道人工整修面积(序号1.1.3) 同上	m^2 $100m^2$	908.11 59.0811
2.3 040202013001 2.3.1	厂拌粉煤灰三渣基层 $h=25cm$ 厂拌粉煤灰三渣基层	同经零路直线段车行道人工整修面积(序号1.1.3) 同上	m^2 $100m^2$	2100.0 21.00
2.4 040202013002	厂拌粉煤灰三渣基层 $h=35cm$ 厂拌粉煤灰三渣基层	其面积为唐陆路交叉口车行道人工整修面积加上纬东路交叉口车行道人工整修面积(序号1.1.3) 即：$\sum A=2419.07m^2+1389.04m^2=3808.11m^2$	m^2 $100m^2$	3808.11
3.1 040203004001	粗粒式沥青混凝土 1) 唐陆路交叉口 2) 纬东路交叉口	依据道路《通用图》及《计算规则》面层不扣除各种井位所占面积及带平石的面层应扣除平石面积计算计算方法 车行道整修面积－平石面积($L\times b$、平石宽度 $b=30cm$) A＝序号1.1.3①2419.07m^2－序号4.3L①(131.13m×0.3m)＝2379.73m^2 车行道整修面积－平石面积($L\times b$、平石宽度 $b=30cm$) A＝序号1.1.3②1389.04m^2－序号4.3L②(132.24m×0.3m)＝1349.37m^2 合计：$\sum A=A_{1)}+A_{2)}=2379.73m^2+1349.37m^2=3699.10m^2$ 同上	m^2 $100m^2$	3699.10 36.9910
3.2 040203004002 3.2.1	细粒式沥青混凝土面层 $h=3cm$　AC-15　机械摊铺细粒式沥青混凝土面层	同摊铺粗粒式沥青混凝土面积(序号3.1) 同上	m^2 $100m^2$	3699.10 36.9910
3.3 040203005001 3.3.1	水泥混凝土面层 (2K＋493.50～2K＋643.50) $h=20cm$ C30 非泵送商品混凝土(5～40mm)	依据总说明混凝土及砂浆强度等级与设计强度等级不同时，可按设计强度等级进行换算的计算方法 同经零路直线段车行道人工整修面积(序号1.1.3) 同上	m^2 $100m^2$	2100.00 21.00
4.1 040204001001	铺筑预制人行道板 铺筑预制水泥混凝土人行道板	同人行道人工整修面积(序号1.1.4) 同上	m^2 $100m^2$	1647.75 16.4775
4.2 040204003001 4.2.1	排砌预制混凝土侧石 (直线段水泥混凝土面层2K＋493.50～2K＋643.50) 排砌预制混凝土侧石、现浇混凝土(5～20mm)C20	依据《计算规则》按设计长度计算，不扣除侧向进水口长度计算方法 L＝(493.50－643.50)m×2边＝150.0m×2边＝300.0m 同上	m m	300.0 300.0
4.3 040204003002	排砌预制混凝土侧平石 1) 唐陆路交叉口 转角处(X字形，$\alpha=75°$、$\beta=105°$) 2) 纬东路交叉口 转角处(T字形，$\alpha=90°$)： 直线段(2K＋433.50～2K＋493.50)：	依据交叉口正交暨斜交转角长度算量公式；同时依据《计算规则》按设计长度计算，不扣除侧向进水口长度计算方法 $L_{1)}=0.01745\times(15m+13m)\times105+0.01745\times(28m+33m)\times75$ $=51.30m+79.83m=131.13m$ $L_{2转)}=1.5707\times(23m+23m)=72.24m$ $L_{2直}=493.50m-433.50m=60.0m$ L_2：72.24m＋60.0m＝132.24m 合计：$\sum L=L_1+L_2=131.13m+132.24m=263.37m$ 同上	m	263.37 263.37

续表

项　次	项目及说明	计算说明	单位	数量
4.5 040204003003 4.5.1	排砌预制混凝土块(双排、宽为30cm) (b=14.0m) 混凝土块砌边(双排宽30cm)、现浇混凝土(5～15mm)C20	14.0m×4道=56m 同上	m m	56.0 56.0
7.1 040701002001 7.1.1	道路水泥混凝土路面钢筋网加固(板块l_1×b_1=5.00×3.50m) 2K+493.50～2K+643.50 (L=150.0m、b=14.0m) 14.00÷3.5m/块=4.0块 水泥混凝土路面钢筋网	依据总说明钢筋可按设计数量(不再加损耗)直接套用相应定额计算。道路《通用图》及《五金手册》钢筋及质量密度计算方法 {(41.17kg/块+34.85kg/块)×[150m/(5m)×4块]}÷1000kg/t =(76.02kg/块×120块)÷1000kg/t=9.122t 同上	t t	9.122 9.122
7.2 040701002002 7.2.1	道路水泥混凝土路面构造筋各类加固钢筋(构造筋) (1)箍筋式端部钢筋(设置两道) (2)胀缝钢筋(胀缝设置两道)横断面(每道4块版块) (3)纵缝钢筋(设置道)L=150.0m5.0×3.5m (4)窨井加固钢筋(8只)其中 1)甲式4只 2)乙式1只 3)丙式3只 水泥混凝土路面构造筋	依据总说明道路混凝土路面的传力杆、边缘(角隅)加固筋、纵向拉杆等钢筋套用构造筋定额及《通用图》钢筋、钢筋布置重量汇总表计算表格及《五金手册》钢筋质量密度计算方法 [2道×(30.19+22.10)×4板/块]÷1000kg/t=0.772t [2道×(19.07+60.38+44.19)×4板/块]÷1000kg/t=0.989t [3道×(3.73kg/道×150/5)]÷1000kg/t=0.336t (63.44×4只+62.01×1只+68.45×3只)÷1000kg/t=0.526t 合计：$\sum t$=0.989t+0.336t+0.526t=2.623t 同上	t t	2.623 2.623

6. 措施项目工程量清单

(1) 道路工程量数量计算见表3-4。

道路工程量数量计算表［按工程量清单顺序暨定额预(结)算编列］　　表3-4

0502	混凝土、钢筋混凝土模板及支架 水泥混凝土路面模板 (直线段水泥混凝土路面2K+493.50～2K+643.50) (B=14.0m、h=20cm)	依据《计算规则》模板工程量按与混凝土接触面积以平方米计算及施工组织设计中4块板设5道模板、另外缩缝处2道、白色与黑色路面交换处2道计算方法 A=(643.50−493.50)m×(4道+1道)×0.2m+(14m×2道×0.2m)×2道=161.2m²		m²	161.2
0502.1	h=20cm水泥混凝土面层模板	同上		m²	161.2
0501	大型机械设备进出及安拆	依据总说明“未包括大型机械场外运输、安拆”计算方法			
0501.1	1m³以内单斗挖掘机场外运输	依据总说明“未包括大型机械场外运输、安拆”计算方法	1	台·次	1
0501.2	压路机场外运输	依据总说明“未包括大型机械场外运输、安拆”计算方法	2	台·次	2
0501.3	沥青摊铺机场外运输	依据总说明“未包括大型机械场外运输、安拆”计算方法	1	台·次	1

(2) 工程量汇总见表3-5。

道路改建工程工程量汇总表　　表3-5

序　号	名　称	单　位	工程量
	道　路		
1	人工挖土方(Ⅰ、Ⅱ类)	m³	1800.00
2	填车行道土方(密实度90%)	m³	628.00
3	填人行道土方	m³	210.00
4	土方场内自卸汽车运输(运距≤200m)	m³	923.00
5	车行道路基整修(Ⅰ、Ⅱ类)	m²	5908.11

续表

序号	名称	单位	工程量
6	人行道路基整修(Ⅰ、Ⅱ类)	m^2	1647.75
7	碎石盲沟	m^3	104.96
8	砾石砂垫层(厚15cm)	$100m^2$	59.08
9	厂拌粉煤灰粗粒径三渣基层(厚25cm)	$100m^2$	21.00
10	厂拌粉煤灰粗粒径三渣基层(厚35cm)	$100m^2$	38.08
11	机械摊铺粗粒式沥青混凝土(厚5cm)	$100m^2$	36.99
12	机械摊铺细粒式沥青混凝土(厚3cm)	$100m^2$	36.99
13	面层商品混凝土(厚20cm) 非泵送商品混凝土(5~40mm)C30	$100m^2$	21.00
14	混凝土路面模板	m^2	161.20
15	铺筑预制混凝土人行道板	$100m^2$	16.48
16	排砌预制侧石 现浇混凝土(5~20mm)C20	m	300.00
17	排砌预制侧平石 现浇混凝土(5~20mm)C20	m	263.37
18	混凝土块砌边(双排宽30cm) 现浇混凝土(5~16mm)C20	m	56.00
19	混凝土路面钢筋网	t	9.12
20	混凝土路面构造筋	t	2.62
21	土方场外运输	m^3	1079.46
22	$1m^3$ 以内单斗挖掘机场外运输费	台·次	1.00
23	压路机(综合)场外运输费	台·次	2.00
24	沥青混凝土摊铺机场外运输费	台·次	1.00

7. 预算书(表3-6)

预 算 书 **表3-6**

工程名称：××道路

编制单位：

序号	定额编号	名称	单位	单价	工程量	合价	人工费	材料费	机械费	其他材料费
		道路				1148943				
1	S2-1-1	人工挖土方(Ⅰ、Ⅱ类)	m^3	6.76	1800.00	12166	12165.72			
2	S2-1-44	土方场内自卸汽车运输(运距≤200m)	m^3	11.05	923.00	10198	5135.99		5062.36	
3	S2-1-38	车行道路基整修(Ⅰ、Ⅱ类)	m^2	0.66	2954.00	1958	1261.38		697.05	
4	S2-1-40	人行道路基整修(Ⅰ、Ⅱ类)	m^2	1.33	823.75	1099	810.67		288.53	
5	S2-1-7	填人行道土方	m^3	8.21	210.00	1725	1495.70		229.32	
6	S2-1-40	人行道路基整修(Ⅰ、Ⅱ类)	m^2	1.33	824.00	1100	810.91		288.62	
7	S2-1-8	填车行道土方(密实度90%)	m^3	5.82	628.00	3654	2721.42		933.04	
8	S2-1-38	车行道路基整修(Ⅰ、Ⅱ类)	m^2	0.66	2954.11	1959	1261.43		697.08	
9	ZSM19-1-1	土方场外运输	m^3	20.00	982.18	19644			19643.60	
10	S2-1-35	碎石盲沟	m^3	93.78	104.96	9843	1971.68	7871.58		
11	S2-2-1	砾石砂垫层(厚15cm)	$100m^2$	1900.79	59.08	112301	4020.73	105336.30	2943.96	
12	S2-2-13	厂拌粉煤灰粗粒径三渣基层(厚25cm)	$100m^2$	3641.26	21.00	76466	2977.38	72472.92	1016.16	
13	S2-2-14	厂拌粉煤灰粗粒径三渣基层(厚35cm)	$100m^2$	5141.17	38.08	195781	9362.74	183838.76	2579.76	
14	S2-3-20换	机械摊铺粗粒式沥青混凝土(厚5cm)	$100m^2$	3819.19	36.99	141275	1400.61	137399.24	2475.64	164.68
15	S2-3-24换	机械摊铺细粒式沥青混凝土(厚3cm)	$100m^2$	2935.15	36.99	108574	1398.51	104267.78	2907.98	114.57
16	S2-3-32换	面层商品混凝土(厚20cm) 非泵送商品混凝土(5~40mm)C30	$100m^2$	6724.43	21.00	141213	4666.78	135194.78	1351.38	13.52
17	S2-3-36	混凝土路面模板	m^2	34.25	161.20	5520	1710.62	3369.23	440.51	

续表

序号	定额编号	名　　称	单位	单价	工程量	合价	人工费	材料费	机械费	其他材料费
18	S2-4-11	铺筑预制混凝土人行道板	100m²	5047.60	16.48	83172	3776.42	79395.38		
19	S2-4-21	排砌预制侧石 现浇混凝土(5～20mm)C20	m	27.06	300.00	8119	896.72	7222.51		
20	S2-4-23	排砌预制侧平石 现浇混凝土(5～20mm)C20	m	52.98	263.37	13952	1167.66	12784.57		
21	S2-4-29	混凝土块砌边(双排宽 30cm) 现浇混凝土(5～16mm)C20	m	36.14	56.00	2024	438.46	1585.63		
22	S2-3-38	混凝土路面钢筋网	t	3545.54	9.12	32342	4251.03	27933.61	157.75	
23	S2-3-37	混凝土路面构造筋	t	3495.81	2.62	9170	1149.49	7961.03	59.00	
24	ZSM21-2-4	1m³ 以内单斗挖掘机场外运输费	台・次	2734.00	1.00	2734			2734.00	
25	ZSM21-2-7	压路机(综合)场外运输费	台・次	1829.00	2.00	3658			3658.00	
26	ZSM21-2-8	沥青混凝土摊铺机场外运输费	台・次	3814.00	1.00	3814			3814.00	
		造价	元			1148943	74254.13	1015175.20	59513.33	

8. 费用表(表 3-7)

费　用　表　　**表 3-7**

工程名称：××道路　　编制单位：

序　　号	名　　称	表　达　式	金额(元)
	道路工程	道路	
1	定额直接费	直接费合计	983819
2	大型周材运输费	[1]×0.5%	4919
3	土方泥浆外运费	土方泥浆外运费	19644
4	直接费	[1]+[2]+[3]	1008382
5	综合费	[4]×10%	100838
6	施工措施费	施工措施费	
7	其他费用	[4]×0.072%+([4]+[5]+[6])×0.10%	1835
8	税前补差	税前补差	
9	税金	([4]+[5]+[6]+[7]+[8])×3.41%	37887
10	甲供材料	甲供材料	
11	税后补差	税后补差	
12	总造价	[4]+[5]+[6]+[7]+[8]+[9]+[10]+[11]	1148943

9. 材料表(表 3-8)

材　料　表　　**表 3-8**

工程名称：××道路工程

编制单位：

编　码	名　　称	规　　格	单　位	单价(元)	数　量	合价(元)
203170	非泵送商品混凝土	(5～40mm)C30	m³	283.070	426.30	120672.74
205030	木模成材		m³	1423.960	0.06	91.82
205090	木丝板		m²	20.450	51.98	1062.89
206010	ϕ10 以内钢筋		t	3004.160	5.29	15901.82
206020	ϕ10 以外钢筋		t	2923.990	6.75	19722.60
208010	预制混凝土侧石	(1000mm×300mm×120mm)	m	14.730	580.27	8547.39
208020	预制混凝土平石	(1000mm×300mm×120mm)	m	13.710	271.27	3719.13
208050	预制混凝土块		块	3.490	365.38	1275.17

续表

编码	名称	规格	单位	单价(元)	数量	合价(元)
208060	预制混凝土人行道板		m^2	41.370	1713.66	70894.11
209010	黄砂(中粗)		t	52.330	181.01	9472.35
209090	道碴(30～80mm)		t	52.240	132.09	6900.49
209100	道碴(50～70mm)		t	51.740	36.15	1870.45
209110	砾石砂		t	53.540	1959.29	104900.64
209290	厂拌粉煤灰三渣(50～70mm)		t	57.670	4434.29	255725.44
210021	乳化沥青		kg	3.249	1295.42	4208.21
210031	石油沥青		kg	3.821	527.77	2016.40
210120	细粒式沥青混凝土(AC-13)		t	387.360	259.06	100350.55
210160	粗粒式沥青混凝土(AC-30)		t	307.670	443.98	136598.43
212010	圆钉		kg	6.310	2.14	13.53
212190	镀锌钢丝		kg	5.570	44.36	247.07
212820	切缝机刀片		片	910.800	0.40	363.41
213020	重质柴油		kg	4.500	46.80	210.60
213530	塑料薄膜溶液		kg	7.800	503.98	3931.04
214120	PG道路封缝胶		kg	16.000	387.78	6204.48
214130	ϕ8泡沫条		m	0.150	438.90	65.83
214140	ϕ30泡沫条		m	0.500	324.79	162.39
215010	钢模板		kg	4.970	106.65	530.05
215040	钢模零配件		kg	5.890	382.04	2250.24
217040	草袋		只	1.590	315.00	500.85
217150	电焊条		kg	5.260	4.40	23.16
217240	金属帽		只	1.500	322.40	483.60
217380	水		m^3	2.700	475.30	1283.31
219010	32.5级水泥		kg	0.253	11902.42	3015.72
219040	黄砂(中粗)		kg	0.052	23779.82	1244.40
219050	碎石(5～16mm)		kg	0.050	1624.38	81.33
219060	碎石(5～20mm)		kg	0.050	35908.98	1780.37
219130	水		m^3	2.700	6.86	18.53
X0045	其他材料费					292.77

二、部颁-综合单价、工料单价法、全费用综合单价法方法

1. 工程量清单目录(分部分项工程项目工程量清单、措施项目工程量清单及其他项目零星工作项目工程量清单)

2. 分部分项工程量清单计价表(部颁-综合单价、工料单价法、全费用综合单价法)

3. 分部分项工程量清单单价分析表(部颁-综合单价、工料单价法、全费用综合单价法)

4. 措施项目计量清单计价表(部颁-综合单价、工料单价法、全费用综合单价法)

5. 措施项目计量清单单价分析表(部颁-综合单价、工料单价法、全费用综合单价法)

6. 其他项目费用计价表(部颁-综合单价、工料单价法、全费用综合单价法)

7. 零星工作项目计量清单单价分析表(部颁-综合单价、工料单价法、全费用综合单价法)

三、部颁-综合单价——道路工程单位工程(招、投标文件)

综合本教案，根据《建设工程工程量清单计价规范》项目编码原则。招标文件具体见表3-9～表3-14。投标文件具体见表3-15～表3-19。

某某路道路新建工程

工程量清单(招标1)

招　标　人：＿＿＿＿＿＿＿＿＿＿(单位签字盖章)

法定代表人：＿＿＿＿＿＿＿＿＿＿(签字盖章)

中 介 机 构：
法定代表人：＿＿＿＿＿＿＿＿＿＿(签字盖章)

造价工程师
及注册证号：＿＿＿＿＿＿＿＿＿＿(签字盖执业专用章)

编 制 时 间：＿＿＿＿＿＿＿＿＿＿

总　说　明(招标2)

工程名称：某某路新建道路工程

1. 工程概况

本道路工程路幅宽度20m，总长281m。其中直线长度150m，车行道宽度14m(3.50m×4)，人行道宽度为3m，车行道结构层：C30水泥混凝土面层(厚20cm)，厂拌粉煤灰粗粒式三渣基层(25cm)，碎石垫层(15cm)；另有两个交叉口，一正一斜，车行道结构层：5cm粗粒式沥青混凝土、3cm细沥青混凝土面层，厂拌粉煤灰粗粒式三渣基层(35cm)，砾石砂垫层(15cm)。沥青混凝土采用机械摊铺。

水泥混凝土路面钢筋设置：胀缝两道，150m内全部设置钢筋网，窨井加固共8座。混凝土模板纵向按5道设置，横向按4道设置计算。

碎石盲沟断面采用40cm×40cm，长度应包括交叉口。

2. 招标范围：本招标工程为一个单项工程，道路一个单位工程，具体范围按设计图图示。

3. 清单编制依据：《〈建设工程工程量清单计价规范〉上海市市政工程操作指南》，施工设计图文件等。

4. 工程质量应达到优良标准。

5. 其他项目清单：招标人部分中，列入提供监理工程师设备费5000元(由业主控制使用)。

6. 投标报价按“上海市市政工程操作指南”的统一格式。

7. 人工、材料、机械费用按上海市市政工程市场信息2006年10月份计取。

8. 施工工期：152天。

分部分项工程量清单(一)(招标3)　　　　**表3-9**

工程名称：

序号	项目编码(十二位)	项目名称	项目特征	工程内容	计量单位	数量
1	2	3	4	5	6	7
		土方工程　挖土方(040101)				
1	040101001001	挖路基土方	1. 土的类别(Ⅰ、Ⅱ类土) 2. 挖土深度	1. 土方开挖 2. 围护、支撑 3. 场内运输 4. 平整、夯实	m^3	1800.00
		填方及土方运输(040103)				
2	040103001001	路基人行道填土方	1. 填方材料品种 2. 密实度	1. 填方 2. 压实	m^3	210.00
3	040103001002	路基车行道填筑土方	1. 填方材料品种 2. 密实度90%	1. 填方 2. 压实	m^3	628.00
4	040103002001	余方场外运输	1. 废弃料品种 2. 运距1km内	余方点装料运输至弃置点	m^3	1079.46
		道路工程　路基处理(040201)				
5	040201014001	碎石盲沟($b\times h$)	1. 材料品种 2. 断面(40cm×40cm) 3. 材料规格	盲沟铺筑	m	656.00
		道路基层(040202)				

续表

序号	项目编码(十二位)	项目名称	项目特征	工程内容	计量单位	数量
1	2	3	4	5	6	7
6	040202001001	砾石砂隔离层	1. 厚度 $h=15$cm 2. 材料品种 3. 材料规格	1. 拌合 2. 铺筑 3. 找平 4. 碾压 5. 养护	m^2	5908.11
7	040202013001	厂拌粉煤灰三渣基层	1. 厚度 $h=25$cm 2. 配合比 3. 石料规格 50～70mm	1. 拌合 2. 铺筑 3. 找平 4. 碾压 5. 养护	m^2	2100.00
8	040202013002	厂拌粉煤灰三渣基层	1. 厚度 $h=35$cm 2. 配合比 3. 石料规格 50～70mm	1. 拌合 2. 铺筑 3. 找平 4. 碾压 5. 养护	m^2	3808.11
		道路面层(040203)				
9	040203004001	粗粒式沥青混凝土	1. 沥青品种 AC-30 2. 石料最大粒径 3. 厚度 $h=5$cm	1. 洒铺底油 2. 铺筑 3. 碾压	m^2	3699.10
10	040203004002	细粒式沥青混凝土面层	1. 沥青品种 AC-13 2. 石料最大粒径 3. 厚度 $h=3$cm	1. 洒铺底油 2. 铺筑 3. 碾压	m^2	3699.10
11	040203005001	水泥混凝土面层	1. 混凝土强度等级、石料最大粒径：C30(5～40mm) 2. 厚度 $h=20$cm 3. 掺合料 4. 配合比	1. 传力杆及套筒制作、安装 2. 混凝土浇筑 3. 拉毛或压痕 4. 伸缝 5. 缩缝 6. 锯缝 7. 嵌缝 8. 路面养护	m^2	2100.00
		人行道及其他(040204)				
12	040204001001	铺筑预制人行道板	1. 材料：混凝土 2. 尺寸：490mm×490mm×65mm 3. 垫层材料品种、厚度、强度 4. 形状：方形	1. 整形碾压 2. 垫层、基础铺筑 3. 块料铺设	m^2	1647.75
13	040204003001	排砌预制混凝土侧石	1. 材料：混凝土 2. 尺寸：1000mm×300mm×120mm 3. 形状：矩形 4. 垫层、基础：材料品种、厚度、强度 C20(5～20mm)	1. 垫层、基础铺筑 2. 侧(平、缘)石安砌	m	300.00
14	040204003002	排砌预制混凝土侧平石	1. 材料：混凝土 2. 尺寸：1000mm×300mm×120mm 3. 形状：矩形 4. 垫层、基础：材料品种、厚度、强度 C20(5～20mm)	1. 垫层、基础铺筑 2. 侧(平、缘)石安砌	m	263.37
15	040204003003	排砌预制混凝土块	1. 材料：混凝土 2. 尺寸(双排、300mm×200mm×150mm) 3. 形状：矩形 4. 垫层、基础：材料品种、厚度、强度 C20(5～25mm)	1. 垫层、基础铺筑 2. 侧(平、缘)石安砌	m	56.00

续表

序号	项目编码（十二位）	项目名称	项目特征	工程内容	计量单位	数量
1	2	3	4	5	6	7
		钢筋工程(040701)				
16	040701002001	道路水泥混凝土路面钢筋网加固	1. 材质 2. 部位：路面钢筋网	制作、安装	t	9.12
17	040701002002	道路水泥混凝土路面构造筋	1. 材质 2. 部位：路面钢筋网	制作、安装	t	2.62

措施项目清单(一)(招标 5)　　**表 3-10**

序号	项目编码	项目名称	内容说明
	01	通用项目	
1.1	0101	环境保护	
1.2	0102	文明施工	
1.3	0103	安全施工	
1.4	0104	临时设施费	
1.5	0105	夜间施工	
1.6	0106	二次搬运	
1.7	0107	已完工程及设备保护费	

其他项目清单(招标 6)　　**表 3-11**

工程名称：

序号	项目名称	金额(元)
1	为监理工程师提供设备(由业主控制使用)	20000
1.1	合计费用	20000
	合计	20000

措施项目计量清单(二)(招标 7)　　**表 3-12**

措施项目清单……招标 5

序号	项次	项目编码	项目名称	单位	数量	备注
	5		5 市政工程			
1	5.1	0501	大型机械进出场运输及安拆			
2	5.2	0502	混凝土、钢筋混凝土模板及支架			
3	5.3	0503	脚手架			
4	5.4	0504	施工排水、降水			
5	5.5	0505	围堰			
6	5.6	0506	筑岛			
7	5.7	0507	现场施工围栏			
8	5.8	0508	施工便道			
9	5.9	0509	便桥			
10	5.10	0510	洞内施工的通风、供水、供气、供电、照明及通信设施			
11	5.11	0511	驳岸块石清理			
12	5.12	沪 0512	地基加固			
13	5.13	沪 0513	地下监测			
14	5.14	临-001	堆场			

主要工日、材料设备、机械设备台班清单(招标 9)　　表 3-13

工程名称：

序　号	编　号	名　称	规格型号	单　位
		主要工日		
1	100100	综合人工		工日
		主要材料设备		
1	203170	非泵送商品混凝土	(5～40mm)C30	m^3
2	205030	木模成材		m^3
3	206010	ϕ10 以内钢筋		t
4	206020	ϕ10 以外钢筋		t
5	208010	预制混凝土侧石	(1000mm×300mm×120mm)	m
6	208020	预制混凝土平石	(1000mm×300mm×120mm)	m
7	208060	预制混凝土人行道板		m^2
8	209010	黄砂(中粗)		t
9	209090	道碴(30～80mm)		t
10	209100	道碴(50～70mm)		t
11	209110	砾石砂		t
12	209290	厂拌煤灰三渣(50～70mm)		t
13	210021	乳化沥青		kg
14	210031	石油沥青		kg
15	210120	细粒式沥青混凝土(AC-13)		t
16	210160	粗粒式沥青混凝土(AC-30)		t
17	219010	32.5 级水泥		kg
18	219040	黄砂(中粗)		kg
19	219050	碎石(5～16mm)		kg
20	219060	碎石(5～20mm)		kg
		主要机械设备台班		
1	301240	轻型内燃光轮压路机		台班
2	301250	重型内燃光轮压路机		台班
3	301260	液压振动压路机		台班

主要综合单价分析项目清单(招标 10)　　表 3-14

道路工程：

序　号	项目编码	项目名称
2.4	040202013002	厂拌粉煤灰粗粒式三渣基层(厚 35cm)
2.5	040203004001	粗粒式沥青混凝土面层(厚 5cm)AC-30
2.6	040203004002	细粒式沥青混凝土面层(厚 5cm)AC-30
2.7	040203005001	水泥混凝土面层 C30(5～40mm)(厚 20cm)

某某路道路新建工程

工程量清单报价表(封面)

投　标　人：＿＿＿＿＿＿＿＿＿＿＿(单位签字盖章)

法定代表人：＿＿＿＿＿＿＿＿＿＿＿(签字盖章)

造价工程师
及注册证号：＿＿＿＿＿＿＿＿＿＿＿(签字盖执业专用章)

编制时间：＿＿＿＿＿＿＿＿＿＿＿

清　单　六

表 3-15

工程名称：经零路道路工程

编制单位：

序号	编　号	名　称	单位	综合单价 工料单价	工程量	人工费	材料费	机械费	周材运输费	管理费	安全防护、文明	规　费	税　金	合　计	总　计
	1	2	3	4	5	6	7	8	9	10	11	12	13	14	15
				4=14/5										6～11	6～13
		挖路基土方(Ⅰ、Ⅱ类)	m³	16.15	1800.00							50.58	992.97	29069	30112
1	S2-1-1	人工挖土方(Ⅰ、Ⅱ类)	m³	6.84	1800.00	12307.95			61.54	1113.25	296.87	23.98	470.70	13780	14274
2	S2-1-44	土方场内自卸汽车运输(运距≤200m)	m³	11.39	923.00	5196.03		5321.45	52.59	951.31	253.68	20.49	402.23	11775	12198
3	S2-1-38	车行道路基整修(Ⅰ、Ⅱ类)	m²	0.68	2954.00	1276.13		741.01	10.09	182.45	48.65	3.93	77.14	2258	2339
4	S2-1-40	人行道路基整修(Ⅰ、Ⅱ类)	m²	1.36	823.75	820.15		301.53	5.61	101.46	27.05	2.19	42.90	1256	1301
		路基人行道填方	m³	15.33	210.00							5.60	109.94	3219	3334
5	S2-1-7	填人行道土方	m³	8.35	210.00	1513.18		239.65	8.76	158.54	42.28	3.41	67.03	1962	2033
6	S2-1-40	人行道路基整修(Ⅰ、Ⅱ类)	m²	1.36	824.00	820.39		301.62	5.61	101.49	27.06	2.19	42.91	1256	1301
		路基车行道填方	m³	10.27	628.00							11.22	220.34	6450	6682
7	S2-1-8	填车行道土方(密实度90%)	m³	5.96	628.00	2753.23		991.10	18.72	338.67	90.31	7.29	143.20	4192	4343
8	S2-1-38	车行道路基整修(Ⅰ、Ⅱ类)	m²	0.68	2954.11	1276.18		741.04	10.09	182.46	48.66	3.93	77.15	2258	2339
		余土场外运输	m³	30.64	982.18							52.36	1027.82	30089	31169
9	ZSM19-1-1	土方场外运输	m³	27.50	982.18			27009.95	0.00	2430.90	648.24	52.36	1027.82	30089	31169
		碎石盲沟	m	16.66	656.00							19.02	373.30	10928	11321
10	S2-1-35	碎石盲沟	m³	93.00	104.96	1994.73	7766.42		48.81	882.90	235.44	19.02	373.30	10928	11321
		砾石砂垫层(厚15cm)	m²	20.91	5908.00							214.91	4219.02	123510	127944
11	S2-2-1	砾石砂垫层(厚15cm)	100m²	1867.25	59.08	4067.73	103122.30	3129.01	551.60	9978.36	2660.90	214.91	4219.02	123510	127944

续表

序号	编 号	名 称	单位	综合单价 工料单价	工程量	人工费	材料费	机械费	周材运输费	管理费	安全防护、文明	规 费	税 金	合 计	总 计
	1	2	3	4	5	6	7	8	9	10	11	12	13	14	15
				4=14/5										6～11	6～13
		厂拌粉煤灰粗粒径三渣基层(厚25cm)	m²	40.69	2100.00							148.67	2918.72	85444	88512
12	S2-2-13	厂拌粉煤灰粗粒径三渣基层(厚25cm)	100m²	3634.23	21.00	3012.19	72222.31	1084.33	381.59	6903.04	1840.81	148.67	2918.72	85444	88512
		厂拌粉煤灰粗粒径三渣基层(厚35cm)	m²	57.46	3808.00							380.70	7473.89	218795	226649
13	S2-2-14	厂拌粉煤灰粗粒径三渣基层(厚35cm)	100m²	5131.88	38.08	9472.20	183202.51	2752.83	977.14	17676.42	4713.71	380.70	7473.89	218795	226649
		机械摊铺粗粒式沥青混凝土(厚5cm)	m²	39.08	3699.00							251.55	4938.42	144570	149760
14	S2-3-20换	机械摊铺粗粒式沥青混凝土(厚5cm)	100m²	3490.85	36.99	1416.99	125122.67	2590.29	645.65	11679.80	3114.61	251.55	4938.42	144570	149760
		机械摊铺细粒式沥青混凝土(厚3cm)	m²	29.40	3699.00							189.20	3714.36	108736	112640
15	S2-3-24换	机械摊铺细粒式沥青混凝土(厚3cm)	100m²	2625.60	36.99	1414.86	92672.52	3036.03	485.62	8784.81	2342.62	189.20	3714.36	108736	112640
		水泥混凝土面层(厚20cm)(5～40mm)C30	m²	74.51	2100.00							272.27	5345.06	156474	162092
16	S2-3-32换	面层商品混凝土(厚20cm)非泵送商品混凝土(5～40mm)C30	100m²	6655.38	21.00	4721.34	133642.82	1398.78	698.81	12641.56	3371.08	272.27	5345.06	156474	162092
		铺筑预制混凝土人行道板	m²	56.16	1647.80							161.01	3160.99	92537	95859
17	S2-4-11	铺筑预制混凝土人行道板	100m²	5016.16	16.48	3820.57	78833.29		413.27	7476.04	1993.61	161.01	3160.99	92537	95859
		排砌预制侧石	m	29.97	300.00							15.64	307.12	8991	9314
18	S2-4-21	排砌预制侧石现浇混凝土(5～20mm)C20	m	26.77	300.00	907.20	7123.50		40.15	726.38	193.70	15.64	307.12	8991	9314

续表

序号	编号	名称	单位	综合单价 工料单价	工程量	人工费	材料费	机械费	周材运输费	管理费	安全防护、文明	规费	税金	合计	总计
1		2	3	4	5	6	7	8	9	10	11	12	13	14	15
				4=14/5										6～11	6～13
		排砌预制侧平石	m	58.58	263.37							26.84	527.01	15428	15982
19	S2-4-23	排砌预制侧平石 现浇混凝土(5～20mm)C20	m	52.32	263.37	1181.31	12598.95		68.90	1246.42	332.38	26.84	527.01	15428	15982
		混凝土块砌边(双排宽30cm)	m	40.31	56.00							3.93	77.12	2258	2339
20	S2-4-29	混凝土块砌边(双排宽30cm)现浇混凝土(5～16mm)C20	m	36.01	56.00	443.58	1572.89		10.08	182.39	48.64	3.93	77.12	2258	2339
		混凝土路面钢筋网	t	4221.36	9.12							66.99	1315.09	38499	39881
21	S2-3-38	混凝土路面钢筋网	t	3769.69	9.12	4300.72	29926.95	159.44	171.94	3110.31	829.42	66.99	1315.09	38499	39881
		混凝土路面构造筋	t	4160.84	2.62							18.97	372.38	10901	11293
22	S2-3-37	混凝土路面构造筋	t	3712.21	2.62	1162.93	8514.58	59.63	48.69	880.72	234.86	18.97	372.38	10901	11293
		施工措施—混凝土、钢筋混凝土模板	m^2	38.61	161.20							10.83	212.63	6225	6448
23	S2-3-36	混凝土路面模板	m^2	34.49	161.20	1730.62	3382.29	446.84	27.80	502.88	134.10	10.83	212.63	6225	6448
		施工措施—大型机械进出场及场外运输										19.88	390.32	11426	11837
24	ZSM21-2-4	$1m^3$ 以内单斗挖掘机场外运输费	台·次	2734.00	1.00			2734.00	13.67	247.29	65.94	5.33	104.56	3061	3171
25	ZSM21-2-7	压路机(综合)场外运输费	台·次	1829.00	2.00			3658.00	18.29	330.87	88.23	7.13	139.90	4095	4242
26	ZSM21-2-8	沥青混凝土摊铺机场外运输费	台·次	3814.00	1.00			3814.00	19.07	344.98	91.99	7.43	145.86	4270	4423

预算七、八 **表 3-16**

工程名称：经零路道路工程

编制单位：

序号	编 号	名 称	单 位	单 价	工程量	合 价
		道路				1143080
1	S2-1-1	人工挖土方（Ⅰ、Ⅱ类）	m^3	6.84	1800.00	12308
2	S2-1-44	土方场内自卸汽车运输（运距≤200m）	m^3	11.39	923.00	10517
3	S2-1-38	车行道路基整修（Ⅰ、Ⅱ类）	m^2	0.68	2954.00	2017
4	S2-1-40	人行道路基整修（Ⅰ、Ⅱ类）	m^2	1.36	823.75	1122
5	S2-1-7	填人行道土方	m^3	8.35	210.00	1753
6	S2-1-40	人行道路基整修（Ⅰ、Ⅱ类）	m^2	1.36	824.00	1122
7	S2-1-8	填车行道土方（密实度 90%）	m^3	5.96	628.00	3744
8	S2-1-38	车行道路基整修（Ⅰ、Ⅱ类）	m^2	0.68	2954.11	2017
9	ZSM19-1-1	土方场外运输	m^3	27.50	982.18	27010
10	S2-1-35	碎石盲沟	m^3	93.00	104.96	9761
11	S2-2-1	砾石砂垫层（厚 15cm）	$100m^2$	1867.25	59.08	110319
12	S2-2-13	厂拌粉煤灰粗粒径三渣基层（厚 25cm）	$100m^2$	3634.23	21.00	76319
13	S2-2-14	厂拌粉煤灰粗粒径三渣基层（厚 35cm）	$100m^2$	5131.88	38.08	195428
14	S2-3-20 换	机械摊铺粗粒式沥青混凝土（厚 5cm）	$100m^2$	3490.85	36.99	129130
15	S2-3-24 换	机械摊铺细粒式沥青混凝土（厚 3cm）	$100m^2$	2625.60	36.99	97123
16	S2-3-32 换	面层商品混凝土（厚 20cm） 非泵送商品混凝土（5～40mm）C30	$100m^2$	6655.38	21.00	139763
17	S2-3-36	混凝土路面模板	m^2	34.49	161.20	5560
18	S2-4-11	铺筑预制混凝土人行道板	$100m^2$	5016.16	16.48	82654
19	S2-4-21	排砌预制侧石 现浇混凝土（5～20mm）C20	m	26.77	300.00	8031
20	S2-4-23	排砌预制侧平石 现浇混凝土（5～20mm）C20	m	52.32	263.37	13780
21	S2-4-29	混凝土块砌边（双排宽 30cm）现浇混凝土（5～16mm）C20	m	36.01	56.00	2016
22	S2-3-38	混凝土路面钢筋网	t	3769.69	9.12	34387
23	S2-3-37	混凝土路面构造筋	t	3712.21	2.62	9737
24	ZSM21-2-4	$1m^3$ 以内单斗挖掘机场外运输费	台·次	2734.00	1.00	2734
25	ZSM21-2-7	压路机（综合）场外运输费	台·次	1829.00	2.00	3658
26	ZSM21-2-8	沥青混凝土摊铺机场外运输费	台·次	3814.00	1.00	3814

费 用 表 **表 3-17**

1	定额直接费	直接费合计	958815
2	大型周材运输费	[1] ×0.5%	4794
3	土方泥浆外运费	土方泥浆外运费	27010
4	直接费	[1]+[2]+[3]	990619
5	综合费	[4]×9%	89156
6	安全防护、文明	[4]×2.4%	23774
7	施工措施费	施工措施费	
8	其他费用	([4]+[5]+[6]+[7])×(0.074%+0.1%)	1920
9	税前补差	税前补差	
10	税金	([4]+[5]+[6]+[7]+[8]+[9])×3.41%	37696
11	甲供材料	甲供材料	
12	税后补差	税后补差	
13	总造价	[4]+[5]+[6]+[7]+[8]+[9]+[10]+[11]+[12]	1143166

道路工程工程量清单计价工程量汇总暨［项目编码与子目编码对应编列］　表 3-18

序号	项次	项目编码、定额编号	工程内容	单位	数量	预算序号
1	2	3	4	5	6	7
			一、分部分项工程量清单			
	1		土方工程　挖土方(040101)			
1	1.1	040101001001	挖路基土方(Ⅰ、Ⅱ类土)	m^3	1800	
	1.1.1	S2-1-1	人工挖(Ⅰ、Ⅱ类土)	m^3	1800	1
	1.1.2	S2-1-44	土方场内运输(自卸汽车运土 200m)	m^3	923	2
	1.1.3	S2-1-38	车行道人工整修(Ⅰ、Ⅱ类土)	m^2	2954	3
	1.1.4	S2-1-40	人行道人工整修(Ⅰ、Ⅱ类土)	m^2	823.75	4
			填方及土方运输(040103)			
2	1.2	040103001001	路基人行道填土方	m^3	210	
	1.2.1	S2-1-7	填人行道土方	m^3	210	5
	1.2.2	S2-1-40	人行道人工整修(Ⅰ、Ⅱ类土)	m^2	823.75	6
3	1.3	040103001002	路基车行道填筑土方(密实度 90%)	m^3	628	
	1.3.1	S2-1-8	车行道填筑土方(密实度 90%)	m^3	628	7
	1.3.2	S2-1-38	车行道人工整修(Ⅰ、Ⅱ类土)	m^2	2954	8
4	1.4	040103002001	余方场外运输	m^3	974.5	
	1.4.1	ZSM19-1-1	余方场外运输	m^3	974.5	9
	2		道路工程　路基处理(040201)			
5	2.1	040201014001	碎石盲沟($b \times h$)	m	656	
	2.1.1	S2-1-35	碎石盲沟(40cm×40cm)	m^3	104.96	10
	2.1.2	ZSM19-1-1	余方场外运输	m^3	104.96	(9)
			道路基层(040202)			
6	2.2	040202001001	砾石砂隔离层	m^2	5908.11	
	2.2.1	S2-2-3	h=15cm 砾石砂隔离层	$100m^2$	59.08	11
7	2.3	040202013001	厂拌粉煤灰三渣基层	m^2	2100	
	2.3.1	S2-2-13	h=25cm 厂拌粉煤灰三渣基层	$100m^2$	21	12
8	2.4	040202013002	厂拌粉煤灰三渣基层	m^2	3808.11	
	2.4.1	S2-2-14	h=35cm 厂拌粉煤灰三渣基层	$100m^2$	38.0811	13
	3		道路面层(040203)			
9	3.1	040203004001	粗粒式沥青混凝土	m^2	3699.1	
	3.1.1	s2-3-12 换	h=5cm AC-30 机械摊铺粗粒式沥青混凝土面层	$100m^2$	36.99	14
10	3.2	040203004002	细粒式沥青混凝土面层	m^2	3699.1	
	3.2.1	S2-3-14	h=3cm AC-15 机械摊铺细粒式沥青混凝土面层	$100m^2$	36.99	15
11	3.3	040203005001	水泥混凝土面层	m^2	2100	
	3.3.1	S2-3-32 换	h=20cm C30 非泵送商品混凝土(5～40mm)	$100m^2$	21	16
	4		人行道及其他(040204)			
12	4.1	040204001001	铺筑预制人行道板	m^2	1647.75	
	4.1.1	S2-4-11	铺筑预制水泥混凝土人行道板	$100m^2$	16.48	18
13	4.2	040204003001	排砌预制混凝土侧石	m	300	
	4.2.1	S2-4-21	排砌预制混凝土侧石、现浇混凝土(5～20mm)C20	m	300	19
14	4.3	040204003002	排砌预制混凝土侧平石	m	263.37	
	4.3.1	S2-4-23	排砌预制混凝土侧平石、现浇混凝土(5～20mm)C20	m	263.37	20
15	4.5	040204003003	排砌预制混凝土块(双排宽 30cm)	m	56	
	4.5.1	S2-4-29	混凝土块砌边(双排宽 30cm)、现浇混凝土(5～15mm)C20	m	56	21

续表

序号	项次	项目编码、定额编号	工程内容	单位	数量	预算序号
1	2	3	4	5	6	7
	7		钢筋工程(040701)			
16	7.1	040701002001	道路水泥混凝土路面钢筋网加固	t	9.122	
	7.1.1	S2-3-38	水泥混凝土路面钢筋网	t	9.122	22
17	7.2	040701002002	道路水泥混凝土路面构造筋	t	2.623	
	7.2.1	S2-3-37	水泥混凝土路面构造筋	t	2.623	23
			二、施工技术措施项目费用清单			

道路工程工程量清单计价工程量汇总见表 3-19。

道路工程工程量清单计价工程量汇总［项目编码与子目编码对应编列］　　表 3-19

序号	项次	项目编码、定额编号	工程内容	单位	数量	预算序号
1	2	3	4	5	6	7
05			措施项目　(5　市政工程)			
1	0510.1	0510	大型机械设备进出场及安拆			
	0510.1.1	zsm21-2-4	$1m^3$ 以内单斗挖掘机场外运输	台·次	1	24
	0510.1.2	zsm21-2-7	压路机场外运输	台·次	2	25
	0510.1.3	zsm21-2-8	沥青摊铺机场外运输	台·次	1	26
2	0502.1	0502	混凝土、钢筋混凝土模板及支架			
	0502.1.1	s2-3-36	h＝20cm 水泥混凝土面层模板	m^2	161.2	17

四、预(结)算子目与清单项目间关系对照表(单位工程直接费部分)(表 3-20)

预(结)算子目与清单项目间关系对照表(单位工程费直接费部分)　　表 3-20

序号	顺序号	“分部分项、措施项目”工程量清单计价表			《上海市市政工程预算定额(2000)》		清单主项在预(结)算中的位置	措施项目计量清单(施工技术措施)	其他工作项目(零星工作项目计量清单)
		项次	项目编码(十二位)	项目及说明	序号	定额编号			
1	2	3	4	5	6	7	8	9	10
				一、分部分项工程量清单					
	1	1		土方工程　挖土方(040101)					
1	2	1.1	040101001001	挖路基土方(Ⅰ、Ⅱ类土)					
	3	1.1.1		人工挖(Ⅰ、Ⅱ类土)	1	S2-1-1	★		
	4	1.1.2		土方场内运输(自卸汽车运土 200m)	2	S2-1-44	★		
	5	1.1.3		车行道人工整修(Ⅰ、Ⅱ类土)	3	S2-1-38	★		
	6	1.1.4		人行道人工整修(Ⅰ、Ⅱ类土)	4	S2-1-40	★		
	7			填方及土方运输(040103)					
2	8	1.2	040103001001	路基人行道填土方					
	9	1.2.1		填人行道土方	5	S2-1-7	★		
	10	1.2.2		人行道人工整修(Ⅰ、Ⅱ类土)	6	S2-1-40	★		
3	11	1.3	040103001002	路基车行道填筑土方(密实度 90％)					
	12	1.3.1		车行道填筑土方(密实度 90％)	7	S2-1-8	★		
	13	1.3.2		车行道人工整修(Ⅰ、Ⅱ类土)	8	S2-1-38	★		
4	14	1.4	040103002001	余方场外运输					
	15	1.4.1		余方场外运输	9	ZSM19-1-1	★		

续表

序号	顺序号	"分部分项、措施项目"工程量清单计价表			《上海市市政工程预算定额(2000)》		清单主项在预(结)算中的位置	措施项目计量清单(施工技术措施)	其他工作项目(零星工作项目计量清单)
		项　次	项目编码(十二位)	项目及说明	序号	定额编号			
1	2	3	4	5	6	7	8	9	10
		16	2	道路工程　路基处理(040201)					
	17	2.1		碎石盲沟($b\times h$)					
5	18	2.1.1	040201014001	碎石盲沟(40×40)	10	S2-1-35	★		
	19	2.1.2		余方场外运输	(9)	ZSM19-1-1	★		
		20		道路基层(040202)					
	21	2.2		砾石砂隔离层					
6	22	2.2.1	040202001001	h=15cm 砾石砂隔离层	11	S2-2-3	★		
	23	2.3		厂拌粉煤灰三渣基层					
7	24	2.3.1	040202003001	h=25cm 厂拌粉煤灰三渣基层	12	S2-2-13	★		
	25	2.4		厂拌粉煤灰三渣基层					
8	26	2.4.1	040202003002	h=35cm 厂拌粉煤灰三渣基层	13	S2-2-14	★		
	27	3		道路面层(040203)					
	28	3.1		粗粒式沥青混凝土					
9	29	3.1.1	040203004001	h=5cm AC-30 机械摊铺粗粒式沥青混凝土	14	s2-3-12 换	★		
	30	3.2		细粒式沥青混凝土面层					
10	31	3.2.1	040203004002	h=3cm AC-15 机械摊铺细粒式沥青混凝土面层	15	S2-3-14	★		
	32	3.3		水泥混凝土面层					
11	33	3.3.1	040203005001	h = 20cm C30 非泵送商品混凝土(5～40mm)	16	S2-3-32 换	★		
	34	4		人行道及其他(040204)					
	35	4.1		铺筑预制人行道板					
12	36	4.1.1	040204001001	铺筑预制水泥混凝土人行道板	18	S2-4-11	★		
	37	4.2		排砌预制混凝土侧石					
13	38	4.2.1	040204003001	排砌预制混凝土侧石、现浇混凝土(5～20mm)C20	19	S2-4-21	★		
	39	4.3		排砌预制混凝土侧平石					
14	40	4.3.1	040204003002	排砌预制混凝土侧平石、现浇混凝土(5～20mm)C20	20	S2-4-23	★		
	41	4.5		排砌预制混凝土块(双排、宽 30cm)			★		
15	42	4.5.1	040204003003	混凝土块砌边(双排宽 30cm)、现浇混凝土(5～15mm)C20	21	S2-4-29	★		
	43	7		钢筋工程(040701)					
	44	7.1		道路水泥混凝土路面钢筋网加固					
16	45	7.1.1	040701002001	水泥混凝土路面钢筋网	22	s2-3-38	★		
	46	7.2		道路水泥混凝土路面构造筋					
17	47	7.2.1	040701002002	水泥混凝土路面构造筋	23	s2-3-37	★		
	48			二、措施项目清单					
	49	05		措施项目　(5　市政工程)					
18	50	0510.1		大型机械设备进出场及安拆					
	51	0510.1.1	0510	$1m^3$ 以内单斗挖掘机场外运输	24	zsm21-2-4		◆	
	52	0510.1.2		压路机场外运输	25	zsm21-2-7		◆	
	53	0510.1.3		沥青摊铺机场外运输	26	zsm21-2-8		◆	
19	54	0502.1	0502	混凝土、钢筋混凝土模板及支架					
	55	0502.1.1		h=20cm 水泥混凝土面层模板	17	s2-3-36		◆	
19	55	项	合计		24项		20	4	

五、定额计价模式与部颁-综合单价、工料单价法、全费用综合单价法的内在联系

从《案例一》中，通过对“常规预(结)算方法单价”、“分部分项工程量清单分析表(综合单价法)”、“开办(措施)项目费用汇总表”、“措施项目工程量清单分析表(综合单价法)”、“其他项目费用汇总表”、“各计价方法(单价)区别”及“常规预(结)算方法”、“单位工程费汇总表”、“单项工程费汇总表”、“单位工程费汇总数与投标总价之比”的分析，不难观察到以下几种情况的内在联系：

1. 单价

常规预(结)算方法与工料单价法的结论值都是一致的。如：盲沟 30cm×40cm 碎石项——常规预(结)算单价为 93.53 元/m^3、工料单价法单价同为 93.53 元/m^3。

2. 常规预(结)算单位工程直接费与单位工程费汇总数及投标总价之比

常规预(结)算方法与部颁-综合单价、工料单价法、全费用综合单价法无论是单价，还是单位工程费汇总的结论值之比，它们的比值(－6.09%、－9.36%)都是常数。

3.《报价分析表》中不难发现，以下五项经济指标具有一致性：

(1) 直接费

从人工费、材料费、机械费的单项费用及小计(2143535.29 元、1719339.80 元、288291.343 元、2221984.43 元)，四种计价模式的方法结论值都是一致的。

(2) 间接成本

综合管理费、规费率费用及小计(133319.06 元、4660.02 元、137979.08 元)，四种计价模式的方法结论值都是一致的。

(3) 利润率及税金

利润率及税金费用及小计(10717.67 元、83568.23 元、94285.90 元)，四种计价模式的方法结论值都是一致的。

(4) 人工(工日)

人工总数 6911.44 工日，四种计价模式的方法结论值都是一致的。

(5) 投标总价

四种计价模式的方法结论值(2534249.40 元)都是一致的。

目前，由于大多数施工企业还未能形成自己的《企业定额》，在制定综合单价时，多是参考《上海市市政工程预算定额(2000)》内各相应子目的工料机消耗量，乘以自己在支付人工、购买材料、使用机械和消耗能源方面的市场单价，再加上由地区定额制定的综合管理费率、利润率和优惠折扣系数。相当于把一个工程按清单内的细目划分变成一个个独立的工程项目去套用《市政工程预算定额》，就其实质而言，仍旧沿用了定额计价模式去处理，只不过计价模式表现形式不同而已。

第三节　深入掌握工程结构、结合施工组织设计编制清单(教案二)

一、桥梁及护岸工程实例：简支梁单位工程(招标、投标文件)

1. 招标书

总　说　明

(1) 工程概况

1) 某某路护管桥工程为单跨单孔板式简支梁，陆地造桥。桥宽 B＝16m，桥长 L＝10m，预制板梁

及小构件均为工厂预制。桩基采用ϕ600钻孔灌注桩桩长23m。

2) 招标范围：本招标工程为一个单项工程，桥梁一个单位工程，具体范围按设计图图示。

3) 清单编制依据：《〈建设工程工程量清单计价规范〉上海市市政工程操作指南》，施工设计图文件等。

(2) 工程质量应达到优良标准。

1) 其他项目清单：招标人部分中，列入提供监理工程师设备费5000元(由业主控制使用)。

2) 投标报价按《〈建设工程工程量清单计价规范〉上海市市政工程操作指南》的统一格式。

3) 人工、材料、机械费用按上海市市政工程市场信息2006年6月份计取。

4) 预制构件均按工厂预制

(3) 施工工期：60天。

(4) 分部分项工程量清单(表3-21)

分部分项工程量清单(一)(招标4)　　**表3-21**

序号	项　次	项目编码	项目名称	项目特征	工程内容	计量单位	数　量
	1	土石方工程					
1	1.1	040101002	挖桥台土方	1. 土的工程类别：Ⅰ、Ⅱ级土 2. 挖土深度：2m内	1. 土方开挖 2. 围护、支撑 3. 场内运输 4. 平整夯实	m^3	68.71
2	1.2	040103001	填方	1. 填方材料品种：土方 2. 密实度：95%	1. 填方 2. 压实	m^3	16.97
3	1.3	040103002	余土外运	1. 废弃料品种：土方 2. 运距：1km	余方点装料运输至弃置点	m^3	51.75
	2	桩基工程					
4	2.1	040301007	机械成孔灌注桩ϕ600	1. 桩径：ϕ600 2. 深度：23.73m 3. 土的工程类别：Ⅲ级 4. 混凝土强度等级、石料最大粒径：C25，5～40mm	1. 工作平台搭拆 2. 成孔机械竖拆 3. 护筒埋设 4. 泥浆制作 5. 钻、冲成孔 6. 余方弃置 7. 灌注混凝土 8. 凿除桩头 9. 废料弃置	m	276.00
	3	现浇混凝土工程					
5	3.1	040302006	桥台盖梁	1. 部位：桥台、盖梁 2. 混凝土强度等级：石料最大粒径C25，5～40mm	1. 混凝土浇筑 2. 养护	m^3	35.74
6	3.2	040302016	混凝土小型构件	1. 部位：地梁侧石、缘石 2. 混凝土强度等级、石料最大粒径：C25，5～40mm	1. 混凝土浇筑 2. 养护		
7	3.2.1	04030201601	地梁侧石缘石			m^3	5.83
8	3.3	040302017	桥面铺装				
9	3.3.1	04030201701	水泥混凝土铺装	1. 部位：桥面 2. 混凝土强度等级、石料最大粒径：C30，5～40mm 3. 厚度：8cm 4. 配合比	1. 混凝土浇筑 2. 养护	m^2	160

续表

序号	项　次	项目编码	项目名称	项目特征	工程内容	计量单位	数量
10	3.3.2	04030201702	沥青混凝土铺装	1. 部位：桥面 2. 沥青品种：AC-20(中粒式) 3. 厚度：6cm	1. 混凝土浇筑 2. 碾压	m^2	100
	4	预制混凝土工程					
11	4.1	040303003	预制混凝土空心板梁	1. 形状、尺寸：空心板梁 990mm×520mm×9960mm 2. 混凝土强度等级、石料最大粒径：C30，5～40mm 3. 非预应力	1. 混凝土浇筑 2. 养护 3. 构件运输 4. 安装 5. 构件连接件	m^3	54.51
12	4.2	040303005	预制混凝土人行道	1. 部位：人行道板 2. 混凝土强度等级，石料最大粒径：C25，5～40mm	1. 混凝土浇筑 2. 养护 3. 构件运输 4. 安装	m^3	3.91
	5	装饰工程					
13	5.1	040308006	铺设人行道地砖	1. 材质：同质地砖 2. 规格：250mm×250mm 3. 厚度：40mm 4. 部位：人行道	1. 镶贴面砖	m^2	50.00
	6	其他工程					
14	6.1	040309002	橡胶支座	1. 材质：氯丁橡胶 2. 规格：200mm × 150mm × 28mm，200mm×150mm×21mm	1. 支座安装	个	64.00
15	6.2	040309006	型钢伸缩缝	1. 材料品种：型钢、橡胶条 2. 规格：60mm×80mm	1. 制作安装 2. 嵌缝	m	32.31
	7	钢筋工程					
16	7.1	040701002	非预应力钢筋			t	11.83
17	7.1.1	040701002001	钢筋笼制作	1. 材质：R235、HRB335 级 2. 部位：钻孔桩	1. 制作安装	t	6.31
18	7.1.2	040701002002	桥台盖梁　钢筋	1. 材质：R235、HRB335 级 2. 部位：桥台盖梁	1. 制作安装	t	3.92
19	7.1.3	040701002003	桥面铺设　钢筋	1. 材质：R235、HRB335 级 2. 部位：桥面铺装	1. 制作安装	t	1.264
20	7.1.4	040701002004	地梁侧石缘石钢筋	1. 材质：R235、HRB335 级 2. 部位：地梁侧石、缘石	1. 制作安装	t	0.34

(5) 措施项目清单见表 3-22。

措施项目清单(招标 5)　　**表 3-22**

序　号	项　次	项目编码	项　目　名　称	单　位	数　量	备　注
	5		5　市政工程			
1	5.1	0501	大型机械进出场运输及安拆			
2	5.2	0502	混凝土、钢筋混凝土模板及支架			
3	5.3	0503	脚手架			
4	5.4	0504	施工排水、降水			
5	5.5	0505	围堰			
6	5.6	0506	筑岛			
7	5.7	0507	现场施工围栏			

续表

序号	项次	项目编码	项目名称	单位	数量	备注
8	5.8	0508	施工便道			
9	5.9	0509	便桥			
10	5.10	0510	洞内施工的通风、供水、供气、供电、照明及通信设施			
11	5.11	0511	驳岸块石清理			
12	5.12	沪0512	地基加固			
13	5.13	沪0513	地下监测			
14	5.14	临-001	堆场			

(6) 其他项目清单(招标6)(表3-23)

其他项目清单 **表3-23**

工程名称:

序号	项目名称	金额
1	为监理工程师提供设备(由业主控制使用)	20000
1.1	合计费用	20000
	合计	20000

2. 投标报价书

(1) 单位工程费汇总表(表3-24)

单位工程费汇总表(招标3) **表3-24**

工程名称:××路桥梁改建工程

序号	项目名称	金额(元)
1	分部分项工程量清单计价合计	314790
2	措施项目清单计价合计	30686
3	其他项目清单计价表	
4	规费	601
5	税金	11801
	单位工程费用合计	357879

(2) 工程量计算表、施工工艺及大型机械设备等

1) 规则:根据设计图纸、按《上海市市政工程预算定额(2000)》和《建设工程工程量清单计价规范》有关计算规定,计算工程量。

① 桥台挖土

一般采用大开挖方法施工,四面放坡,基坑则形成上大下小的截头方锥体(图3-12),可引用截头方锥体公式计算其体积(图3-13)。

a. 土体积:桥台为长方形棱台,计算体积公式:

$$V=H/6[AB+ab+(A+a)(B+b)] \tag{3-1}$$

式中 H——基坑深度(系指原地面标高与基坑底的高度之差)(m);

A、B、a、b——分别表示基坑上下底的长和宽(m)。

b. 基坑工作面:基坑挖土的底宽按结构物基础外边线每侧增加工作面宽度50cm。

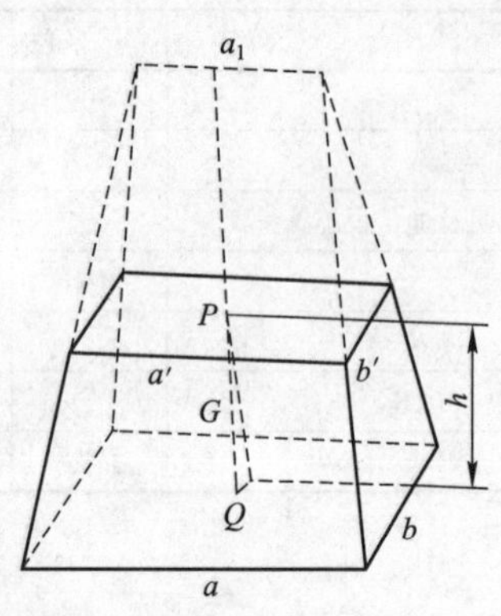

图3-12　截头长方锥体示意图

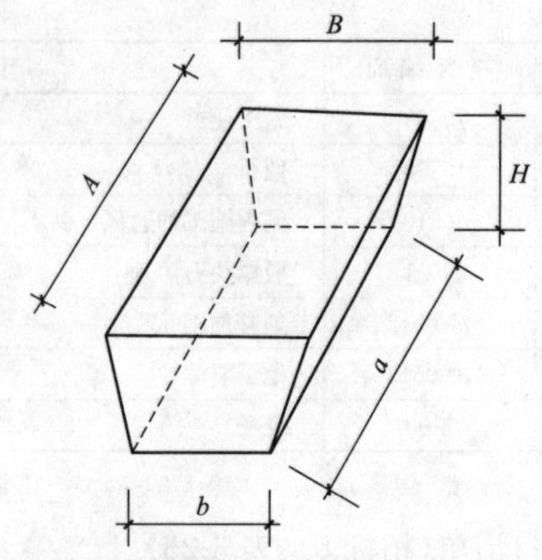

图3-13　立体几何中柱体体积示意图

c. 基坑挖土放坡比例：《上海市市政工程预算定额(2000)》计算规则，Ⅰ、Ⅱ类土放坡比例为1∶1.25。

正铲挖土机与外形见图3-14。

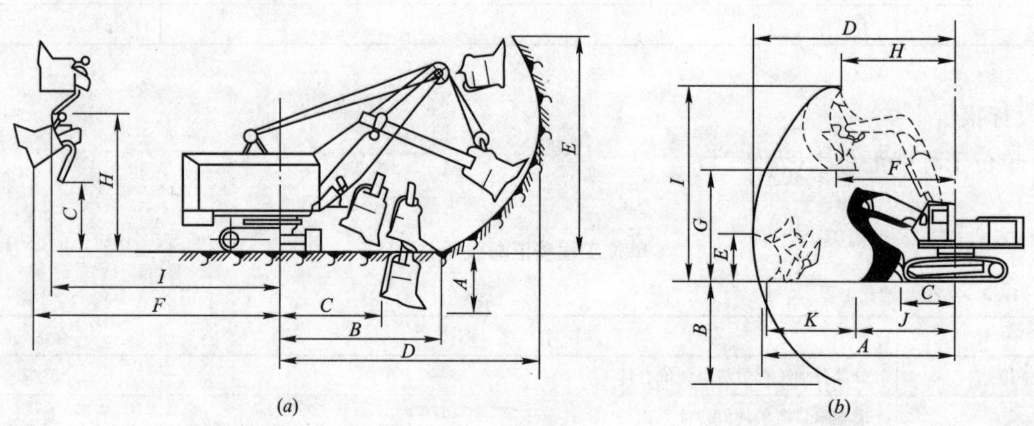

图3-14　正铲挖土机与外形图

(*a*)机械式；(*b*)液压式

② 钻孔灌注桩

a. 搭拆工作平台：每座桥台－工作平台$=(A+6.5)\times(6.5+D)$　　(3-2)

每条通道－工作平台$=6.5\times[L-(6.5+D)]$　　(3-3)

式中　A——每排桩的第一根桩中心至最后一根桩中心之间的距离；

D——两排桩之间的距离；

L——桥梁跨径之间的距离。

整机式全套管钻机外形结构见图3-15，GQZ-1500桥梁工程钻机见图3-16。

b. 陆上埋设钢护筒：长度为原地面标高以上30cm至设计桩顶标高以下30cm。

c. 回旋机钻孔：深度按原地面标高至设计桩底标高。

d. 灌注水下混凝土C25：陆上灌注桩按设计桩长增加0.25m。

混凝土搅拌输送车外形见图3-17，布料杆泵车见图3-18。

旋转式钻成孔步骤见图3-19。

③ 预制空心板梁：板梁长10m，截面形式见图3-20。

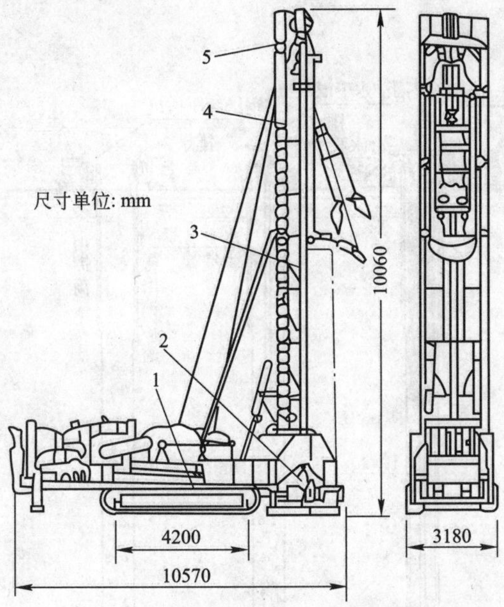

图 3-15　整机式全套管钻机外形结构示意图

1—主机；2—钻机；3—套管；4—锤式抓斗；5—钻架

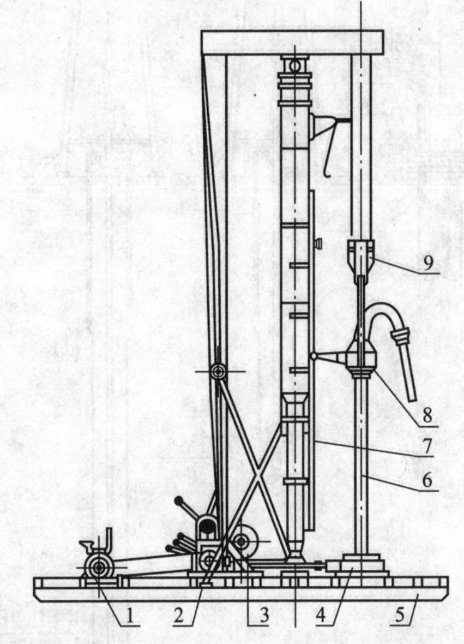

图 3-16　GQZ-1500 桥梁工程钻机外形图

1—动力输出装置；2—变速箱；3—卷扬机；4—转盘；5—底架；6—钻杆组；7—塔身；8—提引装置；9—动滑车

图 3-17　混凝土搅拌输送车外形图

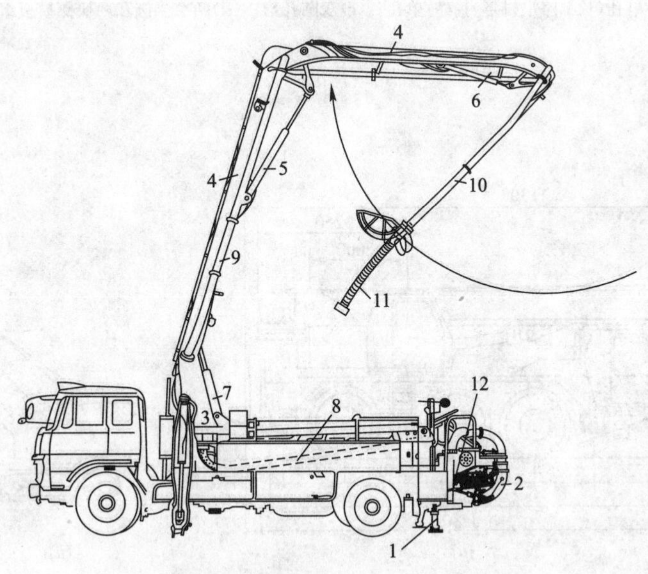

图 3-18　布料杆泵车外形图

1—支腿；2—输送管；3—回转支承；4—布料杆臂架；5、6、7—布料杆油缸；8、9、10—输送管；11—橡胶软管；12—混凝土泵

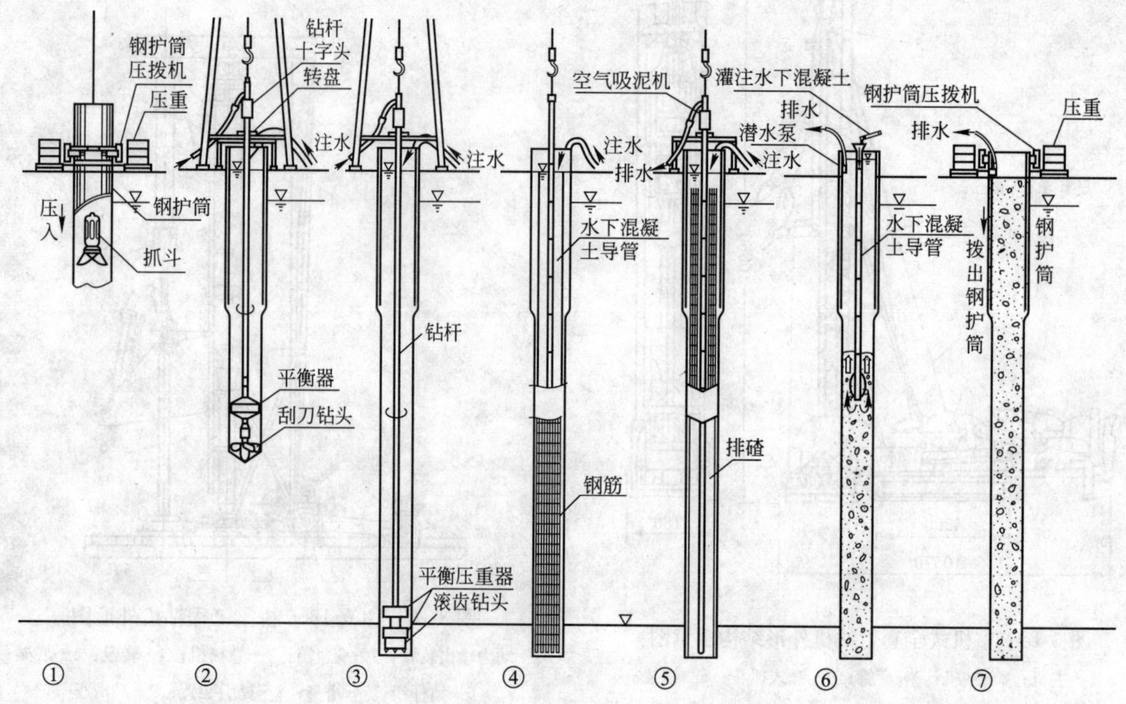

图 3-19　旋转式钻成孔步骤示意图

①埋入钢护筒；②在覆盖层中钻进；③在岩石中钻进；④安装钢筋及水下混凝土导管；⑤清孔；⑥灌注水下混凝土；⑦拔出钢护筒

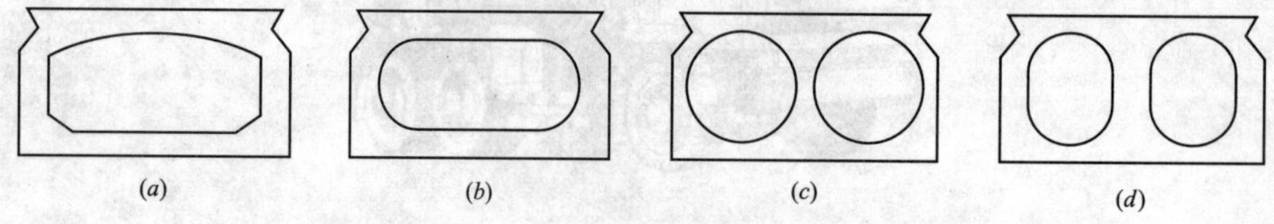

图 3-20　空心板截面形式示意图

(*a*)单孔(顶部略呈拱形)；(*b*)单孔；(*c*)双圆孔形；(*d*)两个半圆和两块侧模板组成

起重机外形见图 3-21。

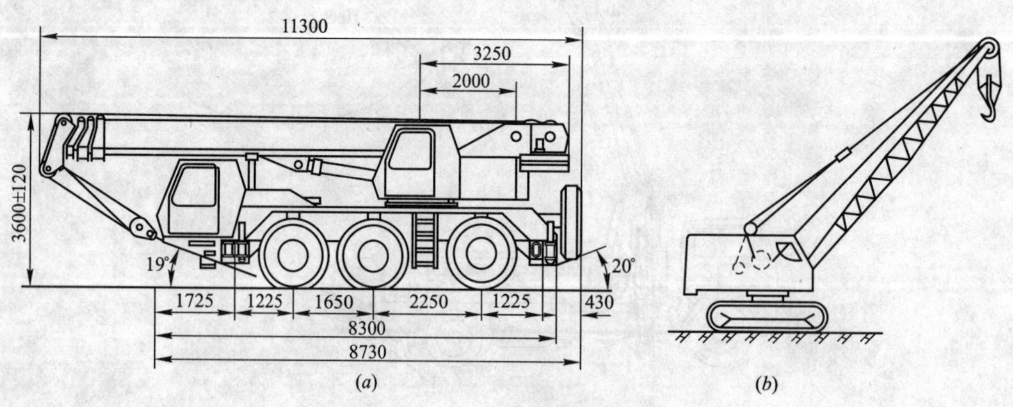

图 3-21　起重机外形图

(*a*)KMK3 以 O 型轮胎起重机；(*b*)履带式起重机

2）主要施工设计图图例(图 3-22～图 3-25)

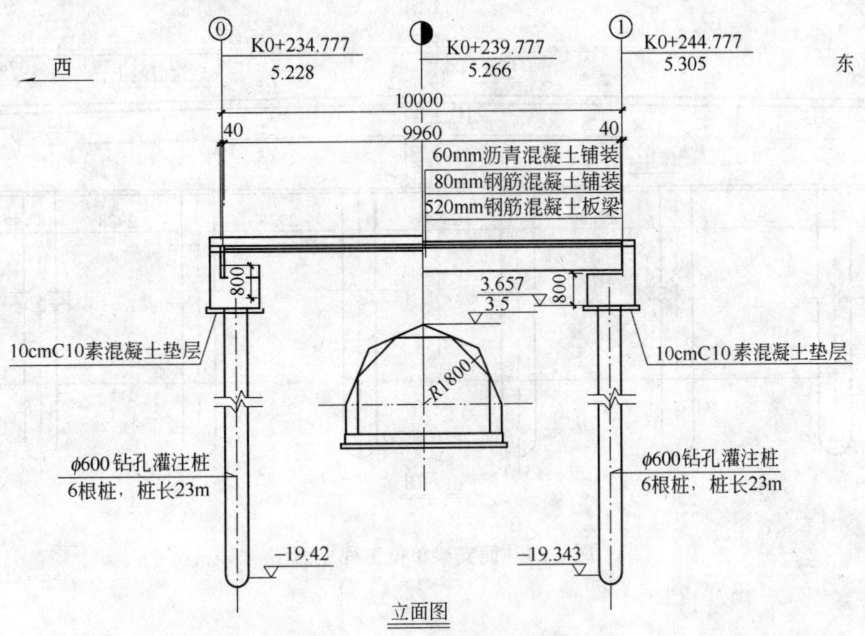

图 3-22　简支梁单位工程立面图

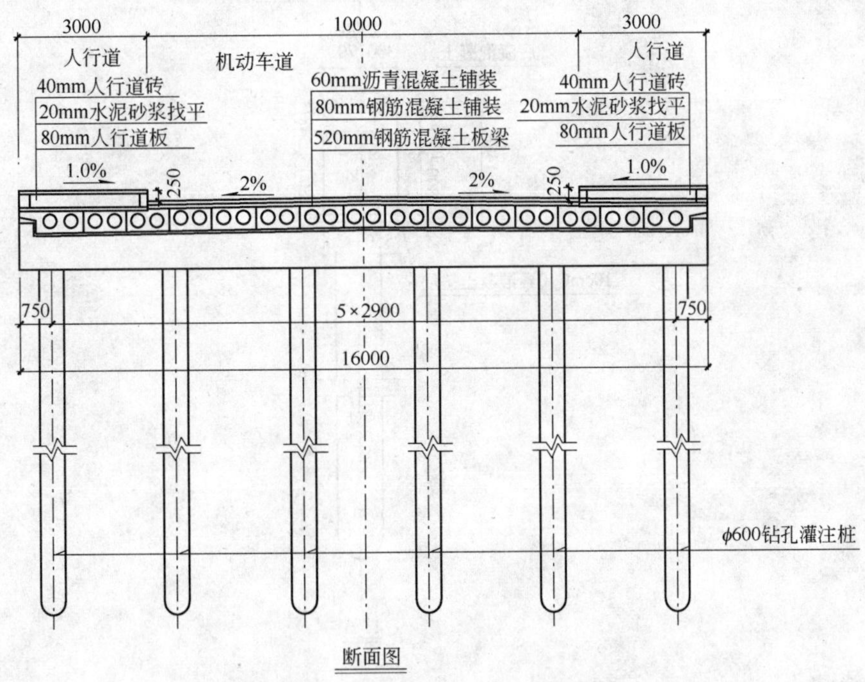

图 3-23　简支梁单位工程断面图

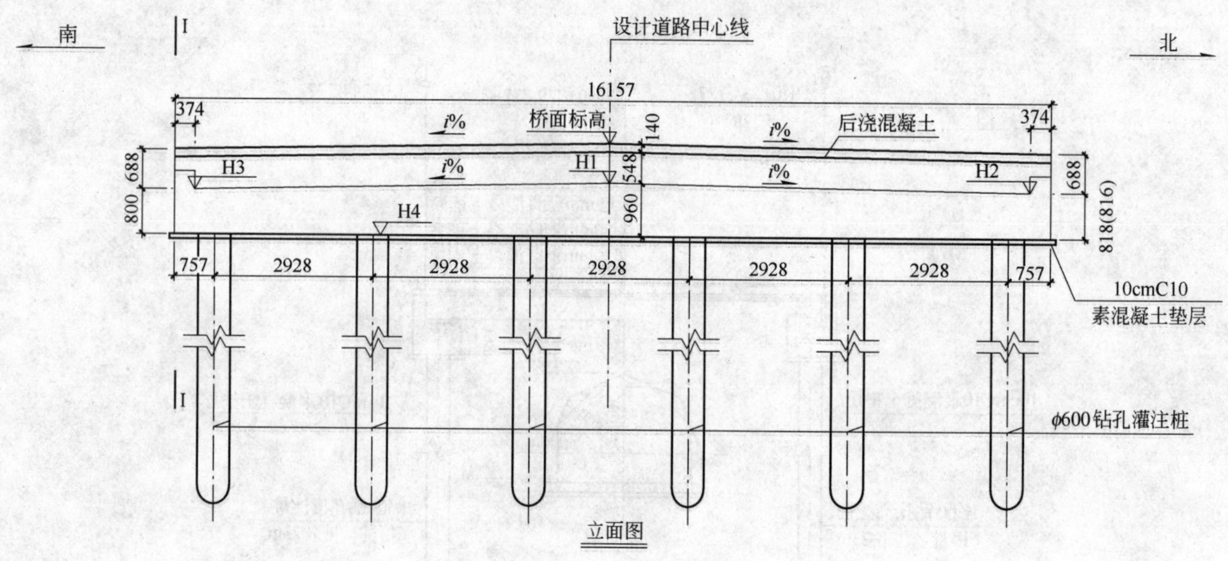

图 3-24　简支梁单位工程立面图

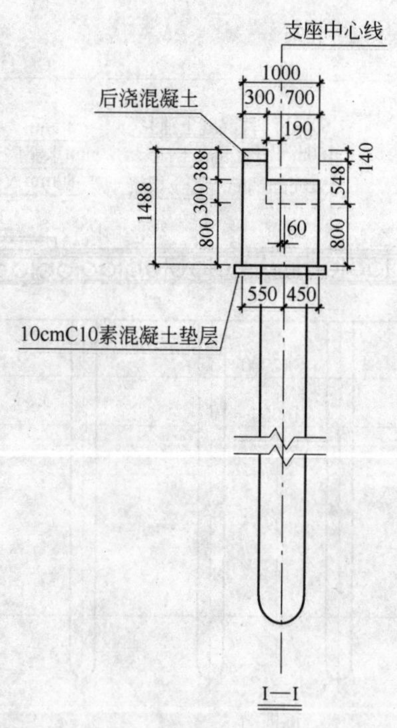

图 3-25　简支梁单位工程断面图

(3) 桥梁工程量数量计算表［按工程量清单顺序暨定额预(结)算编列］(表 3-25)

桥梁工程量数量计算表［按工程量清单顺序暨定额预(结)算编列］ 表 3-25

序号	项目名称及说明	计算列式	单位	计算结果	预算序号
一		土石方工程			
1	桥台挖土	①工程量计算规则第 4.2.1 条：基础挖土的底宽按结构基础外边线每侧增加工作面 0.5m；②基坑挖土放坡比例《上海市市政工程预算定额(2000)》第二章说明五：Ⅰ、Ⅱ类土 1∶1.25；③挖土体积为 $V=H/6\times[AB+ab+(A+a)(B+b)]$；④图示尺寸见图 3-12	m^3	303.30	
	(1) 挖土数量	$h=1.75$，$a=0.5\times2+16.2=17.2$，$b=0.5\times2+1.2=2.2$ $A=1.25\times H\times2+a=1.25\times1.75\times2+17.2=21.575$，$B=1.25\times H\times2+b$ $=1.25\times1.75\times2+2.2=6.575$ $V=H/6[ab+AB+(a+A)(b+B)]=1.75/6\times[2.2\times17.2+6.575\times21.575+(2.2+6.575)\times(17.2+21.575)]\times2=303.30$	m^3	303.30	
	(2) 挖土土方场内运输	本工程施工现场无堆土条件，场内运输数量同挖土数量	m^3	303.30	32
2	填方		m^3	263.97	
	(1) 回填土	依据《计算规则》说明回填土 V=挖土数－余土数=303.30－39.33=263.97	m^3	263.97	31
	(2) 填土土方场内运输	依据《计算规则》说明填土土方场内运输＝挖土方场内运输－余土数=181.98－39.33=142.65		142.65	32
3	余土弃置		m^3	39.33	
	(1) 余土外运	依据《计算规则》说明余土数=混凝土垫层＋桥台盖梁所占体积=3.59＋35.74=39.33	m^3	39.33	33
二		桩基工程			
	机械成孔灌注桩 $\phi600$				
	(1) 搭拆陆上工作平台	依据《工程量计算规则》第 4.1.1 条，钻孔灌注桩搭拆工作平台 $F=N_1F_1+N_2F_2$，①每座桥台的工作平台 $F_1=(A+6.5)\times(6.5+D)$；②每条通道的工作平台 $F_2=6.5\times[L-(6.5+D)]$；③式中 F 为工作平台总面积，F_1 为每座桥台的工作平台面积，F_2 为桥台至桥墩间或桥墩至桥墩间通道工作平台面积，A 为每排桩的第一根桩中心至最后一根桩中心之间的距离，D 为两排桩之间的距离，L 为桥梁跨径或护岸的第一根桩中心至最后一根桩中心之间的距离。$A=14.64$，$D=0$，$L=10$，$S=(A+6.5)\times(6.5+D)\times2+6.5\times[L-(6.5+D)]=(14.64+6.5)\times(6.5+0)\times2+6.5\times[10-(6.5+0)]=297.57$	m^2	297.57	1
	(2) 陆上埋设钢护筒	由于各地土质不同，埋设深度根据施工组织设计而定 $L=1.5$m/根×6 根×2 个=18m	m	18	2
	(3) 回旋机钻孔 $\phi600$	依据《工程量计算规则》第 4.4.1 条，说明回旋机钻孔体积 $V=\pi D^2/4\times H\times$根数$\times N$ 个，深度 H 按原地面标高至设计桩底标高，$D=0.6$m，$H=4.31+19.42=23.73$m，$N=6$ 根×2 $V=\pi\times0.6^2\div4\times23.73\times6\times2$	m^3	80.50	3
	(4) 灌注水下混凝土 C25	依据《工程量计算规则》第 4.4.1 条，灌注水下混凝土体积 $V=\pi D^2/4\times H\times$根数$\times N$ 个 H=陆上灌注桩按设计桩长 L 增加 0.25m=23＋0.25=23.25m，$D=0.6 N=6\times2$ $V=\pi\times0.6^2\div4\times23.25\times6\times2=78.88m^3$	m^3	78.88	5
	(5) 泥浆外运	同回旋机钻孔 $\phi600$ 项目，$V=80.50m^3$	m^3	80.50	8
	(6) 组装拆除钻孔桩机	1	台·次	1	6
	(7) 凿桩头	根据设计图纸说明 $\pi D^2/4\times H\times$根数$\times N$ 个，$H=0.65$，$V=\pi\times0.6^2\div4\times0.65\times6\times2=2.21m^3$	m^3	2.21	9
	(8) 废料场外运输	2.21×2.2/1.8=2.70	m^3	2.70	33
三		现浇混凝土工程			
1	台盖梁		m^3	35.74	11
	桥台盖梁 C30	根据设计图纸 V=桥台断面×长度 $V=[1.0\times1/2\times(0.96+0.8)+0.3\times0.688\times16.157+0.3\times0.374\times0.7\times2]\times2=35.73m^3$			

续表

序号	项目名称及说明	计算列式	单位	计算结果	预算序号
2	混凝土垫层		m^3	3.59	10
	混凝土垫层 C10	根据设计图纸 V=(长×宽－灌注桩面积)×厚，本桥斜交 8°长＝16/cos8°＋0.2＝16.357m 宽＝1.0＋0.2＝1.2，厚＝0.1 V＝(16.357×1.2－π×0.62/4×6)×0.1×2＝3.59m^3			
四		混凝土小型构件			
1	地梁侧石缘石		m^3	5.83	24
	(1) 侧沿石 C40 小计	根据设计图纸 V＝侧沿石断面×长度 ＝(0.4×0.36－0.06×0.06＋0.37×0.2＋0.26×0.31－0.06×0.06)×10×2＝5.83m^3			
五		桥 面 铺 装			
1	桥面铺设混凝土		m^2	160	20
	(1) 桥面铺设 C40	根据设计图纸 V＝长×宽×厚＝10×16×0.08＝12.8m^2	m^3	12.8	
2	桥面铺设沥青混凝土		m^2	100	
	(1) 桥面铺设 中粒式厚 3cm	根据设计图纸 V＝长×宽＝10×10＝100m^2	m^2	100	22
	(2) 桥面铺设 细粒式厚 3cm	根据设计图纸 V＝长×宽＝10×10＝100m^2	m^2	100	23
六		预制混凝土			
1	安装预制混凝土梁		m^3	54.51	
	(1) 陆上安装空心板梁	根据设计图纸板梁板梁长 10m，共有 15 块(13 块中板 2 块边板)，增加胶囊变形系数 7% V＝体积×数量×(1＋7%)＝(3.0×13＋5.97×2)×1.07＝54.51m^3	m^3	54.51	16
	(2) 板间灌缝	根据设计图纸板间灌缝 V＝体积/每条缝×(板梁数量－1)＝0.155×12＋0.15×2＝2.16m^3	m^3	2.16	17
	(3) 梁底勾缝	根据设计图纸 L＝板梁长(桥台长－桥台搭板梁长)×(板梁数量－1)＝(9.96－1.4)×(15－1)＝119.84m	m	119.84	18
	(4) 预制构件场内运输	(3.0×13＋5.97×2)×1.07＝54.51m^3	m^3	54.51	15
2	安装预制混凝土人行道		m^3	3.91	
	(1) 安装预制混凝土人行道	根据设计图纸预制混凝土人行道体积 V＝长×宽×厚×2 边＝1.235×0.495×20×0.08×4＝3.91m^3	m^3	3.91	27
	(2) 预制构件场内运输	1.235×0.495×20×0.08×4＝3.91m^3	m^3	3.91	28
七		装 饰 工 程			
1	镶贴面层		m^2	50	
	(1) 铺设人行道地砖	根据设计图纸铺设人行道地砖 S＝长×宽×2 边＝10×2.5×2＝50m^2			29
八		其 他			
1	型钢伸缩缝		m	32.31	19
	(1) 型钢伸缩缝	根据设计图纸桥台长×桥台数量 L＝16/cos8°×2＝32.31m			
2	板式橡胶支座		个	64	14
	(1) 板式橡胶支座	根据设计图纸板式橡胶支座 V＝体积/块×数量/1000＝(20×15×2.8×60＋20×15×2.1×4)/1000＝52.92dm^3	dm^3	52.92	
九		钢 筋 工 程			

续表

序号	项目名称及说明	计算列式	单位	计算结果	预算序号
1	非预应力		t	11.83	
	(1) 钢筋笼制作	根据设计图纸(441.17+84.43)×6×2/1000t	t	6.31	4
	(2) 桥台盖梁 钢筋	根据设计图纸(1780.38+178.53)×2/1000t	t	3.92	13
	(3) 桥面铺设 钢筋	根据设计图纸 7.9×160/1000t	t	1.264	21
	(4) 侧沿石 钢筋	根据设计图纸 17.17×10×2/1000t	t	0.34	26
	(5) 小计(1～4之和)	6.31+3.92+1.264+0.34=11.83t			
十		措施项目			
	(1) 桥台盖梁模板小计	根据设计图纸桥台接触面积×2个 S=[(16.16×0.885×2+1.09×2)×2+0.45×2]×2=124.93m^2	m^2	124.93	12
	(2) 侧沿石模板小计	根据设计图纸桥台接触面积×2个 (0.4×2+0.37×2+0.31×2)×10+(0.4×0.36−0.06×0.06+0.37×0.2+0.26×0.31−0.06×0.06)×2=43.78m^2	m^2	43.78	25
	(3) 大型机械的场外运输、安拆	依据《预算定额》总说明定额中未包括大型机械的场外运输、安拆(打桩机械除外)、路基及轨道铺拆等	台·次	1	
	a. 钻孔桩机场外运输	1	台·次	1	7
	b. 1m^3 以内单斗挖掘机场外运输费	1	台·次	1	35
	c. 履带式起重机(25t以内)装卸费	1	台·次	1	36
	(4) 堆料场地	依据《计算规则》第1.4.3条①主跨≤25m或多孔总长<100m的桥梁堆土场地面积为500m^2。②当单位工程主体采用商品混凝土时，堆土场地面积按50%计算，S=500m^2×50%	m^2	250	34

(4) 根据设计图纸和《上海市市政工程预算定额(2000)》计算规则，计算桥梁工程数量计算表

1) 桥梁工程综合实体单价分析表［项目编码暨子目编号对应编列］(表 3-26)

桥梁工程综合实体单价分析表［项目编码暨子目编号对应编列］ **表 3-26**

顺序号	项次	项目编码	项目名称	计量单位	数量	综合单价	预算顺序号
	1		土石方工程				
1	1.1	040101002	挖桥台土方	m^3	303.30	18.86	
	1.1.1	S4-2-7	机械挖土(深≤6m)	m^3	303.30	8.25	39
	1.1.2	S1-1-36	土方场内运输(运土1km以内)	m^3	303.30	10.61	32
2	1.2	040103001	填方	m^3	263.97	20.59	
	1.2.1	S4-2-8	回填土	m^3	263.97	14.86	31
	1.2.2	S1-1-36	土方场内运输(运土1km以内)	m^3	142.65	10.61	(32)
3	1.3	040103002	余土外运	m^3	39.33	34.80	
	1.3.1	ZSM19-1-1	余土外运	m^3	39.33	34.80	33
	2		桩基工程				
4	2.1	040301007	机械成孔灌注桩 ϕ600	m	276.00	268.47	
	2.1.1	S4-1-1	陆上桩基础工作平台(锤重≤2.5t)	m^2	297.57	12.95	1
	2.1.2	S4-4-1	陆上埋设拆除钢护筒(ϕ≤600)	m	18.00	61.45	2
	2.1.3	S4-4-11	回旋钻机钻孔(ϕ≤600)	m^3	80.50	233.07	3

续表

顺序号	项　　次	项目编码	项　目　名　称	计量单位	数　　量	综合单价	预算顺序号
4	2.1.4	S4-4-17 换	灌注桩商品水下混凝土($\phi \leqslant 600$)　非泵送水下商品混凝土(5～40mm)C25	m^3	78.88	498.72	5
	2.1.5	ZSM20-1-1	泥浆场外运输	m^3	80.50	75.41	8
	2.1.6	S1-3-37	凿桩头	m^3	2.21	263.37	9
	2.1.7	ZSM19-1-1	土方场外运输	m^3	2.70	34.82	33
	2.1.8	ZSM21-1-1	钻孔灌注桩钻机安装及拆除费	台	1.00	4291.65	6
	3		现浇混凝土工程				
5	3.1	040302006	桥台盖梁	m^3	35.74	398.64	
	3.1.1	S4-6-2 换	基础混凝土垫层　现浇混凝土(5～40mm)C10	m^3	3.59	259.40	10
	3.1.2	S4-6-39	C30 台盖梁商品混凝土　泵送商品混凝土(5～40mm)C30	m^3	35.74	372.58	11
6	3.2	040302016	混凝土小型构件				
	3.2.1	04030201601	地梁侧石缘石	m^3	5.83	388.70	
	3.2.1.1	S4-6-74 换	地梁侧石缘石商品混凝土　非泵送商品混凝土(5～40mm)C30	m^3	5.83	388.70	24
	3.3	040302017	桥面铺装				
7	3.3.1	04030201701	水泥混凝土铺装	m^2	160.00	33.26	
	3.3.1.1	S4-6-99 换	桥面铺装车行道商品混凝土　泵送商品混凝土(5～40mm)C40	m^3	12.80	415.81	20
8	3.3.2	04030201702	沥青混凝土铺装	m^2	100.00	65.52	
	3.3.2.1	S2-3-24 换	机械摊铺细粒式沥青混凝土(厚 3cm)	m^2	100.00	34.75	22
	3.3.2.2	S2-3-22 换	机械摊铺中粒式沥青混凝土(厚 3cm)	m^2	100.00	30.77	23
	4		预制混凝土工程				
9	4.1	040303003	预制混凝土空心板梁	m^3	54.51	1704.04	
	4.1.1	S4-7-70 换	预制构件场内运输(重≤10t，运距 200m)	m^3	54.51	46.01	15
	4.1.2	S4-8-9	陆上安装板梁($L \leqslant 10m$)	m^3	54.51	1630.35	16
	4.1.3	S4-6-77 换	板梁间灌缝　泵送商品混凝土(5～16mm)C30	m^3	2.16	647.85	17
	4.1.4	S4-6-78	板梁底勾缝　水泥砂浆 1∶2	m	119.84	0.91	18
10	4.2	040303005	预制混凝土人行道	m^3	3.91	1750.82	
	4.2.1	S4-8-43	安装人行道板　水泥砂浆 M7.5	m^3	3.91	1704.80	27
	4.2.2	S4-7-70 换	预制构件场内运输(重≤10t，运距 200m)	m^3	3.91	46.01	28
	5		装　饰　工　程				
11	5.1	040308006	铺设人行道地砖	m^2	50.00	80.40	
	5.1.1	S2-4-14	铺设人行道地砖　水泥砂浆 M10	m^2	50.00	80.40	29
	6		其　他　工　程				
12	6.1	040309002	橡胶支座	个	64.00	57.31	
	6.1.1	S4-8-51	安装板式橡胶支座	dm^3	52.92	57.31	14
	6.2	040309006	型钢伸缩缝	m	32.31	1425.49	
	6.2.1	S4-8-61 换	安装型钢伸缩缝　钢纤维混凝土	m	32.31	1425.49	19
	7		钢　筋　工　程				
13	7.1	040701002	非预应力钢筋	t	23.33	4886.28	
	7.1.1	04070100201	钢筋笼制作	t	6.31	5018.90	4
	7.1.1.1	S4-4-22	灌注桩钢筋笼	t	6.31	5018.90	
14	7.1.2	04070100202	桥台盖梁　钢筋	t	3.92	4729.69	13
	7.1.2.1	S4-6-41	台盖梁钢筋	t	3.92	4729.69	
15	7.1.3	04070100203	桥面铺设　钢筋	t	1.26	4754.89	21
	7.1.3.1	S4-6-100	桥面铺装钢筋	t	1.26	4754.89	
16	7.1.4	04070100204	地梁侧石缘石　钢筋	t	0.34	4661.41	26
	7.1.4.1	S4-6-76	其他构件钢筋	t	0.34	4661.41	

2）措施项目清单(表 3-27)

措施项目清单(投标 6)　　　　**表 3-27**

序号	项目编码	项目名称	计量单位	数量	综合单价	预算顺序号
8		措施项目费			32183.00	
8.1		大型机械设备进出场及安拆				
8.1.1	ZSM21-2-15	钻孔灌注桩钻机场外运输费	台·次	1.00	10831.13	7
8.1.2	ZSM21-2-4	$1m^3$ 以内单斗挖掘机场外运输费	台·次	1.00	3187.55	35
8.1.3	ZSM21-1-5	履带式起重机(25t 以内)装卸费	台	1.00	753.17	36
8.2		混凝土、钢筋混凝土模板及支架				
8.2.1	S4-6-40	台盖梁模板	m^2	124.93	47.11	12
8.2.2	S4-6-75	地梁侧石缘石模板	m^2	43.78	36.52	25
8.3		堆料场地				
8.3.1	S1-4-20	堆料场地　现浇混凝土(5～20mm)C15	m^2	250.00	39.71	34

3）分部分项工程量清单综合单价分析(表 3-28)

分部分项工程量清单综合单价分析表(投标 10)　　　　**表 3-28**

工程名称：××路护管桥工程

编制单位：

序号	编号	名称	单位	综合单价 工料单价	工程量	人工费	材料费	机械费	周材运输费	管理费	安全防护、文明	规费	税金	合计	总计
	1	2	3	4	5	6	7	8	9	10	11	12	13	14	15
				4=14/5										6～11	6～13
		桥台挖土	m^3	18.50	303.30							9.77	191.72	5612	5814
1	S4-2-7	机械挖土(深≤6m)	m^3	7.08	303.30	634.66		1512.37	10.74	237.35	60.42	4.27	83.88	2456	2544
2	S1-1-36	土方场内运输(运土 1km 以内)	m^3	9.10	303.30	323.47		2436.81	13.80	305.15	77.67	5.49	107.84	3157	3270
		桥台回填土	m^3	20.22	263.97							9.29	182.31	5337	5529
3	S4-2-8	回填土	m^3	12.76	263.97	3233.96		134.27	16.84	372.36	94.78	6.70	131.59	3852	3991
4	S1-1-36	土方场内运输(运土 1km 以内)	m^3	9.10	142.65	152.14		1146.10	6.49	143.52	36.53	2.58	50.72	1485	1538
		余土、旧料外运	m^3	31.30	39.33							2.14	42.04	1231	1275
5	ZSM19-1-1	土方场外运输	m^3	27.50	39.33			1081.58	0.00	118.97	30.28	2.14	42.04	1231	1275
		桩基工程	m	257.25	276.00							123.54	2425.32	71000	73549
6	S4-1-1	陆上桩基础工作平台(锤重≤2.5t)	m^2	11.20	297.57	1136.87	2137.81	58.95	16.67	368.53	93.81	6.63	130.24	3813	3950
7	S4-4-1	陆上埋设拆除钢护筒(ϕ≤600)	m	52.92	18.00	713.51	167.70	71.34	4.76	105.30	26.80	1.90	37.21	1089	1129

续表

序号	编　号	名　称	单位	综合单价 工料单价	工程量	人工费	材料费	机械费	周材运输费	管理费	安全防护、文明	规　费	税　金	合　计	总　计
	1	2	3	4	5	6	7	8	9	10	11	12	13	14	15
				4=14/5										6～11	6～13
8	S4-4-11	回旋钻机钻孔(φ≤600)	m³	199.94	80.50	2271.58	2661.32	11162.13	80.48	1779.31	452.91	32.03	628.80	18408	19069
9	S4-4-17换	灌注桩商品水下混凝土(φ≤600)　非泵送水下商品混凝土(5～40mm)C25	m³	426.46	78.88	709.74	31374.17	1555.40	168.20	3718.83	946.61	66.94	1314.21	38473	39854
10	ZSM20-1-1	泥浆场外运输	m³	47.50	80.50			3823.75	0.00	420.61	107.07	7.57	148.64	4351	4508
11	S1-3-37	凿桩头	m³	226.01	2.21	223.90	27.12	248.48	2.50	55.22	14.06	0.99	19.51	571	592
12	ZSM19-1-1	土方场外运输	m³	27.50	2.70			74.28	0.37	8.21	2.09	0.15	2.90	85	88
13	ZSM21-1-1	钻孔灌注桩钻机安装及拆除费	台	3681.00	1.00			3681.00	18.41	406.93	103.58	7.33	143.81	4210	4361
		C30台盖梁	m³	389.47	35.74							24.22	475.48	13920	14419
14	S4-6-2换	基础混凝土垫层　现浇混凝土(5～40mm)C10	m³	218.73	3.59	151.45	557.00	76.81	3.93	86.81	22.10	1.56	30.68	898	930
15	S4-6-39	C30台盖梁商品混凝土　泵送商品混凝土(5～40mm)C30	m³	318.57	35.74	345.46	10989.52	50.55	56.93	1258.67	320.39	22.66	444.81	13022	13489
		陆上安装板梁(L≤10m)	m³	1671.35	54.51							158.52	3112.09	91105	94376
16	S4-7-70换	预制构件场内运输(重≤10t，运距200m)	m³	39.29	54.51	752.26	1268.05	121.13	10.71	236.74	60.26	4.26	83.66	2449	2537
17	S4-8-9	陆上安装板梁(L≤10m)	m³	1398.37	54.51	229.04	75223.80	772.56	381.13	8426.72	2144.98	151.69	2977.95	87178	90308
18	S4-6-77换	板梁间灌缝　泵送商品混凝土(5～16mm)C30	m³	554.69	2.16	296.02	867.72	34.39	5.99	132.45	33.72	2.38	46.81	1370	1419
19	S4-6-78	板梁底勾缝　水泥砂浆1∶2	延长米	0.78	119.84	88.98	4.98		0.47	10.39	2.64	0.19	3.67	107	111
		地梁侧石缘石	m³	393.78	5.83							3.86	75.71	2216	2296
20	S4-6-74换	地梁侧石缘石商品混凝土　非泵送商品混凝土(5～40mm)C30	m³	332.41	5.83	155.62	1694.18	88.12	9.69	214.24	54.53	3.86	75.71	2216	2296
		桥面铺装工程	m²	108.98	100.00							18.96	372.25	10898	11289

续表

序号	编号	名称	单位	综合单价 工料单价	工程量	人工费	材料费	机械费	周材运输费	管理费	安全防护、文明	规费	税金	合计	总计
	1	2	3	4	5	6	7	8	9	10	11	12	13	14	15
				4=14/5										6～11	6～13
21	S4-6-99换	桥面铺装车行道商品混凝土 泵送商品混凝土(5～40mm)C40	m^3	355.62	12.80	88.39	4453.60	9.98	22.76	503.22	128.09	9.06	177.83	5206	5393
22	S2-3-24换	机械摊铺细粒式沥青混凝土(厚3cm)	$100m^2$	2625.60	1.00	38.25	2505.27	82.07	13.13	290.26	73.88	5.22	102.58	3003	3111
23	S2-3-22换	机械摊铺中粒式沥青混凝土(厚3cm)	$100m^2$	2350.82	1.00	36.08	2244.72	70.02	11.75	259.88	66.15	4.68	91.84	2689	2785
		安装人行道板	m^2	125.58	50.00							10.93	214.48	6279	6504
24	S4-8-43	安装人行道板 水泥砂浆M7.5	m^3	1364.82	3.91	119.32	5042.41	174.73	26.68	589.95	150.17	10.62	208.48	6103	6322
25	S4-7-70换	预制构件场内运输(重≤10t,运距200m)	m^3	39.29	3.91	53.96	90.96	8.69	0.77	16.98	4.32	0.31	6.00	176	182
		铺设人行道地砖	m^2	78.74	50.00							6.85	134.48	3937	4078
26	S2-4-14	铺设人行道地砖 水泥砂浆M10	$100m^2$	6884.53	0.50	276.09	3166.17		17.21	380.54	96.87	6.85	134.48	3937	4078
		安装型钢伸缩缝	m	1395.41	32.31							78.45	1540.10	45086	46704
27	S4-8-61换	安装型钢伸缩缝 钢纤维混凝土	m	1220.09	32.31	663.76	37751.01	1006.49	197.11	4358.02	1109.31	78.45	1540.10	45086	46704
		安装板式橡胶支座	dm^3	56.23	52.92							5.18	101.64	2976	3082
28	S4-8-51	安装板式橡胶支座	dm^3	49.16	52.92	196.47	2405.21		13.01	287.62	73.21	5.18	101.64	2976	3082
		非预应力钢筋	t	4665.57	11.83							96.04	1885.38	55194	57175
29	S4-4-22	灌注桩钢筋笼	t	4192.28	6.31	2868.82	20829.91	2754.57	132.27	2924.41	744.40	52.64	1033.47	30254	31340
30	S4-6-41	台盖梁钢筋	t	3945.24	3.92	1701.42	12876.12	887.82	77.33	1709.70	435.20	30.78	604.20	17688	18323
31	S4-6-100	桥面铺装钢筋	t	3971.01	1.26	718.20	4228.11	73.05	25.10	554.89	141.24	9.99	196.09	5741	5947
32	S4-6-76	其他构件钢筋	t	3886.06	0.34	185.32	1108.11	27.83	6.61	146.07	37.18	2.63	51.62	1511	1565
		施工措施-大型机械进出场及场外运输										25.21	494.99	14491	15011

续表

序号	编　号	名　称	单位	综合单价 工料单价	工程量	人工费	材料费	机械费	周材 运输费	管理费	安全防 护、文明	规　费	税　金	合　计	总　计
	1	2	3	4	5	6	7	8	9	10	11	12	13	14	15
				4＝14/5										6～11	6～13
33	ZSM21-2-15	钻孔灌注桩钻机场外运输费	台·次	9290.00	1.00			9290.00	46.45	1027.01	261.42	18.49	362.94	10625	11006
34	ZSM21-2-4	$1m^3$ 以内单斗挖掘机场外运输费	台·次	2734.00	1.00			2734.00	13.67	302.24	76.93	5.44	106.81	3127	3239
35	ZSM21-1-5	履带式起重机（25t 以内）装卸费	台	646.00	1.00			646.00	3.23	71.42	18.18	1.29	25.24	739	765
		施工措施-混凝土模板										11.37	223.23	6535	6770
36	S4-6-40	台盖梁模板	m^2	40.46	107.40	1941.42	1561.76	842.43	21.73	480.41	122.29	8.65	169.77	4970	5148
37	S4-6-75	地梁侧石缘石模板	m^2	31.26	43.78	451.55	901.73	15.10	6.84	151.27	38.51	2.72	53.46	1565	1621
		施工措施-堆料场地										16.81	330.00	9661	10008
38	S1-4-20	堆料场地　现浇混凝土（5～20mm）C15	m^2	33.79	250.00	3678.75	4526.09	242.16	42.24	933.82	237.70	16.81	330.00	9661	10008

3. 预算书（表 3-29）

××路护管桥工程预算书　　　　**表 3-29**

工程名称：××路护管桥工程

编制单位：

序号	定额编号	名　称	单　位	单　价	工程量	合　价
		护管桥 $L=10$　$\alpha=8$	m^2	2236.54	160.00	357846
1	S4-1-1	陆上桩基础工作平台（锤重≤2.5t）	m^2	11.20	297.57	3334
2	S4-4-1	陆上埋设拆除钢护筒（ϕ≤600）	m	52.92	18.00	953
3	S4-4-11	回旋钻机钻孔（ϕ≤600）	m^3	199.94	80.50	16095
4	S4-4-22	灌注桩钢筋笼	t	4192.28	6.31	26453
5	S4-4-17 换	灌注桩商品水下混凝土（ϕ≤600）　非泵送水下商品混凝土（5～40mm）C25	m^3	426.46	78.88	33639
6	ZSM21-1-1	钻孔灌注桩钻机安装及拆除费	台	3681.00	1.00	3681
7	ZSM21-2-15	钻孔灌注桩钻机场外运输费	台·次	9290.00	1.00	9290
8	ZSM20-1-1	泥浆场外运输	m^3	47.50	80.50	3824
9	S1-3-37	凿桩头	m^3	226.01	2.21	499
10	S4-6-2 换	基础混凝土垫层　现浇混凝土（5～40mm）C10	m^3	218.73	3.59	785
11	S4-6-39	C30 台盖梁商品混凝土　泵送商品混凝土（5～40mm）C30	m^3	318.57	35.74	11386
12	S4-6-40	台盖梁模板	m^2	40.46	107.40	4346
13	S4-6-41	台盖梁钢筋	t	3945.24	3.92	15465

续表

序号	定额编号	名　称	单 位	单 价	工程量	合 价
14	S4-8-51	安装板式橡胶支座	dm^3	49.16	52.92	2602
15	S4-7-70 换	预制构件场内运输(重≤10t，运距 200m)	m^3	39.29	54.51	2141
16	S4-8-9	陆上安装板梁(L≤10m)	m^3	1398.37	54.51	76225
17	S4-6-77 换	板梁间灌缝　泵送商品混凝土(5～16mm)C30	m^3	554.69	2.16	1198
18	S4-6-78	板梁底勾缝　水泥砂浆 1∶2	延长米	0.78	119.84	94
19	S4-8-61 换	安装型钢伸缩缝　钢纤维混凝土	m	1220.09	32.31	39421
20	S4-6-99 换	桥面铺装车行道商品混凝土　泵送商品混凝土(5～40mm)C40	m^3	355.62	12.80	4552
21	S4-6-100	桥面铺装钢筋	t	3971.01	1.26	5019
22	S2-3-22 换	机械摊铺中粒式沥青混凝土(厚 3cm)	$100m^2$	2350.82	1.00	2351
23	S2-3-24 换	机械摊铺细粒式沥青混凝土(厚 3cm)	$100m^2$	2625.60	1.00	2626
24	S4-6-74 换	地梁侧石缘石商品混凝土　非泵送商品混凝土(5～40mm)C30	m^3	332.41	5.83	1938
25	S4-6-75	地梁侧石缘石模板	m^2	31.26	43.78	1368
26	S4-6-76	其他构件钢筋	t	3886.06	0.34	1321
27	S4-8-43	安装人行道板　水泥砂浆 M7.5	m^3	1364.82	3.91	5336
28	S4-7-70 换	预制构件场内运输(重≤10t，运距 200m)	m^3	39.29	3.91	154
29	S2-4-14	铺筑连锁型彩色预制块(砂浆)　水泥砂浆 M10	$100m^2$	6884.53	0.50	3442
30	S4-2-7	机械挖土(深≤6m)	m^3	7.08	303.30	2147
31	S4-2-8	回填土	m^3	12.76	263.97	3368
32	S1-1-36	土方场内运输(运土 1km 以内)	m^3	9.10	445.95	4059
33	ZSM19-1-1	余土及旧料场外运输	m^3	27.50	42.03	1156
34	S1-4-20	堆料场地　现浇混凝土(5～20mm)C15	m^2	33.79	250.00	8447
35	ZSM21-2-4	$1m^3$ 以内单斗挖掘机场外运输费	台·次	2734.00	1.00	2734
36	ZSM21-1-5	履带式起重机(25t 以内)装卸费	台	646.00	1.00	646

费用情况见表 3-30。

费　用　表　　**表 3-30**

1	定额直接费	直接费合计	297116
2	大型周材运输费	[1]×0.5%	1486
3	土方泥浆外运费	土方泥浆外运费	4980
4	直接费	[1]+[3]+[4]	303582
5	综合费	[5]×11%	33395
6	安全防护、文明	[5]×2.8%	8500
7	施工措施费	施工措施费	
8	其他费用	([5]+[6]+[7]+[8])×(0.074%+0.1%)	601
9	税前补差	税前补差	
10	税金	([5]+[6]+[7]+[8]+[9]+[10])×3.41%	11801
11	甲供材料	甲供材料	
12	税后补差	税后补差	
13	总造价	[5]+[6]+[7]+[8]+[9]+[10]+[11]+[12]+[13]	357879

二、通过本教案，剖析、掌握工程结构及结合施工组织设计的参与，对工程量清单编制，即“分部分项工程量清单”、“措施项目”的重要性的认知

市政预算定额预(结)算表(直接费部分)与清单项目之间关系分析对照见表 3-31。

市政预算定额预(结)算表(直接费部分)与清单项目之间关系分析对照表　　表 3-31

定额预(结)算表			单位	工程量	定额预(结)算表在工程量清单中的顺序号									
					工程实体项目(七类 17 项 32 子目)							辅助实体项目完成的施工手段(三类 3 项 6 子目)		
					分部分项工程							措施项目		
顺序号	定额编号	项目名称			土石方工程(3项)	桩基工程(1项)	现浇混凝土工程(4项)	预制混凝土工程(2项)	装饰工程(1项)	其他工程(2项)	钢筋工程(4项)	大型机械设备进出场及安拆	混凝土、钢筋混凝土模板及支架	堆料场地
1	2	3	4	5	6	7	8	9	10	11	12	13	14	15
1	S4-1-1	陆上桩基础工作平台(锤重≤2.5t)	m^2	297.57		6								
2	S4-4-1	陆上埋设拆除钢护筒(ϕ≤600)	m	18		7								
3	S4-4-11	回旋钻机钻孔(ϕ≤600)	m^3	80.5		8								
4	S4-4-22	灌注桩钢筋笼	t	6.31							29			
5	S4-4-17 换	灌注桩商品水下混凝土(ϕ≤600)　非泵送水下商品混凝土(5～40mm)C25	m^3	78.88		9								
6	ZSM21-1-1	钻孔灌注桩钻机安装及拆除费	台	1		13								
7	ZSM21-2-15	钻孔灌注桩钻机场外运输费	台·次	1								33		
8	ZSM20-1-1	泥浆场外运输	m^3	80.5		10								
9	S1-3-37	凿桩头	m^3	2.21		11								
10	S4-6-2 换	基础混凝土垫层　现浇混凝土(5～40mm)C10	m^3	3.59			14							
11	S4-6-39	C30 台盖梁商品混凝土　泵送商品混凝土(5～40mm)C30	m^3	35.74			15							
12	S4-6-40	台盖梁模板	m^2	124.93									36	
13	S4-6-41	台盖梁钢筋	t	3.92							30			
14	S4-8-51	安装板式橡胶支座	dm^3	52.92						27				
15	S4-7-70 换	预制构件场内运输(重≤10t,运距 200m)	m^3	54.51				20						
16	S4-8-9	陆上安装板梁(L≤10m)	m^3	54.51				21						
17	S4-6-77 换	板梁间灌缝泵送商品混凝土(5～16mm)C30	m^3	2.16				22						
18	S4-6-78	板梁底勾缝　水泥砂浆 1∶2	延长米	119.84				23						
19	S4-8-61 换	安装型钢伸缩缝　钢纤维混凝土	m	32.31						28				
20	S4-6-99 换	桥面铺装车行道商品混凝土　泵送商品混凝土(5～40mm)C40	m^3	12.8			17							

续表

定额预(结)算表			单位	工程量	定额预(结)算表在工程量清单中的顺序号									
					工程实体项目(七类17项32子目)							辅助实体项目完成的施工手段(三类3项6子目)		
					分部分项工程							措施项目		
顺序号	定额编号	项目名称			土石方工程(3项)	桩基工程(1项)	现浇混凝土工程(4项)	预制混凝土工程(2项)	装饰工程(1项)	其他工程(2项)	钢筋工程(4项)	大型机械设备进出场及安拆	混凝土、钢筋混凝土模板及支架	堆料场地
1	2	3	4	5	6	7	8	9	10	11	12	13	14	15
21	S4-6-100	桥面铺装钢筋	t	1.26							31			
22	S2-3-22换	机械摊铺中粒式沥青混凝土(厚3cm)	100m²	1			19							
23	S2-3-24换	机械摊铺细粒式沥青混凝土(厚3cm)	100m²	1			18							
24	S4-6-74换	地梁侧石缘石商品混凝土　非泵送商品混凝土(5～40mm)C30	m³	5.83			16							
25	S4-6-75	地梁侧石缘石模板	m²	43.78									37	
26	S4-6-76	其他构件钢筋	t	0.34							32			
27	S4-8-43	安装人行道板　水泥砂浆M7.5	m³	3.91				24						
28	S4-7-70换	预制构件场内运输(重≤10t，运距200m)	m³	3.91				25						
29	S2-4-14	铺筑连锁型彩色预制块(砂浆)　水泥砂浆M10	100m²	0.5					26					
30	S4-2-7	机械挖土(深≤6m)	m³	303.3	1									
31	S4-2-8	回填土	m³	263.97	3									
32	S1-1-36	土方场内运输(运土1km以内)	m³	324.63	2、4									
33	ZSM19-1-1	余土及旧料场外运输	m³	42.02	5(12)	12								
34	S1-4-20	堆料场地　现浇混凝土(5～20mm)C15	m²	250										38
35	ZSM21-2-4	1m³以内单斗挖掘机场外运输费	台·次	1								34		
36	ZSM21-1-5	履带式起重机(25t以内)装卸费	台	1								35		
		项次合计	子目	38	5	8	6	6	1	2	4	3	2	1

透视上述关系分析对照表，不难看出以下释义：

1. 根据《建设工程工程量清单计价规范》的规范，它清晰地把定额预(结)算(直接费部分)划分了分部分项工程与措施项目之界限，使之工程实体项目(编制项目编码七类17项、套取子目32个)与辅助实体项目完成的施工手段(编制项目编码三类3项、套取子目6个)二者一目了然，但在正确划分二者的界限时，放置的位置要正确、全面，要严格区分二者关系，可参考第一章第三节表1-5“单位工程计价方法及步骤表”，正确运用归纳。

2. 对于各分部分项工程的“项目特征”、“工作内容”，不仅要通晓各工程结构及施工技术和验收规程(如：含4项的现浇混凝土工程它包括桥台盖梁、地梁侧石缘石、水泥混凝土桥面铺装、沥青混凝土桥面铺装，含2项的预制混凝土工程它包括预制混凝土空心板梁、预制混凝土人行道，含4项的非预应力钢筋的钢筋工程，它包括钢筋笼制作、桥台盖梁钢筋、桥面铺装钢筋、地梁侧石缘石钢筋等)，而且要熟知《建设工程工程量清单计价规范》及《市政工程预算定额》的计算规则、总说明和各册、章、节的计算说明(如：总说明“未包括大型机械场外运输、安拆”)，同时要参与、掌握和结合施工组织设计或施工大纲或方案(如：陆上埋设钢护筒时，由于各地土质不同，埋设深度要根据施工组织设计而定)。

3. 虽然二者在套取预算定额的子目是相同的，但在定额预(结)算(直接费部分)上却会发生一点差异，同一本教案都套取了36个子目，而在定额预(结)算(直接费部分)上累计为36个子目，在工程量清单里却要分别出现在分部分项工程上为32个、在措施项目上为6个，共呈现为38个子目，这是因为在计算工程量汇总时，有些子目只仅仅是合并同类项而已，如土方场内运输、余土及旧料场外运输等，可离、可合则根据实际情况而定，它既不影响“分部分项工程量清单计价合计”，又不影响“单位工程费用合计”的报价总价，只仅涉及的个别综合单价及所处位置不同而已。

4. 鉴于《市政工程预算定额》的编制是按施工工序进行设置(包括工程内容)，一般是单一，且考虑工作面等因素，故所定额预(结)算(直接费部分)方法是以施工顺序及不分工程实体项目与辅助实体项目完成的施工手段之分，而是以完成此单项项目的施工工序编制而成，它可能包括多项项目编码之内容或在措施项目内，如钢筋工程和混凝土、钢筋混凝土模板及支架等；而工程量清单的编制则严格表现拟建工程的分部分项工程、措施项目的明细清单，达到四个统一的计算规则，并以“项目特征”的描述，“工作内容”的规定加入注明，是国家规范建设工程工程量清单的国家标准，符合公平、公正和诚实信用原则。

三、工程量清单报价与定额预(结)算模式的内在联系

结合本教案二阐述，详见预(结)算与工程量清单报价模式编制对照表(单位工程费汇总表)(表3-32)。

预(结)算与工程量清单报价模式编制对照表(单位工程费汇总表)　　表3-32

分类		项目内容	原预(结)算	工程量清单计价方法		
				部颁	上海市	
1		2	3	4	5	6
工程量清单	分部分项工程量清单	人工费		81448.15	81448.15	81448.15
		材料费		1509703.98	1509703.98	1509703.98
		机械费		17993.69	17993.69	17993.69
		直接费小计		1609145.82	1609145.82	1609145.82
	开办(措施)项目费用工程量清单	人工费		207708.31	207708.31	207708.31
		材料费		222688.49	222688.49	222688.49
		机械费		432213.88	432213.88	432213.88
		开办费				
		直接费小计		862610.68	862610.68	862610.68
	其他项目(零星工作项目)工程量清单	人工费				
		材料费				
		机械费				
		直接费小计				
	合计			2471756.5	2471756.5	2471756.5

续表

分类		项目内容	原预(结)算	工程量清单计价方法		
				部颁	上海市	
1		2	3	4	5	6
原预(结)算	工程直接费	人工费	289156.46			
		材料费	1732392.47			
		机械费	450207.57			
		零星工作项目				
		直接费小计	2471756.50			
计价表现形式			直接费小计	综合单价	工料单价法	综合单价法
① 单价组成分析(如：元/m、元/t等)				直接费+管理费+利润	工、料、机之和	全额费用
② 综合费用		①×6%	148305.39		148305.39	
开办费						
③ 利润		①×5%	123587.83		123587.83	
④ 计价小计(①～③之和)			2743649.72	2743649.72	2743649.72	
⑤ 规费(行政事业性收费)		④×0.35%	9602.77	9602.77	9602.77	
⑥ 不含税工程造价(①～⑤之和)			2753252.49	2753252.49	2753252.49	
⑦ 税金		⑥×3.41%	93885.91	93885.91	93885.91	
⑧ 含税工程造价计价：(⑥～⑦之和)			2847138.40	2847138.40	2847138.40	2847138.40

第四节　注重《建设工程工程量清单计价规范》中"项目特征"的描述"工程内容"的规定编制清单(教案三)

一、市政管网工程实例：开槽埋管单位工程(招标、投标文件)

1. 招标书

总　说　明

工程名称：某某路排水新建工程

(1) 工程概况：

1) 本工程雨水管道工程从1号井至4号井采用开槽埋管施工，管径ϕ1000，长度125m。

2) 招标范围：本招标工程为一个单项工程，排水一个单位工程，具体范围按设计图图示。

3) 清单编制依据：《〈建设工程工程量清单计价规范〉上海市市政工程操作指南》，施工设计图文件等。

4) 工程质量应达到优良标准。

5) 其他项目清单：招标人部分中，列入提供监理工程师设备费5000元(由业主控制使用)。

6) 投标报价按"上海市市政工程操作指南"的统一格式。

7) 人工、材料、机械费用按上海市市政工程市场信息2006年10月份计取。

8) 施工工期：45天。

(2) 主要施工设计图图例(图3-26～图3-38)

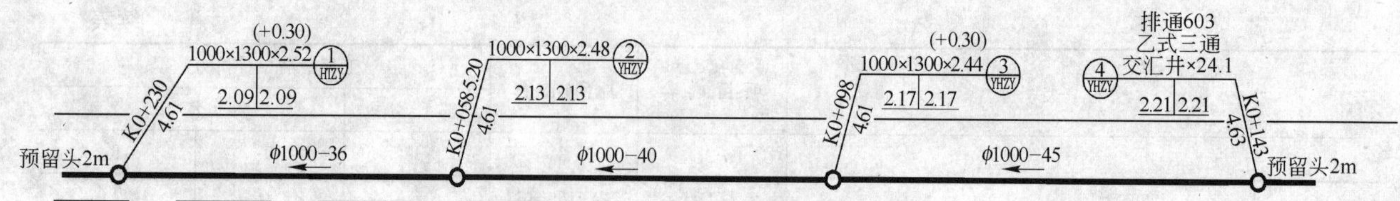

图 3-26 开槽埋管单位工程平面图

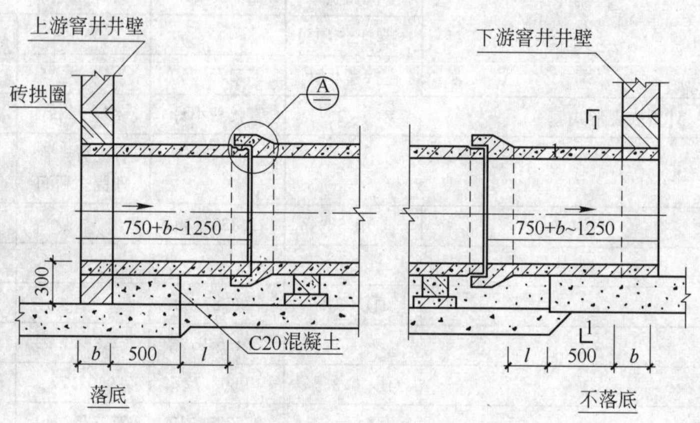

图 3-27 开槽埋管单位工程承插式钢筋混凝土与窨井连接图

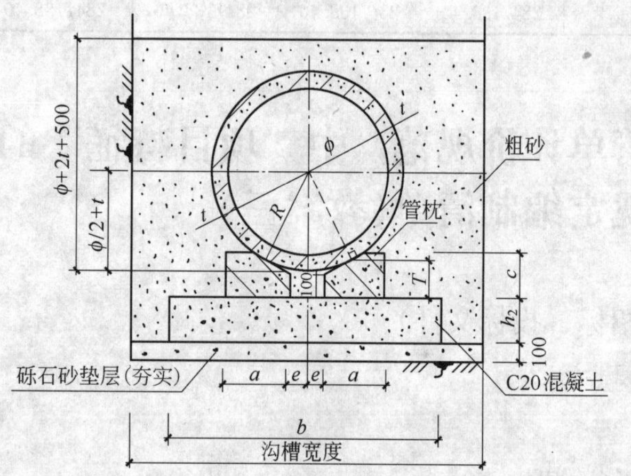

图 3-28 开槽埋管单位工程混凝土基础图

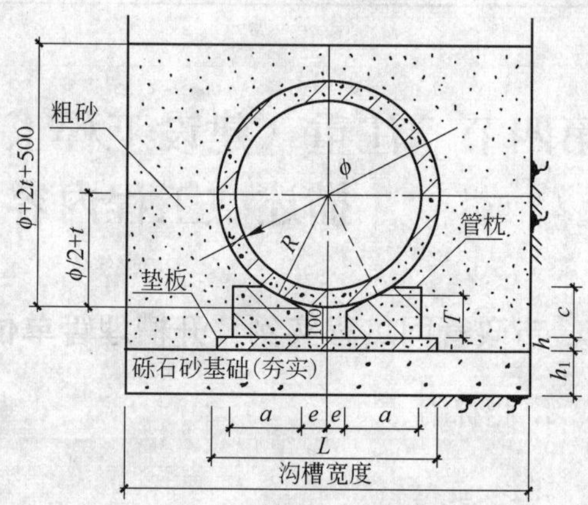

图 3-29 开槽埋管单位工程砾石砂基础图

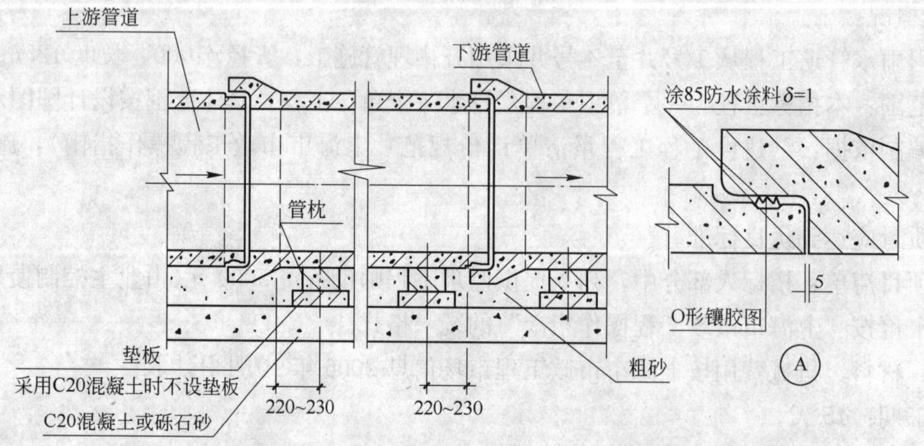

图 3-30 开槽埋管单位工程管道纵向布置图

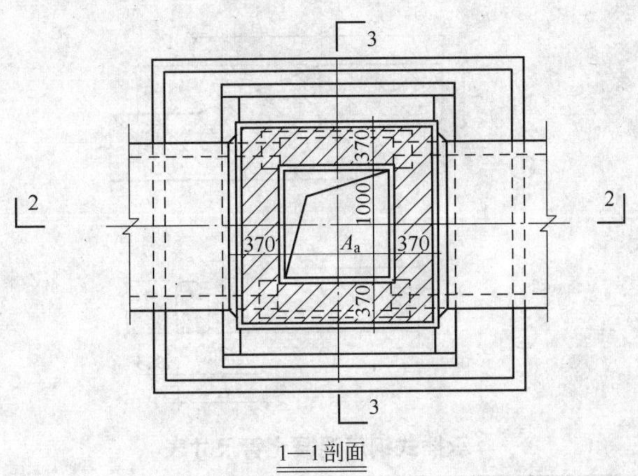

图 3-31　开槽埋管单位工程 1—1 剖面图

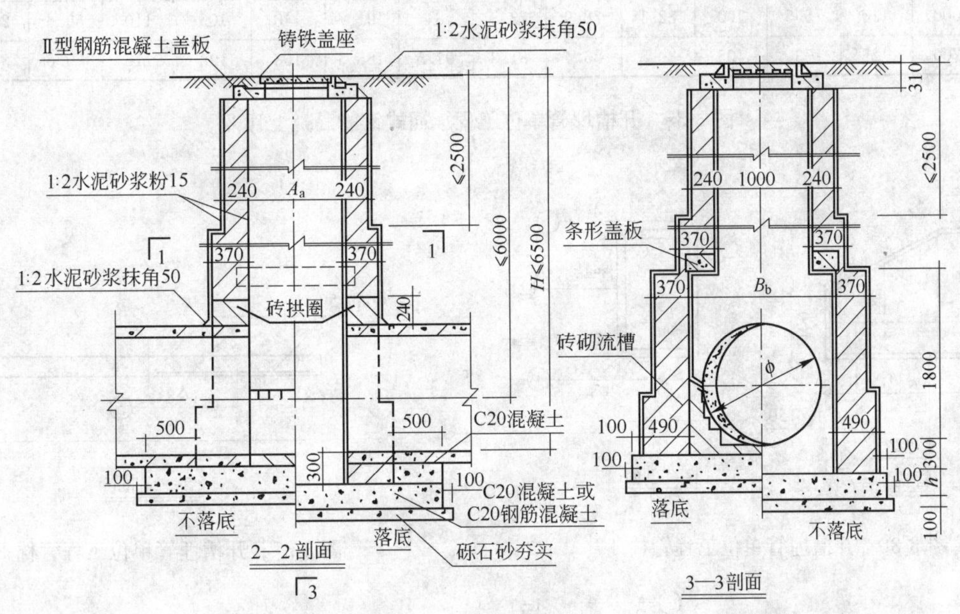

图 3-32　开槽埋管单位工程 2—2 及 3—3 剖面图

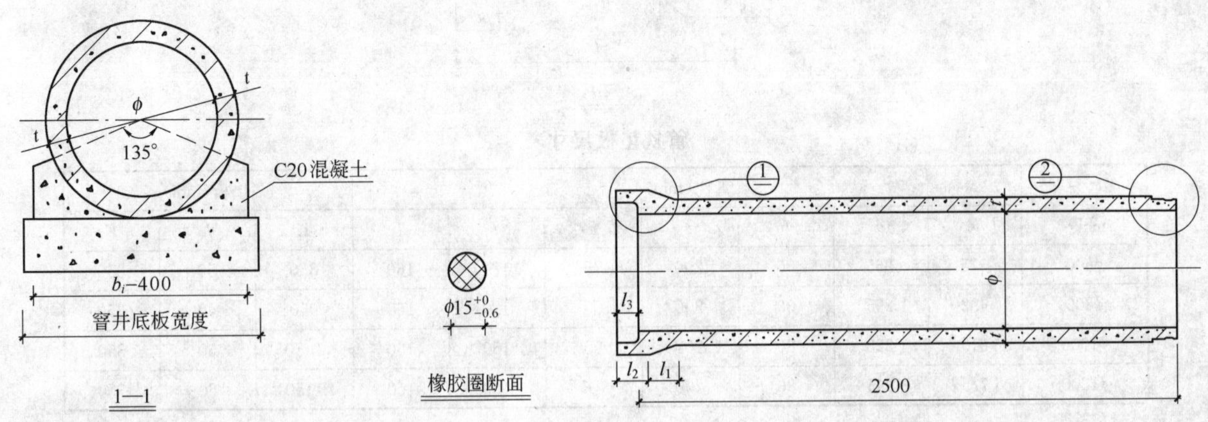

图 3-33　开槽埋管单位工程 1—1 及橡胶圈断面图

图 3-34　开槽埋管单位工程承插式钢筋混凝土管-1

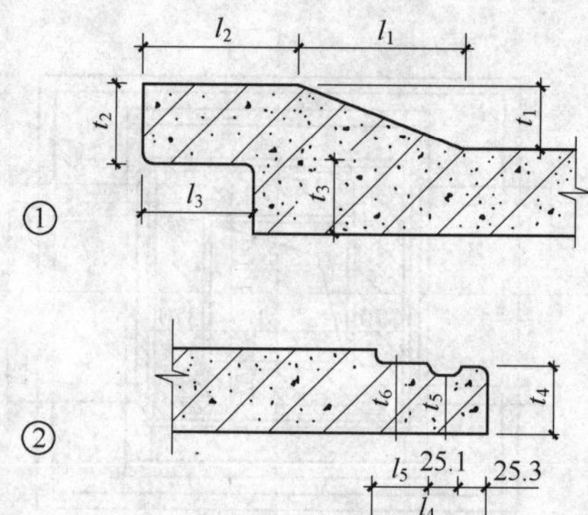

承插式钢筋混凝土管尺寸表

管径 φ(mm)	t (mm)	t_1 (mm)	t_2 (mm)	t_3 (mm)	t_4 (mm)	t_5 (mm)	t_6 (mm)	l_1 (mm)	l_2 (mm)	l_3 (mm)	l_4 (mm)	l_5 (mm)	质量 (kg)
φ600	75	59	70	60.8	57.6	52.5	62.5	149.8	140	98	102	51.6	1083
φ800	92	66.5	85	70.3	67.1	62.0	72	168.8	140	99	102	51.6	1750
φ1000	110	75.5	100	82.1	78.9	73.8	84	191.7	140	106	110	59.6	2600
φ1200	125	73	105	89.8	86.4	81.3	91.5	185.3	158	106	110	59.6	3510

图 3-35　开槽埋管单位工程承插式钢筋混凝土管-2

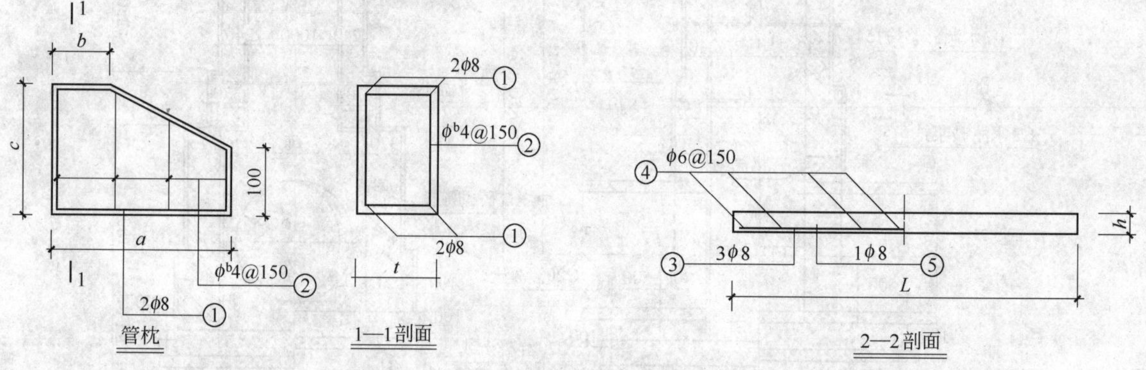

图 3-36　开槽埋管单位工程管枕-1

图 3-37　开槽埋管单位工程管枕-2

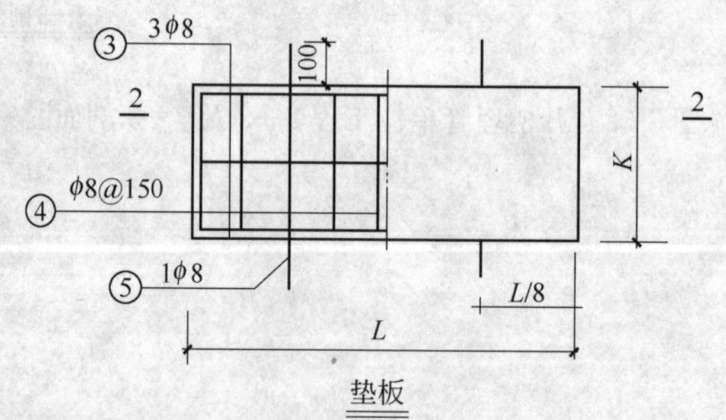

管枕垫板尺寸表

管径 (mm)	管枕(mm)							垫板(mm)		
	R	a	b	c	e	f	T	L	h	K
φ600	375	265	80	200	75	120	160	850	50	350
φ800	492	295	80	200	85	120	160	950	50	350
φ1000	610	320	80	200	95	150	160	1050	50	350
φ1200	725	345	80	200	105	150	160	1150	50	350

图 3-38　开槽埋管单位工程管枕-垫板图

(3) 分部分项工程量清单(表 3-33)

分部分项工程量清单(一)(招标 4)　　**表 3-33**

序号	项目编码	项目名称	项目特征	工程内容	计量单位	数量
1		土石方工程				
1.1	040101002	挖沟槽土方	1. 土的工程类别Ⅰ、Ⅱ类 2. 挖土深度 3.5m 以内	1. 土方开挖 2. 围护、支撑 3. 场内运输 4. 平整、夯实	m^3	1112.65
1.2	040103001	填方	1. 填方材料品种土方 2. 密实度：95%	1. 填方 2. 夯实	m^3	665.22
1.3	040103002	余土外运	1. 废弃料品种：土方 2. 运距：1km	余方点装料运输至弃置点	m^3	450.35
2		管道铺设				
2.1	40501002	铺设 PH-48ϕ1000 管	1. 管有筋 2. 规格 3. 埋设深度 4. 接口形式 5. 垫层厚度、材料品种、强度 6. 基础断面形式、混凝土强度等级、石料最大粒径	1. 垫层铺筑 2. 混凝土基础浇筑 3. 管道铺设 4. 管道接口 5. 混凝土管座浇筑 6. 预制管枕安装 7. 井壁(墙)凿洞 8. 检测及试验	m	122
3	砖砌窨井					
3.1	40504001	砖砌窨井			座	4.00
3.1.1	40504001001	砖砌窨井 1000mm×1300mm×3.0m	1. 材料 2. 井深、尺寸 3. 定型井名称、定型图号、尺寸及井深 4. 垫层、基础、厚度、材料品种、强度	1. 垫层铺筑 2. 混凝土浇筑 3. 养护 4. 砌筑 5. 勾缝 6. 抹面 7. 盖板、过梁制作安装 8. 井盖、井座支座安装	座	2
3.1.2	40504001002	砖砌窨井 1000mm×1300mm×3.0m↓			座	2

(4) 措施项目清单(表 3-34)

措施项目清单(招标 5)　　**表 3-34**

序号	项次	项目编码	项目名称	单位	数量	备注
	5		5　市政工程			
1	5.1	0501	大型机械进出场运输及安拆			
2	5.2	0502	混凝土、钢筋混凝土模板及支架			
3	5.3	0503	脚手架			
4	5.4	0504	施工排水、降水			
5	5.5	0505	围堰			
6	5.6	0506	筑岛			
7	5.7	0507	现场施工围栏			
8	5.8	0508	施工便道			
9	5.9	0509	便桥			
10	5.10	0510	洞内施工的通风、供水、供气、供电、照明及通信设施			
11	5.11	0511	驳岸块石清理			

续表

序　号	项　次	项目编码	项目名称	单　位	数　量	备　注
12	5.12	沪 0512	地基加固			
13	5.13	沪 0513	地下监测			
14	5.14	临-001	堆场			

2. 投标

(1) 单位工程费汇总表(表 3-35)

单位工程费汇总表(投标 5)　　**表 3-35**

工程名称：××路下水道改建工程

序　号	项 目 名 称	金额(元)	序　号	项 目 名 称	金额(元)
1	分部分项工程量清单计价合计	274396	4	规费	643
2	措施项目清单计价合计	95157	5	税金	12624
3	其他项目清单计价表			单位工程费用合计	382819

(2) 计算表

计算步骤如下：

1) 根据设计图纸的原地面标高及管底标高，按《上海市市政工程预算定额》和《上海市排水管道通用图》的有关规定，计算管道、窨井埋设深度。

①《上海市市政工程预算定额》沟槽埋设深度定额取定表(表 3-36)

沟槽埋设深度定额取定表(单位：m)　　**表 3-36**

实际深度	≤1.25	1.26～1.75	1.76～2.25	2.26～2.75	2.76～3.00	3.01～3.25	3.26～3.75	3.76～4.00	4.01～4.25	4.26～4.75	4.76～5.25	5.26～5.75	5.76～6.0	6.01～6.25	6.26～6.75	6.76～7.25	7.26～7.75	7.26～8.25
取定深度	1	1.5	2	2.5	≤3.0	>3.0	3.5	≤4.0	>4.0	4.5	5	5.5	≤6.0	>6.0	6.5	7	7.5	≤8.0

②《上海市市政工程预算定额(2000)》窨井埋设深度定额取定表(表 3-37)

窨井埋设深度定额取定表(单位：m)　　**表 3-37**

实际深度	≤1.25	1.26～1.75	1.76～2.25	2.26～2.75	2.76～3.25	3.26～3.75	3.76～4.25	4.26～4.75	4.76～5.25	5.26～5.75	5.76～6.25	6.26～6.75	6.76～7.25	7.26～7.75	7.26～8.25
取定深度	1	1.5	2.0	2.5	3.0	3.5	4.0	4.5	5.0	5.5	6.0	6.5	7.0	7.5	8.0

③ 根据设计图纸，利用 office 中 Excel 列表取定开槽埋管深度表(表 3-38)

开槽埋管深度(单位：m)　　**表 3-38**

性　质	范　围	管　径	施工方法	长　度	左地面标高	左管底标高	右地面标高	右管底标高	管底平均深度	基础厚	槽底平均深度	定额深度
(1)	(2)	(3)	(4)	(5)	(6)	(7)	(8)	(9)	(10)	(11)	(12)	(13)
预留	1-	1000	开槽	2							3.36	3.5
总	1-2	1000	开槽	36	4.78	2.09	5.22	2.13	2.89	0.47	3.36	3.5
总	2-3	1000	开槽	40	5.2	2.13	5.16	2.17	3.03	0.47	3.50	3.5
总	3-4	1000	开槽	45	5.16	2.17	5.01	2.21	2.90	0.47	3.37	3.5
预留	4-	1000	开槽	2							3.37	3.5

注：1. 开槽埋管管底平均深度(10)＝1/2{(6)－(7)]＋[(8)－(9)]}；
2. 槽底平均深度(12)＝(10)＋(11)；
3. 定额深度(13)根据(12)查表 3-36。

④ 根据设计图纸，利用office中Excel列表取定窨井深度表(表3-39)

窨 井 深 度 **表3-39**

窨井编号	窨井尺寸	管 径	设计地面标高	管底标高	平均深度	定额深度	落 底
(1)	(2)	(3)	(4)	(5)	(6)	(7)	(8)
1	1000×1300	1000	4.89	2.09	2.80	3.0	N
2	1000×1300	1000	4.95	2.13	2.82	3.0	Y
3	1000×1300	1000	4.98	2.17	2.81	3.0	N
4	1000×1300	1000	5.3	2.21	3.09	3.0	Y

注：1. 窨井平均深度(6)=(4)-(5)；
2. 定额深度(7)根据(6)查表3-37。

利用Excel中数据透视表汇总统计导出表3-40：

根据设计图纸，利用office中Excel列表 **表3-40**

雨水管汇总

求和项：长度		
管径	定额深度	汇总
1000	3.5	125
1000 汇总		125
总计		125

窨井汇总

计数项：窨井尺寸				
窨井尺寸	管径	定额深度	落底	汇总
1000×1300	1000	3	N	2
			Y	2
1000×1300 汇总				4
总计				4

2) 根据不同施工方法，沟槽开挖有不同形式，有直壁式沟槽(一般采用支撑)，梯形沟槽(一般采用无支撑大开挖)，混合槽(上半部分大开挖、下半部分有支撑)和联合沟槽(一般是两根管道同沟槽施工)见图3-39(*a*)(*b*)(*c*)(*d*)。由于上海地下水位高，应该采用有支撑的直壁式沟槽。

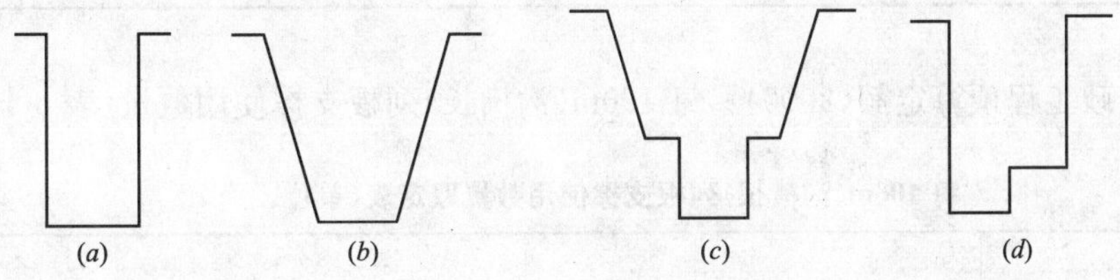

图3-39 沟槽断面种类

(*a*)直槽；(*b*)梯形槽；(*c*)混合槽；(*d*)联合槽

① 沟槽深度≤3m采用横列板支撑；沟槽深度>3m采用钢板桩支撑。金属撑板见图3-40，工具式撑杠见图3-41。

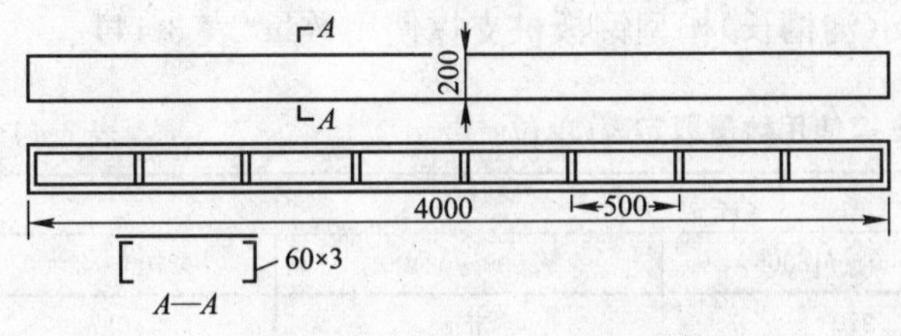

图3-40 金属撑板外形图

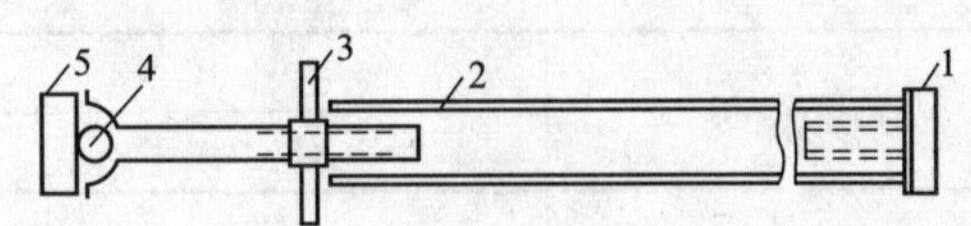

图3-41 工具式撑杠外形图

1—撑头板；2—圆套管；3—带柄螺母；4—球铰；5—撑头板

②《上海市市政工程预算定额(2000)》章说明有支撑沟槽开挖宽度规定(表3-41)

预制混凝土管(成品)沟槽宽度　　**表3-41**

深度(m)＼管径	φ230	φ300	φ450	φ600	φ800	φ1000	φ1200	φ1350
<2.00	1400	1450	1750	1950	2200			
2.00～2.49	1400	1450	1750	1950	2200	2450	2650	
2.50～2.99	1400	1450	1750	1950	2200	2450	2650	2800
3.00～3.49	1400	1450	1750	1950	2200	2450	2650	2800
3.50～3.99	1900	1450	1750	1950	2200	2450	2650	2800
4.00～4.49		1450	1750	1950	2200	2450	2650	2800
4.50～4.99				1950	2200	2550	2750	2900
5.00～5.49				1950	2200	2550	2750	2900
5.50～5.99						2550	2750	2900
6.00～6.49							2750	2900
≥6.50								3000

注：1. 表中深度为原地面至沟槽底的距离，沟槽宽度指开槽后的槽底挖土宽度。
2. 根据以上数据，管道、窨井埋设深度已汇总，按《上海市市政工程预算定额》和《上海市排水管道通用图》的有关规定，按照工程量清单规范，要列出分部分项工程数量：土方、湿土排水、集水井、垫层、基础、管道铺设长度、接口、管道磅水、回填土及余土等。

a.《上海市市政工程预算定额(2000)》每100m(单面)槽型钢板桩使用数量(表3-42)

每100m(单面)槽型钢板桩使用数量取定表(单位：t·d)　　**表3-42**

沟槽深(m)	管径			
	≤φ1200	φ1400～φ1800	φ2000～φ2400	φ2700～φ3000
≤4	1543	2057	2160	2595
≤6	3430	4573	4802	5192
≤8	4752	6337	6653	7268

b.《上海市市政工程预算定额(2000)》每100m(沟槽长)列板支撑使用数量(表3-43)

每100m(沟槽长)列板支撑使用数量取定表(单位：t·d)　　**表3-43**

沟槽深(m)	管径		
	≤φ600	φ800～φ1200	φ1400～φ1600
≤1.5	65	72	
≤2.0	89	96	
≤2.5	111	120	135
≤3.0	133	144	163

c.《上海市市政工程预算定额(2000)》每100m(沟槽长)槽型钢板桩支撑使用数量(表3-44)

每100m(沟槽长)槽型钢板桩支撑使用数量取定表(单位：t·d)　　**表3-44**

沟槽深(m)	管径			
	≤φ1200	φ1400～φ1800	φ2000～φ2400	φ2700～φ3000
≤4	145	270	384	537
≤6	440	540	767	1400
≤8	698	852	1334	2798

轻型井点降低地下水位示意见图 3-42，滤管构造示意见图 3-43。

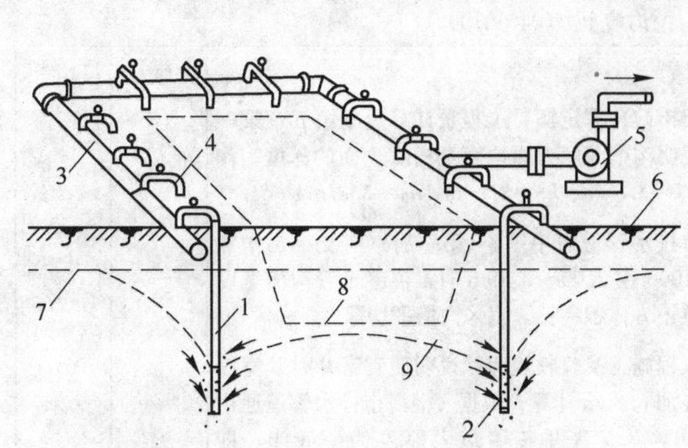

图 3-42　轻型井点降低地下水位示意图

1—井点管；2—滤管；3—集水总管；4—弯联管；5—抽水设备；6—地面；7—原地下水位线；8—基坑；9—降低后地下水位线

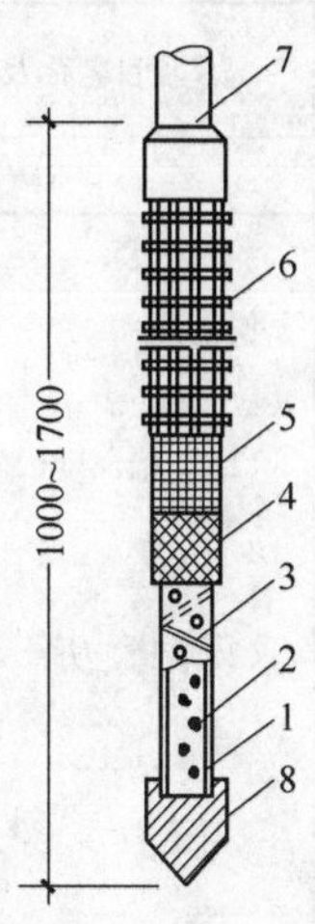

图 3-43　滤管构造示意图

1—钢管；2—管壁上小孔；3—缠绕的粗铁丝；4—细滤网；5—粗滤网；6—粗铁丝保护网；7—井点管；8—铸铁头

双排井点系统示意见图 3-44，单排井点系统示意见图 3-45。

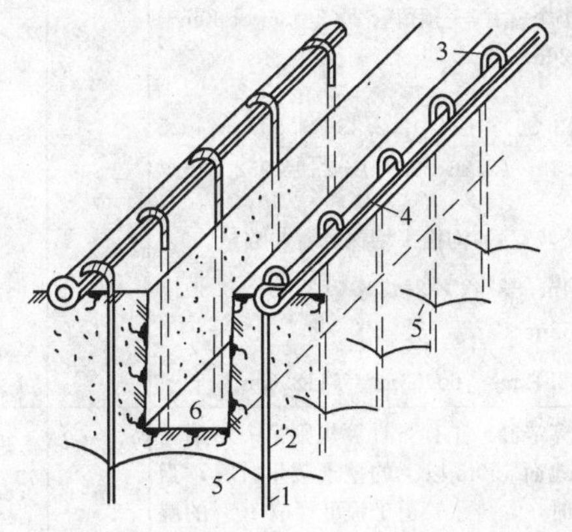

图 3-44　双排井点系统示意图

1—滤水管；2—井管；3—弯连管；4—总管；5—降水曲线；6—沟槽

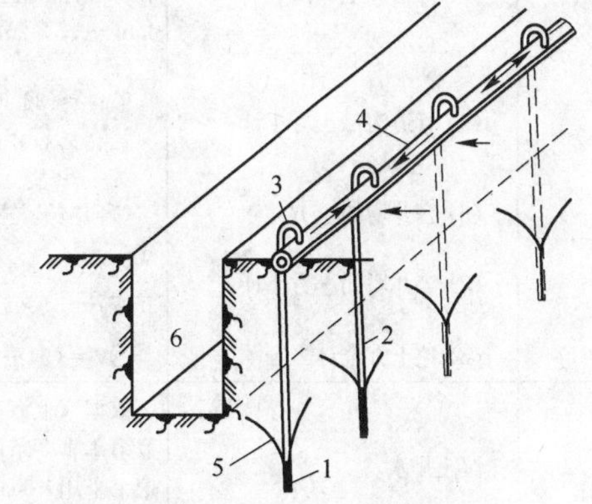

图 3-45　单排井点系统示意图

1—滤水管；2—井管；3—弯连管；4—总管；5—降水曲线；6—沟槽

3) 开槽埋管工程量数量计算表［按工程量清单顺序暨定额预(结)算编列］见表 3-45。

开槽埋管工程数量计算表(清单)　　**表 3-45**

顺序号	项　次	项目名称及说明	计　算　说　明	单　位	计算结果	预算顺序号
1	2	3	4	5	6	7
一、分部分项工程量清单						
说明：1. 开槽总长度 L＝2＋36＋40＋45＋2＝125m；2. 沟槽开挖长度 L＝1 号窨井～4 号窨井　中～中长＋(1 号和 4 号各中心至外内壁半个窨井)＋预留管 2×2＝36m＋40m＋45m＋0.5×2m＋4m＝126m；3. 砾石砂基础长 L＝沟槽开挖长－窨井砾石砂基础长［窨井外径(1000×1300 窨井外径为 1.74m)×N＋0.6×2m］＝126－(1.74＋0.6×2)×4＝126－2.94×4＝114.24m；4. 混凝土底板基础长 L＝沟槽开挖长－窨井混凝土底板长[窨井外径×N(窨井外径(1000×1300 窨井外径为 1.74m)＋0.5×2]＝126－(1.74＋0.5×2)×4＝126－2.74×4＝115.04m；5. 管道铺设长 L＝沟槽开挖长－窨井内径长×N(其中：1000×1300 窨井内径为 1.00m)＝126－1.0×4＝122m；6. 沟槽回填黄砂长 L＝沟槽开挖长－窨井外径×N＝126－1.74×4＝119.04m						
	1	土石方工程(040101)				

续表

顺序号	项 次	项目名称及说明	计 算 说 明	单 位	计算结果	预算顺序号
1	2	3	4	5	6	7
	1.1		挖沟槽土方(040101002)			
1	1.1.1	挖土方		m^3	1112.65	1
		(1) 沟槽深度(平均深度)	依据《上海市市政预算定额》工程量计算规则第五章第一节第5.1.4条说明沟槽深度为原地面至槽底土面的深度。沟槽平均深度为h_1=3.36m、h_2=3.50m、h_3=3.37m			
		(2) 管道土方	依据《上海市排水管道通用图》(第一册)(有支撑沟槽宽度表)当管道ϕ1000在3.00～3.49m时，混凝土管沟槽宽度为2.45m；管道土方体积=长×宽×沟槽平均深度。			
		(3) 窨井尺寸(1000×1300)	依据《市政工程施工及验收规程》说明砖砌窨井时其宽度应为砖墙外壁各加0.85m计算；根据《上海市排水管道通用图》1000×1300×3.0窨井砖墙最大厚度为一砖半，即0.37m。窨井外壁尺寸：a=1.0m+0.37m×2边=1.74m；b=1.30m+0.37m×2边=2.04m；工作面宽度0.85m×2边=1.70m；窨井外壁尺寸+工作面宽度，即a=1.74m+1.70m=3.44m；b=2.04m+1.70m=3.74m；即$a\times b$为(3440mm×3740mm)。			
		(4) 沟槽开挖长度(ϕ1000)	沟槽开挖长度L=1号窨井～4号窨井 中～中长+(1号和4号各中心至外内壁半个窨井)+预留管2×2=36m+40m+45m+0.5×2m+4m=126m。			
		(5) 管道沟槽土方小计：	$V_{(1)}$=(36.5×2.45×3.36)+(40.0×2.45×3.50)+(45.5×2.45×3.37)+[4×2.45×(3.36+3.37)÷2]=1052.12m^3			
		(6) 窨井增加土方	(窨井长×宽-管道长×宽)×沟槽平均深×窨井数量。			
		(7) 窨井增加土方小计：	$V_{(2)}$=(3.44m×3.74m-3.44×2.45)×(3.36+3.50+3.37)m÷3×4座=60.53m^3			
		(8) 挖土方合计	$\sum V$=(5)+(7)=1052.12m^3+60.53m^3=1112.65m^3			
2	1.1.2	湿土排水	依据《上海市市政预算定额》工程量计算规则第一章第一节第1.1.3条说明按原地面1.0m以下的挖土数量计算；当挖土采用井点降水施工时，除排水管道工程可计取10%的湿土排水外，其他工程均不得计取	m^3	78.62	2
		(1) 管道土方	[36.5×2.45×(3.36-1.0)]+[40.0×2.45×(3.50-1.0)]+[45.5×2.45×(3.37-1.0)]+[4×2.45×(3.36-1+3.37-1)÷2]=743.42m^3			
		(2) 窨井增加土方	(3.44×3.74-2.45×3.44)×[(3.36-1.0)+(3.50-1.0)+(3.37-1.0)]÷3×4=42.78m^3			
		(3) 小计(1～2之和)：	$\sum V$=(743.42+42.78)×10%=786.19×10%=78.62m^3			
3	1.1.3	筑拆集水井	依据《上海市市政预算定额》工程量计算规则第一章第一节第1.1.4条说明筑拆集水井按排水管道开槽埋管工程每40m设置一只	只	3	3
		(1) 沟槽长度(毛长)	2.8m+36.0m+40.0m+45.0m+2.8m=126.60m			
		(2) 集水井数量	126.60m÷40m/只=3.165只，取3只			
4		沟槽支护	依据《上海市市政预算定额》第五册第一章说明，第一点沟槽深度≤3m采用横列板支撑；沟槽深度>3m采用钢板桩支撑。第五册排水管道工程说明第八点钢板桩适用范围：有支撑开槽埋管沟槽平均深度=3.01～4.00m；钢板桩长度4.00～6.00m			
5	1.14～1.15	(1) 打拔钢板桩(桩长4～6m)	依据《上海市市政预算定额》工程量计算规则第一章第一节第1.1.4说明打拔沟槽钢板桩按沿沟槽方向单排长度计算。L=126m×2边=252m	m	252.00	5、6

续表

顺序号	项　次	项目名称及说明	计　算　说　明	单　位	计算结果	预算顺序号
1	2	3	4	5	6	7
6	1.1.6	(2) 安拆钢板桩支撑(沟槽宽度 $B=3.0\text{m}$)	依据《上海市市政预算定额》工程量计算规则第五章第一节第5.1.2条说明撑拆列板、沟槽钢板桩支撑按沟槽长度计算；L=同项次1.1.1(4)沟槽长度为126m	m	126.00	7
7	1.1.7	(3) 槽型钢板桩使用数量 小计：	依据《上海市市政预算定额》工程量计算规则第五章第一节第5.1.3条说明打拔沟槽钢板桩按沿沟槽方向单排长度计算；第五册第一章第四、2. 说明当管径≤ϕ1200 沟槽深≤4m时，查得每100m(单面)槽型钢板桩使用数量为1543t·d。 (1543t·d×126m×2面)÷100=3888t·d	t·d	3888	8
8	1.1.8	(4) 槽型钢板桩支撑使用数量 小计：	依据《上海市市政预算定额》工程量计算规则第五章第一节第5.1.2条说明撑拆列板、沟槽钢板桩支撑按沟槽长度计算；第五册第一章第四、4. 说明当管径≤ϕ1200 沟槽深≤4m时，查得每100m(沟槽长)槽型钢板桩支撑使用数量为145 t·d。 (145t·d×126m)÷100=183t·d	t·d	183	9
9	1.1.9	挖土场内运输 小计：	依据《上海市市政预算定额》工程量计算规则第五章第一节第5.1.8条说明挖土现场运输土方数=(挖土数－堆土数)×60%；本工程有堆土条件长100m。堆土数=堆土断面×可堆土长度 A(顶宽)=0.5m，H(堆土高度)=1.35m (根据现场条件堆土高度设定为2.0m，两边放坡为1∶1) B(底宽)=1.35m+0.5m+1.35m=3.2m 堆土断面 $V=1/2\times(A+B)\times H$，$V=1/2\times(0.5+3.2)\times2=2.5\text{m}^3$ (1112.65－2.5×126)×60%=478.59m^3	m^3	478.59	16
	1.2		沟槽回填土方(040103001)			
10	1.2.1	沟槽回填土方 (1) 挖土数 (2) 余土数 其中：① 砾石砂垫层 ② 混凝土底板 ③ 管枕体积 ④ 管子外形体积 ⑤ 窨井外形体积 a. 1000×1300×3.0(不落底) b. 1000×1300×3.0(落底)↓ 小计： ⑥ 沟槽回填黄砂	挖土数－余土数 同项次1.1.1为1112.65m^3 余土数量=碎石垫层+混凝土基础+管枕体积+管子外形体积+窨井外形体积+沟槽回填黄砂 $V_{①}$=同项次2.1.1为27.99m^3 $V_{②}$=同项次2.1.2为53.21m^3 $V_{③}$=同项次2.1.4为2.77m^3 a. $V_{④}=\pi/4\cdot D_{外}^2\times$沟槽回填黄砂长 $L=\pi/4\times(1.0\text{m}+0.11\text{m}\times2\text{边})^2\times119.04\text{m}=139.15\text{m}^3$ b. 承插口体积 V=同项次2.1.4(5)②为3.55m^3 c. 小计：$V=139.15\text{m}^3+3.55\text{m}^3=142.70\text{m}^3$ V=(砾石砂垫层体积+混凝土底板体积+窨井外径体积)×N V_a=[砾石砂垫层体积2.94×3.24×0.1+混凝土底板体积2.74×3.04×0.25+窨井外径体积(1.3+0.37×2+0.015×2)×(1.0+0.37×2+0.015×2)×1.8+(1.0+0.37×2+0.015×2)×(1.0+0.37×2+0.015×2)×1.4+1.35×1.35×0.16+0.355×0.355×π×0.14]×2座=28.73m^3 V_a=[砾石砂垫层体积2.94×3.24×0.1+混凝土底板体积2.74×3.04×0.25+窨井外径体积(1.3+0.37×2+0.015×2)×(1.0+0.37×2+0.015×2)×2.1+(1.0+0.37×2+0.015×2)×(1.0+0.37×2+0.015×2)×1.4+1.35×1.35×0.16+0.355×0.355×π×0.14]×2座=30.92m^3 $V_{⑤}$=28.73+30.92=59.65m^3 设计图纸要求黄砂回填到管中；V=沟槽长度×沟槽宽度×回填高度－基座体积－管枕体积－管子体积，V=同项次2.1.4=155.57m^3	m^3	665.22	15

续表

顺序号	项　次	项目名称及说明	计 算 说 明	单 位	计算结果	预算顺序号
1	2	3	4	5	6	7
10	1.2.1	⑦ 合计(①～⑥之和): (3) 合计(1～2之和):	$\Sigma V_{(2)}$＝27.99＋53.21＋2.77＋142.7＋59.65＋155.57＝450.35m³ ΣV＝1112.65m³－450.35m³＝665.22m³			
11	1.2.2	填土场内运输 小计:	依据《上海市市政预算定额》工程量计算规则第五章第一节第5.1.8条说明填土现场运输土方数＝挖土现场运输土方数－余土数(分别同项次1.1.9与1.3.1数值) 478.59m³－450.35m³＝28.24m³	m³	28.24	16
	1.3		余土外运(040103002)			
12	1.3.1	余土外运	V＝同项次1.2.1(2)	m³	450.35	17
	2		管道铺设(040501)			
	2.1		铺设ϕ1000PH-48管(040501002)			
13	2.1.1	砾石砂垫层(h＝10cm) 小计:	砾石砂基础长(L)×沟槽宽度(B)×垫层厚度(H)　L＝沟槽开挖长－窨井砾石砂基础长(窨井外壁＋0.6×2)＝126－(1.74＋0.6×2)×4＝126－2.94×4＝114.24m; b＝2.45m; H＝0.10m V＝114.24m×2.45m×0.1m＝27.99m³	m³	27.99	10
14	2.1.2	混凝土底板(h＝25cm) 小计:	混凝土底板基础长L×混凝土基础宽度B×厚度H，L＝沟槽开挖长－窨井混凝土底板长(窨井外壁＋0.5×2)＝126－(1.74＋0.5×2)×4＝126－2.74×4＝115.04m《排水通用图》中宽度B＝1.85m，H＝0.25m， V＝115.04m×1.85m×0.25m＝53.21m³	m³	53.21	11
15	2.1.3	管道铺设长度(净长) 小计:	管道铺设长L＝沟槽开挖长－窨井内径长(其中1000×1300窨井内径为1.00m)＝126－1.0×4＝122m V＝126m－(1.00m×4)＝122.00m	m	122.00	14
16	2.1.4	沟槽回填黄砂 (1) 沟槽回填黄砂长、沟槽宽度 (2) 回填高度(H) (3) 混凝土底板体积 (4) 管枕体积 ① 管枕对数体积 ② 管枕对数 ③ 小计: (5) 1/2管子体积 ① 管身体积 ② 1/2承插口体积	根据设计图纸要求黄砂回填到管中 V＝沟槽长度×沟槽宽度×回填高度－基座体积－管枕体积－管子体积 L＝沟槽开挖长－窨井外径×N＝126－1.74×4＝119.04m，B＝2.45m H＝H_2基础厚度＋C管底至基础面高度＋1/2管径 H＝0.25m＋0.11m＋(1.0m÷2＋0.11m)＝0.97m $V_{混凝土基础}$＝同项次2.1.2为53.21m³ 管枕体积/对×管枕数量 管枕尺寸：A(底宽)＝0.32m，B(顶宽)＝0.08m，C(左高)＝0.20m，D(右高)＝0.10m，t(厚度)＝0.16m V＝[A×D＋1/2(A＋B)×(C－D)＋e×0.11]×t×2个/对＝[0.32×0.1＋1/2×(0.08＋0.32)×(0.2－0.1)＋0.1×0.12]×0.16×2个/对＝0.023m³/对 N＝[(管道铺设长度(毛长)÷每节管道长度＋1)×每节管枕对数]＋[窨井数n×每座窨井管枕对数] 已知：管道铺设长度(净长)(3)①－126m、2.5m/每节管子、2对管枕/每节管子、2对管枕/每座窨井 N＝(126m÷2.5m/节＋1)×2对/节＋4×4对/座＝120对 $V_{管枕体积}$＝0.023m³/对×120对＝2.77m³ 1/2×管子体积/m×管子长度＋承插口体积/只×承插口数量 V＝1/2×管子每米体积(π×0.61m×0.61m)m³/m×沟槽回填黄砂长119.04m＝69.58m³ a. 承插口数量：N＝122m/2.5m＝48.8只，1/2承插口体积 V＝1/2×(L_2×T_1＋1/2－T×L_1)×管子周长×N ＝(0.14m×0.0755m＋1/2×0.0755m)×0.1917m×3.1412×1.2975m/只×49只＝1/2×0.0725m³/只×49只 ＝1/2×3.55＝1.78m³	m³	155.57	13

续表

顺序号	项　次	项目名称及说明	计　算　说　明	单　位	计算结果	预算顺序号
1	2	3	4	5	6	7
16	2.1.4	③ 小计： (6) 小计：	V=69.58m^3+1.78m^3=71.35m^3 $V_{(3)}$=(119.04m×2.45m×0.97m)－53.21m^3－2.77m^3－71.35m^3=155.57m^3			
17	5	管道磅水	依据《上海市市政预算定额》工程量计算规则第五章第一节第5.1.5条说明管道磅水以相邻两座窨井为一段。依据《市政工程施工及验收规程》；每3段抽1段	段	1	4
	3		砖砌窨井(040504)			
	3.1		混凝土基础砖砌直线窨井(040504001)			
	3.1.1	1000×1300×3.0(不落底)	1号、3号	座	2	
18	3.1.1.1	碎石垫层	详见"混凝土基础砌筑直线窨井工程量计算表"	m^3	1.44	21
19	3.1.1.2	混凝土基础	详见"混凝土基础砌筑直线窨井工程量计算表"	m^3	2.46	21
20	3.1.1.3	砖砌体	详见"混凝土基础砌筑直线窨井工程量计算表"	m^3	7.56	21
21	3.1.1.4	1：2砂浆抹面	详见"混凝土基础砌筑直线窨井工程量计算表"	m^3	58.48	21
22	3.1.1.5	预制钢筋混凝土板Ⅰ	详见"混凝土基础砌筑直线窨井工程量计算表"	m^3	2	21
23	3.1.1.6	Ⅱ型钢筋钢筋混凝土盖板	详见"混凝土基础砌筑直线窨井工程量计算表"	块	2	21
24	3.1.1.7	安装钢筋混凝土盖板	详见"混凝土基础砌筑直线窨井工程量计算表"	块	0.58	21
25	3.1.1.8	安装铸铁盖座	详见"混凝土基础砌筑直线窨井工程量计算表"	m^3	2	21
	3.1.2	1000×1300×3.0↓(落底)	2号、4号	套	2	
26	3.1.2.1	碎石垫层	详见"混凝土基础砌筑直线窨井工程量计算表"	m^3	1.44	22
27	3.1.2.2	混凝土基础	详见"混凝土基础砌筑直线窨井工程量计算表"	m^3	2.46	22
28	3.1.2.3	砖砌体	详见"混凝土基础砌筑直线窨井工程量计算表"	m^3	7.68	22
29	3.1.2.4	1：2砂浆抹面	详见"混凝土基础砌筑直线窨井工程量计算表"	m^3	60.00	22
30	3.1.2.5	预制钢筋混凝土板Ⅰ	详见"混凝土基础砌筑直线窨井工程量计算表"	块	2	22
31	3.1.2.6	Ⅱ型钢筋钢筋混凝土盖板	详见"混凝土基础砌筑直线窨井工程量计算表"	块	2	22
32	3.1.2.7	安装钢筋混凝土盖板	详见"混凝土基础砌筑直线窨井工程量计算表"	m^3	0.58	22
33	3.1.2.8	安装铸铁盖座	详见"混凝土基础砌筑直线窨井工程量计算表"	套	2	22

二、措施项目清单

	4		5 市政工程　措施项目			
	4.1	0501	大型机械设备进出场及安拆			
34	4.1.1	1.2t以内柴油打桩机场外运输费	依据总说明"未包括大型机械场外运输、安拆"计算方法，取1	台·次	1.00	24
35	4.1.2	1m^3 以内单斗挖掘机场外运输费	依据总说明"未包括大型机械场外运输、安拆"计算方法，取1	台·次	1.00	25
36	4.1.3	履带式起重机(25t以内)装卸费	依据总说明"未包括大型机械场外运输、安拆"计算方法，取1	台·次	1.00	26
	4.2	0502	混凝土、钢筋混凝土模板及支架			
37	4.2.1	基础摸板	管道基础摸板＋窨井基础摸板	m^2	67.34	
		① 管道混凝土基础　模板(h=25cm)	依据《上海市市政预算定额》工程量计算规则第五章第一节第5.1.7条第4.说明模板工程量按混凝土与模板接触面积以平方米计算；2×h_2×管道基础长扣除窨井后净长＋两端管道基础混凝土基座宽×h_2×(段数＋1)。(管道基础长扣除窨井后净长同项次1.2.1(3)①为115.04m)，基础宽度为1.85 S①=2×0.25m×115.04m＋1.85m×0.25m×4=59.37m^2			12
		② 窨井混凝土基础　模板	详见表3-5《混凝土基础砌筑直线窨井工程量计算表》 S②=(2.74＋3.04－1.80)×2×0.25×4=7.97m^2			

续表

顺序号	项　次	项目名称及说明	计　算　说　明	单　位	计算结果	预算顺序号
1	2	3	4	5	6	7
37	4.2.1	③ 合计	$S=59.37+7.97=67.34m^2$			
	4.3	0504	施工排水、降水			
38、39	4.3.1～4.3.2	轻型井点安、拆 小计：	依据《上海市市政预算定额》第一章第五节第1.5.1条说明轻型井点：井点管间距为1.2m，50根井管、相应总管60m及排水设备［沟槽长度同项次1.1.1(4)为125m］ 125m÷1.2m/管间距＝104根(四舍五入)	根	104	18、19
40	4.3.3	轻型井点使用 小计：	依据《上海市市政预算定额》工程量计算规则说明第一章第五节第1.5.3条说明排水管道开槽埋管轻型井点使用周期ϕ1000管径为27套·d；PH-48管和丹麦管按上表乘以0.8系数。[沟槽长度同项次1.1.1(4]为125m) (125m÷60.0m)×27套·d×0.8＝45套·d(四舍五入)	套·d	45	20
	4.4	0507	现场施工围栏			
41	4.4.1	移动式施工路栏 小计：	依据《上海市市政预算定额》工程量计算规则说明施工路栏分封闭式路栏及移动式路栏，封闭式路栏的长度应根据施工组织设计设置，移动式路栏定额单位为100m·d，长度应根据施工现场实际需要设置，使用天数按施工合同计算［沟槽长度同项次1.1.1(4)为125m］ 125m×2边×60d＝15000m·d	m·d	15000	28
	4.5	0508	便　道			
42	4.5.1	施工便道 小计：	依据《上海市市政预算定额》工程量计算规则说明第一章第四节第1.4.1条说明排水管道工程：管道按总管长度的60%计算(平行或同沟槽施工的雨污水管道可共用便道时，按单根管道长度的60%计算)，现浇箱涵按长度的80%计算；道路、护岸、排水管道工程便道宽度为4m［沟槽长度同项次1.1.1(4)为125m］ $125m\times4.0m\times60\%=300m^2$	m^2	300.00	23
43	4.5.2	堆料场地	依据《上海市市政预算定额》工程量计算规则说明第一章第五节第1.4.3条说明排水管道为$400m^2$	m^2	400.00	27

4）工程综合实体单价分析表［项目编码暨子目编号对应编列］（表3-46）

市政管网工程综合实体单价分析表［项目编码暨子目编号对应编列］　　**表3-46**

序　号	项目编码	项目名称	计量单位	数　量	综合单价 工料单价(元)	预算顺序号
1		土石方工程				
1.1	040101002	挖沟槽土方	m^3	1112.65	100.60	
1.1.1	S5-1-7	机械挖沟槽土方(深≤6m，现场抛土)	m^3	1112.65	14.52	1
1.1.2	S1-1-11	筑拆竹箩滤井	座	3.00	40.47	3
1.1.3	S5-1-13	打沟槽钢板桩(长4.00～6.00m，单面)	100m	2.52	11774.17	5
1.1.4	S5-1-18	拔沟槽钢板桩(长4.00～6.00m，单面)	100m	2.52	5801.77	6
1.1.5	S5-1-23	安拆钢板桩支撑(槽宽≤3.0m，深3.01～4.00m)	100m	1.26	4536.31	7
1.1.6	CSM5-1-3	槽型钢板桩使用费	t·d	3888.00	6.87	8
1.1.7	CSM5-1-5	钢板桩支撑使用费	t·d	183.00	6.70	9
1.1.8	S1-1-37	土方场内运输(装运土1km以内)	m^3	478.59	11.65	16
1.2	040103001	填方	m^3	665.22	13.43	
1.2.1	S5-1-36	沟槽夯填土	m^3	665.22	11.48	15

续表

序　号	项目编码	项　目　名　称	计量单位	数　量	综合单价	预算顺序号
					工料单价(元)	
1.2.2	S1-1-37	土方场内运输(装运土 1km 以内)	m^3	28.24	11.65	16
1.3	040103002	余土外运	m^3	450.35	31.79	
1.3.1	ZSM19-1-1	土方场外运输	m^3	450.35	27.50	17
2		管道铺设				
2.1	040501002	铺设 ϕ1000PH-50 管	m	122.00	1035.10	
2.1.1	S5-1-42	管道砾石砂垫层	m^3	27.99	138.28	10
2.1.2	S5-1-43	管道基座混凝土　现浇混凝土(5～20mm)C20	m^3	53.21	298.47	11
2.1.3	S5-1-39	沟槽回填黄砂	m^3	155.57	100.24	13
2.1.4	S5-1-71	铺设 ϕ1000PH-48 管	100m	1.22	62691.75	14
2.1.5	S5-1-109	ϕ1000 管道闭水试验　水泥砂浆 M10	段	1.00	762.19	4
3		砖砌窨井				
3.1	040504001	砖砌窨井	座	81		
3.1.1	040504001001	砖砌窨井 1000mm×1300mm×3.0m	座	2	3341.09	21
3.1.1.1	S5-1-42	管道砾石砂垫层	m^3	1.44	138.28	21
3.1.1.2	S5-1-43	管道基座混凝土　现浇混凝土(5～20mm)C20	m^3	2.46	298.47	21
3.1.1.3	S5-3-2	砖砌窨井(深≤4m)　水泥砂浆 M10	m^3	7.56	353.56	21
3.1.1.4	S5-3-6	窨井水泥砂浆抹面　水泥砂浆 1∶2	m^2	58.48	9.90	21
3.1.1.5	S5-3-16	安装钢混凝土盖板(0.5m^3 以内)　水泥砂浆 1∶2	m^3	2	127.93	21
3.1.1.6	S5-3-18	安装铸铁盖座　水泥砂浆 1∶2	套	2	547.11	21
3.1.1.7	208330	Ⅱ型钢筋混凝土盖板	块	0.58	266.12	21
3.1.1.8	208340	预制钢筋混凝土板 1	块	2	36.46	21
3.1.2	040504001002	砖砌窨井 1000mm×1300mm×3.0m↓	座	2	3374.41	
3.1.2.1	S5-1-42	管道砾石砂垫层	m^3	1.44	138.28	21
3.1.2.2	S5-1-43	管道基座混凝土　现浇混凝土(5～20mm)C20	m^3	2.46	298.47	21
3.1.2.3	S5-3-2	砖砌窨井(深≤4m)　水泥砂浆 M10	m^3	7.68	353.56	21
3.1.2.4	S5-3-6	窨井水泥砂浆抹面　水泥砂浆 1∶2	m^2	60.00	9.90	21
3.1.2.5	S5-3-16	安装钢混凝土盖板(0.5m^3 以内)　水泥砂浆 1∶2	m^3	2	127.93	21
3.1.2.6	S5-3-18	安装铸铁盖座　水泥砂浆 1∶2	套	2	547.11	21
3.1.2.7	208330	Ⅱ型钢筋混凝土盖板	块	0.58	266.12	21
3.1.2.8	208340	预制钢筋混凝土板 1	块	2	36.46	21
4		施工措施—施工排水、降水				
4.1	S1-5-1	轻型井点安装	根	104.00	134.19	18
4.2	S1-5-2	轻型井点拆除	根	104.00	17.75	19
4.3	S1-5-3	轻型井点使用	套·天	45.00	720.58	20
4.4	S1-1-9	湿土排水	m^3	78.62	9.63	2
5		施工措施—混凝土、钢筋混凝土模板	m^2	67.34	26.22	
5.1	S5-1-45	管道基座模板	m^2	67.34	23.38	12
6		施工措施—施工便道	m^2	300.00	40.31	
6.1	S1-4-19	铺筑施工便道	m^2	300.00	35.94	23

续表

序　号	项目编码	项　目　名　称	计量单位	数　　量	综合单价 工料单价	预算顺序号
7		施工措施—大型机械进出场及场外运输				
7.1	ZSM21-2-11	1.2t 以内柴油打桩机场外运输费	台·次	1.00	2594.00	24
7.2	ZSM21-2-4	$1m^3$ 以内单斗挖掘机场外运输费	台·次	1.00	2734.00	25
7.3	ZSM21-1-5	履带式起重机(25t 以内)装卸费	台	1.00	646.00	26
8		施工措施—堆料场地	m^2	400.00	37.90	
8.1	S1-4-20	堆料场地　现浇混凝土(5～20mm)C15	m^2	400.00	33.79	27
9		施工措施—移动式施工路栏	m·d	15000	0.30	
9.1	S1-1-15	移动式施工路栏	100m·d	150.00	26.74	28

措施项目清单见表 3-47。

措施项目清单　　　　**表 3-47**

顺序号	项　次	项目编码	项　目　名　称	计量单位	数　　量	综合单价	预算顺序号
	4		措施项目费			94218	
1	4.1	0501	大型机械设备进出场及安拆				
	4.1.1	ZSM21-2-11	1.2t 以内柴油打桩机场外运输费	台·次	1	2970.35	30
	4.1.2	ZSM21-2-4	$1m^3$ 以内单斗挖掘机场外运输费	台·次	1	3130.66	31
	4.1.3	ZSM21-1-5	履带式起重机(25t 以内)装卸费	台	1	739.73	32
2	4.2	0502	混凝土、钢筋混凝土模板及支架				
	4.2.1	5-1-45	管道基座模板	m^2	60.07	26.72	12
3	4.3	0504	施工排水、降水				
	4.3.1	S1-5-1	轻型井点安装	根	104.00	154.24	18
	4.3.2	S1-5-2	轻型井点拆除	根	104.00	20.33	19
	4.3.3	S1-5-3	轻型井点使用	套·d	45.00	824.99	20
4	4.4	0507	现场施工围栏				
	4.4.1	S1-1-15	移动式施工路栏	100m·d	150.00	30.62	34
5	4.5	0508	便道				
	4.5.1	S1-4-19	铺筑施工便道	m^2	298.42	41.26	29
	4.5.2	S1-4-20	堆料场地　现浇混凝土(5～20mm)C15	m^2	400.00	39.00	33

5）分部分项工程量清单综合单价计算分析表(表 3-48)

分部分项工程量清单综合单价计算表分析表(投标 10)　　　　**表 3-48**

工程名称：××路雨水管工程

编制单位：

序号	编　号	名　　称	单位	综合单价 工料单价	工程量	人工费	材料费	机械费	周材运输费	管理费	安全防护、文明	规　费	税　金	合　计	总　计
	1	2	3	4	5	6	7	8	9	10	11	12	13	14	15
				4=14/5										6～11	6～13
		开槽埋管	m	3062.55	125							643	12624	369553	382819
		挖沟槽土方	m^3	100.60	1112.65							194.76	3823.41	111929	115947

续表

序号	编号	名称	单位	综合单价 工料单价	工程量	人工费	材料费	机械费	周材运输费	管理费	安全防护、文明	规费	税金	合计	总计
	1	2	3	4	5	6	7	8	9	10	11	12	13	14	15
1	S5-1-7	机械挖沟槽土方(深≤6m,现场抛土)	m³	14.52	1112.65	7799.54		8356.46	80.78	1461.31	422.16	31.53	618.98	18120	18771
2	S1-1-11	筑拆竹箩滤井	座	40.47	3.00	28.33	93.08		0.61	10.98	3.17	0.24	4.65	136	141
3	S5-1-13	打沟槽钢板桩(长4.00~6.00m,单面)	100m	11774.17	2.52	10806.36	13054.64	5809.92	148.35	2683.73	775.30	57.90	1136.76	33278	34473
4	S5-1-18	拔沟槽钢板桩(长4.00~6.00m,单面)	100m	5801.77	2.52	9694.06	974.36	3952.03	73.10	1322.42	382.03	28.53	560.14	16398	16987
5	S5-1-23	安拆钢板桩支撑(槽宽≤3.0m,深3.01~4.00m)	100m	4536.31	1.26	1892.15	3180.53	643.07	28.58	516.99	149.35	11.15	218.98	6411	6641
6	CSM5-1-3	槽型钢板桩使用费	t·d	6.87	3888.00		26710.56		133.55	2415.97	697.95	52.13	1023.35	29958	31034
7	CSM5-1-5	钢板桩支撑使用费	t·d	6.70	183.00		1226.10		6.13	110.90	32.04	2.39	46.97	1375	1425
8	S1-1-37	土方场内运输(装运土1km以内)	m³	11.65	478.59	633.17		4941.29	27.87	504.21	145.66	10.88	213.57	6252	6477
		铺设φ1000 PH-48管	m	1035.10	122.00							219.73	4313.72	126282	130816
9	S5-1-42	管道砾石砂垫层	m³	138.28	27.99	613.65	3243.29	13.62	19.35	350.09	101.14	7.55	148.29	4341	4497
10	S5-1-43	管道基座混凝土 现浇混凝土(5~20mm)C20	m³	298.47	53.21	4327.97	9941.14	1612.51	79.41	1436.49	414.99	30.99	608.46	17813	18452
11	S5-1-39	沟槽回填黄砂	m³	100.24	155.57	2019.86	13507.74	67.36	77.97	1410.56	407.50	30.43	597.48	17491	18119
12	S5-1-71	铺设φ1000 PH-48管	100m	62691.75	1.22	1104.00	72819.30	2560.63	382.42	6917.97	1998.53	149.26	2930.28	85783	88862
13	S5-1-109	φ1000管道闭水试验 水泥砂浆M10	段	762.19	1.00	411.07	231.89	119.23	3.81	68.94	19.92	1.49	29.20	855	886
		沟槽回填土方		13.43	665.22							15.54	305.12	8932	9253
14	S5-1-36	沟槽夯填土	m³	11.48	665.22	7069.88		565.16	38.18	690.59	199.50	14.90	292.52	8563	8871
15	S1-1-37	土方场内运输(装运土1km以内)	m³	11.65	28.24	37.36		291.57	1.64	29.75	8.59	0.64	12.60	369	382
		余土外运	m³	31.79	450.35							24.05	472.12	13821	14317
16	ZSM19-1-1	土方场外运输	m³	27.50	450.35			12384.63	0.00	1114.62	322.00	24.05	472.12	13821	14317
		砖砌直线窨井	座	3357.76	4.00							23.37	458.80	13431	13913
17	S5-1-42	管道砾石砂垫层	m³	138.28	2.88	63.14	333.72	1.40	1.99	36.02	10.41	0.78	15.26	447	463

续表

序号	编　号	名　　称	单位	综合单价 工料单价	工程量	人工费	材料费	机械费	周材 运输费	管理费	安全防 护、文明	规　费	税　金	合　计	总　计
1	2	3	4	5	6	7	8	9	10	11	12	13	14	15	
18	S5-1-43	管道基座混凝土　现浇混凝土(5～20mm)C20	m^3	298.47	4.92	400.18	919.20	149.10	7.34	132.82	38.37	2.87	56.26	1647	1706
19	S5-3-2	砖砌窨井(深≤4m)　水泥砂浆 M10	m^3	353.56	15.24	1440.59	3947.62		26.94	487.36	140.79	10.52	206.44	6043	6260
20	S5-3-6	窨井水泥砂浆抹面　水泥砂浆 1：2	m^2	9.90	118.48	781.75	391.25		5.87	106.10	30.65	2.29	44.94	1316	1363
21	S5-3-16	安装钢混凝土盖板(0.5m^3以内)　水泥砂浆 1：2	m^3	127.93	1.16	97.20	11.06	40.14	0.74	13.42	3.88	0.29	5.69	166	172
22	S5-3-18	安装铸铁盖座　水泥砂浆 1：2	套	547.11	4.00	50.61	2068.63	69.20	10.94	197.94	57.18	4.27	83.84	2455	2543
23	208330	Ⅱ型钢筋混凝土盖板	块	266.12	4.00		1064.48		5.32	96.28	27.81	2.08	40.78	1194	1237
24	208340	预制钢筋混凝土板 1	块	36.46	4.00		145.84		0.73	13.19	3.81	0.28	5.59	164	169
		施工措施—施工排水、降水										95.60	1876.76	54941	56914
25	S1-5-1	轻型井点安装	根	134.19	104.00	4261.14	4730.76	4964.12	69.78	1262.32	364.67	27.24	534.69	15653	16215
26	S1-5-2	轻型井点拆除	根	17.75	104.00	1014.39	85.29	746.60	9.23	167.00	48.24	3.60	70.74	2071	2145
27	S1-5-3	轻型井点使用	套·d	720.58	45.00	4556.25	2605.95	25263.90	162.13	2932.94	847.29	63.28	1242.32	36368	37674
28	S1-1-9	湿土排水	m^3	9.63	78.62	166.64		590.69	3.79	68.50	19.79	1.48	29.02	849	880
		施工措施—混凝土、钢筋混凝土模板	m^2	26.22	67.34							3.07	60.32	1766	1829
29	S5-1-45	管道基座模板	m^2	23.38	67.34	725.00	783.84	65.54	7.87	142.40	41.14	3.07	60.32	1766	1829
		施工措施—施工便道	m^2	40.31	300.00							21.04	413.05	12092	12526
30	S1-4-19	铺筑施工便道	m^2	35.94	300.00	6024.38	4533.33	223.32	53.91	975.14	281.71	21.04	413.05	12092	12526
		施工措施—大型机械进出场及场外运输										12	229	6700	6941
31	ZSM21-2-11	1.2t 以内柴油打桩机场外运输费	台·次	2594.00	1.00			2594.00	12.97	234.63	67.78	5.06	99.38	2909	3014
32	ZSM21-2-4	1m^3 以内单斗挖掘机场外运输费	台·次	2734.00	1.00			2734.00	13.67	247.29	71.44	5.34	104.75	3066	3176
33	ZSM21-1-5	履带式起重机(25t 以内)装卸费	台	646.00	1.00			646.00	3.23	58.43	16.88	1.26	24.75	725	751

续表

序号	编　号	名　　称	单位	综合单价 工料单价	工程量	人工费	材料费	机械费	周材运输费	管理费	安全防护、文明	规　费	税　金	合　计	总　计
	1	2	3	4	5	6	7	8	9	10	11	12	13	14	15
		施工措施—堆料场地	m^2	37.90	400.00							26.38	517.80	15158	15703
34	S1-4-20	堆料场地 现浇混凝土(5～20mm)C15	m^2	33.79	400.00	5886.00	7241.74	387.46	67.58	1222.45	353.15	26.38	517.80	15158	15703
		施工措施—移动式施工路栏	m·d	0.30	15000							7.83	153.69	4499	4661
35	S1-1-15	移动式施工路栏	100m·d	26.74	150.00	588.77	2548.73	874.05	20.06	362.84	104.82	7.83	153.69	4499	4661

(3) 施工图预算书(表 3-49)

工程名称：实例-预算 07.7.8　　　　**表 3-49**

编制单位：

	编　　号	名　　称	单 位	单 价	工程量	合 价
		下水道	m	3062.55	125.00	382819
1	S5-1-7	机械挖沟槽土方(深≤6m，现场抛土)	m^3	14.52	1112.65	16156
2	S1-1-9	湿土排水	m^3	9.63	78.62	757
3	S1-1-11	筑拆竹箩滤井	座	40.47	3.00	121
4	S5-1-109	ϕ1000 管道闭水试验　水泥砂浆 M10	段	762.19	1.00	762
5	S5-1-13	打沟槽钢板桩(长 4.00～6.00m 单面)	100m	11774.17	2.52	29671
6	S5-1-18	拔沟槽钢板桩(长 4.00～6.00m 单面)	100m	5801.77	2.52	14620
7	S5-1-23	安拆钢板桩支撑(槽宽≤3.0m，深 3.01～4.00m)	100m	4536.31	1.26	5716
8	CSM5-1-3	槽型钢板桩使用费	t·d	6.87	3888.00	26711
9	CSM5-1-5	钢板桩支撑使用费	t·d	6.70	183.00	1226
10	S5-1-42	管道砾石砂垫层	m^3	138.28	27.99	3871
11	S5-1-43	管道基座混凝土　现浇混凝土(5～20mm)C20	m^3	298.47	53.21	15882
12	S5-1-45	管道基座模板	m^2	23.38	59.37	1388
13	S5-1-39	沟槽回填黄砂	m^3	100.24	155.57	15595
14	S5-1-71	铺设 ϕ1000PH-48 管	100m	62691.75	1.22	76484
15	S5-1-36	沟槽夯填土	m^3	11.48	665.22	7635
16	S1-1-37	土方场内运输(装运土 1km 以内)	m^3	11.65	506.83	5903
17	ZSM19-1-1	土方场外运输	m^3	27.50	450.35	12385
18	S1-5-1	轻型井点安装	根	134.19	104.00	13956
19	S1-5-2	轻型井点拆除	根	17.75	104.00	1846
20	S1-5-3	轻型井点使用	套·d	720.58	45.00	32426
21	PS2-1-31	混凝土基础砖砌直线不落底窨井 1000mm×1300mm(ϕ1000)3.0m	座	3025.93	2.00	6052
22	PS2-2-31	混凝土基础砖砌直线落底窨井 1000mm×1300mm(ϕ1000)3.0m	座	3054.67	2.00	6109
23	S1-4-19	铺筑施工便道	m^2	35.94	300.00	10781
24	ZSM21-2-11	1.2t 以内柴油打桩机场外运输费	台·次	2594.00	1.00	2594
25	ZSM21-2-4	$1m^3$ 以内单斗挖掘机场外运输费	台·次	2734.00	1.00	2734
26	ZSM21-1-5	履带式起重机(25t 以内)装卸费	台	646.00	1.00	646
27	S1-4-20	堆料场地　现浇混凝土(5～20mm)C15	m^2	33.79	400.00	13515
28	S1-1-15	移动式施工路栏	100m·d	26.74	150.00	4012

(4) 施工图预算费用表(表 3-50)

施工图预算费用表　　表 3-50

1	定额直接费	直接费合计	317170
2	大型周材运输费	[1]×0.5%	1586
3	土方泥浆外运费	土方泥浆外运费	12385
4	直接费	[1]+[2]+[3]	331140
5	综合费	[4]×9%	29803
6	安全防护、文明	[4]×2.6%	8610
7	施工措施费	施工措施费	
8	其他费用	([4]+[5]+[6]+[7])×(0.1%+0.074%)	643
9	税前补差	税前补差	
10	税金	([4]+[5]+[6]+[7]+[8]+[9])×3.41%	12624
11	甲供材料	甲供材料	
12	税后补差	税后补差	
13	总造价	[4]+[5]+[6]+[7]+[8]+[9]+[10]+[11]+[12]	382819

二、通过市政管网工程的开槽埋管单位工程的招标、投标及定额预(结)算的教案，结合工程量清单中“项目特征”的描述“工作内容”的规定，释义其重要性

在推行工程量清单计价的初期，投标人即各施工企业应花一定的精力去研究工程量清单计价规范的各项规定，明确各清单项目所包含的工作内容和要求、各项费用的组成等，投标时仔细研究按照《〈建设工程工程量清单计价规范〉上海市市政工程操作指南》编制的清单“项目特征”的描述“工作内容”的规定，把自身的管理优势、技术优势、资源优势等落实到细微的清单项目报价中。

为此，除了具备首先熟悉和掌握各类工程结构、施工及验收规程条件外，更应该对《分部分项工程量清单》中的“项目特征”的描述，“工作内容”的规定仔细研究该工程的计算方法的特征。

1. 结合项目编码：040101002、项目名称：挖沟槽土方、“工程内容”的规定，说明完成此项工程实体项目不仅是挖掘沟槽土方的单纯分项工程，而是要均衡考量施工技术规程中确保下道工序质量的必然程序，不是单一的非工程实体的辅助实体项目完成的施工手段的措施项目。

(1) 沟槽土方：既要考虑沟槽的长度、宽度、平均深度或采用常用数据表及工程量计算表格进行计算；又要考虑施工及验收规程确定窨井的施工工作面的宽度；更要结合定额的计算规则。$1m^3$ 以内单斗挖掘机外形见图 3-46。放坡体积示意见图 3-47，常用每米沟槽土方体积数据见表 3-51。

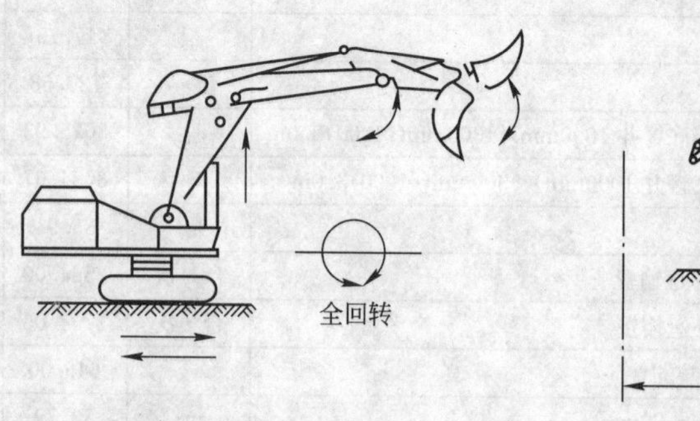

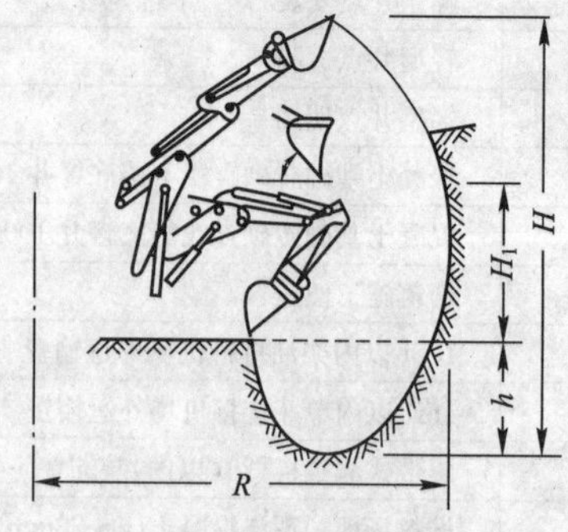

图 3-46　$1m^3$ 以内单斗挖掘机外形图

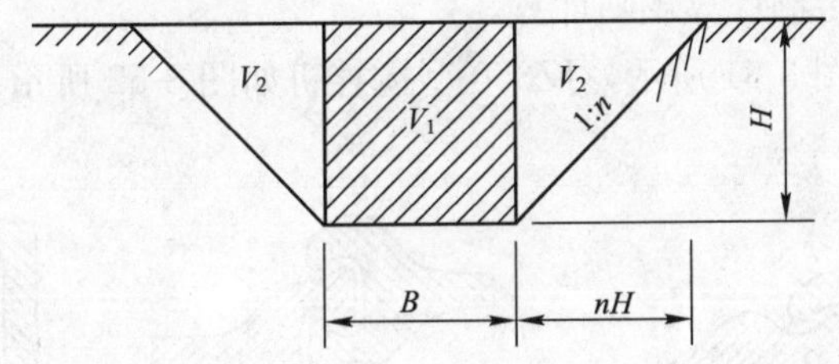

图 3-47 放坡体积示意图

常用每米沟槽土方体积数据表 **表 3-51**

槽底宽 B (m)	槽深度 H (m)	不放坡体积 $V_1=B\times H\times L$ (m^3)	放坡后总体积 $V=V_1+V_2$ (m^3) 放坡系数(n) 0.25	0.33	0.50	0.75	1.00	1.20
0.70	1.00	0.70	0.950	1.030	1.200	1.450	1.000	1.900
0.80	1.80	1.44	2.250	2.509	3.060	3.870	4.680	5.328
2.00	1.30	2.60	3.022	3.157	3.445	3.867	4.290	4.628
…	…	…	…	…	…	…	…	…

表 3-51 中：

每米沟槽不放坡体积：$V_1=BHL=0.7\text{m}\times1.00\text{m}\times1.00\text{m}=0.7\text{m}^3$ (3-4)

每米沟槽放坡体积：$V_2=nH^2=0.25\text{m}\times1.0^2\text{m}=0.25\text{m}^3$ (3-5)

每米沟槽放坡后总体积：$V=V_1+V_2=0.7\text{m}^3+0.25\text{m}^3=0.95\text{m}^3$

即：

$$V=BHL+nH^2=0.7\text{m}\times1.00\text{m}\times1.00\text{m}+0.25\text{m}\times1.0^2\text{m}=0.95\text{m}^3 \quad (3\text{-}6)$$

式中 B——沟槽底宽(m)；

H——沟槽深度(m)；

n——放坡系数；

L——沟槽长度(m)。

(2) 沟槽排水：既要考虑湿土排水定额的计算规则深度；又要考虑筑、拆竹箩滤井的定额的计算规则。

(3) 沟槽支撑：既要考虑打、拔槽钢板桩(图3-48)长度的定额计算规则深度；又要考虑安、拆钢板桩支撑的定额计算规则深度；更要结合定额拔槽钢板桩和钢板桩支撑费用的计算规则。钢板桩锁口形状见图 3-49，钢制万能桩架外形见图3-50。

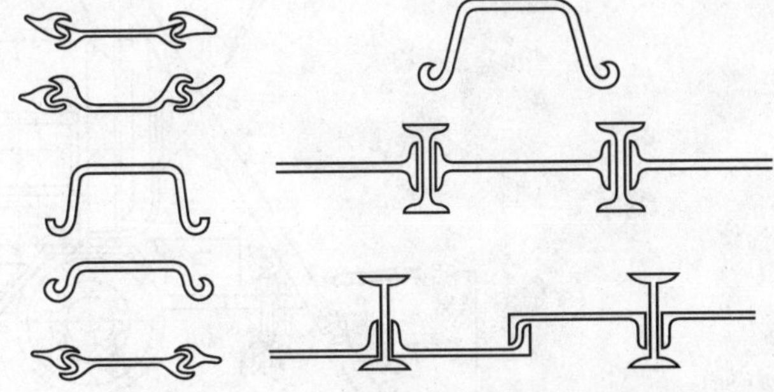

图 3-48 桩板的断面示意图

(4) 土方场内运输。

2. 再如，项目编码 040501002、项目名称铺设 ϕ1000PH-48 管、"工程内容"的规定。

(1) 铺筑管道基座：依据施工设计图及《排水管道通用图》或采用常用数据表及工程量计算表格进行计算。

(2) 铺设管道和接口：计算管道铺设长度(净长)。

(3) 沟槽回填黄砂：依据施工及验收规程或采用常用数据表及工程量计算表格进行计算。

(4) 管道闭水试验：根据定额计算规则计算。

JD200 型混凝土搅拌机如图 3-51 所示，JZ350 型搅拌机如图 3-52 所示。

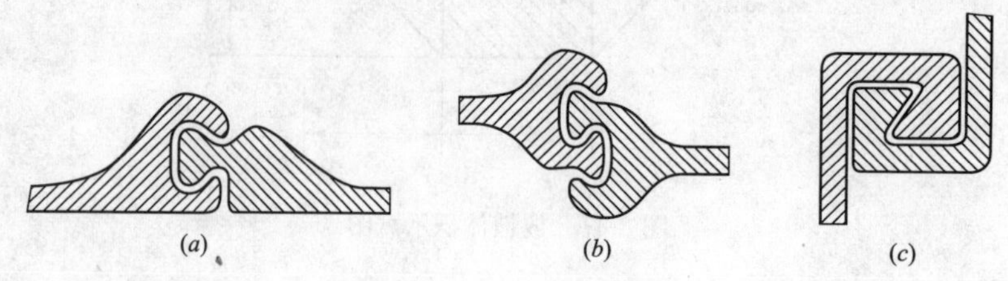

图 3-49　钢板桩锁口形状示意图

(a)阴阳锁口；(b)环形锁口；(c)套形锁口

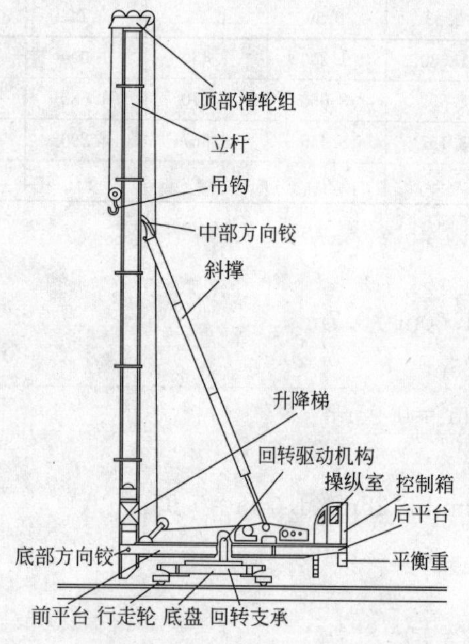

图 3-50　钢制万能桩架外形图

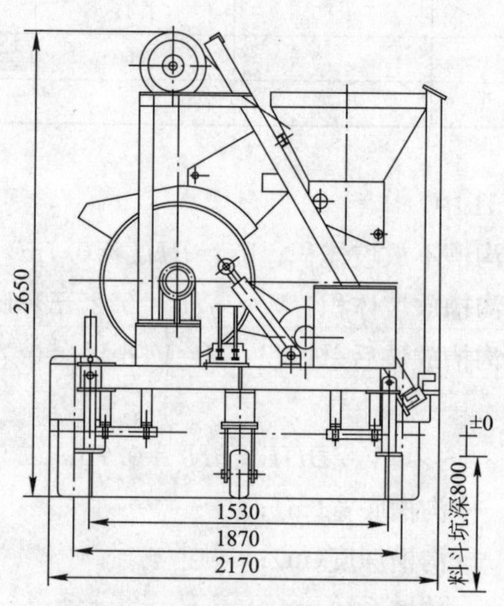

图 3-51　JD200 型混凝土搅拌机外形图

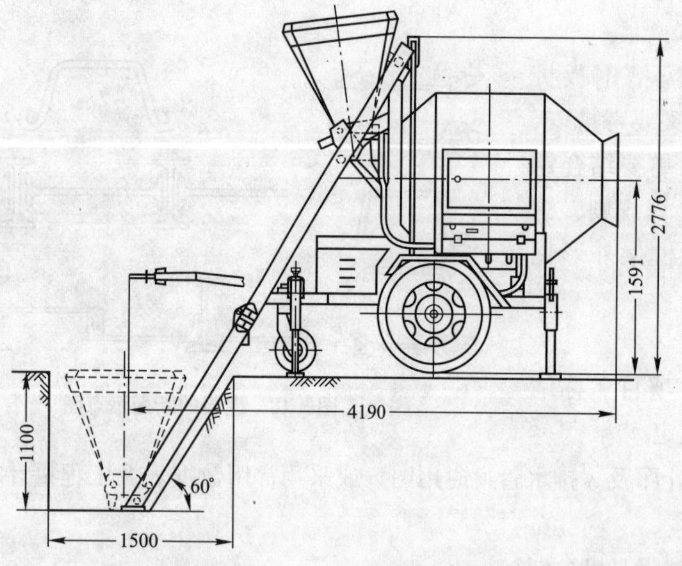

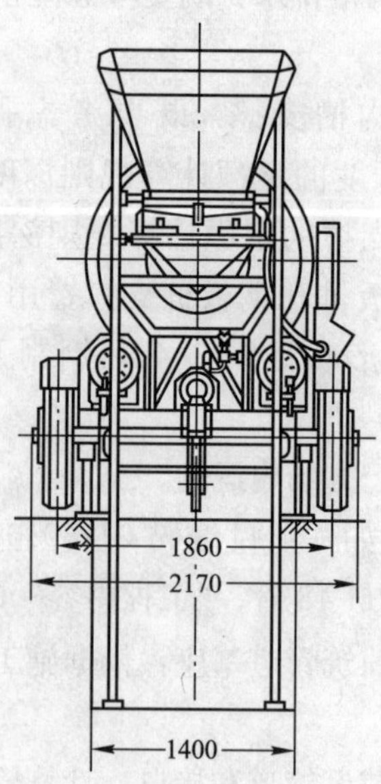

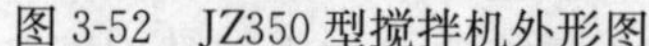

图 3-52　JZ350 型搅拌机外形图

管道窨井磅水见图 3-53，管道磅筒磅水见图 3-54。

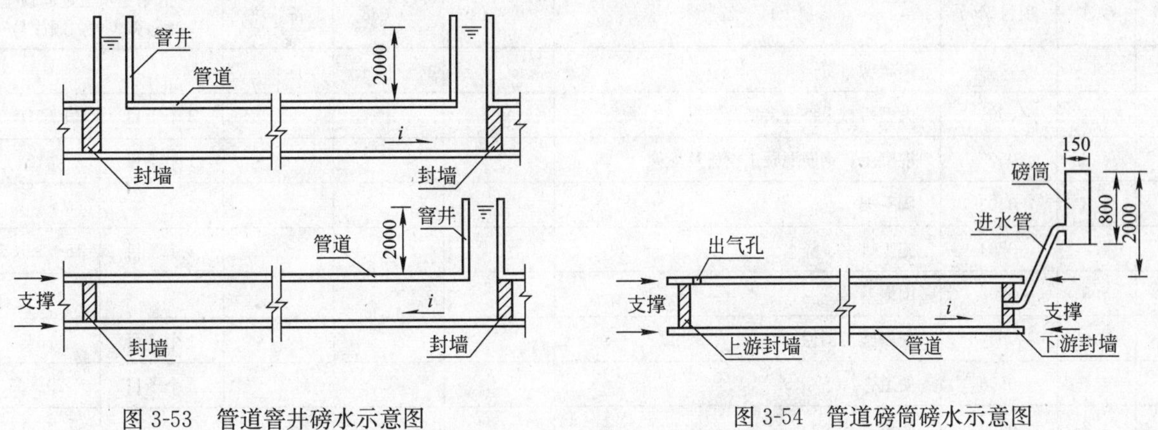

图 3-53　管道窨井磅水示意图　　图 3-54　管道磅筒磅水示意图

3. 工程量清单项目与清单主项在定额预(结)算表(直接费部分)之间关系分析对照表(表 3-52、表 3-53)

工程量清单项目与清单主项在定额预(结)算表(直接费部分)之间关系分析对照　　表 3-52

序号	项次	项目编码	项目名称	项目特征	工作内容	单位	数量	清单主项在定额预(结)算表中的顺序号	
	1		土石方工程						
1	1.1	040101002	挖沟槽土方		1. 沟槽土方 2. 沟槽排水 3. 沟槽支撑 4. 土方场内运输	m³	1126.48	9个子目	1+2+3+5+6+7+8+9+16
2	1.2	040103001	填方		1. 填方，2. 夯实	m³	729.73	2个子目	15+(16)
3	1.3	040103002	余土外运		余方点装料运输至弃置点	m³	458.51	1个子目	17
	2		管道铺设						
4	2.1	040501002	铺设φ1000PH-48管		1. 铺筑管道基座 2. 铺设管道和接口 3. 沟槽回填黄砂 4. 管道闭水试验	m	118	5个子目	10+11+13+14+4
	3		砖砌窨井						
	3.1	040504001	砖砌窨井			座	4		
5	3.1.1	040504001001	砖砌窨井 1000×1300×3.0		1. 铺筑砾石砂基础，2. 铺筑混凝土(钢筋混凝土)基础，3. 砖砌窨井，4. 流槽，5. 安装窨井盖板和盖座，6. 砂浆抹面抹角	座	2	8个子目	21+22+23+24+25+26+27+28
6	3.1.2	040504001002	砖砌窨井 1000×1300×3.0↓		1. 铺筑砾石砂基础，2. 铺筑混凝土(钢筋混凝土)基础，3. 砖砌窨井，4. 流槽，5. 安装窨井盖板和盖座，6. 砂浆抹面抹角	座	2	8个子目	(21+22+23+24+25+26+27+28)
			合计					33	

措施项目清单　　表 3-53

序号	项次	项目编码	项目名称	单位	数量	备注	清单主项在定额预(结)算表中的顺序号	
	4		措施项目费					
1	4.1	0501	大型机械设备进出场及安拆				3个子目	30+31+32
2	4.2	0502	混凝土、钢筋混凝土模板及支架				1个子目	12
	4.3	0503	脚手架					
3	4.4	0504	施工排水、降水				3个子目	18+19+20
	4.5	0505	围堰					
4	4.6	0507	现场施工围栏				1个子目	34
5	4.7	0508	便道				2个子目	29+33
	4.8	0509	便桥					
	4.9	沪0512	地基加固					
6			合计				10	

表3-52及表3-53注释：工程量清单项目的子目呈现了43个子目，而在定额预(结)算表(直接费部分)仅呈现34个子目，其中的差异是在定额预(结)算表(直接费部分)的工程量汇总表把等同的子目的工程量合并、叠加在一起，如上表中带有括号( )的顺序号表述为此项，共合并、叠加两项9个子目；而在工程量清单中必须根据项目名称其“项目特征”的描述，“工作内容”的规定分别列项、显示并加以计算，这就是工程量清单的独到之处，万万不能忽略。

这就验证了《建设工程工程量清单计价规范》与《上海市市政工程预算定额(2000)》区别表(表3-1)中阐述的二者在计算规则上的根本区别，这是因为《建设工程工程量清单计价规范》的工程量计算规则，一般是以一个“综合实体”考虑的，一般包括多项工程内容，据此规定了相应的工程量计算规则；以“设计图示尺寸”计算体积或面积；如项目编码040101002，项目名称挖沟槽土方，完成此项目需9个子目。再如项目编码04050400100项目名称砖砌窨井1000×3000×3.0，完成此项需8个子目，而《市政工程预算定额》则按施工工序进行设置(包括工程内容)，一般是单一，且考虑工作面等因素。

同时，根据《建设工程工程量清单计价规范》的规范，它清晰地把定额预(结)算(直接费部分)划分了分部分项工程与措施项目之界限，使之工程实体项目(编制项目编码六类、套取子目33个)与辅助实体项目完成的施工手段(编制项目编码五类、套取子目10个)二者一目了然。

其次，在套用《市政工程预算定额》子目上的明显特征为：分部分项工程主要是定额的各册、章及节范围内，而措施项目主要是定额的总说明、通用部分子目及涉及总说明而套取的部分子目，为此，二者放置的位置要正确、完整，另类特征是，为完成此项项目名称工程时，要严格按各工程结构的施工工序及施工组织设计的设计方案，结合“项目特征”、“工作内容”做到不缺项不漏项。这就是要注重、仔细研究工程量清单中“项目特征”的描述“工作内容”的规定的根本所在。

4. 在具体分析上，还有不可忽视的计算方法，如：

(1) 沟槽挖土中窨井尺寸($a\times b$)：① 计算窨井外壁尺寸：$a_{外}$—内径长度+2边砖墙宽度(一砖半)之和；$b_{外}$—内径长度+2边砖墙宽度之和；如$a_{外}$—1.0m+0.37m×2边=1.74m、$b_{外}$—1.30m+0.37m×2边=2.04m；

② 依据《市政工程施工及验收规程》说明砖砌窨井时其宽度应为砖墙外壁各加0.85m计算的工作

面宽度，其为 0.85m×2 边＝1.70m；即：$a=a_{外}$＋工作面宽度；$b=b_{外}$＋工作面宽度；a＝1.74m＋1.70m＝3.44m、b＝2.04m＋1.70m＝3.74m；

③ ($a\times b$)为纵向长度 3440mm×横向宽度 3740mm。

(2) 设计总管长度(窨井中～中毛长)：n 节管长之和，如 36.00m＋40.00m＋45.00m＝121.00m；

(3) 挖土沟槽长度：n 节管长之和＋窨井施工工作面纵向宽度(a)，如(36.00m＋40.00m＋45.00m)＋3.44m＝124.44m；

(4) 管道铺设长度(净长)：总管长度(毛长)－n 段窨井内径长(x 米长度×n 段)，如 121.00m－(1.0m×3 段)＝118.00m。

(5) 沟槽回填黄砂管道扣除窨井后净长：沟槽长度－n 座窨井外壁尺寸，如 124.44m－(4 座×1.0m＋0.37m×2 边)＝117.97m

工程量清单计算方法见表 3-54。

工程量清单计算方法表　　　　**表 3-54**

项目名称	分部分项目	(1) 窨井尺寸 ($a\times b$) 3440×3740	(2) 总管长度 (毛长) 121.00m	(3) 沟槽长度 124.44m	(4) 沟槽回填黄砂管道扣除窨井后净长 117.97m	(5) 管道铺设长度 (净长) 118.00m
		(3-4-1)	(3-4-2)	(3-4-3)	(3-4-4)	(3-4-5)
挖沟槽	挖土方	√		√		
	筑、拆集水井		√			
	沟槽支撑			√		
沟槽回填土方	沟管外形					√
	回填黄砂体积				√	
管道铺设	砾石砂				√	
	混凝土基础				√	
	实铺长度					√
措施项目	模板				√	
	轻型降水			√		
	施工围栏			√		
	施工便道			√		

5. 根据《排水管道通用图》的有关规定，首先需要计算出如下的基本数据：

(1) 混凝土基础砌筑直线不落底、落底窨井工程量计算表则依据施工设计图及《排水管道通用图》或采用常用数据表及工程量计算表格计算(表 3-55)；

混凝土基础砌筑直线窨井工程量计算表　　　　**表 3-55**

序号	项 目 名 称	单位	直线不落底窨井(2 座)	直线落底窨井↓(2 座)	合　计
			1000×1300×3.0	1000×1300×3.0	
1	碎石垫层	m^3	1.44	1.44	2.88
2	混凝土基础	m^3	2.46	2.46	4.92
3	砖砌体	m^3	7.56	7.68	15.24
4	1∶2 砂浆抹面	m^3	58.48	60.0	118.48
5	预制钢筋混凝土板Ⅰ	m^3	2	2	4
6	Ⅱ型钢筋混凝土盖板	t	2	2	4
7	安装钢筋混凝土板盖板	m^3	0.52	0.58	1.16
8	安装铸铁窨井盖座	m^3	2	2	4

(2) 沟槽回填黄砂(黄砂回填到管中)：V=沟槽宽度×回填高度－基座体积－管枕体积－管子体积；

(3) 沟槽回填土方：V=挖土数－余土数(碎石垫层＋混凝土基础＋管枕体积＋管子外形体积＋窨井外形体积)－沟槽回填黄砂体积；

(4) 余土外运：余土数V=碎石垫层＋混凝土基础＋管枕体积＋管子外形体积＋窨井外形体积＋沟槽回填黄砂体积。

6. 附：沟槽回填黄砂、沟槽回填土方、余土外运工程量计算表(表 3-56)

沟槽回填黄砂、沟槽回填土方、余土外运工程量计算表　　**表 3-56**

序号	项目名称	计算方法	单位	数量	沟槽回填黄砂	沟槽回填土方	余土外运
1	2	3	4	5	6	7	8
一	挖土方		m^3	1126.48		√	
二	沟槽黄砂回填体积	(三×四×五－六－七－十)之和	m^3	107.86	★	√	√
三	管道扣除窨井后净长		m	117.48	√		
四	沟管宽度		m	2.45	√		
五	管中高度	(1＋2＋3)之和	m	0.85	√		
1		混凝土基础厚度	m	0.15			
2		管底至基础面高度	m	0.2			
3		1/2 管径、ϕ1000mm	m	0.5			
六	混凝土基础体积(m^3)		m^3	54.33	√		
七	管子体积(m^3)	$\pi\times0.61\times0.61\div2+(10.14\times0.0755+0.5\times0.0755\times0.1917\times\pi\times12.95)\times(117.48\div2)\times0.1917$	m^3	72.06	√		
八	管枕对数	[①×2＋(n－1)×2] 之和	对	100			
1	① 节管子数量	2÷3	节	47.2			
2		管道铺设长度	m	118			
3		管道每节长度	m/节	2.5			
4	② 每节管子管枕数		对/节	2			
5	③ 每只窨井处管枕数(n－1)	(n－1)＝4 座－1 座＝3 座	对/井	2			
九	管枕每对体积(m^3/对)	($V_{个}$×2 个/对)之和	m^3	0.104			
1	管枕每只体积(m^3/个)	$V_{个}=A\times D+[(A+B)\div2]\times(C-D)$	m^3	0.052			
(1)	底宽—A		m	0.32			
(2)	顶宽—B		m	0.08			
(3)	左高—C		m	0.2			
(4)	右高—D		m	0.1			
十	管枕体积	(八×九)之和	m^3	10.40	√		
十一	沟槽回填土方	(一－二－十二)之和	m^3	729.73		★	
十二	余土	(六＋十＋十三＋十四＋十五)之和	m^3	148.17		√	√
十三	碎石垫层		m^3	28.78			
十四	管子外形体积		m^3	72.06			
十五	窨井外形体积		m^3	54.66			
十六	余土外运	(二＋十二)之和	m^3	396.75			★

三、工程量清单报价与定额预(结)算模式的内在联系

结合教案三阐述，详见表 3-57。

“单位工程各类计价方法及步骤区别”表　　　　表 3-57

分　类		项目内容	常规预(结)算	工程量清单计价方法						
				部　颁			上 海 市			
1		2	3	4	5	6	7	8	9	10
工程量清单	分部分项工程量清单	人工费			49695		49695		49695	
		材料费			141989		141989		141989	
		机械费			40461		40461		40461	
		直接费小计			232145		232145		232145	
	施工技术措施项目费用工程量清单	人工费			22968		22968		22968	
		材料费			22674		22674		22674	
		机械费			38491		38491		38491	
		直接费小计			84133		84133		84133	
	其他项目(零星工作项目)工程量清单	人工费								
		材料费								
		机械费								
		直接费小计								
合　计					316278		316278		316278	
原预(结)算	工程直接费	人工费	72663		其中			其中		
		材料费	164663							
		机械费	78952							
		零星工作项目								
		直接费小计	316278				316278			
计价表现形式			直接费小计	部颁一综合单价			工料单价法	全费用综合单价法		
单价组成分析 (如：元/m、元/m²、元/m³、元/t、元/只等)				直接费＋管理费＋利润	施工组织措施项目费用	小 计	工、料、机之和	全费用	施工组织措施项目费用	小 计
			316278	316278			316278	316278	316278	
常规预(结)算与工程量清单计价方法之比										
① 单位工程费汇总数			1747174.2	其中						
② 综合费用	①×6%		33324	33324			33324	33324		
③ 利润	①×5%									
④ 计价小计(①～③之和)			349602	349602			349602	349602	349602	
⑤ 规费(行政事业性收费)		④×0.35%	577	577			577	577		
⑥ 不含税工程造价(④～⑤之和)			350179	350179			350179	350179	350179	
⑦ 税金	⑥×3.41%		11941	11941			11941	11941		
⑧ 含税工程造价计价：(⑥～⑦之和)			362122	362122			362122	362122	362122	
投标总价			362122		362122					
投标总价差值			数量							
			比例(%)							
单位工程费汇总数与投标总价之比										

第四章　工程量计算的原则与技巧

第一节　工程量计算的原则

按照量价分离的计价模式，工程造价管理机制为统一“量”、指导“价”、竞争“费”，这将意味施工企业的竞争更加激烈，所以施工企业必须根据本企业设备力量、人员力量、成本管理和技术、安全管理等情况，研究本企业的报价系统，快速准确地报价，提高竞争能力。

从《市政工程预算定额》的内容及表现形式上看，它只表达了为完成一项单位工程的分部、分项的工作内容所必须的人工、材料、机械耗用量(即定额工日、材料、台班耗量)，而没有完成这项工程所需多少金额费用(即定额人工费、材料费、机械费)的内容。从这意义上就是说《上海市市政工程预算定额(2000)》可称为工程预、结算耗用量定额，但是其核心内涵是一种耗用“量”标准；是完成规定计量单位分项工程所需的人工、材料、施工机械台班消耗量标准；而《上海市市政工程预算定额工程量计算规则(2000)》则是建设市场参与各方必须遵守的规则。《上海市市政工程预算定额(2000)》暨《上海市市政工程预算定额工程量计算规则(2000)》，是统一上海市市政工程预、结算工程量计算规则、项目划分、计量单位的依据，也是编制施工图预算、办理竣工结算的基础，是编制招标标底及投标报价的基础，也是编制市政概算定额、估算指标的基础。

一、工程量计算的原则：三个一致、两个计算、一个统一

工程量的计算，是整个施工图工程量清单或工程量清单报价编制工作中最繁重的一道工序，花费的时间最长，工程量计算的精度和速度直接影响编制的质量。因此，在编制施工图工程量清单或工程量清单报价时，不仅要求认真、细致、计算准确，而且要按一定的计算规则进行，计算式力求简单明了，要按一定的次序排列，从而防止重复计算和漏算，并便于审核。

1. 工程量的计算规则必须与该定额规定的计算规则一致

严格按照《上海市市政工程预算定额工程量计算规则(2000)》、定额总说明、章说明中有关规定执行，做到有据可查，换算和定额补充子目也必须按定额有关规定操作。即按施工图样计算工程量时，应严格按照定额各册、章、节中规定的相应规则进行计算。

2. 计算口径要一致，避免重复列项

计算工程量时，根据施工图列出的分部、分项工程分类的口径(指分部、分项工程所包括的工作内容和范围)，与该《市政工程预算定额》中相应分部、分项工程的口径相一致。

3. 工程量的计量单位与该定额的计量单位一致

按施工图样计算工程量时，所列出的各分项工程的计量单位，必须与该《预算定额》规定中相应子目的计量单位保持一致，以免在计算项目复价时出现差错。

4. 工程量的计算应遵循一定的要求进行计算

计算工程量时要遵循一定的计算顺序和严格按照图纸要求，依次进行计算，避免漏算或重复计算。要注意各部位的各个尺寸数据之间的关系，充分利用图示尺寸，按《上海市市政工程预算定额工程量计算规则(2000)》重复使用，简化计算过程，加快计算速度。

5. 工程量的计算精确度

工程量的计量结果，除钢材、木材取三位小数外，其余项目一般取两位小数。计算建筑面积通常取整数。

二、严格计量单位规定

原则上以设计图纸表示的尺寸或设计图纸能读出的尺寸为准。除另有规定外，工程量的计量单位应按以下规定计算：

(1) 以体积计算的为立方米(m^3)。

(2) 以面积计算的为平方米(m^2)。

(3) 以长度计算的为米(m)。

(4) 以重量计算的为吨或千克(t或kg)。

(5) 以根(个或只)计算的为根(个或只)。

(6) 计算精度规定：汇总工程量时，其准确度取值以下：

1) 立方米、平方米、米取两位小数。

2) 吨取三位小数。

3) 套、座等取整数。

三、对工程工作认真负责，凡事以务实精神去了解掌握，做到心中有数、下笔有据、言之有理

1. 熟知《工程量计算规则》

(1) 熟悉《工程量计算规则》

(2) 必须按工程量计算规则计算

《市政工程预算定额工程量计算规则(2000)》是市政建设各方必须遵守的规则，也是综合和确定定额各项消耗指标的依据，也是具体工程量测算和分析资料的准绳。

(3) 同时要注意各分项工程或构配件的名称、规格、计量单位和数量是否与设计要求及施工规定相符合。

2. 熟悉施工设计图纸

(1) 必须按图纸计算

工程量计算时，必须严格按照图纸所注尺寸为依据进行计算，不得任意加大或缩小、任意增加或丢失，以免影响工程量计算的准确性。图纸中的项目，要认真反复清查，不得漏项或重复计算。

(2) 必须口径一致

根据施工设计图列出的工程项目的口径(工程项目所包括的内容及范围)，必须与该《预算定额》中相应工程项目的口径一致，才能准确地套用预算定额单价。因此，计算工程量必须熟悉施工设计图，必须熟悉预算定额中每个工程项目所包括的内容和范围。

(3) 必须列出计算式

列计算式时，必须部位清楚，详细列项标出注明计算对象，并写上计算式，作为计算底稿。

(4) 必须计算准确

工程量计算的精度将直接影响着计价总量的精度，注意小数点有没有点错位置等，因此数量计算要准确。一般规定工程量取小数点后两位(小数可以四舍五入)，钢筋混凝土和金属结构工程应取到小数点后三位(混凝土按立方米、金属结构按吨为计量单位)。

3. 掌握《市政工程预算定额》

(1) 应着重审查预算书上所列的工程名称、种类、规格、计量单位，与《市政工程预算定额》上所列的内容是否一致。一致时才能套用，否则错套单价，会影响报价的准确度。

(2) 掌握定额的内容，包括定额表头的工作内容、计量单位、附注说明、各册章工程量计算规则、定额中规定的工、料、机具的数量。

(3) 必须计算单位一致

工程量的计量单位必须与《市政工程预算定额》中规定的计量单位一致，才能准确地套用预算定额中的预算单价。

(4) 必须注意计算顺序

为了计算时不遗漏项目，又不产生重复计算，应按照一定的顺序进行计算。

(5) 定额内已包括的就不得再另行重算。比如：钢筋混凝土工程，定额中的模板分别按木模及工具式钢模计算，模板不得因实际使用不同而换算。

4. 自我检查复核、审查工程量及计价

由于市政工程种类繁多，有道路、桥涵、护岸、给水排水等工程，各种工程又有各种不同的型式，结构复杂，涉及面广，所以计算方法也各不同，对一些造价大、易出差错的分项工程要有重点地认真复核、审查。

(1) 对市政工程施工图预算中的工程量，可根据招标单位的“分部分项工程量清单”，对照施工图纸尺寸进行复核。主要审查其工程量是否有漏算、重复和错算。复核工程量的项目时，要抓住占计价价值比例较大的重点项目进行。例如对土石方工程、打桩工程、钢筋工程、混凝土工程等分部工程，作详细核对。

(2) 工程量审查可以采用抽查法：一种是对主要分部分项工程进行审查，一般的分项工程免审；另一种是参照技术经济指标对各分项工程量进行核对，发现超指标幅度较多时，进行重点审查；出现与指标幅度相近时可免予审查。

(3) 根据实践经验，审查容易发生差错的那一部分工程项目。例如：

1) 漏算项目。平整场地和余土外运，由于施工设计图中不能表示出来，因此有些施工单位编制的施工图预算容易漏算，可能会多算或少算工程量，应予以核准及调整。

2) 单价偏高。基槽挖土中套用预算单价往往偏高，审查中应按挖槽后实际土壤类别调整。

3) 多算工程量。混凝土管道铺设，按井中至井中的中心线长度计算，并扣除各类检查井内净长度。管道基础垫层铺筑，按扣除检查井后实铺长度计算。否则会多算工程量。

4) 少算工程量。挖土方工程中，放坡挖土交接处产生的重复工程量应该不扣除。否则会少算了工程量。

5) 既多算又少算工程量。钻孔灌注桩工程，如按定额工程计算办法计算时，钻(冲)孔桩预算工程量按设计桩长×设计断面面积计算。招、投标计价报价工程量计算，按市政预算定额规定计算。否则可能会多算或少算工程量。

工程量计算完毕后，必须进行自我复核，检查其项目、算式、数据及小数点等有无错误和遗漏或重复，以避免综合单价计价审查时返工重算。

5. 认真分析和结合施工合同

工程量计算、审核不仅要依据政府颁布的专业定额、经济法规、物价政策以及工程设计等因素，还必须认真分析施工合同的条款。工程量计算、审核不能单凭定额单位估价表、定额说明规定、取费标准以及颁布的补充文件等生搬硬套，如果有些规定与施工合同中的条款不一致，一般以合同中的条款为准，因施工合同受经济合同法的约束和保护。如：施工移动路拦使用天数定额工期与合同工期不一致时，以合同工期为准。

工程造价将逐步走向市场经济，工程建设投资来源不仅限于国家和当地政府投资拨款，还有股份制、银行贷款、自有资金、土地批租、中外合资和外商独资等，签订施工合同时要权衡本身的利益，如建设单位考虑到工程提前完工及早投产的效益，可能要放宽某些项目的规定计算，又如施工承包商为了争取工程施工项目施工，考虑窝工带来更大的损失，签订施工合同时宁可降低某些项目的收费标准，从加强管理或采取其他措施以弥补规定计算的损失。所以工程量计算、审核要认真分析和结合施工合同的条款，以免引起不必要的争议。

第二节　工程量计算规则是市政建设市场参与各方必须遵守的规则

回顾本书第三章的三项单位工程的教案案例，将更进一步地来探讨工程量的准确性在《工程量清单》中的意义。

一、熟悉、掌握各类工程结构、施工操作规程及验收规范

各专业工程的工程结构和施工操作技术都不相同。就市政工程中的道路、排水管道、桥涵及护岸、排水构筑物和隧道工程等，这些工程的工程结构都相差很大，施工技术也不尽相同。就同一类的工程，道路工程有不同基层和路面的道路，还有高速公路；排水管道工程有开槽埋管、顶管和现浇方管；桥梁工程有不同的下部结构和上部结构，就钢筋混凝土梁有预应力和非预应力T形梁、工字梁、板梁，还有箱型梁、槽型梁等形式，预应力梁的预制有先张法　和后张法的施工工艺，桥梁工程还有立交箱涵，用于城市道路、公路和铁路的立交箱涵顶进工程；排水构筑物工程有泵站下部结构的大开挖施工和沉井施工方法，污水处理厂中不同结构的构筑物，还有各种专用非标的机械设备安装等；隧道工程有大型沉井、盾构掘进、垂直顶升、大型基坑开挖、地下连续墙、地基监测和地基加固等工程。对市政工程计算、审核必须熟悉和掌握以上所列工程的结构和施工技术，不然就难以对工程造价计算中的列项，工程量的计算和按不同的施工方法套用相应定额的项目，也无法提出正确、合理的计算及审核结论(各类工程的结构及列项具体分析，详见第六章第二节阐述及《市政工程施工操作规程及验收规范》)。

二、必须熟悉、掌握市政定额和《计算规则》及总说明、册章说明

《上海市市政工程预算定额(2000版)》和颁布的排水管道组合预算定额，是上海市市政工程计算及审核的依据，定额的《计算规则》及总说明、册章说明是各类工程的共性说明规定。各册根据不同工程结构和施工方法，有具体说明工程量计算规则和有关费用计算的规定。目前颁布的有关文件不少，工程造价人员不仅要掌握基本定额，而且要及时熟悉新颁文件的规定，以避免有关工程计费计算的错误。

结合教案一的单位工程计算规律要点：

1.《上海市市政工程预算定额工程量计算规则(2000)》

(1) 路幅宽按车行道、人行道和隔离带的宽度之和计算

(2) 模板工程量按与混凝土接触面积以平方米计算

(3) 道路基层及垫层不扣除各种井位所占面积

(4) 人行道铺筑按设计面积计算，人行道面积不扣除各类井位所占面积，但应扣除种植树穴面积

(5) 侧平石按设计长度计算，不扣除侧向进水口长度

(6) 面层不扣除各种井位所占面积而带平石的面层应扣除平石面积计算

(7) 定额中对沥青混凝土级配按现行标准作了调整，如表4-1所示。

沥青混凝土原、现级配调整表　　　　表 4-1

材料名称	原级配编号	现级配编号
粗粒式沥青混凝土	LH-38	AC-30
中粒式沥青混凝土	LH-25	AC-20
细粒式沥青混凝土	LH-15	AC-13
砂粒式沥青混凝土	LH-06	AC-5
细粒式沥青混凝土(防滑层)		AK-13-0

(8) 定额中对水泥混凝土级配按现行标准作了调整，按沪建定(2001)第 041 号关于修改《上海市建设工程混凝土、砂浆强度等级配合比表》的通知，列表(商品混凝土除外)见表 4-2：

现场现浇强度等级混凝土配合比调整(修)表(单位：m^3)　　　　表 4-2

编号			1 修		7 修	
项目	单位	单价(元)	碎石(最大粒径：15mm) 混凝土强度等级 C20		碎石(最大粒径：25mm) 混凝土强度等级 C20	
			数量	合价	数量	合价
32.5 级水泥	kg	0.21000	393.00	82.53	366.00	76.86
中砂	kg	0.03840	722.00	27.72	719.00	27.61
5～15 碎石	kg	0.04340	1142.00	49.56		
5～25 碎石	kg	0.03900			1188.00	46.33
水	m^3	0.47000	0.22	0.10	0.21	0.10
总价	元			159.92		150.90

2.《上海市市政工程预算定额(2000)》总说明

(1) 当填土有密实度要求时，土方挖、填平衡及缺土时外来土方，应按土方体积变化系数来计算回填土方数量。

(2) 附表 1(表 4-3)

挖土土壤分类表　　　　表 4-3

土壤分类	土壤名称	鉴别方法
Ⅰ类土	略有黏性的砂土、腐殖土及疏松的种植土，泥炭	用锹或锄挖掘
Ⅱ类土	潮湿的黏土和黄土，含有碎石、卵石及建筑材料碎屑的堆积土和种植土，软的盐土和碱土	主要用锹或锄挖掘，需要脚踏，少许用镐刨松
Ⅲ类土	中等密实的黏性土及黄土，含有碎石、卵石或建筑材料碎屑的潮湿黏性或黄土	主要用镐刨松才能用锹挖掘
Ⅳ类土	坚硬密实的黏性土和黄土，含有碎石、卵石(体积 10%～30%，石块质量≤25kg)中等密实的黏性土和黄土，硬化的重盐土	全部用镐刨，少许用撬棒挖掘

(3) 附表 2(表 4-4)

填土土方的体积变化系数表　　　　表 4-4

土方密实度 \ 土类	填方	天然密实方	松方
90%	L	1.135	1.498
93%	1	1.165	1.538
95%	1	1.185	1.564
98%	1	1.220	1.610

(4) 模板工程量除另有规定者外，均按混凝土与模板接触面面积以平方米计算。

(5) 混凝土及砂浆强度等级与设计强度等级不同时，可按设计强度等级进行换算。详见上海市建设工程定额管理总站编写的《上海市建设工程混凝土、砂浆强度等级配合比表》(2001 年)。

(6)“未包括大型机械场外运输、安拆”见表 4-5。

场外运输、安拆的大型机械设备表　　**表 4-5**

序　号	机械或设备名称	型号、规格	序　号	机械或设备名称	型号、规格
	一、土方及筑路机械			二、打桩机械	
1	二轮振动压路机	(综合)	13	柴油打桩机	≤1.2t
2	三轮压路机	(综合)	14	柴油打桩机	≤3.5t
3	单斗挖掘机	$1m^3$ 以内	15	柴油打桩机	≤5.0t
4	单斗挖掘机	$1m^3$ 以外	16	柴油打桩机	>5.0t
5	拖式铲运机	(连拖斗)	17	钻孔灌注桩钻机	
6	推土机	60kW 以内	18	深层搅拌桩钻机	
7	推土机	120kW 以内	19	树根桩钻机	
8	推土机	120kW 以外	20	地下连续墙成槽机械	
9	沥青混凝土摊铺机			三、起重机械	
10	水泥混凝土摊铺机		21	汽车吊	50t
11	铣刨机	SF500 型	22	履带式起重机	25t 以内 30～50t
12	铣刨机	SF1300，SF1900	23	履带式起重机	100t

(7) 土方场外运输按吨计算，容重按天然密实方立方米计算。

(8) 钢筋可按设计数量(不再加损耗)直接套用相应定额计算。

(9) 道路混凝土路面的传力杆、边缘(角隅)加固筋、纵向拉杆等钢筋套用构造筋定额。

3. 册、章说明

碎石盲沟的规定

(1) 横向盲沟规格选用如表 4-6 所示：

碎石盲沟的规定(单位：cm)　　**表 4-6**

路幅宽 B(m)	$B\leqslant 10.5$	$10.5<B\leqslant 21.0$	$B>21.0$
断面尺寸(宽度×深度)	30×40	40×40	40×60

(2) 横向盲沟长度按实计算，两条横向盲沟的中间距离为 15m。

(3) 纵向盲沟按批准的施工组织设计计算，断面尺寸同横向盲沟。

4.《五金手册》

(1) 钢筋质量：

圆钢　　直径 10　0.617kg/m

方钢　　直径 10　0.785kg/m

六角钢　直径 10　0.680kg/m

(2) 钢筋截面面积：

圆钢　　直径 10　$0.785cm^2/m$

方钢　　直径 10　$1.159cm^2/m$

六角钢　直径 10　$1.271cm^2/m$

三、掌握和结合工程《施工组织设计》

《施工组织设计》和工程量清单报价(施工图预算)是相互依存、相互影响的。确切的说，工程量清单报价的编制过程也是施工组织设计的过程，《施工组织设计》中的施工计划决定着工程量清单报价，反过来，工程量清单报价又制约着施工组织设计，两者是辩证统一的关系，是相辅相成的。

工程量清单报价的计价、报价除了要考虑招标工程本身的内容、范围、技术特点和要求、招标文件的有关规定及业主的答复问题的补遗文件、经过现场勘查全面了解工程现场情况、计算和复核工程量、询价及市场调查等因素之外，还受许多其他因素影响。其中最主要的是投标人要组织投标班子、选择咨询机构，自已制定的工程实施计划，包括施工平面布置、施工总进度计划、施工方法、特殊工程分包计划、资源安排和核算，技术经济指标测算等。

《施工组织设计》对工程量清单报价的影响是多方面的，但主要是对直接费的影响，现就影响较大的主要因素进行分析和举例，说明《施工组织设计》在工程量清单报价编制过程中的作用和影响，以求达到举一反三的目的。

1. 社会外部条件对工程量清单报价的影响

(1) 编制工程量清单前，应调查了解好施工现场周围的情况，如可利用的场地，可占用的便道，需要拆除的建筑，需要保护的建筑，公用管线可利用作临建的旧房，可租用的民房等。借助外部力量，改善施工条件。

(2) 了解工程所在地区地方大宗材料的供应能力，地方材料尽量就地取用，减少运费，对不足部分和缺少的材料及时组织外地进货。当地有资源、生产过程简单的材料，与当地协作生产，亦是降低工程成本的有效途径。

(3) 调查、改善工程所在地的交通运输条件，如了解可提供的交通运输工具，以便组织材料运输；提前修建为施工服务的临时运输道路、桥涵、码头等。

(4) 调查工程所在地的工业情况，如当地有无可与施工配套的混凝土构件厂、木构件厂、金属加工厂等，这些厂的生产能力、产品质量、供货价格如何，为施工提供服务的可能性如何，为安排外加工构、配件作好准备。

(5) 调查当地劳动力资源情况有无能满足施工需要的劳务，其技术水平和施工能力如何，不同技术等级的酬薪如何，为安排劳动力计划作好准备。

(6) 了解当地生活供应及服务设施情况，如主副食品、日用品供应和医疗卫生、文化教育设施情况，消防、治安机构等能否满足施工要求，尚需提供哪些条件才能解决施工中的生活等问题。

2. 施工平面布置对工程量清单报价的影响

(1) 凡是永久性占用土地或临时性租用土地的工程，应结合地形、地貌，在满足施工的前提下，尽可能选择利用荒地、少占农田和场地平整工程量小的地点。

(2) 合理确定外购材料工地仓库和自采材料堆放点。预制场、拌合站的选择，应避免材料的二次搬运和减短材料的场内运距。因为，以上平面位置的确定对材料的预算单价影响甚大，在设计中应该慎重考虑，多方比较。

(3) 施工平面布置应与施工进度、施工方法等相适应，要重视保护生态环境。

(4) 材料在市政工程建设中占的比重很大，因此，合理选择材料、确定经济运距和运输方案是控制工程量清单报价造价的重要手段，也是《施工组织设计》中的难点。材料费的高低决定于材料的原价、运距及可行的运输方法。材料费是考虑经济成本的主要因素。要经过反复计算比较方能得出最合理最经济的供应价格，达到控制住工程量清单报价造价的目的。

3. 施工工期对工程量清单报价的影响

(1) 施工工期对工程量清单报价的影响。任何一个建筑产品，都有一定的合理的生产周期。根据建设工程的实际情况，合理地确定施工工期(合同工期除外)，对工程质量和工程量清单报价造价都会产生极大的影响，市政工程也不例外。在《施工组织设计》中应按合理的工期进行劳动力安排、材料的供应和机械设备的配置。根据长期的建设实践经验，工程质量、工程经济、工程进度三者之间存在着如图 4-1 所示的辩证关系。

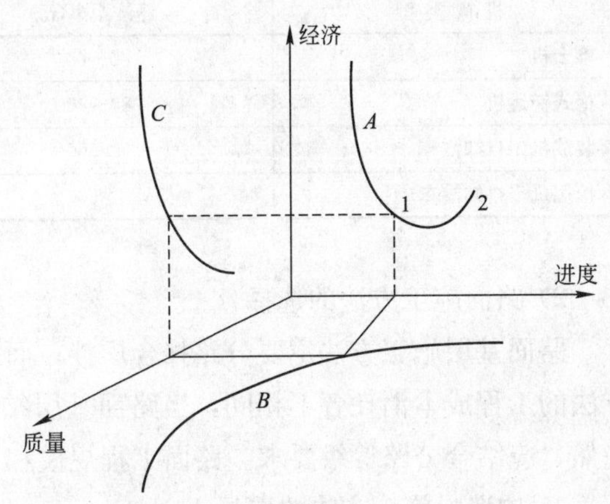

图 4-1　工程质量、工程经济、工程进度三者的关系

图 4-1 中，A 线表示工程进度与工程经济的关系曲线，B 线表示工程进度与工程质量的关系曲线，C 线表示工程质量与工程经济的关系曲线。从 A、B、C 曲线可以看出，当工程进度加快，工程量完成的多，其工程经济低，工程质量差一些，见 A 线 1 点。但当工程进度安排进行突击性作业时，工程经济消耗反而增大，见 A 线 2 点，其质量就低劣。为了求得高质量，其工程进度就慢，工程经济就高。总之，它们三个的关系是相互制约的，必须在保证工程质量的前提下，合理选择工程经济和安排工程进度，制定合理的施工工期，才能保证工程的顺利进行。

(2) 施工总进度计划。工程估价中的间接费并不是简单地按直接费的某一固定比例计取，而是尽可能分别列项计算，其中有许多费用与时间长短有关。显然，施工总进度计划不同，间接费的数额就不同，会直接影响到工程量清单报价(施工图预算)计价、报价的最终结果。因此，工程量清单报价(施工图预算)计价、报价必须以既定的施工总进度计划为前提。

4. 施工方法的选择对工程量清单报价(施工图预算)的影响

(1) 施工方法的选择对工程量清单报价(施工图预算)的影响。在市政、公路工程设计和施工中，施工方法的选择是至关重要的，但必须依据工程条件和经济合理的原则进行多方面的比较。随着施工工艺、施工技术的不断发展和更新，而每种施工方法又有其自身的特点和不足，这就要求设计人员根据工程的条件，选择最经济又适用的施工方法。

1) 路基施工方法的选择

路基工程中，土石方施工的工程量是《施工组织设计》中控制工程量清单报价(施工图预算)造价的主要因素，施工方法的选择，对土石方施工中的工日消耗、机械台班消耗有很大的影响。目前市政、公路路基工程施工中，高等级公路为了满足施工质量一般都采用机械化施工，低等级公路一般采用人工、机械组合进行施工。现从施工组织和预算的角度出发，根据路基施工的作业种类提出应选择的机械种类(表 4-7)以及机械经济运输距离(表 4-8)，供编制《施工组织设计》和工程量清单报价(施工图预算)时参考。

路基施工的作业种类机械种类　　**表 4-7**

作业种类	供选择机械种类	作业种类	供选择机械种类
伐树、挖根	推土机	运输	推土机、自卸汽车、手扶拖拉机、翻斗车
挖掘	挖掘机、推土机、松土机	摊铺	推土机、平地机
装载	挖掘机、装载机	压实	轮胎式压路机、振动压路机、推土机、羊足碾
挖掘、运输	推土机、铲运机	洒水	洒水汽车

机械经济运输距离表　　表 4-8

机械类型	经济距离(m)	机械类型	经济距离(m)
推土机	0～60	行式铲运	70～500
拖式铲运机	80～400	行式平地机	500～3000
装载机＋自卸汽车	＞500	手扶拖拉机、翻斗车	50～500
挖掘机＋自卸汽车	＞500		

2）路面施工方法的选择

路面基层施工方法主要分路拌合厂拌；面层施工主要有热拌、冷拌、贯入、厂拌等方法，各种施工方法的工程成本消耗各不相同，当路面基层结构一定时，选择不同的施工方法的每 100m^2 造价不一样，当然，应结合公路等级要求。路面工程规模和工期要求进行综合分析确定施工方法。

3）构造物施工方法的选择

在市政建设工程中，通常将除路基土石方和路面工程以外的桥梁、涵洞、防护等各项工程，统称为构造物。由于其种类多，结构各异，又各有不同的技术经济特征和施工工艺要求，所以其施工方法也各不相同。从某种意义上来讲，是既简单又复杂。说其简单，主要是施工方法选择的余地有限，如石砌圬工是以人工施工为主，混凝土工程不是采用木模就是钢模，没有更多的施工方法可供优选；而所谓复杂，因为有些构造物各有特殊专业的施工方法，这在工程设计时就已确定了，如 T 型桥梁的安装，一般都采用导梁作为安装工具，箱形拱桥则要采用缆索来进行吊装，悬臂拼装就要配用悬臂吊机等，这是从长期建设实践经验中积累完善起来的施工方法，有定型配套的安装工具。但是，在建设项目中的桥涵工程，数量比较多，在进行桥型结构设计时，要尽可能采用标准设计，避免结构形式上的多样化，这不仅有利于施工，而且还可减少辅助工程费用。进行施工组织设计时，则应尽可能按流水作业的原则安排施工进度计划，如某建设项目中有三座同跨径的石拱桥，砌筑拱圈的工作，应在总的控制工期内实行流水作业，确定各桥的拱圈施工的时间顺序。这样，就可提高拱盔支架的周转次数，达到降低工程造价的目的。另外在混凝土构件的预制与安装工作中，也存在类似这种情况。所以，在编制施工组织设计时，要充分重视这些因素，是有效控制工程造价的一个关键环节。

(2) 施工方法。同一分部分项工程可以采用不同的施工方法，而不同的施工方法需要不同均施工机械、辅助设备、劳动力，相应的费用有时会有较大差异。尤其是土方工程、基础工程、围护和降低地下水措施、主体结构工程、混凝土搅拌和浇筑方法等，施工方法对工程量清单报价(施工图预算)计价、报价的影响相当大。施工方法的选择既要考虑技术上的可行性，满足施工总进度计划的要求，又要考虑其经济性。

5. 运输组织计划对工程量清单报价(施工图预算)的影响

运输组织计划是施工组织设计中的一个重要内容，它不仅直接影响施工进度，而且在很大程度上也影响了工程量清单报价(施工图预算)造价，为了确保施工进度计划的执行，并力求最大限度降低工程造价，一般要求运输组织计划应达到下列要求：

(1) 运距最短，运输量最小。

(2) 减少运转次数，力求直达工地。

(3) 装卸迅速和运转方便。

(4) 尽量利用原有交通条件，减少临时运输设施的投资。

(5) 充分发挥运输工具的载运条件。

工程最初概算或施工图设计预算，一般只能以正常的施工方法或拟定的施工方案进行编制。但在实际投标、施工时，由于施工承包商的对象不同，可能有比较大的变化，有的工程根据建设单位对工程进度的要求，或因实际施工条件的复杂性等因素，必须采取相应的施工技术措施或采用某种施工方法，这对工程报价的计算将起到很大的影响，因此，投标前，投标单位必须在《技术标》中编制《施工组织设计》(施工大纲或施工方案)，以确保工程施工质量、工程进度和施工范围内建筑物、地下管线以及居民和企业的安全措施等。

《施工组织设计》(大纲或方案)一经建设单位批准认可后，施工单位必须依此实施，并为今后编制工程结算的依据。施工过程中，由于变更设计，工程量的增减，以及预计不到的变化而涉及工程费的计算等，都要办理签证联系单。计算、审核工作中还应注意：

(1) 碎石盲沟——根据施工现场土质条件，在《施工组织设计》中全线(包括各支线)均铺筑(40×40)碎石盲沟，以利于道路排水。

(2) 模板——根据《施工组织设计》中4块板设置5道模板、白色与黑色路面交换处2道状况时，考虑到在浇捣水泥混凝土时将配备2台阶500型混凝土拌合机，定额功率$10m^3/(h\cdot台)$，每天生产能力为$120m^3/d$，计$600m^2/d$，故浇捣$2100m^2$水泥混凝土另外需设置缩缝2道计算方法。

6. 熟练“算量”工具的功能，并对其能运用自如

工程量计算由于市政工程种类繁多，有道路、桥涵、护岸、管网、排水构筑物等工程，各种工程又有不同的形式，涉及面广，所以计算方法也各有不同。目前，各地区对市政工程量计算还不统一。除了一般的计算方法，个别项目还要根据各地区编制的预算定额中所规定的相关规则进行计算。

市政工程的项目大致可以分为两类，一类是以主体工程和附属工程的结构部分，另一类是施工准备、施工措施以及临时性工程部分。前者工程量是可以根据图纸及有关规定计算；后者要根据现场情况、施工方案的安排及现行的技术规范规定计算。

属于土方类填、挖工程，采用常规的常用土方横截面(面积)计算公式、常用狭长(体积)土方量计算公式、常用土方格网(平整广场)(体积)土方量计算公式及按设计横断面采用积距法及土方挖、填计算表等计算公式来进行计算。道路填土，挖方的余方弃置(不可利用的土方除外)；工程量应在场内土方平衡的前提下计算工程量。

结构类工程，常采用大部分具有一定几何形状的构筑物，一般情况下则可以直接引用或经过分块后用简单的几何公式进行计算，如桥梁上部结构的梁、板等，下部结构的墩台和基础，附属结构的挡土墙、翼墙、锥坡等；又如条形基础、圆形截面的灌柱桩、圆形或方形的沉井、多边形截面的栏杆等。

然而，有的构筑物或构筑件的形状比较复杂，计算也就麻烦些，有时需要分别把一项构筑物或一项构筑件分解为若干个零星的部分，才能便于计算，如变截面的梁或拱圈，可以根据坐标值，按平均断面法累计；有些构筑物可以采用近似公式去计算，如U形桥台、锥坡护坡等；有些利用现成的数值表，以简化计算手段，如拱肋长度、拱圈体积、拱圬工体积、开槽土方等。

有关工具书、手册和通用图集等也是编制工程量清单的依据；充分利用、发挥预算工程量计算手册和计算表格的积极作用，是加快工程量清单编制的有力工具。

纵观上述计算方法，不难看出涉及本单位工程的算量内容不仅仅是常规的《计算规则》，还要准确运用《市政工程预算定额》的总说明和册、章说明等；为使工程量计算得更准确，更要认真领会、仔细阅读相关通用图及手册；并直接参与“施工组织设计”的编制，领会《技术标》的精神实质；借助“算量”工具。

四、结合第三章第二节第一教案，“上海某某路道路新建工程”实际，浅释计算规律要点

1. 算量公式

(1) 土方计算：挖、填土方的积距法

土方计算常采用近似公式。常用计算方法如下：

1）用积距法计算出横断面面积。如图 4-2 所示。

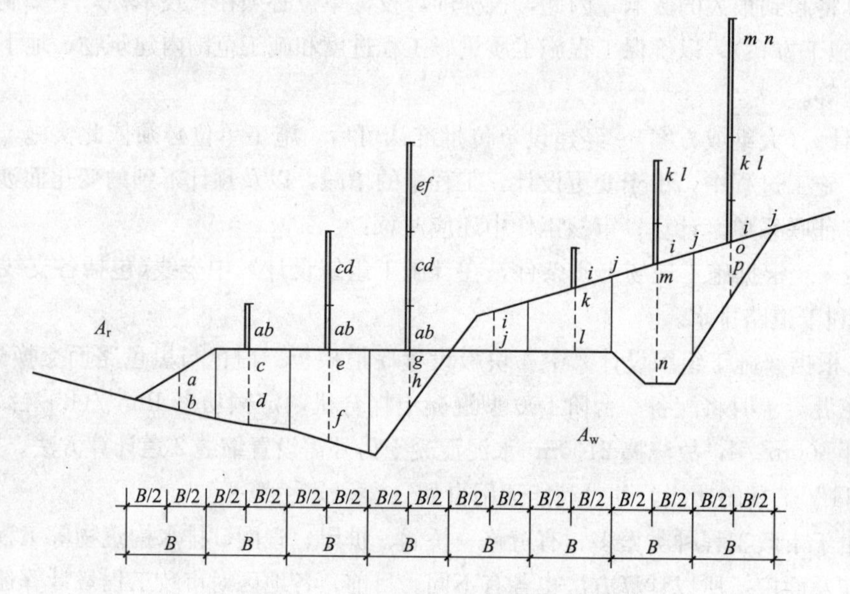

图 4-2　积距法计算出横断面面积

先用两脚规量取 ab 长，随即等量(ab)移至 c 点，固定一脚，将在 c 点的另一脚移至 d 点即得 $ab+cd$ 长，其余以此类推，累计量取纵坐标长度而得到积距。则横断面填(挖)方的总面积：

横断面填方的总面积公式 $A_t=B\times(ab+cd+ef+gh)=B\times$填方积距　　(4-1)

横断面挖方的总面积公式 $A_w=B\times(ij+kl+mn+op)=B\times$挖方积距　　(4-2)

式中　A_t——横断面填方面积(m^2)；

A_w——横断面挖方面积(m^2)；

B——横断面上所划分的三角形或梯形的高，通常采用等距 1m 或 2m。

在厘米方格纸上，可根据方格数来计算填挖面积。对于极不规则的较大面积几何图形，可用求积仪量取面积。

2）确定土方体积。为计算方便，一般采用平均断面法。假定相邻两断面间为一棱柱体，其高为两断面向中线长度，则可近似求得计算公式为：

相邻两断面间填方体积公式　$V_t=\dfrac{A_{t1}+A_{t2}}{2}\times L$　　(4-3)

相邻两断面间挖方体积公式　$V_w=\dfrac{A_{W1}+A_{W2}}{2}\times L$　　(4-4)

式中　A_{t1}、A_{t2}——相邻两断面填方面积(m^2)；

A_{W1}、A_{W2}——相邻两断面挖方面积(m^2)；

V_t、V_w——相邻两断面间填、挖体积(m^3)；

L——相邻两断面间的中线长度(m)。

计算时，可填写工程量计算表(表 4-9)

3）填土土方指可利用方，不包括耕植土、流砂、淤泥等。填方工程量按总说明中“填土土方的体积变化系数表计算(表 4-4)

(2) 回填土$\sum V=V\times$天然密实方或松方系数表中系数详见表 4-4。

(3) 车行道整修(m^2)

1）直线段

土方挖、填方工程量计算表　　　　**表 4-9**

工程名称：　　　　　　　　　　　　　　　　　　　　　　　　　　　共　页第　页

类　型	序　号	桩　号	横断面截面积(m^2)		平均面积(m^2)		距离(m)	土方量(m^3)	
			挖方(A_w)	填方(A_t)	挖方(A_w)	填方(A_t)		挖方(A_w)	填方(A_t)
1	2	3	4	5	6	7	8	9=6×8	10=7×8
合　计									
本页土方量小计						A_w 与 A_t 平衡增、减率(±%)			%

① 直线段(图 4-3)

$$A_{车行道直线段}=L\times B \tag{4-5}$$

式中　L——道路横断面长度；

B——道路横断面宽度。

② 直线段交叉口(正交暨斜交)

2) 车行道直线段交叉口

① 正交(十、T 字形，错位形)(图 4-4)

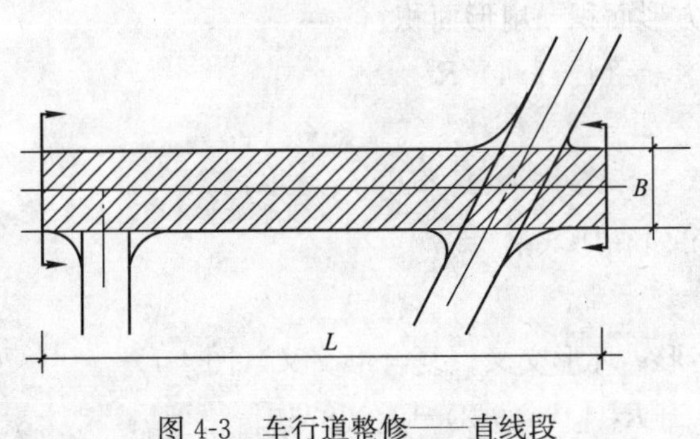

图 4-3　车行道整修——直线段

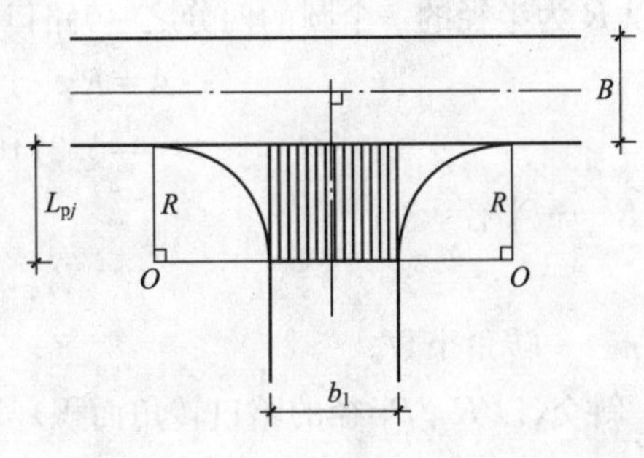

图 4-4　车行道整修——直线段正交

交叉口依据正交暨斜交转角面积算量公式

$$A_{车行道直线段交叉口正交}=L_{pj}\times b_1 \tag{4-6}$$

② 斜交：(X、Y 字形；环形交叉；复合形交叉)(图 4-5)

$$A=L_{pj}\times b_1$$

式中　$L_{pj}=[(r_1+r_2)\times\tan(75°/2)+(R_1+R_2)\times\tan(105°/2)]\div 2$

当 α 或 β 为同角度时，两个对应角的 R，分别为 $\alpha<75°$时，$R=(r_1+r_2)$；$\beta>105°$时，$R=(R_1+R_2)$；

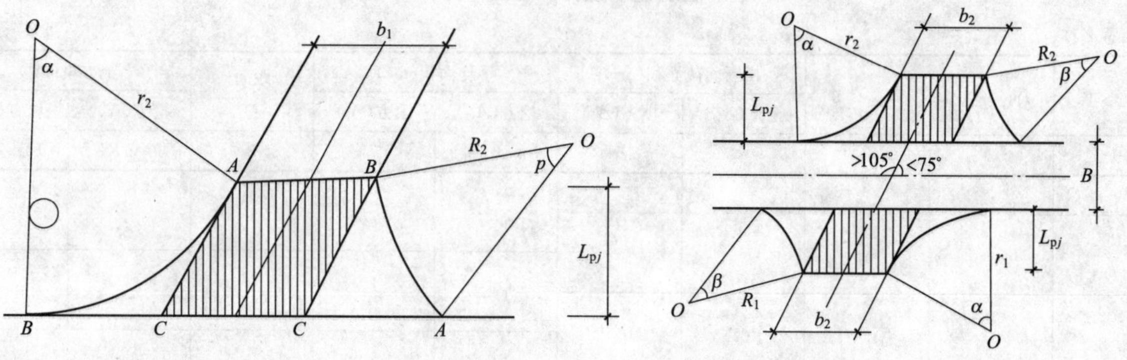

图 4-5　车行道整修——直线段斜交

L_{pj}——交叉口相交的道路横断面平均长度；

b_1——交叉口相交的道路横断面宽度。

$$A_{车行道直线段交叉口斜交}=[(r_1+r_2)\times\tan(75°/2)+(R_1+R_2)\times\tan(105°/2)]\div2\times b_1 \tag{4-7}$$

③ 正交(十、T 字形，错位形)(图 4-6)

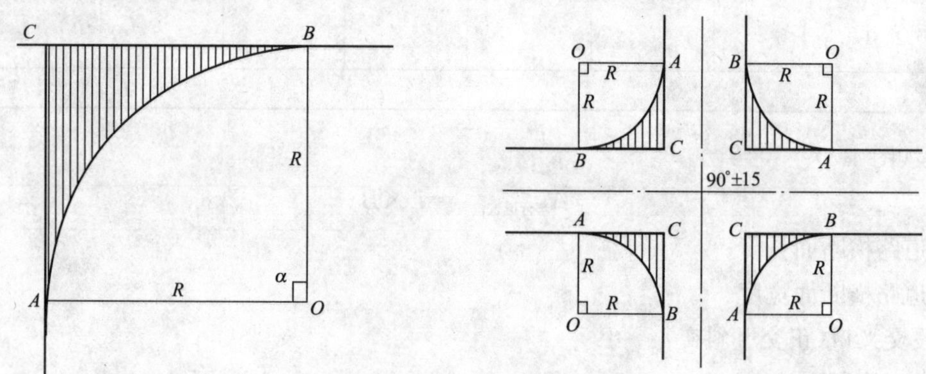

图 4-6　车行道整修交叉口——正交

(以 R 为半径的一个圆的四分之一)路口面=正方形面积－扇形面积

$$A=R^2-1/4\times R^2\times\pi=(1-\pi/4)/R^2$$
$$=0.2146R^2$$

式中　R——半径。

$$A_{车行道正交}=0.2146R^2\times n \tag{4-8}$$

式中　n——转角个数。

④ 斜交(以 R 为半径的路口转角面积)(X、Y 字形；环形交叉；复合形交叉)(图 4-7)

$$A=R_\alpha^2[\tan(\alpha/2)-0.00873\alpha]+R_\beta^2[\tan(\beta/2)-0.00873\beta]$$

式中：当 α 或 β 为同角度时，两个对应角的 R^2，分别为 $\alpha<75°$时，$R_\alpha^2=(r_1^2+r_2^2)\beta>105°$时，$R_\beta^2=(R_1^2+R_2^2)$

$$A_{车行道斜交}=(r_1^2+r_2^2)[\tan(\alpha/2)-0.00873\alpha]+(R_1^2+R_2^2)[\tan(\beta/2)-0.00873\beta] \tag{4-9}$$

3) 人行道整修(m^2)

① 直线段(图 4-8)

$$A_{人行道直线段}=(L_1+L_2)\times t \tag{4-10}$$

② 交叉口依据正交暨斜交转角面积算量公式

③ 正交(十、T 字形，错位形)四分圆(图 4-9)

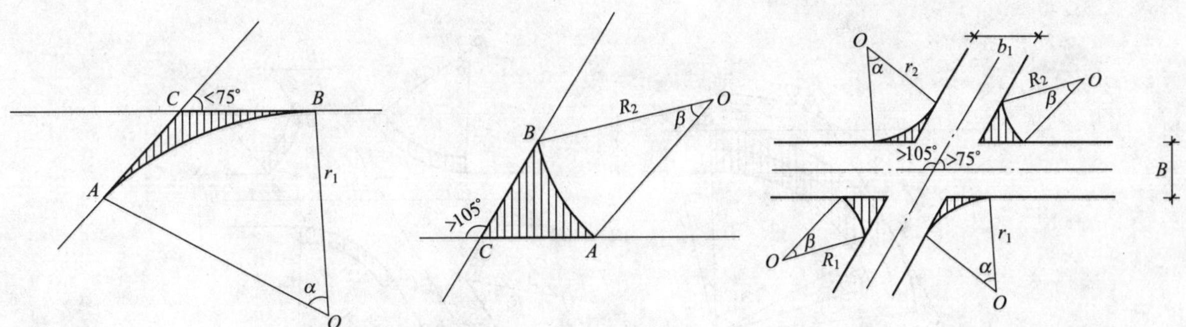

图 4-7　车行道整修交叉口——斜交

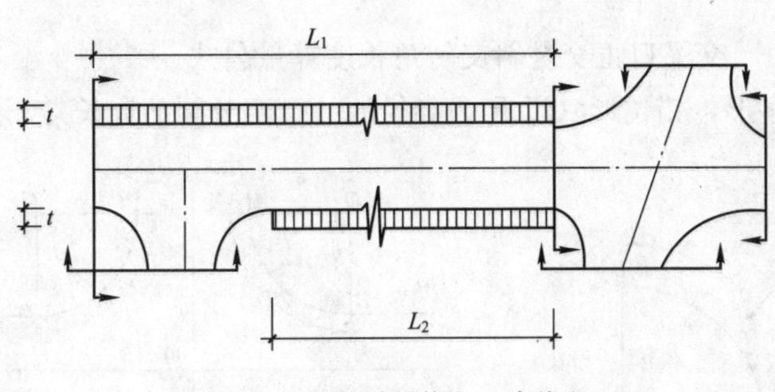

图 4-8　人行道整修——直线段

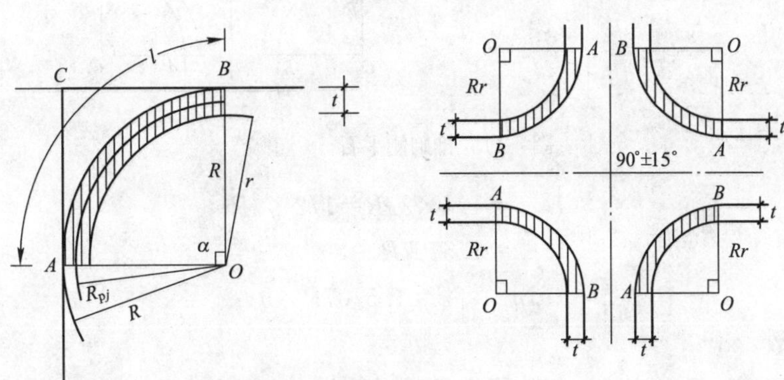

图 4-9　人行道整修交叉口——正交

$$A = 1.5707R_{pj}t、$$

式中　$R_{pj} = R-(t/2)$或$(R+r)/2$；

　　t——人行道宽度。

$$A_{人行道正交} = 1.5707R_{pj}t\times n \tag{4-11}$$

式中　n——转角个数。

④ 斜交(X、Y 字形；环形交叉；复合形交叉)分圆(图 4-10)

$$A = 0.01745\alpha R_{pj}t$$

式中　R_{pj}——平均半径$=R-(t/2)$或者$(R+r)/2$；

　　t——人行道宽度；

当α或β为同角度时，两个对应角的$R\alpha$、β^2_{pj}，分别为$\alpha<75°$时，$R\alpha_{pj}=[(R_1+r_1)/2+(R_2+r_2)/2]$；$\beta>105°$时，$R\beta_{pj}=[(R_3+r_3)/2+(R_4+r_4)/2]$

$$A_{人行道斜交} = \{0.01745\times\alpha\times[(R_1+r_1)/2+(R_2+r_2)/2]+0.01745\times\beta\times[(R_3+r_3)/2+(R_4+r_4)/2]\}\times t \tag{4-12}$$

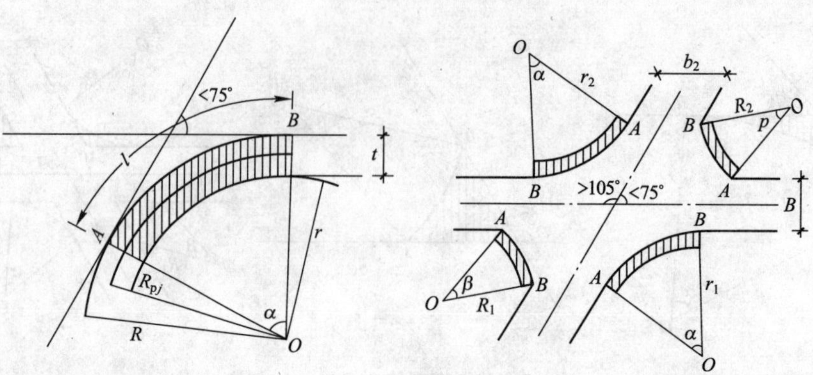

图 4-10　人行道整修交叉口——斜交

(4) 排砌侧平石(m)——交叉口正交暨斜交转角长度算量公式

1) 正交(十字形、T 字形，错位形)(以 R 为半径的一个四分圆的周长)四分圆(图 4-11)

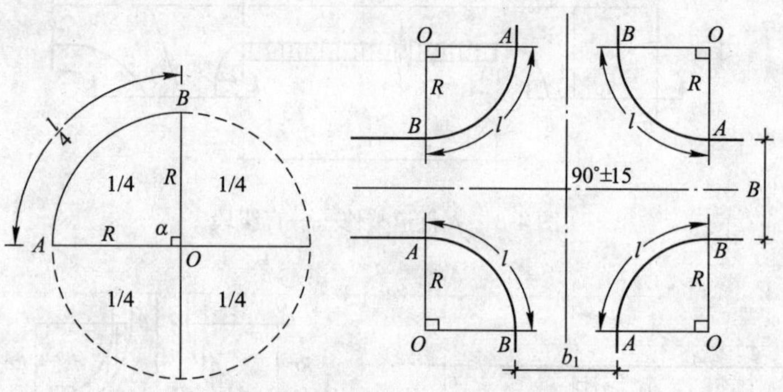

图 4-11　排砌侧平石——正交

$$L_{正交}=1/4\times 2\pi R=1/2\times \pi R$$
$$=1.5707R$$
$$L_{侧平石正交}=1.5707R\times n \quad (4\text{-}13)$$

式中　n——转角个数。

2) 斜交(X、Y 字形；环形交叉；复合形交叉)(圆弧公式)(图 4-12)

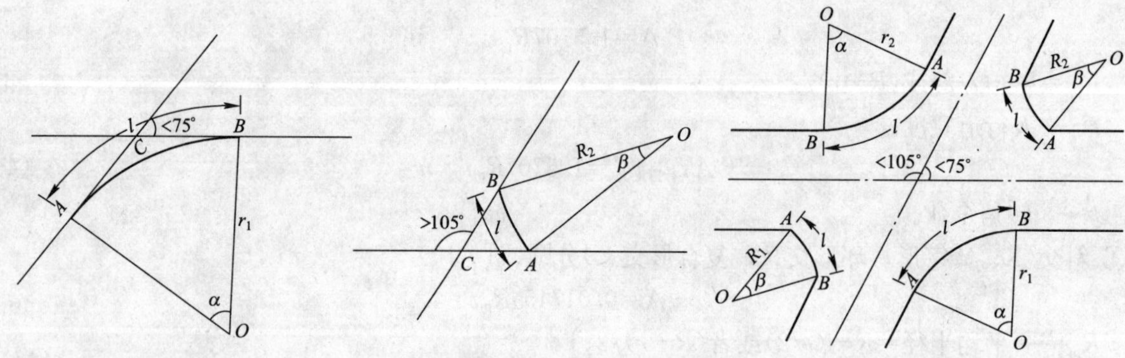

图 4-12　排砌侧平石——斜交

$$L_{斜交}=\alpha/180\times \pi R$$
$$=0.01745\alpha R$$

式中：当 α 或 β 为同角度时，两个对应角的 R^2，分别为 $\alpha<75°$ 时，$R_\alpha=(r_1+r_2)\beta>105°$ 时，$R_\beta=$

(R_1+R_2)。

$$L_{侧平石斜交}=0.01745\times\alpha\times(r_1+r_2)+0.01745\times\beta\times(R_1+R_2) \tag{4-14}$$

2. 算量表格

(1) 土方挖、填方工程量计算表(表 4-9)

(2) 钢筋布置质量汇总表(表 4-10)

钢筋布置质量汇总表　　**表 4-10**

工程名称:

分类	序号	项目名称			单位	质量 数量	质量 小计
构造	1	缩缝 传力杆		40 / φ20-30	— 11.84kg/道	4条×4块板 16 道	189.44kg
	2	施工缝 传力杆		40 / φ20-30	— 11.84kg/道	305.0/60.0×4 块板 20.19 道	239.05kg
	3	胀缝 传力杆		40 / φ20-30	— 11.83kg/道	2×4 块板 8 道	94.64kg
	4	纵缝	拉杆	70 / φ14-80	— 5.07kg/板	305.0/5.0×2 边 183.04 板	928.01kg
	5	边缘			(4.9kg×2+0.1kg×18)×1.21=14.036kg/板	305.0/5.0×2 边 600 板	1713.00kg
	6	窨井加固		Ⅰ型 600×600～750×750	Ⅱ型 1000×1000～1100×3650		754.09kg
	①	混凝土路面 $h=22$cm			100×100	110×365	
		R235	甲式(在板块中间)		39.00kg/座	座	
			乙式(跨越在横缝中间)		38.15kg/座	座	
			丙式(跨越在纵、横缝各一侧边缘)		29.55kg/座	座	
		HBR335	甲式(在板块中间)		48.27kg/座	座	
			乙式(跨越在横缝中间)		47.73kg/座	座	
			丙式(跨越在纵、横缝各一侧边缘)		40.46kg/座	座	
钢筋	②	混凝土路面 $h=24$cm					
		R235	甲式(在板块中间)		39.43kg/座	7 座	276.01kg
			乙式(跨越在横缝中间)		38.15kg/座	座	
			丙式(跨越在纵、横缝各一侧边缘)		29.55kg/座	座	
		HBR335	甲式(在板块中间)		48.74kg/座	7 座	341.18kg
			乙式(跨越在横缝中间)		48.22kg/座	2 座	96.44kg
			丙式(跨越在纵、横缝各一侧边缘)		40.46kg/座	1 座	40.46kg
	7	进水口加固					
		侧石式	A 式(在侧石与板块中间)		17.76kg/座	座	
			B 式(跨越在侧石与横缝中间)		18.17kg/座	座	
			C 式(跨越在侧石与横缝各一侧边缘)		8.79kg/座	座	
						座	
					kg/座		
	8	各公用管线加固			137.25kg/座	4 座	549.00kg
					构造筋合计		4467.23kg
							4.47t
	9	窨井底板配筋					36.40kg

续表

分类	序号	项目名称	单位	质量		
				数量		小计
	①	不落底				
		600×600、750×750	12.2kg/座	2座		24.40kg
		1000×1000～1100×3650	kg/座	5座		5.00kg
	②	管道底板配筋				kg
	③	胀缝加强网(双层)	63.2+61.68=124.88kg/道	2条×4道	8道	999.04 kg
	④	端部(水沥路面接头)(双层)	31.1+32.43=65.53kg/道	2条×4道	8道	524.24 kg
	⑤	软土路基加固(双层)	66.3+84.7=151kg/块	6	块	906 kg
	⑥	混凝土板块加固(单层)	(66.3+84.7)/2=75.5kg/块	305.0/5.0×2块	122块	9211 kg
			钢筋网合计			11676.7 kg
						11.68 t
			钢筋布置质量共计			16.14 t
			12.2kg/座			
		1000×1000～1100×3650	1kg/座	3	座	3.00 kg
		落底				
		600×600、750×750	1kg/座	4座		4.00 kg

五、全面、准确地计算“分部分项工程量清单”及“分部分项工程量清单综合单价计算表”，归纳以下几个方面的注意事项

全面了解《〈建设工程工程量清单计价规范〉上海市市政工程预算定额操作指南》及《预算定额》的特征。

1. 工程量计算规则

《建设工程工程量清单计价规范》一般是以一个“综合实体”考虑的，一般包括多项工程内容，据此规定了相应的工程量计算规则；以“设计图示尺寸”，计算体积或面积；而《市政工程预算定额》按施工工序进行设置(包括工程内容)，一般是单一考虑工作面等因素。

一项实物工程的工程量往往需要几个分部、分项来完成，即“分部分项工程量清单”的工程量需要《市政工程预算定额》分项工程来完成。

(1)“工程项目”设置(表 4-11)

“工程项目”设置表　　**表 4-11**

序号	项目编码	计量单位	《建设工程工程量清单计价规范》“项目名称”	施工设计图	《市政工程预算定额》“分项子目名称”
1.1	040101001001	m^3	挖路基土方(Ⅰ、Ⅱ类土)		
	1.1.1	m^3		施工设计图横断面	人工挖Ⅰ、Ⅱ类土　$B=20.00$m
	1.1.2	m^3		施工设计图横断面	土方场内运输(自卸汽车运土 200m)
	1.1.3	m^2		施工设计图横断面	车行道人工整修Ⅰ、Ⅱ类土
	1.1.4	m^2		施工设计图横断面	人行道人工整修(Ⅰ、Ⅱ类土)$b=3.0$m
2.1	040201014001	m	碎石盲沟($b\times h$)		
	2.1.1	m^3			碎石盲沟(40×40)
	2.1.2	m^3			余方场外运输

遇到类似问题，注意“工程量清单”即实物工程量中“分部分项工程量清单”与“分部分项工程量清单综合单价计算表”及《市政工程预算定额》之间表达方式、计量单位的差异和统一。

(2) 由于施工设计图不能表现出平整场地(车、人行道整修)及余方弃置(土方场内运输或土方场外运输)这两个项目，往往容易成为漏算项目，要及时增补。

2. 计量单位(表 4-12)

计量单位调整 **表 4-12**

序号	项目名称	《建设工程工程量清单计价规范》 一般采用基本计量单位，如米、千克、吨、项等	《市政工程预算定额》 有时出现不规范的复合单位，如 $100m^2$、10m 等
1	砾石砂隔离层	m^2	$100m^2$
2	厂拌粉煤灰三渣基层	m^2	$100m^2$
3	粗粒式沥青混凝土	m^2	$100m^2$
4	细粒式沥青混凝土面层	m^2	$100m^2$
5	水泥混凝土面层	m^2	$100m^2$
6	铺筑预制人行道板	m^2	$100m^2$

《〈建设工程工程量清单计价规范〉上海市市政工程预算定额操作指南》一般以米、千克、吨等项为基本计量单位，而《市政工程预算定额》有时出现如 $100m^2$、10m 等不规范的复合计量单位。

遇到类似问题，计量单位及工程量及时调整与《市政工程预算定额》保持一致。

3.《建设工程工程量清单计价规范》、施工设计图和《市政工程预算定额》之间关系(表 4-13)

《建设工程工程量清单计价规范》、施工设计图和《市政工程预算定额》之间关系 **表 4-13**

序号	项目编码	计量单位	《建设工程工程量清单计价规范》“项目名称”	施工设计图	《市政工程预算定额》“分项子目名称”
7.2	040701002002	t	道路水泥混凝土路面构造筋		
7.2.1		kg		(1) 箍筋式端部钢筋(设置两道)	
		kg		(2) 胀缝钢筋(胀缝设置两道)	
		kg		(3) 纵缝钢筋(设置道)	
		kg		(4) 窨井加固钢筋(8 只)	
		t			各类加固钢筋(构造筋)
	040103002001	m^3	余土弃置		
		t		施工设计图横断面	余土场外运输
	0501		大型机械场外运输、安拆		
	0501.1	台·次	$1m^3$ 以内单斗挖掘机场外运输		未包括大型机械场外运输、安拆
	0501.2	台·次	压路机场外运输		未包括大型机械场外运输、安拆
	0501.3	台·次	沥青摊铺机场外运输		未包括大型机械场外运输、安拆

遇到《建设工程工程量清单计价规范》、施工设计图和《市政工程预算定额》在计量单位不一致的类似问题时，注意项目编码与分项子目在体积、质量等的换算和统一。

《建设工程工程量清单计价规范》有些项目虽然设置在《措施项目》一栏，如项目名称大型机械场外运输、安拆，但《市政工程预算定额》未包括，如“未包括大型机械场外运输、安拆”，容易疏忽。遇到类似问题，要及时查询《市政工程预算定额》并根据总说明中大型机械场外运输、安拆的项目，依据该工程的实际进行增补。

工程量清单报价的编制工作繁复、细致、工作量大，政策性、经济性、法规性较强，基础知识面较广，编制这必须有一定的文化基础和专业知识，初学时需要沉得住气，耐得下心，熟悉定额的内容以及市场各种价格信息等资料。

因此，造价工程师必须熟知《工程量计价规则》的十二位“项目编码”、“项目名称”、“计量单位”及“工程内容”、“项目特征”；熟悉工程常用图例、符号及施工设计图纸，并以“设计图示尺寸”计算体积或面积；全面了解各类工程说明应用释义、工程量计算规则应用释义、定额应用释义以及定额交底资料工程预算定额问答；掌握《市政工程预算定额》工程量计算规则及总说明、册章说明，分部分项的“工作内容”，并运用自如地选择“定额子目”。

第三节 工程量计算的技巧

一般情况，投标人必须按招标人提供的工程量清单进行组价，并按综合单价的形式进行报价。但投标人在按招标人提供的工程量清单组价时，必须把施工方案及施工工艺造成的工程增量以价格形式包括在综合单价内。然而，招标人提供的工程量清单的工程项目划分及工程量的准确率往往是投标人在报价策略性中的一个重要措施、指标之一，因此，重新验算工程量就显得非常重要。

工程量是确定市政工程直接费、编制施工组织设计、安排工程进度、组织材料供应、组织机械设备进出场、进行统计工作和实现经济核算的重要依据。

工程量系指物理计量单位或者说自然计量单位所表示的市政工程各个分项工程或结构物的实物数量。物理计量单位是指以度量表示的长度、面积、体积和重量等计量单位；自然计量单位是指市政成品表现在自然状态下的简单计数所表示的个、条、块等计量单位。

工程量要按《市政工程预算定额》工程量计算规则、《市政工程预算定额》的划分和计量单位的划分计算，即单项工程、单位工程、分部工程、分项工程等，并采取一定的表式进行。

应注意在列项时，一方面要根据施工图纸和预算定额，另一方面还可以依据该工程的施工顺序及以往承建、编制过的类似工程的工程量清单项目进行列项，这样可以尽快入门。

工程项目列出后，根据施工图所示的部位、尺寸和数量，按照一定的计算顺序和定额工程量计算规则，列出该分项工程量计算式。计算式应力求简单明了，按一定的次序排列，便于审查。例如，计算面积时，应该为：长×宽或宽×高；计算体积时，应该为长×宽×高等。

工程量计算的工作量大，花费的时间亦较长，是编制工程量清单工作中的主要部分，必须认真对待和做好这项工作。

一、灵活运用“统筹法计算”原理

“统筹法计算”为预算工程量的简化计算开辟了一条新路，虽然它还存在一些不足，但其基本原理是适用的。这一方法的计算步骤是：

1. 基数计算

基数是单位工程的工程量计算中反复多次运用的数据，提前把这些数据算出来，供各分项工程的工程量计算时查用。

列出基本数据分析建设工程工程量计算中哪些是多次使用的数据，按线、面、体分类列表，填入计算结果，以供重复使用。算出这些基本数据以后，可利用这些结果连续计算，但一定要注意基本数据运算的准确，否则会影响一系列运算结果。

2. 按一定的计算顺序计算项目

统筹运算程序按照统筹法的原理，结合工程量计算的规律，分析工程量计算中共性的因素，先算基本数据，后算衍出数据，避免重复计算，简化运算过程。这条主要是做到尽可能使前面项目的计算结果能运用于后面的计算中，以减少重复计算。

如路面工程，先算垫层面积，这样下基层、上基层的工程量即求出，沥青路面则减去平石的宽度，再以此乘面层的平均厚度，即求出道路的工程量。这就没有完全按照施工的顺序计算，而是按照运算规律安排计算程序。

3. 联系实际，灵活机动

由于工程设计很不一致，对于那些不能用“线”和“面”基数计算的不规则的、较复杂的项目工程量的计算，要结合实际，灵活运用下列方法加以解决：分段计算法、分部分项计算法、补加计算法、补减计算法等。

4. 要尽量考虑“一量多用”

如因翻挖路面及拆除旧料、管道污泥等工程量以 m^3 为计量单位，还可用于土方、旧料、淤泥外运工程，而其以吨为计量单位，即可分别乘以 $1.8t/m^3$(土方)、$2.2t/m^3$(旧料)、$1.35t/m^3$(下水道淤泥)。

5. 编制通用手册随着建筑工程工厂化、装配化、机械化的发展，通用构件越来越多，如钢筋混凝土桩、桥梁等，可以从构件、配件的标准图集中查出有关数据，并补算施工常用的数据。另外，还有些有规律的项目，如下水道挖沟槽断面、基础大放脚断面等也可预先求出系数，在计算工程量时使用。以上列举这些通用的计算数据可汇编成手册，计算任何一项工程量，都可查用。

这是因为《市政工程预算定额》是一种综合定额，它包括了完成一个分项工程所必须的全部工作内容，又如一种规格的现浇预制混凝土梁的制作分项定额，包括混凝土、钢筋和模板三项工作。

二、充分利用《工程量的计算手册》和计算表格

1.《工程量计算手册》

通常《工程量计算手册》是适用于本地区或专业类的工程量计算手册，归类土方工程、支撑结构物、脚手架、模板、施工供电、施工供水等。

如：常用土方横截面(面积)计算公式、常用狭长(体积)土方量计算公式、常用土方方格网(平整广场)(体积)土方量计算公式、水平断面(每 100m 长)土方表等。

有些公式可以从数学表中查得或根据公式可以给出相应的曲线，从曲线表上可查得需要的面积或长度等，以简化计算工作。又如：道路——路口交叉口转角(正、斜交)转角面积计算公式、交叉口转角车行道(正交)面积表及路口曲线面积(S)计算图、路口交叉口转角(正、斜交)人行道面积计算公式、路口交叉口转角侧平石长度计算公式、路口斜交转角长度表($R=100$m)及曲线长度(L)计算图、平曲线曲线函数表、竖曲线尺寸表等表。

2. 常用数据表及工程量计算表

以常用数据表及工程量计算表来计算的项目有《边坡坡率换算角度及长度表》；土方工程量计算表；预制(现浇)混凝土构件统计计算表；钢筋布置重量汇总表；下水道(雨、污水、支管)工程量计算表；管径、窨井埋设深度汇总表；窨井深度汇总表；管道铺设长度、回填土、余土计算表等。再如沟槽挖土方，按定额中有支撑沟槽宽度及市政工程施工及验收技术规程中对有支撑沟槽宽度表的附注增加了对窨井处的开挖宽度的说明：窨井处沟槽宽度，现场浇捣窨井时其宽度应为构筑物外壁边各加 1.1m 计算，砖砌窨井时其宽度应为砖墙外壁边各加 0.85m 计算等。

3.《便携手册》

(1) 根据施工工程实践、经验，自行按单位工程、分部、分项、子目编制运用手册，意在将物理计量及自然计量与《市政工程预算定额》工程量计算规则有机结合起来，形成通过一个不论物理计量，还是自然计量推出可供选择的定额子目的对应比照表，或者通过一个定额子目检索出该工程施工图所需的、对应的计量公式的方便、及时的“算量”模式，并便于携带的常用工具手册。

(2) 各预、结算人员编制的适用于本地区的预算工程量计算手册，这种手册是将本地区常用的定型

构件、通用构配件和常用系数，按预算工程量的计算要求，经计算或整理汇总而成。例如：

1）挖土土壤分类表，填土土方的体积变化系数表，放坡系数及放坡起点深度表，设计图横、纵向挖、填土计算表、铣刨沥青混凝土面层、垫层计算表。

2）材料定额基本数据，（容重、损耗率），水泥混凝土、砂浆及商品混凝土配合比，砌体用砖及砂浆数量表，大中型机械安拆及场外运输系数。

3）构造筋、钢筋网规格汇总表，其中应包括下水道窨井加固的甲、乙、丙型筋及进水口加固的A、B、C型筋和各公用事业的窨井加固筋等。

排水管道——管基型式及工程量计算表，砖砌体规格及厚度；管材系列表及各类沟管、基座成品规格汇总表等。

(3)《上海市市政工程预算定额工程量计算规则(2000)》及《市政工程预算定额》的章、册说明(具体分析详见第三章第三、四节)。

(4) 法定及规定编码与定额计量单位、含量的差异。

弄清定额中工程量计算规则规定(将附“各册计算规则表”，编入《便携手册》)内现行“量价分离”定额，包括预算定额(即工、料、机消耗量)和工程量计算规则两部分，而且工程量计算规则是市政建设市场参与各方必须遵守的规则，也是确定预算工程量的依据，与定额配套执行。

1）不允许调整的规定，如指次要工序、子目中工作内容列了主要工序。

2）包括或不包括的规定，如升降窨井、进水口及开关箱子目不包括路面修复，翻挖时可另行计取。

3）允许调整、换算的规定，如混凝土级配允许C30换算为C35或调整为商品混凝土。

4）应扣除或不应扣除的规定，如计算人行道面积时，不应扣除各类井位所占面积，但应扣除种植树穴面积。

5）可分别套用、编制的规定，如混凝土面层分别套用或编制混凝土、商品混凝土、钢纤维混凝土、模板子目。

6）采用系数的规定，如翻挖道路面层或基层定额按大面积考虑，如遇沟槽或基坑时，人工数量乘以1.20系数；再如满堂支架50kg/m^3空间体积，装配式支架125kg/m^3空间体积等。

7）注意区别定额中的“以内”、“以上”、“以下”，按照习惯，“以内”、“以下”都包括其本身，“以外”、“以上”不包括其本身。

(5) 注意定额的计量单位(将附“各册工程量计量单位表”，编入《便携手册》内)

计算所得的工程量，一般以m、m^2、m^3或kg等为单位，但预算定额有时是以米、100m、平方米、100m^2、100m^3、立方分米、座、只、个、根、套、孔、台、次、组、吨等为计量单位。这时，要将计算所得的工程量，按照预算定额的计量单位进行调整，使其一致。

4. 注意相关定额的选用

如翻挖、脚手架、压密注浆等项目套用第一册《通用项目》中章节。

5.《五金手册》的《常用钢材的规格、重量表》，又如常用钢筋(d—直径ϕmm)重量的经验计算公式$=0.00617d^2$/延米等。

第五章　投标报价编制的技巧和方法

第一节　剖析影响工程量清单计价因素

一、“量价分离、风险分担”符合风险合理分担与责、权、利关系对等的一般原则

1. 招标人

(1) 清单计价模式完全实现了量、价分离，招标人可以直接计算出十二位“项目编码”的工程量；工程数量是编制“分部分项工程量清单”的原始数据，计算工程量是一项繁重而细致的工作，它的计算精确度和快慢与否，都直接影响着编制“分部分项工程量清单”的质量和速度。

(2)《建设工程工程量清单计价规范》(GB 50500—2003)强调采用工程量清单报价方式后，“量价分离、风险分担”。招标人对其提供的“项目特征”描述、“工程内容”的规定及一定的工程数量负责，承担“量”的风险；由于“分部分项工程量清单”中所提供的工程量是投标单位投标、报价的基本依据，因此其计算的要求相对比较高，在工程量的计算工作中，尽量做到不重复不遗漏，避免发生计算错误，否则会带来下列问题：

1) 工程量的错误一旦被投标人(即承包商)发现和利用，则会给业主带来损失。

2) 工程量的错误会引发其他施工索赔。承包商除通过不平衡报价获取了超额利润外，还可能提出索赔。例如，由于工程数量增加，投标人(即承包商)的开办费用(如施工队伍调遣费、临时设施费等)不够开支，可能要求业主赔偿。

3) 工程量的错误还会增加变更工程的处理难度。由于投标人(即承包商)采用了不平衡报价，所以当合同发生设计变更而引起工程量清单中工程量的增减时，会使得工程师不得不和建设单位(项目业主)及承包商协商确定新的单价，对变更工程进行计价。

2. 投标人

(1)“分部分项工程量清单”体现了招标人要求投标人完成的工程项目及相应工程数量。

(2) 各投标单位根据招标人提供的“分部分项工程量清单计价”，根据自身的技术装备、施工经验、企业成本、企业定额、管理水平自主填写报综合单价。

(3) 因此，投标人要有独立的私人估价信息，最好有自己的企业定额，投标单位可以按照自己的内部工程造价标准，针对“分部分项工程量清单综合单价计算表”进行自主报价。

(4) 投标人只对自己所报“分部分项工程量清单计价”的成本、综合单价的合理性负责，承担“价”的风险，而对工程数量的变更或计算错误等不负责任；这种格局符合风险合理分担与责、权、利关系对等的一般原则。因而，因中标承包商对“分部分项工程量清单综合单价计算表”综合单价包含的工作内容一目了然，故凡招标人(项目业主方)不按清单内容施工的，任意要求修改清单的，都会增加施工索赔的因素。

二、“分部分项工程量清单”达到了投标计算口径统一

在以往传统预算定额招标时，各个投标人分别各自计算工程量，不但计算工程量的工作约占投标报

价工作量的70%～80%；而且，由于对设计图纸的理解不同，各投标人计算结果的工程量均不一致，往往也相差很大。因为各投标单位都根据统一的“分部分项工程量清单”报价，根据其提供的“项目特征”描述、“工程内容”的规定及一定的工程数量，各投标人只需填报“分部分项工程量清单计价”的单价和计算合价，达到了投标计算口径统一。

三、“量”是核心，是造价工程师人员的核心能力和竞争能力的体现

造价工程师在计算“分部分项工程量清单综合单价计算表”的标价之前，应当充分熟悉招标文件和施工设计图纸，了解设计意图、工程全貌，同时还要了解并掌握工程现场情况，并对招标单位提供的“分部分项工程量清单”进行审核。这就要求造价工程师人员必须熟悉施工设计图、《市政工程预算定额》和工程量计算规则。工程数量确定后，即可进行“分部分项工程量清单计价”的标价计算；但是，无论传统的《市政工程预算定额》计价模式还是“工程量清单计价”模式，“量”是核心，各方在招、投标结算过程中，往往围绕“量”上做文章，造价工程师人员的核心能力和竞争能力也更多体现在“量”的计算上，而计算“量”则是最为枯燥、繁琐的作业。

四、实物工程量算量、报价模式是衡量招、投标双方的一杆秤

传统定额预算计价办法是：建设工程的工程量分别由招标单位和投标单位分别按图计算。而《工程量清单计价规范》原则是：工程量由招标单位统一计算或委托有工程造价咨询资质单位统一计算，这是因为“工程量清单”是招标文件的重要组成部分，从而避免了所有投标人按照同一施工设计图纸计算工程数量的重复劳动，节省大量的社会财富和时间；但是，这期间也就是说亦要实行工程造价咨询保险和工程造价咨询赔偿制度等工作。

鉴于招标前期工作质量要求高，无论勘察还是设计都要提高深度和精度，特别是招标文件的编写要十分细致周到，工程规模越大，技术越复杂，招标文件就要求越精确、细致。

作为招标人，首先要做好工程勘察、设计和招标文件编写工作，把好“前期”关。作为第一关的勘察设计，必须提高深度和精度，同时招标文件的编写也必须十分细致周到。可以看到，在不少工程的施工过程中，经常会出现更改设计、追加投资的问题，一个重要原因不是施工设计图的质量和设计深度不够，造成边施工边更改，工程造价不断上升，结果往往是决算价大大高于中标价，使得最低价中标完全失去了当初的意义。

值得注意的是，建设单位(项目业主)在和勘察、设计单位签订勘查、设计合同时，应明确责任，赔偿条款，要求勘察、设计单位对勘察、设计成果的质量负责，对由于勘察、设计重大失误造成工程造价变更，应承担相关责任并做出必要赔偿。

而《中华人民共和国招投标法》明确规定，投标文件应该满足招标文件的实质性要求，并且经评审的投标价格最低，但是投标价格低于成本的除外。对各投标单位的投标报价所有资料包括报价分析说明资料、相关证明资料进行分析和评审。审查其单价构成和水平是否合理，有无严重不平衡报价，有无漏报项目；材料、机械等方面报价有无明显低于市造价管理部门最近发布的最低控制线标准的项目和其他措施不可靠的低价项目等认真加以审核，以判定其是否以低于成本报价。

五、投标人自己制定的工程实施计划

工程量清单的计价、报价除了要考虑招标工程本身的内容、范围、技术特点和要求、招标文件的有关规定及业主的答复问题的补遗文件、经过现场勘查全面了解工程现场情况、计算和复核工程量、询价及市场调查等因素之外，还受许多其他因素影响。其中最主要的是投标人要组织投标班子、选择咨询机构，自己制定的工程实施计划，包括施工总进度计划、施工方法、分包计划、资源安排和核算技术经济

指标测算等。

1. 施工总进度计划

工程估价中的间接费并不是简单地按直接费的某一固定比例计取，而是尽可能分别列项计算，其中有许多费用与时间长短有关。显然，施工总进度计划不同，间接费的数额就不同，会直接影响到计价、报价的最终结果。因此，工程计价、报价必须以既定的施工总进度计划为前提。

2. 施工方法

同一分部分项工程可以采用不同的施工方法，而不同的施工方法需要不同均施工机械、辅助设备、劳动力，相应的费用有时会有较大差异。尤其是土方工程、基础工程、围护和降低地下水措施、主体结构工程、混凝土搅拌和浇筑方法等，施工方法对计价、报价的影响相当大。施工方法的选择既要考虑技术上的可行性，满足施工总进度计划的要求，又要考虑其经济性。

3. 分包计划

分包是工程承包中的常见形式。分包商企业通常规模较小，但在某一分部分项工程领域具有明显的专业特长，如某些对手工操作技能要求较高或需要专用施工机械设备的装饰、装修或桩基、基坑开挖等分部分项工程。总包商或主包商企业一般规模较大，综合施工能力较强，且具有较高的施工管理水平。选择适当的分包商有利于总包商或主包商将自身优势与不同专业分包商的优势结合起来，降低工程报价，提高竞争能力。由此可见，分包是影响工程计价、报价的重要因素之一。

4. 资源安排

资源安排是由施工进度计划和施工方法决定的。资源安排涉及劳动力、施工机械设备、材料和工程设备以及资金的安排。资源安排合理与否，对于保证施工进度计划的实现、保证工程质量和投标人的经济效益有重要意义。

5. 核算技术经济指标测算

单位工程报价确定后，还要根据各种单位工程的特点，按规定选用不同类型的计算单位，计算技术经济指标。分解对比的主要内容有以下几方面：

(1) 综合技术经济指标。

主要有：单方造价；单位工程各分部直接费与工程总造价的比例；单位工程人工费、材料费、机械费及其他费用占工程总造价的比例等。

(2) 单位工程的工程量综合指标。

(3) 单位工程的材料消耗量综合指标。

(4) 技术经济指标计算的公式如下：

$$\text{技术经济指标}=\frac{\text{单位工程报价总额}}{\text{按规定计量单位计算的工程量}} \tag{5-1}$$

第二节　灵活运用投标策略与技巧，合理、合法提高企业的核心竞争力

我国现在倡导建设和谐社会，而在工程招投标行业上，不断完善法制环境，坚持依法行政，增强法律、法规政策的透明度，从法律上为实施“公开、公平、公正”的原则提供了保障，相信招投标行业内部，及与其他各个行业之间，与自然、社会达成“和谐、共赢”的局面。

招、投标过程本身就是一个竞争的过程，招标人给出“分部分项工程量清单”，投标人去填“分部分项工程量清单计价”及“分部分项工程量清单综合单价计算表”综合单价；填高了中不了标，填低了又要赔本；这就是说，它将充分体现了企业技术、管理水平的重要，形成了施工企业(承包商)整体实力的竞争。

一、投标谋略的基础资料准备工作

确定投标谋略的资料主要是特有资料，因此投标人对这部分资料要格外重视。投标人要在投标时显示出核心竞争力就必须有一定的谋略，有不同于别的投标竞争对手的优势。主要从以下几方面考虑：

1. 掌握全面的设计文件

招标人提供给投标人的工程量清单是按施工设计图纸及规范规则进行编制的，可能未进行图纸会审，在施工过程中不免会出现这样那样的问题，这就是所谓的设计变更，所以投标人在投标之前就要对施工图纸结合工程实际进行分析，了解清单项目在施工过程中发生变化的可能性，对于不变的报价要适中，对于有可能增加工程量的报价要偏高，有可能降低工程量的报价要偏低等，只有这样才能降低风险，获得最大的利润。

2. 实地勘察施工现场

在编制招标、投标之前，认真研究招标文件，并到现场考察和复核工程量，必须全面了解施工现场的实际情况，其主要内容如下：

(1) 了解施工现场地形、构筑物的位置、标高等；

(2) 了解土壤类别、填挖情况，施工方法等；

(3) 了解施工现场是否有农作物、建筑物和其他障碍物情况(如电线杆、地下管线等)，考察其附近的农田、房屋和其他构造物和设施对施工的影响；

(4) 了解附近河道水位变化情况、地下水等情况；

(5) 了解水、电供应情况和排水条件；

(6) 考虑施工现场搭建工棚、仓库、堆场的位置；

(7) 调查施工现场交通情况及便道的修建；

(8) 调查外购材料、自采材料及料场地点、单价和运距及便道等。

如发现施工现场情况与施工设计资料不符合时，应向有关方面提出、及时纠正，以免影响施工设计图编制工程量清单报价的正确性。

3. 调查与拟建工程有关的环境

投标人不仅要勘察施工现场，在报价前还要详尽了解项目所在地的环境，包括政治形势、经济形势、法律法规和风俗习惯、自然条件、生产和生活条件等。对政治形势的调查，应着重工程所在地和投资方所在地的政治稳定性；对经济形势的调查，应着重了解工程所在地和投资方即建设单位(项目业主)所在地的经济发展情况，工程所在地金融方面的换汇限制、官方和市场汇率、主要银行及其存款和信贷利率、管理制度等；对自然条件的调查，应着重工程所在地的水文地质情况、交通运输条件、是否多发自然灾害、气候状况如何等；对法律法规和风俗习惯的调查，应着重工程所在地政府对施工的安全、环保、时间限制等各项管理规定，宗教信仰和节假日等；对生产和生活条件的调查，应着重施工现场周围情况，如道路、供电、给水排水、通信是否便利，工程所在地的劳务和材料资源是否丰富，生活物资的供应是否充足等。

4. 调查招标人与竞争对手

(1) 对招标人的调查应着重以下几个方面：

第一，资金来源是否可靠，避免承担过多的资金风险，同时对工程的规模、工程性质、建设单位(项目业主)的资金来源和支付能力进行仔细的调查和分析；

第二，项目开工手续是否齐全，提防有些发包人建设单位(项目业主)以招标为名，让投标人免费为其估价；

第三，是否有明显的授标倾向，招标是否仅仅是出于政府的压力而不得不采取的形式；

第四，应重视对建设单位(项目业主)的条件和心理方面的分析：

1) 施工条件是否具备是投标中应予重视的问题，它与承包商的利益密切相关，条件不成熟的项目对建设单位(项目业主)是一种风险，应在报价决策中作出相应的考虑；

2) 其次是对建设单位(项目业主)的心理分析，建设单位(项目业主)资金短缺者一般考虑最低标价中标；

3) 工程急需开工者和完工者，通常要求工期尽量提前。

因此加强对建设单位(项目业主)的心理分析和情报收集对搞好报价决策显得是很重要的。

第五，报价决策中，注意策略性：

1) 则通过一定途径使建设单位(项目业主)和评标小组了解本单位的优势实力和完成工程任务的信心及决心。

2) 运用于开口升级报价法。这种方法将报价看成是协商的开始，报价时利用招标文件中规定的不明确的有利条件，将造价很高的一些单项工程的报价抛开作为活口，将标价降低至无法与之竞争的数额。利用这种“最低标价”来吸引建设单位(项目业主)，从而取得与建设单位(项目业主)商谈的机会，利用活口进行升级加价，以达到最后盈利的目的。

(2) 对竞争对手的调查应着重从以下几方面进行：

首先，了解参加投标的竞争对手有几个，了解工程投标竞争对手的实力和状况，其中有威胁性的都是哪些，特别是工程所在地的承包人，可能会有评标优惠；

其次，根据上述分析，筛选出主要竞争对手，分析其以往同类工程投标方法，惯用的投标策略，开标会上提出的问题等；做到知己知彼，制定出合适的投标策略和报价，发挥自己的优势而取胜。

再者，从目前一些地区取得的实际成果来看，中标价比工程量清单报价(施工图预算)价平均降低10%～15%；为此，投标人必须知己知彼才能制定切实可行的投标策略，提高中标的可能性。

如果竞争激烈，针对性的采用“突然降价法”。这是一种迷惑对手(或保密)的竞争手段。可以采取故意泄露报价的一些情况，泄露报价或高或低，但必须高(低)得有水平，也可采取编制的某些其他原因，让对手知道自己不准备投标，或者，在整个报价过程中，仍按一般情况报价，甚至有意无意的将报价泄露，或者表示对工程兴趣不大，而在投标截止日期前突然前往投标，给对手一个措手不及；或来一个突然降价，使竞争对手措手不及，从而解决标价保密问题，提高竞争能力和中标机会。当然应研究考虑对手的报价而比对方的报价要略低。

5. 准备备忘录提要

招标文件中一般都有明确规定，不允许投标者对招标文件的各项要求进行随意取舍、修改或提出保留。但是在投标过程中，投标人对招标文件反复深入的进行研究后，往往会发现很多问题，这些问题大体可分为三类：

第一类是对投标人有利的，可以在投标时加以利用或在以后提出索赔要求的，这类问题投标者一般在投标时是不提的；

第二类是发现的错误明显对投标人不利的。如总价包干合同工程项目漏项或是工程量偏少的，这类问题投标人应及时向建设单位(项目业主)提出质疑，要求建设单位(项目业主)更正；

第三类问题是投标者企图通过修改某些招标文件和条款或是希望补充某些规定，以使自己在合同实施时能处于主动地位的问题。

上述问题在准备投标文件时应单独写一份备忘录提要。但这份备忘录提要不能附在投标文件中提交，只能自己保存。第三类问题留待合同谈判时使用，也就是说，当该投标使招标人感兴趣，邀请投标人谈判时，再把这些问题根据当时情况，一个一个地拿出来谈判，并将谈判结果写入合同协议书的备忘录中。

二、投标报价的技巧和方法

本书第三章的三项教案和第七章九项招投标编制及应用的计算实例均按常规编制，仅作参考。但在实际编制及应用中应综合考虑措施项目是竞争的核心，通过科技手段降低成本及投标标价的策略及技巧，根据企业自己的技术水平、管理能力的实际情况而确定，自主报价，参与竞争。

1. 常见投标谋略(表 5-1)

常见投标谋略表　　表 5-1

序号	分类	内涵	谋略
1	盈利	在报价中以较大的利润为投标目标的策略	通常在建筑市场任务多，投标单位对该项目拥有技术上的垄断优势、工期短、竞争对手少(非我莫属)时才予采用
2	微利保本	在施工成本、利税及风险费三项费用中，降低利润目标，甚至不考虑利润	通常在企业工程任务不饱满，建筑市场供不应求(任务少，施工企业多)，竞争对手强以及业主按最低标定标时可采用
3	低价亏损	在报价中不仅不考虑企业利润，相反考虑一定的亏损后提出的报价策略	通常只在市场竞争激烈，承包商又急于打入该建筑市场(甚至独占该建筑市场)而采用的投标策略。使用该种投标策略时应注意以下事项：第一，业主肯定是按最低价确定中标单位；第二，这种报价方法属于正当的商业竞争行为(不正当竞争行为是一种违法行为)
4	冒险投标	在报价中不考虑风险费用，这是一种冒险行为，如果风险不发生，即意味着承包商的报价成功；如果风险发生，则意味着承包商要承担极大的风险损失	只在市场竞争激烈，承包商急于寻找施工任务或着眼于打入该建筑市场甚至独占该建筑市场(以后靠长期经营挽回损失)时才予采用

上述系指投标、报价中的四种常见谋略，但投标报价过程中，可以在以上四种谋略的基础上采用以下几种附带谋略：

(1) 优化设计谋略。即发现并修改原有施工图设计中存在的不合理情况或采用新技术优化设计方案。如果这种设计能大幅度降低工程造价(或缩短工期)且设计方案可靠，则这种设计方案一经采纳，承包商即可获得中标资格。

(2) 缩短工期谋略。即通过先进的施工方案、施工方法、科学的《施工组织设计》或者优化设计来缩短合同工期。当投标工期是关键工期时，则建设单位(项目业主)在评标过程中会将缩短工期后所带来的预期受益定量考虑进去，此时对承包商获取中标资格是有利的。

(3) 附带优惠谋略。即在得知建设单位(项目业主)资金较紧张或者“三大材”供应有一定困难的情形下，附带向建设单位(项目业主)提出相应的优惠条件来取得中标资格的一种投标策略。例如，当承包商在得知建设单位(项目业主)的建设资金紧张的情况下，可以提出减免预付款甚至垫资施工，利用这种优惠条件，解决建设单位(项目业主)暂时困难，替建设单位(项目业主)分忧，为夺标创造条件。

(4) 低价索赔谋略。即在发现招标文件中存在许多漏洞甚至许多错误或建设单位(项目业主)的施工条件根本不具备，开工后必然违约的情形下有意将价格报低，先争取中标，中标后通过索赔来挽回低报价的损失。这种策略只有在合同条款中关于索赔的规定明显对己方有利的情形下方可采用，对于以FIDIC条款作为合同的项目招标不宜采用这种方法。

投标人在确立投标报价的谋略后，在此基础报价决策及技巧上可采用不平衡报价法、多方案报价法、突然降价法、许诺优惠条件、争取评标奖励、幕后活动等方法来辅助中标，采用最多并与工程量清单报价有明显关系的是前面两种。

2. 不平衡报价技巧

不平衡报价法是系指一个工程项目的投标报价，在总价基本确定后，将如何调整内部各个项目的报价，以期既不提高总价，不影响中标，又能在结算时得到更理想的经济效益。

在报价分析工作的基础上，根据自己所确定的投标谋略，即可进行投标决策，确定投标报价，在总报价确定后，可根据单价分析表中的数据综合考虑其他因素后确定工程量清单中各分部分项工程的综合单价。在确定分部分项工程的综合单价时，有“平衡报价法”和“不平衡报价法”两种方法：一种为平衡报价法将间接费和利润等费用平均分摊到各工程细目的单价中(按某固定的比例)，另一种为不平衡报价法则与此相反。

而就拟定时间而言，尚有早期摊入、递减摊入、递增摊入和平均摊入法四项方法，具体如下：

(1) 早期摊入法：即将投标期间和开工初期需发生的费用全部摊入早期完工的分部分项工程中。这些费用有投标期间的各种开支、投标保函手续费、工程保险费、部分临时设施费、由承包商承担的监理设施费、施工队伍调遣费、临时工程及其他开支费用。采用不平衡报价法时，可以将工程量清单中的这些费用支付项目适当提高报价，由于这些费用支付时间较早(通常在开工初期支付)，这样报价便于承包商尽早收回成本或减少周转资金。

(2) 递减摊入法：即将施工前期发生较多而后逐步减少的一些费用，按随时间发生逐步减少分摊比例的方法摊到各分项工程中。这些费用有履约保函手续费、贷款利息、部分临时设施费、业务费、管理费。

(3) 递增摊入法：即其方法与第二项“递减摊入法”则相反。这些费用有物价上涨费等费用。当承包商预测物价上涨率在施工后期较高甚至超过银行利率时，可以采用本法来报价。

(4) 平均摊入法：即将费用平均分摊到各分项工程的单价中。这些费用有意外费用、利润、税金等费用。

常见的不平衡报价法如表 5-2 所示。

常见的不平衡报价技巧表 **表 5-2**

序号	信息类型	变动趋势	不平衡结果
1	资金收入的时间	早	单价高
		晚	单价低
2	工程量估量不准确(估计施工中可能变更的项目)	增加	单价高
		减少	单价低
3	施工设计图纸不明确(或者设计有误)	增加工程量	单价高
		减少工程量	单价低
4	暂定工程	自己承包的可能性高	单价高
		自己承包的可能性低	单价低
5	单价和包干混合制的项目	固定包干价格项目	单价高
		单价项目	单价低
6	单价组成分析表	人工和机械费	单价高
		材料费	单价低
7	议标时业主要求压低单价	工程量大的项目	单价小幅度降低
		工程量小的项目	单价较大幅度降低
8	报单价的项目	没有工程量	单价高
		有假定的工程量	单价适中
9	设备安装	特殊设备、材料	主材单价高
		常见设备、材料	主材单价高
10	分包项目	自己发包的	单价高
		业主指定分包的	单价低
11	另行发包项目	配合人工、机械费	单价高、工程量放大
		配合用材料	有意漏报

投标人即施工企业（承包商）在投标中应从自身条件、兴趣、能力和近远期经营战略目标出发来进行报价决策。一个企业，首先要从战略眼光出发，投标时既要看到近期利益，更要看到长远目标，承揽当前工程要为今后的工程创造机会和条件。在投标中，企业要注意扬长避短，注重信誉，报价中要量力而行，不顾实际情况，盲目压低标价的行为应予抵制。在报价决策、技巧运用中应注意如下事项：

(1) 在报价不变的情况下，应对早期计量、结账的工程项目（如开办费、土方开挖、基础工程、桩基础等）的单价适当提高其单价，使之有利于资金周转，后期工程项目（如设备安装等）可适当降低。

(2) 核算工程量清单中招标机构提供的工程量，目的在于了解工程情况，澄清疑问，便于采取报价策略。投标人在报价中仍按原工程量清单中的工程量计算，只是在报价前附以复核说明，将有疑问或矛盾的地方在报价前列出。

(3) 经过工程量核算，预计今后工程量会增加的项目，单价适当提高，这样在最终结算时可赚钱，将工程量可能会减少的项目单价减低，工程结算时损失不大。

但是上述三种情况要统筹考虑，即对工程量有错误的早期工程，如果预计工程量会减少，则不能盲目抬高单价，要具体分析后再定。

(4) 设计图纸不明确，估计修改后该项工程量要增加的，可以提高单价，而工程内容说不清楚的，则可以降低一些单价。

(5) 单价和包干混合制合同中，建设单位（项目业主）要求有些项目采用包干报价时，宜报高价。一则这类项目多半有风险，二则这类项目在完成后可全部按报价结账，即可以全部结算回来。而其余单价项目则可适当降低。

(6) 有的招标文件要求投标者对工程量大的项目报“单价分析表”，投标时可将单价分析表中的人工费及机械设备费报得较高，而材料费算得较低。这主要是为了在今后补充项目报价时可以参考选用“单价分析表”中的较高的人工费和机械设备费，而材料则往往采用市场价，因而可获得较高的收益。

(7) 在议标时，承包商一般都要压低标价。这时应该首先压低那些工程量小的单价，这样即使压低了很多个单价，总的标低也不会降低很多，而给建设单位（项目业主）的感觉却是工程量清单上的单价大幅度下降，承包商很有让利的诚意。

(8) 设备安装工程中，由于主材与综合单价存在分离，对于特殊设备、材料，由于建设单位（项目业主）不一定精通、市场询价困难，可将主材单价报高，以获得高额利润；对常用材料、设备报低价，建设单位（项目业主）为保证质量往往对该类设备和材料指定品牌，承包商可将设备、材料品牌的变更，向建设单位（项目业主）要求单价提高，来实现正常利润。

(9) 分包项目，对于一些特殊分项工程必须由专业施工队伍进行施工的，可报高价；对于建设单位（项目业主）指定分包的，报低价，而提高其他部分的利润。

(10) 另行发包项目，配合用人工和机械可提高单价，从而确保利润；而对于配合工作等所用材料，则可故意漏报，在实施中要求另外的承包商提供或要求建设单位（项目业主）补偿该部分费用。

(11) 投标人必须采用多种方式规避风险，不平衡报价是最基本的方式，如在保证总价不变的情况下，资金回收早的单价偏高，回收迟的单价偏低。估计此项设计需要变更的，工程量增加的单价偏高，工程量减少的单价偏低等。在清单模式下索赔已是结算中必不可少的，也是大家会经常提到并要应用自如的工具。

(12) 扩大标价法。即除了按正常的已知条件编制价格外，对工程中变化较大或没有把握的工作，采用扩大单价、增加“不可预见费”的方法来减少风险。

不平衡报价一定要建立在对工程量表中工程量仔细核对风险的基础上，特别是对于报低综合单价的项目，如工程量一旦增多将造成承包商的重大损失，同时一定要控制在合理幅度内（一般可在10%左右），以免引起建设单位（项目业主）反感，甚至导致废标。如果不注意这一点，有时建设单位（项目业主)会挑选出报价过高的项目，要求投标者进行综合单价分析，而围绕单价分析中过高的内容压价，以致承包商得不偿失。

3. 多方案报价法技巧

这是利用工程说明书或合同条款不够明确之处，以争取达到修改工程说明书和合同为目的的一种报价方法。其方法是，按原工程说明书和合同条款报一个价格，并加以注释："如工程说明书和合同条款可作某些改变时，可降低多少多少费用"。使报价成为最低的，以吸引业主修改说明书和合同条款(使用该方法时注意不要违反招标文件中规定的投标一致性，否则会作为废标处理)。

有时招标文件中规定，可以提一个建议方案；或对于一些招标文件，如果发现工程范围不很明确，条款不清楚或很不公正，或技术规范要求过于苛刻时，则要在充分估计风险的基础上，按多方案报价法处理。即按原招标文件报一个价，然后再提出如果某条款作某些变动，报价可降低的额度。这样可以降低总价，吸引建设单位(项目业主)。

如果允许，可以提出两个报价，也就是在报价后注明该工程可以降低若干金额，以诱导建设单位(项目业主)最终达到低报价的议标。

投标者这时应组织一批有经验的技术专家，对原招标文件的设计和施工方案仔细研究，提出更理想的方案以吸引建设单位(项目业主)，促成自己的方案中标。这种新的建议可以降低总造价或提前竣工或使工程运用更合理。但要注意的是对原招标方案一定也要报价，以供建设单位(项目业主)比较。

增加建议方案时，不要将方案写得太具体，保留方案的技术关键，防止建设单位(项目业主)将此方案交给其他承包商，同时要强调的是，建议方案一定要比较成熟，或过去有这方面的实践经验。因为投标时间往往较短，如果仅为中标而匆忙提出一些没有把握的建议方案，可能引起很多后患。

三、其他较有针对性的投标方略

1. 关于"主要工日、材料设备、机械设备台班清单"的方案

(1) 如果是单纯报计日工或计台班机械单价，而且不计入总价中，可以报高些，以便在日后建设单位(项目业主)用工或用机械时可多盈利。但如果计日工表中有一个假定的"名义工程量"时(即要计入总报价时)，则需要具体问题具体分析，主要看是否有必要报高价，以免抬高总报价。总而言之，要分析建设单位(项目业主)在开工后，可能使用的计日工数量、机械设备实施台班数量来确定报价技巧。

(2) 建设单位(项目业主)可能要求某一方案报价，而后再提供几种可供选择方案的比较报价，例如建筑材料，工程量表中要求按某种规格材料报价；另外，还要求投标人对其他可供选择的材料项目报价。投标时，对于将来有可能被选择使用的材料适当提高其报价；对于当地难以供货的某些规格材料，可将价格有意抬高价更多一些；以阻挠建设单位(项目业主)选用。但是，所谓"可供选择项目"并非由承包商任意选择，而是建设单位(项目业主)才有权进行选择。因此，虽然适当提高了可供选择项目的报价，并不意味着肯定可以取得较好的利润，只是提供了一种可能性，一旦业主今后选用，承包商即可得到额外加价的利益。

2. 暂定项目的方案

要做具体分析，因这一类项目在开工后由建设单位(项目业主)研究决定是否实施，由哪一家承包商实施。如果工程不分标，只由一家承包商施工，则其中肯定要做的单价可高些，不一定要做的则应低些。如果工程分标，该暂定项目也可能由其他承包商施工时，则不宜报高价，以免抬高总报价。

3. 暂定工程量的方案

暂定工程量有三种：

一种是建设单位(项目业主)规定了暂定工程量的内容和暂定总价款，并规定所有投标人都必须在总报价中加入这笔固定金额，但由于分项工程量不很准确，允许将来按投标人所报单价和实际完成的工程

量付款。

另一种是建设单位(项目业主)列出了暂定工程量的项目和数量，但并没有限制这些工程量的估价总价款，要求投标人即列出单价。也应按暂定项目的数量计算总价，当将来结算付款时可按实际完成的工程量和所报单价支付与第三种是只有暂定工程的一笔固定总金额，将来这笔金额作什么用，由建设单位(项目业主)确定。第一种情况由于暂定总价款是固定的，对各投标人的总报价水平竞争力没有任何影响，因此，投标时应当对暂定工程量的单价适当提高。这样做，既不会因为今后工程量变化而吃亏，也不会削弱投标价的竞争力。第二种情况，投标人必须慎重考虑。如果单价定高了，同其他工程量计价一样，将会增大总报价，影响投标价的竞争力；如果单价定得低了，将来这类工程量增大，将会影响收益。一般来说，这类工程量可以采用正常价格。如果承包商估计今后工程量肯定会增大，则可适当提高单价，是将来可增加额外收益。

第三种情况对投标竞争没有实际意义，按招标文件要求将规定的暂定款列入总报价即可。

4. 分包商报价的采用的方案

由于现代工程的综合性和复杂性，总承包商不可能将全部工程完全独家包揽，特别是有些专业性较强的工程内容须分包给其他专业工程公司施工，还有些招标项目，业主规定某些工程内容必须由其指定的几家承包商承担。因此，总承包商通常应在投标前先取得分包商的报价，并增加总承包商摊入的一定的管理费，而后作为自己投标总价的一个组成部分一并列入报价单中。应当注意，分包商在投标前可能同意接受总承包商压低其报价的要求，但等总承包商中标后，他们常以种种理由提高分包价格，这将使总承包商处于十分被动的地位。解决的办法是，总承包商在投标前照两三家分包商作价，而后选择其中一家信誉较好、实力较强和报价合理的分包商签订协议，同意该分包商为本分包工程的惟一合作者，并将分包商的姓名列到投标文件中，但要求该分包商相应的提交投标保函。如果该分包商认为这家总承包商确实有可能中标，可能愿意接受这一条件。这种把分包商的利益同投标人捆在一起的做法，不但可以防止分包商事后反悔和涨价，还可能迫使分包时报出较合理的价格，以便共同争取得标。

5. 先亏后盈法即无利润报价法的方案

缺乏竞争优势的承包商，在不得已的情况下，只好在算标中根本不考虑利润去夺标。这种方法一般是处于以下条件时采用：

(1) 有可能在得标后，将部分工程分包给索价较低的一些分包商；

(2) 对于分期建设的项目，先以低价获得首期工程，而后赢得机会创造第二期工程中的竞争优势，并在以后的实施中赢得利润；

(3) 较长时期内，承包商没有在建的工程项目，如果再不得标，就难以维持生存。因此，虽本工程无利可图，只要能有一定的管理费维持公司的日常运转，就可设法度过暂时的困难，以图将来有更好的发展。

四、工程投标与工程利润的辩证关系

1. 注重《技术标》的《施工组织设计》中的关键内容

编制施工组织设计，选择和确定正确的施工方法、施工机械设备和施工设施，拟定初步的施工组织计划，从而确定各阶段应完成的工程量和施工工期。

一般从通过资质预审到定标，时间多则一月左右，少则几天，要在较短的时间内拿出一份理想的报价来，没有一个专门的投标班子是办不到的。在组织结构上应当将报价班子分为两个层次，一是经营层，二是决策层。经营层是做具体工作的，负责工程量清单报价(施工图预算)的编制和成本估算的预测。在人员构成上要专业配套，选配一些精通预结算业务、掌握招投标知识、反映敏捷、应变能力强的骨干人员，并负责对决策层提供的信息进行筛选和判断。通过对行情的综合分析和对本企业的经营实力及经营目标的权衡，得出最终报价。

《技术标》中的《施工组织设计》是指导投标、施工的技术经济文件，它是投标单位组织施工、管理计划和行动的准则，是由投标单位根据工程特点、现场条件、以及单位本身所具备的技术手段，队伍素质和经验等各项客观条件的综合实施方案（包括各种技术措施），合理选择施工方案，组织正常施工，保障施工技术及措施顺利的实施，因此在编制投标报价时，应注意《施工组织设计》影响工程量清单报价编制的因素，如土方开挖的施工方法中土方场内运输及土方外运的运距；深基坑的施工方法中，土方的放坡系数，工作面的大小，支撑围护的形式及深度；构件吊装的施工方法、脚手架及支架采用的材料和搭设方法等，这些一般在《施工组织设计》中有所规定。如果在工程量清单报价编制时，《施工组织设计》还正在进行，应把报价方面需要解决的问题，提请有关人员先行确定。如果某些工程不编《施工组织设计》，则应将工程量清单报价编制方面需要解决的问题，先向有关人员了解清楚，以免在编制工程量清单报价脱离现场，脱离实际的错标，漏项或高估冒标等影响工程量清单报价编制质量。

2. 企业定额预算（预测工程成本）与工程量清单报价（施工图预算）“两算”对比分析

（1）“两算”对比分析的意义

工程量清单报价（施工图预算）中的成本项目，是国家对施工企业生产建设产品所耗费的社会必要劳动的补偿，通常称为“预算成本”；而企业定额预算（预测工程成本）是施工企业内部计划支出的“计划成本”。企业定额预算（预测工程成本）与工程量清单报价（施工图预算）“两算”对比分析，就是施工企业收入与支出两本账的比较，是经济活动分析的主要内容之一，其意义在于：

1）通过企业定额预算（预测工程成本）与工程量清单报价（施工图预算）对比，可以发现差异，及时找出原因，防止多算或漏算。

2）通过企业定额预算（预测工程成本）与工程量清单报价（施工图预算）对比分析，可以在施工准备工作中，对人工、材料和机械台班消耗数量等，做到胸中有数，防止人工、材料和机械费等超支，避免引起计划成本亏损。

3）通过企业定额预算（预测工程成本）与工程量清单报价（施工图预算）对比分析，还可以使企业决策者和管理人员对收支情况心中有底，及时采取有效的措施，确保施工作业顺利进行，达到提高企业经济效果的目的。

（2）企业定额预算（预测工程成本）与工程量清单报价（施工图预算）“两算”对比分析方法

“两算”对比分析的方法通常有：实物对比法和金额对比法。

1）实物对比法（表 5-3）

《实物对比法》表 表 5-3

序号	计算公式	对比名称	正值(＋)时，表示计划节约额	当为负值(－)时，表示其超出额
1	(5-2)	工日数	√	√
2	(5-3)	工日降低率	↓%	↓%
3	(5-4)	人工费降低率	↓%	↓%
4	(5-5)	材料费	√	√
5	(5-6)	计划材料费降低率	↓%	↓%

采用实物对比法进行“两算”对比分析，就是将工程量清单报价（施工图预算）的人工和材料消耗量与企业定额预算（预测工程成本）的人工和材料消耗量加以对比，分析其节约或超出的原因，来为确定

"算标"提供可靠性的数据处理依据。

① 人工消耗节约或超出数量，按公式(5-2)计算：

a. 节约或超出工日数＝工程量清单报价(施工图预算)工日数
－企业定额预算(预测工程成本)工日数　　(5-2)

当公式(5-2)计算结果为正值时，表示计划工日节约数量；当为负值时，表示其超出数量。

b. 计划工日降低率，按公式(5-3)计算：

工日降低率＝[工程量清单报价(施工图预算)工日数－企业定额预算(预测工程成本)工日数]
÷工程量清单报价(施工图预算)工日数×100%　　(5-3)

c. 人工费降低率＝[工程量清单报价(施工图预算)人工费－施工预算人工费]
÷施工图预算人工费÷工程量清单报价(施工图预算)工日数×100%　　(5-4)

② 材料费节约或超出额，按公式(5-5)计算：

a. 材料费节约或超出数量＝工程量清单报价(施工图预算)材料费－[企业定额预算(预测工程成本)相应材料消耗总量×相应材料预算价格]　　(5-5)

当公式(5-5)计算结果为正值时，表示计划材料费节约额；当为负值时，表示其超出额。

b. 计划材料费降低

材料费降低率＝[工程量清单报价(施工图预算)材料费－企业定额预算(预测工程成本)材料费]
÷工程量清单报价(施工图预算)材料费×100%　　(5-6)

2) 采用金额对比法，既可对某一工程项目进行对比，也可以对整个单位工程进行对比。

(3) 企业定额预算(预测工程成本)与工程量清单报价(施工图预算)"两算"主要技术经济指标对比分析内容

"两算"对比分析的内容，视工程性质、特点和施工企业的具体情况而定。通常主要包括表5-4的内容：

"两算"主要技术经济指标对比分析表　　表5-4

序　号	对比项目	"两算"主要技术经济指标比较内容
1	直接费	将工程量清单报价(施工图预算)直接费与企业定额预算(预测工程成本)直接费相比较，计算出直接费的节约或超出额，及其降低率
2	人工费	将工程量清单报价(施工图预算)人工费与企业定额预算(预测工程成本)人工费相比较，计算出人工费的节约或超出额
3	工日数	将工程量清单报价(施工图预算)工日数与企业定额预算(预测工程成本)工日数相比较，计算出计划工日节约或超出额，及其降低率
4	材料费	将工程量清单报价(施工图预算)材料费与企业定额预算(预测工程成本)材料费相比较，计算出材料费的节约或超出额，及其降低率
5	主要材料用量	将工程量清单报价(施工图预算)某种材料消耗总量与企业定额预算(预测工程成本)该材料消耗总量相比较，计算出节约或超出量，及其降低率
6	机械费用	将工程量清单报价(施工图预算)机械费用与企业定额预算(预测工程成本)机械费用相比较，计算出节约或超出额，及其降低率

"两算"对比时，一般不再进行间接费及其他各项费用对比。

(4) 企业定额预算(预测工程成本)与工程量清单报价(施工图预算)对比

企业定额预算(预测工程成本)与工程量清单报价(施工图预算)对比，主要是将"两算"的主要数据，填入企业定额预算(预测工程成本)与工程量清单报价(施工图预算)对比表。按同样的程序，可以计算出路面工程项目的企业定额预算(预测工程成本)并与工程量清单报价(施工图预算)对比。本稿案例(一)道路工程企业定额预算(预测工程成本)与工程量清单报价(施工图预算)对比如表5-5所示。

企业定额预算(预测工程成本)与工程量清单报价(施工图预算)对比表　　表 5-5

序号	项目名称	单位	工程量清单报价(施工图预算)			企业定额预算(预测工程成本)			数量差值			金额差值		
			数量	单价	合计	数量	单价	合计	节约	超支	%	节约	超支	%
一	直接费													
	其中													
	人工	工日												
	材料	元												
	机械	元												
二	分部分项工程													
	挖路基土方(Ⅰ、Ⅱ类土)	元												
	填方及土方运输(040103)	元												
	路基处理(040201)	元												
	……													
三	措施项目													
1	大型机械设备进出场及安拆	元												
2	混凝土、钢筋混凝土模板及支架	元												
	……													
四	主要材料													
1	钢材	t												
2	水泥	t												
3	木材	m^3												
4	沥青混凝土	t												
5	……													

3. 工程量清单报价(施工图预算)和综合单价分析

工程项目投标是指在施工单位(承包商)之间的激烈竞争中，凭借自己企业现有的实力和投标水平、技巧争取获得工程项目和占领市场的过程，而工程利润则建立在工程中标的合同标价上，工程投标的报价、中标率以及工程利润之间的关系非常密切，是相互依存的。工程报价高，利润便高，但中标率低，可能是“废标”；工程报价低且利润低，可能是“赔本标”，但中标率相对高一些。

根据招标文件要求，编制投标文件，办理投标保函、履约保证金。

对本企业的施工实力、施工经验以及人员、机械设备和资金状况进行综合分析，决定投不投标以及投哪一标。

投标报价是直接影响投标单位的投标成败和工程利润多少的关键。上述阐述过报价过高和过低的利弊，那么怎样才能投中又有一定利润的标呢？这里就针对工程量清单报价(施工图预算)和综合单价分析或总成本预测加以阐明。

首先有准确的工程量清单报价(施工图预算)，预算金额除应扣减建设单位(业主)可能出现的管理费外，基本上可以认为这个报价暨预算就是建设单位(项目业主)的标底，而工程量清单报价(施工图预算)金额一般比预测的工程成本金额要高，就在这个区域内报价，比工程量清单报价(施工图预算)低多少——“中标率”，比预测成本高多少——“利润”，就要以本单位的利益和长远目标着想，还应正确估计竞争对手的情况，有针对性地合理决定自己的报价。

准确的工程量清单报价(施工图预算)是工程项目投标报价的基础资料，为确保工程量清单报价(施工图预算)的准确性必须做到以下几点：

(1) 首先了解招标文件所指定采用的《市政工程预算定额》和《编制办法》;

(2) 必须按照招标文件规定的费率进行编制;

(3) 预算编制人员应熟悉设计资料、设计图表、设计意图，确保工程项目和工程数量的正确性;

(4) 招标文件未明确规定的人工、材料、机具、土地征用等费用。人工、机械按招标文件指定的编制办法及定额进行计算，而材料和土地征用等费用应逐项调查清楚，并考虑建设单位(业主)设计概算时的各种单价。

一个工程分为很多单项工程，而每一个单项工程又有很多单位工程，有了准确的工程量清单报价(施工图预算)和综合单价分析，就能在投标的报标上起到很重要的作用，也能预测工程成本或者工程利润。

综合单价分析：

(1) 直接费(A)：由人工费、材料费、机械使用费和周材运输费组成。

(2) 间接费(B)：管理人员、工程人员、后勤人员工资、差旅费、补贴、劳保费、办公用品、试验费、交通、通信等费用。

(3) 工程成本(C)：总直接费与间接费之和，

即：
$$C=\sum A+B \tag{5-7}$$

(4) 间接费比率系数为(d)：间接费与总直接费之比，

即
$$d=B\div\sum A \tag{5-8}$$

一般一个有经验的施工企业(承包者)，可以根据本企业以前所承包工程的经验直接规定一个间接费比率系数。

(5) 每个项目单价 E，即：项目直接费和应摊入的间接费与该项工程的数量之比，

即
$$E=(1+d)\times A\div\text{该项工程的数量} \tag{5-9}$$

应做好报价的宏观审核。标价编好后，是否合理，有无可能中标，可以采用工程报价宏观审核指标的方法进行分析判断。例如，可采用单位工程造价、全员劳动生产率、个体分析整体综合控制、各分项工程价值比例、各类费用的正常比例、单位工程用工用料等正常指标进行审核。

4. 投标报价与中标率和利润的关系

投标技巧是在招标文件条款和公平竞争的前提下，寻求中标和达到期望效益的方法。然而，任何投标策略都是为在投标、报价中使建设单位(项目业主)可以接受，而中标后能获得更多的利润为前提的。投标人(即承包商)对工程投标时，首先应该在先进合理的技术方案和较低的投标价格上下功夫，以争取中标，但合理的投标、报价策略亦是获取更多利润必不可少的手段。

以工程量清单报价(施工图预算)扣除建设单位(项目业主)可能提取的管理费为标底(F)；预测工程成本(C)；投标报价(H)。

施工图预算(标底)和预测成本之差(G)

即：
$$G=F-C \tag{5-10}$$

中标率(i)

$$i=(F-H)\div G\times 100\% \tag{5-11}$$

利润(j)

$$j=H-C \tag{5-12}$$

利润率

$$=(H-C)\div H\times 100\% \tag{5-13}$$

以上中标率和利润的计算，应排除无竞争对手和建设单位(项目业主)指定投标和议标的前提下才能成立。当然中标率含投标单位的业绩、信誉、实力和投标技巧，利润更与施工单位(承包商)的施工管理

分不开。

工程项目的投标是一项复杂的工作，每一环节都对能否中标起着至关重要的作用。而在此基础上获得较高利润则是技术性工作。

第三节 市场经济对造价工程师的期望与展望

一、加速工作重点的转移，迎接加入WTO后的竞争压力

1. 21世纪我国即将规范工程造价管理人员的结构，将把造价人员资格分为执业资格与从业资格两部分。

绝大部分计量、计价的任务将主要由从业人员借助电子计算机和电子计算机算量暨计价软件完成，亟待解决的困惑造价人员的繁杂计算工作量问题得以解脱了，造价工程师们将主要从事传统的工程造价管理业务中的“造价分析、投标策略、合同谈判与处理索赔”等事务。

鉴于工程量清单报价作为一门学科，是随着社会生产力的发展，随着建筑科学技术的发展及建筑规模的逐渐扩大，在生产实践中产生并发展起来的；它属于基本建设经济学范畴，以工程制图、市政材料、工程施工等学科为基础，是市政企业经营管理的基础。因此，从业人员有大量剩余时间进入更高层次的业务领域，这就为21世纪的造价工程师拓展业务空间提供了可能；同时，由于造价工程师日趋高学历化、年青化，并且接受继续教育，从而为他们拓展业务空间提供了知识准备；此外，市场的变化也为造价工程师拓展业务提供了需求。

2. 新时代的到来，新技术与手段(电子计算机与算量暨计价软件)的出现，竞争的加剧(要求快速、准确的报价)，对造价管理人员在质量上提出了更高要求，而对数量的要求则相对减少。又由于电子计算机的出现和计价、算量规则的变化，与国际惯例的靠拢等又促使从业人员的年龄下降。许多单位的工程造价管理人员的学历结构中本科以上者占80%以上，年龄结构中40岁以下者占80%以上，这是符合当今数字化时代、知识经济时代要求的。从这一点看，造价工程师今后也应该加速其在知识结构方面的转变。

3. 因此，从业人员光具有一定的专业知识和能力，是远远不足的，而这些专业知识和能力仅仅体现在具有工程识图的基本知识；了解施工程序和一般的施工方法、工程质量验收标准和安全知识；了解常用的建筑、市政材料、制品、构配件及机械设备的品种、规格、性能和用途；熟悉定额的组成、工程量计算规则及取费标准；有一定的电子计算机应用基础知识，能用电子计算机来编制“工程量清单”及“工程量清单报价”；及时获得最新的市场价格信息等方面。随着我国加入WTO后，全球经济一体化的进程加快，使我们更加痛切地感受到境外市政建设业、咨询业在我国市场中造成的竞争压力。然而，这一进程和压力在沿海开放城市中更为明显，这就客观上要求每个造价工程师最起码应该了解和掌握国际上通行的工程量计算规则与报价理论、国际工程项目管理惯例、国际工程合同与招投标(FIDIC与ICB)等，只有在询价质量、询价成果都要经得住考验，建立在谦虚、诚实、信用的基础上的关系才能永固。应该尽快掌握电子计算机与网络信息技术等新技术手段，极大地丰富自己的知识，以便在将来的国际竞争中处于优势地位。

二、提高工程造价咨询单位的竞争力和工程造价从业人员的业务水平

面对国外咨询机构的实力和潜在的竞争和冲击，要迅速提高国内工程造价咨询机构的竞争力，提高工程造价专业人员的业务水平以及造价咨询行业的执业道德水准，尽快建立能使造价咨询机构优胜劣汰的机制。

1. 加快对市场竞争中企图垄断工程造价咨询业务的、政企不分的造价咨询机构实行实质性脱钩改

制的步伐。

对工程造价咨询机构应加快从有限责任公司向合伙制的无限责任公司转变，这样才符合当今世界上工程造价咨询机构运行机制的惯例，才能提高其竞争力。

2. 拓宽工程造价咨询机构的服务面

工程造价咨询机构不能仅局限于编制"工程量清单"及"工程量清单报价"、标底、审核结算，而应把服务范围扩大到可行性报告研究、概算、决算、项目后评价，以及施工合同价、工程价格索赔等合同管理具体项目上来，为工程建设各方提供全方位、全过程的工程造价咨询服务。

这就要求从业的专业人员，既要掌握和结合工程施工组织设计，又要认真分析和结合施工合同；不仅要掌握和结合工程施工组织设计，还必须熟悉专业定额和补充文件的规定。

3. 造价咨询，人才为本

工程造价领域之所以同国际上同行相比有差距，归根结底还是专业人才问题，工程造价专业精英匮乏。造价专业的精英是指既懂国际工程造价操作理论又有实务技术综合能力、有创新精神的人才。

长期以来，造价专业人员懂得套用定额和价格，而缺乏对《预算定额》原理的认识、工程价格市场的了解，缺乏对有关法律法规的运用，虽有一定的理论，但在实务操作上较差。为此，要建立人才激励机制和加大不合格人员的退出管理。个人应对咨询结果负责，对咨询结果有严重错误的个人应给予公布。

在人才的培养上，除了常规的继续教育、学校学习、国内外交流等形式外，还应鼓励工程造价专业人士走出去，了解和掌握我国就 WTO 达成双边协议的国家的工程造价技术、法规、管理体系及其发展动向，积极参与国际性、区域性的工程造价组织活动，从而提高造价专业人员的业务水平。更重要的是要了解国际工程界先进的理念，了解各国文化背景的差异，加强语言沟通能力，加强与外国工程、工程询价人员的交流，为我国未来的工程咨询业培养后备力量。

三、巩固工程计量、计价基础知识结构，接受继续教育，向多元化发展

1. 我国还将考虑取消监理工程师的执业资格的专业地位

这一举措为造价工程师进入更高层次的工程项目管理提供了机会。据悉，建设部已经决定取消监理工程师的执业资格地位，改为岗位职务，可以由一定资格的工程技术人员担任。造价工程师和建筑师、结构工程师以及注册建造师都是担任监理工程师的最佳人选。造价工程师担任工程项目管理的工作也是符合国际惯例，也符合工程造价管理专业发展的趋势。造价工程师充任监理工程师，他们在下列领域是有其他执业专业人士不可比拟的优势：

(1) 协助建设单位(项目业主)编制标底与审核标底，分析报价；

(2) 评标，定标；

(3) 谈判确定合同价，安排合同文本与推敲合同协议条款；

(4) 施工中支付程序的设计与审核，进度与成本关系的分析和控制；

(5) 结算文件审核；

(6) 合同纠纷处理，处理索赔事项。

2. 强制工程保险制度将为造价工程师进入工程保险界提供机会

随着改革的不断深化，不久将要在全国工程建设领域强制实行工程保险和工程担保制度。工程保险即将成为财产保险市场中与机动车辆险并驾齐驱的第二大险种，工程保险界需要大量工程保险人才。工程保险由于需要了解工程计量与工程计价的知识，才能处理好理赔事务，因此我们可以把工程保险机构建在工程造价管理和风险分析基础之上。每个造价工程师都有深厚的工程计量与计价基础，在继续教育方案中，风险分析课程又是必修课之一，所以造价工程师在 21 世纪初进入工程保险界是必然趋势，这

也是符合国际保险界和测量师行业惯例的，同时，从微观层面上了解国防咨询业，目前关注的 PPP(公私合营)、DBO(设计——施工——运营)，以及工程咨询的则若和保险等问题。造价工程师可以在未来的工程保险界直接由保险人聘用，或者充当保险中介，或者为业主提供风险分析与风险防范服务。他们的工作内容主要包括：

(1) 对工程风险进行辨识、评价、计算风险度，并确定保险对策；

(2) 在风险评价的基础上，计算保险费率，提出保险人与被保险人满意的保险费率；

(3) 安排保险合同，谈判合同条款；

(4) 对工程进行风险管理、风险培训、风险控制等；

(5) 出险后，确定损失部位及程度，对受损工程定损，计量计价，确定赔偿额。造价工程师进入工程保险领域后，将为他们提供大显身手的极佳舞台。

四、积极参与工程项目的施工和管理实践，拓展业务及知识，提升执业能力

造价工程师在经过几个工程项目的实践和磨练后可以直接充当总监理工程师或为施工企业充当项目经理，全面负责工程项目的管理。造价工程师还可以在专业业务知识里拓展自己的知识面，参加未来的注册建造师执业资格考试，可直接获取注册建造师资格。

第六章　计价软件在工程量清单算量、报价中应用

第一节　工程量清单计价软件概述

20世纪末是信息产业飞跃发展的时代，计算机技术已普及应用于各行各业。高新技术时代一个工程预结算行业正接受新技术的改造，从传统的预结算方式逐步向电算化过渡。

随着科学技术的迅速发展，电子计算机的应用十分广泛，已经成为各行各业的必备工具。近年来，我国正处于经济高速发展期，建设工程施工单位急骤增加人，另外，许多外国建筑企业也纷纷涌入，国内外的竞争日益加剧。如何更好地利用电子计算机改造建设工程业提高企业竞争力，则是电子计算机在建设工程施工中进一步发展所面临的新问题。

建设部标准定额司杨鲁豫司长在2003年3月20日国家标准《建设工程工程量清单计价规范》宣贯会上的讲话精神，现摘录“4、关于工程量清单计价软件”部分“组织开发和应用工程量清单计价软件是贯彻实施好《建设工程工程量清单计价规范》的一个重要环节，由于工程造价软件有其特殊性，它不同于一般性技术软件，其内容必须与工程造价的管理方式和有关政策措施紧密相联，特别是有的数据库实际是有关单位的知识产权，因此工程量清单计价软件的开发应由部、省级造价机构组织进行。”既传达了一个工程建设领域的一件大事即《建设工程工程量清单计价规范》已于2003年2月17日，以国家标准发布实施了的信息，同时说明了工程量清单计价软件在实际工作中的广泛性和可操作性。

一、计价软件和网络的运用

1.《建设工程工程量清单计价规范》规定，招标文件中的工程量清单包括分部分项工程项目、措施项目、其他项目的明细清单。

2.计价软件针对清单下的招标文件的编制提供了招标助手工具包，主要包括图形自动算量软件、钢筋抽样软件、工程量清单生成软件、招标文件快速生成软件。清单计价模式与定额计价模式最大的不同就是计算工程量的主体发生了变化。招标人的最终目的是形成包括工程量清单在内的招标文件。必须把几个工具性软件整体应用才能完成工作。

3.图形自动算量软件及钢筋抽样软件内置了全统工程量清单计算规则，主要是通过电子计算机对图形自动处理，实现建筑工程工程量自动计算。清单计价模式完全实现了量、价分离，招标人可以直接计算出十二位“项目编码”的工程量。规范规定编制分部分项工程量清单时除了需要输入项目工程量之外，还应该全面、准确地描述清单项目。项目名称应按附录中的项目名称与项目特征并结合拟建工程的实际来确定。所以完整的清单项目描述应由清单项目名称、项目特征组成。工程量清单计价软件提供了详细描述工程量清单项目的功能，能把图形自动算量软件中的清单项无缝连接，对图形起一个辅助计算及完善清单的作用，还可以对项目名称及项目特征进行自由编辑及自动选择生成，并对图形代码作二次计算。能按自由组合的工程量清单名称进行工程量分解，达到更详细更精确地描述清单项目及计算工程量的目的。这样不仅符合了计价规范的要求，而且充分地体现了工程量清单计价理念。

4.措施项目是为完成工程项目施工，发生于该工程施工前和施工过程中的技术、方案、环境、安全等方面的非工程实体项目。其他项目清单是指分部分项工程和措施项目以外，为完成该工程项目施工

可能发生的其他费用清单。软件可以自动按规范格式列出《措施项目一览表》的列项，还可以修改、增加、删除，使《措施项目一览表》既能符合计价规范的规定，又能充分满足拟建工程的具体需要。

5. 在工程量清单编制完成后，计价软件既可以打印，也可以生成导出“电子招标文件”。招标文件包括工程量清单、招标须知、合同条款及评标办法。招标文件以电子文件的形式发放给投标单位，可使投标单位编制投标文件时，不需要重新编制工程量清单，不但节省了大量的时间，而且可以防止了投标单位编制投标文件时，可能因出现不符合招标文件格式要求等而造成的不必要损失。

二、电子计算机早日成为造价工程师的好帮手

随着工程量清单的标准化，在今后的工程预结算中都要采用工程量清单报价的形式。手工进行工程量清单报价必然是一种繁琐的事情，也容易产生错误。工程预结算软件已是“可视、智能”的工程预结算，界面友好、功能开放、操作方便，工程造价软件具有 Windows 软件风格，类似电子表格软件的操作方法，功能键与快捷按钮与流行软件兼容，并提供与 Word、Excel 等 Office 软件的数据接口功能。使用电子计算机工程预结算软件来完成工程量清单报价不但速度快，而且很少产生错误。

市政工程，在应用电子计算机进行辅助设计的同时，也广泛地应用电子计算机进行工程预算造价的编制。这不仅大大地减轻了预算员的劳动而且也提高了工程概预算编制速度和精度。目前众多工程预结算员迫切希望掌握微机的使用技能争取早日从传统的预算方式中解放出来。

电子计算机是建设工程市政施工中不可缺少的工具，许多施工人员已经开始学习电子计算机，如何让更多的人从传统的工程概、预、结算方式转向电算化工作方式，在此本书尽可能以通俗易懂的语言，利用具体的实例，使工程技术人员能够在较短的时间内轻松学会使用电子计算机，使电子计算机早日成为今后工作中的得力助手。

第二节　实物图形算量法在工程量清单中的应用

一、“图形算量”输入法

随着本书的姊妹篇《市政工程工程量清单“算量”手册》(简述见本章第四节)的即将面市，随之而来的由上海市市政公路行业协会与上海某某算量咨询有限公司联合研制、开发的，依据“分部、分项工程与《实物图形算量法》暨《计算公式算量法》编码及定额子目编号对应比照表”、“分部、分项工程与《计算公式算量法》暨《实物图形算量法》编码及定额子目编号对应比照表”及“《上海市市政工程预算定额 1993、2000(含综合定额)》子目编号与《图形、公式算量法》编码对应比照表”为蓝本的三类“算量”输入法，一套特量身定做、配套定制的、直接进行算量工程量清单模式的工程量清单图形算量软件，根据广大读者和市政工程造价人员的需求，亦将同步面市。

1.“图形算量”输入法的特色

(1) 1+1“算量”模式

《上海市市政工程预算定额(2000)》(即工、料、机消耗量定额)暨市政建设市场参与各方必须遵守的《上海市市政工程预算定额工程量计算规则》及“总说明”＋《实物图形算量法》暨《计算公式算量法》;

(2) 三类“算量”输入法，互相对应比照，直接进行快速、准确的工程量清单计算

根据市政工程中常规的道路、桥梁、下水道、排水构筑物和护岸等通用图集、标准图、常用构筑物图集以图形的形式，量身定做，配以三类，即第一类《实物图形算量法》——按市政工程性质分类，第二类《计算公式算量法》——按市政工程施工工艺分类，第三类《定额子目套用提示法》——按《上海市市政工程预算定额(2000)》即消耗量定额暨《上海市市政工程预算定额工程量计算规则》及“总说

明”册、章、节、分部、分项工程的子目项目顺序排列“算量”公式。运用的分部、分项工程与《实物图形算量法》暨《计算公式算量法》编码及定额子目编号一一对应比照表，既独立，又互相联系，便于查阅、方便检索和即时应用。

(3) 它不是单独、孤立地进行图形计算，而是通过“提示法”将定额子目和工程量计算规则有机地结合在一起，按照分部、分项工程，采用已设置、编制好的程序直接选项，进行工程量计算；较好地解决了工程量计算与定额子目的内在联系。

(4) 其最大的特征功能就是，一则它以《建设工程工程量清单计价规范》的计量单位为准绳，进行“综合实体”计算的。二则由于，它与《市政工程预算定额》有内在联系和差异，所以在该分部分项中，已包含由几个分项项目完成该分项工程的项目及计算公式，且有分项项目的对应定额子目可供选项，同时，有该分项子目在《市政工程预算定额》“总说明，册、章说明”的提示，以利不漏项，不重复。

(5) 不论采用《实物图形算量法》或《计算公式算量法》或《定额子目套用提示法》等何种“算量”输入法，即可将计算结果和定额子目的选项，都能快捷、全面、准确地一步到位，即根据施工图直接运算计算结果并同步套用定额子目，一气呵成。

2. 三类“算量”输入法可操作平台(详见本章第三节五“操作运用程序”栏)

具有可操作性的是通过三类“算量”输入法，便可直接进行工程量清单快速、准确的计算(适应不同类型工程技术人员操作习惯，便于并能运用自如)，具体如下：

第一类：按市政工程性质分类(如Ⅰ——道路工程、Ⅱ——桥梁工程、Ⅲ——下水道工程、Ⅳ——排水构筑物及护岸工程等)及编码按S排列：S1道路工程、S2桥梁工程、S3下水道工程、S4排水构筑物及护岸工程)树状分类状的《实物图形算量法》。

操作步骤之一：

根据市政工程性质分类，运用该法“分部、分项工程与《实物图形算量法》编码及定额子目编号对应比照表”，查询、点击所需“算量”的某分部分项项目；

操作步骤之二：

对照弹出的该图形的简图截面尺寸，迅速阅读该分部分项项目各部位尺寸的默认值，如果施工图是市政工程中常规的道路、桥梁、下水道、排水构筑物和护岸等通用图集、标准图、常用构筑物图集，便自动默认，只要输入自然计量(如长度多少米，数量多少只、多少个等)即可；

操作步骤之三：

当施工图与该默认值不一致时，对照该“参数值”列栏直接输入施工图例中在各部位尺寸的数值，回车(按Enter)后，便可查找到该分部、分项工程结局，然而，它既在算量速度上反应快捷，又在算量范围内反映呈全面不误，更在数据上的计算结果确保准确；

操作步骤之四：

转换到“计价”模式时，它的结局即时呈现该分部分项的综合单价(划分为部颁—综合单价或工料单价法或全费用综合单价三类工程量清单报价形式，三种方式根据招标文件规定任选一项；同时也可以呈现以常规预、结、决算的“全费用总造价”的计算结果)。

第二类：按市政工程施工工艺分类(如Ⅰ——土(石)方工程、Ⅱ——道路工程、Ⅲ——桥涵护岸工程；Ⅳ——隧道工程、Ⅴ——市政管网工程；Ⅵ——轨道交通工程、Ⅶ——钢筋工程、Ⅷ——拆除工程、Ⅹ——措施项目、Ⅹ1.——通用项目、Ⅹ2.——市政工程)及编码按G排列(G1道路工程、G2桥梁工程、G3下水道工程、G4排水构筑物及护岸工程)树状分类状的《计算公式算量法》。

操作步骤之一：

根据市政工程施工工艺分类，运用该法“分部、分项工程与《计算公式算量法》编码及定额子目编号对应比照表”，查询、点击所需“算量”的某分部分项项目；

以后三步操作步骤同上(即第一类操作步骤之二、三、四)，依此类推。

第三类：按“上海市市政工程预算定额暨工程量计算规则”册、章、分部、分项工程的子目顺序排列(如第Ⅰ册——通用项目、第Ⅱ册——道路工程、第Ⅲ册——桥涵及护岸工程；第Ⅳ册——排水管道工程、第Ⅴ册——排水构筑物及机械设备安装工程；第Ⅵ册——隧道工程)树状分类状的《定额子目套用提示法》。

操作步骤之一：

依据该法“《上海市市政工程预算定额(1993、2000)(含综合定额)》子目编号与《实物图形算量法》暨《计算公式算量法》编码对应比照表”，直接输入所需“算量”的定额子目，软件将自动弹出该子目所涉及、包含的分部分项项目(已包括道路、桥梁、下水道、排水构筑物和护岸等工程的该图形的简图截面尺寸、算量公式、工程量计算式及计算结果等项目，供选择；

以后三步操作步骤同上(即第一类操作步骤之二、三、四)，依此类推。

3. 作用和目标

通过设计图纸，运用上述三类算量输入法，对照相应的“截面尺寸简图”输入对应的参数值数据，一次自动运算得出计算结果，一目了然；这样一来，不仅解决了计算工程量工作是一项繁重而又细致的工作，工程量计算的工作量大，花费的时间亦较长的长期困惑的老大难问题；同时亦解放招(投)标、预(决)算、审核、审计等市政工程造价人员在工程量计算方面的最为枯燥、繁琐的从业强度。绝大部分计量的任务将主要由从业人员借助电脑和电脑计量软件完成，亟待解决的困惑造价人员的繁杂计算工作量问题得以解脱了，造价工程师们将主要从事传统的工程造价管理业务中的“造价分析、投标策略、合同谈判与处理索赔”等事务。

二、“图形算量”输入法在“工程量清单”的“分部分项工程量清单”中的应用

1. 首先，要全面了解 “工程量清单”按基本建设工程项目的三级划分情况，确定其在“工程量清单”的作用。

基本建设工程一般可划分为建设项目、单项工程、单位工程三级。单位工程由各个分部工程组成，分部工程由各个分项工程组成。

(1) 建设项目

建设项目是指在一个场地上或几个场地上按一个总体设计进行施工的各个工程项目的总和。对于每一个建设，都编有计划任务书和独立的总体设计。例如，在工业建设中，一般一个工厂即为一个建设项目；在民用建设中，一般一个学校、一所医院即为一个建设项目；在市政建设中，新建一条隧道或一个污水处理厂等均为一个建设项目。

(2) 单项工程

单项工程是建设项目的组成部分。一个建设项目可以是一个单项工程，也可能包括几个单项工程。单项工程具有独立的设计文件，是建成后可以独立发挥生产能力或效益的工程。生产性建设项目的单项工程一般是指能独立生产的车间，它包括厂房建筑、设备安装、电器照明工程、工业管理工程等。非生产性建设项目的单项工程，如一所学校的办公楼、教学楼、图书馆、食堂、宿舍等。市政工程中，如隧道工程中建立通风机房、排水工程中建设泵站等。

(3) 单位工程

单位工程是单项工程的组成部分，一般指不独立发挥生产能力，但具有独立施工条件的工程。如车间的厂房建筑是一个单位工程，车间的设备安装又是一个单位工程，此外，还有电器照明工程、工业管道工程、给水排水工程等单位工程。非生产性建设项目一般一个单项工程即为一个单位工程。市政工程中，通风机房的建设由机房建筑与通风机安装组成，泵站建设由泵房建筑与泵机安装组成等，它们都是一个单位工程。

(4) 分部工程

分部工程是单位工程的组成部分，一般是按单位工程的各个部位划分的。如房屋建筑单位工程可划

分为基础工程、主体工程、屋面工程。市政工程中如基础工程、排管工程、路基、路面工程等。也可按工程工种来划分，如土方工程、钢筋混凝土工程等。

(5) 分项工程

分项工程是分部工程的组成部分。如钢筋混凝土工程可划分为模板工程、钢筋工程、混凝土工程等分项工程；一般墙基工程可划分为开挖基槽、垫层、基础、防潮等分项工程。土方工程中又可分为基坑开挖、土方运输、回填土等。

2. 其次，"项目编码"及"项目名称"的立项明确后，按"图形算量"输入法的"市政建设工程性质划分表"确定其在"分部分项工程量清单"中的位置。

排水构筑物及出口工程结构分部如图 6-1 所示。

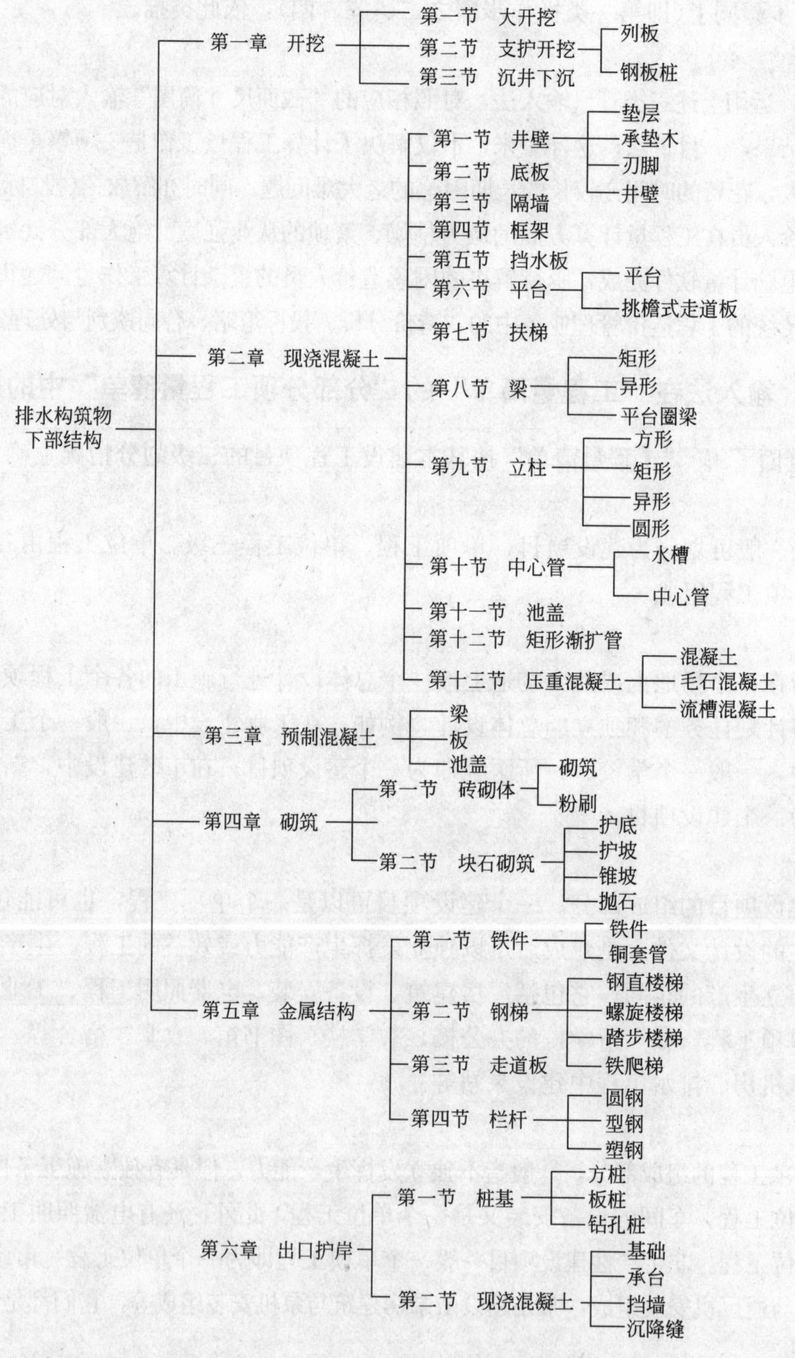

图 6-1 排水构筑物及出口工程结构分部图

隧道工程结构分部如图 6-2 所示。

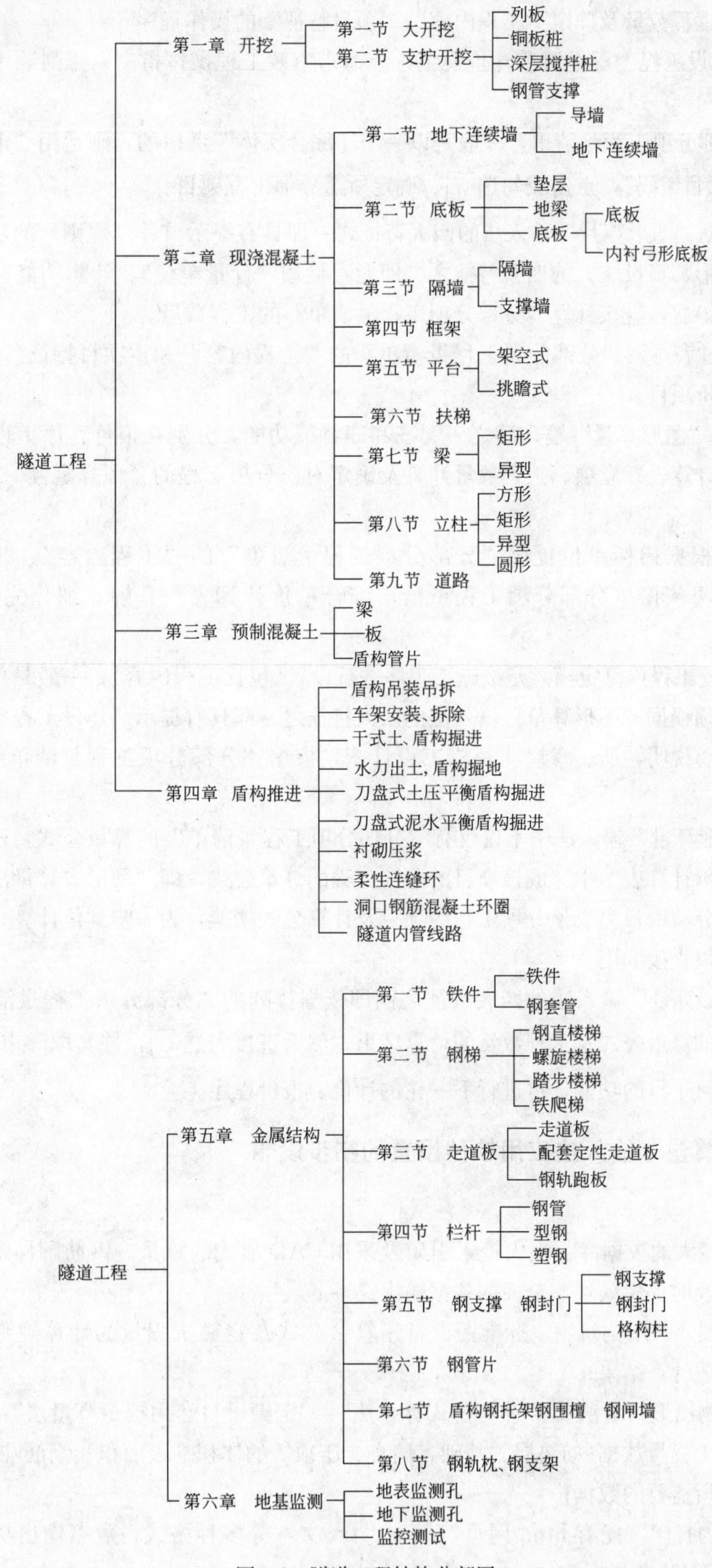

图 6-2　隧道工程结构分部图

3. 通过应用“图形算量”输入法之一、二特征的功能，完成“工程量清单”的“分部分项工程量清单”立项项目、工程数量及确定“工程内容”、“项目特征”的操作程序。

(1) 依据《〈建设工程工程量清单计价规范〉上海市市政工程操作指南》排列顺序，确定“项目编码”及”项目名称”。

(2) 由于“分部分项工程量清单”一般是以一个“综合实体”考虑的，则运用“市政建设工程性质划分表”，依据“项目编码”，点击或勾选☑、确定所需分部工程项目。

(3) 随即，根据“图形算量”输入法的四大特征之一即具有提示《计算规则》的功能，对照施工设计图，再运用“图形、算量法”的四大特征之二即能直接按“计量单位”、计算功能，在输入各部位尺寸、参数、计算表等后，直接计算“分部分项工程量清单”的工程数量。

(4) 随后，通过表述该“分部分项工程量清单”的“工程内容”和“项目特征”，以便投标单位按上述内容，填写报价项目。

4. 最后，运用“图形算量”输入法之一、三和四特征功能，分别在报价程序上进行《分部分项工程量清单综合单价计算表》立项、工程数量计算及确定对应分项工程的《预算定额》分项子目“编号”和“项目名称”

(1) 投标单位根据招标单位提供“分部分项工程量清单”的“工程内容”、“项目特征”及具体“工程数量”，再依据“分部分项工程量清单综合单价计算表”分解、细化完成该分部工程的内涵。

(2) 由于《市政工程预算定额》是按施工工序进行设置(包括工程内容)，一般是单一，考虑工作面等因素，所以，必须根据“图形算量”输入法的四大特征之一即具有提示《建设工程工程量清单计价规范》的功能，即其总说明，册、章说明及施工设计图，依据“分部分项工程量清单综合单价计算表”立项。

(3) 由于“图形算量”输入法中不仅仅有“分部分项工程量清单”的算量公式，还有在“分部分项工程量清单综合单价计算表”中完成该项目的分项工程的算量公式，即“图形、算量法”的四大特征之三即已包含由几个分项项目完成该分项工程的项目及计算公式功能，为一步到位计算“工程数量”打下了坚实的基础，可以直接取用。

(4) 根据“图形算量”输入法的四大特征之四即依据排列的“分部分项工程量清单综合单价计算表”分项工程项目的算量公式及工程数量的计算结果，然后直接勾选☑，并套取《市政工程预算定额》的对应分项工程项目子目的功能，再进行下一轮的计价、报价程序。

三、关于“图形算量”输入法应用软件设置的初步设想

1. 项目目标

(1) 充分利用庞大的数据库、强大搜索引擎及采用CAD形式的算量，钢筋翻样图形模块功能等的计算机硬件系统，及时提供模块，全面的数据输出；

(2) 通过通用图，常用构筑物、标准图、常用算量公式及定额工程量的计算规则等计算形式，快捷、准确地自动完成计算结果；

(3) 运用“实物图形算量法”、“计算公式算量法”、“定额子目套用提示算量法”的软件配套系统，一次计算单体实物工程量数据(如垫层、基础、墙身、压顶等的体积、表面积、钢筋吨位等)，快速且分门别类地提取各自所需要的数据；

(4) 报表表格的打印，能有html网页，excel、txt文本等多种格式，数据输出功能与市场通用的“预算计价软件”数据共享；

(5) 通过设计图纸，运用上述三类算量输入法，对照相应的“截面尺寸简图”输入对应的参数值数据，一次自动运算得出计算结果，一目了然；解放招(投)标、预(决)算、审核、审计等市政工程造价人员在工程量计算方面的最为枯燥、繁琐的从业强度。

2. 工作描述

(1) 组建一个庞大的数据库

主要有以下三个部分组成：1)计算资料，2)市政材料手册，3)定额库(根据建设部要求)。

目的：为了能提供快捷、全面的数据搜索，或输入某个项目名称，立即主动搜索到位，便于及时查询。

(2) 建立三类工程量清单计算输入法

要求有强大的搜索引擎、算量公式、自动计算功能及简图截面尺寸呈现按比例自动调节图形模块。

第一类：《实物图形算量法》(树状分类)包括构筑物的计算钢筋翻样等

按工程性质分道路工程、桥梁工程、市政管网工程三类(以通用图、常用构筑物、标准图等为主)。

第二类：《计算公式算量法》(树状分类)

按工程施工工艺分类，共有八项内容(主要按上述三类，即道路、桥梁、市政管网划分)。

第三类：《定额子目套用提示算量法》

针对某个子目，弹出相对应的算量公式及方法，供操作者具体选择，以上三类既有独立的计算功能，又有互相连联，贯穿一通作用；既分离，又相互联系，一气呵成。

目的：

1) 适应不同类型工程技术人员操作习惯能运用自如；

2) 图形可采用CAD形式，即能按比例成型、以利业主、设计、监理、审核等单位批复，验收时准确无误及竣工档案图纸能直接运用；

3) 因设计图纸及技术要求与通用图，常用构筑物的变更，索引出工程量增减，再则，因水泥混凝土配合比、沥青混凝土级配、钢筋等量的抽换与定额子目内的材料或含量不一致，或局部添加或减少消量等因素而调整工、料、机消耗量，以便及时查阅、审核。

3. 常规操作平台

(1) 点击定额子目时，要求呈现具有该子目的《市政工程预算定额》工程量计算规则的辅助提示，同时弹出该项子目的可套用算量公式或该构筑物的算量公式模块，便于快速选择预定义算量公式，截面简图。

(2) 同一构筑物的相关数据参数输入，可计算多个计算项目，即“一量多用”，如同一构筑物的主体分类，如面积、体积、模板、钢筋配制吨位、包括脚手架面积等，以便其他子目套用时，即可兼顾到位，无需重复设置及计算。

(3) 同时能独立打印出该构筑物的截面简图，数据参数及计算项目名称该算量公式的表达形式及工程量计算式和计算结果。

(4) 可呈现及隐藏等多种形式表达方法。

(5) 采用工程量清单及综合单价表现形式。

(6) 能导入Excel格式，以补充相关计算表格。

目的：

(1) 操作简捷、方便，验算快速，数据结论准确。

(2) 数据输入后一次成型，并可同时数次、反复修正、调整；适应常规工程及招(投)标，预(决)算、审核(批)、审计和设计单位工作的不同需求，促使造价工程师从计“量”的繁杂从业强度中解脱出来。

第三节　《建设工程工程量清单计价规范》应用软件系统的可行性、可操作性

一、目标管理

一次录入即可同时处理和输出符合招标人、投标人、评标人、审计人的多种计价模式(如：常规预(结)算法、部颁综合单价法、上海市执行的工料单价法、完全费用综合单价法等)的造价编制成果。

二、目的

1. 能完善的实施、运用操作程序，使可操作的工程量清单计价办法，在规范的基础上有序运作。

2. 工程量清单计价系统软件具有界面直观、操作快捷、功能齐全的高水平。

3. 由于涉及“图形算量”或“图形算量”输入法过程。“图形算量”本身作为一种信息表达方式，不是一种技术方案，也不具有技术效果，它本身是一种图形与算量有机结合的活动的规则和方法，则需要通过采用电子计算机程序来控制和(或)执行“图形算量”或“图形算量”输入法过程，让这种含有电子计算机程序的“图形算量”或“图形算量”输入法的装置或者方法能够产生技术效果，使之并构成一个完整的技术方案，且可申请、并获得专利权。

4. 须解决编制工程量清单、标底、投标报价和审价中繁杂的运算程序，为推动工程量清单计价扫清障碍，满足参与招标、投标、审计等活动各方面的需求。

5. 能邮件发送及电子发标评标利于招标人及时收集，评标人能公平、公正、公开地进行招标竞争。

6. 促进企业能早日制订本单位的《企业定额》编制模板。

三、要求

1. 可按招标人的分部分项工程量清单、措施项目计量清单、工作项目计量清单、主要材料价格表的相应内容输入，在投标人项内自动生成对应的工程量清单及主要材料价格表的计价表，以利于投标人进行计价报价编制。

2. 投标人可根据企业自身情况和报价策略，灵活调整。

3. 投标人可适时进行项目特征的描述、工程内容的规定、费率、单价、定额子目调整，直至子目消耗量项目含量等项目内容的调整。

4. 市政工程工程量清单计算机软件中的定额应包括：全国基础定额(如《全国市政工程预算定额》、《全国公路工程概算定额》、《全国安装工程预算定额》等)或专业类定额《上海市市政工程预算定额(1993)》、《上海市市政工程综合定额(1999)》、《上海市市政工程预算定额(2000)》、《上海市市政工程室外排水管道工程预算综合组合定额(2002)》；再则市政养护维修类定额，如《上海市城市道路掘路修复结算标准》、《上海市公路设施掘路修复结算标准》、《上海市市政设施养护维修定额》、《上海市公路设施养护维修定额》、《上海市高架道路养护维修定额》、《上海市高速公路设施养护维修工程定额(2002)》、《上海市城市排水设施(泵站、污水厂)运行维修估算指标(1999)》及《上海市安装工程预算定额(2000)》等；其他附录已经编有的清单项目，而且对市政工程也适用的，如路灯工程的相应清单项目，地铁工程中的通信、供电、通风、空调、给水、排水、消防、电视监控等这些在附录C《安装工程》中都有相应的清单项目，可直接用来编制市政工程上述内容的工程量清单；为此并可与建筑、安装、房修、园林、水利、人防、公用等上海市预算定额相互调用、互为套用其他专业定额、子目、工、料、机消耗量等；以利招标业主在编制工程量清单能结合工程特征(如高架道路、公路、高速公路、城市管网、泵站、污水处理构筑物、桥梁、

轨道交通、隧道工程、地铁、顶管、原城市道路及公路改建等)、项目特点，操作、运用自如。

5. 操作系统管理可分二级，一级为简易操作法，即一般常规运用；另一级为提高法，主要以利造价工程师们升级、进化。

四、基本数据库设置

1. 项目编码库

设置有《〈建设工程工程量清单计价规范〉上海市市政工程操作指南》全部内容。

2. 算量库

第一类《实物图形算量法》、第二类《计算公式算量法》和第三类《定额子目套用提示法》(详见本章第二节)。

3. 定额库——涉及市政建设项目定额的《上海市市政工程预算定额工程量计算规则(2000)》、《上海市市政工程预算定额(2000)》中的总说明、各册章说明、各节前的工作内容。

(1) 单位估价表形式《市政工程预算定额》或企业定额

(2) 消耗量形式《市政工程预算定额》或企业定额

4. 单位工程性质分类《市政工程预算定额》(图 6-3～图 6-5)

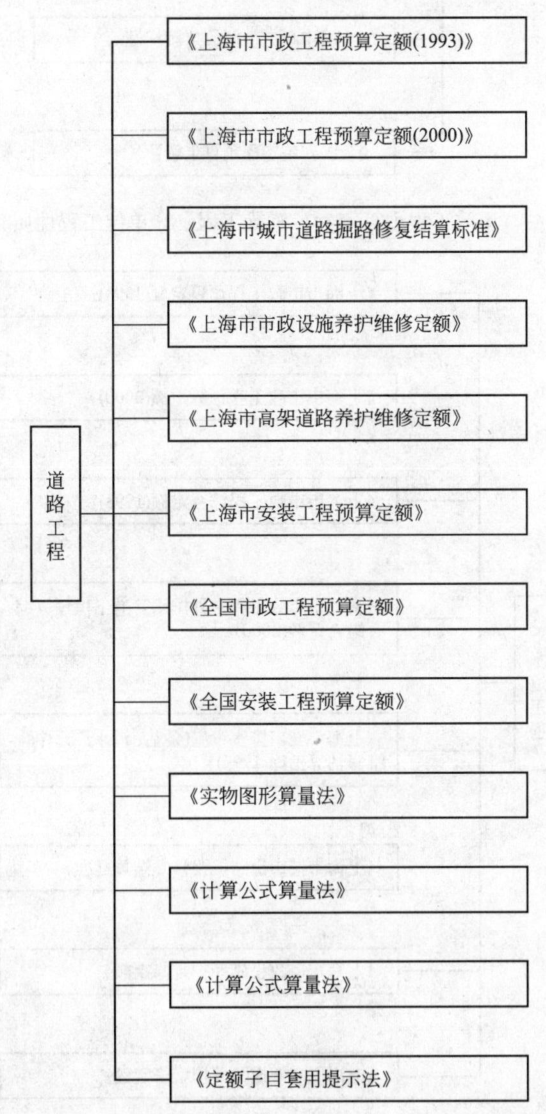

图 6-3 《市政工程预算定额》道路工程——单位工程性质分类

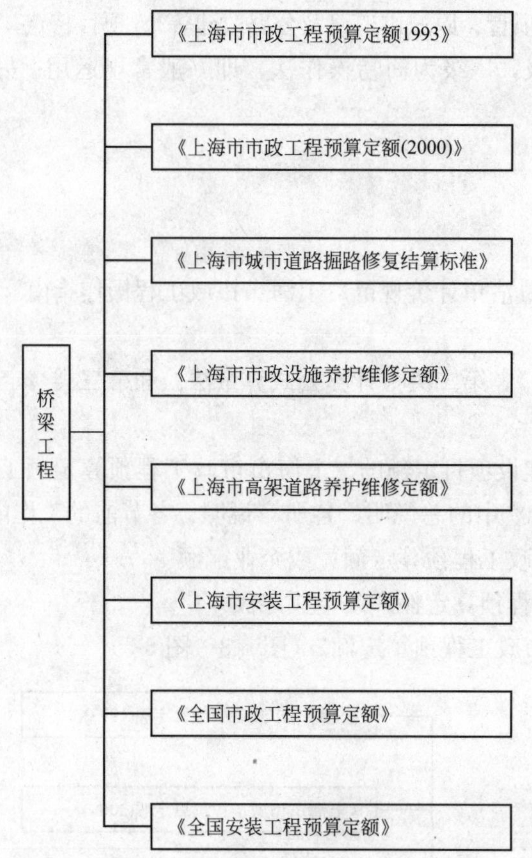

图 6-4 《市政工程预算定额》桥梁工程——单位工程性质分类

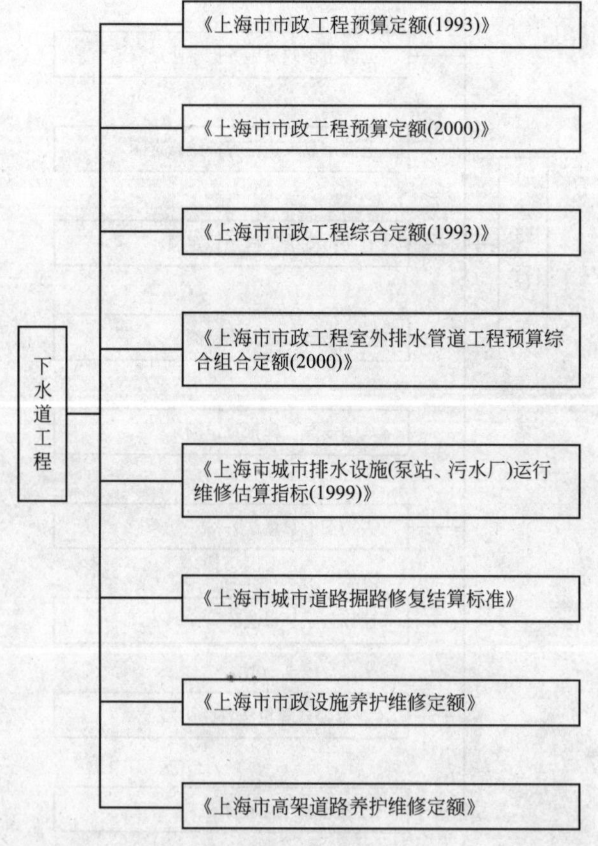

图 6-5 《市政工程预算定额》市政管网工程——单位工程性质分类

(1) 工程信息

1) 招标人——工程量清单(全套);

2) 投标人——工程量清单计价(全套);

3) 审计人——工程量清单审价(全套)。

(2) 价格信息：市场价格信息，或参照建设行政主管部门发布的社会平均价格信息

(3) 自定义

1) 常规预(结)算

2) 工程量清单计价

① 分部分项工程量清单项目;

② 措施项目清单项目;

③ 其他项目清单项目;

④ 措施项目计量清单表项目;

⑤ 零星工作项目计量清单表项目。

(4) 动态费率(暂定)

1) 管理费——市政工程以人工费、材料费、机械费使用费之和为基数的6%，其中局部项目(即市政安装工程其包括：道路交通管理设施中的交通标志、信号设施、值勤亭、隔离设施、排水构筑物机械设备安装工程)为人工费的6%;

2) 利润率——市政工程以人工费、材料费、机械费使用费之和为基数的5%，其中局部项目(即市政安装工程其包括：道路交通管理设施中的交通标志、信号设施、值勤亭、隔离设施、排水构筑物机械设备安装工程)为人工费的5%;

3) 规费(行政事业性收费)——规费、税金按照相关规定计取，即如工程质量监督费及定额编制管理费分别为以分部分项工程量费、措施项目费、其他项目费之和的0.15%及人工费、材料费、机械费使用费之和的0.09%;

4) 税金——以分部分项工程量费、措施项目费、其他项目费、规费(行政事业性收费)之和为计算基数的3.41%。

5) 其他项目费用

① 招标人(金额)

② 投标人(费用)

6) 取费

① 常规预(结)算;

② 部颁——综合单价法　　工料单价法＋综合管理费＋利润;

③ 工料单价法　　工料单价法;

④ 完全费用单价法　　工料单价法＋综合管理费＋利润＋规费＋税金。

7)《建设工程施工合同》管理

五、操作运用程序

1. 招标人

(1) 按基本建设工程三级划分立项

1) 依据《建设工程工程量清单计价规范》及《〈建设工程工程量清单计价规范〉上海市市政工程操作指南》，按十二位“项目编码”顺序支列“工程量清单”项目。

2) 当输入“项目编码”后，“项目编码”列项与“项目名称”列项同时随即弹出“0401001001”及

“挖一般土方”时，在“图形算量”输入法列项内〖选择“③路床填、挖(设计横断面)”中“1. 按设计横断面采用积距及土方表”〗并打上☑；如表 6-1“图形算量”输入法所示。

“图形算量”输入法　　表 6-1

<table>
<tr><th>项目编码</th><th>项目名称</th><th>项目特征</th><th>计量单位</th><th>工程量计算规则</th><th>工程内容</th><th colspan="2">图 7-2 “图形算量”输入法</th></tr>
<tr><td rowspan="10">40401001001</td><td rowspan="10">挖一般土方</td><td rowspan="10">1. 土壤类别
2. 挖土深度</td><td rowspan="10">m^3</td><td rowspan="10">按设计图示开挖线以体积计算</td><td rowspan="10">1. 土方开挖
2. 围护、支撑
3. 场内运输
4. 平整、夯实</td><td rowspan="10">道路及一般土方</td><td rowspan="3">① 填筑路堤</td><td>1. 平地两面边坡相同□</td></tr>
<tr><td>2. 平地两面边坡不同□</td></tr>
<tr><td>3. 地面倾斜，边坡相同□</td></tr>
<tr><td rowspan="3">② 开挖路堑</td><td>1. 平地两面边坡相同□</td></tr>
<tr><td>2. 平地两面边坡不同□</td></tr>
<tr><td>3. 地面倾斜，边坡相同□</td></tr>
<tr><td rowspan="4">③ 路床填、挖(设计横断面)</td><td>1. 按设计横断面采用积距及土方表☑</td></tr>
<tr><td>2. 土方量计算表□</td></tr>
<tr><td>3. 设计图横、纵向挖、填土量表□</td></tr>
<tr><td>4. 座标方式计算土方表□</td></tr>
<tr><td colspan="9">注：〖选择×××〗打上☑</td></tr>
</table>

3）随即弹出该图形的简图截面尺寸、按“工程内容”、“项目特征”及“工程量计算规则”排列的算量公式、工程量计算式及计算结果等项目，如第四章第二节的用积距法计算出横断面面积的图 4-2 及计算公式(4-1)～式(4-4)、和《土方挖、填计算表》表 4-9 等。

(2) 对照“图形算量”输入法，输入施工设计图各个尺寸参数，自行填入工程量

1）对照施工设计图，注意图示尺寸、计算表和标示方法；

2）按照实物“图形算量”输入法，勾选☑、并套用该立项分部项目的对应“算量”公式，依据“图形算量”输入法的《计算规则》及《市政工程预算定额》总说明，册、章说明，将参照施工设计图各部位的尺寸标码，输入各个尺寸参数，并加以确认，程序将自动进入运转；

3）通过自行运算，得出“分部分项工程量清单”。

(3) 确定招标要求，输入说明和有关数据

1）按有关规定，填入招标文件规定的各个要求、各数据和说明。

2）能自行打印“工程量清单”的所需的全部表格。

2. 投标人

(1) 依据“工程量清单”的分部分项工作量，套用“图形算量”输入法，勾选☑、并计算完成该分项所需的子目内容及算量公式和并再勾选☑、并套用相对应的《预算定额》子目，进行计价的下一步计算结果。

1）依据招标人的“工程量清单”所列各个数据，输入到电子计算机软件内；

2）根据“工程量清单”中“分部分项工程量清单”的“工程内容”、“项目特征”及具体“工程数量”进行“图形算量”输入法对应的项目选匹并勾选☑选项；

3）当“分部分项工程量清单综合单价计算表”对应勾选☑、选中的该项图形呈现时，它不但出现与施工设计图相对应的图形，随即对照查看各参数是否一致，并加以确认；同时，结合本企业《技术标》中拟定的施工组织设计涉及《商务标》中的计算内容，认真地加以落实到位；如表 6-2 第二类《计算公式算量法》——分部分项工程量清单综合单价计算表所示。

第二类《计算公式算量法》——分部分项工程量清单综合单价计算表(单位：m) **表 6-2**

项目名称：40201014001 碎石盲沟($b\times h$)

Ⅰ.“算量”公式及定额子目套用选择：

分项工程名称		“算量”公式	单位	工程量计算式	计算结果	1993 版定额子目编号	2000 定额子目编号
2.1	碎石盲沟($b\times h$)	$\sum L=L_1+L_2+L_3$	m	380.00m+20.00m+256.00m	656		40201014001
2.1.1	碎石盲沟(40×40)	$v=\sum L\times(b\times h)$	m^3	656.00m×(0.4m×0.4m)	104.96		S2-1-35
2.1.2	余方场外运输	$v\times r$	t	$104.96m^3\times1.8t/m^3$	188.928		ZSM19-1-1

Ⅱ.简图截面尺寸(mm)：

Ⅲ.参数值(通用图或标准图或常用构筑物)：

分项工程名称	序号	符号	意义	默认值	参数值
1. 纬东路交叉口 B_2=20.00m	1	B	路幅宽	20	
	2	b	断面尺寸宽度	0.4	
	3	h	断面尺寸深度	0.4	
	4	L	道路长度	150	
	5	n	两条横向盲沟的中间距离	15	
	6		L_1=(713−433.5+1)/15×20m =19 道×20m=380.0m		
2. 直线 B=20.00m	7	B	路幅宽	20	
	8	b	断面尺寸宽度	0.4	
	9	h	断面尺寸深度	0.4	
	10	L	道路长度	150	
	11	n	两条横向盲沟的中间距离	15	
	12		L_2=(713−433.5+1)/15×20m =19 道×20m=380.0m		
3. 唐陆路交叉口 B_1=32.00m	13	B	路幅宽	20	
	14	b	断面尺寸宽度	0.4	
	15	h	断面尺寸深度	0.4	
	16	L	道路长度	150	
	17	n	两条横向盲沟的中间距离	15	
	18		L_3=(45.8/15+75.9/15)×32m =(3+5)道×32m=256.0m		

Ⅳ.计算规则及说明

依据《计算规则》路幅宽按车行道、人行道和隔离带的宽度之和计算、总说明土方容重计算方法及章说明。册、章说明碎石盲沟的规定

1. 横向盲沟规格选用如下

路幅宽 B(m)	$B\leqslant10.5$	$10.5<B\leqslant21.0$	$B>21.0$
断面尺寸(宽度×深度)	30×40	40×40	40×60

2. 横向盲沟长度按实计算，两条横向盲沟的中间距离为 15m
3. 纵向盲沟按批准的施工组织设计计算，断面尺寸同横向盲沟

考虑到该基层土质，拟全线(包括各支线)均铺筑碎石盲沟，以利于道路排水

4）由于“图形算量”输入法具有四项主要功能，软件将自动、自行生成如下结论：

①“图形算量”输入法是完成该分部分项工程的计算规则

如：计算规则：路幅宽按车行道、人行道和隔离带的宽度之和计算计算方法；《市政工程预算定额》册、章说明：

碎石盲沟的规定

a. 横向盲沟规格选用如下表 6-3 所示。

横向盲沟规格选用 **表 6-3**

路幅宽 B(m)	$B \leqslant 10.5$	$10.5 < B \leqslant 21.0$	$B > 21.0$
断面尺寸(宽度×深度)	30×40	40×40	40×60

b. 横向盲沟长度按实计算，二条横向盲沟的中间距离为 15m。

c. 纵向盲沟按批准的施工组织设计计算，断面尺寸同横向盲沟。

② 不仅有该分部分项工程的项目计算公式(如：2.1——项目编码 40201014001 碎石盲沟($b \times h$) $\sum L = L_1 + L_2 + L_3 = 380.00\text{m} + 20.00\text{m} + 256.00\text{m} = 656.00\text{m}$)，还有如何完成其任务的几个细化分项项目算量公式(如：①2.1.1 碎石盲沟(40×40) $V = \sum L \times (b \times h) = 656.00\text{m} \times (0.4\text{m} \times 0.4\text{m}) = 104.96\text{m}^3$，②2.1.2余方场外运输 $t = V \times r = 104.96\text{m}^3 \times 1.8\text{t/m}^3 = 188.928\text{t}$)；

③ 这分部分项工程的项目对应的《市政工程预算定额》子目供操作人员勾选☑、并择用(如：①S2-1-35——碎石盲沟(40×40)、②ZSM19-1-1——余方场外运输)，因此它能及时地一步到位，这样一来既解决了“分部分项工程量清单综合单价计算表”的工程量复核、核算事宜，又解决了《市政工程预算定额》子目套用问题，可谓一举两得；其他“项目编码”的项目依此类推。

(2) 依据本企业的实际，结合投标技巧和策略，进行合理的报价运算

1) 当转换到“计价”模式时，则根据“企业定额和市场价格信息，或参照建设行政主管部门发布的社会平均消耗量定额进行编制”进行报价组合，它的结局即时呈现该“分部分项工程量清单综合单价计算表”的综合单价(划分为部颁——综合单价或工料单价法或全费用综合单价三类工程量清单报价形式，三种方式根据招标文件规定任选一项；同时也可以呈现以常规预、结、决算的“全费用总造价”的计算结果)。

2) 然后，综合施工现场、业主单位及各投标单位的实际情况，正确确定投标技巧和策略，运用电子计算机开发软件进入自动运转；

3) 依据招标文件的工程量清单和有关要求，输入本企业自身的优势暨具有竞争力的数据，由于实行工程量清单招标后，投标单位真正有力报价的自主权，才能充分合理地报出代表本企业具有竞争力的投标总价。

六、打印成果

报表表格的打印，能有 html 网页，excel、txt 文本等多种格式，数据、表格既能输出，又具有导入功能。

1. 常规预(结)算(通用表格)

2. 《工程量清单》(招标人)：　　　　　　(详见第七章第一、二、三、四、五节工程实例)

(1) 封面《工程量清单》　　　　　　　　招表 1(略)

(2) 填表须知　　　　　　　　　　　　　招表 2(略)

(3) 总说明　　　　　　　　　　　　　　招表 3(略)

(4) 分部分项工程量清单　　　　　　　　招表 4(略)

(5) 措施项目清单　　招表 5(略)
(6) 其他项目清单　　招表 6(略)
(7) 措施项目计量清单　　招表 7(略)
(8) 零星工作项目计量清单　　招表 8(略)
(9) 主要材料价格表(工程量清单)　　招表 9(略)

3.《工程量清单报价表》(投标人)：　　(详见第七章第一、二、三、四、五节实例)

投标文件标准格(表)式的组成分布如表 6-4 所示。

投标文件标准格(表)式的组成分布表　　表 6-4

	序号/项目名称	通用表格	部颁·综合单价	工料单价法	完全费用综合单价法
(1)	封面《工程量清单报价表》	★			
(2)	投标总价	★			
(3)	工程项目总价	★			
(4)	单项工程费汇总表		●	●	●
(5)	单位工程费用汇总表		●	●	●
(6)	分部分项工程量清单计价表		●	●	●
(7)	措施项目清单计价表		●	●	●
(8)	其他项目清单计价表		●	●	●
(9)	措施项目计量清单计价表		●	●	●
(10)	零星工作项目计量清单计价表		●	●	●
(11)	分部分项工程量清单单价分析表		●	●	●
(12)	措施项目计量清单单价分析表		●	●	●
(13)	零星工作项目计量清单分析表		●	●	●
(14)	分部分项工程量清单报价分析表	★			
(15)	措施项目计量清单报价分析表	★			
(16)	零星工作项目计量清单报价分析表	★			
(17)	主要材料价格表	★			
(18)	工日、材料、机械数量及价格分析表	★			
(19)	主要材料分析表	★			
(20)	拟投入的主要施工机械配备表	★			

(1) 封面《工程量清单报价表》
(2) 填表须知/投标总价　　投表 1(略)
(3) 工程项目总价　　投表 2(略)
(4) 单项工程费汇总表　　投表 3(略)
(5) 单位工程费用汇总表　　投表 4(略)
(6) 分部分项工程量清单计价表　　投表 5(略)
(7) 措施项目清单计价表　　投表 6(略)
(8) 其他项目清单计价表　　投表 7(略)
(9) 措施项目计量清单计价表　　投表 8(略)
(10) 零星工作项目计量清单计价表　　投表 9(略)
(11) 分部分项工程量清单单价分析表　　投表 10(略)
(12) 措施项目计量清单单价分析表　　投表 11(略)

(13) 零星工作项目计量清单分析表　　投表 12(略)
(14) 分部分项工程量清单报价分析表　　投表 13(略)
(15) 措施项目计量清单报价分析表　　投表 14(略)
(16) 零星工作项目计量清单报价分析表　　投表 15(略)
(17) 主要材料价格表　　投表 16(略)
(18) 工日、材料、机械数量及价格分析表　　投表 17(略)
(19) 主要材料分析表　　投表 18(略)
(20) 拟投入的主要施工机械配备表　　投表 19(略)

4. 工程量清单计价审核(审计人)

5. 万能表——依据招标人(项目业主)的招标文件和要求，或依据投标人(施工企业)对承包项目今后进行企业科学管理所需的类型表格，按需所供需择选，尽可全面。

第四节 《市政工程工程量清单“算量”手册》的问世

为有利于广大读者、造价工程师们，避免招标、投标人按照同一图纸计算工程数量的重复劳动，节省大量的社会财富和时间。由上海市市政公路行业协会组织撰稿、编撰的，由市政行业各个专业技术专家组成的编委会审核的，与本书《市政工程工程量清单编制及应用实务》相配套的姊妹篇《市政工程工程量清单“算量”手册》，亦将由中国建筑工业出版社出版发行，其特色为：

一、依据诸种公式资料、常用图集资料及《上海市市政工程预算定额工程量计算规则》等计算资料，建立三位一体的“数据”库

集(1)计算公式、《工程量计算手册》、常用数据表及工程量计算表格、《便携手册》、工具书等及(2)市政工程中常规的道路、桥梁、下水道、排水构筑物和护岸等通用图集、标准图、常用构筑物图集和(3)“《上海市市政工程预算定额(2000)》(即工、料、机消耗量定额)暨市政建设参与各方必须遵守的规则的《上海市市政工程预算定额工程量计算规则》”及“总说明”等计算资料三位为一体，组立一个“数据”库。

二、根据市政工程通用图或标准图或常用构筑物特征，组建三类“算量”库

1. 以第一、二类既独立，又互相联系，且可与《上海市市政工程预算定额(2000)》的(1)子目编号(2)子目项目(3)子目计量单位统一，又一一对应比照的“算量”法为依托。

第一类《实物图形算量法》是以按市政工程性质分类(如Ⅰ——道路工程、Ⅱ——桥梁工程、Ⅲ——下水道工程、Ⅳ——排水构筑物及护岸工程等)及编码按 S 排列(S1 道路工程、S2 桥梁工程、S3 下水道工程、S4 排水构筑物及护岸工程)组建的，且自动生成“分部、分项工程与《实物图形算量法》编码及定额子目编号对应比照表”，利于直接运用该分部、分项工程项目计算数据结果并同步套用定额子目，一气呵成。

第二类《计算公式算量法》是以按市政工程施工工艺分类(如Ⅰ——土(石)方工程、Ⅱ——道路工程、Ⅲ——桥涵护岸工程；Ⅳ——隧道工程、Ⅴ——市政管网工程；Ⅵ——轨道交通工程、Ⅶ——钢筋工程、Ⅷ——拆除工程、Ⅹ——措施项目、Ⅹ1. ——通用项目、Ⅹ2. ——市政工程)及编码按 G 排列(G1 道路工程、G2 桥梁工程、G3 下水道工程、G4 排水构筑物及护岸工程)组建的，且也自动生成“分部、分项工程与《计算公式算量法》编码及定额子目编号对应比照表”，利于直接运用该分部、分项工程项目计算数据结果并同步套用定额子目，一气呵成。

2. 可独立地运用第三类以按《上海市市政工程预算定额(2000)》暨《上海市市政工程预算定额工程量计算规则(2000)》”及“总说明”册、章、节、分部分项工程的子目项目顺序排列(如第Ⅰ册——通用项目、第Ⅱ册——道路工程、第Ⅲ册——桥涵及护岸工程;第Ⅳ册——排水管道工程、第Ⅴ册——排水构筑物及机械设备安装工程;第Ⅵ册——隧道工程),自动生成“《上海市市政工程预算定额(1993、2000)(含综合定额)》子目编号与《图形、公式算量法》编码对应比照表”亦利于直接运用该分部、分项工程项目计算数据结果并同步套用定额子目,一气呵成的《定额子目套用提示法》为主线的工程量清单“算量”手法,因为它本身包含着第一、二类算量法,这样就组建了一个庞大的“算量”库,直接套取和应用进行工程量清单报价。

三、既满足物理和自然计量的要求,又达到并符合按《建设工程工程量清单计价规范》《上海市市政工程预算定额工程量计算规则(2000)》及“总说明”所规定的准绳

这样一来,从施工图对照图形各部位默认值入手,突破了工程量清单报价中项目的列项、套用定额子目和工程量计算等难点;既满足物理计量和自然计量的要求,又达到并符合按《上海市市政工程预算定额工程量计算规则(2000)》及“总说明”所规定的准绳(如:回填土要按“填土土方的体积变化系数表”进行调整计算;又如:有些子目中要求调整“工、料、机消耗量”变化系数值的计算;再如:有些分项项目要按照包括或不包括、扣除或不扣除的规定来计算)。

一般情况,投标人必须按招标人提供的工程量清单进行组价,并按综合单价的形式进行报价。但投标人在按招标人提供的工程量清单组价时,必须把施工方案及施工工艺造成的工程增量以价格的形式包括在综合单价内。然而,招标人提供的工程量清单的工程项目划分及工程量的准确率往往是投标人在报价策略性中的一个重要措施、指标之一,为此,重新验算工程量就显得何等的重要。

该手册除了进行常规的物理计算及自然计算外,还将《上海市市政工程预算定额工程量计算规则(2000)》及“总说明”有机地结合在一起;不仅解决了只计算实物工程量,而忽视预算定额本身由两部分组成的,也就是最重要的计算规则,即市政建设参与各方必须遵守的规则,因为这极可能漏算或多算或少算,致使价格体现不出价值的作用。

通过可视的图形及常规的通用图或标准图或常用构筑物图集比较,将施工图的各个参数一一对照核实补充,减少漏算、多算或少算的,有利于业主方、承包商、设计单位、监理及审计系统在查阅时一目了然。因为它不仅清晰可视,又有各部位的默认值(上述图集)、参数值(施工图与默认值不一致的),还有工程量计算式,更主要的是有“算量”公式,便于查核。还有该自然计量单位的多项工程可供选择的定额子目,达到“一量多用”的效果。一次计算单体实物自然工程量计算数据,快速且分门别类地提取所需要的数据;如挡土墙,通过《实物图形算量法》,既解决各分项子目的计算工程量,压顶、墙身、基础等的体积、表面积、钢筋吨位等,又解决直接选择各分项项目的(如碎石垫层、混凝土基础、浆砌块石、块石圬工勾缝、滤层、泄水孔、钢筋用量、模板等不同计量单位的工程量)对应定额子目的。

广大读者及造价工程师遇到相关市政工程概、预、结、决算和设计、核算、审计等工作中的工程量计算和套用《上海市市政工程预算定额(1993、2000)》(含综合定额)子目事宜,一般查阅该《市政工程工程量清单“算量”手册》,基本可以得到解决;但局部数值的应用,将采用内插法提取;如研制、开发、量身定做、配套定制该“算量”的计算机软件,将更大地方便广大读者及造价工程师在市政工程工程量清单工作中的应用。

第七章　招投标编制及应用实例

说　明

每一个单位工程招、投标的计算实例内容，按下列程序编排

一、工程概况及主要施工设计图纸

1. 工程概况

2. 主要施工设计图纸

二、分部分项工程量、措施项目(二)清单

1. 分部分项工程量清单 ………………………………………………………… 招表4

2. 措施项目清单(二) ………………………………………………………… 招表5

三、分部分项工程量、措施项目(二)清单计算方法［计算公式及说明时依《上海市市政工程预算定额》(2000)工程量计算规则——如总则(第0.0.1条)、总说明(第一条)、册章说明(第一册第一章一、×说明)及《交底培训讲义》(第××页《交底培训讲义》第三册第一章)顺序说明］

四、单位工程费用汇总表 ………………………………………………………… 投表4

五、分部分项工程量、措施项目(二)清单计价表(综合单价)

1. 分部分项工程量清单计价表 ………………………………………………… 投表5

2. 措施项目清单(二)计价表 ………………………………………………… 投表6

六、分部分项工程量清单计价分析表 ………………………………………… 投表10

1. 分部分项工程量清单计价分析表

2. 措施项目清单(二)计价分析表

七、施工图预算书

八、施工图预算费用表

九、工程综合实体单价分析表［项目编码暨子目编号顺序对应编列］

1. 分部分项工程量清单

2. 措施项目清单(二)

注释说明：① 各单位工程分部分项工程量清单的项次、项目编码、项目名称按本书表1-3《分部分项工程量清单一览表》程序排列，各单位工程措施项目清单(二)的项次、项目编码、项目名称按本书表1-4《措施项目清单(二)一览表》程序排列。

② 本章节的《工日、材料设备、机械设备台班清单》，统一按本书的计价月份，以2006年度10月份计取(略；具体详见本书姊妹篇《市政工程工程量清单"算量"手册》)。

③ 本章节按常规编制，但在实际编制及应用中，应综合考虑措施项目是竞争的核心，同时依据企业自身能力和如何通过科技手段，降低造价及投标报价的谋略等诸多事项，而确定自主报价，参与竞争。

第一节　道路工程招投标编制及应用的计算实例

一、道路交通管理设施工程

1. 工程概况及主要施工设计图纸

(1) 工程概况

1) 工程范围：K0＋000～K1＋600 全长为 1791.22m(包括交叉口路 191.22m)主干道与次干道各有一个十字交叉路口及丁字形交叉路口。

2) 在交叉路口分别设置信号灯架(人行道、车行道)、横道线、停车线及导流线及各种标杆、标记和箭头。

3) 为确保行车安全，在人行道设置隔离护栏。

4) 各种标杆下部为钢筋混凝土基础。

5) 各种线路采用埋地式方法。

6) 清单编制依据：《〈建设工程工程量清单计价规范〉上海市市政工程操作指南》，施工设计图文件等。

7) 工程质量应达到优良标准。

8) 投标报价按《〈建设工程工程量清单计价规范〉上海市市政工程操作指南》的统一格式。

9) 人工、材料、机械费用按上海市市政工程市场信息 2006 年 10 月份计取。

(2) 主要施工设计图纸(图 7-1)

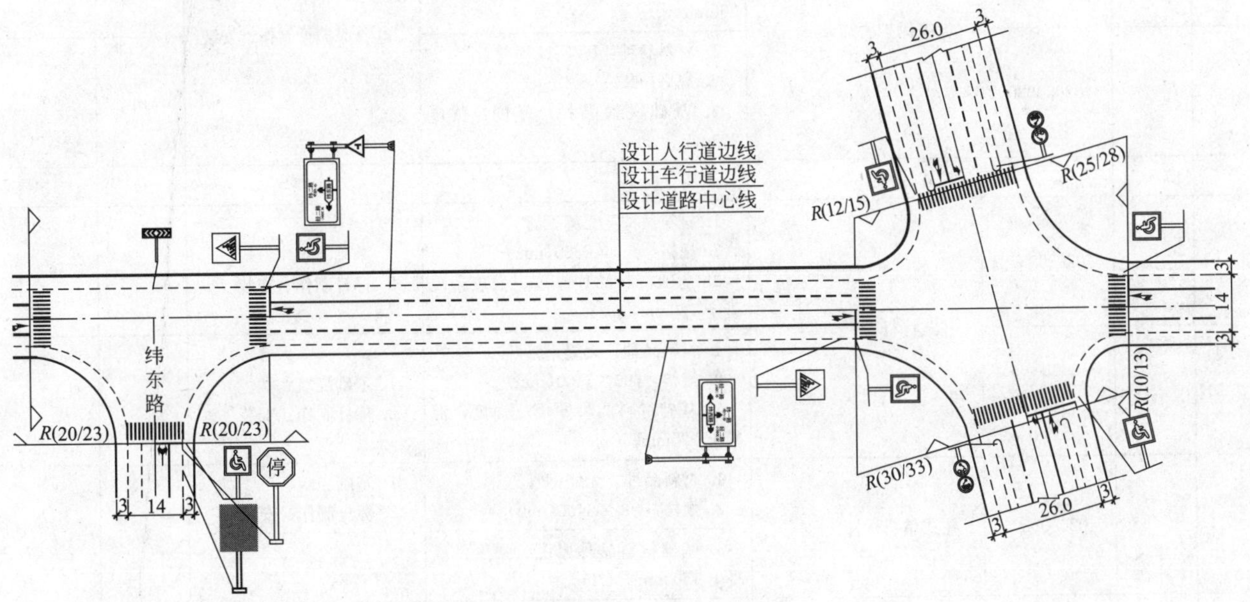

图 7-1　施工设计图(示意)

2. 分部分项工程量、措施项目清单

(1) 分部分项工程量清单(表 7-1)

分部分项工程量清单……招表 4　　**表 7-1**

序号	项　次	项目编码	项目名称	项目特征	工程内容	计量单位	工程数量
	1	04010	D.1. 土石方工程				
	1.1	,	D.1.1 挖土方				

续表

序号	项 次	项目编码	项目名称	项目特征	工程内容	计量单位	工程数量
1	1.1.1	040101002001	挖沟槽土方	1. 土壤类别：Ⅰ、Ⅱ类土 2. 挖土深度 0.7m	1. 土方开挖 2. 围护支撑 3. 场内运输 4. 平整夯实	m^3	85.51
2	1.1.2	040101003001	挖基坑土方	1. 土壤类别：Ⅲ类土 2. 挖土深度 2m 以内		m^3	75.53
	1.3	040103	D.1.3 填方及土方运输				
3	1.3.1	040103001001	沟槽回填土方	1. 填方材料品种：土方 2. 运距 1km	1. 填方 2. 压实	m^3	49.18
4	1.3.2	040103002001	余方弃置	1. 废弃料品种：土方 2. 运距 1km	余方点装料运输至弃置点	m^3	26.35
	2	04020	D.2. 道路工程				
	2.5	040205	D.2.5 交通管理设施				
	2.5.1	接线工作井					
5		040205001001	jXG-56	1. 混凝土强度等级，石料最大粒径：C20，5～20mm 2. 规格：jXG-56	浇筑	座	17
6		040205001002	jXG-76	1. 混凝土强度等级，石料最大粒径：C20，5～20mm 2. 规格：jXG-76		座	1
	2.5.2		电缆保护管铺设				
7		040205002001	电缆保护管铺设	1. 材料品种：PVC-U 塑料管 2. 规格：ϕ76 3. 基础材料品种，厚度：黄砂 200mm	电缆保护管制作、安装	m	508.5
8		040205002002		1. 材料品种：PVC-U 塑料管 2. 规格：ϕ89 3. 基础材料品种，厚度：黄砂 200mm		m	15
	2.5.3		柱式标杆				
9		040205003001	柱式标杆	1. 材料品种：无缝钢管 2. 规格：$\phi 60\times 2800$(mm) 3. 基础材料品种厚度、强度：混凝土 120mm，C25	1. 基础浇筑 2. 标杆制作、安装	套	9
10		040205003002		1. 材料品种：无缝钢管 2. 规格：$\phi 90\times 3400$(mm) 3. 基础材料品种厚度、强度：混凝土 120mm，C25	1. 基础浇筑 2. 标杆制作、安装	套	5
11		040205003003	柱式单弯标杆	1. 材料品种：无缝钢管 2. 规格：$\phi 90\times 3400$(mm) 3. 基础材料品种厚度、强度：混凝土 1500mm，C25	1. 基础浇筑 2. 标杆制作、安装	套	7
12		040205003004	柱式双弯标杆	1. 材料品种：无缝钢管 2. 规格：$\phi 90\times 3400$(mm) 3. 基础材料品种厚度、强度：混凝土 1500mm，C25	1. 基础浇筑 2. 标杆制作、安装	套	3
13		040205003005	柱式 F 标杆	1. 材料品种：无缝钢管 2. 规格：$\phi 114\times 5000$(mm) 3. 基础材料品种厚度、强度：混凝土 1500mm，C25	1. 基础浇筑 2. 标杆制作、安装	套	8
14		040205003006	柱式 3F 标杆	1. 材料品种：无缝钢管 2. 规格：$\phi 219\times 8000$(mm) 3. 基础材料品种厚度、强度：混凝土 1500mm，C25	1. 基础浇筑 2. 标杆制作、安装	套	7

续表

序号	项　次	项目编码	项目名称	项目特征	工程内容	计量单位	工程数量
	2.5.4		标志板				
15		040205004001	标志板	1. 材料品种：铝板 2. 规格：ϕ600×2(mm) 3. 基础材料品种厚度、强度：混凝土 1500mm，C25	标志板制作、安装	块	4
16		040205004002	标志板	1. 材料品种：铝板 2. 规格：ϕ800×2(mm) 3. 基础材料品种厚度、强度：混凝土 1500mm，C25	标志板制作、安装	块	9
17		040205004003	标志板	1. 材料品种：铝板 2. 规格：ϕ1000×2(mm) 3. 基础材料品种厚度、强度：混凝土 1500mm，C25	标志板制作、安装	块	18
18		040205004004	标志板	1. 材料品种：铝板 2. 规格：250mm×700mm×2m 3. 基础材料品种厚度、强度：混凝土 1500mm，C25	标志板制作、安装	块	4
19		040205004005	标志板	1. 材料品种：铝板 2. 规格：1200mm×1200mm×2m 3. 基础材料品种厚度、强度：混凝土 1500mm，C25	标志板制作、安装	块	2
20		040205004006	标志板	1. 材料品种：铝板 2. 规格：1100mm×2000mm×2m 3. 基础材料品种厚度、强度：混凝土 1500mm，C25	标志板制作、安装	块	2
21		040205004007	标志板	1. 材料品种：铝板 2. 规格：1500mm×1200mm×2m	标志板制作、安装	块	1
22		040205004008	标志板	1. 材料品种：铝板 2. 规格：2400mm×2800mm×3m	标志板制作、安装	块	1
23		040205004009	标志板	1. 材料品种：铝板 2. 规格：2400mm×4000mm×3m	标志板制作、安装	块	7
	2.5.5	视线诱导器					
43		040205005001	视线诱导器	类型：反光道等	安装	只	300
44		040205005002	视线诱导器	类型：路边线轮廓标灯	安装	只	300
	2.5.6		标线				
24		040205006001	标线	1. 油漆品种：热熔漆 2. 工艺：自行式划线车 3. 线型：实线	画线	km	4.19
25		040205006002	标线	1. 油漆品种：热熔漆 2. 工艺：自行式划线车 3. 线型：分界线 2m×4m	画线	km	0.431
26		040205006003	标线	1. 油漆品种：热熔漆 2. 工艺：自行式划线车 3. 线型：分界线 4m×6m	画线	km	3.53
	2.5.7		标记				
27		040205007001	标记	1. 油漆品种：热熔漆 2. 规格：3m 3. 形式：直行箭头	画线	个	6
28		040205007002	标记	1. 油漆品种：热熔漆 2. 规格：6m 3. 形式：直行箭头	画线	个	26

续表

序号	项　次	项目编码	项目名称	项目特征	工程内容	计量单位	工程数量
29		040205007003	标记	1. 油漆品种：热熔漆 2. 规格：6m 3. 形式：转弯箭头	画线	个	18
30		040205007004		1. 油漆品种：热熔漆 2. 规格：6m 3. 形式：直行转弯箭头	画线	个	6
31		040205007005		1. 油漆品种：热熔漆 2. 规格：6m 3. 形式：调头箭头	画线	个	2
32		040205007006		1. 油漆品种：热熔漆 2. 规格：6m 3. 形式：直行调头箭头	画线	个	1
33		040205007007		1. 油漆品种：热熔漆 2. 规格：6m 3. 形式：空心菱形预告标志	画线	个	18
34		040205007008		1. 油漆品种：热熔漆 2. 规格：6m 3. 形式：自行车图案	画线	个	6
35		040205007009		1. 油漆品种：热熔漆 2. 规格：3m 3. 形式：文字标记	画线	个	10
	2.5.8		横道线				
36		040205008001	横道线	形式：横道线	画线	m^2	362.4
37		040205008002	停车线	形式：停车线	画线	m^2	48.72
38		040205008003	斑马线	形式：斑马线	画线	m^2	71.28
39		040205008004	减速线	形式：减速线	画线	m^2	201.6
40	2.5.9	040205009001	清除标线	清除方法：化学清除	清除	m^2	200.4
	2.5.10		交通信号灯安装				
41		040205010001	交通信号灯安装	型号：jX-3EDⅢ交通人行信号灯	1. 基础浇筑 2. 安装	套	12
42		040205010002		型号：jX-3EDⅢ交通车行信号灯	1. 基础浇筑	套	12
45	2.5.13	040205013001	隔离护栏安装	1. 部位：人行道 2. 形式：全封闭 3. 规格：1200mm×ϕ50 4. 类型：二横档 5. 材料品种：焊接钢管 6. 基础材料品种强度：混凝土 C20	1. 基础浇筑 2. 安装	m	800
	2.5.14	040205014001	立电杆				
	2.5.15	040205015001	信号灯架空走线				
46	2.5.16	040205016001	信号机箱	1. 形式：埋地式 2. 规格：M5-B 型 3. 基础材料品种强度：混凝土 C20	1. 基础浇筑 2. 安装 3. 系统调试	只	1
	2.5.17		信号灯架				
47		040205017001	信号灯架	1. 形式：长悬臂 2. 规格：jX-68～13m 3. 基础材料品种强度：混凝土 C20	1. 基础浇筑 2. 安装 3. 系统调试	组	4
48		040205017002		1. 形式：单弯臂 2. 规格 L=5.5m 3. 基础材料品种强度：混凝土 C20	1. 基础浇筑 2. 安装 3. 系统调试	组	4

续表

序号	项 次	项目编码	项目名称	项目特征	工程内容	计量单位	工程数量
49		040205017003	信号灯架	1. 形式：柱式灯杆 2. 规格：2800mm×ϕ102mm×5mm 3. 基础材料品种强度：混凝土 C20	1. 基础浇筑 2. 安装 3. 系统调试	组	12
	2.5.18		管内穿线				
50		040205018001	管内穿线	1. 规格：2×7×10.9 2. 型号 RVV	穿线	km	0.008
51		040205018002		1. 规格：4×48/0.2 2. 型号 RVV	穿线	km	0.8455
	7	0407	D.7 钢筋工程				
	7.1	040701	D.7.1 钢筋工程				
52	7.1.1	040701001001	预埋铁件	1. 材质：钢材 2. 规格：M20×1200 ϕ75×3m×800mm	制作、安装	kg	1151
53	7.1.2	040701002001	非预应力钢筋	1. 材质：R235，HRB335 2. 部位：基础	制作、安装	t	0.297

(2) 措施项目清单(表 7-2)

措施项目清单……招表 5 **表 7-2**

序 号	项 次	项目编码	项目名称	单 位	数 量	备 注
	5		5 市政工程			
1	5.1	0501	大型机械进出场运输及安拆			
2	5.2	0502	混凝土、钢筋混凝土模板及支架			
3	5.3	0503	脚手架			
4	5.4	0504	施工排水、降水			
5	5.5	0505	围堰			
6	5.6	0506	筑岛			
7	5.7	0507	现场施工围栏			
8	5.8	0508	施工便道			
9	5.9	0509	便桥			
10	5.10	0510	洞内施工的通风、供水、供气、供电、照明及通信设施			
11	5.11	0511	驳岸块石清理			
12	5.12	沪 0512	地基加固			
13	5.13	沪 0513	地下监测			
14	5.14	临-001	堆场			

3. 分部分项工程量、措施项目清单计算方法

(1) 分部分项工程量清单(表 7-3)

分部分项工程量清单 **表 7-3**

清单序号	项次包括项目编码	项目名称及说明	计算公式及说明	计量单位	计算结果
	1	0401	D.1 土石方工程		
	1.1	040101	D.1.1 挖土方		

续表

清单序号	项次包括项目编码	项目名称及说明	计算公式及说明	计量单位	计算结果
	1.1.1	人工电缆沟槽挖土		m^3	85.51
			《交底培训讲义》第三册第一章人工挖填土包括基础挖土、电缆沟槽挖土、夯填土子目		
1	040101002001	1. 电缆沟槽挖土	（ⅠⅡ类土）		
		(1) 电缆沟槽长度	$L=1.5m+21.5m+15m+13.5m+36.5m+5.5m+9m+10m+12m+10m+40m=174.5m$		
		(2) 电缆沟槽挖土方	$V_1=174.5m\times0.7m\times0.7m=85.51m^3$		
			$V_2=174.5m\times(0.7m+0.5m)\times0.7m=146.58m^3$	m^3	146.58
	1.1.2	挖基坑土方		m^3	75.53
2	040101003001	1. 人工基础挖土	（Ⅲ类土）		
			《交底培训讲义》第三册第一章　基础挖土适用于标杆基础、信号灯杆基础、工井基础等的挖土		
		(1) 标杆基础			
		直杆(14个)	$V_{直杆}=(0.8m\times0.8m\times1.3m)\times14个=11.65m^3$		
		单弯杆(14个)	$V_{单弯杆}=(1m\times1m\times1.5m)\times14个=21m^3$		
		双弯杆(3个)	$V_{双弯杆}=(1m\times1m\times1.6m)\times3个=4.8m^3$		
		三F杆(7个)	$V_{三F杆}=(1.6m\times1.7m\times2m)\times7个=38.08m^3$		
		小计：	$\sum V_1=11.65m^3+21m^3+4.8m^3+38.08m^3=75.53m^3$		
		2. 基础挖土			
		直杆(14个)	$V_{直杆}=1/6\times1.3m\times[1.3m\times1.5m+3.25m\times3.45m+(1.3m+3.25m)\times(1.5m+3.45m)]\times14个=108.25m^3$		
		单弯杆(14个)	$V_{单弯杆}=1/3\times1.5m\times(1.5m\times1.5m+3.75m\times3.75m+1.5m\times3.75m)\times14个=153.56m^3$		
		双弯杆(3个)	$V_{双弯杆}=1/3\times1.5m\times(1.5m\times1.5m+3.9m\times3.9m+1.5m\times3.9m)\times3个=34.97m^3$		
		三F杆(7个)	$V_{三F杆}=1/6\times3m\times[2.1m\times2.2m+5.1m\times5.2m+(2.1m+5.1m)\times(2.2m+5.2m)]\times7个=295.47m^3$		
		小计：	$\sum V_1=108.25m^3+153.56m^3+34.97m^3+295.47m^3=592.25m^3$	m^3	592.25
	1.3	040103	D.1.3　填方及土方运输		
	1.3.1	沟槽回填土方		m^3	60.38
3	040103001001	电缆沟槽回填土方	$V_1=85.51m^3-(0.2m\times0.7m\times174.5+1\times1\times0.7\times1个)=60.38m^3$		
			$V_2=592.25m^3-60.38m^3=531.87m^3$	m^3	531.87
	1.3.2	余方弃置		m^3	15.13
4	040103002001	余土外运	余土＝挖土方－回填土方		
			$V_1=75.53m^3-60.38m^3=15.13m^3$		
			$V_2=592.25m^3-531.87m^3$	m^3	60.38
	2	0402	D.2　道路工程		
	2.5	040205	D.2.5　交通管理设施		
	2.5.1	接线工作井	《定额》第三册第一章说明　三、工作井定额中未包括电缆管接入工作井时的封头材料，应按实计算。 定额中已综合了铺垫层、混凝土配制、混凝土基础浇捣、砌井、水泥砂浆抹面、安装工作井盖座等全部工作内容		
5	040205001001	JXG-56工作井	17座	座	17
6	040205001002	JXG-76工作井	1座	座	1
7	2.5.2	铺设电缆保护管	PVC-U管		
			第3.1.1条　电缆保护管铺设长度按实埋长度；第3.1.2条(扣除工作井内净长度)计算。《定额》第三册第一章说明四、电缆保护管铺设定额中已包括连接管数量，但未包括砂垫层，砂垫层可按设计数量套用第五册排水管道工程的相应定额计算		

续表

清单序号	项次包括项目编码	项目名称及说明	计算公式及说明	计量单位	计算结果
7	040205002001	ϕ76 电缆保护管铺设		m	508.5
		1. 铺设长度	L=174.5m×3 道−5m×3 道=508.5m	m	508.5
		2. 沟槽回填黄砂 h=21cm	V=508.5m×0.21m×0.21m=22.42m^3	m^3	22.42
8	040205002002	ϕ89 电缆保护管铺设		m	15
		1. 铺设长度	L=5m×3=15.0m	m	15
		2. 沟槽回填黄砂 h=21cm	V=15.0m×0.21m×0.21m=0.66m^3	m^3	0.66
	2.5.3	标杆	第 3.2.1 条　标杆安装按规格以“直径×长度”表示，以套计算。 《定额》第三册第二章说明　三、柱式标杆安装定额中按单柱式编制。 若安装双柱式标杆时，按相应定额的 2 倍计算。 《交底培训讲义》第三册第一章　混凝土基础包括混凝土、模板和钢筋子目		
9	040205003001	柱式标杆 ϕ60×2800		套	9
		1. 安装	9 套	套	9
		2. 基础碎石垫层	h=10cm，V=(0.8m×0.8m×0.1m)×9 套=0.58m^3	m^3	0.58
		3. 基础商品混凝土 泵送商品混凝土 (5～40mm)C20	h=1.2m，V=(0.8m×0.8m×1.2m)×9 套=6.91m^3	m^3	6.91
10	040205003002	柱式标杆 ϕ90×3400		套	5
		1. 安装	5 套	套	5
		2. 基础碎石垫层	h=10cm，V=(0.8m×0.8m×0.1m)×5 套=0.32m^3	m^3	0.32
		3. 基础商品混凝土 泵送商品混凝土 (5～40mm)C20	h=1.0m，V=(0.8m×0.8m×1.0m)×5 套=3.2m^3	m^3	3.2
11	040205003003	单弯标杆 ϕ219×5200		套	7
		1. 安装	7 套	套	7
		2. 基础碎石垫层	h=10cm，V=(1.0m×1.0m×0.1m)×7 套=0.7m^3	m^3	0.7
		3. 基础商品混凝土 泵送商品混凝土 (5～40mm)C20	h=1.5m，V=(1.0m×1.0m×1.5m)×7 套=10.5m^3	m^3	10.5
12	040205003004	双弯标杆 ϕ219×5200		套	3
		1. 安装	3 套	套	3
		2. 基础碎石垫层	h=10cm，V=(1.0m×1.0m×0.1m)×3 套=0.3m^3	m^3	0.3
		3. 基础商品混凝土 泵送商品混凝土 (5～40mm)C20	h=1.5m，V=(1.0m×1.0m×1.5m)×3 套=4.5m^3	m^3	4.5
13	040205003005	F 标杆 ϕ114×5000	(红绿灯)	套	8
		1. 安装	8 套	套	8
		2. 基础碎石垫层	h=10cm，V=(0.8m×0.8m×0.1m)×8 套=0.51m^3	m^3	0.51
		3. 基础商品混凝土 泵送商品混凝土 (5～40mm)C20	h=1.125m，V=(0.8m×0.8m×1.125m)×8 套=5.76m^3	m^3	5.76
14	040205003006	三 F 标杆 ϕ219×8000		套	7
		1. 安装	7 套	套	7
		2. 基础碎石垫层		m^3	
		3. 基础商品混凝土 泵送商品混凝土 (5～40mm)C20	h=2.0m，V=(1.6m×1.7m×2.0m)×7 套=38.08m^3	m^3	38.08

续表

清单序号	项次包括项目编码	项目名称及说明	计算公式及说明	计量单位	计算结果
	2.5.4	标志板	第3.2.3条　圆形、三角形标志板安装按照面积套用定额，以块计算		
15	040205004001	ϕ600 高强级	4块	块 $1m^2$ 内	4
16	040205004002	ϕ800 高强级	9块	块 $1m^2$ 内	9
17	040205004003	ϕ1000 高强级	18块	块 $1m^2$ 内	18
18	040205004004	250×700 高强级	4块	块 $1m^2$ 内	4
19	040205004005	1200×1200 高强级	2块	块 $2m^2$ 内	2
20	040205004006	1100×2000 高强级	2块	块 $2m^2$ 内	2
21	040205004007	1500×2000 高强级	1块	块 $2m^2$ 内	1
22	040205004008	2400×2800 高强级	1块	块 $7m^2$ 内	1
23	040205004009	2400×4000 高强级	7块	块 $12m^2$ 内	7
	2.5.6	标线	热熔漆 《定额》第三册第三章说明　二、线条的定额宽度：实线及分界虚线为15cm，黄侧石线为20cm。若实际宽度与定额宽度不同时，材料数量可按比例换算。五、温漆子目中未包括反光材料，若发生时按实计算		
24	040205006001	实线	第3.3.1条　实线按设计长度计算。 L＝33.75m＋80m×2道＋56.25m×4道＋28.75m＋32.5m＋700m×4道＋40m×3道＋56.25×2道＋90m×4道＋33.75m×2道＋63.75m×2道＋61.25m×2道＝4190m	m	4190
		分界虚线			
25	040205006002	2m×4m 分界虚线	L＝40m×2＋83.25m×3道＝329.75m	m	329.75
26	040205006003	4m×6m 分界虚线	L＝82.5m×4道＋47.5m＋25m＋56.25m＋642.5m×2道＋660m×2道＋41.25m＋90m＋55m×2道＋63.72m＋27.5m＝3353.25m	m	3353.25
	2.5.7	标记	热熔漆		
			第3.2.3条　实线按设计长度计算。 《定额》第三册第三章说明　三、线条的其他材料费中已包括了护线帽的摊销，箭头、字符标记的其他材料费中已包括了模板的摊销，均不得另行计算。五、温漆子目中未包括反光材料，若发生时按实计算		
27	040205007001	3m 直行箭头	6个	个	6
28	040205007002	6m 直行箭头	26个	个	26
29	040205007003	6m 转弯箭头	18个	个	18
30	040205007004	6m 直行转弯箭头	6个	个	6
31	040205007005	6m 调头箭头	2个	个	2
32	040205007006	6m 直行调头箭头	1个	个	1
33	040205007007	菱形预告标志	18个	个	18
34	040205007008	自行车标记	6个	个	6
35	040205007009	文字标记 3m	第3.3.5条　文字标记按每个文字的整体外围作方高度计算。 《定额》第三册第三章说明　四、文字标记的高度应根据计算行车速度确定：计算行车速度≤40km/h时，字高为3m；计算行车速度为60～80km/h时，字高为6m；计算行车速度≥100km/h时，字高为9m。五、温漆子目中未包括反光材料，若发生时按实计算	个	10

续表

清单序号	项次包括项目编码	项目名称及说明	计算公式及说明	计量单位	计算结果
	2.5.8	横道线	热熔漆 第3.3.3条　横道线按实漆面积计算		
36	040205008001	横道线 400×6000、400×3000	$S=0.4m\times6m\times$(19根+39根+11根+34根+19根+28根)$+0.4m\times3m\times2$根$=362.4m^2$	m^2	362.4
37	040205008002	停车线　400	$S=0.4m\times(23.72m+11.25m+6.25m+22.5m+21.25m\times2+15.63m)=48.72m^2$	m^2	48.72
38	040205008003	斑马线　400×3000	$S=0.4m\times3m\times\sqrt{2}\times34$根$+1.5m\times\sqrt{2}\times16$根$=91.64m^2$	m^2	91.64
39	040205008004	减速线	$S=0.3m\times[11.25\times(4\times8$道$+4\times4$道$)+8.25\times4\times4]=201.6m^2$	m^2	201.6
	2.5.9	清除标线			
40	040205009001	化学清除标线	$L=200.4m$	m	200.4
	2.5.10	交通信号灯安装	第3.4.1条　交通信号灯安装以套计算		
41	040205010001	jX-3EDⅢ立交人行信号灯 1. 安装 2. 基础商品混凝土泵送商品混凝土(5～40mm)C20 3. 商品混凝土泵车输送	 12套 $V=(1.0m\times1.0m\times1.5m)\times12=18m^3$ $12.38m^3\times1.015m^3/m^3=12.5657m^3$	套 m^3	12 18
42	040205010002	jX-3EDⅢ立交车行信号灯 1. 安装 2. 基础商品混凝土 泵送商品混凝土 (5～40mm)C20	 12套 $V=(1.0m\times1.0m\times1.5m)\times12=18m^3$	套	12
	2.5.5	视线诱导器			
43	040205005001	反光道灯	300只	只	300
44	040205005002	路边线轮廓标灯	300只	只	300
	2.5.13	隔离护栏装置			
45	040205013001			m	800
		人行道全封闭隔离护栏 1. 护栏长度 2. 基础商品混凝土 泵送商品混凝土 (5～40mm)C20	第3.6.4条　人行道隔离护栏的安装长度按整段护栏首尾立杆之间的长度计算。 《定额》第三册第六章说明　一、4. 人行道隔离护栏(全封闭)为2m。 《交底培训讲义》第三册第一章 混凝土基础包括混凝土、模板和钢筋子目。 $L=100m/$道$\times8$道$=800m$ $V=(1.0m\times1.0m\times1.5m)\times8=12m^3$	 m m^3	 800 12
			《交底培训讲义》第三册第一章 混凝土基础包括混凝土、模板和钢筋子目		
	2.5.16	信号机箱	《交底培训讲义》第三册第一章 混凝土基础包括混凝土、模板和钢筋子目		
46	040205016001	M5-B型信号机箱 1. 安装落地式 2. 接地棒 3. 基础商品混凝土 泵送商品混凝土 (5～40mm)C20	 A 1根 $V=(1.0m\times1.0m\times1.5m)\times1=1.5m^3$	只 只 根 m^3	1 1 1.5

续表

清单序号	项次包括项目编码	项目名称及说明	计算公式及说明	计量单位	计算结果
	2.5.17	信号灯架	《交底培训讲义》第三册第一章 混凝土基础包括混凝土、模板和钢筋子目		
47	040205017001	JX-68-13m 长臂信号灯杆		组	4
		1. 安装灯架	4 组	组	4
		2. 基础商品混凝土 泵送商品混凝土 (5～40mm)C20	V=(1.0m×1.0m×1.5m)×4=6m^3	m^3	6
48	040205017002	5.5m 单弯信号灯杆		根	4
		1. 安装灯架	4 根		
		2. 基础商品混凝土 泵送商品混凝土 (5～40mm)C20	V=(1.0m×1.0m×1.5m)×4=6m^3	m^3	6
49	040205017003	3.5m 人行信号灯杆		根	12
		1. 安装灯架	12 根		
		2. 基础商品混凝土 泵送商品混凝土 (5～40mm)C20	V=(1.0m×1.0m×1.5m)×12=18m^3	m^3	18
	2.5.18	管内穿线			
50	040205018001	进线管(ϕ40)		m	8
			第 3.4.2 条　管内穿线长度按管内长度与余留长度之和计算 8 根×1.0m/根	m	8
51	040205018002	管内穿线		m	845.5
		导线(RVV4×48/0.2)	L=508.5m+15m+3.5m×12 套+5m×12 套=625.5m		
		电源线(BV2×7×0.9)	L=200m		
		接地线(铜芯线)	L=20m		
	7	0407	D.7　钢筋工程		
	7.1	040701	D.7.1　钢筋工程 总说明：第十六条　2. 钢筋可按设计数量(不再加损耗)直接套用相应定额计算。施工用筋经建设单位认可可以增列计算。 《定额》第三册第一章说明　二、混凝土基础定额中未包括基础下部预埋件，应另行计算。标杆、信号灯杆下部预埋件是在基础施工的同时埋入基础内，但考虑到不同规格的预埋件的含量差别较大，所以混凝土子目中未包括基础下部预埋件，应另行计算，但定额中已包括预埋件安装人工费。 《交底培训讲义》第三册第一章　混凝土基础包括混凝土、模板和钢筋子目		
	7.1.1	预埋铁件		t	1.15
52	040701001001	1. 预埋铁件 30kg 内		t	0.76
			① 人行道信号灯杆[(11.856kg+0.948kg+0.95kg+0.2kg+4.264kg)×29 个]÷1000kg/t=0.53t		
			② 双、单弯信号灯[(22.72kg+1.344kg+4.264kg+0.728kg+0.152kg)×4 个×2 个]÷1000kg/t=0.23t		
			小计：0.53t+0.23t=0.76t		
		2. 单位重 30kg 外		t	0.39
			三 F 杆 [(20kg+35.54kg)×7 个]÷1000kg/t=0.39t		
		合计：	$\sum t$=0.76t+0.39t=1.15t		
	7.1.2	非预应力钢筋		t	0.297
53	040701002002	三 F 杆	[(19.54kg+22.84kg)×7 个]÷1000kg/t=0.2961t		

(2) 措施项目清单(表 7-4)

措施项目清单(二) **表 7-4**

清单序号	项次包括项目编码	项目名称及说明	计算公式及说明	计量单位	计算结果
5	05	5 市政工程			
5.2	0502	5.2 混凝土、钢筋混凝土模板及支架 基础模板	总说明：第十六条 模板工程量除另有规定外，均按混凝土与模板的接触面积以平方米计算。《交底培训讲义》第三册第一章 混凝土基础包括混凝土、模板和钢筋子目。 0.8m×4 周×(1.2m×1.9 个+1.125m×8 个)+1m×4 周×1.5m×(7 个+3 个)+(1.6m+1.7m)×2m×2 个×7 个+(0.56m+0.86m)×4 周×17 个×1.03m+(0.76m+1.06m)×4 周×1.21m=292.80m^2	m^2	292.80
5.4	0504	5.4 施工排水、降水筑、拆竹笋滤井	第 1.1.4 条 筑拆集水井安排水管道，开槽埋管工程每 40m 设置一只，其他工程一般按每桩基坑设置一只，大型机坑按批准的施工组织设计确定。 38 座	项 座	1 38
5.7	0507	5.7 现场施工围栏 移动式施工路栏	第 1.1.6 条 施工路拦长度应根据施工现场实际需要设置，移动式路拦使用天数按施工合同计算。4693.33×60d÷100m·d=26.18/(100m·d)	100m·d	26.18

4. 单位工程费用汇总表(表 7-5)

单位工程费用汇总表……投表 4 **表 7-5**

序 号	项 目 名 称	金额(元)	序 号	项 目 名 称	金额(元)
1	分部分项工程量清单计价合计	729947	4	规费	1292
2	措施项目清单计价合计	12526	5	税金	25362
3	其他项目清单计价合计		6	总计	769128

5. 分部分项工程量、措施项目清单计价表(综合单价)

(1) 分部分项工程量清单计价(表 7-6)

分部分项工程量清单计价表(综合单价)……投表 5 **表 7-6**

清单序号	项 目 编 码	项 目 名 称	计 量 单 位	数 量	综 合 单 价
1	040101002001	挖沟槽土方	m^3	85.51	28.51
2	040101003001	挖基坑土方	m^3	75.53	113.60
3	040103001001	填方及土方运输	m^3	49.18	126.25
4	040103002001	余土场外运输	m^3	26.35	52.46
5	040205001001	JXG-56mm 接线工作井	座	17	363.67
6	040205001002	JXG-76mm 接线工作井	座	1	631.95
7	040205002001	ϕ76mm 电缆保护管铺设	m	508.5	40.95
8	040205002002	ϕ89mm 电缆保护管铺设	套	15	40.71
9	040205003001	ϕ60×2800(mm)柱式标杆	套	9	517.57
10	040205003002	ϕ90×3400(mm)柱式标杆	套	5	830.13
11	040205003003	ϕ219×5200(mm)单弯标杆	套	7	3526.44

续表

清单序号	项目编码	项目名称	计量单位	数　量	综合单价
12	040205003004	双弯杆 ϕ114×5050(mm)	套	5	2444.46
13	040205003005	ϕ114×5000(mm)柱式标杆	套	8	1589.03
14	040205003006	ϕ219×8500(mm)三F杆	块	7	11668.32
15	040205004001	ϕ600×2(mm)标志板	块	4	227.41
16	040205004002	ϕ800×2(mm)标志板	块	9	256.17
17	040205004003	ϕ1000×2(mm)标志板	块	18	284.93
18	040205004004	250×700×2(mm)标志板	块	4	200.70
19	040205004005	1200×1200×2(mm)标志板	块	2	732.20
20	040205004006	1100×2000×2(mm)标志板	块	2	1983.16
21	040205004007	1500×1200×2(mm)标志板	块	1	854.42
22	040205004008	2400×2800×3(mm)标志板	块	1	4073.79
23	040205004009	2400×4000×3(mm)标志板	km	7	1467.09
24	040205006001	标线实线	km	4.19	6891.29
25	040205006002	标线分界虚线(2m×4m)	km	0.43	3362.61
26	040205006003	标线分界虚线(4m×6m)	个	3.53	3735.63
27	040205007001	直行箭头×3m	个	6	170.00
28	040205007002	直行箭头×6m	个	26	313.08
29	040205007003	转弯箭头×6m	个	18	259.92
30	040205007004	直行转弯箭头×6m	个	6	343.48
31	040205007005	调头箭头×6m	个	2	309.42
32	040205007006	直行箭头×6m	个	1	309.41
33	040205007007	空心菱形预告标示(1m×2.5m)	个	18	165.94
34	040205007008	自行车图案(字高3m)	个	6	204.95
35	040205007009	文字标记(字高3m)	个	10	204.95
36	040205008001	横道线	m^2	362.4	82.91
37	040205008002	停车线	m^2	48.72	85.43
38	040205008003	导流线(斑马线)	m^2	71.28	85.43
39	040205008004	减让线	m^2	201.6	85.43
40	040205009001	化学清除标线	套	200.4	58.19
41	040205010001	JX-3EDⅢ人行信号灯	套	12	1382.07
42	040205010002	JX-3EDⅢ车行信号灯	只	12	1587.49
43	040205010003	反光道钉	只	300	49.62
44	040205010004	路边线轮廓标灯	m	300	169.74
45	040205013001	人行道隔离护栏	只	800	192.24
46	040205016001	M5-B型信号机箱	组	1	12907.91
47	040205017001	JX-68～13m悬臂式信号灯架	根	4	4856.11
48	040205017002	单悬臂 L=5.5m信号灯架	根	4	15013.68
49	040205017003	柱式信号灯杆 ϕ102×2800×5(mm)	km	12	1409.41
50	040205018001	管内穿电缆线RVV2×7/0.9	km	0.01	6775.62
51	040205018002	管内穿电缆线RVV4×48/0.2	km	0.85	6775.59
52	040701001001	预埋铁件	kg	1.15	6557.07
53	040701002001	非预应力钢筋	t	0.3	4308.46

(2) 措施项目清单计价(表 7-7)

措施项目清单计价表(综合单价)……投表 6　　　　表 7-7

序　号	项目编码	项目名称	计量单位	数　量	综合单价
		措施项目(二)			
5		5　市政工程			
5.1	0502	混凝土、钢筋混凝土模板及支架	m^2	292.80	29.47
5.2	0504	施工排水、降水	座	38	45.82
5.3	0507	现场施工围栏	100m·d	2618	0.29

6. 分部分项工程量清单计价分析表(表 7-8)

分部分项工程量清单计价分析表……投表 10　　　　表 7-8

工程名称：交通设施-清单

编制单位：

编号		名　称	单位	综合单价 工料单价	工程量	人工费	材料费	机械费	周材运输费	管理费	安全防护、文明	规费	税金	合计	总计
1		2	3	4	5	6	7	8	9	10	11	12	13	14	15
				4=14/5										6～11	6～13
040101002001		挖沟槽土方	m^3	28.51	85.51							4.24	83.27	2438	2525
1	S3-1-5	电缆沟槽人工挖土(Ⅰ、Ⅱ类)	11.26	146.58	1650.34			8.25	742.65	36.49	4.24	83.27	2438	2525	2525
040101003001		挖基坑土方	m^3	113.60	75.53							14.93	293.09	8580	8888
2	S3-1-2	基础人工挖土(Ⅲ类)	11.69	496.71	5808.71			29.04	2613.92	128.43	14.93	293.09	8580	8888	8888
040103001001		填方及土方运输	m^3	126.25	49.18							10.80	212.10	6209	6432
3	S3-1-4	夯填土	9.39	447.53	4203.48			21.02	1891.57	92.94	10.80	212.10	6209	6432	6911
040103002001		余土场外运输	m^3	52.46	26.35							2.41	47.22	1382	1432
4	ZSM19-1-1	土方场外运输	27.50	49.18			1352.45		0.00	29.75	2.41	47.22	1382	1432	4729
040205001001		JXG-56mm 接线工作井	座	363.67	17.00							10.76	211.19	6182	6404
5	S3-1-12	JXG-56 工井　现浇混凝土(5～20mm)C20	座	338.09	17.00	620.05	5127.55		28.74	279.02	127.08	10.76	211.19	6182	6404
040205001002		JXG-76mm 接线工作井	座	631.95	1.00							1.10	21.59	632	655
6	S3-1-13	JXG-76 工作井　现浇混凝土(5～20mm)C20	座	594.13	1.00	48.26	545.87		2.97	21.72	13.14	1.10	21.59	632	655
040205002001		ϕ76mm 电缆保护管铺设	m	40.95	508.50							34.98	686.70	20103	20825

续表

编号		名　　称	单位	综合单价	工程量	人工费	材料费	机械费	周材运输费	管理费	安全防护、文明	规费	税金	合计	总计
				工料单价											
	1	2	3	4	5	6	7	8	9	10	11	12	13	14	15
				4=14/5										6～11	6～13
7	S3-1-15	铺设 ϕ76 电缆保护管	m	32.38	508.50	1910.12	14556.21		82.33	859.55	364.07	30.92	607.09	17772	18410
8	S5-1-39	沟槽回填黄砂	m^3	100.24	21.42	278.11	1859.84	9.27	10.74	125.15	47.48	4.06	79.61	2331	2414
040205002002		ϕ89mm 电缆保护管铺设		40.71	15.00							1.03	20.14	590	611
9	S3-1-15	铺设 ϕ76 电缆保护管	m	32.38	15.00	56.35	429.39		2.43	25.36	10.74	0.91	17.91	524	543
10	S5-1-39	沟槽回填黄砂	m^3	100.24	0.60	7.79	52.10	0.26	0.30	3.51	1.33	0.11	2.23	65	68
040205003001		ϕ60×2800（mm）柱式标杆	套	517.57	9.00							7.82	153.60	4497	4658
11	S3-2-1	安装柱式标杆（ϕ60×3000 以内）	套	230.66	9.00	134.68	1810.17	131.11	10.38	60.61	45.90	3.82	74.91	2193	2272
12	S3-1-8	碎石垫层	m^3	108.11	0.58	13.04	49.67		0.31	5.87	1.39	0.12	2.40	70	73
13	S3-1-9	混凝土基础　现浇混凝土(5～20mm)C20	m^3	275.62	6.91	616.47	1285.82	2.26	9.52	277.41	42.11	3.89	76.30	2234	2314
040205003002		ϕ90×3400mm 柱式标杆	套	830.13	5.00							7.22	141.78	4151	4300
14	S3-2-2	安装柱式标杆（ϕ90×5000 以内）	套	591.06	5.00	93.52	2770.00	91.78	14.78	42.08	65.34	5.35	105.13	3078	3188
15	S3-1-8	碎石垫层	m^3	108.11	0.32	7.19	27.40		0.17	3.24	0.76	0.07	1.32	39	40
16	S3-1-9	混凝土基础　现浇混凝土(5～20mm)C20	m^3	275.62	3.20	285.49	595.46	1.05	4.41	128.47	19.50	1.80	35.33	1034	1072
040205003003		ϕ219×5200mm 单弯标杆	套	3526.44	7.00							42.95	843.23	24685	25571
17	S3-2-7	安装弯杆（ϕ219×5200 以内）	套	2933.11	7.00	261.87	19664.40	605.52	102.66	117.84	453.96	36.90	724.39	21206	21968
18	S3-1-8	碎石垫层	m^3	108.11	0.70	15.73	59.94		0.38	7.08	1.67	0.15	2.90	85	88
19	S3-1-9	混凝土基础　现浇混凝土(5～20mm)C20	m^3	275.62	10.50	936.75	1953.85	3.43	14.47	421.54	63.99	5.91	115.94	3394	3516
040205003004		双弯杆 ϕ114×5050mm	套	2444.46	5.00							20.53	403.04	11799	12222
20	S3-2-8	安装双弯杆（ϕ114×5050 以内）	套	1992.57	5.00	166.29	9412.50	384.07	49.81	74.83	220.28	17.94	352.11	10308	10678
21	S3-1-8	碎石垫层	m^3	108.11	0.30	6.74	25.69		0.16	3.03	0.72	0.06	1.24	36	38
22	S3-1-9	混凝土基础　现浇混凝土(5～20mm)C20	m^3	275.62	4.50	401.47	837.36	1.47	6.20	180.66	27.42	2.53	49.69	1455	1507
040205003005		ϕ114×5000mm 柱式标杆	套	1589.03	8.00							21.35	419.19	12272	12712
23	S3-2-6	安装弯杆（ϕ114×5000 以内）	套	1246.25	8.00	239.42	9176.96	553.62	49.85	107.74	220.44	18.01	353.48	10348	10720

续表

编号		名　称	单位	综合单价 工料单价	工程量	人工费	材料费	机械费	周材运输费	管理费	安全防护、文明	规费	税金	合计	总计
1		2	3	4	5	6	7	8	9	10	11	12	13	14	15
				4=14/5										6~11	6~13
24	S3-1-8	碎石垫层	m^3	108.11	0.51	11.46	43.67		0.28	5.16	1.22	0.11	2.11	62	64
25	S3-1-9	混凝土基础　现浇混凝土(5～20mm)C20	m^3	275.62	5.76	513.88	1071.82	1.88	7.94	231.25	35.10	3.24	63.60	1862	1929
040205003006		φ219×8500mm 三F杆	套	11668.32	7.00							142.12	2790.07	81678	84610
26	S3-2-15	安装三F杆(φ219×8500 以内)	套	9612.21	7.00	598.63	65301.39	1385.42	336.43	269.38	1487.68	120.72	2369.94	69379	71870
27	S3-1-9	混凝土基础　现浇混凝土(5～20mm)C20	m^3	275.62	38.05	3394.62	7080.37	12.43	52.44	1527.58	231.88	21.40	420.14	12299	12741
040205004001		φ600×2(mm)标志板	块	227.41	4.00							1.58	31.07	910	942
28	S3-2-25	安装φ600×2(mm)标志板	块	214.85	4.00	59.86	441.84	357.70	4.30	26.94	19.00	1.58	31.07	910	942
040205004002		φ800×2(mm)标志板	块	256.17	9.00							4.01	78.75	2306	2388
29	S3-2-25	安装φ800×2(mm)标志板	块	242.85	9.00	134.68	1246.14	804.83	10.93	60.61	48.32	4.01	78.75	2306	2388
040205004003		φ1000×2(mm)标志板	块	284.93	18.00							8.92	175.19	5129	5313
30	S3-2-25	安装φ1000×2(mm)标志板	块	270.85	18.00	269.35	2996.28	1609.67	24.38	121.21	107.79	8.92	175.19	5129	5313
040205004004		250×700×2(mm)标志板	块	200.70	4.00							1.40	27.42	803	832
31	S3-2-25	安装 250×700×2(mm)标志板	块	188.85	4.00	59.86	337.84	357.70	3.78	26.94	16.70	1.40	27.42	803	832
040205004005		1200×1200×2(mm)标志板	块	732.20	2.00							2.55	50.02	1464	1517
32	S3-2-26	安装 1200×1200×2(mm)标志板	块	703.53	2.00	42.65	1108.66	255.76	7.04	19.19	31.11	2.55	50.02	1464	1517
040205004006		1100×2000×2(mm)标志板	块	1983.16	2.00							6.90	135.49	3966	4109
33	S3-2-27	安装 1100×2000×2(mm)标志板	块	1911.15	2.00	89.78	3374.82	357.70	19.11	40.40	84.51	6.90	135.49	3966	4109
040205004007		1500×1200×2(mm)标志板	块	854.42	1.00							1.49	29.19	854	885
34	S3-2-26	安装 1500×1200×2(mm)标志板	块	822.53	1.00	21.32	673.33	127.88	4.11	9.59	18.19	1.49	29.19	854	885

续表

编号		名称	单位	综合单价 工料单价	工程量	人工费	材料费	机械费	周材运输费	管理费	安全防护、文明	规费	税金	合计	总计
1		2	3	4	5	6	7	8	9	10	11	12	13	14	15
				4=14/5										6～11	6～13
040205004008		2400×2800×3(mm)标志板	块	4073.79	1.00							7.09	139.16	4074	4220
35	S3-2-28	安装2400×2800×3(mm)标志板	块	3933.48	1.00	74.82	3635.10	223.56	19.67	33.67	86.97	7.09	139.16	4074	4220
040205004009		2400×4000×3(mm)标志板	块	1467.09	7.00							17.87	350.80	10270	10638
36	S3-2-30	安装2400×4000×3(mm)标志板	块	1375.92	7.00	837.98	6289.50	2503.93	48.16	377.09	212.95	17.87	350.80	10270	10638
040205006001		标线实线	km	6891.29	4.19							50.24	986.33	28874	29911
37	S3-3-3	标线实线(热熔漆)	km	6610.33	4.19	947.46	21740.72	5009.09	138.49	426.36	612.39	50.24	986.33	28874	29911
040205006002		标线分界虚线(2m×4m)	km	3362.61	0.43							2.52	49.39	1446	1498
38	S3-3-6	标线分界虚线(2m×4m)(热熔漆)	km	3172.10	0.43	99.85	736.29	527.87	6.82	44.93	30.16	2.52	49.39	1446	1498
040205006003		标线分界虚线(4m×6m)	km	3735.63	3.53							22.94	450.45	13187	13660
39	S3-3-12	标线分界虚线(4m×6m)(热熔漆)	km	3535.29	3.53	819.67	7326.47	4333.45	62.40	368.85	275.92	22.94	450.45	13187	13660
040205007001		直行箭头×3m	个	170.00	6.00							1.77	34.84	1020	1057
40	S3-3-24	直行箭头(3m)(热熔漆)	个	153.68	6.00	162.00	213.67	546.44	4.61	72.90	20.39	1.77	34.84	1020	1057
040205007002		直行箭头×6m	个	313.08	26.00							14.16	278.06	8140	8432
41	S3-3-27	直行箭头(6m)(热熔漆)	个	290.03	26.00	877.50	3703.49	2959.89	37.70	394.88	166.73	14.16	278.06	8140	8432
040205007003		转弯箭头×6m	个	259.92	18.00							8.14	159.81	4678	4846
42	S3-3-36	转弯箭头(6m)(热熔漆)	个	238.27	18.00	607.50	1632.18	2049.16	21.44	273.38	94.83	8.14	159.81	4678	4846
040205007004		直行转弯箭头×6m	个	343.48	6.00							3.59	70.40	2061	2135
43	S3-3-45	直行转弯箭头(6m)(热熔漆)	个	315.19	6.00	263.25	739.91	887.97	9.46	118.46	41.81	3.59	70.40	2061	2135
040205007005		调头箭头×6m	个	309.42	2.00							1.08	21.14	619	641
44	S3-3-54	调头箭头(6m)(热熔漆)	个	286.47	2.00	67.50	277.75	227.68	2.86	30.38	12.67	1.08	21.14	619	641
040205007006		直行箭头×6m	个	309.41	1.00							0.54	10.57	309	321

续表

编号		名　称	单位	综合单价 工料单价	工程量	人工费	材料费	机械费	周材运输费	管理费	安全防护、文明	规费	税金	合计	总计
1		2	3	4	5	6	7	8	9	10	11	12	13	14	15
				4=14/5										6～11	6～13
45	S3-3-54	直行箭头(6m)(热熔漆)	个	286.47	1.00	33.75	138.87	113.84	1.43	15.19	6.33	0.54	10.57	309	321
040205007007		空心菱形预告标示(1m×2.5m)	个	165.94	18.00							5.20	102.03	2987	3094
46	S3-3-72	菱形预告标示(1m×2.5m)(热熔漆)	个	149.73	18.00	486.00	569.77	1639.32	13.48	218.70	59.59	5.20	102.03	2987	3094
040205007008		自行车图案(字高3m)	个	204.95	6.00							2.14	42.01	1230	1274
47	S3-3-60	自行车图案(字高3m)(热熔漆)	个	177.64	6.00	299.90	356.11	409.83	5.33	134.96	23.57	2.14	42.01	1230	1274
040205007009		文字标记(字高3m)	个	204.95	10.00							3.57	70.01	2049	2123
48	S3-3-60	文字标记(字高3m)(热熔漆)	个	177.64	10.00	499.84	593.51	683.05	8.88	224.93	39.28	3.57	70.01	2049	2123
040205008001		横道线	m^2	82.91	362.40							52.28	1026.37	30047	31125
49	S3-3-18	横道线(热熔漆)	m^2	69.04	362.40	9662.49	11437.07	3920.62	125.10	4348.12	553.20	52.28	1026.37	30047	31125
040205008002		停车线	m^2	85.43	48.72							7.24	142.18	4162	4312
50	S3-3-18 系	停车线(热熔漆)	m^2	70.91	48.72	1363.95	1537.57	553.43	17.27	613.78	76.39	7.24	142.18	4162	4312
040205008003		导流线(斑马线)	m^2	85.43	71.28							10.60	208.02	6090	6308
51	S3-3-18 系	导流线(斑马线)(热熔漆)	m^2	70.91	71.28	1995.53	2249.54	809.70	25.27	897.99	111.76	10.60	208.02	6090	6308
040205008004		减让线	m^2	85.43	201.60							29.97	588.35	17224	17842
52	S3-3-18 系	减让线(热熔漆)	m^2	70.91	201.60	5643.92	6362.34	2290.06	71.48	2539.76	316.09	29.97	588.35	17224	17842
040205009001		化学清除标线	m^2	58.19	200.40							20.29	398.37	11662	12081
53	S3-3-21	化学清除标线	m^2	49.27	200.40	3381.75	6490.96		49.36	1521.79	218.29	20.29	398.37	11662	12081
040205010001		JX-3EDⅢ人行信号灯	套	1099.23	12.00		m^2					22.95	450.59	13191	13664
54	S3-4-18	安装人行信号灯JX-3EDⅢ	套	1053.83	12.00	448.92	11760.00	437.03	63.23	202.01	279.60	22.95	450.59	13191	13664
040205010002		JX-3EDⅢ车行信号灯	套	1304.65	12.00							27.24	534.79	15656	16218
55	S3-4-18	安装交通信号灯JX-3EDⅢ	套	1253.83	12.00	448.92	14160.00	437.03	75.23	202.01	332.67	27.24	534.79	15656	16218
040205010003		反光道钉	只	49.62	300.00							25.90	508.47	14885	15420

续表

编号		名　称	单位	综合单价 工料单价	工程量	人工费	材料费	机械费	周材运输费	管理费	安全防护、文明	规费	税金	合计	总计
1		2	3	4	5	6	7	8	9	10	11	12	13	14	15
				4=14/5										6～11	6～13
56	S3-2-32	安装反光道钉	只	47.00	300.00	897.84	12270.00	931.26	70.50	404.03	311.73	25.90	508.47	14885	15420
	040205010004	路边线轮廓标灯	只	169.74	300.00							88.60	1739.41	50921	52749
57	S3-2-33	安装路边线轮廓标	只	163.94	300.00	897.84	47411.28	874.05	245.92	404.03	1087.44	88.60	1739.41	50921	52749
	040205013001	人行道隔离护栏	m	192.24	800.00							267.59	5253.33	153789	159310
58	S3-6-5	全封闭人行道隔离护栏　现浇混凝土(5～20mm)C20	m	180.49	800.00	3292.08	138535.41	2563.88	721.96	1481.44	3192.49	260.63	5116.63	149787	155165
59	S3-1-9	混凝土基础　现浇混凝土(5～20mm)C20	m^3	275.62	12.38	1104.48	2303.68	4.05	17.06	497.02	75.44	6.96	136.70	4002	4145
	040205016001	M5-B型信号机箱	只	9513.88	1.00							16.55	324.99	9514	9855
60	S3-4-6	安装落地式信号机箱M5-B型	只	9033.85	1.00	187.05	8810.38	36.42	45.17	84.17	199.74	16.29	319.83	9363	9699
61	S3-4-7	安装接地棒	根	139.43	1.00	17.21	105.89	16.33	0.70	7.74	3.08	0.26	5.16	151	156
	040205017001	JX-68～13m悬臂式信号灯架	组	4856.11	4.00							33.80	663.53	19424	20122
62	S3-4-10	安装悬臂式信号灯架JX-68～13m	组	4236.20	4.00	179.57	15574.08	1191.15	84.72	80.81	374.65	30.42	597.28	17485.	18113
63	S3-1-9	混凝土基础　现浇混凝土(5～20mm)C20	m^3	275.62	6.00	535.29	1116.48	1.96	8.27	240.88	36.56	3.37	66.25	1939	2009
	040205017002	单悬臂$L=5.5m$信号灯架	根	15013.68	4.00							104.50	2051.43	60055	62211
64	S3-4-12	安装单悬臂$L=5.5m$信号灯架	根	14120.76	4.00	224.46	54963.64	1294.93	282.42	101.01	1248.84	101.12	1985.18	58115	60202
65	S3-1-9	混凝土基础　现浇混凝土(5～20mm)C20	m^3	275.62	6.00	535.29	1116.48	1.96	8.27	240.88	36.56	3.37	66.25	1939	2009
	040205017003	柱式信号灯杆$\phi102\times2800\times5$(mm)	根	1409.41	12.00							29.43	577.73	16913	17520
66	S3-4-13	安装柱式信号灯杆$\phi102\times2800\times5$(mm)	根	894.00	12.00	168.34	10040.64	519.01	53.64	75.75	237.20	19.30	378.98	11095	11493
67	S3-1-9	混凝土基础　现浇混凝土(5～20mm)C20	m^3	275.62	18.00	1605.87	3349.45	5.88	24.81	722.64	109.69	10.12	198.75	5818	6027
	040205018001	管内穿电缆线RVV2×7/0.9	km	6775.62	0.01							0.12	2.31	68	70
68	S3-4-14	管内穿电缆线RVV2×7/0.9	km	6180.76	0.01	9.49	49.89	2.43	0.31	4.27	1.37	0.12	2.31	68	70
	040205018002	管内穿电缆线RVV4×48/0.2	km	6775.59	0.85							10.02	196.73	5759	5966

续表

编号		名　称	单位	综合单价 工料单价	工程量	人工费	材料费	机械费	周材运输费	管理费	安全防护、文明	规费	税金	合计	总计
1		2	3	4	5	6	7	8	9	10	11	12	13	14	15
				4=14/5										6～11	6～13
69	S3-4-14	管内穿电缆线RVV4×48/0.2	km	6180.76	0.85	807.05	4240.31	206.29	26.27	363.17	116.16	10.02	196.73	5759	5966
040701001001		预埋铁件	t	6557.07	1.15							13.12	257.58	7541	7811
70	S1-1-25	预埋铁件(单件重≤30kg)	t	6561.53	0.76	942.13	3726.51	318.13	24.93	423.96	110.26	9.65	189.44	5546	5745
71	S1-1-26	预埋铁件(单件重>30kg)	t	4801.88	0.39	158.25	1579.31	135.17	9.36	71.21	41.41	3.47	68.14	1995	2066
040701002001		非预应力钢筋	t	4308.46	0.30							2.25	44.15	1293	1339
72	S3-1-11	基础钢筋	t	3926.05	0.30	183.97	987.37	6.48	5.89	82.79	26.04	2.25	44.15	1293	1339
0502		施工措施项目—混凝土模板、支架	m^2	29.47	292.80							17.43	342.26	10020	10379
73	S3-1-10	基础模板	m^2	24.92	292.80	2926.12	4446.73	1100.24	42.37	1316.75	187.34	17.43	342.26	10020	10379
0504		施工措施项目—施工排水、降水	座	45.82	38.00							3.03	59.47	1741	1804
74	S1-1-11	筑拆竹箩滤井	座	40.47	38.00	358.84	1179.00		7.69	161.48	34.00	3.03	59.47	1741	1804
0507		施工措施项目—施工路栏	m·d	0.29	2618.00							1.33	26.14	765	793
75	S1-1-15	移动式施工路栏	100m·d	26.74	26.18	102.74	444.75	152.52	3.50	46.23	15.48	1.33	26.14	765	793

7. 施工图预算书(表 7-9)

施 工 图 预 算 书　　　　**表 7-9**

工程名称：交通设施-预

编制单位：

序　号	定额编号	名　称	单　位	单　价	工 程 量	合　价
						769128
1	S3-1-5	电缆沟槽人工挖土(Ⅰ、Ⅱ类)	m^3	11.26	146.58	1650
2	S3-1-2	基础人工挖土(Ⅲ类)	m^3	11.69	496.71	5809
3	S3-1-4	夯填土	m^3	9.39	447.53	4203
4	ZSM19-1-1	土方场外运输	m^3	27.50	49.18	1352
5	S3-1-12	JXG-56 工井　现浇混凝土(5～20mm)C20	座	338.09	17.00	5748
6	S3-1-13	JXG-76 工井　现浇混凝土(5～20mm)C20	座	594.13	1.00	594
7	S3-1-15	铺设 ϕ76 电缆保护管	m	32.38	508.50	16466
8	S5-1-39	沟槽回填黄砂	m^3	100.24	21.42	2147
9	S3-1-15	铺设 ϕ76 电缆保护管	m	32.38	15.00	486
10	S5-1-39	沟槽回填黄砂	m^3	100.24	0.66	66
11	S3-2-1	安装柱式标杆(ϕ60×3000 以内)	套	230.66	9.00	2076

续表

序　号	定额编号	名　　称	单　位	单　价	工程量	合　价
12	S3-1-8	碎石垫层	m^3	108.11	0.58	63
13	S3-1-9	混凝土基础　现浇混凝土(5～20mm)C20	m^3	275.62	6.91	1905
14	S3-2-2	安装柱式标杆(φ90×5000 以内)	套	591.06	5.00	2955
15	S3-1-8	碎石垫层	m^3	108.11	0.32	35
16	S3-1-9	混凝土基础　现浇混凝土(5～20mm)C20	m^3	275.62	3.20	882
17	S3-2-7	安装弯杆(φ219×5200 以内)	套	2933.11	7.00	20532
18	S3-1-8	碎石垫层	m^3	108.11	0.70	76
19	S3-1-9	混凝土基础　现浇混凝土(5～20mm)C20	m^3	275.62	10.50	2894
20	S3-2-8	安装双弯杆(φ114×5050 以内)	套	1992.57	5.00	9963
21	S3-1-8	碎石垫层	m^3	108.11	0.30	32
22	S3-1-9	混凝土基础　现浇混凝土(5～20mm)C20	m^3	275.62	4.50	1240
23	S3-2-6	安装弯杆(φ114×5000 以内)	套	1246.25	8.00	9970
24	S3-1-8	碎石垫层	m^3	108.11	0.51	55
25	S3-1-9	混凝土基础　现浇混凝土(5～20mm)C20	m^3	275.62	5.76	1588
26	S3-2-15	安装三 F 杆(φ219×8500 以内)	套	9612.21	7.00	67285
27	S3-1-9	混凝土基础　现浇混凝土(5～20mm)C20	m^3	275.62	38.08	10496
28	S3-2-25	安装 φ600×2(mm)标志板	块	214.85	4.00	859
29	S3-2-25	安装 φ800×2(mm)标志板	块	242.85	9.00	2186
30	S3-2-25	安装 φ1000×2(mm)标志板	块	270.85	18.00	4875
31	S3-2-25	安装 250×700×2(mm)标志板	块	188.85	4.00	755
32	S3-2-26	安装 1200×1200×2(mm)标志板	块	703.53	2.00	1407
33	S3-2-27	安装 1100×2000×2(mm)标志板	块	1911.15	2.00	3822
34	S3-2-26	安装 1500×1200×2(mm)标志板	块	822.53	1.00	823
35	S3-2-28	安装 2400×2800×3(mm)标志板	块	3933.48	1.00	3933
36	S3-2-30	安装 2400×4000×3(mm)标志板	块	1375.92	7.00	9631
37	S3-3-3	标线实线(热熔漆)	km	6610.33	4.19	27697
38	S3-3-6	标线分界虚线(2m×4m)(热熔漆)	km	3172.10	0.43	1364
39	S3-3-12	标线分界虚线(4m×6m)(热熔漆)	km	3535.29	3.53	12480
40	S3-3-24	直行箭头(3m)(热熔漆)	个	153.68	6.00	922
41	S3-3-27	直行箭头(6m)(热熔漆)	个	290.03	26.00	7541
42	S3-3-36	转弯箭头(6m)(热熔漆)	个	238.27	18.00	4289
43	S3-3-45	直行转弯箭头(6m)(热熔漆)	个	315.19	6.00	1891
44	S3-3-54	调头箭头(6m)(热熔漆)	个	286.47	2.00	573
45	S3-3-54	直行箭头(6m)(热熔漆)	个	286.47	1.00	286
46	S3-3-72	菱形预告标示(1m×2.5m)(热熔漆)	个	149.73	18.00	2695
47	S3-3-60	自行车图案(字高 3m)(热熔漆)	个	177.64	6.00	1066
48	S3-3-60	文字标记(字高 3m)(热熔漆)	个	177.64	10.00	1776
49	S3-3-18	横道线(热熔漆)	m^2	69.04	362.40	25020
50	S3-3-18 系	停车线(热熔漆)	m^2	70.91	48.72	3455
51	S3-3-18 系	导流线(斑马线)(热熔漆)	m^2	70.91	71.28	5055
52	S3-3-18 系	减让线(热熔漆)	m^2	70.91	201.60	14296
53	S3-3-21	化学清除标线	m^2	49.27	200.40	9873
54	S3-4-18	安装人行信号灯 JX-3EDⅢ	套	1053.83	12.00	12646

续表

序号	定额编号	名称	单位	单价	工程量	合价
55	S3-1-9	混凝土基础 现浇混凝土(5～20mm)C20	m^3	275.62	10.50	2894
56	S3-4-18	安装交通信号灯 JX-3EDⅢ	套	1253.83	12.00	15046
57	S3-1-9	混凝土基础 现浇混凝土(5～20mm)C20	m^3	275.62	10.50	2894
58	S3-2-32	安装反光道钉	只	47.00	300.00	14099
59	S3-2-33	安装路边线轮廓标	只	163.94	300.00	49183
60	S3-6-5	全封闭人行道隔离护栏 现浇混凝土(5～20mm)C20	m	180.49	800.00	144391
61	S3-1-9	混凝土基础 现浇混凝土(5～20mm)C20	m^3	275.62	12.38	3412
62	S3-4-6	安装落地式信号机箱 M5-B 型	只	9033.85	1.00	9034
63	S3-4-7	安装接地棒	根	139.43	1.00	139
64	S3-1-9	混凝土基础 现浇混凝土(5～20mm)C20	m^3	275.62	10.50	2894
65	S3-4-10	安装悬臂式信号灯架 JX-6 8～13m	组	4236.20	4.00	16945
66	S3-1-9	混凝土基础 现浇混凝土(5～20mm)C20	m^3	275.62	6.00	1654
67	S3-4-12	安装单悬臂 L=5.5m 信号灯架	根	14120.76	4.00	56483
68	S3-1-9	混凝土基础 现浇混凝土(5～20mm)C20	m^3	275.62	6.00	1654
69	S3-4-13	安装柱式信号灯杆 ϕ102×2800×5(mm)	根	894.00	12.00	10728
70	S3-1-9	混凝土基础 现浇混凝土(5～20mm)C20	m^3	275.62	18.00	4961
71	S3-4-14	管内穿电缆线 RVV2×7/0.9	km	6180.76	0.01	62
72	S3-4-14	管内穿电缆线 RVV4×48/0.2	km	6180.76	0.85	5254
73	S1-1-25	预埋铁件(单件重≤30kg)	t	6561.53	0.76	4987
74	S1-1-26	预埋铁件(单件重>30kg)	t	4801.88	0.39	1873
75	S3-1-11	基础钢筋	t	3926.05	0.30	1178
76	S3-1-10	基础模板	m^2	24.92	292.80	8473
77	S1-1-11	筑拆竹箩滤井	座	40.47	38.00	1538
78	S1-1-15	移动式施工路栏	100m·d	26.74	26.18	700

8. 施工图预算费用表(表 7-10)

施工图预算费用表 **表 7-10**

1	定额直接费	直接费合计	690895
2	大型周材运输费	[1]×0.5%	3454
3	土方泥浆外运费	土方泥浆外运费	1352
4	直接费	[1]+[2]+[3]	695702
5	人工费	人工费合计	69925
6	综合费	[5]×45%	31466
7	安全防护、文明	[4]×2.2%	15305
8	施工措施费	施工措施费	
9	其他费用	([4]+[6]+[7]+[8])×(0.074%+0.1%)	1292
10	税前补差	税前补差	
11	税金	([4]+[6]+[7]+[8]+[9]+[10])×3.41%	25362
12	-甲供材料	-甲供材料	
13	税后补差	税后补差	
14	总造价	[4]+[6]+[7]+[8]+[9]+[10]+[11]+[12]+[13]	769128

9. 工程综合实体单价分析表［项目编码暨子目编号顺序对应编列］

(1) 分部分项工程项目清单(表 7-11)

分部分项工程项目清单　　表 7-11

序号	项目编码	项目名称	计量单位	数　量	综合单价 工料单价	预算顺序号
1	040101002001	挖沟槽土方	m^3	85.51	28.51	
	S3-1-5	电缆沟槽人工挖土(ⅠⅡ类)	m^3	146.58	11.26	1
2	040101003001	挖基坑土方	m^3	76.93	113.60	
	S3-1-2	基础人工挖土(Ⅲ类)	m^3	496.71	11.69	2
3	040103001001	填方及土方运输	m^3	49.18	126.25	
	S3-1-4	夯填土	m^3	447.53	9.39	3
4	040103002001	余土场外运输	m^3	26.35	52.46	
	ZSM19-1-1	土方场外运输	m^3	49.18	27.50	4
5	040205001001	JXG-56mm 接线工作井	座	17	363.67	
	S3-1-12	JXG-56 工井　现浇混凝土(5～20mm)C20	座	17.00	338.09	5
6	040205001002	JXG-76mm 接线工作井	座	1	631.95	
	S3-1-13	JXG-76 工井　现浇混凝土(5～20mm)C20	座	1.00	594.13	6
7	040205002001	ϕ76mm 电缆保护管铺设	m	508.5	40.95	
	S3-1-15	铺设 ϕ76 电缆保护管	m	508.50	32.38	7
	S5-1-39	沟槽回填黄砂	m^3	21.42	100.24	8
8	040205002002	ϕ89mm 电缆保护管铺设	套	15	40.71	
	S3-1-15	铺设 ϕ76 电缆保护管	m	15.00	32.38	9
	S5-1-39	沟槽回填黄砂	m^3	0.60	100.24	10
9	040205003001	ϕ60×2800(mm)柱式标杆	套	9	517.57	
	S3-2-1	安装柱式标杆(ϕ60×3000 以内)	套	9.00	230.66	11
	S3-1-8	碎石垫层	m^3	0.58	108.11	12
	S3-1-9	混凝土基础　现浇混凝土(5～20mm)C20	m^3	6.91	275.62	13
10	040205003002	ϕ90×3400(mm)柱式标杆	套	5	830.13	
	S3-2-2	安装柱式标杆(ϕ90×5000 以内)	套	5.00	591.06	14
	S3-1-8	碎石垫层	m^3	0.32	108.11	15
	S3-1-9	混凝土基础　现浇混凝土(5～20mm)C20	m^3	3.20	275.62	16
11	040205003003	ϕ219×5200(mm)单弯标杆	套	7	3526.44	
	S3-2-7	安装弯杆(ϕ219×5200 以内)	套	7.00	2933.11	17
	S3-1-8	碎石垫层	m^3	0.70	108.11	18
	S3-1-9	混凝土基础　现浇混凝土(5～20mm)C20	m^3	10.50	275.62	19
12	040205003004	双弯杆 ϕ114×5050(mm)	套	5	2444.46	
	S3-2-8	安装双弯杆(ϕ114×5050 以内)	套	5.00	1992.57	20
	S3-1-8	碎石垫层	m^3	0.30	108.11	21
	S3-1-9	混凝土基础　现浇混凝土(5～20mm)C20	m^3	4.50	275.62	22
13	040205003005	ϕ114×5000(mm)柱式标杆	套	8	1589.03	
	S3-2-6	安装弯杆(ϕ114×5000 以内)	套	8.00	1246.25	23
	S3-1-8	碎石垫层	m^3	0.51	108.11	24
	S3-1-9	混凝土基础　现浇混凝土(5～20mm)C20	m^3	5.76	275.62	25
14	040205003006	ϕ219×8500(mm)三 F 杆	块	7	11668.32	
	S3-2-15	安装三 F 杆(ϕ219×8500 以内)	套	7.00	9612.21	26
	S3-1-9	混凝土基础　现浇混凝土(5～20mm)C20	m^3	38.08	275.62	27

续表

序号	项目编码	项目名称	计量单位	数　量	综合单价 工料单价	预算顺序号
15	040205004001	ϕ600×2(mm)标志板	块	4	227.41	
	S3-2-25	安装ϕ600×2(mm)标志板	块	4.00	214.85	28
16	040205004002	ϕ800×2(mm)标志板	块	9	256.17	
	S3-2-25	安装ϕ800×2(mm)标志板	块	9.00	242.85	29
17	040205004003	ϕ1000×2(mm)标志板	块	18	284.93	
	S3-2-25	安装ϕ1000×2(mm)标志板	块	18.00	270.85	30
18	040205004004	250×700×2(mm)标志板	块	4	200.70	
	S3-2-25	安装250×700×2(mm)标志板	块	4.00	188.85	31
19	040205004005	1200×1200×2(mm)标志板	块	2	732.20	
	S3-2-26	安装1200×1200×2(mm)标志板	块	2.00	703.53	32
20	040205004006	1100×2000×2(mm)标志板	块	2	1983.16	
	S3-2-27	安装1100×2000×2(mm)标志板	块	2.00	1911.15	33
21	040205004007	1500×1200×2(mm)标志板	块	1	854.42	
	S3-2-26	安装1500×1200×2(mm)标志板	块	1.00	822.53	34
22	040205004008	2400×2800×3(mm)标志板	块	1	4073.79	
	S3-2-28	安装2400×2800×3(mm)标志板	块	1.00	3933.48	35
23	040205004009	2400×4000×3(mm)标志板	块	7	1467.09	
	S3-2-30	安装2400×4000×3(mm)标志板	块	7.00	1375.92	36
24	040205006001	标线实线	km	4.19	6891.29	
	S3-3-3	标线实线(热熔漆)	km	4.19	6610.33	37
25	040205006002	标线分界虚线(2m×4m)	km	0.43	3362.61	
	S3-3-6	标线分界虚线(2m×4m)(热熔漆)	km	0.43	3172.10	38
26	040205006003	标线分界虚线(4m×6m)	个	3.53	3735.63	
	S3-3-12	标线分界虚线(4m×6m)(热熔漆)	km	3.53	3535.29	39
27	040205007001	直行箭头×3m	个	6	170.00	
	S3-3-24	直行箭头(3m)(热熔漆)	个	6.00	153.68	40
28	040205007002	直行箭头×6m	个	26	313.08	
	S3-3-27	直行箭头(6m)(热熔漆)	个	26.00	290.03	41
29	040205007003	转弯箭头×6m	个	18	259.92	
	S3-3-36	转弯箭头(6m)(热熔漆)	个	18.00	238.27	42
30	040205007004	直行转弯箭头×6m	个	6	343.48	
	S3-3-45	直行转弯箭头(6m)(热熔漆)	个	6.00	315.19	43
31	040205007005	调头箭头×6m	个	2	309.42	
	S3-3-54	调头箭头(6m)(热熔漆)	个	2.00	286.47	44
32	040205007006	直行箭头×6m	个	1	309.41	
	S3-3-54	直行箭头(6m)(热熔漆)	个	1.00	286.47	45
33	040205007007	空心菱形预告标示(1m×2.5m)	个	18	165.94	
	S3-3-72	菱形预告标示(1m×2.5m)(热熔漆)	个	18.00	149.73	46
34	040205007008	自行车图案(字高3m)	个	6	204.95	
	S3-3-60	自行车图案(字高3m)(热熔漆)	个	6.00	177.64	47
35	040205007009	文字标记(字高3m)	m^2	10	204.95	
	S3-3-60	文字标记(字高3m)(热熔漆)	个	10.00	177.64	48

续表

序号	项目编码	项目名称	计量单位	数　量	综合单价 工料单价	预算顺序号
36	040205008001	横道线	m^2	362.4	82.91	
	S3-3-18	横道线(热熔漆)	m^2	362.40	69.04	49
37	040205008002	停车线	m^2	48.72	85.43	
	S3-3-18 系	停车线(热熔漆)	m^2	48.72	70.91	50
38	040205008003	导流线(斑马线)	m^2	71.28	85.43	
	S3-3-18 系	导流线(斑马线)(热熔漆)	m^2	71.28	70.91	51
39	040205008004	减让线	m^2	201.6	85.43	
	S3-3-18 系	减让线(热熔漆)	m^2	201.6	70.91	52
40	040205009001	化学清除标线	套	200.4	58.19	
	S3-3-21	化学清除标线	m^2	200.40	49.27	53
41	040205010001	JX-3EDⅢ人行信号灯	套	12	1382.07	
	S3-4-18	安装人行信号灯 JX-3EDⅢ	套	12.00	1053.83	54
	S3-1-9	混凝土基础　现浇混凝土(5～20mm)C20	m^3	10.50	275.62	55
42	040205010002	JX-3EDⅢ车行信号灯	套	12	1587.49	
	S3-4-18	安装交通信号灯 JX-3EDⅢ	套	12.00	1253.83	56
	S3-1-9	混凝土基础　现浇混凝土(5～20mm)C20	m^3	10.50	275.62	57
43	040205010003	反光道钉	只	300	49.62	
	S3-2-32	安装反光道钉	只	300	47.00	58
44	040205010004	路边线轮廓标灯	m	300	169.74	
	S3-2-33	安装路边线轮廓标	只	300	163.94	59
45	040205013001	人行道隔离护栏	只	800	192.24	
	S3-6-5	全封闭人行道隔离护栏　现浇混凝土(5～20mm)C20	m	800.00	180.49	60
	S3-1-9	混凝土基础　现浇混凝土(5～20mm)C20	m^3	12.38	275.62	61
46	040205016001	M5-B 型信号机箱	组	1	12907.91	
	S3-4-6	安装落地式信号机箱 M5-B 型	只	1.00	9033.85	62
	S3-4-7	安装接地棒	根	1.00	139.43	63
	S3-1-9	混凝土基础　现浇混凝土(5～20mm)C20	m^3	10.5	275.62	64
47	040205017001	JX-68～13m 悬臂式信号灯架	根	4	4856.11	
	S3-4-10	安装悬臂式信号灯架 JX-68～13m	组	4.00	4236.20	65
	S3-1-9	混凝土基础　现浇混凝土(5～20mm)C20	m^3	6.00	275.62	66
48	040205017002	单悬臂 L=5.5m 信号灯架	根	4	15013.68	
	S3-4-12	安装单悬臂 L=5.5m 信号灯架	根	4.00	14120.76	67
	S3-1-9	混凝土基础　现浇混凝土(5～20mm)C20	m^3	6.00	275.62	68
49	040205017003	柱式信号灯杆 ϕ102×2800×5(mm)	km	12	1409.41	
	S3-4-13	安装柱式信号灯杆 ϕ102×2800×5(mm)	根	12.00	894.00	69
	S3-1-9	混凝土基础　现浇混凝土(5～20mm)C20	m^3	18.00	275.62	70
50	040205018001	管内穿电缆线 RVV2×7/0.9	km	0.01	6775.62	
	S3-4-14	管内穿电缆线 RVV2×7/0.9	km	0.01	6180.76	71
51	040205018002	管内穿电缆线 RVV4×48/0.2	km	0.85	6775.59	
	S3-4-14	管内穿电缆线 RVV4×48/0.2	km	0.85	6180.76	72

续表

序号	项目编码	项目名称	计量单位	数　量	综合单价 工料单价	预算顺序号
52	040701001001	预埋铁件	t	1.15	6557.07	
	S1-1-25	预埋铁件(单件重≤30kg)	t	0.76	6561.53	73
	S1-1-26	预埋铁件(单件重>30kg)	t	0.39	4801.88	74
53	040701002001	非预应力钢筋	t	0.3	4308.46	
	S3-1-11	基础钢筋	t	0.3	3926.05	75

(2) 措施项目清单(表 7-12)

措 施 项 目 清 单 **表 7-12**

序号	项目编码	项目名称	计量单位	数　量	综合单价 工料单价	预算顺序号
		措施项目费(二)				
5		5　市政工程				
5.2	0502	混凝土、钢筋混凝土模板及支架	m^2	292.80	29.47	
	S3-1-10	基础模板	m^2	292.80	24.92	76
5.4	0504	施工排水、降水	座	38	45.82	
	S1-1-11	筑、拆竹箩滤井	座	38	40.47	77
5.7	0507	现场施工围栏	m·d	2618	0.29	
	S1-1-15	移动式施工路栏	100m·d	26.18	26.74	78

第二节　桥涵护岸工程招投标编辑及应用的计算实例

一、简支板梁及悬浇箱梁工程

1. 工程概况及主要施工设计图纸

(1) 工程概况

1) 桥长 376.77m，桥宽 23.6m，面积 8897.77m^2。

2) 结构形式：每孔简支连续梁加悬浇后张法变截面箱型梁(主跨 70m)。

3) 桩基：主桥墩采用 PHC 预应力管桩，桩径分别为 ϕ600 桩长 38m，ϕ800 桩长 45m。引桥墩采用预制钢筋混凝土方桩，桩断面为 45cm×45cm，桩长分别为 24～26m。

4) 预制梁：梯形转正孔采用 C30 非预应力混凝土空心板梁，其余采用 C40 先张法预应力空心板梁，为工厂预制运输至施工现场。

5) 桥面铺装：C40 钢筋混凝土及沥青混凝土面层。

6) 栏杆：内侧采用 C30 钢筋混凝土防撞墙、外侧人行道采用花饰型钢加混凝土结构栏杆。

7) 清单编制依据：《〈建设工程工程量清单计价规范〉上海市市政工程操作指南》，施工设计图文件等。

8) 工程质量应达到优良标准。

9) 投标报价按《〈建设工程工程量清单计价规范〉上海市市政工程操作指南》的统一格式。

10) 人工、材料、机械费用按上海市市政工程市场信息 2006 年 10 月份计取。

(2) 主要施工设计图纸(图一～图六)

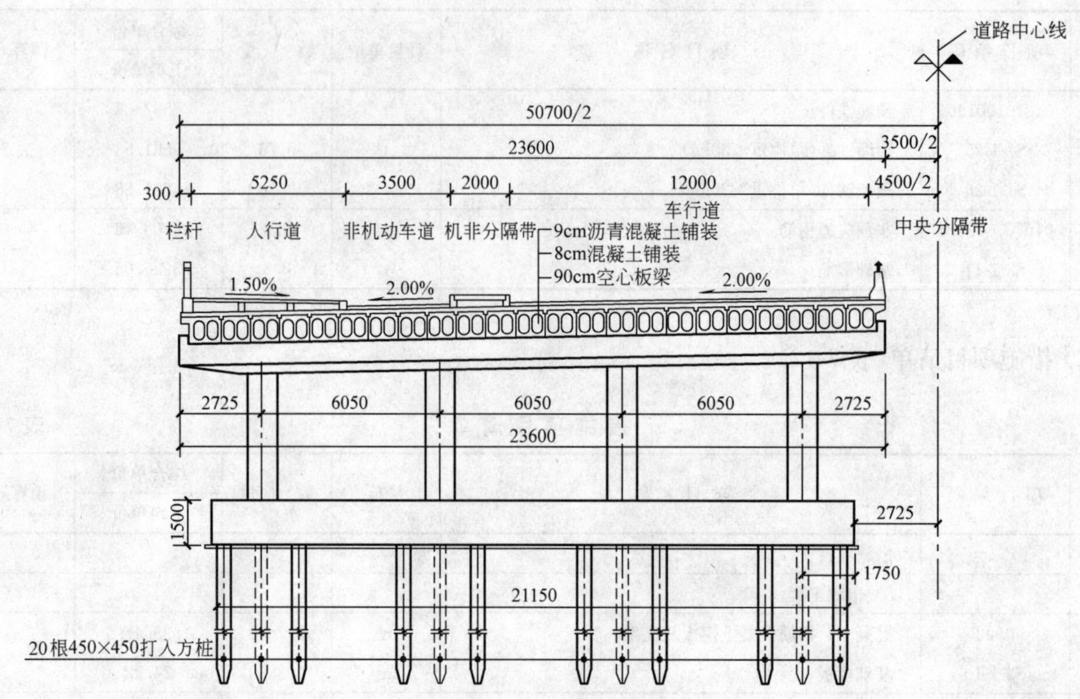

1/2引桥桥墩一般断面图 1:200

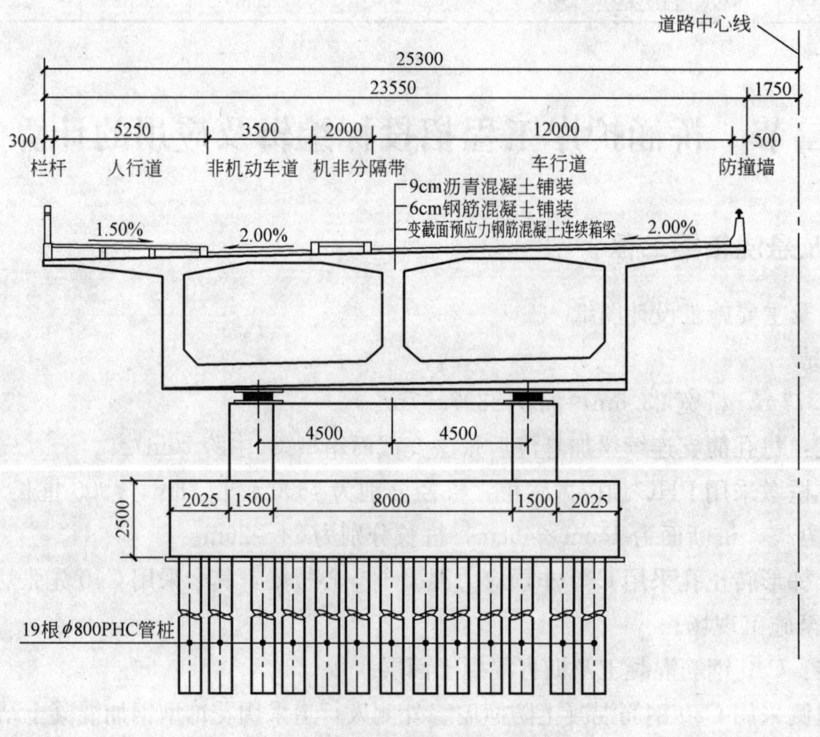

1/2主桥主墩一般断面图 1:200

桥梁施工图(五)

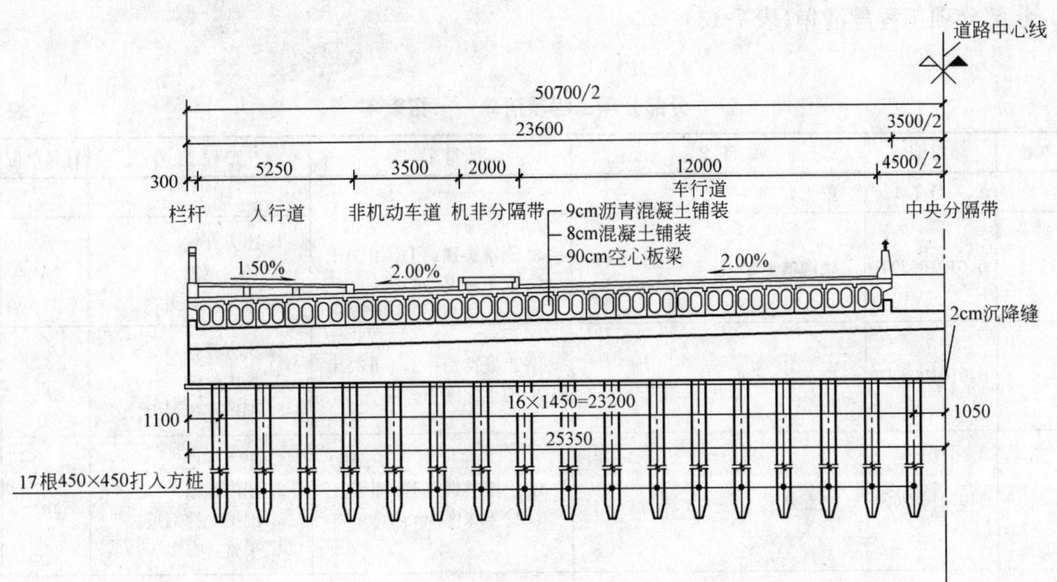

1/2 桥台一般断面图 1:200

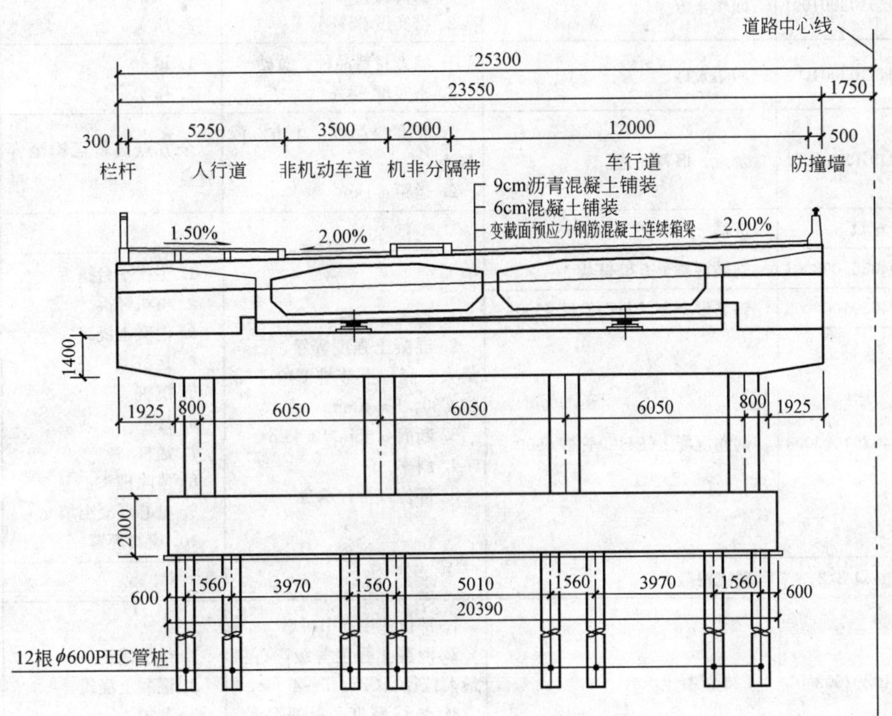

1/2 主桥边墩一般断面图 1:200

桥梁施工图(六)

2. 分部分项工程量、措施项目清单

(1) 分部分项工程量清单(表 7-13)

分部分项工程量清单……招表 4

表 7-13

序号	项次	项目编码	项目名称	项目特征	工程内容	计量单位	工程数量
	1	D.1.1	挖土方				
1	1.1	040101002001	挖沟槽土方	1. 土壤类别：Ⅰ、Ⅱ类土 2. 挖土深度 4m 内	1. 土方开挖 2. 场内运输 3. 平整、夯实	m³	800.33
		040101002002	挖土方	1. 土壤类别：Ⅰ、Ⅱ类土 2. 挖土深度 4m 内	1. 土方开挖 2. 场内运输 3. 围护支撑列板	m³	1656.68
		040101002003	挖土方	1. 土壤类别：Ⅰ、Ⅱ类土 2. 挖土深度 4m 内	1. 土方开挖 2. 场内运输 3. 围护支撑钢板桩 4. 平整、夯实	m³	1408.41
2	1.2	040101003001	挖基坑土方	1. 土壤类别：Ⅲ类土 2. 挖土深度 4m 以内		m³	1109.27
	2	D.1.3	填方及运输				
		040103001001	回填土方	1. 填方材料品种：土方 2. 密实度 95%	1. 填土 2. 压实	m³	786.48
3	2.2	040103001002	回填黄砂	1. 填方材料品种：黄砂 2. 密实度 98%	1. 填土 2. 压实	m³	15.05
	2.3	040103002001	余土、旧料弃置	1. 废弃料品种：土方、混凝土 2. 运距：1km	余方点装料运输至弃置点	m³	3207.85
	3	D.3.1	桩基				
4	3.1	040301003001	钢筋混凝土方桩桩基	1. 形式、方桩 2. 混凝土强度等级，石料最大粒径：上节桩 C40 下节桩 C30，5～40mm 3. 断面 0.45m×0.45m 4. 斜率：0 5. 部位：桥台承台	1. 工作平台搭拆 2. 桩机竖拆 3. 混凝土浇筑 4. 运桩 5. 沉桩 6. 接桩 7. 送桩 8. 凿除桩头 9. 桩芯混凝土填充 10. 废料弃置	m	10822
5	3.2	040301003002	钢筋混凝土(PHC)管桩 ϕ600			m	1824
6	3.3	040301003003	钢筋混凝土(PHC)管桩 ϕ800			m	3548
	4	D.3.2	现浇混凝土				
7	4.1	040302002001	C25 混凝土承台	1. 部位：主、引桥墩 2. 混凝土强度等级，石料最大粒径：C25，5～40mm 3. 垫层厚度：材料品种、强度、素混凝土 C15，厚 10cm	1. 垫层铺筑 2. 混凝土浇筑 3. 养护	m³	2815.91
8	4.2	040302004001	C30 混凝土墩台身	1. 部位：引桥立柱 2. 混凝土强度等级，石料最大粒径：C30，5～40mm	1. 混凝土浇筑 2. 养护	m³	590.45
9	4.3	040302006001	C30 混凝土台盖梁	1. 部位：桥台 2. 混凝土强度等级，石料最大粒径：C30，5～40mm 3. 垫层厚度、材料品种、强度、厚 10cm 素混凝土 C15	1. 垫层铺筑 2. 混凝土浇筑 3. 养护	m³	436.68

续表

序号	项次	项目编码	项目名称	项目特征	工程内容	计量单位	工程数量
10	4.4	040302006002	C30 混凝土墩盖梁	1. 部位：桥墩 2. 混凝土强度等级、石料最大粒径：C30，5～40mm	1. 混凝土浇筑 2. 养护	m^3	2003.83
11	4.5	040302010001	C50 混凝土箱梁	1. 部位：主桥箱梁 2. 混凝土强度等级、石料最大粒径：C50，5～40mm	1. 混凝土浇筑 2. 养护	m^3	6822.4
		040302015001	混凝土栏杆	1. 部位：防撞栏杆 2. 混凝土强度等级、石料最大粒径：C30，5～40mm	1. 混凝土浇筑 2. 养护	m	752.94
		040302016	混凝土小型构件				
12	4.7	040302016001	C50 混凝土箱梁外侧挑梁	1. 部位：箱梁挑梁 2. 混凝土强度等级、石料最大粒径：C30，5～40mm	1. 混凝土浇筑 2. 养护	m^3	1.2
13	4.8	040302016002	C30 混凝土人行道缘石	1. 部位：人行道缘石 2. 混凝土强度等级、石料最大粒径：C25，5～40mm		m^3	325.27
14	4.9	040302016003	C26 混凝土栏杆立柱	1. 部位：栏杆立柱 2. 混凝土强度等级、石料最大粒径：C25，5～40mm		m^3	55.82
15	4.10	040302016004	C25 混凝土桥铭牌	1. 部位：桥铭牌 2. 混凝土强度等级、石料最大粒径：C25，5～40mm		m^3	0.93
		040302017	C40 混凝土桥面铺装				
16	4.11	040302017001	C40 混凝土桥面铺装 $\delta=8cm$	1. 部位：引桥桥面 2. 混凝土强度等级、石料最大粒径：C40，5～40mm 3. 厚度：8cm	1. 混凝土浇筑 2. 养护	m^2	9959.83
17	4.12	040302017002	C40 混凝土桥面铺装 $\delta=6cm$	1. 部位：主桥桥面 2. 混凝土强度等级、石料最大粒径：C40，5～40mm 3. 厚度：6cm		m^2	7636.65
18	4.13	040302017003	C40 钢钎维混凝土桥面连续缝	1. 部位：伸缩缝 2. 混凝土强度等级、石料最大粒径：钢纤维混凝土C40，5～40mm 3. 厚度：17cm		m^2	173.36
19	4.14	040302017004	桥面粗沥青混凝土铺装 $\delta=6cm$	1. 部位：主、引桥桥面 2. 沥青品种：粗粒式 AC-30 3. 厚度：6cm	1. 沥青混凝土铺筑 2. 碾压	m^2	11472.58
20	4.15	040302017005	桥面粗沥青混凝土铺装 $\delta=3cm$	1. 部位：主、引桥桥面 2. 沥青品种：细粒式 AC-13 3. 厚度：3cm		m^2	11472.58
		040302018001	桥头搭板	1. 部位：桥头搭板 2. 混凝土强度等级、石料最大粒径：C25，4～20mm	1. 垫层铺筑 2. 混凝土浇筑 3. 养护	m^3	163.37
		040302018002	桥头搭板	1. 部位：桥头搭板 2. 沥青品种：粗粒式 AC-30 3. 厚度：9cm	1. 混凝土浇筑 2. 养护	m^2	396.8
	5	D.3.3	预制混凝土梁				

续表

序号	项次	项目编码	项目名称	项目特征	工程内容	计量单位	工程数量
21	5.1	040303003001	C30非预应力空心板梁	1. 形状、尺寸：矩形空心板梁 900×990×(11.878～13.783m) 2. 混凝土强度等级、石料最大粒径：C30，5～40mm 3. 非预应力	1. 混凝土浇筑 2. 养护 3. 构件运输 4. 安装 5. 构件连接	m^3	268.91
22	5.2	040303003002	C40预应力空心板梁	1. 形状尺寸：矩形空心板梁，900×990×18.960 2. 混凝土强度等级、石料最大粒径：C40，5～20mm 3. 预应力 4. 张拉方式：先张法		m^3	4104.68
23	5.3	040303005	预制混凝土小构件			m^3	
24	5.4	040303005001	C25混凝土人行道板	1. 部位：人行道板 2. 混凝土强度等级、石料最大粒径：C25，5～40mm	1. 混凝土浇筑 2. 养护 3. 构件运输 4. 安装 5. 构件连接	m^3	396.32
25	5.5	040303005002	C50混凝土箱梁锚板	1. 部位：箱梁锚板 2. 混凝土强度等级、石料最大粒径：C50，5～20mm		m^3	16.68
	6	D.3.8	装饰				
26	6.1	040308006001	铺筑非连锁型彩色预制块人行道板	1. 材质：地砖 2. 规格：200×200 3. 厚度：40mm 4. 部位：人行道	镶贴面层	m^2	3813.05
27	6.2	040308006002	桥铭牌大理石装饰	1. 材质：大理石 2. 规格：600×850 3. 厚度 2cm 4. 部位：桥铭牌		m^2	2.04
	7	D.3.9	其他				
28	7.1	040309001001	金属栏杆	1. 材质：方管，圆管 2. 规格：200×200×3ϕ20 3. 油漆品种、工艺、要求	1. 制作、运输、安装 2. 除锈，刷油漆	t	752.08
29	7.2	040309002001	橡胶支座	1. 材质：氯丁橡胶 2. 规格 ϕ200×42 球冠支座	支座安装	个	1984
30	7.3	040309004001	盆式组合支座 GPZ(Ⅱ)	1. 材质：盆式支座 2. 规格：GPZ(Ⅱ) 3. 承载力：16kN	支座安装	个	8
31	7.4	040309004002	盆式组合支座 GPZ(H)	1. 材质：盆式支座 2. 规格：GPZ(H) 3. 承载力：275kN		个	8
		040309006001	桥梁伸缩缝装置	1. 材料品种：橡胶 2. 规格：GF-C-40	1. 支座、安装 2. 嵌缝	m	
32	7.5	040309006002	油毡沉降缝	1. 材质：油毡 2. 规格：0.3m×12.4m×4个×4层	支座安装	m^2	57.6
33	7.6	040309006003	橡胶伸缩缝	1. 材料品种：橡胶板 2. 规格：2mm	1. 支座、安装 2. 嵌缝	m	282.6
34	7.7	040309006004	齿形型钢伸缩缝	1. 材料品种：钢造型 2. 规格：GQF-160		m	94.28
35	7.8	040309006005	桥面连续缝橡胶板	1. 材料品种：橡胶板 2. 规格：400mm×40mm		m	424.8

续表

序号	项次	项目编码	项目名称	项目特征	工程内容	计量单位	工程数量
36	7.9	040309006006	防撞墙发泡聚氯乙烯沉降缝	1. 材料品种：聚氯乙烯发泡板 2. 规格：厚4cm		m	16.32
37	7.10	040309008001	桥面泄水系统	1. 材料：PVC-U管 2. 管径：ϕ110	进水口、泄水管制作、安装	套	30
38	7.11	040309009001	桥面防水层	1. 材料品种：布油 2. 规格：0.5mm 3. 部位：桥面	防水层铺涂	m^2	17759.54
	8	D.7.1	钢筋工程				
39	8.1	40701001	预埋铁件	1. 材质：型钢钢筋 2. 规格：单件重30kg内	按设计图示尺寸以质量计算	kg	56872
40	8.2	40701002	非预应力钢筋	1. 材质：R235、HRB335级 2. 部位：全部	制作、安装	t	2491.65
41	8.3	40701004001	后张法钢绞线	1. 材质：钢铰线 2. 直径：ϕ15.2 3. 部位：现浇箱梁	1. 钢丝束孔道制作、安装 2. 锚具安装 3. 钢筋、钢丝束制作，张拉 4. 孔道、压浆	t	273.21

(2) 措施项目清单(表7-14)

措施项目清单 **表7-14**

序号	项次	项目编码	项目名称	单位	数量	备注
			措施项目清单(二)			
	5		5 市政工程			
1	5.1	0501	大型机械进出场运输及安拆			
2	5.2	0502	混凝土、钢筋混凝土模板及支架			
3	5.3	0503	脚手架			
4	5.4	0504	施工排水、降水			
5	5.5	0505	围堰			
6	5.6	0506	筑岛			
7	5.7	0507	现场施工围栏			
8	5.8	0508	施工便道			
9	5.9	0509	便桥			
10	5.10	0510	洞内施工的通风、供水、供气、供电、照明及通信设施			
11	5.11	0511	驳岸块石清理			
12	5.12	沪0512	地基加固			
13	5.13	沪0513	地下监测			
14	5.14	临-001	堆场			

3. 分部分项工程量、措施项目清单计算方法

(1) 分部分项工程量清单计算方法(表7-15)

分部分项工程量清单计算方法 表 7-15

清单序号	项次	项目编码	项目名称及说明	计算公式及说明	计量单位	计算结果
	D1.1	挖土方				
		040101002001	挖沟槽土方	按设计图示开挖线以体积计算	m^3	800.33
				原地面线以下按构筑物最大水平投影面积乘以挖土深度(原地面平均标高坑底高度)以体积计算		
		040101002002	挖沟槽土方		m^3	1608.27
		040101002003	挖沟槽土方		m^3	408.41
		040101003001	挖基坑土方		m^3	819.08
		040101003002	挖基坑土方		m^3	290.19
	D1.3	填方				
				按设计图示尺寸以体积计算		
		040103001001	回填土方	按挖方清单项目工程量减基础，构筑物埋入体积加原地面线至设计要求标高，体积计算	m^3	786.48
		040103001002	回填黄砂		m^3	15.05
		040103002001	余方旧料弃置	按挖方清单项目工程量减利用回填方体积(正数)计算	m^3	3207.85
	D.3.1					
		040301003001			m	10822
		040301003002	钢筋混凝土方桩(管桩)	按设计图示桩长(包括桩尖)计算	m	1824
		040301003003			m	3548
		040302002001	混凝土承台		m^3	2815.91
		040302004001	混凝土墩(台)身		m^3	590.45
		040302006001	(墩)台盖梁		m^3	436.68
		040302006002	(墩)台盖梁	按设计图示尺寸以长度计算	m^3	2003.87
		040302010001	混凝土箱梁		m^3	6822.40
		040302015001	混凝土防撞护栏		m	752.94
		040302016001	混凝土小型物件		m^3	1.2
		040302016002			m^3	325.27
		040302016003	混凝土小型物件		m^3	55.82
		040302016004			m^3	0.93
		040302017001			m^2	9959.83
		040302017002		按设计图示尺寸以面积计算	m^2	7607.68
		040302017003	桥面铺装厚 8cm		m^2	126.36
		040302017004	桥面铺装厚 6cm		m^2	11472.58
		040302017005			m^2	11472.58
		040302018001	桥头搭板铺装厚9cm	按设计图示尺寸以体积计算	m^3	163.37
		040302018002	8cm	按设计图示尺寸以面积计算	m^2	396.80
		040302018003		按设计图示尺寸以面积计算	m^2	396.80
	D.3.3	预制混凝土				
		040303003001	预制混凝土梁	按设计图示尺寸以体积计算	m^3	268.91
		040303003002			m^3	4104.68
		040303005001	预制混凝土小型构件		m^3	396.30
		040303005002			m^3	16.68
	D.3.8	装饰				
		040308006001	镶贴面层	按设计图示尺寸以面积计算	m^2	3813.05
		040308006002			m^2	2.04
		040308007001	水质涂料		m^2	4.06
	D.3.9	其他				
		040309001001	金属栏杆	按设计图示尺寸以质量计算	t	8.68t
		040309001002	防撞墙钢管扶手		t	8.16

续表

清单序号	项次	项目编码	项目名称及说明	计算公式及说明	计量单位	计算结果
		040309002001	橡胶支座	按设计图示数量计算	个	1984
		040309004001	盆式固定支座		个	8
		040309004002	盆式活动支座	按设计图尺寸以数量计算	个	8
		040309005001	油毡沉降缝	按设计图尺寸以面积计算	m^2	57.6
		040309006001	桥梁伸缩缝装置	按设计图尺寸以米计算	m	282.6
		040309006002	钢齿型钢伸缩缝		m	94.28
		040309006003	桥面连续橡胶板		m	424.8
		040309006004	防撞墙聚氯乙烯发泡板	按设计图示以长度计算	m	16.32
		040309008001	桥面泄水系统		套	30
		040309009001	防水层	按设计图尺寸以面积计算	m^2	17759.54
	D.7.1	钢筋工程				
		040701001001	预埋铁件单件重30kg内		kg	3429
		040701001002	预埋铁件单件重30kg外	按设计图示尺寸以质量计算	kg	53443
		040701002001	方桩	按设计图示尺寸以质量计算	t	293.62
		040701002002	ϕ600 钢筋笼	按设计图示尺寸以质量计算	t	7.715
		040701002003	ϕ800 钢筋笼	按设计图示尺寸以质量计算	t	18.18t
		040701002004	桥台	按设计图示尺寸以质量计算	t	67.10
		040701002005	承台	按设计图示尺寸以质量计算	t	211.51
		040701002006	立柱	按设计图示尺寸以质量计算	t	28.76
		040701002007	实体式墩身	按设计图示尺寸以质量计算	t	26.93
		040701002008	墩盖量	按设计图示尺寸以质量计算	t	274.412
		040701002009	牛腿	按设计图示尺寸以质量计算	t	0.49
		040701002010	箱梁	按设计图示尺寸以质量计算	t	468.506
		040701002011	0号段钢筋	按设计图示尺寸以质量计算	t	346.454
		040701002012	箱梁锚块	按设计图示尺寸以质量计算	t	7.92
		040701002013	精轧钢筋	按设计图示尺寸以质量计算	t	7.16
		040701002014	空心板梁	按设计图示尺寸以质量计算	t	408.63
		040701002015	桥面铺装	按设计图示尺寸以质量计算	t	146.88
		040701002016	桥面连续	按设计图示尺寸以质量计算	t	8.11
		040701002017	路缘石	按设计图示尺寸以质量计算	t	27.95
		040701002018	人行道板	按设计图示尺寸以质量计算	t	65.92
		040701002019	桥铭牌	按设计图示尺寸以质量计算	t	0.07
		040701002020	防撞墙	按设计图示尺寸以质量计算	t	50.02
		040701002021	栏杆	按设计图示尺寸以质量计算	t	24.15
		040701002022	桥头搭板	按设计图示尺寸以质量计算	t	15.21
		040701003001	空心板梁	按设计图示尺寸以质量计算	t	143.7
		040701004001	箱梁	按设计图示尺寸以质量计算	t	273.21
			D.1.1	挖土方		
		引桥 桥台	P_0　P_{0a} 挖土深度(无支护)	原地面标高3.92m，设计垫层地标高3.602m $H=3.92-3.602=0.318$m $(1.1+23.2+1.038)\times2=50.676$m $2.4\times50.676\times0.318=38.68m^3$		
			P_{13}　P_{13a} 挖土深度(无支护)	原地面标高4.03设计垫层底标高3.612 $H=4.03-3.612=0.418$m $2.4\times50.676\times0.418=50.84m^3$		
				Σ　$38.68+50.84=89.52m^3$		
			引桥承台挖沟槽土方 P_1　P_{1a} 挖土深度(列板支护)	原地面标高4.13，设计垫层底标高1.90 $H=4.13-1.90=2.23$m		

续表

清单序号	项次	项目编码	项目名称及说明	计算公式及说明	计量单位	计算结果
				2.4m×21.65×2.23×2=231.74m³		
			P_2 P_{2a}	原地面标高4.02设计垫层底标高1.90		
			挖土深度(列板支护)	H=4.02−1.90=2.12m		
				2.4×21.65×2.12×2=220.31m³		
			P_3 P_{3a}	原地面标高5.83设计垫层底标高1.90		
			挖土深度(钢板桩支桩)	H=5.83−1.90=3.93m		
				2.4×21.65×3.93×2=408.41m³		
			P_4 P_{4a}	原地面标高4.01m设计垫层底标高1.90		
			挖土深度(列板支护)	H=4.01−1.90=2.11m		
				2.4×21.65×2.11×2=219.27m³		
			P_{5b}	原地面标高3.97设计垫层底标高1.90		
			挖土深度(列板支护)	3.97−1.9=2.07m		
				2.4×21.65×2.07=107.56m³		
			P_5	原地面标高3.97设计垫层底标高1.4		
			挖土深度(列板支护)	H=3.97−1.4=2.57m		
				3×20.39×2.57=157.21m³		
			P_{5a}	原地面标高3.99设计垫层底标高1.4		
			挖土深度(列板支护)	H=3.99−1.40=2.59m		
				3×20.39×2.59=158.43m³		
		基坑土方	P_6	原地面标高4.00设计垫层底标高0.90		
			挖土深度(钢板桩支护)	H=4.00−0.90=3.1m		
				$(9.6\times6.4+3.2^2\times\pi)\times3.1$=290.19m³		
		基坑土方	P_{6a}	原地面标高3.89设计垫层底标高0.90		
			挖土深度(列板支护)	H=3.89−0.9=2.99m		
				$(9.6\times6.4+3.2^2\times\pi)\times2.99$=279.89m³		
		基坑土方	P_7	原地面标高3.80设计垫层底标高0.90		
			挖土深度(列板支护)	H=3.8−0.9=2.9m		
				$(9.6\times6.4+3.2^2\times\pi)\times2.9$=271.47m³		
		基坑土方	P_{7a}	原地面标高3.76设计垫层底标高0.90		
			挖土深度(列板支护)	H=3.76−0.9=2.86m		
				$(9.6\times6.4+3.2^2\times\pi)\times2.86$=267.72m³		
		沟槽	P_8	原地面标高3.91设计垫层底标高1.40		
			挖土深度(列板支护)	H=3.91−1.40=2.51m		
				3×20.39×2.51=153.54m³		
			P_{8a}	原地面标高3.84设计垫层底标高1.40		
			挖土深度(列板支护)	H=3.84−1.40=2.44m		
				3×20.39×2.44=149.25m³		
			P_{8b}	原地面标高3.84设计垫层底标高1.90		
			挖土深度(列板支护)	H=3.84−1.9=1.94m		
				2.4×21.65×1.94=100.80m³		
			P_9 P_{9a}	原地面标高3.89设计垫层底标高1.90		
			挖土深度(列板支护)	H=3.89−1.90=1.99m		
				2.4×21.65×1.99×2=206.80m		
			P_{10} P_{10a}	原地面标高3.93m设计垫层底标高1.90m		
			挖土深度(列板支护)	H=3.93−1.90=2.03m		
				2.4×21.65×2.03×2=210.96m		
			P_{11} P_{11a}	原地面标高3.81m设计垫层底标高1.90m		
			挖土深度(列板支护)	H=3.81−1.90=1.91m		
				2.4×21.65×1.91×2=198.49m³		
			P_{12} P_{12a}	原地面标高3.87m，设计垫层底标高1.90		

续表

清单序号	项次	项目编码	项目名称及说明	计算公式及说明	计量单位	计算结果
			挖土深度(列板支护)	H=3.87−1.90=1.97m 2.4×21.65×1.97×2=204.72m^3		
		合计	挖沟槽土方	H≤1m　89.52m		
			挖沟槽土方	H≤2m　100.8+206.8+198.49+204.72=710.81m^3		
			挖沟槽土方	H≤3m　231.74+220.31+219.27+107.56+157.21+158.43+153.54+149.25+210.96=1608.27m^3		
			挖沟槽土方	H≤4m　408.41	m^3	408.41
				89.52m^3+710.81m^3+1608.27m^3+408.41m^3	m^3	2807.01
			挖基坑土方	H≤3m　279.89+267.72+271.47=819.08m^3 H≤4m　290.19m^3		
			Σ	819.08m^3+290.19m^3	m^3	1109.27
			D1.3	填方		
			P_1　P_{1a}	231.74−(2.4×21.65×1.6+1×1×0.63×4)×2=60.43m^3		
			P_2　P_{2a}	200.31−(2.4×21.65×1.6+1×1×0.52×4)×2=29.88m^3		
			P_3　P_{3a}	408.41−(2.4×21.65×1.6+1×1×2.33×4)×2=223.50m^3		
			P_4　P_{4a}	219.27−(24×21.65×1.6+1×1×0.51×4)×2=48.92m^3		
			P_{5b}	105.76−(2.4×21.65×1.6+1×1×0.47×4)=97.40m^3		
			P_5	157.21−(3×20.39×2.1+1.2×1.2×0.47×4)=26.05m^3		
			P_{5a}	158.43−(3×20.39×2.1+1.2×1.2×0.49×4)=27.15m^3		
			P_6	290.19−[(9.6×6.4+3.2^2×π)×2.6+(4.7/2×1.35×2+8.3×3)×0.5]=31.18m^3		
			P_{6a}	279.89−[(9.6×6.4+3.2^2×π)×2.6+(4.7/2×1.35×2+8.3×3)×0.39]=24.32m^3		
			P_7	271.47−[(9.6×6.4+3.2^2×π)×2.6+(4.7/2×1.35×2+8.3×3)×0.3]=18.71m^3		
			P_{7a}	267.72−[(9.6×6.4+3.2^2×π)×2.6+(4.7/2×1.35×2+8.3×3)×0.26]=16.21m^3		
			P_8	153.54−(3×20.39×2.1+1.2×1.2×0.4×4)=22.78m^3		
			P_{8a}	111.53−(3×20.39×2.1+1.2×1.2×0.34×4)=−18.89m^3(不计)		
			P_{8b}	100.8−(2.4×21.65×1.6+1×1×0.35×4)=16.3m^3		
			P_9　P_{9a}	206.8−(2.4×21.65×1.6+1×1×0.39×4)×2=37.41m^3		
			P_{10}　P_{10a}	206.8−(2.4×21.65×1.6+1×1×0.43×4)×2=41.25m^3		
			P_{11}　P_{11a}	198.49−(2.4×21.65×1.6+1×1×0.31×4)×2=29.50m^3		
			P_{12}　P_{12a}	204.72−(2.4×21.65×1.6+1×1×0.37×4)×2		
			P_0　P_{13}	无		
			Σ	60.43+29.88+223.50+48.92+97.4+26.05+27.15+31.18+24.32+18.71+16.21+22.78+16.3+37.41+41.25+29.5+35.49	m^3	786.48
				搭板C15混凝土垫层0.82×12.4×4=40.67		
			搭板碎石基层40.67×2	81.34		
			搭板碎石基层40.67×2	81.34		
			P_6、P_{6a}、P_7、P_{7a}	黄砂垫层5.7×2.2×0.3×4=15.05m^3		
			余方弃置：土方	(89.52+710.81+1608.27+408.41+819.08+290.19)−786.48=3139.86m^3		
			余方弃置：混凝土	0.45×0.15×(0.7×34×2+0.8×20×18)=67.96m^3		
			Σ	3139.86+67.96	m^3	3207.85

续表

清单序号	项次	项目编码	项目名称及说明	计算公式及说明	计量单位	计算结果
			D. 3. 1	桩基		
				450×450 钢筋混凝土预制方桩 C30(下节桩)C40(上节桩)		
		P_0 P_{0a}	L=26m，34 根	(12.5+14.5)×17=459m，(12+14)×17=442m		
		P_1 P_{1a}	L=25m，40 根	(11.5+14.5)×20=520m，(11+14)×20=500m		
		P_2 P_{2a}	L=24m，40 根	(11.5+13.5)×20=500m，(11+13)×20=480m		
		P_3 P_{3a}	L=24m，40 根	(11.5+13.5)×20=500m，(11+13)×20=480m		
		P_4 P_{4a}	L=24m，40 根	(11.5+13.5)×20=500m，(11+13)×20=480m		
		P_{5b}	L=24m，20 根	(11.5+13.5)×10=250m，(11+13)×10=240m		
		P_{8b}	L=24m，20 根	(11.5+13.5)×10=250m，(11+13)×10=240m		
		P_9 P_{9a}	L=25m，40 根	(11.5+14.5)×20=520m，(11+14)×20=500m		
		P_{10} P_{10a}	L=25m，40 根	(11.5+14.5)×20=520m，(11+14)×20=500m		
		P_{11} P_{11a}	L=25m，40 根	(11.5+14.5)×20=520m，(11+14)×20=500m		
		P_{12} P_{12a}	L=25m，40 根	(11.5+14.5)×20=520m，(11+14)×20=500m		
		P_{13} P_{13a}	L=26m，34 根	(12.5+14.5)×17=459m，(12+14)×17=442m		
			上节桩小计	442×2+500×5+480×3+240×2=5304m		
			下节桩小计	459×2+520×5+500×3+250×2=5518m		
			Σ	5304m+5518m	m	10822
				C80ϕ600 预应力钢筋混凝土管桩		
		P_5 P_{5a}	钻孔灌注桩 ϕ600	38×12×2=912m		
		P_8 P_{8a}		38×12×2=912m		
			Σ	912+912=1824m	m	1824
				C80ϕ800 预应力钢筋混凝土管桩		
		P_6 P_{6a}	钻孔灌注桩 ϕ800	45×19×2=1710m		
		P_7 P_{7a}		46×19×2=1748m		
			Σ	1710+1748	m	3458
			D. 8. 2	现浇混凝土		
		1	C15 混凝土垫层			
			P_0～P_{0a}，P_{13}～P_{13a}	(2.6×50.875−0.45×0.45×34)×0.1×2=25.08m³		
			P_1～P_{1a}	(2.6×21.85−0.45×0.45×20)×0.1×2=15.83m³		
			P_2～P_{2a}	(2.6×21.85−0.45×0.45×20)×0.1×2=15.83m³		
			P_3～P_{3a}	(2.6×21.85−0.45×0.45×20)×0.1×2=15.83m³		
			P_4～P_{4a}	(2.6×21.85−0.45×0.45×20)×0.1×2=15.83m³		
			P_5～$P_{5a}$$P_8$～$P_{8a}$	(3.2×20.59−0.3×π×12)×0.1×2=25m³		
			P_{5b}～P_{8b}	(2.6×21.85−0.45×0.45×20)×0.1×2=15.83m³		
			P_6～$P_{6a}$$P_7$～$P_{7a}$	(6.6×9.6+3.3×π−0.4²×π×19)×0.1×4=42.85m³		
				P_6 P_{6a} P_{10} P_{10a} P_{11} P_{11a} P_{12} P_{12a}		
				(26×21.85−0.45×0.45×20)×0.1×8=42.21m³		
			Σ	25.08+15.83×5+42.85+25+42.21=214.29m³	m³	214.29
		2	C25 混凝土承台	(2.4×21.65×1.5−0.45×0.45×20×0.1)×18=1395.63m³		
				(3×20.39×2−0.3²×π×12×0.1)×4=488m³		
				[(6.4×9.6+3.2²×π)×2.5−0.4²×π×19×0.1]×4=932.28m³		
			Σ	1395.63+488+932.28=2815.91m³	m³	2815.91
		3	C30 混凝土立柱			
				P_{1a} P_{2a} P_{4a} P_{5a} P_{9a} P_{11a} P_{12a}		
				(1.804+2.407+3.6132+4.216+3.624+2.418+1.815)×4=79.59m³		
			P_{3a}～$P_{10a}$$P_3$～$P_{10a}$	(3.01+3.021)×2×2×2=48.24m³		
				P_1 P_2 P_3 P_4 P_{8b} P_9 P_{11} P_{12}		

续表

清单序号	项次	项目编码	项目名称及说明	计算公式及说明	计量单位	计算结果
				(1.804+2.407+3.6132+4.227+3.624+2.418+1.815)×4=79.63m³		
			P_5～$P_{5a}$$P_8$～$P_{8a}$	13.26+15.37+15.61+13.22=57.46m³		
			Σ	79.59+48.24+79.63+57.46+325.53=590.46m³	m³	590.46
		4	C30 混凝土墩身			
			P_6～$P_{6a}$$P_7$～$P_{7a}$	(4.7/2×1.35×2+8.3×3)×(2.481+2.79+2.542+	m³	325.53
			Σ	2.445)+(1.29+1.22)×2=325.53m³		
		5	C30 混凝土盖梁			
			P_5	104.18+0.18=104.36m³		
			P_{5a}	104.01+0.18=104.19m³		
			P_8	103.96+0.18=104.44m³		
			P_{8a}	103.86+0.18=104.04m³		
			P_{3a} P_{10a}	86.31×2=172.62m		
			P_1 P_2 P_4 P_{8b} P_9 P_{11a} P_{12a}	89×7=623m³		
			P_3 P_{10}	93.77×2=187.54m		
			P_{1a} P_{2a} P_{4a} P_{5b} P_{9a} P_{11a} P_{12a}	86.24×7=603.68m³		
			Σ	104.36+104.19+104.44+104.04+172.62+623+187.54+603.68=2003.87m³		2003.87
		6	C30 混凝土桥台			
			P_{10} P_{13}	164.6+271.52+0.56=436.68m³		
		7	C50 混凝土连续箱梁	6839.08m³		
			拆除 ABCD 型锚块	−16.68m³		
			扣Σ	6839.08−16.68	m³	6822.40
		8	C30 混凝土防撞护栏	376.473+376.463	m	752.94
		9	混凝土小型构件			
		A	C50 混凝土挑梁	0.4×0.25×(1.2+0.8)×6=1.2m³		
		B	C25 混凝土缘石	4.32×752.94÷10=325.27m³		
		C	C25 混凝土护栏立柱	752.94÷2.428×0.18=55.82m³		
		D	C25 混凝土桥铭牌	0.233×4=0.93m³		
		10	桥面铺筑			
		11	C40 混凝土桥面铺筑			
		A	主桥厚 6cm	K0+796.108～K0+458.313=162.62m		
				K0+283.061～K0+445.266=162.205m		
				23.55×(162.62+162.205)−5.45\0.17=7607.68m²		
		B	引桥厚=8cm	23.6×376.04×2−7607.68−0.54×282.6=9988.80m²		
		C	C40 钢纤维混凝土厚=17cm	0.54×282.6+5.45÷0.17=173.36m²		
		(2)	沥青混凝土粗厚=6cm	15.5×376.04×2−0.54×282.6−5.45÷0.17=11472.58m²		
			沥青混凝土细厚=3cm	11472.58m²		
		D	桥头搭板粗粒式厚=9cm	8×12.4×4=396.8m²		
		E	桥头搭板粗粒式厚=3	396.8m²	m²	396.8
		12	桥头搭板 C25 混凝土	(0.4×7+0.55×0.25+0.95/2×0.25)×12.44×4=163.37m³		
			D.3.3	预制混凝土		
		1	C30 非预应力空心板梁	(5.54+6.03)×21+(6.21+6.76)×2=268.91m³		
		2	C40 先张法空心板梁	3690+195.34+219.34=4104.68m³		
		3	C25 混凝土人行道板	5.27×37.6×2=396.32m³		
		4	预制 C50 混凝土锚板			
			A 型	640×1.7885×0.19×8=1.94m³		
			B 型	0.49×1.329×0.21×96=13.13m³		
			C 型	0.37×1.7885×0.21×8=1.11m³		
			D 型	0.37×1.7885×0.19×4=0.50m³		
			Σ	1.94+13.13+1.11+0.5=16.68m³	m³	16.68

续表

清单序号	项次	项目编码	项目名称及说明	计算公式及说明	计量单位	计算结果
			D.3.8	装饰		
		1	桥铭牌白水泥浆刷白	(0.8×1.05+0.6×0.35+0.7/2×1.05×2×0.8)×4=4.06m^2		
		2	人行道水泥砂浆抹面	376.04×1.69×3×2=3813.05m^2		
		3	2cm人行道地砖	3813.05m^2		
		4	大理石桥面牌	0.6×0.85×4=2.04m^2		
			D.3.9	其他		
				376.04×2=752.08m		
		1	金属栏杆	376.04×2÷2.428×27.99÷1000=8.68t		
		2	防撞栏杆 ϕ114×4	钢管扶手 10.85×376.04×2÷1000=8.16t		
		3	橡胶支座			
		A	ϕ200×42 球冠支座	1984 个		
		B	盆式固定支座	GPZ(Ⅱ)16.0　8 个		
		C	盆式活动支座	GPZ(H)27.5　8 个		
		4	桥头搭板油毛毡支座	0.3×12.5×4×4=57.6m^2		
		5	桥梁伸缩装置			
		A	GQF-C-40 伸缩缝	282.6m		
		B	GQF-160 钢造型伸缩缝	94.28m		
		C	桥面连续	23.6×18=424.8m		
		D	防撞墙聚乙烯发泡伸缩缝	0.34×24×2=16.32m		
		6	桥面泄水管			
		A	桥面排水	30 套		
		B	桥面泄水孔	ϕ100PVC 管(2+7.2)×30×2=552m		
		C	桥面防水层	23.6×428.8+23.55×324.41=17759.54m^2	m^2	17759.54
			D.7.1	钢筋工程		
		1	预埋铁件			
		A	单件重 30kg 外	(150.2−42.9)×(40×9+34×2)=45924.4kg		
			主桥合龙段临时连接	(20.48+877.08+524.52+304.92)×2 侧=7509kg		
			Σ	45924.4+7509=53443.4kg		
		B	单件重 30kg 内			
			防撞墙预埋铁件	4.56kg×376.04×2=3429.48kg		
			Σ	53443+3429=56872kg		
		2	非预应力钢筋			
		A	非预应力钢筋	预制桩		
			L=24m	(0.3284+0.3332)×70=46.312t		
				(0.3813+0.2886)×70=46.893t		
			L=25m	(0.355+0.3332)×110=75.702t		
				(0.3108+0.3813)×11=76.131t		
			L=26m	(0.355+0.3554)×34=24.154t		
				(0.3108+0.408)×34=24.439t		
			Σ	46.312+46.893+75.702+76.131+24.154+24.439=293.43t		
		B	ϕ600PHC 桩钢筋笼	(154.42+6.31)×48÷1000=7.715t		
		C	ϕ800PHC 桩钢筋笼	(167.33+18.64)×76÷1000=14.13t		
		D	桥台钢筋	(416.12+8225.68+12577+12122.56+32925.24+416.12)÷1000=66.68t		
		E	承台钢筋 P_1～P_{5a}	P_{8b}～P_{12a}共计 18 个		
				(0.61176+1.35934+4.05622+0.26013+0.29737+0.10341)×18=120.39t		
			P_5P_{5a}　P_8P_{8a}	(0.75712+2.01578+2.0988+1.35545+0.145577+0.5440)×4=29.744t		

续表

清单序号	项次	项目编码	项目名称及说明	计算公式及说明	计量单位	计算结果
			P_6P_{6a} P_7P_{7a}	30.17424+25.90108+5.29892=61.374		
			Σ	120.39+29.744+61.374=211.508t		
		F	立柱钢筋	21.54+6.3+0.86=28.76		
		G	实体墩身钢筋	13.72352+12.56212+0.64364=26.93		
		H	墩盖梁钢筋			
			P_{1a} P_{2a} P_{4a} P_{5b} P_{9a} P_{11a} P_{12a}	(996.58+906.47+1984.6+696.6+2343.42+249.59+2154.14+336.75+461.72+77.95+1659.57+309.04+105.03+38.93)×7÷1000=86.243t		
			P_1 P_2 P_4 P_{8b} P_9 P_{11} P_{12}	(996.58+906.47+1984.6+696.6+2343.42+249.59+2285.53+358.47+461.72+77.75+1659.57+309.04+105.03+38.93)×7÷1000=87.495t		
			P_3 P_{10} P_{3a} P_{10a}	86.243÷7×4=49.282t		
			P_3 P_{10} P_{3a} P_{10a} P_5 P_{5a} P_8 P_{8a}	(1453.04+293.02+3100.69+622.43+1406.66+2340.62+719.68+1299.17+239.6+1028.98+200.6+77.83+24.12+36.36+5.26)×4÷1000=51.392t		
			Σ	86.243+87.495+49.282+51.392=274.412t		
		I	挑梁钢筋	0.36768+0.123=0.49t		
		J	箱梁钢筋			
			0号块	173.2269×2=346.454t		
			1号段	30.93028×2=61.861t		
			2号段	30.485×2=60.97t		
			3号段	30.13588×2=60.272t		
			4号段	35.49872×2=70.997t		
			5号段	34.07724×2=68.154t		
			6号段	36.79844×2=73.597t		
			边跨现浇段	22.450×2=44.90t		
			边跨合龙段	8.29318×2=16.586t		
			中跨合龙段	3.99776×2=8.00t		
			锚槽钢筋	1.16184+1.48554+0.52016=3.168t		
			Σ	346.45+61.86+60.97+60.272+70.997+68.154+73.597+44.90+16.586+8.00+3.168=814.96t		
		K	锚块钢筋	2.41944+1.748+1.87792+1.87456=7.92t		
		(a)	箱梁精轧钢筋	7.16t		
		L	桥面铺装钢筋	142.4+4.48=146.88t		
		m	桥面连续钢筋	424.8×19.1÷1000=8.11t		
		N	缘石钢筋	(165.9+39.69+37.07+24.98+52.38+7.9+38.95)×376.04×2÷10÷1000=27.95t		
		O	人行道板钢筋	(737.43+139.04)×376.04×2÷10÷1000=65.92t		
		P	桥铭牌钢筋	(13.41+4.09)×4÷1000=0.07t		
		Q	防撞墙钢筋	(57.18+1.78+7.55)×376.04×2÷1000=50.02t		
		R	栏杆钢筋	(8.08+16.49+7.54)×376.04×2÷1000=24.15t		
		S	搭板钢筋	(160+145.76)×12.44×4÷1000=15.21t		
		3	先张法预应力钢筋			
		A	空心板梁钢铰线	143.7t		
		4	后张法预应力钢筋			
		A	箱梁钢铰线	273.21t		
		B	ϕ90mm 波纹管	4902.76m		
		C	ϕ80mm 波纹管	7888.04m		
		D	ϕ70mm 波纹管	13435.3m		
		E	ϕ60m×19mm 波纹管	15200.14m		

续表

清单序号	项次	项目编码	项目名称及说明	计算公式及说明	计量单位	计算结果
		F	ϕ49mm 铁波管	1133.55m		
		G	锚具 M15-12	384 套		
		H	锚具 M15-9	472 套		
		I	锚具 MP15-9	40 套		
		J	锚具 M15-7	544 套		
		K	锚具 BM15-3	648 套		
		L	锚具 BMP15-3	648 套		
		M	锚具 JLM977	160 套		
		D.1.1	挖土方			
			工程量计算规则	第 4.2.1 条基坑挖土的底宽按结构物基础外边线每侧增加工作面宽度 50cm 计算 第 4.2.2 条挖土场内运输土方数=(挖土数－填土数)×60%；填土场内运输土方数=挖土场内运输土方数—余土数； 计价规范 D.1.4 其他相关问题应按下列规定处理：1. 挖方应按天然密实度体积计算，填方应按压实后体积计算；2. 沟槽、基坑、一般土石方的划分应符合下列规定：1)底宽 7m 以内，底长大于底宽 3 倍以上，应按沟槽计算；2)底长小于底宽 3 倍以下，底面积在 $150m^2$ 以内应按基坑计算；3)超过上述范围应按土石方计算		
		040101002001	挖沟槽土方(无支护)	$H\leqslant 1m$	m^3	89.52
			挖土方式	无支护挖土＋人工挖土		
			桥台：P_0、P_{0a}	原地面标高 3.92m，设计垫层底标高 3.602m		
			挖土深度	3.92－3.602＝0.318m		
			桥台长	(1.1m＋23.2＋1.038)×2＝50.676m		
			桥台宽	2.4m		
			Σ	$(50.676+0.5\times2)\times(2.4+0.5\times2)\times0.318=55.87m^3$		
			桥台 P_{13}、P_{13a}	原地面标高 4.03m，设计垫层底标高 3.612m		
			挖土深度	4.03－3.612＝0.418m		
			桥台长宽	同上		
			Σ	$(50.676+0.5\times2)\times(2.4+0.5\times2)\times0.418=73.44m^3$		
			Σ	$55.87+73.44=129.31m^3$		
			挖土场内运输	桥台垫层 $2.6\times50.376\times0.1\times2=26.46m^3$		
			P_0、P_{0a}混凝土	$2.4\times50.676\times0.218=26.51m^3$		
			P_{13}、P_{13a}混凝土	$2.4\times50.676\times0.318=38.68m^3$		
			Σ	$24.46+26.51+38.68=91.65m^3$		
			则	$(129.31-91.65)\times60\%=22.60m^3$		
		040101002002	挖沟槽土方(列板支护)	$H\leqslant 2m$	m^3	710.81
				挖土方式：无支护放坡挖土＋人工挖土＋湿土排水 工程量计算规则：桥涵及护岸工程第二章，Ⅲ类土放坡比例 1∶0.75		
			引桥承台 P_{8b}	原地面标高 3.84m，设计垫层底标高 1.9m		
			挖土深度	3.84－1.9＝1.94m		
			承台长	21.65		
			承台宽	2.4		
			挖土地面标高长	$21.65+0.5\times2(a_1)=22.65m$		
			挖土地面标高宽	$2.4+0.5\times2(b_1)=3.4m$		
			挖土原地面标高长	$22.65+1.94\times0.75\times2(a_2)=25.56m$		
			挖土原地面标高宽	$3.4+1.94\times0.75\times2(b_2)=6.31m$		
			计算公式	$V=H/6[a_1\times b_1+a_2\times b_2+(a_1+a_2)\times(b_1+b_2)]$ $V=1.94\times1/6\times[22.65\times3.4+25.56\times6.3+(22.65+25.56)\times(3.4+6.31)]=226.08m^3$		

续表

清单序号	项次	项目编码	项目名称及说明	计算公式及说明	计量单位	计算结果
			引桥承台高 P_9、P_{9a}	原地面标高 3.89m，设计垫层底标高 1.90m		
			挖土深度	3.89−1.90=1.99m		
			挖土地面标高长	$21.65+0.5\times2(a_1)=22.65$m		
			挖土地面标高宽	$2.4+0.5\times2(b_1)=3.4$m		
			挖土原地面标高长	$22.65+1.99\times0.75\times2(a_2)=25.635$m		
			挖土原地面标高宽	$3.4+1.99\times0.75\times2(b_2)=6.385$m		
			计算公式	$V=H/6[a_1\times b_1+a_2\times b_2+(a_1+a_2)\times(b_1+b_2)]$		
				$V-1.99\times1/6\times[22.65\times3.4+25.635\times6.385+(22.65+25.635)\times(3.4+6.385)]\times2=470.68$		
			引桥承 P_{11}、P_{11a}	原地面标高 3.81m，设计垫层底标高 1.90		
			挖土深度	3.81−1.90=1.91m		
			挖土地面标高长	$21.65+0.5\times2(a_1)=22.65$m		
			挖土地面标高宽	$2.4+0.5\times2(b_1)=3.4$m		
			挖土原地面标高长	$22.65+1.91\times0.75\times2(a_2)=25.515$m		
			挖土原地面标高宽	$3.4+1.91\times0.75\times2(b_2)=6.265$m		
			计算公式	$V=H/6[a_1\times b_1+a_2\times b_2+(a_1+a_2)\times(b_1+b_2)]$		
				$V=1.91\times1/6\times[22.65\times3.4+25.515\times6.265+(22.65+25.515)\times(3.4+6.265)]\times2=449.70\text{m}^2$		
			引桥承台 P_{12}、P_{12a}	原地面标高 3.87m，设计垫层底标高 1.90m		
			挖土深度	3.87−1.90=1.97m		
			挖土地面标高长	$21.65+0.5\times2(a_1)=22.65$m		
			挖土地面标高宽	$2.4+0.5\times2(b_1)=3.4$m		
			挖土原地面标高长	$22.65+1.97\times0.75\times2(a_2)=25.605$m		
			挖土原地面标高宽	$3.4+1.97\times0.75\times2(b_2)=6.355$m		
			计算公式	$V=H/6[a_1\times b_1+a_2\times b_2+(a_1+a_2)\times(b_1+b_2)]$		
				$V=1.97\times1/6\times[22.65\times3.4+25.605\times6.355\times(22.605+25.605)\times(3.4+6.355)]\times2=486.62\text{m}^3$		
			Σ	$226.08+470.68+449.70+468.6=1615.08\text{m}^3$		
			挖土场内运输			
			混凝土垫层	$21.85\times2.6\times0.1\times7=39.77\text{m}^3$		
			承台混凝土	$21.48\times2.4\times1.5\times7=541.25\text{m}^3$		
			Σ	$(1615.08-541.25)\times60\%=644.30\text{m}^3$		
		040101002003	挖沟槽土方(列板支护)	$H\leqslant3$m	m^3	1608.27
				挖土方式：列板围护支撑＋机械挖土＋湿土排水		
				工程量计算规则：同第 4.2.1 条		
			挖土沟槽长	$21.65+0.5\times2(A)=22.65$m		
			挖土沟槽宽	$2.4+0.5\times2(B)=3.4$m		
			P_1、P_{1a}	原地面标高 4.13m，设计垫层底标高 1.9m		
			挖土深度	$4.13-1.93(H)=2.23$m		
			计算公式	$V=A\times B\times H$		
				$V=22.65\times3.4\times2.23\times2=343.46\text{m}^3$		
			P_2、P_{2a}	原地面标高 4.01m，设计垫层底标高 1.9m		
			挖土深度	$4.01-1.9(H)=2.12$m		
			计算公式	$V=A\times B\times H$		
				$V=22.65\times3.4\times2.12\times2=326.52\text{m}^3$		
			P_4、P_{4a}	原地面标高 4.01m，设计垫层底标高 1.9m		
			挖土深度	4.01−1.90=2.11m		
			计算公式	$V=A\times B\times H$		
				$V=22.65\times3.4\times2.11\times2=324.98\text{m}^3$		
			P_{5b}	原地面标高 3.97，设计垫层底标高 1.9		

续表

清单序号	项次	项目编码	项目名称及说明	计算公式及说明	计量单位	计算结果
			挖土深度	3.97－1.9＝2.07m		
			计算公式	$V=A\times B\times H$		
				$V=22.65\times3.4\times2.07=159.41m^3$		
			P_5	原地面标高3.97设计垫层底标高1.4		
			挖土深度	3.97－1.4＝2.57m		
			挖土沟槽长度	20.39＋0.5×2＝21.39m		
			挖土沟槽长宽	3＋0.5×2＝4m		
			计算公式	$V=A\times B\times H$		
				$V=21.39\times4\times2.57=219.89m^3$		
			P_{5a}	原地面标高3.99m设计垫层底标高1.4m		
			挖土深度	3.99－1.46＝2.59m		
			计算公式	$V=A\times B\times H$		
				$V=21.39\times4\times2.59=221.60m^3$		
			P_8	原地面标高3.91m设计垫层底标高1.40m		
			挖土深度	3.91－1.40＝2.51		
			计算公式	$V=A\times B\times H$		
				$V=21.39\times4\times2.51m=214.76m^3$		
			P_{8a}	原地面标高3.84m设计垫层底标高1.40m		
			挖土深度	3.84－1.40＝2.44m		
			计算公式	$V=A\times B\times H$		
				$V=21.39\times4\times2.44=208.77m^3$		
			P_{10}　P_{10a}	原地面标高3.93m设计垫层底标高1.90m		
			挖土深度	3.93－1.90＝2.03		
			计算公式	$V=A\times B\times H$		
				$V=22.65\times3.4\times2.03\times2=312.66m^3$		
			Σ	343.46＋326.52＋324.98＋159.41＋219.89＋221.6＋241.76＋208.77＋312.66	m^3	2359.05
			混凝土垫层			
			P_1P_{1a}	$21.85\times2.6\times0.1\times2=11.36m^3$		
			P_2P_{2a}	$21.85\times2.6\times0.1\times2=11.36m^3$		
			P_4P_{4a}	$21.85\times2.6\times0.1\times2=11.36m^3$		
			P_{5b}	$21.85\times2.6\times0.1\times1=5.68m^3$		
			P_5	$20.59\times3.2\times0.1\times1=6.59m^3$		
			P_{5a}	$20.59\times3.2\times0.1\times1=6.59m^3$		
			P_8	$20.59\times3.2\times0.1\times1=6.59m^3$		
			P_{8b}	$21.85\times2.6\times0.1\times1=5.68m^3$		
			P_{10}　P_{10a}	$21.35\times2.6\times0.1\times2=11.36m^3$		
			Σ	$11.36\times4+5.68\times3=76.57m^3$		
			混凝土承台			
			P_1、P_{1a}	$21.65\times2.4\times1.5\times2=155.88m^3$		
			P_2、P_{2a}	$21.65\times2.4\times1.5\times2=155.88m^3$		
			P_4、P_{4a}	$21.65\times2.4\times1.5\times2=155.88m^3$		
			P_5、P_{5a}、P_8、P_{8b}	$20.39\times3\times2\times4=489.36m^3$		
			P_{10}、P_{10a}	$21.65\times2.4\times1.5\times2=155.88m^3$		
			Σ	$155.88\times4+489.36=1112.88m^3$		
			Σ	$76.57+1112.88=1189.45m^3$		
			则	$(2359.05-1189.45)\times60\%=701.76m^3$		
			列板围护、支撑、工程量计算规则：第5.1.2条按沟槽长度计算			
			撑拆列板 $H\leqslant3m$			
			P_1P_{1a}	$22.65\times2=45.3m$		

续表

清单序号	项次	项 目 编 码	项目名称及说明	计算公式及说明	计量单位	计算结果
			P_2P_{2a}	22.65×2=45.3m		
			P_4P_{4a}	22.65×2=45.3m		
			P_5P_{5b}、P_8P_{8a}	21.39×4=85.56m		
			$P_{10}P_{10a}$	22.65×2=45.3m		
			Σ	45.3×4+85.56=266.76m		
			沟槽支撑宽度	工程量计算规则：见《上海市市政工程预算定额》(2000 版)第 430 页		
			沟槽支撑宽度	3.4m 相当于开槽埋管管径 ϕ800=3.8m		
			沟槽支撑宽度	4m 相当于开槽埋管管径 ϕ2200=3.8m		
			列板使用费	ϕ1400～ϕ1600，$H \leqslant 3$m　266.76÷100×429=1144.4t/d		
			列板支撑使用费	ϕ1400～ϕ1600，$H \leqslant 3$m　266.76÷100×163=434.82t/d		
		040101002004	挖沟槽土方 $H \leqslant 4$m(钢板)		m^3	408.41
			挖土方式	钢板桩围护、支撑+机械挖土+井点降水		
			P_3　P_{3a}	原地面标高 5.83m，设计垫层底标高 1.90m		
			挖土深度	5.83−1.9=3.93m		
			挖土沟槽长度	21.65+0.5×2=22.65m		
			挖土沟槽宽度	2.4+0.5×2=3.4		
			计算公式	$V=A\times B\times H$		
				$V=22.65\times3.4\times3.93\times2=605.3m^3$		
			挖土场内运输			
			混凝土垫层	$21.85\times2.6\times0.1\times2=11.36m^3$		
			混凝土承台	$21.65\times2.4\times1.5\times2=155.88m^3$		
			Σ	$11.36+155.88=167.24m^3$		
			则	$(605.3-167.24)\times60\%=262.84m^3$		
			槽型钢桩及支撑工程量计算规则：第 5.1.2 条按沟槽长度计算			
			钢板桩适用范围钢管深度 3.01～4m，钢板桩类型：槽型钢板桩长度 4～6m			
			打槽型钢板桩 4～6m	22.65×2×2=90.6m		
			拔槽型钢板桩 4～6m	22.65×2×2=90.6m		
			槽型钢板桩使用数量：沟槽宽 3.4m 相当于 ϕ1800 管径			
				90.6÷100×2057=1863.64t/d		
			安拆钢板桩支撑	90.6	m	90.6
				槽型钢板桩支撑使用数量：90.6÷100×270	t/d	244.62
		040101003001	挖基坑土方 $H \leqslant 3$m (列板支护)		m^3	819.08
			挖土方式	无支护+机械挖土+湿土排水 工程量计算规则：同第 4.2.1 条；4.2.2 条		

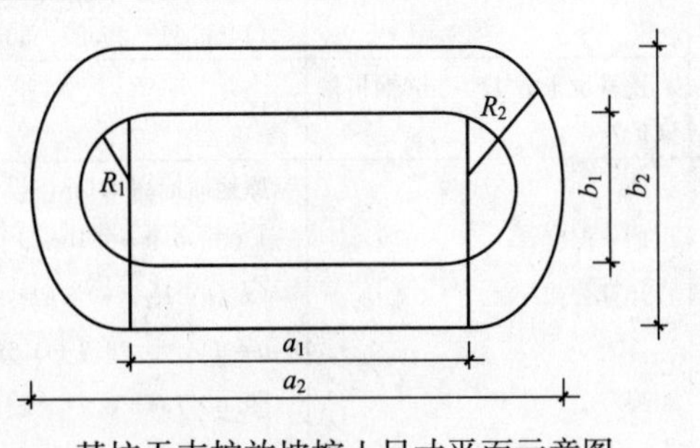

a_1b_1：基坑底面长度尺寸；
a_2b_2：基坑地面宽度尺寸；
H：挖土深度

基坑无支护放坡挖土尺寸平面示意图

续表

清单序号	项次	项 目 编 码	项目名称及说明	计算公式及说明	计量单位	计算结果
				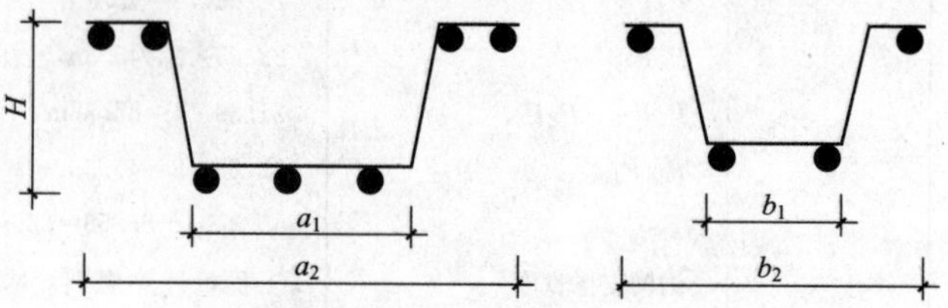 基坑无支护放坡挖土尺寸平面示意图		
			P_{6a}	原地面标高 3.89，设计垫层底标高 0.9m		
			挖土深度	3.89－0.9＝2.99m		
			混凝土承台尺寸	A＝9.6m　B＝6.4m　R＝3.2m		
			计算公式	$V=(b_1+b_2)/2\times a_1\times h+1/3\times\pi\times h\times(R_1^2+R_2^2+R_1\times R_2)$ a_1＝9.6m b_1＝6.4＋0.5×2m＝7.4m b_2＝7.4＋2.99×0.75×2m＝11.885m R_1＝3.2＋0.5m＝3.7m R_2＝3.7＋2.99×0.75m＝5.94m		
			则	V＝(7.4＋11.885)/2×9.6×2.99＋1/3×π×2.99×[3.7²＋5.94²＋3.7×5.94]＝498.85m³		
			P_7	原地面标高 3.8m，设计垫层底标高 0.9m		
			挖土深度	H＝3.8－0.9＝2.9m		
			计算公式	$V=(b_1+b_2)/2\times a_1\times h+1/3\times\pi\times h\times(R_1^2+R_2^2+R_1\times R_2)$ a_1＝9.6　b_1＝7.4　b_2＝11.885　R_1＝3.7　R_2＝3.7＋2.9×0.75＝5.88 V＝(7.4＋11.885)/2×9.6×2.99＋1/3×π×2.9×[3.7²＋5.88²＋3.7×5.88]＝487.61m³		
			P_{7a}	原地面标高 3.76m，设计垫层底标高 0.9m		
			挖土深度	H＝3.76－0.9＝2.86m		
			计算公式	$V=(b_1+b_2)/2\times a_1\times h+1/3\times\pi\times h\times(R_1^2+R_2^2+R_1\times R_2)$ a_1＝9.6　b_1＝7.4　b_2＝11.885　R_1＝3.7　R_2＝3.7＋2.86×0.75＝5.85 V＝(7.4＋11.885)/2×9.6×2.86×[3.7²＋5.88²＋3.7×5.88]	m³	473.06
			Σ	498.85＋487.6＋473.06	m³	1459.51
			挖土场内运输			
			P_6P_{6a}　P_7P_{7a}	混凝土垫层		
			计算公式	$(b\times a+R_2\times\pi)\times0.1\times3$ b＝6.4＋0.1×2＝6.6，a＝9.6，R＝3.2＋0.1＝3.3		
			则	[6.6×9.6＋3.3²×π]×0.1×3＝29.27m³		
			混凝土承台	[6.4×9.6＋3.2²×π]×2×3＝561.66m³ (1459.51－29.27－561.66)×60%＝521.15m³		
		040101003002	挖基坑土方 H＞3m（钢板桩支护）		m³	290.19
			P_6	原地面标高 4.0m，设计垫层底标高 0.9m		
			挖土深度	4.00－0.9＝3.10m		
			计算公式	$(a\times b+R_2\times\pi)\times h$ a＝9.6　b＝6.4＋0.5×2＝7.4　R＝3.2＋0.5＝3.7		
			则	[9.6×7.4＋3.7²×π]×3.1＝353.55m³		
			挖土场内运输	[353.55－(39.03＋748.88)÷4]×60%＝93.94m³		

续表

清单序号	项次	项目编码	项目名称及说明	计算公式及说明	计量单位	计算结果
		桩长4～6m	打槽型钢板桩	9.6×2+7.4×π=42.45m		
		桩长4～6m	拔槽型钢板桩	42.45		
		B=7.4	安装钢板桩支撑	16m(暂估16t)		
			钢板桩使用	42.45÷1000×259.5=1101.58		
			钢板桩支撑使用	42.45m×5.37t/d	t/d	227.96
			D.1.3	填方		
		040103001001	回填土方		m^3	2396.55
			P_1P_{1a}	343.46−[21.65×2.4×1.5+21.85×2.6×0.1+1×1×m×(2.23−1.5)×4]×2=170.38m^3		
			P_2　P_{2a}	154.32m^3		
			P_3　P_{3a}	422.86m^3		
			P_4　P_{4a}	152.86m^3		
			P_5	88.68m^3		
			P_{5a}	90.31m^3		
			P_{5b}	73.51m^3		
			P_{6a}	239.76m^3		
			P_6	80.80m^3		
			P_7	222.33m^3		
			P_{7a}	209.03m^3		
			P_8	83.79m^3		
			P_{8a}	78.08m^3		
			P_9　P_{9a}	68.10m^3		
			P_{10}　P_{10a}	141.18m^3		
			P_{11}　P_{11a}	54.33m^3		
			P_{12}　P_{12a}	63.31m^3		
			Σ	170.38＋154.32＋422.86＋152.86＋88.6＋90.31＋239.76＋80.80＋222.33＋73.51＋209.03＋83.79＋78.08＋68.11＋141.18＋54.33＋63.31＝2396.55m^3		
			填土场内运输	工程量计算规则：第4.2.2条：填土场内运输土方数＝挖土场内运输土方数－余土数	m^3	2396.55
		040103001002	回填黄砂	5.7×2.2×0.3×4	m^3	15.05
		040103002001	余方弃置　土方		m^3	3021.47
			P_1　P_{1a}	343.46−170.38=173.08m^3		
			P_2　P_{2a}	326.52−154.32=172.20m^3		
			P_3　P_{3a}	605.30−422.86=182.44m^3		
			P_4　P_{4a}	324.98−152.86=172.12m^3		
			P_5	219.89−88.68=131.30m^3		
			P_{5a}	221.60−90.31=131.29m^3		
			P_{5b}	159.41−73.51=85.9m^3		
			P_{6a}	498.85−239.76=259.09m^3		
			P_6	353.55−80.80=272.75m^3		
			P_7	487.61−222.33=265.28m^3		
			P_{7a}	473.06−209.03=264.03m^3		
			P_8	214.76−83.79=130.97m^3		
			P_{8a}	208.77−78.08=130.69m^3		
			P_9　P_{9a}	235.34−68.10=137.33m^3		
			P_{10}　P_{10a}	312.66−141.18=171.48m^3		
			P_{11}　P_{11a}	224.85−54.33=170.52m^3		
			P_{12}　P_{12a}	234.31−63.31=171m^3		
			Σ	173.08＋172.2＋182.44172.12＋131.30＋131.29＋85.90＋259.09＋272.75＋265.28＋264.03＋130.97＋130.69＋137.33＋171.48＋170.52＋171＝3021.47m^3		

续表

清单序号	项次	项目编码	项目名称及说明	计算公式及说明	计量单位	计算结果
		040103002002	余方弃置旧料	0.45×0.45×(0.7×34×2+0.8×20×18)	m^3	67.96
			D.3.1	桩基		
			打桩工程	工程量计算规则		
			第4.3.1条	打桩		
			1	钢筋混凝土桩按桩长(包括桩尖长度)乘以桩截面积以立方米计算，不包括管桩空心部分的体积		
			第4.3.2条	送桩		
			1	钢筋混凝土桩按预制桩截面面积乘以送桩高度(送桩起始点以下至设计桩顶面的距离)以立方米计算。		
			2	送桩起始点规定：陆上打桩为原地面平均标高以上0.5m处		
			第4.3.3条	接桩：方桩按设计图纸以个计算，焊接桩的型钢用量可按设计图纸作相应调整		
		040301003001	钢筋混凝土方桩		m	10822
			1	预制C40钢筋混凝土方桩上节桩		
			$P_0P_{0a}L=26$	0.45×0.45×(12+14)×17=89.505m^3		
			$P_1P_{1a}L=25$	0.45×0.45×(11+14)×20=101.25m^3		
			$P_2P_{2a}L=24$	0.45×0.45×(11+13)×20=97.2m^3		
			$P_3P_{3a}L=24$	0.45×0.45×(11+13)×20=97.2m^3		
			$P_4P_{4a}L=24$	0.45×0.45×(11+13)×20=97.2m^3		
			$P_{5b}L=24$	0.45×0.45×(11+13)×10=48.6m^3		
			$P_{8b}L=24$	0.45×0.45×(11+13)×10=48.6m^3		
			$P_9P_{9a}L=25$	0.45×0.45×(11+14)×20=101.25m^3		
			$P_{10}P_{10a}L=25$	0.45×0.45×(11+14)×20=101.25m^3		
			$P_{11}P_{11a}L=25$	0.45×0.45×(11+14)×20=101.25m^3		
			$P_{12}P_{12a}L=25$	0.45×0.45×(11+14)×20=101.25m^3		
			$P_{13}P_{13a}L=26$	0.45×0.45×(12+14)×17=89.505m^3		
			Σ	89.505×2+101.25×5+97.2×3+48.6×2=1074.06m^3		
			2	预制C30钢筋混凝土方桩下节桩		
			$P_0P_{0a}L=26$	0.45×0.45×(12.5+4.5)×17=92.948m^3		
			$P_1P_{1a}L=25$	0.45×0.45×(11.5+14.5)×20=105.30		
			$P_2P_{2a}L=24$	0.45×0.45×(11.5+13.5)×20=101.25m^3		
			$P_3P_{3a}L=24$	0.45×0.45×(11.5+13.5)×20=101.25m^3		
			$P_4P_{4a}L=24$	0.45×0.45×(11.5+13.5)×20=101.25m^3		
			$P_{5b}L=24$	0.45×0.45×(11.5+13.5)×10=50.625m^3		
			$P_{8b}L=24$	0.45×0.45×(11.5+13.5)×10=50.625m^3		
			$P_9P_{9a}L=25$	0.45×0.45×(11.5+13.5)×20=105.30m^3		
			$P_{10}P_{10a}L=25$	0.45×0.45×(11.5+13.5)×20=105.30m^3		
			$P_{11}P_{11a}L=25$	0.45×0.45×(11.5+13.5)×20=105.30m^3		
			$P_{12}P_{12a}L=25$	0.45×0.45×(11.5+13.5)×20=105.30m^3		
			$P_{13}P_{13a}L=26$	0.45×0.45×(12.5+13.5)×17=92.948m^3		
			Σ	92.948×2+105.30×5+101.25×3+50.625×2=1117.80m^3		
	3		预制桩场内运输	1074.06+1117.80=2191.86	m^3	2191.86
	4		陆上打方桩	2191.86m^3	m^3	2191.86
	5		焊接桩	34×2+20×18=428个	个	428
	6		陆上送桩		m^3	128.06
			P_0P_{0a}桥台	原地面标高3.92m，起始点标高3.92+0.5=4.42m		

续表

清单序号	项次	项 目 编 码	项目名称及说明	计算公式及说明	计量单位	计算结果
				方桩伸入桥台 0.9m，桥台底标高 3.702m 设计桩顶标高 3.702+0.9=4.502m 4.42−4.502=0.982m，不计送桩		
			P_1　P_{1a}承台	原地面标高 4.13m，起始点标高 4.13+0.5=4.63m 方桩伸入承台 0.9m，承台底标高 2.0m 设计桩顶标高 2.0+0.9=2.9m (4.63−2.9)×0.45×0.45×40=14.013		
			P_2　P_{2a}承台	原地面标高 4.02m，起始点标高 4.02+0.5=4.52m 方桩伸入承台 0.9m 承台底标高 2.0m 设计桩顶标高 2.0+0.9=2.9m (4.52−2.90)×0.45×0.45840=13.122m^3		
			P_3　P_{3a}承台	原地面标高 5.83m，起始点标高 5.83+0.5=6.33m 方桩伸入承台 0.9m 承台底标高 2.0m 设计桩顶标高 2.0+0.9=2.9m (6.33−2.9)×0.45×0.45×40=27.783m^3		
			P_4　P_{4a}承台	原地面标高 4.01m，起始点标高 4.01+0.5=4.51m 方桩伸入承台 0.9m，承台底标高 2.0m，设计桩顶标高 2.0+0.9=2.9m (1.51−2.90)×0.45×0.45×40=13.041m^3		
			P_{5b}承台	原地面标高 3.97m，起始点标高 3.97+0.5=4.47m 方桩伸入承台 0.9m，承台底标高 2.0m，设计桩顶标高 2.0+0.9=2.9m (4.47−2.90)×0.45×0.45×20=6.359m^3		
			P_{8b}承台	原地面标高 3.84m，起始点标高 3.84+0.5=4.34m 方桩伸入承台 0.9m，承台底标高 2.0m，设计桩顶标高 2.0+0.9=2.9m (4.34−2.9)×0.45×0.45×20=5.832m^3		
			P_9　P_{9a}承台	原地面标高 3.89m，起始点标高 3.89+0.5=4.39m 方桩伸入承台 0.9m，承台底标高 2.0m，设计桩顶标高 2.0+0.9=2.9m (4.39−2.9)×0.45×0.45×40=12.009m^3		
			P_{10}　P_{10a}承台	原地面标高 3.89m，起始点标高 3.89+0.5=4.39m 方桩伸入承台 0.9m，承台底标高 2.0m，设计桩顶标高 2.0+0.9=2.9m (4.43−2.9)×0.45×0.45×40=12.393m^3		
			P_{11}　P_{11a}承台	原地面标高 3.81m，起始点标高 3.81+0.5=4.31m 方桩伸入承台 0.9m，承台底标高 2.0m，设计桩顶标高 2.0+0.9=2.9m (4.31−2.9)×0.45×0.45×40=11.421m^3		
			P_{12}　P_{12a}承台	原地面标高 3.87m，起始点标高 3.87+0.5=4.37m 方桩伸入承台 0.9m，承台底标高 2.0m，设计桩顶标高 2.0+0.9=2.9m (4.37−2.9)×0.45×0.45×40=11.907m^3		
			P_{13}　P_{13a}桥台	原地面标高 4.03m，起始点标高 4.03+0.5=4.53m 方桩伸入承台 0.9m，承台底标高 2.0m，设计桩顶标高 2.0+0.9=2.9m 3.713+0.8=4.513m (4.53−4.413)×0.45×0.45×34=0.117m^3		
			Σ	14.013+13.122+27.783+13.041+6.359+5.832+12.069+12.393+11.421+11.907+0.117=128.06m^3		

续表

清单序号	项次	项目编码	项目名称及说明	计算公式及说明	计量单位	计算结果
		040301003002	ϕ600PHCA 型	C80 预应力混凝土管桩 $L=38$m	m	3824
			$P_5P_{5a}P_8P_{8a}$	计算公式$(R^2-Y^2)\times\pi\times L\times n$		
				$(0.32^2-0.192^2)\times\pi\times12\times4$	m^3	308.86
			预制桩场内运输	308.86	m^3	308.86
			打桩	308.86	m^3	308.86
			法兰接桩	12×4×2	个	96
			送桩 P_5 承台	原地面标高 3.97m，起始点标高 3.97＋0.5＝4.47m 管桩伸入承台 0.10m，承台底标高 1.5m，设计桩底标高 1.5＋0.1＝1.6m		
				$(4.47-1.6)\times(0.3^2-0.19^2)\times\pi\times12=5.832m^3$		
			P_{5a}承台	原地面标高 3.99m，起始点标高 3.99＋0.5＝4.49m 管桩伸入承台 0.10m，承台底标高 1.5m，设计桩底标高 1.5＋0.1＝1.6m		
				$(4.49-1.6)\times(0.3^2-0.19^2)\times\pi\times12=5.872m^3$		
			P_8 承台	原地面标高 3.91m，起始点标高 3.91＋0.5＝4.41m 管桩伸入承台 0.10m，承台底标高 1.5m，设计桩底标高 1.5＋0.1＝1.6m		
				$(4.41-1.6)\times(0.3^2-0.19^2)\times\pi\times12=5.71m^3$		
			P_{8a}承台	原地面标高 3.84m，起始点标高 3.84＋0.5＝4.34m 管桩伸入承台 0.10m，承台底标高 1.5m，设计桩底标高 1.5＋0.1＝1.6m		
				$(4.34-1.6)\times(0.3^2-0.19^2)\times\pi\times12=5.568m^3$		
			Σ	$5.832+5.872+5.71+5.568=22.98m^3$		
			C50 细石混凝土填芯	$0.19^2\times\pi\times2.5\times12\times4=13.61m^3$		
		040301003003	ϕ800PHCAB 型	C80 预应力混凝土管桩 $L=45$m	m	3458
			P_6P_{6a}　P_7P_{7a}	计算公式$(R_2-r_2)\times\pi\times L\times n$		
				$(0.42-0.292)\times\pi\times(4.5\times19\times3+46\times19\times1)=820.02m^3$		
			预制桩场内运输	$820.02m^3$		
			打桩	$820.02m^3$		
			法兰接桩 P_6 承台	原地面标高 4.00m，起始点标高 4.00＋0.5＝4.50m 管桩伸入承台 0.1m，承台底标高 1.0m，设计桩底标高 1.0＋0.1＝1.1m	个	228
				$(4.5-1.1)\times(0.4^2-0.29^2)\times\pi\times19=15.04m^3$		
			P_{6a}	原地面标高 3.89m，起始点标高 3.89＋0.5＝4.39m 管桩伸入承台 0.1m，承台底标高 1.0m，设计桩底标高 1.0＋0.1＝1.1m		
			则	$(4.39-1.10)\times(0.4^2-0.29^2)\times\pi\times19=14.905m^3$		
			P_7 承台	原地面标高 3.80m，起始点标高 3.80＋0.5＝4.30m 管桩伸入承台 0.1m，承台底标高 1.0m，设计桩底标高 1.0＋0.1＝1.1m		
			则	$(4.30-1.10)\times(0.4^2-0.29^2)\times\pi\times19=14.498m^3$		
			P_{7a}承台	原地面标高 3.76m，起始点标高 3.76＋0.5＝4.26m 管桩伸入承台 0.1m，承台底标高 1.0m，设计桩底标高 1.0＋0.1＝1.1m		
			则	$(4.26-1.1)\times(0.4^2-0.29^2)\times\pi\times19=14.316m^3$		
			Σ	$15.404+14.905+14.498+14.316=59.12m^3$		
			C50 细石混凝土	填芯 $0.29\times\pi\times3\times19\times4=60.24m^3$		
			D.3.2	现浇混凝土		
				工程量计算规则		
			第 4.6.1 条	混凝土工程量按设计尺寸以实体积(不包括空心板梁的空心体积)计算，不扣除钢筋、铁丝、铁件、预留压浆孔道和螺栓所占的体积		

续表

清单序号	项次	项目编码	项目名称及说明	计算公式及说明	计量单位	计算结果
			第4.6.2条	现浇混凝土墙，板上单孔面积在0.3m^2以下的孔洞体积不予扣除，孔洞侧壁模板不计工程量，单孔面积在0.3m^2以上的应扣除孔洞侧壁模板并入墙、模板工程量		
			第4.6.3条	无法拆除的箱梁内模板按该部分模板工程量增加木模材料0.03m^3/m^2		
		040302002001	C25混凝土承台	计算公式$A\times B\times h$	m^3	2815.91
			P_1P_{1a}……$P_{18}P_{18a}$			
				$A=21.65m$，$B=2.4m$，$h=1.5m$		
				$21.65\times2.4\times1.5\times18=1402.92m^3$		
			扣除方桩	$0.45\times0.45\times0.1\times40\times17=13.77m^3$		
			Σ	$1402.92-13.77=1395.63m^3$		
			C15混凝土垫层	计算公式$A\times B\times h$		
				$A=21.85m$，$B=2.6m$，$h=0.10m$		
				$21.85\times2.6\times0.1\times18=102.26m^3$		
			Σ	$102.26-7.29=94.97m^3$		
			P_5P_{5a}　P_8P_{8a}	计算公式$A\times B\times h$		
				$A=20.39m$，$B=3m$，$h=2m$		
				$20.39\times3\times2\times4=489.36m^3$		
			拆除ϕ600PHC管桩	$0.3^2\times\pi\times0.1\times12\times4=1.36m^3$		
			Σ	$489.36-1.36=488m^3$		
			C15混凝土垫层	计算公式$A\times B\times h$		
				$A=20.59m$，$B=3.2m$，$h=0.1m$		
				$20.59\times3.2\times0.1\times4=26.36m^3$		
			拆除ϕ600PHC管桩			
			Σ	$26.36-1.36=25m^3$		
			P_6P_{6a}　P_7P_{7a}	计算公式$[A\times B+R^2\times\pi\times1/2\times2]\times h$		
				$A=9.6m$，$B=6.4m$，$R=3.2m$，$h=2.5m$		
				$[9.6\times6.4+3.2^2\times\pi\times1/2\times2]\times2.5\times4=936.1m^3$		
			扣除ϕ800PHC管桩	$0.4m^2\times\pi\times0.1\times19\times4=3.82m^3$		
			Σ	$936.1-3.82=932.28m^3$		
			C15混凝土垫层	计算公式$[A\times B+R^2\times\pi\times1/2\times2]\times h$		
				$A=9.6m$，$B=6.6m$，$R=3.3m$，$h=0.1m$		
				$[9.6\times6.6+3.3^2\times\pi\times1/2\times2]\times0.1\times4=39.03m^3$		
			拆除ϕ800PHC管桩	$0.4^2\times\pi\times19\times0.1\times4=3.82m^3$		
				$39.03-3.82=35.21m^3$		
			C25混凝土承台	$1395.63+488+935.28=2815.91m^3$		
			C15混凝土垫层	$94.97+25+35.21=155.18m^3$		
			商品混凝土输送泵车	$2815.91\times1.015=2858.15m^3$		
		040302004001	C30混凝土立柱	计算公式$A\times B\times h\times n$	m^3	585.77
				$A=1m$，$B=1m$		
			立柱高度$h=$	$P_{1a}=1.804m$，$P_{2a}=2.407m$，$P_{4a}=3.613m$ $P_{5a}=4.216m$，$P_{9a}=3.624m$，$P_{11a}=2.418m$ $P_{12a}=1.815m$		
			则	1×1×(1.804m+2.407m+3.613m+4.216m+3.624m+2.418m+1.815m)×4个=79.588m^3		
			立柱高度	$P_1=1.804m$，$P_2=2.407m$，$P_4=3.613m$，$P_8=4.227m$ $P_9=3.624m$，$P_{11}=2.418m$，$P_{12}=1.815m$		
			则	1×1×(1.804m+2.407m+3.613m+4.227m+3.624m+2.418m+1.815m)×4个=79.632m^3		
			立柱高度	$P_3P_{3a}=3.01$，$P_{10}P_{10a}=3.021m$		

续表

清单序号	项次	项目编码	项目名称及说明	计算公式及说明	计量单位	计算结果
			则	$1\times1\times(3.01+3.021)\times2\times4=48.248m^3$		
			$P_5P_{5a}P_8P_{8a}$	计算公式 $A\times B\times h$，$A=1.2$，$B=1.2$，		
			立柱高度	$P_5=2.302$，$P_{5a}=2.668$，$P_8=2.71$，$P_{8a}=2.295$		
			则	$1.2\times1.2\times(2.302+2.668+2.71+2.295)\times4=57.456$		
			Σ	$79.588+79.632+48.248+57.456=264.92m^3$		
			商品混凝土输送泵车	$264.92\times1.105=268.89m^3$		
			C30 混凝土墩身 平面示意图　　立面示意图			
			墩身高度 h	$P_6=2.481$，C30 垫石体积 $1.29m^3$ $P_{6a}=2.790$，C30 垫石体积 $1.29m^3$ $P_7=2.842$，C30 垫石体积 $1.29m^3$ $P_{7a}=2.445$，C30 垫石体积 $1.29m^3$ 计算公式 $[A\times B+(B+C)/2]\times h+$垫石体积 $A=8.3m$，$B=3m$，$C=1.7m$，$D=1.35m$		
			V_1	$P_6=[8.3\times3+(3+1.7)\div2\times2\times1.35]\times2.481+1.29=78.809m^3$		
			V_2	$P_{6a}=[8.3\times3+(3+1.7)\div2\times2\times1.35]\times2.79+1.29=88.464m^3$ $P_7=[8.3\times3+(3+1.7)\div2\times2\times1.35]\times2.542+1.22=80.645m^3$ $P_{7a}=[8.3\times3+(3+1.7)\div2\times2\times1.35]\times2.445+1.22=77.614m^3$		
			Σ	$75.472+84.711+80.645+77.614=325.53m^3$		
			商品混凝土输送泵车	$325.53\times1.05=330.41m^3$		
		040302006001	C30 混凝土桥台	无计算公式　由施工图直接提供工程量	m^3	436.68
			P_0　P_{13}C15 混凝土垫层	计算公式 $A\times B\times h$ $A=50.876m$，$B=2.6m$，$h=0.1m$ $50.876\times2.6\times0.1\times2=26.456m^3$		
			扣除方桩	$0.45\times0.45\times34\times2\times0.1=1.377m^3$		
			Σ	$26.456-1.377=25.08m^3$		
			C30 混凝土桥台	$(82.3+135.76+0.28)\times2-1.38=435.30m^3$		
			商品混凝土输送泵车	$435.3\times1.015=441.83m^3$		
		040302006002	C30 混凝土桥墩盖梁		m^3	2003.87
				$P_{1a}P_{2a}P_{4a}P_{5b}P_{9a}P_{12a}=86.24\times7=603.68m^3$ $P_{3a}P_{10a}=86.31\times2=172.62m^3$ $P_1P_2P_4P_{8b}P_9P_{11}P_{12}=89\times7=623m^3$ $P_3P_{10}=93.77\times2=187.54m^3$ $P_5=104.18+0.18$(垫石)$=104.36m^3$ $P_{5a}=104.01+0.18$(垫石)$=104.19m^3$ $P_8=103.86+0.18$(垫石)$=104.04m^3$ $P_{8a}=103.86+0.18$(垫石)$=104.04m^3$		
			Σ	$603.68+172.62+187.54+623+104.36+104.19+104.04+104.44+104.04=2003.87m^3$		
			商品混凝土输送泵车	$2003.87\times1.015=2033.93m^3$		

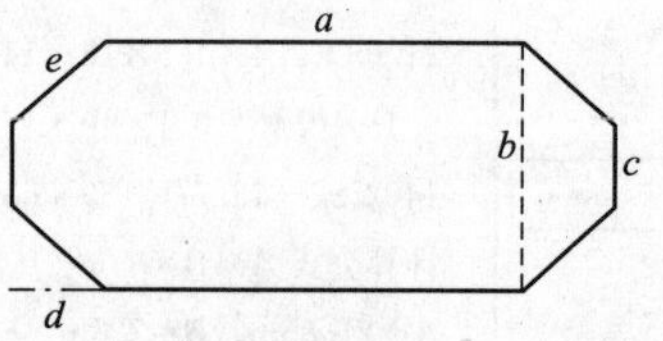

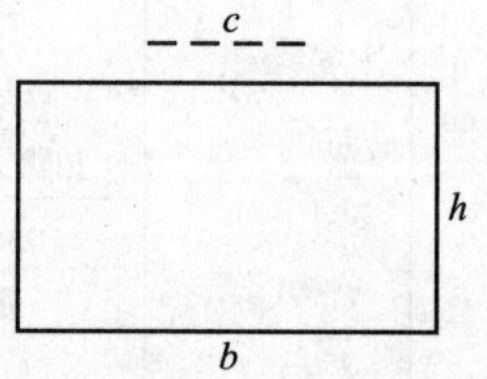

续表

清单序号	项次	项 目 编 码	项目名称及说明	计算公式及说明	计量单位	计算结果
		040302010001	C50混凝土箱梁		m^3	6822.40
			C50混凝土箱梁0号段，共4块			
			整体体积计算公式：0号块体积＋底板体积＋侧壁中壁体积＋顶板体积＋内外悬臂板体积			
			0号段全长	L＝29m，其中0号块长为3m 地板宽度15.5m，底板平均厚度(0.45＋0.75)÷2＝0.6m 腹板厚度0.75m腹板平均高度(4.35＋2.1)÷2＝3.225m 加强度2×0.32，共4个0.5×0.5m，共6个 顶板厚度0.28m		
			外侧悬臂平均长度	(3.544＋3.505＋3.467＋3.43＋3.395＋3.367＋3.339＋3.313＋3.287＋3.263＋3.24＋3.218＋3.196＋3.178＋3.16＋3.14＋3.121＋3.104＋3.089)÷19＝3.282m		
			内侧悬臂平均长度	(4.462＋4.501＋4.539＋4.575＋4.609＋4.638＋4.665＋4.691＋4.716＋4.74＋4.762＋4.784＋4.805＋4.824＋4.842＋4.862＋4.88＋4.891＋1.912)÷19＝4.72m		
			底板体积	0.6×15.5×26×4＝967.2m^3		
			腹板	0.75×3.225×26×3×4＝754.65m^3		
			加强角0.5×0.5	0.5×0.5×1/2×4×26×4＝78m^3		
			加强角0.2×0.32	0.2×0.32×1/2×4×26×4＝133.12m^3		
			顶板	(15.5－0.75×3)×0.28×26×4＝385.84m^3		
			外侧悬臂板	[(0.6＋0.2)/2×3＋0.2×0.282]×29×4＝145.74m^3		
			内侧悬臂板	[(0.6＋0.2)/2×3＋0.2×1.72]×29×4＝179.10m^3		
			0号块	4.35×3×15.5×4＝809.1m^3		
			扣除预留孔	0.5×π×2×2×4＝12.57m^3		—
			扣除凹型体积			
			梯形中线长	4.35－0.28－0.75＝3.32m 4.35－0.28－0.75－0.5^2×2＝2.32m (3.32＋2.32)÷2×0.5＝1.41m		
			凹型面积	[3.32×6.625－(2×0.32＋0.5×0.5)]×4＝84.42m^3		
			拆除凹型体积	1.41×84.42＝119.03m		
			Σ	967.2＋754.65＋78＋133.12＋385.84＋145.74＋179.10＋809.1－12.57－19.03＝3321.15m^3		
			悬浇箱型梁	梁长＝35×6＋4×6＋2×1＝47m 底板宽度＝15.5m，底板平均厚度(0.45＋0.25)÷2＝0.35m，模板平均厚度(0.6＋0.52)÷2＝0.56m，腹板平均高度＝(3.004＋2.1)÷2＝2.552m，2.552－0.35－0.6＝1.602m，顶板厚度＝0.28m，顶板加强角面积＝2^2＋0.32^2×2＝4.2048m^2 顶板加强面积0.5×0.5×1/2×2＝0.25 外侧悬挑臂平均长＝(4.731＋4.756＋4.779＋4.801＋4.857＋4.875＋4.891＋4.905＋4.917＋4.927＋4.935＋4.938＋4.941＋4.945＋4.947＋4.947＋4.945＋4.941＋4.935＋4.928＋4.92＋4.91＋4.899＋4.886＋4.872)÷25＝4.893m 内侧悬挑臂平均长＝(3.271＋3.246＋3.223＋3.201＋3.18＋3.161＋3.144＋3.126＋3.11＋3.096＋3.084＋3.074＋3.065＋3.062＋3.059＋3.055＋3.053＋3.053＋3.055＋3.059＋3.065＋3.072＋3.08＋3.09＋3.102＋3.115＋3.129)＝3.361m		
			底板	15.5×0.35×47×2＝509.95m^3		
			加强角	$(0.25)^2$×47×2×2＝47m^3		
			顶板	0.28×15.5×47×2＝407.96m^3		

续表

清单序号	项次	项目编码	项目名称及说明	计算公式及说明	计量单位	计算结果
			加强墙	4.051×47×2×2=761.59m³		
			腹板	0.56×2.552×47×3×2=403.01m³		
			外侧悬臂挑臂	[(0.6+0.2)÷2×3+1.893×0.2]×47×2=148.39m³		
			内侧悬臂挑臂	[(0.6+0.2)÷2×3+0.361×0.2]×47×2=119.59m³		
			Σ	509.95+47.407.96+761.59+403.01+148.39+119.59=2397.49m³		
			C50 现浇混凝土箱梁	6822.4−3321.15−2397.49=1103.76m³		
			箱梁混凝土输送泵车	68822.4×1.015=6924.74m³		
		040302015001	C30 混凝土防撞护栏		m	752.94
			西半幅长度	K0+182.657～K0+559.13=376.473m		
			东半幅长度	K0+182.667～K0+559.13=376.463m		
			Σ	376.473+376.463=752.94m		
			则	0.34/m×752.94m=256m³		
			商品混凝土输送泵车	256×1.015=259.84m³		
		040302016001	C50 混凝土箱梁外侧挑梁	计算公式 $A\times B\times h$	m³	1.2
			东半幅	A=1.2m，B=0.4m，h=0.25m 共 6 个		
			西半幅	A=0.8m，B=0.4m，h=0.25m 共 6 个		
				(1.2+0.8)×0.4×0.25×6=1.2m³		
			混凝土输送泵车	1.2×1.015=1.22m³		
		040302016002	C25 混凝土人行道缘石	4.32×75.294=325.27m³	m³	325.27
			商品混凝土输送泵车	325.27×1.015=330.15m³		
		040302016003	C25 混凝土护栏及立柱	0.18m³/2.428	m³	55.82
			则	0.18×752.94÷2.428=55.82m³		
			商品混凝土输送泵车	55.82×1.015=56.66m³		
		040302016004	C25 混凝土桥铭牌	0.233×4=0.93m	m³	0.93
		040302017001	C40 混凝土引桥面铺装	厚度 8cm 桥宽 23.60m	m²	9959.83
			西半幅引桥桩号	K0+182.36～K0+296.10=113.74m		
				K0+458.313～K0+558.707=100.394m		
			东半幅引桥桩号	K0+182.36～K0+283.061=100.701m		
				K0+445.266～K0+558.707=113.44m		
			Σ	113.74+100.394+100.701+113.44=428.28m		
			则	23.6×42.8×0.08=808.59m³		
			商品混凝土输送泵车	808.59×1.015=821.08m³		
			C40 钢纤维混凝土	0.54×282.6+5.45÷0.17=184.66m²		
			扣除 C40 钢纤维混凝土	0.54×282.6×0.08=11.30m³		
			Σ	808.59−11.30=797.29m³		
			商品混凝土输送泵车	797.29×1.015=809.25m³		
		040302017002	C40 混凝土立桥桥面铺装厚度 6cm，桥宽 25.3m		m²	7601.54
			西半幅桩号	K0+296.108～K0+458.313=162.205m		
			东半幅桩号	K0+283.061～K0+445.266=162.205m		
			Σ	162.205+162.205=324.41m		
				324.41×25.3×0.06=492.45m³		
			扣除 C40 钢纤维混凝土	5.45m³		
			Σ	162.205+162.205=324.41m		
				7607.68×0.06=456.46m³		
			扣除 C40 钢纤维混凝土	5.45m³		
			Σ	492.45−5.45=487m³		
			商品混凝土输送泵车	487×1.015=494.31m³		
		040302018001	C25 混凝土桥头板		m²	163.37
			碎石垫层	12.4×7.3×0.2×4=72.42m³		

续表

清单序号	项次	项目编码	项目名称及说明	计算公式及说明	计量单位	计算结果
			C15混凝土垫层	12.4×7.3×0.1×4=36.21m^3		
			C25混凝土搭板	[0.4×8+(0.25+1)/2×0.15]×12.4×4=163.37m^3		
		040302018002	桥头搭板粗粒式沥青混凝土厚9cm(AC-30)		m^2	396.8
			则	8×12.4×4=396.8m^2		
		040302018003	桥头搭板细粒式沥青混凝土厚3cm(AC-15)		m^2	396.80
			则	396.8m^2		
			D3.3	预制混凝土		
				工程量计算规则		
			第4.7.1条　2	预制空心构件按设计图示尺寸，以实际体积计算(不包括空心部分的体积)。空心板梁的堵头板体积不计。		
			3	预制空心板梁采用橡胶做内膜，如设计未考虑橡胶变形，可增计混凝土工程量，梁长16m以内时，按设计计算体积增计7%，梁长16m以外时增计9%。		
			第4.7.5条	预制构件场内运输，按构件重量及实际运距以实体积计算。实际运距不足100m，按100m计算		
		040303003001	C30混凝土非预应力空心板梁		m^3	268.91
			K_{5a}　L=11.88	每块中板6.03×11.88÷12.93=5.54m^3/块共21块		
				每块边板6.76×11.88÷12.93=6.21m^3/块共21块		
				[(5.54+6.03×21)+(6.21+6.76)×2]×1.07=287.73m^3		
			板梁场内运输	287.73m^3		
			陆上安装板梁	287.73m^3		
			C40混凝土板间灌缝	L=12.93m每条铰缝0.15m^3，共22条		
				L=11.88m每条铰缝0.138m^3，共22条		
			则	(0.15+0.138)×22=6.34m^3		
			梁底勾缝	每条缝长=梁长－承台垫长×2		
				13－(0.54+0.58+0.08)×2=10.6m		
				11.88－(0.54+0.58+0.08)×2=9.48m		
			则	(10.6+9.48)×22条=441.76m		
		040303003002	C40混凝土预应力空心板梁		m^3	4104.68
				每块中板8.82m^3，每孔21块，每块边板9.89m^3，每孔2块		
				K_{1a}　K_{2a}　K_{3a}　K_{4a}　K_{5a}　K_{10a}　K_{11a}　K_{12a}　K_{13a}	孔	共18
				K_1　K_2　K_3　K_4　K_9　K_{10}　K_{11}　K_{12}　K_{13}		
				每块中板8.74，每孔21块，每块边板9.8m^3，每孔2块	孔	K_{9a}共1
				每块中板9.36，每孔21块，每块边板11.39m^3，每孔2块	孔	K_5共1
			L=18.96m	(8.82×21+9.89×2)×18×1.09=4022.1m^3		
			L=18.78m	(8.74×21+9.80×2)×1×1.09=212.92m^3		
			L=20.106m	(9.36×21+11.39×2)×1×1.09=239.08m^3		
			$\sum$	4022.10+212.92+239.08=4474.1m^3		
			预制梁出槽堆放	4474.1m^3		
			预制梁场内运输	4474.1m^3		
			陆上安装板梁$L<20$	4022.10+212.92=4235.02m^3		
			陆上安装板梁$L<25$	239.08m^3		
			C40混凝土板间灌缝	L=18.96m每条铰缝0.21m^3每孔22条共18孔		
				L=18.78m每条铰缝0.21m^3每孔22条共18孔		
				L=20.106m每条铰缝0.45m^3每孔22条共18孔		
				0.21×22×18+0.21×22×1+0.45×22×1=97.68m^3		
			梁底勾缝	每孔扣除1.2m		
				(18.96－1.2)×24×18+(18.78－1.2)×22×1+(20.106－1.2)×22=7835.65m		
		040303005001	预制C25混凝土人行道板	5.27m^3×37.60×2=396.32m^3	m^3	396.30

续表

清单序号	项次	项目编码	项目名称及说明	计算公式及说明	计量单位	计算结果
			预制板场内运输	396.32m³		
			安装人行道板	396.32m³		
		040303005002	预制C50混凝土箱梁锚板		m³	16.68
			A型	(0.59+0.69)÷2=0.64(1.828+1.749)÷2=1.7885		
				(0.22+0.16)÷2=0.19		
				0.64×1.785×0.19×8=1.94m³		
			B型	(0.54+0.44)÷2=0.49(1.3695+1.2885)÷2=1.329		
				0.42÷2=0.21		
				0.49×1.329×0.21×96=13.13m³		
			C型	(0.42+0.382)÷2=0.37　1.785　0.21		
				0.37×1.7885×0.21×8=1.11m³		
			D型	0.37×1.7885×0.19×4=0.50m³		
			Σ	1.94+13.13+1.11+0.50=16.68m³		
			锚板场内运输	16.68m³		
			安装预制锚板	16.68m³		
		D3.8	装饰工程			
		040308006001	人行道地砖水泥浆抹面	计算公式 $A \times B$ 376.04×1.69×3×2=3813.05m²	m³	3813.05
		040308006002	桥铭牌大理石块料	0.6×0.85×4	m²	2.04
		040308007001	桥铭牌白水泥泥浆	[0.8×1.05−0.6×0.85+(0.2+0.3)÷2×1.05²×2+0.5×0.8]×4	m²	4.06
		D.3.9	其他			
		040309001001	金属栏杆	设计图纸 27.99kg/2.428		
			则	376.04÷5.428×27.99×2÷1000	t	8.68
		040309001002	防撞墙 ϕ114×4	钢管扶手 10.85×376.04×2÷1000	t	8.16
		040309002001	氯丁橡胶球冠支座	支座 ϕ200×42		
				10×10×π×4.2÷1000×1984=26178.28dm³	个	1984
		040309004001	盆式固定橡胶支座	GP2(Ⅱ)16KN	个	8
		040309004002	盆式活动橡胶支座	GG2(H)27.5KN	个	8
		040309005001	油毛毡支座	0.3×12.45×4×4	m²	57.6
		040309006001	橡胶伸缩缝	GQF-C-40 282.6	m	282.6
		040309006002	钢齿型钢伸缩缝	GQF-160 94.28	m	94.28
		040309006003	桥面连续橡胶板	23.6×18×1.4=594.72m²	m	424.8
		040309006004	防撞墙聚氯乙烯发泡板伸缩缝	0.34m²/块×24×2=16.32m²	m	46.08
		040309008001	桥面 ϕ100PVC-U泄水管	(2+7.2)×30×2	m	552
		040309008002	桥墩排水系统	30	套	30
		040309009001	桥面防水层	23.6×428.8+23.55×324.41	m²	17759.54
		D.7.1	钢筋工程			
		040701001002	预埋铁件单件重30kg外		kg	53443.4
			预制方桩	(150.2−42.9)×(40×9+34×2)=45924.4kg		
			主桥合龙段临时连接	(2048.4+877.08+524.52+304.92)×5=7509kg		
			Σ	45924.4+7509		
		040701001001	预埋铁件单件重30kg内			
			防撞墙预埋铁件	4.56×376.4×2	kg	3429.48
		040701002001	方桩钢筋			
			L=24m	(0.3284+0.3332)×70=46.312t		
				(0.3813+0.2886)×70=46.893t		
			L=25m	(0.355+0.3332)×110=75.702t		
				(0.3108+0.3813)×110=76.131t		
			L=26m	(0.355+0.3554)×34=24.15t		

续表

清单序号	项次	项目编码	项目名称及说明	计算公式及说明	计量单位	计算结果
				(0.3108+0.408)×34=24.439t		
			Σ	46.312+46.893+75.705+76.131+24.154+24.4394	t	293.44
		040701002002	ϕ600 管桩钢筋笼	(154.42+6.31)×48÷1000	t	7.715
		040701002003	ϕ800 管桩钢筋笼	(229.91+18.64)×76÷1000	t	18.89
		040701002004	桥台钢筋	416.12＋8225.68＋12577＋12122.56＋32925.24＋416.12)÷1000	t	67.10
		040701002005	承台钢筋 P_1～P_{5a}	P_{8b}～P_{12a}共计 18 个	t	211.51
				(0.61176＋1.35934＋4.05622＋0.26013＋0.29737＋0.10349)×18=120.39t		
			P_5　P_{5a}　P_8　P_{8a}	共计 4 个		
				(0.75712＋2.01578＋2.0988＋1.35545＋0.45577＋0.54407)×4=29.744t		
			P_6　P_{6a}　P_7　P_{7a}	共计 4 个		
				30.17424+25.90108+5.29892=61.374t		
			Σ	120.39+29.744+61.374		
		040701002006	立柱钢筋	21.54+6.36+0.86	t	28.76
		040701002007	实体式墩身钢筋	13.72352+12.56212+0.64364	t	26.93
		040701002008	墩盖梁钢筋		t	274.412
			P_{1a}　P_{2a}　P_{3a}　P_{4a}　P_{5a}　P_{9a}　P_{11a}　P_{12a}	(996.58+906.47+1984.6+696.6+2343.42+249.59+2154.14+336.75+461.72+77.95+1659.57+309.04+105.03+38.93)×7÷1000=86.243t		
			P_1　P_2　P_4　P_{8b}　P_9　P_{11}　P_{12}	(996.58+906.47+1984.6+696.6+2343.42+249.59+2285.53+358.47+461372+77.95+1659.57+309.04+105.03+38.93)×7÷1000=87.495t		
			P_3　P_{3a}　P_{10}　P_{10a}	86.243÷7×4=49.282t		
			P_3　P_{10}　P_{10a}　P_5　P_{5a}　P_8　P_{8a}	(1453.04＋293.02＋3100.69＋622.43＋1406.66＋2340.62+719.68+1299.1+239.6+1028.98+200.6+77.83+24.12+36.36+5.26)×4÷1000=51.392t		
			Σ	86.243+87495+49.282+51.392=274.412t		
		040701002009	箱梁外排梁钢筋	0.69768+0.123	t	0.49
		040704002010	箱梁钢筋 1 段	30.9302×2=61.861t	t	468.506
			2 段	30.485×2=60.97t		
			3 段	30.1358×2=60.272t		
			4 段	35.49872×2=70.997t		
			5 段	30.07724×2=68.154t		
			6 段	36.79844×2=73.597t		
			边跨现浇段	22.45004×2=49.9t		
			边跨合龙段	8.29318×2=16.586t		
			中跨合龙段	3.99776×2=8		
			锚槽钢筋	1.16184+1.48554+0.52018=3.168t		
			Σ	61.861+60.97+60.272+70.997+68.154+73.597+44.90+16.586+8+3.168=468.506t		
		040701002011	0 号段钢筋	173.2269×2	t	346.454
		040701002012	箱梁锚块钢筋	2.41944+1.748+1.87792+1.87456	t	7.92
		040701002013	箱梁精轧钢筋	7.16	t	7.16
		040701002014	空心板梁钢筋	83.2+325.43	t	408.63
		040701002015	桥面铺装钢筋	142.4+4.48	t	146.88
		040701002016	桥面连续钢筋	424.8×19.1÷1000	t	8.11
		040701002017	缘石钢筋	(165.9+39.69+37.07+24.98+52.38+7.9+38.95)×376.04×2÷10÷1000	t	27.95

续表

清单序号	项次	项目编码	项目名称及说明	计算公式及说明	计量单位	计算结果
		040701002018	人行道板钢筋	(737.43＋139.04)×376.04×2÷10÷1000	t	65.92
		040701002019	桥铭牌钢筋	(13.41＋4.09)×4÷1000	t	0.07
		040701002020	防撞墙钢筋	(57.18＋1.79＋7.55)×376.04×2÷1000	t	50.02
		040701002021	栏杆钢筋	(8.08＋16.49＋7.54)×376.04×2÷1000	t	24.15
		040701002022	桥头搭板钢筋	(160＋145.76)×12.44×4÷1000	t	15.21
		040701002023	牛腿钢筋	0.061t×8个	t	0.49
		040701003001	先张法空心板梁钢铰线	143.7t	t	143.7
		040701004001	后张法箱梁钢铰线	273.21	t	273.21
			ϕ90mm波纹管	4902.76m		
			ϕ80mm波纹管	7888.44m		
			ϕ70mm波纹管	13435.3m		
			ϕ60×19(mm)波纹管	15200.14m		
			ϕ49mm铁皮管	1133.55m		
			工程量计算规则	第4.7.2管道压浆不扣除钢筋体积		
			孔道压浆	$(0.045^2\times4902.76+0.04\times7888.44+0.035\times13435.3+0.0245\times15200.14)\times\pi+0.06\times0.019\times1133.55=152.50m^3$		
			锚具MI5-12	384套		
			锚具MI5-9	472套		
			锚具MP15-9	40套		
			锚具MI5-7	544套		
			锚具BM15-3	648套		
			锚具BMP15-3	648套		
			锚具JLM	160套		
		D.8.1	拆除工程	工程量计算规则： 第1.3.1条：拆除道路结构层及人行道按面积以平方米计算 第1.3.3条：拆除砖、砌体及混凝土结构按实体积以立方米计算		
			凿除钢筋混凝土方桩桩顶	0.45×0.45×(0.7×34×2＋0.8×20×18)	m^3	67.96

(2) 措施项目清单计算方法(表7-16)

措施项目清单计算方法　　**表7-16**

清单序号	项次	项目编码	项目名称及说明	计算公式及说明	计量单位	计算结果
			措施项目(二)			
			5市政工程			
	5.1	0501	大型机械设备进出场及安拆		项	1
1			1. $1m^3$内单斗挖掘机场外运输		台·次	2
			2. 压路机场外运输		台·次	2
			3. 1.2t柴油打桩	桩场外运输及安拆	台·次	2
			4. 5t内柴油打桩	桩场外运输及安拆	台·次	2
			5. 5t外柴油打桩	桩场外运输及安拆	台·次	2
			6. 25t履带式起重机	场外运输及装卸费		
2	5.2	0502	混凝土及钢筋混凝土模板及支架			
			模板：工程量计算书规则	第4.1.5条：现场预制混凝土构件，地换计算观室		
			1	板式梁按$4m^2/m^3$混凝土地模，其他按$6m^2/m^3$混凝土地模换计算		
			2	桩按$3.5m^2/m^3$砖地换计算		
			3	其他构件按$4m^2/m^3$砖地换计算		

续表

清单序号	项次	项目编码	项目名称及说明	计算公式及说明	计量单位	计算结果
			4	拆除地模套用第一册通用项目相应定额，砖地换，混凝土地模，厚度分别为7.5cm和10cm		
			5	利用原有场地不计地模费，需加固和修复可另行计算。第4.6.2条：现浇混凝土墙板上单孔面积在0.3m^2以内的孔洞体积不予拆除，孔洞侧壁模板不计工程量，单孔面积在0.3m^2以外的应予以拆除，孔洞侧壁模板并入墙，板模板工程量。		
			6	第4.6.3条：无法拆除的箱梁内模按部分模板工程量增加本模材料0.03m^3/m^2		
			7	第4.7.2条		
			1)	预应力混凝土构件及T形梁、I形梁等构件，可计侧模、地模		
			2)	非预应力混凝土构件(T形梁、I形梁除外)只计侧模，不计地模		
			3)	空心板可计内模，空心板梁不计内模		
			4)	栏杆等其他构件，不按接触面积计算，按预制时的平面投影面积(不扣除空心面积)计算		
			支架工程量计算规则：第4.1.1条搭拆工作平台面积计算			
				桥梁打桩：$F=N_1\times F_1+N_2\times F_2$ 每座桥台(桥墩)：$F_1=(5.5\text{m}+A+2.5\text{m})\times(6.5\text{m}+D)$ 每条通道：$F_2=6.5\text{m}\times[L-(6.5\text{m}+D)]$		

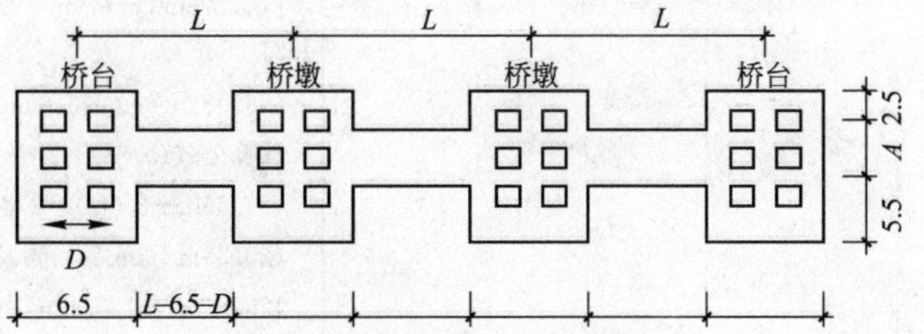

工作平台面积计算示意图

注：图示尺寸均为m

清单序号	项次	项目编码	项目名称及说明	计算公式及说明	计量单位	计算结果
				第4.1.3条：桥梁支架计算		
			1	桥梁支架(除悬排支架按防撞栏长度计算外)以立方米空间体积计算，水上支架的高度从工作平台顶面起算。		
			2	现浇梁、板支架工程量按高度(结构底至原地面的纵向平均高度)乘以纵向距离(两盖量间的净距离)乘以宽度(桥宽+1.5m)计算		
			3	现浇盖量支架工程量按高度(盖量底至承台顶面的高度)乘以(盖量长+0.9m)乘以宽度(盖量宽+0.9m)		
			4	桥梁支架使用工程量以t·d计算。满堂式钢管支架，每立方米空间体积按50kg(包括连接件)计算，装配式支架除万能杆件以每立方米空间体积125kg(包括连接件)计算，其他形式的装配式支架按实计算。支架的使用天数按施工合同计算。		
				第4.1.4条定额中的挂篮形式为自锚式无压重钢挂篮。钢挂篮重量按涉及要求确定。		
				0号块扇形支架安拆工程量按顶面梁宽计算。边跨采用挂篮施工时，其合龙段扇形支架的安拆工程量按梁宽的50%计算。		
				挂篮、扇形支架的制作工程量按安拆定额括号内所列的挡墙量计算。		

续表

清单序号	项次	项目编码	项目名称及说明	计算公式及说明	计量单位	计算结果
				挂篮、扇形支架发生场外运输可另行计算		
			一地模			
			1 砖地模			
			预制方桩	2191.86m³×3.5m²/m³=7671.51m²		
			预制人行道板	396.30m³×4m²/m³=1585.2m²		
			预制锚板	16.68m×4m²/m=66.72m²		
			Σ	7671.51m²+1585.2m²+66.72m²		
			砖地模厚 7.5cm	9323.43m²		
			拆除砖地模	9323.43m²×0.075m=701.51m³		
			废料外运	701.51m³		
			2 混凝土地模			
			非预应力空心板梁	268.91m³×4m²/m³	m²	1075.64
			混凝土地模厚 10cm	1075.64m²		
			拆除混凝土地模	1075.64m²		
			废料外运	1075.64m²×0.1m=107.56m³		
			二模板			
			1 预制桩模板	计算公式 $a\times h+L\times h\times 2+(b+h)/2\times\sqrt{d^2+b^2}$		
			L=24m	[0.45m×0.45m+0.45m×24m×2 侧+(0.1m+0.45m)/2×$\sqrt{0.1^2+0.1^2}$]×20×8=3557.32m²		
			L=25m	[0.2025m²+0.9m×25m+0.275m×0.51m×3+0.01m²]×20×10=4626.65m²		
			L=26m	[0.2025m²+0.9m×26m+0.43075m²]×34×2=1634.26m²		
			Σ	3557.32m²+4626.65m²+1634.26m²=9818.23m²		
			2 无底模承台	计算公式$(a+b)\times 2\times h\times n$		
				(21.65m+2.4m)×2 侧×1.5m×18 个=1298.7m²		
				(20.39m+3m)×2 侧×2m×4 个=187.12m²		
			Σ	1298.7m²+187.12m²=1485.82m²		
			3 桥台模板	A～A 至 B～B 的平均高度(2.962m+3.258m)/2=3.11m		
				B～B 至 C～C 的平均高度(3.284m+2.93m)/2=3.107m		
				A～A 至 B～B 长度为 23.6m+1.727m=25.327m		
				B～B 至 C～C 长度为 23.575m+1.753m=25.328m		
			则	(3.11m×25.32m+3.107m×25.328m)×2 侧×2 个=629.84m²		
			A～A 封模板	[(0.7m+1.2m)/2×0.9m+1.2m×1.5m+0.7m×0.91m+0.85m×1.747m]×2 个=11.29m²		
			C～C 封模板	[(0.7m+1.2m)/2×0.9m+1.2m×1.5m+0.7m×0.91m+0.85m×1.747m]×2 个=11.29m²		
			挡块	0.3m×0.7m×6 侧×2 个=2.52m²		
			垫石	[0.25m×4 周×4 个+(0.3m+0.5m)×2 周×44 个]×2 个×0.05m=7.44m²		
			Σ	629.84m²+11.79m²×2+2.52m²+7.44m²=663.41m²		
			4 立柱模板	计算公式 $a\times 4\times h\times n$		
			P_a～P_{12a}	1×4×(1.804m+2.407m+3.613m+4.216m+3.624m+2418m+1.815m)×4 个=318.35m²		
			P_1～P_{12}	1×4×(1.804m+2.407m+3.613m+4.277m+3.624m+2.418m+1.815m)×4 个=318.53m²		
			P_5 P_{5a} P_8 P_{8a}	1.2m×4×(2.302m+2.668m+2.71m+2.295m)×4 个=159.60m²		
			Σ	318.35m²+318.53m²+159.6m=796.48m²		

续表

清单序号	项次	项目编码	项目名称及说明	计算公式及说明	计量单位	计算结果
			5 实体式墩身模板	计算公式$(a+c+e)\times 2\times h\times n$ $[8.3m+1.7m+\sqrt{(0.65m)^2+(1.35m)^2}\times 2]\times 2\times(2.481m+2.79m+2.842m+2.445m)$	m^2	274.44
			垫石模板	$(1.7m+1.8m)\times 2$周$\times 2$个$\times 0.2m+2.445m$	m^2	11.2
			Σ	$274.44m^2+11.2m^2=285.64m^2$		
			6 墩盖梁模板	$P_{1a}\sim P_{12a}$　$P_1\sim P_{12}$　共18个		
			每个封头板	$[0.96m\times 0.92+2.8\times 0.7m+(2.8m+1.8m)/2\times 0.3]\times 2$侧$=7.09m^2$		
			侧板	$(0.982m+1.026m+0.7m\times 2$侧$)\times 23.6m+\sqrt{(0.3m)^2+(0.5m)^2}$ $(23.6m+19.75m)/2=93.07m^2$		
			底板	$19.75m\times 1.8\times 1\times 1\times 4+(2.8m+1.8m)/2\times\sqrt{(1.925m)^2+(0.318m)^2}\times 2=40.53m^2$		
			挡板	$0.941m\times 0.4m\times 2$个$=0.75m^2$		
			垫石	$0.3m\times 4$周$\times 4$个$+(0.3m+0.8m)\times 2$周$\times 44$个$\times 0.05m=9.64m^2$		
			Σ	$7.09m^2+93.07m^2+40.53m^2+0.75m^2+9.64m^2=151.08m^2$		
			共18个	$151.08m^2\times 18$个$=2719.44m^2$		
			P_5　P_{5a}　P_8　P_{8a}			
			每个挡板 B～B	$1.2m\times 2m+2.064m\times 0.8m=4.05m^2$		
			A～A	$1.2m\times 2m+1.632m\times 0.8m=3.71m^2$		
			侧板	平均高度$(1.764m+1.332m)\div 2=1.548m$ $[23.628m\times(1.548m+1.2m)+(23.628m+19.774m)\div 2\times 0.4m]\times 2=147.22m^2$		
			挡块	$1.2m\times 0.6m\times 4$个$+0.3m\times 0.8m\times 4+0.3m\times 0.28m\times 2=4.00m^2$		
			底板	$2m\times 19.774m+(0.4m)^2+(1.927m)^2\times 2\times 2-1.2m\times 1.2m\times 4$个$=41.66m^2$		
			垫石	$0.25m\times 4$周$\times 2$个$+(0.25m+0.5m)\times 2$周$\times 22$个$=35m^2$		
			共四座　Σ	$(4.05m^2+3.71m^2+1.548m^2+147.22m^2+4m^2+41.66m^2+35m^2)\times 4=1074.56m^2$		
			Σ	$2719.44m^2+1074.56m^2=3794m^2$		
			7 箱梁现浇0号段模板	计算公式＝底板面积＋内模面积＋外模面积＋翼板面积＋0号块面积＋预留孔洞面积		
			底板面积	计算公式：$L\times b\times n$ $L=26m$，$b=15.55m$，$n=4$个		
			则	$26m\times 15.55m\times 4$个$=1617.2m^2$		
			外模面积	计算公式$h\times L\times 2$侧$-a\times b\times n$(挑梁) $H=$(平均梁高－翼板高度)$=3.225m-0.6m=2.625m$ $L=26m$，$a=0.25m$，$b=0.4m$，$n=12$个		
			则	$2.625m\times 26m\times 2-0.25m\times 0.4m\times 12=135.3m^2$		
			翼板面积	计算公式：$(a+c)\times L\times n$内侧翼板长4.72m，外侧翼板长3.282m，侧板高0.2m，$L=29m$，$n=4$个		
			内侧翼板面积	$4.72m\times 29m\times 4$个$=547.52m^2$		
			外侧翼板面积	$3.283m\times 29m\times 4$个$=380.71m^2$		
			内模面积	计算公式内周长$(L_1)\times$长度$L=26m$		
			$L_1=$	加强角斜长$=0.707m(2m)^2+(0.32m)^2=2.025m$ 顶板宽$=(15.55m-0.75m)\times 3\div 2$侧$-4m=2.65m$ 侧板高$=3.225m-0.6m-0.5m-0.6m=1.525m$		

续表

清单序号	项次	项目编码	项目名称及说明	计算公式及说明	计量单位	计算结果
			则	0.707m×2+2.025m×2+2.65m+1.525m×2=11.164m		
				11.164m×26m×2侧×4个=2322.11m^2		
			0号块体面积	计算公式　外模面积+内模面积+预留孔洞面积		
			预留孔洞面积	计算公式 $\pi \times D \times L$，$D=1$m		
				L=3m−0.5m×2=2m		
			则	π×1×2m×2侧×4个=50.27m^2		
			外模面积	2.65m×3m×2侧=15.9m^2		
			内模面积	84.42m^2		
			Σ	1617.2m^2 + 135.3m^2 + 547.52m^2 + 380.71m^2 + 2322.11m^2+50.27m^2+15.9m^2+84.42m^2=5153.43m^2		
			8. 悬浇箱梁模板	计算公式同0号段		
			底板模板	15.5m×47m×2幅=1457m^2		
			外侧模板	1.952m×4m×2侧×2幅=366.98m^2		
			外侧悬臂模板	($\sqrt{0.4^2+3^2}$+1.893m+0.2m)×47m×2幅=481.24m^2		
			内侧悬臂模板	(0.4^2+3^2+0.361m+0.2m)×47m×2幅=377.23m^2		
			加强角	$\sqrt{0.5}$×2孔×47m×2幅=132.94m^2		
				$\sqrt{2^2+0.32^2}$×2侧×2孔×47m×2幅=761.56m^2		
			顶板模板	2.65m×2侧×2孔×47m×2幅=498.2m^2		
			腹板模板	1.602m×2侧×2孔×47m×2幅=602.35m^2		
			Σ	1457m^2+366.98m^2+481.24m^2+337.23m^2+132.94m^2+761.56m^2+498.2m^2+602.35m^2=6437.5m^2		
			9. C50现浇箱梁模板	计算公式同0号段		
				梁长=(4m×3段+2m×1段+3.5m×3段)×2侧×2幅=98m		
				地顶宽度=15.55m		
				梁平均长度=(2.1m+2.1m+2.1m+2.129m+2.164m+2.214m + 2.279m + 2.357m + 2.438m + 2.529m + 2.631m+2.745m+2.869m+3.004m)÷14=2.404m		
			外侧模板净高	则2.404m−0.6m=1.804m		
			外侧悬挑臂平均长度	(3.324m + 3.403m + 3.481m + 3.557m + 3.629m + 3.7m+3.769m+3.828m+3.886m+3.942m+3.996m+4.049m+4.1m+4.414m+4.373m+4.331m+4.287m+4.242m+4.195m+4.146m+4.089m+4.03m+3.969m+3.905m+3.84m+3.773m)÷26段=3.933m		
			外侧悬挑臂平均长度	(4.695m + 4.615m + 4.537m + 4.459m + 4.387m + 4.315m+4.245m+4.185m+4.127m+4.07m+4.015m+3.962m+3.91m+3.592m+3.633m+3.676m+3.721m+3.767m+3.814m+3.863m+3.921m+3.981m+4.043m+4.107m+4.173m+4.241m)÷26段=4.079m		
			底板平均厚度	(0.25m + 0.252m + 0.264m + 0.275m + 0.29m + 0.307m + 0.325m + 0.345m + 0.368m + 2.393m + 0.421m+0.451m)÷13=0.322m		
			腹板平均净高	2.404m−0.322m−0.5m−0.6m=0.982m		
			加强角斜长	$\sqrt{2^2+0.32^2}$×2=4.05m		
				$\sqrt{0.5}$×2=1.414m		
			顶板宽度	2.65m		
			底板模板	15.55×98=1523.9m^2		
			外侧模板	1.804m×2侧×98m=353.58m^2		
			外侧悬挑臂模板	3.933m×98m+0.2m×98m=405.03m^2		
			内侧悬挑臂模板	4.079m×98+0.2m×98=419.34m^2		
			加强角模板	(4.05+1.414)×98=535.47m^2		
			顶板模板	2.65m×2侧×98m=519.4m^2		

续表

清单序号	项次	项目编码	项目名称及说明	计算公式及说明	计量单位	计算结果
			腹板模板	0.982m×2侧×2孔×98=384.94m^2		
			中跨现浇段	梁长4m×2侧×4幅		
			底板宽	15.5m底板平均厚度=(0.85m+0.85m+0.55m+0.25m)÷4=0.625m		
				顶板厚度=(0.58m+0.58m+0.28m+0.28m)÷4=0.43m		
				梁高2.1m则腹板平均高度2.1m−0.625m−0.43m=1.045m		
			外侧悬挑臂平均长度	(3.075m+3.126m+3.185m+3.243m+9.724m+3.654m+3.604m+3.56m)÷8=3.394m		
			内侧悬挑臂平均	(4.947m+4.895m+4.835m+4.777m+4.311m+4.361m+4.412m+4.456m)÷8=4.601m		
			外侧模板平均高度	2.1m−0.9m=1.2m		
			底板模板	4m×15.55×4幅=248.8m^2		
			外侧模板	1.2m×48m×2侧×4幅=38.4m^2		
			外侧悬挑臂模板	3.394m×2侧×4幅+3.394m×0.9m×4幅=38.94m^2		
			内侧悬挑臂模板	4.601m×2侧×4幅+4.601m×0.9m×4幅=53.37m^2		
			加强角模板	(4.05m+1.414m)×2.8m×2侧×4幅=123.39m^2		
			腹板模板	1.045m×2.8m×2侧×2孔×4幅=46.81m^2		
			顶板模板	2.65m×2.8m×2侧×4幅=118.72m^2		
			内顶头柱板宽度	15.55÷2−0.375m−0.75m=6.65m		
			内顶头封板高度	2.1m−0.43m−0.85m=0.82m		
			内顶头封板模板	[(6.65m+2.65m)÷2×0.32m+(6.65m+5.65m)÷2×(0.82m−0.32m)]×2孔×2侧×4幅=7301m^2		
			外封头板	[2.1m×15.55m+(3.394m+4.601m)×0.9m]×4幅=97.2m^2		
			预留孔模板	平均高度(3.85m+0.25m)÷2=0.55m		
			则	0.8m×π×0.55m×2侧×2孔×4幅=22.12m^2		
			Σ	1523.9m^2+353.58m^2+405.03m^2+419.34m^2+535.47m^2+519.5m^2+384.94m^2+248.8m^2+38.4m^2+38.94m^2+53.37m^2+123.39m^2+46.81m^2+118.72m^2+73.01m^2+97.2m^2+22.12m^2=5002.42m^2		
			木模成材报损	(73.01m^2+22.12m^2)×0.03m^3/m^2=2.85m^3		
			10. 桥头搭板，栏板	计算公式$(2\times S_1+S_2)\times4$块		
				$S_1=a\times h_1$，$S_2=b\times h_2$，$a=7.3m$，$b=12.4m$		
				$H_1=0.4\sim0.55m$，$h_2=0.55m$		
				S_1=6.3m×0.4m+(0.25m+1m)÷2×0.15m=2.614m^2		
				S_2=0.55m×12.4m=6.82m		
			Σ	(2.614m^2×2+6.82m^2)×4块=48.19m^2		
			11. 非预应力空心板梁模板	中板21块　边板2块　计算公式：		
			13m　中板	S_1+S_2　$S_1=L\times h\times2$　$S_2=b\times h-(0.29m\times0.35m+2.175^2\times\pi)\times2$		
				$L=12.96m$，$b=0.99m$，$h=0.9m$		
			每块中板	$S_1=L\times h\times2$侧=12.96m×0.9m×2侧=23.328m^2		
				S_2=(0.99m×0.9m−0.395^2)×2侧=1.47m^2		
			Σ	S_1+S_2=23.328m^2+0.992m^2	m^2	24.8
			每块边板	$S_1+S_2+S_3$　$S_1=L\times h$　$S_2=b\times h-0.395m^2+0.3m\times0.15m$		
				$S_3=L\times h+L\times0.3m$		
				S_1=12.96m×0.9m=11.664m^2		
				S_2=(0.99m×0.9m−0.395m^2+0.045m^2)×2侧=1.082m^2		
				S_3=12.96m×(0.9m+0.3m)=15.552mm^2=15.552		

续表

清单序号	项次	项 目 编 码	项目名称及说明	计算公式及说明	计量单位	计算结果
			Σ	$S_1+S_2+S_3=11.664\text{m}^2+1.082\text{m}^2+15.552\text{m}^2=28.298\text{m}^2$		
			Σ_1	$24.8\text{m}^2\times21$ 块 $+28.298\text{m}^2\times2=577.40\text{m}^2$		
			11. 878m 中板	S_1+S_2　$S_1=L\times h\times2$　$S_2=b\times h-(0.29\text{m}\times0.35\text{m}+0.175^2\times\pi)\times2$　$L=11.838\text{m}$　$b=0.99\text{m}$　$h=0.9\text{m}$		
			每块中板	$S_1=L\times h\times2$ 侧 $=11.838\text{m}\times0.9\text{m}\times2$ 侧 $=21.308\text{m}^2$ $S=(b\times h-0.395\text{m}^2)\times2$ 侧 $=0.992\text{m}^2$		
			Σ	$S_1+S_2=21.308\text{m}^2+0.992\text{m}^2=22.3\text{m}^2$		
			每块边板	$S_1+S_2+S_3$，$S_1=L\times h$　$S_2=b\times h-0.395\text{m}^2+0.045\text{m}^2$　$S_3=L\times h+L\times0.3\text{m}$ $S_1=11.838\text{m}\times0.9\text{m}=10.654\text{m}^2$ $S_2=(b\times h-0.395^2+0.045\text{m}^2)\times2$ 侧 $=1.082\text{m}^2$ $S_3=L\times h+L\times0.3\text{m}=11.838\text{m}\times(0.9\text{m}+0.3\text{m})=14.206\text{m}^2$		
			Σ	$S_1+S_2+S_3=10.654\text{m}^2+1.082\text{m}+14.206\text{m}^2=25.942\text{m}^2$		
			Σ_2	$22.3\text{m}^2\times21$ 块 $+25.942\text{m}^2\times2=520.18\text{m}^2$		
			合计	$\Sigma_1+\Sigma_2=577.4\text{m}^2+520.18\text{m}^2=1097.58\text{m}^2$		
			12. 预应力空心板梁模板：属工厂预制，不计模板只计成品价			
			13. 防撞护栏模板	$L\times(h_1+h_2)\times2$ 侧　$L=752.94\text{m}$　$h_1=0.98\text{m}$　$h_2=0.96\text{m}$		
			则	$L\times(h_1+h_2)\times2$ 侧 $=752.94\text{m}\times(0.98\text{m}+0.96\text{m})=1460.70\text{m}^2$		
			14. 桥铭牌模板	计算公式 $S_1+S_2+S_3$ $S_1=a_1\times h_1\times2$ 侧 $S_2=(b_1+b_2)\div2\times h_1\times2$ 侧 $+b_2\times a_1$ $S_3=h_2\times[(a_1+a_2)\div2+b_3]\times2$ 侧 $a_1=0.8\text{m}$，$a_2=0.72\text{m}$，$b_1=0.3\text{m}$，$b_2=0.2\text{m}$，$b_3=0.2\text{m}$，$h_1=1.05\text{m}$，$h_2=0.15\text{m}$ $S_1=a_1\times h_1\times2$ 侧 $=0.8\text{m}\times1.05\text{m}\times2$ 侧 $=1.68\text{m}^2$ $S_2=(b_1+b_2)\div2\times h_1\times2$ 侧 $+b_2\times a_1=(0.3\text{m}+0.2\text{m})\div2\times0.8\text{m}\times2$ 侧 $+0.2\text{m}\times0.8\text{m}=0.56\text{m}^2$ $S_3=h_2\times[(a_1+a_2)\div2+0.2\text{m}]\times2$ 侧 $=0.15\text{m}\times[(0.8\text{m}+0.72\text{m})\div2+0.2\text{m}]\times2$ 侧 $=0.288\text{m}^2$		
			Σ	$S_1+S_2+S_3=(1.68\text{m}^2+0.56\text{m}^2+0.288\text{m}^2)\times4$ 块 $=10.11\text{m}^2$		
			15. 地梁　侧石　缘石模板	计算公式：$L\times(h_1+h_2+h_3+h_4+h_5\times2$ 侧$)\times2$ 侧 $L=752.94\text{m}$　$h_1=0.46\text{m}$　$h_2=0.25\text{m}$　$h_3=0.19\text{m}$　$h_4=0.27\text{m}$　$h_5=0.31\text{m}$		
			则	$752.94\text{m}\times(0.46\text{m}+0.25\text{m}+0.19\text{m}+0.27\text{m}+0.32\text{m}\times2)\times2$ 侧 $=2695.53\text{m}^2$		
			16. 预制人行道模板	计算公式 $S=(a+b)\times2\times h\times n$ 块 $a=1.68\text{m}$　$b=0.49\text{m}$　$h=0.08\text{m}$　$n=752.94\text{m}\div0.5\text{m}\times4$ 块 $=6024$ 块		
			则	$S=(a+b)\times2\times h\times n$ 块 $=(1.68\text{m}+0.49\text{m})\times2\times0.08\text{m}\times6024$ 块 $=2091.53\text{m}^2$		
			17. 箱梁挑梁模板	计算公式 $S=(L_1+L_2)\times(h\times2+a\times h)\times n$ 根 $L_1=1.2\text{m}$　$L_2=0.8\text{m}$　$a=0.4\text{m}$　$h=0.25\text{m}$　$n=6$ 根		
			则	$S=(L_1+L_2)\times(h\times2+a\times h)\times n$ 根 $=(1.2\text{m}+0.8\text{m})\times(0.25\text{m}\times2+0.4\text{m}\times0.25\text{m})\times6$ 根 $=13.5\text{m}^2$		
			18. 混凝土护栏模板	计算公式 S_1+S_2 基础面积 $S_1=L\times h\times2\times n$ 只 $\times2$ 侧 立柱面积 $S_2=(S_3+S_4+S_5+S_6)\times n$ 只 $L=2.428\text{m}-0.25\text{m}=2.178\text{m}$　$h=0.15\text{m}$　$n=376.47\text{m}\div2.428\text{m}=155$ 个 $\times2$ 侧 $=310$ 个		

续表

清单序号	项次	项目编码	项目名称及说明	计算公式及说明	计量单位	计算结果
				$S_3=0.25\text{m}\times4$ 侧 $\times0.18\text{m}=0.18\text{m}^2$		
				$S_4=0.25\text{m}\times4$ 侧 $\times0.16\text{m}=0.16\text{m}^2$		
				球体面 $S_5=4\pi r^2=\pi d_1^2\quad d_1=0.2\text{m}$		
				球带面积 $S_6=2\times\pi\times R\times h+\pi\times(r_1^2+r_2^2)$		
				R 分别为 0.159m，0.1485m，0.129m，0.12m；$h=0.09\text{m}$　156 个×2 侧＝312 个		
				$S_1=2.178\text{m}\times0.15\text{m}\times2\times310$ 个 $=202.55\text{m}^2$		
				$S_2=(S_3+S_4+S_5+S_6)\times n$ 只		
				$S_3=0.18\text{m}^2\times310$ 个 $=55.8\text{m}^2$		
				$S_4=0.16\text{m}^2\times310$ 个 $=37.2\text{m}^2$		
				$S_5=\pi dr^2\times310$ 个 $=39.21\text{m}^2$		
				$S_6=S_{61}+S_{62}+S_{63}+S_{64}$		
				$S_{61}=[2\times\pi\times0.159\text{m}\times0.09\text{m}+\pi\times(0.159^2+0.1485^2)]\times2$ 只 $\times312$ 个 $=148.9\text{m}^2$		
				$S_{62}=[2\times\pi\times0.1485\text{m}\times0.09\text{m}+\pi\times(0.1485^2+0.129^2)]\times2$ 只 $\times312$ 个 $=128.26\text{m}^2$		
				$S_{63}=[2\times\pi\times0.129\text{m}\times0.09\text{m}+\pi\times(0.129^2+0.12^2)]\times2$ 只 $\times312$ 个 $=106.37$		
				$S_{64}=[2\times\pi\times0.12\text{m}\times0.09\text{m}+\pi\times(0.129^2\times2)]\times2$ 只 $\times312$ 个 $=98.8\text{m}^2$		
				$S_6=55.8\text{m}^2+37.2\text{m}^2+39.21\text{m}^2+148.9\text{m}^2+128.26\text{m}^2+106.37\text{m}^2+98.8\text{m}^2=614.54\text{m}^2$		
			Σ	$S_1+S_2=202.55\text{m}^2+614.54\text{m}^2=817.09\text{m}^2$		
			19. 预制锚块模板	计算公式：$[a\times h\times1/2\times2$ 侧 $+(b+b_1)/2\times h_1]\times n$		
			A 型	$a=1.823\text{m}\quad h=0.33\text{m}\quad b=0.69\text{m}\quad b_1=0.159\text{m}$		
				$h_1=\sqrt{h^2+x^2}\quad X=0.079\text{m}\quad N=8$ 块		
				$[1.828\text{m}\times0.38\text{m}\times1/2\times2$ 侧 $+\sqrt{(0.69\text{m}+0.59\text{m})}\div2\times0.38^2+0.079^2\times8=7.54\text{m}^2$		
			B 型	$a=(1.195\text{m}+1.544\text{m})\div2=1.37\text{m}\quad b=0.44\text{m}\quad n=96$ 块		
				74.62m^2		
			C 型	$a=1.828\text{m}，b=0.42\text{m}，b_1=0.32\text{m}，h=0.38\text{m}$		
				$h_1=\sqrt{h^2+x^2}\quad X=0.079\text{m}\quad N=8$ 块		
				6.71m^2		
			D 型	$a=1.828\text{m}，b=0.42\text{m}，b_1=0.32\text{m}，h=0.38\text{m}$		
				$h_1=\sqrt{h^2+x^2}\quad X=0.079\text{m}\quad N=4$ 块		
				3.36m^2		
			Σ	$7.54\text{m}^2+74.62\text{m}^2+6.71\text{m}^2+3.36\text{m}^2=92.23\text{m}^2$		
			20. 搭拆5t打方桩陆上工作平台	计算公式 $F=N_1\times F_1+N_2\times F_2$		
			每桩桥墩台工作平台面积 $F_1=(5.5\text{m}+A+2.5\text{m})\times(6.5\text{m}+D)$			
			每道通道	$F_2=6.5\text{m}\times[L-(6.5\text{m}+D)]$		
				N_1＝桥台和桥墩总数量		
				N_2＝通道总数量		
			桥台	$A=23.2\text{m}\times2+1.038\text{m}\times2=48.476\text{m}$		
				$D=1.4\text{m}\quad n=2$ 个		
				$F_1=[(5.5\text{m}+48.476\text{m}+2.5\text{m})\times(6.5\text{m}+1.4\text{m})]\times2$ 个 $=931.82\text{m}^2$		
			桥墩(双)	$A=(0.65\text{m}\times3+1.75\text{m}+2.705\text{m})\times2=45.21\text{m}$		
				$V=1.4\text{m}\quad n=8$ 个		

续表

清单序号	项次	项目编码	项目名称及说明	计算公式及说明	计量单位	计算结果
				F_1=[(5.5m+45.21m+2.5m)×(6.5m+1.4m)]×8个=3362.87m^2		
			桥墩(单)	A=20.65m　D=1.4m　n=2个		
				F_1=[(5.5m+20.65m+2.5m)×(6.5m+1.4m)]×2个=452.67m^2		
			通道工作平台面积	L=18.96m　D=1.4m　n=10个		
				F_2=6.5m×[18.96m−(6.5m+1.4m)]×10个=718.90m^2		
			ϕ600PHC管桩	A=19.19m　D=1.8m　n=4个		
				F_1−(5.5m+19.19m+2.5m)×(6.5m+1.8m)×4个=902.71m^2		
			通道工作平台面积	L_1=11.88m　L_2=12.93m　D=(1.4m+1.8m)÷2=1.6m		
				F_2=6.5m×[11.88m+12.93m−(6.5m+1.6m)×2]=55.97m^2		
			Σ	931.82m^2+3362.87m^2+452.67m^2+718.90m^2+902.71m^2+55.97m^2=6424.94m^2		
			21. 搭拆7tPHCϕ800管桩陆上工作平台			
				A=13.756m　D=4.8m　n=4个		
				F_1=[(5.5m+13.756m+2.5m)×(6.5m+4.8)]×4个=722.30m^2		
			22. 桥墩、盖梁钢管满堂支架：	计算公式$V=A\times B\times h\times n-V_1$		
				承台顶面标高3.5m		
			立柱高度	P_1=1.804m　P_2=2.407m　P_4=3.613m　P_{8b}=4.227m　P_9=3.624m　P_{11}=2.418m　P_{12}=1.815m		
			立柱平均高度	(1.804m+2.407m+3.613m+4.227m+3.624m+2.418m+1.815m)÷7个=2.844m		
			立柱高度	P_3P_{3a}=3.01m　$P_{10}P_{10a}$=3.021m		
			立柱平均高度	(3.01m+3.021m)÷2=3.016m		
			立柱高度	P_5=3.302m　P_{5a}=2.868m　P_8=2.71m　P_{8a}=2.295m		
			立柱平均高度	(2.302+2.668+2.71+2.295)÷4=2.494		
				计算公式($a\times b\times h$−立柱$\times h\times 4$)$\times n$个		
				a=盖梁长+0.9m		
			立柱高度	P_{1a}=1.804m　P_{2a}=2.407m　P_{4a}=3.613m　P_{5a}=4.215m　P_{9a}=3.624m　P_{11a}=2.418　P_{12a}=1.815m		
			立柱平均高度	(1.804+2.407+3.613+4.215+3.624+2.418+1.815)÷7=2.842m		
			P_1～P_{12}	A=23.305m+0.9m=24.205m　B=2.8m+0.9m=3.7m　h=2.844m　n=7个　V_1=1×1×2.844×28个		
			则	V=24.205×3.7×2.844×7−1×1×2.844×28=1703.30m^3		
			P_{1a}～P_{12a}	A=23.275+0.9=24.175　B=2.8+0.9=3.7　h=2.842　n=7　V_1=1×1×2.844×28		
			则	V=24.175×3.7×2.842×7−1×1×2.842×28=1699.89m^3		
			P_5	A=23.628+0.9=24.528m　B=2+0.9=2.9m　H=2.302m　n=1　V_1=1.2×1.2×2.302×4		
			则	V=24.528×2.9×2.302×1−1.2×1.2×2.302×4=150.48m^3		

续表

清单序号	项次	项 目 编 码	项目名称及说明	计算公式及说明	计量单位	计算结果
			P_{5a}	A=23.618+0.9=24.518m，B=2+0.9=2.9m H=2.668m，n=1，V_1=1.2×1.2×2.668×4		
			则	V=24.518×2.9×2.668×1−1.2×1.2×2.668×4=174.33m^3		
			P_8	A=23.618+0.9=24.58m，B=2+0.9=2.9m H=2.295m，n=1，V_1=1.2×1.2×2.71×4		
			则	V=24.528×2.9×2.295×1−1.2×1.2×2.71×4=177.08m^3		
			P_{8a}	A=23.628+0.9=24.205m，B=2.8+0.9=3.7m H=2.295m，n=1，V_1=1.2×1.2×2.295×4		
			则	24.528×2.9×2.295×1−1.2×1.2×2.295×4=150.03m^3		
			P_3	A=23.305+0.9=24.205m，B=2.8+0.9=3.7m H=3.01m，n=1，V_1=1×1×3.01×4		
			则	24.205×3.7×3.01×1−1×1×3.01×4=257.53m^3		
			P_{3a}	A=23.275+0.9=24.175m，B=2.8+0.9=3.7m H=3.01m，n=1，V_1=1×1×3.01×4		
			则	24.175×3.7×3.01×1−1×1×3.01×4=257.20m^3		
			P_{10}	A=23.305+0.9=24.205m，B=2.8+0.9=3.7m H=3.021m，n=1，V_1=1×1×3.021×4		
			则	V = 24.205 × 3.7 × 3.021 − 1 × 1 × 3.021 × 4 = 258.47m^3		
			P_{10a}			
			ΣV	1703.3+1699.89+150.48+174.33+177.08+150.03+257.53+257.2+258.47×2=5086.78m^3		
			23. 满堂支架使用	5086.78×0.05×35	t·d	8901.87
			24. 0号块现浇板梁、钢管、满堂支架			
				P_{5a}地面标高 3.99m，承台顶面标高 3.5m 立柱高度 2.668m，墩盖梁高度 1.6m，支座厚度 0.042m 箱梁底标高 3.5+2.668+1.6+0.042=7.81m		
			箱梁净空高度	7.81m−3.99m=3.82m		
				箱梁高度 2.1m，翼板平均厚度(0.6+0.2)÷2=0.4m		
			翼板净空高度	7.81+2.1−0.4−3.99=5.52m		
				P_{6a}原地面标高 3.89m，承台顶面标高 3.5m，墩身高度 2.79m，支座厚度 0.26m，箱梁底标高 3.5+2.79+0.26=6.55m		
			箱梁底净空高度	6.55−3.89=2.66		
				箱梁高度 4.35m，翼板平均厚度 0.4m		
			翼板净空高度	6.55+3.45−0.4−3.89=5.71m		
			箱梁平均高度	(3.82+2.66)÷2=3.24m		
			翼板平均高度	(5.52+5.71)÷2=5.615m		
			P_{5a}～P_{7a}	净长=43−2÷2−3÷2=40.5m		
				箱梁底板宽 15.66m，箱梁长=29+3.5×3+4×3+2×1+4×1=57.5m		
			外侧悬臂平均宽	4.893+0.75=5.643m		
			内侧悬臂平均宽	3.361+0.75=4.11m		
			箱梁底支架	15.55×40.5×3.24=204.47m^3		
			翼板支架	(5.643+4.111)×57.5×5.615=3149.2m^3		
			Σ	2040.47+3147.2=5189.67m^3		

续表

清单序号	项次	项 目 编 码	项目名称及说明	计算公式及说明	计量单位	计算结果
				P_{7a}原地面标高 3.76m，承台顶面标高 3.5m，墩身高度 2.842m，支座厚度 0.28m		
			箱梁底标高	3.5＋2.842＋0.28＝6.622m		
			箱梁底净空高度	6.622－3.76＝2.862m		
				箱梁高度 3.45m，翼板平均厚度 0.4m		
			翼板净空高度	6.622＋3.45－0.4＋3.76＝5.912m		
				P_{8a}原地面标高 3.84m，承台顶面标高 3.5m，立柱高度 2.295m，墩盖梁高度 1.6m，支座厚度 0.042m，箱梁底标高 3.5＋2.295＋1.6＋0.042＝7.437m		
			箱梁底净空高度	7.437－3.84＝3.597m		
			翼板净空高度	7.437＋2.1－0.4－3.84＝5.297m		
			箱梁底平均高度	(2.862＋3.597)÷2＝3.23m		
			翼板平均高度	(5.912＋5.297)÷2＝5.605m		
			P_{7a}～P_{8a}净长	40.5m		
			箱梁底板宽	15.55m 箱梁长 57.5m		
			外侧悬臂宽	5.643m		
			内侧悬臂宽	4.11m		
			箱梁底支架	15.55×40.5×3.23＝2034.17m³		
			翼板底支架	(5.643＋4.111)×57.5×5.605＝3143.59m³		
			Σ	2034.17＋3143.59＝5177.76m³		
			合计贯 2 幅　Σ	(5189.6＋5177.76)×2＝20734.72m³		
			满堂支架使用	20734.72×0.05×45＝46653.12t·d		
			满堂支架人工除草	(1555＋5.643＋4.111)×57.5×4＝5819.92m²		
			挖耕植土	5819.92×0.3＝1745.98m³		
			土方场内运输	1745.98m³		
			平整场地	5819.92m²		
			薄滚碾压	5819.92m²		
			碎石垫层 Γ＝15cm	5819.92×0.15＝872.99m³		
			8%石灰土垫层 Γ＝25cm	5819.92×0.25＝1454.98m³		
			翻挖碎石 Γ＝15cm	5819.92m²		
			翻挖石灰土	5819.92m²		
			废料外运	5819.92×0.4＝2327.97m²		
			箱梁挂篮制作	施工图设计总说明图号 C0100(04)第(2)条：挂篮自重加全部施工荷载重应控制在 800t 以下。安全系数取 1.35		
			则	(800－2397.49÷4)÷4×1.35＝67.71t		
			挂篮安拆	67.71×0.3＝20.31t		
			挂篮推移	[(3.5＋4)×6＋2×1]×67.71×2＝6364.74t·m		
			防撞护栏悬挑支架	752.94m		
3	5.3	0503	脚手架	工程量计算规则：第 1.1.7 条：结构高度大于 1.8m，且小于 3.6m 时采用简易脚手架		
				第 1.1.8 条：桥梁脚手架		
			1	立柱脚手架按原地面墩梁底的高度乘以长度计算，其长度按立柱外围周长加 3.6m 计算。		
			2	盖梁脚手架按原地面涵盖梁顶面的高度乘以长度计算，其程度按盖梁外围周长加 3.6m 计算。		
			3	预制板梁梁底勾缝及预制 T 形梁，梁与梁接头每一跨(孔)所需的脚手架按该跨(孔)两地平均高度，采用简易或双排脚手架定额，工程量以该跨(孔)梁底平均高度乘以梁长计算。		
			1 立柱脚手架	盖梁厚度 2.01m		
			P_{1a}	原地面标高 4.13m，盖梁平均标高(7.549＋7.078)÷2＝7.629m		
			脚手架高	H＝7.629－2.01－4.13＝1.489m		
			S	不计		

续表

清单序号	项次	项目编码	项目名称及说明	计算公式及说明	计量单位	计算结果
			P_{2a}	原地面标高 4.02m，盖梁平均标高(8.152+7.681)÷2=7.917m H=7.917−2.01−4.02=1.887m S=(1×4+3.6)×1.887×4=57.36m^2		
			P_{4a}	原地面标高 4.01m，盖梁平均标高(9.358+8.88)÷2=9.123 H=9.123−2.01−4.01=3.103m S=(1×4+3.6)×3.103×4=94.33m^2		
			P_{5b}	原地面标高 3.97m，盖梁平均标高(9.961+9.49)÷2=9.73m H=9.73−2.01−3.97=3.75m S=(1×4+3.6)×3.75×4=114m^2		
			P_{9a}	原地面标高：3.89m，盖梁平均标高(9.369+8.98)÷2=9.14 H=9.14−2.01−3.89=3.24m S=(1×4+3.6)×3.24×4=98.50m^2		
			P_{11a}	原地面标高 3.81m，盖梁平均标高(8.163+7.692)÷2=7.93m H=7.93−2.01−3.81=2.11m S=(1×4+3.6)×2.11×4=64.14m		
			P_{12a}	原地面标高 3.87m，盖梁平均标高(7.56+7.89)÷2=7.32 H=7.32−2.01−3.87=1.44m S 不计		
			P_{3a}	原地面标高 5.83m，盖梁平均标高(8.925+8.454)÷2=8.69m H=8.69−2.01−5.83=0.82m S 不计		
			P_{10a}	原地面标高=3.93m，盖梁平均标高(8.936+8.465)÷2=8.7m H=8.7−2.1−3.93=2.67m S=(1×4+3.6)×2.67×4=81.17m^2		
			P_1	原地面标高 4.13m，盖梁平均标高(7.549+7.078)÷2=7.629m H=7.629−2.1−4.13=1.489m S不计		
			P_2	原地面标高 4.02m，盖梁平均标高(8.152+7.681)÷2=7.917m H=7.917−2.1−4.02=1.887m S=(1×4+3.6)×1.887×4=7.36m^2		
			P_4	原地面标高 4.01m，盖梁平均标高(9.972+9.501)÷2=9.74m H=9.74−2.1−3.84=3.8m S=(1×4+3.6)×3.8×4=115.52m^2		
			P_9	原地面标高 3.89m，盖梁平均标高(9.369+8.89)÷2=9.14m H=9.14−2.1−3.89=3.24m		
				S=(1×4+3.6)×3.24×4=98.50m^2		
			P_{11}	原地面标高 3.81m，盖梁平均标高(8.163+7.692)÷2=7.93m		

续表

清单序号	项次	项目编码	项目名称及说明	计算公式及说明	计量单位	计算结果
				$H=7.93-2.01-3.81=2.11m$		
				$S=(1\times4+3.6)\times2.11\times4=64.14m^2$		
			P_{12}	原地面标高3.87m，盖梁平均标高(7.56+7.89)÷2=7.32m		
				$H=7.32-2.01-3.87=1.44m$		
			S	不计		
			P_3 S	不计		
			墩身周长	$L=(8+7+\sqrt{1.352+0.652\times2})\times2=33.26m$		
			P_6	原地面标高4.00m，墩身顶标高3.5m+2.481m=5.981m		
				$H=5.981m$	m	1.981
				$S=(33.26+3.6)\times1.981\times1=73.02m^2$		
			P_{6a}	原地面标高3.89m，墩身顶标高3.5m+2.79m=6.29m		
				$H=6.29-3.89=2.4m$		
				$S=(22.4+3.6)\times2.4\times1=62.4m^2$		
			P_7	原地面标高3.8m，墩身顶标高3.5+2.842=6.34m		
				$H=6.34-3.8=2.54m$		
				$S=(22.4+3.6)\times2.54\times1=66.04m^2$		
			P_{7a}	原地面标高3.76m，墩身顶标高3.5+2.445=5.95m		
				$H=5.95-3.76=2.19m$		
				$S=(22.4+3.6)\times2.19\times1=56.94m^2$		
			P_5	原地面标高3.97m，盖梁平均标高(7.478+8.534)÷2=8.01m		
				盖梁厚度：2.932m		
				$H=8.01-2.932-3.97=1.108$		
			S	不计		
			P_{5a}	原地面标高3.99m，盖梁平均标高(8.866+9.352)÷2=9.11m		
				盖梁厚度3.932m		
				$H=9.11-2.932-3.99=2.19m$		
				$S=(1.2\times4+3.6)\times2.19\times4=73.58m^2$		
			P_8	原地面标高3.91m，盖梁平均标高(9.364+8.933)÷2=9.15m		
				盖梁厚度2.932m		
				$H=9.15-2.932-3.91=2.308m$		
				$S=(1.2\times4+3.6)\times2.308\times4=77.55m^2$		
			P_{8a}	原地面标高3.84m，盖梁平均标高(8.48+8.972)÷2=8.73m		
				盖梁厚度2.932m		
				$H=8.73-2.932-3.84=1.958m$		
				$S=(1.2\times4+3.6)\times1.958\times4=65.79m^2$		
			$H\leqslant3.6$ Σ	57.36+94.33+98.50+64.14+81.17+57.36+98.50+64.14+73.02+62.4+66.04+56.94+73.58+77.55+65.79=1090.82m²		
			$3.6<H<10$	114+115.52=229.52m²		
			2 盖梁脚手架	引桥桥墩盖梁设计周长		
			$P_{9a}\sim P_{12a}$ 每个	$A=23.826m$，$B=2.8m$		
			计算公式	$(A+B)\times2+3.6=(23.826+2.8)\times2+3.6=56.852m$		
			$P_1\sim P_{12a}$每个	$A=23.811m$，$B=2.8m$		
			计算公式	$(A+B)\times2+3.6=(23.811+2.8)\times2+3.6=56.822m$		
			P_{3a} P_{10a}每个	$A=23.826m$，$B=2.8m$		

续表

清单序号	项次	项目编码	项目名称及说明	计算公式及说明	计量单位	计算结果
			计算公式	$(A+B)\times2+3.6=(23.826+2.8)\times2+3.6=56.852$m		
			P_3　P_{10}每个	$A=23.81$m，$B=2.8$		
			计算公式	$(A+B)\times2+3.6=(23.81+2.8)\times2+3.6=56.82$m		
			P_5　每个	$A=23.628$m，$B=2$m		
			计算公式	$(A+B)\times2+3.6=(23.826+2)\times2+3.6=55.252$m		
			P_{5a}　每个	$A=23.618$m，$B=2$m		
			计算公式	$(A+B)\times2+3.6=(23.618+2)\times2+3.6=54.836$m		
			P_8 每个	$A=23.618$m，$B=2$m		
			计算公式	$(A+B)\times2+3.6=(23.618+2)\times2+3.6=54.836$m		
			P_{8a}	$A=23.628$m，$B=2$m		
			计算公式	$(A+B)\times2+3.6=(23.826+2)\times2+3.6=55.252$m		
			P_{1a}	原地面标高 4.13m，盖梁平均标高 7.629m $H=7.629-4.13=3.499$m $S=56.852\times3.499\times1=198.73$m^2		
			P_{2a}	原地面标高 4.02m，盖梁平均标高 7.917m $H=7.917-4.02=3.897$m $S=56.852\times3.897=221.55$m^2		
			P_{4a}	原地面标高 4.01m，盖梁平均标高 9.123m $H=9.123-4.01=5.113$m $S=56.852\times5.113=290.68$m^2		
			P_{56}	原地面标高 3.97m，盖梁平均标高 9.73m $H=9.73-3.97=5.76$m $S=56.852\times5.76=327.47$m		
			P_{9a}	原地面标高 3.89m，盖梁平均标高 9.14m $H=9.14-3.89=5.25$m $S=56.852\times5.25$m$=198.47$m^2		
			P_{11a}	原地面标高 3.81m，盖梁平均标高 7.93m $H=7.93-3.81=4.12$m $S=852\times4.12$m$=234.23$m^2		
			P_{12a}	原地面标高 3.87m，盖梁平均标高 7.32m $H=7.32-3.87=3.45$m $S=56.852\times3.45=196.14$m^2		
			P_{3a}	原地面标高 5.83m，盖梁平均标高 8.69m $H=8.69-5.83=2.86$m $S=56.85\times2.86=162.51$m^2		
			P_{10a}	原地面标高 3.93m，盖梁平均标高 8.7m $H=8.7-3.93=4.77$m $S=56.852\times4.77=271.03$m^2		
			P_1	原地面标高 4.13m，盖梁平均标高 7.629m $H=7.629-4.13=3.499$m $S=56.822\times3.499=198.82$m^2		
			P_2	原地面标高 4.02m，盖梁平均标高 7.917m $H=7.917-4.02=3.897$m $S=56.852\times3.897=221.44$m^2		
			P_4	原地面标高 4.01m，盖梁平均标高 9.123m $H=9.123-4.01=5.113$m $S=56.852\times5.113=290.53$m^2		
			P_{86}	原地面标高 3.84m，盖梁平均标高 9.74m $H=9.74-3.84=5.9$m $S=56.852\times5.9=335.25$m^2		

续表

清单序号	项次	项目编码	项目名称及说明	计算公式及说明	计量单位	计算结果
			P_9	原地面标高 3.89m，盖梁平均标高 9.14m H=9.14－3.89=5.25m S=56.852×5.25=298.32m^2		
			P_{11}	原地面标高 3.81m，盖梁平均标高 7.93m H=7.93－3.81=4.12m S=56.852×4.12=234.11m^2		
			P_{12}	原地面标高 3.87m，盖梁平均标高 7.32m H=7.32－3.87=3.45m S=56.852×3.45=196.04m^2		
			P_5	原地面标高 3.97，盖梁平均标高 9.11m H=9.11－3.97=5.14m S=55.252×5.14=284m^2		
			P_{5a}	原地面标高 3.99，盖梁平均标高 9.11m H=9.11－3.99=5.12m S=54.836×5.12m=280.76m^2		
			P_8	原地面标高 3.91，盖梁平均标高 9.15m H=9.15－3.91=5.24m S=54.836×5.24=287.34m^2		
			P_{8a}	原地面标高 3.84，盖梁平均标高 8.73m H=8.73－3.84=4.89m S=55.252×4.89=270.18m^2		
			H≤3.6m	198.73＋196.14＋162.51＋198.82＋196.04=952.24m^2		
			H≤10m	221.55＋290.68＋327.47＋298.47＋234.23＋271.03＋221.44＋290.53＋335.25＋298.32＋234.11＋284＋280.76＋287.34＋270.18=4045.36m^2		
4	5.4	0504	施工排水降水 湿土排水	工程量计算规则 第1.1.3条：湿土排水按原地面1.0m以下的空图数量计算。 第1.1.4条：筑拆集水井按排水管道开槽埋管工程，每40m设置一只，其他工程一般按每个基坑设置一只，大型基坑按批准的施工组织设计确定。		
			井点降水	第1.5.1条：每套井点设备规定。		
			1	轻型井点：井点管间距为1.2m，50根井管对应管60m给排水设备。 第1.5.2条：井点使用定额单位为套·d，累计尾数，不足一套者计作一套。一天按24h计算。 第1.5.3条：井点布置		
			1	排水管：开槽埋管，除特殊情况根据批准的施工组织设计采用双排布置外，其余均按单排布置，工程量按管道长度以毫米计算(不扣除窨井长度)顶管基坑按外侧加1.5m作环状布置		
			湿土排水 P_{8b}	挖土地面长 21.65＋0.5×2=22.65m 挖土地面宽 2.4＋0.5×2=3.4m 挖土深度 1.94m，湿土排水深度 0.94m 排水地面长 22.65＋0.94×0.75×2=24.05m 排水地面宽 3.4＋0.94×0.75×2=4.81m V=0.94/6×[22.65×3.4＋24.05×4.81＋(22.65＋24.05)×(3.4＋4.81m)]=90.26m^3		
			P_9 P_{9a}	挖土底面长 22.65m 挖土底面宽 3.4m		

续表

清单序号	项次	项目编码	项目名称及说明	计算公式及说明	计量单位	计算结果
				挖土底面深度 1.99m 排水地面长 22.65+0.99×0.75×2=24.14m 排水地面宽 3.4+0.99×0.75×2=4.89m 排水深 0.99m V=0.99m/6×[22.65×3.4+24.14×4.89+(22.65+24.14)×(3.4+4.89)]×2=192.37m³		
			P_{11}　P_{11a}	挖土地面长 22.65m 挖土底面宽 3.4m 挖土深度 1.91m 排水地面长 22.65+0.91×0.75×2=24.02m 排水地面宽 3.4+0.91×0.75×2=4.77m 排水深度 0.91m V=0.91m/6×[22.65×3.4+24.02×4.77+(22.65+24.02)×(3.4+4.77)]×2=173.77m³		
			P_{12}　P_{12a}	挖土底面长 22.65m 挖土底面宽 3.4m 挖土底面深度 1.97m 排水地面长 22.65+0.97×0.75×2=24.11m 排水地面宽 3.4+0.97×0.75×2=4.86m 排水深度 0.97m V=0.97/6×[22.65×3.4m+24.11×4.86+(22.65m+24.11)]×2=187.67m³		
			P_1　P_{1a}	挖土长 22.65m 挖土宽 3.4m 挖土深 2.23m 排水深度 1.23m V=22.65×3.4×1.23×2=189.44m³		
			P_2　P_{2a}	挖土长 22.65m 挖土宽 3.4m 挖土深 2.12m 排水深 1.12m V=22.65×3.4×1.12×2=172.50m³		
			P_4　P_{4a}	挖土长 22.65m 挖土宽 3.4m 挖土深 2.11m 排水深 1.11m V=22.65×3.4×1.11×2=170.96m³		
			P_{5b}	挖土长 22.65m 挖土宽 3.4m 挖土深 2.07m 排水深 1.07m V=21.39×4×1.57×1=134.33m³		
			P_{5a}	挖土长 21.39m 挖土宽 4m 挖土深 2.59m 排水深 1.59m V=21.39×4×1.59×1=136.04m³		
			P_8	挖土长 21.39m 挖土宽 4m 挖土深 2.51m		

续表

清单序号	项 次	项目编码	项目名称及说明	计算公式及说明	计量单位	计算结果
				排水深 1.51m		
				V=21.39×4×1.51×1=129.2m^3		
			P_{8a}	挖土长 21.39m		
				挖土宽 4m		
				挖土深 2.44m		
				排水深 1.44m		
				V=21.39×4×1.44=123.21m^3		
			P_{10} P_{10a}	挖土长 22.65m		
				挖土宽 3.4m		
				挖土深 2.03m		
				排水深 1.03m		
				V=22.65×3.4×1.03×2=158.64m^3		
			P_{6a}	H=挖土深度=2.99m		
				H=排水深度=1.99m		
				计算公式 $V=(b_1+b_2)\div2\times a_1\times h+1/3\times\pi\times h\times(R_{12}+R_{22}+R_1\times R_2)$		
				a_1=9.6m，b_1=6.4+0.5×2=7.4m		
				b_2=7.4+1.99×0.75×2=10.39m		
				R_1=3.2+0.5=3.7m		
				R_2=3.7+1.99×0.75=5.19m		
				V=294.61m^3		
			P_7	H=挖土深度=2.90m		
				H=排水深度=1.9m		
				计算公式 $V=(b_1+b_2)\div2\times a_1\times h+1/3\times\pi\times h\times(R_{12}+R_{22}+R_1\times R_2)$		
				A=9.6m，b_1=6.4+0.5×2=7.4m		
				B_2=7.4+1.9×0.75×2=10.25m		
				R_1=3.2+0.5=3.7m		
				R_2=3.7+1.98+0.75=5.13m		
				V=278.33m^3		
			P_{7a}	H=挖土深度=2.86m		
				H=排水深度=1.86m		
				计算公式 $V=(b_1+b_2)\div2\times a_1\times h+1/3\times\pi\times h\times(R_{12}+R_{22}+R_1\times R_2)$		
				a_1=9.6m，b_1=6.4+0.5×2=7.4m		
				b_2=7.4+1.86×0.75×2=10.19m		
				R_1=3.2+0.5=3.7m		
				R_2=3.7+1.86×0.75=5.10m		
				V=271.13m^3		
			Σ	90.26+192.37+173.77+187.67+189.44+172.50+170.96+134.33+136.04+129.2+123.21+158.64+294.61+278.33+281.13=2702.46m^3		
			竹笋滤井	23 座		
			井点降水	计算公式 $(A+B)\times2\div1.2$		
			P_3 P_{3a}	A=22.65+1.5×2=25.65m		
				B=3.4+1.5×2=7.4m		
			打井点	(25.65+7.4)×2÷1.2×2=110 根		
			拔井点	110 根		
			井点使用	30 套·d×2 个=60 套·d		
			P_6	计算公式 $(a\times2+\pi\times R\times2)\div1.2$		

续表

清单序号	项次	项目编码	项目名称及说明	计算公式及说明	计量单位	计算结果
				a=9.6m，R=7.4m		
			打井点	(9.6×2+3.7×7.4×2)÷1.2=62根		
			拔井点	62根		
			井点使用	30套·d×1=30套·d		
5	5.7	0507	现场施工围栏	工程量计算规则：第1.1.6条：施工路拦长度应根据施工现场实际需要设置，移动式路拦使用天数按施工合同计算		
				全桥长376.47+40 扣除河道36m		
			封闭式砖基础施工路线(376.47+40−36)×2=761m			
				全桥净宽(50.6+20−10)×4=206m		
			Σ	761+206=967m		
6	5.8	0508	1施工便道	工程量计算规则第1.4.1条		
			1	便道长度规定(4)桥涵及护岸污水处理厂及输配工程按批准的施工组织设计计算		
				L=全桥长376.41m，扣除河道36m		
				376.47−36=340.47m		
			2	便道宽度规定；桥梁隧道及泵站沉井工程为5m		
				340.47×5=1702.35m²		
7	5.13	临-001	堆料场地	工程量计算规则：第1.4.3条		
			1	堆场面积的一般规定：		
			1)	主跨≥25m或为多孔总长≥100m的桥梁跨河两端同时施工为1500m²		
			2	堆料面积的其他规定		
			1)	当单位工程主体采用商品混凝土时，堆料场地面积按上述规定的50%计算。		
			则	1500m²×50%=750m²		
8		5.9	0509便桥	为装配式钢桥双排双层L=36m		
			使用天数	为m·d		
				本桥梁桥面宽47.1m，孔数为15孔，单梁跨径为76m		
				查《上海市市政工程施工工期定额》(1998年12月)		
				3-1-189为348d		
				3-1-198每增1孔 15×2=30d		
			Σ	348+30=378×36=13608m·d		

4. 单位工程费用汇总表……投表4(表7-17)

单位工程费用汇总表 表7-17

序号	项目名称	金额	序号	项目名称	金额
1	分部分项工程量清单计价合计	36566282	4	规费	73899
2	措施项目清单计价合计	5904272	5	税金	1450766
3	其他项目清单计价合计		6	总计	43995219

5. 分部分项工程量、措施项目清单计价表(综合单价)

(1) 分部分项工程量清单计价表(综合单价)(表7-18)

分部分项工程量清单计价表(综合单价)……投表5　　表7-18

清单序号	项目编码	项目名称	计量单位	数量	综合单价
1	040101002001	挖沟槽无支护土方	m^3	800.33	65.50
2	040101002002	挖沟槽撑拆列板土方	m^3	1608.27	73.72
3	040101002003	挖沟槽钢板桩支撑土方	m^3	408.41	153.22
4	040101003001	挖基坑无支护土方	m^3	819.08	18.97
5	040101003002	挖基坑大型支撑土方	m^3	290.19	139.50
6	040103001001	填土方	m^3	786.48	44.41
7	040103001002	回填黄砂	m^3	15.05	112.64
8	040103002	余土、旧料弃置	m^3	3207.85	31.29
9	040301003001	钢筋混凝土方桩桩基	m^3	10822.00	118.84
10	040301003002	钢筋混凝土(PHC)管桩 ϕ600	m^3	1824.00	333.43
11	040301003003	钢筋混凝土(PHC)管桩 ϕ800	m^3	3548.00	508.72
12	040302002	C25混凝土承台	m^3	2815.91	410.48
13	040302004	C30混凝土墩台身	m^3	590.45	384.40
14	040302006001	C30混凝土台盖梁	m^3	436.68	410.49
15	040302006002	C30混凝土墩盖梁	m^3	2003.87	393.51
16	040302010001	C50混凝土箱梁	m^3	6822.4	476.53
17	040302015001	C30混凝土防撞护栏	m^3	752.08	136.04
18	040302016001	C50混凝土箱梁外侧挑梁	m^3	1.2	572.45
19	040302016002	C30混凝土人行道缘石	m^3	325.27	374.04
20	040302016003	C25混凝土栏杆立柱	m^3	55.82	382.81
21	040302016004	C25混凝土桥铭牌	m^3	0.93	382.80
22	040302017001	C40混凝土桥面铺装 δ=8cm	m^2	9959.83	35.54
23	040302017002	C40混凝土桥面铺装 δ=6cm	m^2	7607.68	26.27
24	040302017003	C40钢钎维混凝土桥面连续缝	m^2	173.36	151.26
25	040302017004	桥面粗沥青混凝土铺装 δ=6cm	m^2	11472.58	47.81
26	040302017005	桥面粗沥青混凝土铺装 δ=3cm	m^2	11472.58	34.58
27	040302018001	C25混凝土桥头搭板	m^2	163.37	416.94
28	040302018002	桥头搭板粗沥青混凝土铺装 δ=9cm	m^2	396.8	71.46
29	040302018003	桥头搭板粗沥青混凝土铺装 δ=3cm	m^2	396.8	34.58
30	040303003001	C30非预应力空心板梁	m^3	268.91	1655.35
31	040303003002	C40预应力空心板梁	m^3	4104.68	1854.71
32	040303005001	C25混凝土人行道板	m^3	396.32	475.82
33	040303005002	C50混凝土箱梁锚板	m^3	16.68	524.62
34	040308006001	铺筑非连锁型彩色预制块人行道板	m^2	3813.05	72.98
35	040308006002	桥铭牌大理石装饰	m^2	2.04	365.10
36	040309001001	型钢钢管栏杆	t	8.68	69.01
37	040309001002	防撞墙钢管栏杆	t	8.16	61.37
38	040309002	橡胶支座	个	1984	741.89
39	040309004001	盆式组合支座GPZ(Ⅱ)	个	8	55636.15
40	040309004002	盆式组合支座GPZ(H)	个	8	55636.15
41	040309005001	油毡沉降缝	m^2	57.6	8.33
42	040309006001	橡胶伸缩缝	m	282.6	476.78
43	040309006002	齿形型钢伸缩缝	m	94.28	1268.43

续表

清单序号	项目编码	项目名称	计量单位	数　量	综合单价
44	040309006004	桥面连续缝橡胶板	m	424.8	70.24
45	040309006005	防撞墙发泡聚乙烯沉降缝	m	16.32	24.41
46	040309008	桥面泄水系统	套	30	1965.64
47	040309009	桥面防水层	m²	17759.54	15.46
48	040701001	预埋铁件	t	56872	5.61
49	040701002	非预应力钢筋	t	2097.06	4509.60
50	040701004001	后张法钢绞线	t	273.21	13204.98

(2) 措施项目费(表 7-19)

措施项目费　　**表 7-19**

序　号	项目编码	项目名称	计量单位	数　量	综合单价
5		措施项目费			
5.1	0501	大型机械设备进出场及安拆			116808
5.2	0502	混凝土、钢筋混凝土模板及支架			5196046
5.3	0503	脚手架	m²	6490.96	6.96
5.4	0504	施工排水、降水			135806
5.5	0507	现场施工围栏	m	967.00	109.36
5.6	0508	便道	m²	1702.35	41.10
5.7	0509	钢便桥	m	36.00	5714.18
5.8	临-001	堆料场地	m²	750.00	38.64

6. 分部分项工程量清单计价表分析表……投标 13(表 7-20)

分部分项工程量清单计价表分析表　　**表 7-20**

工程名称：XX 桥梁清单分项-总

编制单位：

序号	编号	名　称	单位	综合单价 工料单价	工程量	人工费	材料费	机械费	周材运输费	管理费	安全防护、文明	规费	税金	合计	总计
	1	2	3	4	5	6	7	8	9	10	11	12	13	14	15
				4=14/5										6～11	6～13
		桥梁	m²	4355.96	10100							73899	1450766	42470554	43995219
040101002001		挖沟槽无支护土方	m³	65.50	800.33							91.21	1790.60	52419	54301
1	S5-1-1	人工挖沟槽ⅠⅡ类土方(深≤2m)	m³	13.69	129.31	1770.56			8.85	195.74	49.82	3.52	69.17	2025	2098
2	S5-1-2	人工挖沟槽Ⅲ类土方(深≤2m)	m³	23.65	1615.28	38199.15			191.00	4222.92	1074.92	76.02	1492.35	43688	45256
3	S1-1-36	土方场内运输(运土 1km 以内)	m³	9.10	644.30	687.15		5176.52	29.32	648.23	165.00	11.67	229.08	6706	6947
040101002002		挖沟槽撑拆列板土方	m³	73.72	1608.27							206.29	4049.84	118557	122813
4	S5-1-5	人工挖沟槽Ⅲ类土方(深≤4m)	m³	26.51	2359.05	62531.93			312.66	6912.90	1759.65	124.44	2442.98	71517	74085
5	S1-1-37	土方场内运输(装运土 1km 以内)	m³	11.65	705.17	932.94		7280.66	41.07	908.01	231.13	16.35	320.89	9394	9731

续表

序号	编号	名　称	单位	综合单价 工料单价	工程量	人工费	材料费	机械费	周材运输费	管理费	安全防护、文明	规费	税金	合计	总计
	1	2	3	4	5	6	7	8	9	10	11	12	13	14	15
				4＝14/5										6～11	6～13
6	S5-1-12	满堂撑拆列板(深≤3.0m，双面)	m	7470.99	2.67	8346.99	11585.61		99.66	2203.55	560.90	39.67	778.72	22797	23615
7	CSM5-1-1	列板使用费	t·d	8.80	1144.40		10070.72		50.35	1113.32	283.39	20.04	393.44	11518	11931
8	CSM5-1-2	列板支撑使用费	t·d	6.70	434.82		2913.29		14.57	322.06	81.98	5.80	113.82	3332	3452
040101002003		挖沟槽钢板桩支撑土方	m^3	153.22	408.41							108.88	2137.53	62575	64822
9	S5-1-5	人工挖沟槽Ⅲ类土方(深≤4m)	m^3	26.51	605.30	16044.84			80.22	1773.76	451.50	31.93	626.83	18350	19009
10	S1-1-37	土方场内运输(装运土1km以内)	m^3	11.65	262.82	347.71		2713.54	15.31	338.42	86.14	6.09	119.60	3501	3627
11	S5-1-13	打沟槽钢板桩(长4.00～6.00m，单面)	m	11774.17	0.91	3885.14	4693.45	2088.80	53.34	1179.28	300.18	21.23	416.75	12200	12638
12	S5-1-18	拔沟槽钢板桩(长4.00～6.00m，单面)	m	5801.77	0.91	3485.24	350.31	1420.85	26.28	581.10	147.92	10.46	205.36	6012	6228
13	S5-1-26	安拆钢板桩支撑(槽宽≤3.8m，深3.01～4.00m)	m	5785.21	0.91	1902.84	2644.88	693.69	26.21	579.44	147.49	10.43	204.77	5995	6210
14	CSM5-1-3	槽型钢板桩使用费	t·d	6.87	1863.64		12803.21		64.02	1415.39	360.28	25.48	500.19	14643	15169
15	CSM5-1-5	钢板桩支撑使用费	t·d	6.70	244.62		1638.95		8.19	181.19	46.12	3.26	64.03	1874	1942
040101003001		挖基坑无支护土方	m^3	18.97	819.08							27.03	530.71	15536	16094
16	S6-1-2	基坑无支护挖土(深≤4m)	m^3	5.15	1459.51	1334.90		6179.18	37.57	830.68	211.45	14.95	293.56	8594	8902
17	S1-1-37	土方场内运输(装运土1km以内)	m^3	11.65	521.15	689.48		5380.71	30.35	671.06	170.82	12.08	237.15	6942	7192
040101003002		挖基坑大型支撑土方	m^3	139.50	290.19							70.44	1382.81	40481	41934
18	S7-4-21	支撑基坑挖土(宽≤15m，深≤3.5m)	m^3	10.97	353.55	754.12		3123.26	19.39	428.64	109.11	7.72	151.48	4435	4594
19	S1-1-37	土方场内运输(装运土1km以内)	m^3	11.65	93.94	124.28		969.90	5.47	120.96	30.79	2.18	42.75	1251	1296
20	S5-1-13	打沟槽钢板桩(长4.00～6.00m，单面)	m	11774.17	0.42	1820.36	2199.08	978.69	24.99	552.54	140.65	9.95	195.27	5716	5922
21	S5-1-18	拔沟槽钢板桩(长4.00～6.00m，单面)	m	5801.77	0.42	1632.99	164.13	665.73	12.31	272.27	69.30	4.90	96.22	2817	2918
22	S7-4-29	安装大型支撑(宽≤15m)	t	590.55	16.00	1459.28	4757.64	3231.84	47.24	1044.56	265.89	18.80	369.14	10806	11194
23	S7-4-30	拆除大型支撑(宽≤15m)	t	254.08	16.00	1549.80	404.12	2111.41	20.33	449.42	114.40	8.09	158.82	4649	4816
24	CSM5-1-3	槽型钢板桩使用费	t·d	6.87	1101.58		7567.85		37.84	836.63	212.96	15.06	295.66	8655	8966
25	CSM7-4-1	大型支撑使用费	t·d	8.25	227.96		1880.67		9.40	207.91	52.92	3.74	73.47	2151	2228
040103001001		填方	m^3	44.41	786.48							60.78	1193.19	34930	36184
26	S4-2-8	回填土	m^3	12.76	2393.55	29323.98		1217.51	152.71	3376.36	859.44	60.78	1193.19	34930	36184

续表

序号	编号	名　称	单位	综合单价 工料单价	工程量	人工费	材料费	机械费	周材运输费	管理费	安全防护、文明	规费	税金	合计	总计
1		2	3	4	5	6	7	8	9	10	11	12	13	14	15
				4=14/5										6～11	6～13
040103001002		回填黄砂	m^3	112.64	15.05							2.95	57.91	1695	1756
27	S4-2-9	回填黄砂	m^3	98.49	15.05	165.94	1303.77	12.54	7.41	163.86	41.71	2.95	57.91	1695	1756
040103002001		余土、旧料场外运输	m^3	31.29	3207.85							174.68	3429.24	100390	103994
28	ZSM19-1-1	土方场外运输	m^3	27.50	3139.89			86346.97	0.00	9498.17	2417.72	170.98	3356.59	98263	101790
29	ZSM19-1-1	旧料场外运输	m^3	27.50	67.96			1868.90	0.00	205.58	52.33	3.70	72.65	2127	2203
040301003001		450×450 钢筋混凝土方桩桩基	m	118.84	10822.00							2237.72	43930.39	1286043	1332211
30	S4-7-1	预制方桩混凝土　预制混凝土(5～20mm)C30	m^3	302.23	1117.86	71958.19	232166.85	33720.98	1689.23	37348.88	9506.99	672.32	13198.86	386391	400262
31	S4-7-1 换	预制方桩混凝土　预制混凝土(5～20mm)C40	m^3	316.12	1074.06	69138.72	237988.07	32399.73	1697.63	37534.66	9554.28	675.66	13264.52	388313	402253
32	S4-7-70 换	预制构件场内运输(重≤10t，运距 200m)	m^3	39.29	2191.92	30249.32	50989.95	4870.75	430.55	9519.46	2423.14	171.36	3364.12	98483	102019
33	S4-3-4 换	陆上打钢筋混凝土方桩(L≤28m)	m^3	91.37	2191.92	19907.29	2915.60	177457.04	1001.40	22140.95	5635.88	398.56	7824.47	229058	237281
34	S4-3-44	方桩焊接桩	个	266.31	428.00	15347.81	46108.25	52526.52	569.91	12600.77	3207.47	226.83	4453.04	130361	135041
35	S4-3-57	陆上送方桩(L≤28m)	m^3	188.20	128.06	2333.46	927.60	20839.40	120.50	2664.31	678.19	47.96	941.55	27563	28553
36	S1-3-37 系	凿桩	m^3	332.89	67.96	10327.62	833.87	11461.49	113.11	2500.97	636.61	45.02	883.83	25874	26803
040301003002		ϕ600PHC 桩	m	333.43	1824.00							1058.23	20775.02	608180	630013
37	S4-7-70	预制构件场内运输(重≤10t，运距 100m)	m^3	23.57	308.86	3230.41	3703.53	345.06	36.40	804.69	204.83	14.49	284.37	8325	8624
38	S4-3-26	陆上打 PHC 管桩(ϕ≤600，L≤40m)	m^3	1576.12	308.86	2953.13	455220.16	28627.14	2434.00	53815.79	13698.56	968.74	19018.17	556749	576736
39	S4-3-51	PHC 管桩电焊接桩(ϕ≤600)	个	264.96	96.00	897.80	1383.59	23155.17	127.18	2812.01	715.78	50.62	993.75	29092	30136
40	S4-3-70	陆上送 PHC 管桩(ϕ600，L≤40m)	m^3	351.48	22.98	736.49	131.59	7209.01	40.39	892.92	227.29	16.07	315.55	9238	9569
41	S4-3-86 换	管桩填心(混凝土)　现浇混凝土(5～16mm)C50	m^3	306.88	13.61	390.90	3503.86	281.91	20.88	461.73	117.53	8.31	163.17	4777	4948
040301003003		ϕ800PHC 桩 040301003003	m	508.72	3548.00							3140.57	61655.01	1804924	1869720
42	S4-7-70	预制构件场内运输(重≤10t，运距 100m)	m^3	23.57	820.02	8576.69	9832.83	916.13	96.63	2136.45	543.82	38.46	755.01	22103	22896
43	S4-3-30 系	陆上打 PHC 管桩(ϕ≤800，L≤40m)	m^3	1749.74	820.02	6616.22	136489.04	67713.11	7174.09	158619.17	40375.79	2855.32	56055.04	1640987	1699898
44	S4-3-52	PHC 管桩电焊接桩(ϕ≤800)	个	382.93	228.00	2847.15	4389.36	80071.28	436.54	9651.88	2456.84	173.74	3410.91	99853	103438
45	S4-3-74 系	陆上送 PHC 管桩(ϕ800，L≤40m)	m^3	308.19	59.12	1598.68	506.51	16115.14	91.10	2014.26	512.72	36.26	711.83	20838	21586
46	S4-3-86 换	管桩填心(混凝土)　现浇混凝土(5～16mm)C50	m^3	306.88	60.24	1730.17	15508.61	1247.80	92.43	2043.69	520.21	36.79	722.23	21143	21902

续表

序号	编号	名　称	单位	综合单价 工料单价	工程量	人工费	材料费	机械费	周材运输费	管理费	安全防护、文明	规费	税金	合计	总计
	1	2	3	4	5	6	7	8	9	10	11	12	13	14	15
				4＝14/5										6～11	6～13
040302002001		C25 混凝土承台	m^3	410.48	2815.91							1941.53	38115.65	1115820	1155877
47	S4-6-2	基础混凝土垫层　现浇混凝土(5～40mm)C15	m^3	230.12	141.83	5983.45	23620.72	3034.38	163.19	3608.19	918.45	64.95	1275.11	37328	38668
48	S4-6-9	承台商品混凝土　泵送商品混凝土(5～40mm)C25。	m^3	307.74	2815.91	12858.50	850768.22	2953.75	4332.90	95800.47	24385.57	1724.51	33855.30	991099	1026679
49	S1-1-30	商品混凝土泵车输送	m^3	26.73	2858.15		771.70	75640.40	382.06	8447.36	2150.24	152.06	2985.24	87392	90529
040302004001		C30 混凝土墩台身	m^3	384.40	590.45							394.92	7753.07	226968	235116
50	S4-6-21	实体式墩台身商品混凝土　泵送商品混凝土(5～40mm)C20	m^3	302.89	325.53	1534.83	96627.76	438.43	493.01	10900.34	2774.63	196.22	3852.11	112769	116817
51	S4-6-24	柱式墩台身商品混凝土　泵送商品混凝土(5～40mm)C20	m^3	316.43	264.92	4593.02	78750.50	485.29	419.14	9267.27	2358.94	166.82	3275.00	95874	99316
52	S1-1-30	商品混凝土泵车输送	m^3	26.73	599.31		161.81	15860.55	80.11	1771.27	450.87	31.88	625.96	18325	18982
040302006001		C30 混凝土台盖梁	m^3	410.49	436.68							311.90	6123.17	179253	185688
53	S4-6-2	基础混凝土垫层　现浇混凝土(5～40mm)C15	m^3	230.12	25.08	1058.06	4176.89	536.57	28.86	638.04	162.41	11.49	225.48	6601	6838
54	S4-6-39	台盖梁商品混凝土　泵送商品混凝土(5～40mm)C30	m^3	318.57	436.68	4220.95	134272.65	617.60	695.56	15378.74	3914.59	276.83	5434.75	159100	164812
55	S1-1-30	商品混凝土泵车输送	m^3	26.73	443.23		119.67	11730.01	59.25	1309.98	333.45	23.58	462.94	13552	14039
040302006002		C30 混凝土墩盖梁	m^3	393.51	2003.87							1372.08	26936.43	788553	816861
56	S4-6-35	墩盖梁商品混凝土　泵送商品混凝土(5～40mm)C30	m^3	316.94	2003.87	16143.43	616011.99	2948.87	3175.52	70210.78	17871.83	1263.87	24812.06	726362	752438
57	S1-1-30	商品混凝土泵车输送	m^3	26.73	2033.93		549.16	53827.55	271.88	6011.35	1530.16	108.21	2124.37	62190	64423
040302010001		C50 混凝土箱梁 040302010001	m^3	476.53	6822.40							5656.82	111053.56	3251046	3367756
58	S4-6-43 换	箱梁 0 号块商品混凝土　泵送商品混凝土(5～20mm)C50	m^3	386.03	3321.15	89760.72	1152531.96	39760.41	6410.27	141730.97	36076.97	2551.31	50086.85	1466271	1518909
59	S4-6-47 换	悬浇箱梁商品混凝土　泵送商品混凝土(5～20mm)C50	m^3	396.15	2397.49	80996.20	835039.42	33735.93	4748.86	104997.24	26726.57	1890.06	37105.38	1086244	1125240
60	S4-6-50 换	现浇箱梁商品混凝土　泵送商品混凝土(5～20mm)C50	m^3	385.62	1103.76	22373.49	385416.67	17847.19	2128.19	47054.21	11977.44	847.03	16628.67	486797	504273
61	S1-1-30	商品混凝土泵车输送	m^3	26.73	6924.74		1869.68	183261.92	925.66	20466.30	5209.60	368.42	7232.66	211733	219334
040302015001		C30 混凝土防撞护栏	m	136.04	752.08							178.03	3495.02	102315	105988
62	S4-6-68	防撞护栏商品混凝土　泵送商品混凝土(5～20mm)C30	m^3	322.32	256.00	2642.11	79358.54	513.27	412.57	9121.91	2321.94	164.20	3223.63	94370	97758

续表

序号	编号	名　称	单位	综合单价 工料单价	工程量	人工费	材料费	机械费	周材运输费	管理费	安全防护、文明	规费	税金	合计	总计
1		2	3	4	5	6	7	8	9	10	11	12	13	14	15
				4=14/5										6～11	6～13
63	S1-1-30	商品混凝土泵车输送	m^3	26.73	259.84		70.16	6876.62	34.73	767.97	195.48	13.82	271.39	7945	8230
	040302016001	C50 混凝土箱梁外侧挑梁	m^3	572.45	1.20							1.20	23.47	687	712
64	S6-3-59	牛腿混凝土　泵送商品混凝土(5～20mm)C25	m^3	473.34	1.20	168.95	363.98	35.09	2.84	62.79	15.98	1.13	22.19	650	673
65	S1-1-30	商品混凝土泵车输送	m^3	26.73	1.22		0.33	32.29	0.16	3.61	0.92	0.06	1.27	37	39
	040302016002	C30 混凝土人行道缘石	m^3	374.04	325.27							211.70	4155.96	121664	126031
66	S4-6-74	地梁侧石缘石商品混凝土　非泵送商品混凝土(5～40mm)C25	m^3	327.05	325.27	8682.39	92779.28	4916.65	531.89	11760.12	2993.49	211.70	4155.96	121664	126031
	040302016003	C25 混凝土栏杆立柱	m^3	382.81	55.82							37.18	729.93	21368	22135
67	S4-6-71	立柱端柱灯柱商品混凝土　非泵送商品混凝土(5～40mm)C25	m^3	334.71	55.82	2238.10	15818.74	626.81	93.42	2065.48	525.76	37.18	729.93	21368	22135
	040302016004	C25 混凝土桥铭牌	m^3	382.80	0.93							0.62	12.16	356	369
68	S4-6-71	立柱端柱灯柱商品混凝土　非泵送商品混凝土(5～40mm)C25	m^3	334.71	0.93	37.29	263.55	10.44	1.56	34.41	8.76	0.62	12.16	356	369
	040302017001	C40 混凝土桥面铺装 δ=8cm	m^2	35.54	9959.83							615.90	12091.22	353965	366672
69	S4-6-99 换	桥面铺装车行道商品混凝土　泵送商品混凝土(5～40mm)C40	m^3	355.62	808.59	5583.52	281338.51	630.34	1437.76	31788.91	8091.72	572.24	11234.01	328871	340677
70	S1-1-30	商品混凝土泵车输送	m^3	26.73	820.72		221.59	21720.18	109.71	2425.66	617.44	43.66	857.21	25095	25995
	040302017002	C40 混凝土桥面铺装 δ=6cm	m^2	26.27	7607.68							347.68	6825.67	199819	206992
71	S4-6-99 换	桥面铺装车行道商品混凝土　泵送商品混凝土(5～40mm)C40	m^3	355.62	456.46	3151.98	158819.67	355.84	811.64	17945.30	4567.90	323.04	6341.76	185652	192317
72	S1-1-30	商品混凝土泵车输送	m^3	26.73	463.31		125.09	12261.36	61.93	1369.32	348.55	24.65	483.91	14166	14675
	040302017003	C40 钢钎维混凝土桥面连续缝	m^2	151.26	173.36							45.63	895.73	26222	27164
73	S2-3-34	面层钢纤维混凝土(厚 16cm)钢纤维混凝土	m^2	12294.59	1.76	1853.91	19344.08	484.74	108.41	2397.03	610.15	43.15	847.09	24798	25689
74	S2-3-35	面层钢纤维混凝土(±1cm)钢纤维混凝土	m^2	705.93	1.76	72.48	1146.82	25.67	6.22	137.63	35.03	2.48	48.64	1424	1475
	040302017003	桥面粗沥青混凝土铺装 δ=6cm	m^2	47.81	11472.58							954.38	18736.13	548492	568183

续表

序号	编号	名　称	单位	综合单价 工料单价	工程量	人工费	材料费	机械费	周材运输费	管理费	安全防护、文明	规费	税金	合计	总计
	1	2	3	4	5	6	7	8	9	10	11	12	13	14	15
				4＝14/5										6～11	6～13
75	S2-3-20 换	机械摊铺粗粒式沥青混凝土(厚 6cm)	100m²	4180.24	114.73	4762.55	465398.46	9420.33	2397.91	53017.72	13495.42	954.38	18736.13	548492	568183
	040302017004	桥面细沥青混凝土铺装 δ＝3cm	m²	34.58	11472.58							690.34	13552.59	396746	410989
76	S2-3-28 换	机械摊铺细粒式沥青混凝土防滑层(厚 3cm)	100m²	3023.73	114.73	4104.32	328141.77	14654.21	1734.50	38349.83	9761.77	690.34	13552.59	396746	410989
	040302018001	C25 混凝土桥头搭板	m³	416.94	163.37							118.52	2326.75	68115	70560
77	S4-6-1	基础碎石垫层	m³	115.06	72.42	1609.24	6723.47		41.66	921.18	234.48	16.58	325.54	9530	9872
78	S4-6-2	基础混凝土垫层　现浇混凝土(5～40mm)C15	m³	230.12	36.21	1527.61	6030.50	774.70	41.66	921.19	234.49	16.58	325.54	9530	9872
79	S4-6-8	搭板混凝土　现浇混凝土(5～40mm)C25	m³	262.54	163.37	7741.29	31440.92	3709.21	214.46	4741.65	1206.96	85.35	1675.67	49054	50816
	040302018002	桥头搭板粗沥青混凝土铺装 δ＝9cm	m²	71.46	396.80							49.34	968.63	28356	29374
80	S2-3-20 换	机械摊铺粗粒式沥青混凝土(厚 9cm)	100m²	6248.42	3.97	202.89	24121.12	469.70	123.97	2740.94	697.69	49.34	968.63	28356	29374
	040302018003	桥头搭板细沥青混凝土铺装 δ＝3cm	m²	34.58	396.80							23.88	468.74	13722	14215
81	S2-3-28 换	机械摊铺细粒式沥青混凝土防滑层(厚 3cm)	100m²	3023.73	3.97	141.96	11349.38	506.84	59.99	1326.40	337.63	23.88	468.74	13722	14215
	040303003001	C30 非预应力空心板梁	m³	1655.35	268.91							774.54	15205.69	445140	461120
82	S4-7-72	预制构件场内运输(重≤40t，运距 100m)	m³	30.58	287.73	3797.93	4398.96	601.56	43.99	972.67	247.59	17.51	343.74	10063	10424
83	S4-8-10	陆上安装板梁(*L*≤13m)	m³	1310.26	287.73	1096.36	363618.79	12285.60	1885.00	41677.43	10608.80	750.24	14728.55	431172	446651
84	S4-6-77 换	板梁间灌缝　现浇混凝土(5～16mm)C40	m³	483.98	6.34	868.87	2098.65	100.93	15.34	339.22	86.35	6.11	119.88	3509	3635
85	S4-6-78	板梁底勾缝　水泥砂浆 1∶2	米	0.78	441.76	328.01	18.35		1.73	38.29	9.75	0.69	13.53	396	410
	040303003002	C40 预应力空心板梁	m³	1854.71	4104.68							13246.58	260054.16	7612975	7886276
86	S4-7-72	预制构件场内运输(重≤40t，运距 100m)	m³	30.58	4474.10	59056.44	68402.35	9354.11	684.06	15124.67	3849.92	272.26	5344.96	156472	162089
87	S4-8-12	陆上安装板梁(*L*≤20m)	m³	1442.04	4235.02	13335.55	5929028.00	164693.63	30535.29	675135.17	171852.59	12153.17	238588.61	6984580	7235322
88	S4-8-13	陆上安装板梁(*L*≤25m)	m³	1508.77	239.08	676.18	349056.80	10983.20	1803.58	39877.17	10150.55	717.83	14092.35	412547	427358
89	S4-6-77	板梁间灌缝　现浇混凝土(5～16mm)C30	m³	468.60	97.68	13386.58	30831.01	1555.06	228.86	5060.17	1288.04	91.09	1788.23	52350	54229
90	S4-6-78	板梁底勾缝　水泥砂浆 1∶2	m	0.78	7835.65	5817.97	325.48		30.72	679.16	172.88	12.23	240.01	7026	7278

续表

序号	编号	名　称	单位	综合单价 工料单价	工程量	人工费	材料费	机械费	周材运输费	管理费	安全防护、文明	规费	税金	合计	总计
1		2	3	4	5	6	7	8	9	10	11	12	13	14	15
				4=14/5										6～11	6～13
040303005001		C25 混凝土人行道板	m^3	475.82	396.32							328.13	6441.69	188578	195348
91	S4-7-62	预制缘石人行道锚锭板混凝土预制混凝土(5～40mm)C25	m^3	304.04	396.32	35235.87	78356.07	6904.63	602.48	13320.90	3390.77	239.79	4707.52	137811	142758
92	S4-7-70	预制构件场内运输(重≤10t，运距 100m)	m^3	23.57	396.32	4145.16	4752.26	442.77	46.70	1032.56	262.83	18.59	364.90	10682	11066
93	S4-8-43 换	安装人行道板　水泥砂浆 M7.5	m^3	88.44	396.32	12094.40	5243.69	17710.64	175.24	3874.64	986.27	69.75	1369.27	40085	41524
40303005002		C50 混凝土箱梁锚板	m^3	524.62	16.68							15.23	298.92	8751	9065
94	S4-7-62 换	预制缘石人行道锚锭板混凝土预制混凝土(5～40mm)C50	m^3	346.70	16.68	1482.98	4009.42	290.60	28.92	639.31	162.73	11.51	225.93	6614	6851
95	S4-7-70	预制构件场内运输(重≤10t，运距 100m)	m^3	23.57	16.68	174.46	200.01	18.64	1.97	43.46	11.06	0.78	15.36	450	466
96	S4-8-43 换	安装人行道板　水泥砂浆 M7.5	m^3	88.44	16.68	509.02	220.69	745.39	7.38	163.07	41.51	2.94	57.63	1687	1748
040308006001		铺筑非连锁型彩色预制块人行道板	m^2	72.98	3813.05							484.19	9505.47	278269	288258
97	S2-4-12	铺筑非连锁型彩色预制块(砂浆)　水泥砂浆 M10	$100m^2$	6380.92	38.13	21055.04	222252.76		1216.54	26897.68	6846.68	484.19	9505.47	278269	288258
040308006002		桥铭牌大理石装饰	m^2	365.10	2.04							1.30	25.44	745	772
98	S10-2-6	贴大理石　水泥砂浆　零星项目　水泥砂浆 1∶2.5	m^2	317.86	2.04	53.62	588.85	5.97	3.24	71.69	18.25	1.29	25.33	742	768
99	S10-1-35	每增减一遍素水泥浆　有 108 胶　108 胶素水泥浆	m^2	0.68	4.08	1.39	1.39		0.01	0.31	0.08	0.01	0.11	3	3
040309001001		型钢钢管栏杆	t	5919.50	8.68							90.31	1772.94	51902	53765
100	S4-8-47	安装钢管栏杆	t	5228.26	8.68	7529.96	34401.68	3449.66	226.91	5016.90	1277.03	90.31	1772.94	51902	53765
040309001002		防撞墙钢管栏杆	t	5655.88	8.16							80.31	1576.54	46152	47809
101	S4-8-48	安装防撞护栏钢管扶手	t	4945.34	8.16	5230.37	33254.86	1868.73	201.77	4461.13	1135.56	80.31	1576.54	46152	47809
040309002001		板式橡胶支座	个	741.89	1984.00							2561.13	50279.67	1471916	1524757
102	S4-8-51	安装板式橡胶支座	dm^3	49.16	26178.26	97186.79	1189801.92		6434.94	142276.60	36215.86	2561.13	50279.67	1471916	1524757
040309004001		盆式组合支座 GPZ(Ⅱ)	个	55636.15	8.00							774.46	15203.95	445089	461068
103	S4-8-55	安装盆式组合支座(20000kN 以内)　现浇混凝土(5～16mm)C30	个	48646.18	8.00	17091.00	368358.94	3719.53	1945.85	43022.68	10951.23	774.46	15203.95	445089	461068

续表

序号	编号	名　称	单位	综合单价	工程量	人工费	材料费	机械费	周材运输费	管理费	安全防护、文明	规费	税金	合计	总计
				工料单价											
1		2	3	4	5	6	7	8	9	10	11	12	13	14	15
				4=14/5										6～11	6～13
040309004002		盆式组合支座 GPZ (H)	个	55636.15	8.00							774.46	15203.95	445089	461068
104	S4-8-55	安装盆式组合支座(20000kN 以内) 现浇混凝土(5～16mm)C30	个	48646.18	8.00	17091.00	368358.94	3719.53	1945.85	43022.68	10951.23	774.46	15203.95	445089	461068
040309005001		油毡沉降缝	m^2	8.33	57.60							0.83	16.38	480	497
105	S4-8-67	安装油毡沉降缝(一油)	m^2	7.28	57.60	57.74	361.61		2.10	46.36	11.80	0.83	16.38	480	497
040309006001		橡胶伸缩缝　GQF-C-40	m	476.78	282.60							234.44	4602.52	134737	139574
106	S4-8-62	安装板式橡胶伸缩缝	m	416.87	282.60	7870.55	95595.23	14342.98	589.04	13023.76	3315.14	234.44	4602.52	134737	139574
040309006002		齿形型钢伸缩缝 GQF-160	m	1268.43	94.28							208.08	4085.04	119588	123881
107	S4-8-60	安装梳型钢板伸缩缝	m	1109.07	94.28	2622.56	98631.17	3309.42	522.82	11559.46	2942.41	208.08	4085.04	119588	123881
040309006003		桥面连续缝橡胶板	m	70.24	424.80							51.92	1019.22	29837	30908
108	S4-6-95	桥面防水层(防水橡胶板 2mm)	m^2	43.87	594.72	549.97	25538.47		130.44	2884.08	734.13	51.92	1019.22	29837	30908
040309006004		防撞墙发泡聚乙烯沉降缝	m^2	24.41	16.32							0.69	13.61	398	413
109	S4-8-69	安装发泡聚乙烯沉降缝	m^2	21.34	16.32	23.02	325.24		1.74	38.50	9.80	0.69	13.61	398	413
040309008001		桥面泄水系统	套	1965.64	30.00							102.61	2014.35	58969	61086
110	S4-8-59	安装 PVC 塑料管泄水孔　水泥砂浆 M10	m	48.57	552.00	1240.76	25569.69		134.05	2963.90	754.45	53.35	1047.42	30663	31764
111	市场价	桥面泄水系统	套	825.00	30.00		24750.00		123.75	2736.11	696.47	49.25	966.93	28306	29323
040309009001		桥面防水层	m^2	15.46	17759.54							477.79	9379.96	274594	284452
112	S4-6-92	桥面防水层(一布)	m^2	5.90	17759.54	1678.28	103018.47		523.48	11574.23	2946.17	208.35	4090.26	119741	124039
113	S4-6-93	桥面防水层(一油)	m^2	7.62	17759.54	23795.56	111602.72		676.99	14968.28	3810.11	269.45	5289.70	154854	160413
040701001001		预埋铁件	kg	5.61	56872.00							555.47	10904.81	319234	330694
114	S1-1-25	预埋铁件(单件重≤30kg)	t	6561.53	3.43	4250.73	16813.44	1435.33	112.50	2487.32	633.14	44.77	879.00	25732	26656
115	S1-1-26	预埋铁件(单件重>30kg)	t	4801.88	53.44	21685.90	216418.45	18522.29	1283.13	28370.08	7221.47	510.69	10025.81	293501	304038
040309008001		钢筋	t	4509.60	2097.06							16455.02	323041.64	9456907	9796403
116	S4-7-3	预制方桩钢筋	t	3612.68	293.62	90310.83	954694.90	15749.18	5303.77	117266.46	29849.64	2110.92	41441.24	1213175	1256727
117	S4-4-22	灌注桩钢筋笼	t	4192.28	7.71	3507.60	25467.95	3367.91	161.72	3575.57	910.14	64.36	1263.58	36991	38319
118	S4-4-22	灌注桩钢筋笼	t	4192.28	18.89	8588.27	62357.69	8246.26	395.96	8754.70	2228.47	157.59	3093.86	90571	93823

续表

序号	编号	名 称	单位	综合单价 工料单价	工程量	人工费	材料费	机械费	周材运输费	管理费	安全防护、文明	规费	税金	合计	总计
	1	2	3	4	5	6	7	8	9	10	11	12	13	14	15
				4=14/5										6～11	6～13
119	S4-6-41	台盖梁钢筋	t	3945.24	67.10	29123.76	220405.00	15197.13	1323.63	29265.45	7449.39	526.81	10342.23	302764	313633
120	S4-6-12	承台钢筋	t	3845.38	211.51	88091.48	693282.89	31962.15	4066.68	89914.35	22887.29	1618.56	31775.18	930205	963599
121	S4-6-26	立柱钢筋	t	3830.33	28.76	10509.03	93806.34	5845.03	550.80	12178.23	3099.91	219.22	4303.71	125989	130512
122	S4-6-26	墩台身钢筋	t	3830.33	26.93	9840.34	87837.44	5473.11	515.75	11403.33	2902.67	205.27	4029.87	117973	122208
123	S4-6-37	墩盖梁钢筋	t	3848.55	274.41	114561.73	900242.67	41284.69	5280.45	116750.65	29718.35	2101.64	41258.96	1207839	1251199
124	S6-3-62	牛腿钢筋	t	3833.25	0.49	204.57	1600.63	73.09	9.39	207.64	52.86	3.74	73.38	2148	2225
125	S4-6-52	箱梁钢筋	t	4195.75	468.51	329648.61	1531927.19	104160.31	9828.68	217312.13	55315.81	3911.86	76796.77	2248193	2328901
126	S4-6-45	箱梁0号块钢筋	t	3987.54	346.45	186953.03	1132213.05	62334.12	6907.50	152724.85	38875.42	2749.21	53972.02	1580008	1636729
127	S4-7-26	锚板梁钢筋	t	3636.84	7.92	2469.88	25699.41	634.45	144.02	3184.25	810.54	57.32	1125.30	32943	34125
128	S4-6-52	箱梁钢筋	t	4195.75	7.16	5037.90	23411.86	1591.84	150.21	3321.10	845.37	59.78	1173.66	34358	35592
129	S4-6-100	桥面铺装钢筋	t	3971.01	146.88	83456.94	491316.65	8488.85	2916.31	64479.66	16413.01	1160.70	22786.72	667071	691019
130	S4-6-100	桥面连续缝钢筋	t	3971.01	8.11	4608.09	27128.12	468.71	161.02	3560.25	906.25	64.09	1258.17	36832	38155
131	S4-6-76	人行道缘石钢筋	t	3886.06	27.95	15234.40	91093.41	2287.59	543.08	12007.43	3056.44	216.15	4243.35	124222	128682
132	S4-7-66	人行道钢筋	t	4095.60	65.92	41297.85	220503.77	8180.47	1349.91	29846.52	7597.30	537.27	10547.58	308776	319861
133	S4-6-76	桥铭牌钢筋	t	3886.06	0.07	38.15	228.14	5.73	1.36	30.07	7.65	0.54	10.63	311	322
134	S4-6-76	防撞墙钢筋	t	3886.06	50.02	27263.86	163022.99	4093.93	971.90	21488.80	5469.88	386.82	7594.01	222311	230292
135	S4-6-76	栏杆钢筋	t	3886.06	24.15	13163.18	78708.62	1976.58	469.24	10374.94	2640.89	186.76	3666.44	107333	111187
136	S4-6-12	搭板钢筋	t	3845.38	15.21	6334.79	49855.01	2298.45	292.44	6465.88	1645.86	116.39	2285.00	66892	69294
040701003002		后张法钢绞线	t	13204.98	273.21							6277.46	123237.76	3607733	3737248
137	S4-7-48	后张法预应力钢筋(锥形锚)	t	7223.18	273.21	186548.61	1730890.63	56006.31	9867.23	218164.41	55532.76	3927.20	77097.96	2257010	2338035
138	S4-7-60	安装压浆管道(波纹管)	m	9.21	36523.44	81479.23	254795.04		1681.37	37175.12	9462.76	669.19	13137.46	384594	398400
139	S4-7-59	安装压浆管道(铁皮管)	m	30.44	1133.55	2528.81	31976.41		172.53	3814.55	970.98	68.67	1348.04	39463	40880
140	S4-7-61	压浆 素水泥浆	m^3	787.95	152.50	30251.27	59797.46	30113.90	600.81	13283.98	3381.38	239.13	4694.48	137429	142362
141	BC	锚具 M15-12	套	480.00	384.00		184320.00		921.60	20376.58	5186.76	366.80	7200.96	210805	218373
142	BC	锚具 M15-9	套	360.00	512.00		184320.00		921.60	20376.58	5186.76	366.80	7200.96	210805	218373
143	BC	锚具 M15-7	套	280.00	544.00		152320.00		761.60	16838.98	4286.28	303.12	5950.79	174207	180461
144	BC	锚具 M15-3	套	120.00	1296.00		155520.00		777.60	17192.74	4376.33	309.49	6075.81	177867	184252
145	BC	锚具 JLM	套	85.00	160.00		13600.00		68.00	1503.48	382.70	27.06	531.32	15554	16113
5.1	0501	施工措施—大型机械设备进出场及安拆	项	116808	1.00							203.25	3990.09	116808	121001
146	ZSM21-2-4	$1m^3$ 以内单斗挖掘机场外运输费	台·次	2734.00	2.00			5468.00	27.34	604.49	153.87	10.88	213.62	6254	6478
147	ZSM21-2-7	压路机(综合)场外运输费	台·次	1829.00	4.00			7316.00	36.58	808.78	205.87	14.56	285.82	8367	8668
148	ZSM21-2-11	1.2t以内柴油打桩机场外运输费	台·次	2594.00	2.00			5188.00	25.94	573.53	145.99	10.32	202.68	5933	6146
149	S4-1-18	组拆轨道式柴油打桩机(锤重≤1.2t)	架·次	3519.34	2.00	1202.85		5835.84	35.19	778.13	198.07	14.01	274.99	8050	8339

续表

序号	编号	名　称	单位	综合单价 工料单价	工程量	人工费	材料费	机械费	周材运输费	管理费	安全防护、文明	规费	税金	合计	总计
	1	2	3	4	5	6	7	8	9	10	11	12	13	14	15
				4=14/5										6～11	6～13
150	ZSM21-2-13	5.0t以内柴油打桩机场外运输费	台·次	4808.00	2.00			9616.00	48.08	1063.05	270.59	19.14	375.67	10998	11393
151	S4-1-23	组拆履带式柴油打桩机(锤重≤5.0t)	架·次	5315.53	2.00	1640.85		8990.20	53.16	1175.26	299.16	21.16	415.33	12159	12595
152	ZSM21-2-14	5.0t以外柴油打桩机场外运输费	台·次	9810.00	2.00			19620.00	98.10	2168.99	552.11	39.04	766.51	22439	23245
153	S4-1-24	组拆履带式柴油打桩机(锤重≤7.0t)	架·次	6408.74	4.00	3609.87		22025.08	128.17	2833.94	721.37	51.01	1001.50	29318	30371
154	ZSM21-1-5	履带式起重机(25t以内)装卸费	台	646.00	2.00			1292.00	6.46	142.83	36.36	2.57	50.48	1478	1531
155	ZSM21-2-19	履带式起重机(25t以内)场外运输费	台·次	5164.00	2.00			10328.00	51.64	1141.76	290.63	20.55	403.49	11812	12236
5.2	0502	施工措施—混凝土模板及支架	项	5196046	1.00							9041	177493	5196046	5382580
156	S4-1-31	筑砖地模　水泥砂浆1：2	m^2	30.11	9323.43	56797.17	222839.76	1084.30	1403.61	31033.73	7899.50	558.64	10967.13	321058	332584
157	S4-7-2	预制方桩模板	m^2	19.55	9818.23	81780.95	94409.34	15769.92	959.80	21221.20	5401.76	382.00	7499.44	219543	227424
158	S4-6-11	承台无底模模板	m^2	26.34	1485.82	12727.16	23666.57	2738.26	195.66	4326.04	1101.17	77.87	1528.80	44755	46362
159	S4-6-22	实体式墩台身模板	m^2	35.59	285.64	3517.76	4976.40	1671.32	50.83	1123.79	286.06	20.23	397.14	11626	12044
160	S4-6-25	柱式墩台身模板	m^2	46.62	796.48	13997.04	16424.09	6709.33	185.65	4104.77	1044.85	73.89	1450.60	42466	43990
161	S4-6-36	墩盖梁模板	m^2	37.40	3794.00	62564.01	51698.70	27620.66	709.42	15685.21	3992.60	282.35	5543.06	162271	168096
162	S4-6-40	台盖梁模板	m^2	40.46	663.41	11992.13	9646.98	5203.67	134.21	2967.47	755.36	53.42	1048.69	30700	31802
163	S4-6-44	箱梁0号块模板	m^2	100.79	5153.43	240368.86	225217.75	53844.56	2597.16	57423.12	14616.79	1033.68	20292.98	594068	615395
164	S4-6-48	悬浇箱梁模板	m^2	85.27	4637.50	173168.89	183709.99	38548.94	1977.14	43714.55	11127.34	786.91	15448.45	452247	468482
165	S4-6-51	现浇箱梁模板	m^2	70.78	5002.42	140265.36	182517.99	31273.90	1770.29	39141.03	9963.17	704.58	13832.20	404932	419469
166	205030	木模成材	m^3	1420.98	2.85		4049.79		20.25	447.70	113.96	8.06	158.22	4632	4798
167	S4-6-11	搭板模板	m^2	26.34	48.19	412.78	767.58	88.81	6.35	140.31	35.71	2.53	49.58	1452	1504
168	S4-6-69	防撞护栏模板	m^2	26.08	1460.70	20833.60	10638.99	6619.41	190.46	4211.07	1071.91	75.80	1488.17	43565	45129
169	S4-6-72	立柱端柱灯柱模板	m^2	51.96	10.11	247.04	255.24	23.08	2.63	58.08	14.78	1.05	20.52	601	622
170	S4-6-75	地梁侧石缘石模板	m^2	31.26	2695.53	27801.70	55519.22	929.59	421.25	9313.89	2370.81	167.66	3291.47	96356	99816
171	S4-7-63	预制缘石人行道锚锭板模板	m^2	36.34	2091.53	38428.73	33842.03	3732.39	380.02	8402.15	2138.73	151.25	2969.27	86924	90045
172	S6-3-61	牛腿模板	m^2	59.47	13.50	499.59	162.40	140.86	4.01	88.76	22.59	1.60	31.37	918	951
173	S4-6-72	立柱端柱灯柱模板	m^2	51.96	817.09	19965.59	20628.54	1865.14	212.30	4693.87	1194.80	84.49	1658.79	48560	50304
174	S4-7-63	预制缘石人行道锚锭板模板	m^2	36.34	92.23	1694.59	1492.33	164.59	16.76	370.51	94.31	6.67	130.94	3833	3971
175	S4-1-2	陆上桩基础工作平台(锤重≤5.0t)	m^2	15.62	6424.94	29447.11	69252.27	1670.03	501.85	11095.84	2824.40	199.74	3921.20	114791	118912
176	S4-1-3	陆上桩基础工作平台(锤重≤8.0t)	m^2	20.07	722.30	3885.79	10378.34	232.41	72.48	1602.59	407.93	28.85	566.35	16580	17175
177	S4-1-10	满堂式钢管支架	m^3·d	7.13	25821.50	146320.76	37708.63		920.15	20344.45	5178.59	366.22	7189.60	210473	218028
178	CSM4-1-2	钢管支架使用费	t·d	6.50	55458.31		360479.02		1802.40	39850.96	10143.88	717.36	14083.08	412276	427077
179	S1-1-5	平整场地	m^2	0.84	5819.92	4910.56			24.55	542.86	138.18	9.77	191.84	5616	5818
180	S4-6-1	基础碎石垫层	m^3	115.06	872.99	19398.71	81048.32		502.24	11104.42	2826.58	199.89	3924.23	114880	119004

续表

序号	编号	名称	单位	综合单价 工料单价	工程量	人工费	材料费	机械费	周材运输费	管理费	安全防护、文明	规费	税金	合计	总计
1		2	3	4	5	6	7	8	9	10	11	12	13	14	15
				4=14/5										6～11	6～13
181	S2-1-22	原槽土人工掺灰(石灰含量8%)	m³	42.95	1454.98	24209.05	31857.51	6429.22	312.48	6908.91	1758.63	124.37	2441.57	71476	74042
182	S1-3-15	翻挖碎石类基层(厚15cm)	m²	5.31	5819.92	14456.68	2252.31	14187.68	154.48	3415.63	869.43	61.49	1207.06	35336	36605
183	S1-3-11换	翻挖二渣及三渣类基层(厚25cm)	m²	15.62	5819.92	38695.19	11261.55	40944.20	454.50	10049.10	2557.95	180.89	3551.29	103962	107695
184	S4-1-26	挂篮制作	t	5901.91	81.24	73125.14	331274.03	75071.73	2397.35	53005.51	13492.31	954.16	18731.82	548366	568052
185	S4-1-27	挂篮安拆	t	2402.55	270.84	84196.37	337143.18	229367.04	3253.53	71935.61	18310.88	1294.92	25421.60	744207	770923
186	S4-1-28	挂篮推移	m	11.28	12730.00	20622.60	42738.81	80233.63	717.98	15874.43	4040.76	285.76	5609.93	164228	170124
187	S4-1-12	防撞护栏悬挑支架	m	96.79	752.94	25500.67	26278.97	21096.27	364.38	8056.43	2050.73	145.02	2847.09	83347	86340
5.3	0503	施工措施—脚手架	m²	6.96	6490.96							78.66	1544.19	45205	46828
188	S1-1-18	简易脚手架	m²	3.36	1090.82	1859.17	1678.74	127.12	18.33	405.17	103.13	7.29	143.18	4192	4342
189	S1-1-19	桥梁立柱脚手架(高≤10m)	m²	8.39	229.52	1175.89	675.15	73.56	9.62	212.76	54.16	3.83	75.19	2201	2280
190	S1-1-18	简易脚手架	m²	3.36	952.24	1622.97	1465.47	110.97	16.00	353.69	90.03	6.37	124.99	3659	3790
191	S1-1-21	桥梁盖梁脚手架(高≤10m)	m²	7.41	4145.36	15767.39	13641.03	1328.53	153.68	3397.97	864.94	61.17	1200.82	35154	36416
5.4	0504	施工措施—施工排水、降水	项	135806	1.00							236.30	4639.03	135806	140681
192	S1-1-9	湿土排水	m³	9.63	2784.86	5902.51		20923.21	134.13	2965.58	754.88	53.38	1048.02	30680	31782
193	S1-1-11	筑拆竹箩滤井	座	40.47	23.00	217.19	713.60		4.65	102.90	26.19	1.85	36.36	1065	1103
194	S1-5-1	轻型井点安装	根	134.19	172.00	7047.27	7823.96	8209.89	115.41	2551.62	649.50	45.93	901.73	26398	27345
195	S1-5-2	轻型井点拆除	根	17.75	172.00	1677.64	141.05	1234.77	15.27	337.56	85.92	6.08	119.29	3492	3618
196	S1-5-3	轻型井点使用	套·d	720.58	90.00	9112.50	5211.89	50527.80	324.26	7169.41	1824.94	129.06	2533.63	74171	76833
5.7	0507	施工措施—封闭式施工路栏	m	109.36	967.00							184.00	3612.26	105747	109544
197	S1-1-14	封闭式施工路栏(砖基础)混合砂浆M7.5	m	95.62	967.00	12525.79	79935.76		462.31	10221.62	2601.87	184.00	3612.26	105747	109544
5.8	0508	施工措施—施工便道	m²	41.10	1702.35							121.74	2390.04	69967	72479
198	S1-4-19	铺筑施工便道	m²	35.94	1702.35	34185.32	25724.41	1267.21	305.88	6763.11	1721.52	121.74	2390.04	69967	72479
5.9	0509	施工措施—搭拆装配式钢便桥	m	5714.18	36.00							357.94	7026.93	205710	213095
199	S1-4-15	搭拆装配式钢桥(双排双层加强)	m	1022.36	36.00	9410.18	6340.72	21054.00	184.02	4068.78	1035.69	73.24	1437.88	42093	43605
200	S1-4-16	装配式钢桥使用(双排双层加强)	m·d	10.51	13608.00		143060.56		715.30	15815.34	4025.72	284.69	5589.05	163617	169491
5.14	临-001	施工措施—堆料场地	m²	38.64	750.00							50.43	990.01	28982	30023
201	S1-4-20	堆料场地 现浇混凝土(5～20mm)C15	m²	33.79	750.00	11036.25	13578.27	726.49	126.71	2801.45	713.10	50.43	990.01	28982	30023

7. 施工图预算书(表 7-21)

施工图预算书　　表 7-21

工程名称：XX 桥梁预算-总

编制单位：

序号	定额编号	名　称	单　位	单　价	工程量	合　价
		桥	m^2			43995218
1	S5-1-1	人工挖沟槽Ⅰ Ⅱ类土方(深≤2m)	m^3	13.69	129.31	1771
2	S5-1-2	人工挖沟槽Ⅲ类土方(深≤2m)	m^3	23.65	1615.28	38199
3	S1-1-36	土方场内运输(运土 1km 以内)	m^3	9.10	644.30	5864
4	S5-1-5	人工挖沟槽Ⅲ类土方(深≤4m)	m^3	26.51	2359.05	62532
5	S1-1-37	土方场内运输(装运土 1km 以内)	m^3	11.65	705.17	8214
6	S5-1-12	满堂撑拆列板(深≤3.0m，双面)	100m	7470.99	2.67	19930
7	CSM5-1-1	列板使用费	t·d	8.80	1144.40	10071
8	CSM5-1-2	列板支撑使用费	t·d	6.70	434.82	2913
9	S5-1-5	人工挖沟槽Ⅲ类土方(深≤4m)	m^3	26.51	605.30	16045
10	S1-1-37	土方场内运输(装运土 1km 以内)	m^3	11.65	262.84	3061
11	S5-1-13	打沟槽钢板桩(长 4.00～6.00m，单面)	100m	11774.17	0.91	10667
12	S5-1-18	拔沟槽钢板桩(长 4.00～6.00m，单面)	100m	5801.77	0.91	5256
13	S5-1-26	安拆钢板桩支撑(槽宽≤3.8m，深 3.01～4.00m)	100m	5785.21	0.91	5241
14	CSM5-1-3	槽型钢板桩使用费	t·d	6.87	1863.64	12803
15	CSM5-1-5	钢板桩支撑使用费	t·d	6.70	244.62	1639
16	S6-1-2	基坑无支护挖土(深≤4m)	m^3	5.15	1459.51	7514
17	S1-1-37	土方场内运输(装运土 1km 以内)	m^3	11.65	521.15	6070
18	S7-4-21	支撑基坑挖土(宽≤15m，深≤3.5m)	m^3	10.97	353.55	3877
19	S1-1-37	土方场内运输(装运土 1km 以内)	m^3	11.65	93.94	1094
20	S5-1-13	打沟槽钢板桩(长 4.00～6.00m，单面)	100m	11774.17	0.42	5004
21	S5-1-18	拔沟槽钢板桩(长 4.00～6.00m，单面)	100m	5801.77	0.42	2466
22	S7-4-29	安装大型支撑(宽≤15m)	t	590.55	16.00	9449
23	S7-4-30	拆除大型支撑(宽≤15m)	t	254.08	16.00	4065
24	CSM5-1-3	槽型钢板桩使用费	t·d	6.87	1101.58	7568
25	CSM7-4-1	大型支撑使用费	t·d	8.25	227.96	1881
26	S4-2-8	回填土	m^3	12.76	2393.55	30541
27	S4-2-9	回填黄砂	m^3	98.49	15.05	1482
28	S1-1-9	湿土排水	m^3	9.63	2784.86	26826
29	S1-1-11	筑拆竹箩滤井	座	40.47	23.00	931
30	S1-5-1	轻型井点安装	根	134.19	172.00	23081
31	S1-5-2	轻型井点拆除	根	17.75	172.00	3053
32	S1-5-3	轻型井点使用	套·d	720.58	90.00	64852
33	S4-7-1	预制方桩混凝土　预制混凝土(5～20mm)C30	m^3	302.23	1117.86	337846
34	S4-7-1 换	预制方桩混凝土　预制混凝土(5～20mm)C40	m^3	316.12	1074.06	339527
35	S4-7-2	预制方桩模板	m^2	19.55	9818.23	191960
36	S4-7-3	预制方桩钢筋	t	3612.68	293.62	1060755
37	S4-7-70 换	预制构件场内运输(重≤10t，运距 200m)	m^3	39.29	2191.86	86108
38	S4-1-31	筑砖地模　水泥砂浆 1：2	m^2	30.11	9323.43	280721

续表

序号	定额编号	名 称	单 位	单 价	工 程 量	合 价
39	S4-1-2	陆上桩基础工作平台(锤重≤5.0t)	m^2	15.62	6424.94	100369
40	S4-1-3	陆上桩基础工作平台(锤重≤8.0t)	m^2	20.07	722.30	14497
41	S4-3-4 换	陆上打钢混凝土方桩(L≤28m)	m^3	91.37	2191.86	200274
42	S4-3-44	方桩焊接桩	个	266.31	428.00	113983
43	S4-3-57	陆上送方桩(L≤28m)	m^3	188.20	128.06	24100
44	S1-3-37 系	凿桩	m^3	332.89	67.96	22623
45	S4-7-70	预制构件场内运输(重≤10t，运距 100m)	m^3	23.57	1128.88	26605
46	S4-3-26	陆上打 PHC 管桩(ϕ≤600，L≤40m)	m^3 实体	1576.12	308.86	486800
47	S4-3-51	PHC 管桩电焊接桩(ϕ≤600)	个	264.96	96.00	25437
48	S4-3-70	陆上送 PHC 管桩(ϕ600，L≤40m)	m^3 实体	351.48	22.98	8077
49	S4-3-30 系	陆上打 PHC 管桩(ϕ≤800，L≤40m)	m^3 实体	1749.74	820.02	1434818
50	S4-3-52	PHC 管桩电焊接桩(ϕ≤800)	个	382.93	228.00	87308
51	S4-3-74 系	陆上送 PHC 管桩(ϕ800，L≤40m)	m^3 实体	308.19	59.12	18220
52	S4-3-86 换	管桩填心(混凝土) 现浇混凝土(5～16mm)C50	m^3	306.88	73.85	22663
53	S4-4-22	灌注桩钢筋笼	t	4192.28	26.61	111536
54	S4-6-2	基础混凝土垫层 现浇混凝土(5～40mm)C15	m^3	230.12	141.83	32639
55	S4-6-9	承台商品混凝土 泵送商品混凝土(5～40mm)C25	m^3	307.74	2815.91	866580
56	S4-6-11	承台无地模模板	m^2	26.34	1485.82	39132
57	S4-6-12	承台钢筋	t	3845.38	211.51	813337
58	S4-6-21	实体式墩台身商品混凝土 泵送商品混凝土(5～40mm)C20	m^3	302.89	325.53	98601
59	S4-6-22	实体式墩台身模板	m^2	35.59	285.64	10165
60	S4-6-26	墩台身钢筋	t	3830.33	26.93	103151
61	S4-6-24	柱式墩台身商品混凝土 泵送商品混凝土(5～40mm)C20	m^3	316.43	264.92	83829
62	S4-6-25	柱式墩台身模板	m^2	46.62	796.48	37130
63	S4-6-26	立柱钢筋	t	3830.33	28.76	110160
64	S1-1-18	简易脚手架	m^2	3.36	1090.82	3665
65	S1-1-19	桥梁立柱脚手架(高≤10m)	m^2	8.39	229.52	1925
66	S4-6-2	基础混凝土垫层 现浇混凝土(5～40mm)C15	m^3	230.12	25.08	5772
67	S4-6-39	台盖梁商品混凝土 泵送商品混凝土(5～40mm)C30	m^3	318.57	436.68	139111
68	S4-6-40	台盖梁模板	m^2	40.46	663.41	26843
69	S4-6-41	台盖梁钢筋	t	3945.24	67.10	264726
70	S4-6-35	墩盖梁商品混凝土 泵送商品混凝土(5～40mm)C30	m^3	316.94	2003.87	635104
71	S4-6-36	墩盖梁模板	m^2	37.40	3794.00	141883
72	S4-6-37	墩盖梁钢筋	t	3848.55	274.41	1056089
73	S1-1-18	简易脚手架	m^2	3.36	952.44	3200
74	S1-1-21	桥梁盖梁脚手架(高≤10m)	m^2	7.41	4145.36	30737
75	S4-1-10	满堂式钢管支架	m^3 空间体积	7.13	25821.50	184029
76	CSM4-1-2	钢管支架使用费	t·d	6.50	55458.31	360479
77	S1-1-5	平整场地	m^2	0.84	5819.92	4911
78	S4-6-1	基础碎石垫层	m^3	115.06	872.99	100447
79	S2-1-22	原槽土人工掺灰(石灰含量 8%)	m^3	42.95	1454.98	62496
80	S1-3-15	翻挖碎石类基层(厚 15cm)	m^2	5.31	5819.92	30897
81	S1-3-11 换	翻挖二渣及三渣类基层(厚 25cm)	m^2	15.62	5819.92	90901

续表

序号	定额编号	名　称	单　位	单　价	工程量	合　价
82	S4-6-43换	箱梁0号块商品混凝土　泵送商品混凝土(5～20mm)C50	m^3	386.03	3321.15	1282053
83	S4-6-44	箱梁0号块模板	m^2	100.79	5153.43	519431
84	S4-6-45	箱梁0号块钢筋	t	3987.54	346.45	1381500
85	S4-6-47换	悬浇箱梁商品混凝土　泵送商品混凝土(5～20mm)C50	m^3	396.15	2397.49	949772
86	S4-6-48	悬浇箱梁模板	m^2	85.27	6437.50	395428
87	S4-6-52	箱梁钢筋	t	4195.75	468.51	1965736
88	S4-6-50换	现浇箱梁商品混凝土　泵送商品混凝土(5～20mm)C50	m^3	385.62	1103.76	425637
89	S4-6-51	现浇箱梁模板	m^2	70.78	5002.42	354057
90	S4-6-52	箱梁钢筋	t	4195.75	7.16	30042
91	205030	木模成材	m^3	1420.98	2.85	4050
92	S4-7-48	后张法预应力钢筋(锥形锚)	t	7223.18	273.21	1973446
93	S4-7-60	安装压浆管道(波纹管)	延长米	9.21	36523.44	336274
94	S4-7-59	安装压浆管道(铁皮管)	延长米	30.44	1133.55	34505
95	S4-7-61	压浆　素水泥浆	m^3	787.95	152.50	120163
96	BC	锚具　M15-12	套	480.00	384.00	184320
97	BC	锚具　M15-9	套	360.00	512.00	184320
98	BC	锚具　M15-7	套	280.00	544.00	152320
99	BC	锚具　M15-3	套	120.00	1296.00	155520
100	BC	锚具　JLM	套	85.00	160.00	13600
101	S4-1-26	挂篮制作	t	5901.91	81.24	479471
102	S4-1-27	挂篮安拆	t	2402.55	270.84	650707
103	S4-1-28	挂篮推移	t·m	11.28	12730.00	143595
104	S4-6-68	防撞护栏商品混凝土　泵送商品混凝土(5～20mm)C30	m^3	322.32	256.00	82514
105	S4-6-69	防撞护栏模板	m^2	26.08	1460.70	38092
106	S4-6-76	防撞墙钢筋	t	3886.06	50.02	194381
107	S4-1-12	防撞护栏悬挑支架	m	96.79	752.94	72876
108	S6-3-59换	牛腿混凝土泵送商品混凝土(5～20mm)C25	m^3	473.34	1.20	568
109	S6-3-61	牛腿模板	m^2	59.47	13.50	803
110	S6-3-62	牛腿钢筋	t	3833.25	0.49	1878
111	S4-6-74	地梁侧石缘石商品混凝土　非泵送商品混凝土(5～40mm)C25	m^3	327.05	325.27	106378
112	S4-6-75	地梁侧石缘石模板	m^2	31.26	2695.53	84251
113	S4-6-76	人行道缘石钢筋	t	3886.06	27.95	108615
114	S4-6-71	立柱端柱灯柱商品混凝土　非泵送商品混凝土(5～40mm)C25	m^3	334.71	55.82	18684
115	S4-6-72	立柱端柱灯柱模板	m^2	51.96	817.09	42459
116	S4-6-76	栏杆钢筋	t	3886.06	24.15	93848
117	S4-6-71	桥铭牌商品混凝土　非泵送商品混凝土(5～40mm)C25	m^3	334.71	0.93	311
118	S4-6-72	桥铭牌模板	m^2	51.96	10.11	525
119	S4-6-76	桥铭牌钢筋	t	3886.06	0.07	272
120	S4-6-99换	桥面铺装车行道商品混凝土　泵送商品混凝土(5～40mm)C40	m^3	355.62	808.59	287552
121	S4-6-99换	桥面铺装车行道商品混凝土　泵送商品混凝土(5～40mm)C40	m^3	355.62	456.46	162328
122	S4-6-100	桥面铺装钢筋	t	3971.01	146.88	583262
123	S1-1-30	商品混凝土泵车输送	m^3	26.73	14404.43	385100
124	S2-3-34	面层钢纤维混凝土(厚16cm)　钢纤维混凝土	$100m^2$	12294.59	1.76	21683

续表

序号	定额编号	名 称	单 位	单 价	工 程 量	合 价
125	S2-3-35	面层钢纤维混凝土(±1cm) 钢纤维混凝土	$100m^2$	705.93	1.76	1245
126	S4-6-100	桥面连续缝钢筋	t	3971.01	8.11	32205
127	S2-3-20 换	机械摊铺粗粒式沥青混凝土(厚 6cm)	$100m^2$	4180.24	114.73	479581
128	S2-3-28 换	机械摊铺细粒式沥青混凝土防滑层(厚 3cm)	$100m^2$	3023.73	114.73	346900
129	S4-6-1	基础碎石垫层	m^3	115.06	72.42	8333
130	S4-6-2	基础混凝土垫层 现浇混凝土(5～40mm)C15	m^3	230.12	36.21	8333
131	S4-6-8	搭板混凝土 现浇混凝土(5～40mm)C25	m^3	262.54	163.37	42891
132	S4-6-11	搭板模板	m^2	26.34	48.19	1269
133	S4-6-12	搭板钢筋	t	3845.38	15.21	58488
134	S2-3-20 换	机械摊铺粗粒式沥青混凝土(厚 9cm)	$100m^2$	6248.42	3.97	24794
135	S2-3-28 换	机械摊铺细粒式沥青混凝土防滑层(厚 3cm)	$100m^2$	3023.73	3.97	11998
136	S4-7-72	预制构件场内运输(重≤40t，运距 100m)	m^3	30.58	287.73	8798
137	S4-8-10	陆上安装板梁(L≤13m)	m^3	1310.26	287.73	377001
138	S4-6-77 换	板梁间灌缝 现浇混凝土(5～16mm)C40	m^3	483.98	6.34	3068
139	S4-6-78	板梁底勾缝 水泥砂浆 1：2	延长米	0.78	441.76	346
140	S4-7-72	预制构件场内运输(重≤40t，运距 100m)	m^3	30.58	4474.10	136813
141	S4-8-12	陆上安装板梁(L≤20m)	m^3	1442.04	4235.02	6107057
142	S4-8-13	陆上安装板梁(L≤25m)	m^3	1508.77	239.08	360716
143	S4-6-77	板梁间灌缝 现浇混凝土(5～16mm)C30	m^3	468.60	97.68	45773
144	S4-6-78	板梁底勾缝 水泥砂浆 1：2	延长米	0.78	7835.65	6143
145	S4-7-62	预制缘石人行道锚锭板混凝土 预制混凝土(5～40mm)C25	m^3	304.04	396.32	120497
146	S4-7-63	预制缘石人行道锚锭板模板	m^2	36.34	2091.53	76003
147	S4-7-66	人行道钢筋	t	4095.60	65.92	269982
148	S4-8-43 换	安装人行道板 水泥砂浆 M7.5	m^3	88.44	396.32	35049
149	S4-7-70	预制构件场内运输(重≤10t，运距 100m)	m^3	23.57	396.32	9340
150	S4-7-62 换	预制缘石人行道锚锭板混凝土 预制混凝土(5～40mm)C50	m^3	346.70	16.68	5783
151	S4-7-63	预制缘石人行道锚锭板模板	m^2	36.34	92.23	3352
152	S4-7-26	锚板梁钢筋	t	3636.84	7.92	28804
153	S4-7-70	预制构件场内运输(重≤10t，运距 100m)	m^3	23.57	16.68	393
154	S4-8-43 换	安装人行道板 水泥砂浆 M7.5	m^3	88.44	16.68	1475
155	S2-4-12	铺筑非连锁型彩色预制块(砂浆) 水泥砂浆 M10	$100m^2$	6380.92	38.13	243308
156	S10-2-6	贴大理石 水泥砂浆 零星项目 水泥砂浆 1：2.5	m^2	317.86	2.04	648
157	S10-1-35	每增减一遍素水泥浆 有 108 胶 108 胶素水泥浆	m^2	0.68	4.08	3
158	S4-8-47	安装钢管栏杆	t	5228.26	8.68	45381
159	S4-8-48	安装防撞护栏钢管扶手	t	4945.34	8.16	40354
160	S4-8-51	安装板式橡胶支座	dm^3	49.16	26178.26	1286989
161	S4-8-55	安装盆式组合支座(20000kN 以内) 现浇混凝土(5～16mm)C30	个	48646.18	8.00	389169
162	S4-8-55	安装盆式组合支座(20000kN 以内) 现浇混凝土(5～16mm)C30	个	48646.18	8.00	389169
163	S4-8-67	安装油毡沉降缝(一油)	m^2	7.28	57.60	419
164	S4-8-62	安装板式橡胶伸缩缝	m	416.87	282.60	117809
165	S4-8-60	安装梳型钢板伸缩缝	m	1109.07	94.28	104563
166	S4-6-95	桥面防水层(防水橡胶板 2mm)	m^2	43.87	594.72	26088

续表

序号	定额编号	名　　称	单　位	单　价	工 程 量	合　价
167	S4-8-69	安装发泡聚乙烯沉降缝	m^2	21.34	16.32	348
168	S4-8-59	安装PVC塑料管泄水孔　水泥砂浆M10	m	48.57	552.00	26810
169	市场价	桥面泄水系统	套	825.00	30.00	24750
170	S4-6-92	桥面防水层(一布)	m^2	5.90	17759.54	104697
171	S4-6-93	桥面防水层(一油)	m^2	7.62	17759.54	135398
172	S1-1-25	预埋铁件(单件重≤30kg)	t	6561.53	3.43	22499
173	S1-1-26	预埋铁件(单件重＞30kg)	t	4801.88	53.44	256627
174	ZSM19-1-1	土方场外运输	m^3	27.50	3139.89	86347
175	ZSM19-1-1	旧料场外运输	m^3	27.50	67.96	1869
176	ZSM21-2-4	$1m^3$以内单斗挖掘机场外运输费	台·次	2734.00	2.00	5468
177	ZSM21-2-7	压路机(综合)场外运输费	台·次	1829.00	4.00	7316
178	ZSM21-2-11	1.2t以内柴油打桩机场外运输费	台·次	2594.00	2.00	5188
179	S4-1-18	组拆轨道式柴油打桩机(锤重≤1.2t)	架·次	3519.34	2.00	7039
180	ZSM21-2-13	5.0t以内柴油打桩机场外运输费	台·次	4808.00	2.00	9616
181	S4-1-23	组拆履带式柴油打桩机(锤重≤5.0t)	架·次	5315.53	2.00	10631
182	ZSM21-2-14	5.0t以外柴油打桩机场外运输费	台·次	9810.00	2.00	19620
183	S4-1-24	组拆履带式柴油打桩机(锤重≤7.0t)	架·次	6408.74	4.00	25635
184	ZSM21-1-5	履带式起重机(25t以内)装卸费	台	646.00	2.00	1292
185	ZSM21-2-19	履带式起重机(25t以内)场外运输费	台·次	5164.00	2.00	10328
186	S1-1-14	封闭式施工路栏(砖基础)　混合砂浆M7.5	m	95.62	967.00	92462
187	S1-4-19	铺筑施工便道	m^2	35.94	1702.35	61177
188	S1-4-15	搭拆装配式钢桥(双排双层加强)	m	1022.36	36.00	36805
189	S1-4-16	装配式钢桥使用(双排双层加强)	m·d	10.51	13608.00	143061
190	S1-4-20	堆料场地　现浇混凝土(5～20mm)C15	m^2	33.79	750.00	25341

8. 施工图预算费用表(表7-22)

施工图预算费用表　　**表7-22**

1	定额直接费	直接费合计	37046895
2	大型周材运输费	[1]×0.5%	185234
3	土方泥浆外运费	土方泥浆外运费	88216
4	直接费	[1]+[2]+[3]	37320345
5	综合费	[4]×11%	4105238
6	安全防护、文明	[4]×2.8%	1044970
7	施工措施费	施工措施费	
8	其他费用	([4]+[5]+[6]+[7])×(0.1%+0.074%)	73899
9	税前补差	税前补差	
10	税金	([4]+[5]+[6]+[7]+[8]+[9])×3.41%	1450767
11	甲供材料	甲供材料	
12	税后补差	税后补差	
13	总造价	[4]+[5]+[6]+[7]+[8]+[9]+[10]+[11]+[12]	43995219

9. 工程综合实体单价分析表［项目编码暨子目编号顺序对应编列］

(1) 分部分项工程项目清单(表7-23)

分部分项工程项目清单　　　　**表 7-23**

序号	项目编码	项目名称	计量单位	数　量	综合单价	预算顺序号
1	040101002001	挖沟槽无支护土方	m^3	800.33	65.50	
	S5-1-1	人工挖沟槽ⅠⅡ类土方(深≤2m)	m^3	129.31	13.69	1
	S5-1-2	人工挖沟槽Ⅲ类土方(深≤2m)	m^3	1615.08	23.65	2
	S1-1-36	土方场内运输(运土 1km 以内)	m^3	644.30	9.10	3
2	040101002002	挖沟槽撑拆列板土方	m^3	1608.27	73.72	
	S5-1-5	人工挖沟槽Ⅲ类土方(深≤4m)	m^3	2359.05	26.51	4
	S1-1-37	土方场内运输(装运土 1km 以内)	m^3	701.76	11.65	5
	S5-1-12	满堂撑拆列板(深≤3.0m，双面)	m	2.67	74.71	6
	CSM5-1-1	列板使用费	t·d	1144.40	8.80	7
	CSM5-1-2	列板支撑使用费	t·d	434.82	6.70	8
3	040101002003	挖沟槽钢板桩支撑土方	m^3	408.41	153.22	9～15
	S5-1-5	人工挖沟槽Ⅲ类土方(深≤4m)	m^3	605.30	26.51	9
	S1-1-37	土方场内运输(装运土 1km 以内)	m^3	262.84	11.65	10
	S5-1-13	打沟槽钢板桩(长 4.00～6.00m，单面)	m	0.91	117.74	11
	S5-1-18	拔沟槽钢板桩(长 4.00～6.00m，单面)	m	0.91	58.02	12
	S5-1-26	安拆钢板桩支撑(槽宽≤3.8m，深 3.01～4.00m)	m	0.91	57.85	13
	CSM5-1-3	槽型钢板桩使用费	t·d	1863.64	6.87	14
	CSM5-1-5	钢板桩支撑使用费	t·d	244.62	6.70	15
4	040101003001	挖基坑无支护土方	m^3	819.08	18.97	
	S6-1-2	基坑无支护挖土(深≤4m)	m^3	1459.51	5.15	16
	S1-1-37	土方场内运输(装运土 1km 以内)	m^3	521.15	11.65	17
5	040101003002	挖基坑大型支撑土方	m^3	290.19	139.50	
	S7-4-21	支撑基坑挖土(宽≤15m，深≤3.5m)	m^3	353.55	10.97	18
	S1-1-37	土方场内运输(装运土 1km 以内)	m^3	93.94	11.65	19
	S5-1-13	打沟槽钢板桩(长 4.00～6.00m，单面)	m	0.42	117.74	20
	S5-1-18	拔沟槽钢板桩(长 4.00～6.00m，单面)	m	0.42	58.02	21
	S7-4-29	安装大型支撑(宽≤15m)	t	16.00	590.55	22
	S7-4-30	拆除大型支撑(宽≤15m)	t	16.00	254.08	23
	CSM5-1-3	槽型钢板桩使用费	t·d	1101.58	6.87	24
	CSM7-4-1	大型支撑使用费	t·d	227.96	8.25	25
6	040103001001	填土方	m^3	786.48	44.41	
	S4-2-8	回填土	m^3	2396.55	12.76	26
7	040103001002	回填黄砂	m^3	15.05	112.64	
	S4-2-9	回填黄砂	m^3	15.05	98.49	27
8	040103002	余土、旧料弃置	m^3	3207.85	31.29	
	ZSM19-1-1	土方场外运输	m^3	3021.47	27.50	174
	ZSM19-1-1	旧料场外运输	m^3	67.96	27.50	175

续表

序号	项目编码	项目名称	计量单位	数　量	综合单价	预算顺序号
9	040301003001	钢筋混凝土方桩桩基	m^3	10822.00	118.84	
	S4-7-1	预制方桩混凝土　预制混凝土(5～20mm)C30	m^3	1117.86	302.23	33
	S4-7-1 换	预制方桩混凝土　预制混凝土(5～20mm)C40	m^3	1074.06	316.12	34
	S4-7-70 换	预制构件场内运输(重≤10t，运距 200m)	m^3	2191.92	39.29	35
	S4-3-4 换	陆上打钢混凝土方桩(L≤28m)	m^3	2191.92	91.37	41
	S4-3-44	方桩焊接桩	个	428.00	266.31	42
	S4-3-57	陆上送方桩(L≤28m)	m^3	128.06	188.20	43
	S1-3-37 系	凿桩	m^3	67.96	332.89	44
10	040301003002	钢筋混凝土(PHC)管桩 ϕ600	m^3	1824.00	333.43	
	S4-7-70	预制构件场内运输(重≤10t，运距 100m)	m^3	308.86	23.57	45
	S4-3-26	陆上打 PHC 管桩(ϕ≤600，L≤40m)	m^3	308.86	1576.12	46
	S4-3-51	PHC 管桩电焊接桩(ϕ≤600)	个	96.00	264.96	47
	S4-3-70	陆上送 PHC 管桩(ϕ600，L≤40m)	m^3	22.98	351.48	48
	S4-3-86 换	管桩填心(混凝土)　现浇混凝土(5～16mm)C50	m^3	13.61	306.88	52
11	040301003003	钢筋混凝土(PHC)管桩 ϕ800	m^3	3548.00	508.72	
	S4-7-70	预制构件场内运输(重≤10t，运距 100m)	m^3	820.02	23.57	45
	S4-3-30 系	陆上打 PHC 管桩(ϕ≤800，L≤40m)	m^3	820.02	1749.74	49
	S4-3-52	PHC 管桩电焊接桩(ϕ≤800)	个	228.00	382.93	50
	S4-3-74 系	陆上送 PHC 管桩(ϕ800，L≤40m)	m^3	59.12	308.19	51
	S4-3-86 换	管桩填心(混凝土)　现浇混凝土(5～16mm)C50	m^3	60.24	306.88	52
12	040302002	C25 混凝土承台	m^3	2815.91	410.48	
	S4-6-2	基础混凝土垫层　现浇混凝土(5～40mm)C15	m^3	155.18	230.12	51
	S4-6-9	承台商品混凝土　泵送商品混凝土(5～40mm)C25	m^3	2815.91	307.74	55
	S1-1-30	商品混凝土泵车输送	m^3	2858.15	26.73	123
13	040302004	C30 混凝土墩台身	m^3	590.45	384.40	
	S4-6-21	实体式墩台身商品混凝土　泵送商品混凝土(5～40mm)C20	m^3	325.53	302.89	58
	S4-6-24	柱式墩台身商品混凝土　泵送商品混凝土(5～40mm)C20	m^3	264.92	316.43	61
	S1-1-30	商品混凝土泵车输送	m^3	599.31	26.73	123
14	040302006001	C30 混凝土台盖梁	m^3	436.68	410.49	
	S4-6-2	基础混凝土垫层　现浇混凝土(5～40mm)C15	m^3	25.08	230.12	66
	S4-6-39	台盖梁商品混凝土　泵送商品混凝土(5～40mm)C30	m^3	435.30	318.57	67
	S1-1-30	商品混凝土泵车输送	m^3	441.83	26.73	123
15	040302006002	C30 混凝土墩盖梁	m^3	2003.87	393.51	
	S4-6-35	墩盖梁商品混凝土　泵送商品混凝土(5～40mm)C30	m^3	1899.51	316.94	70
	S1-1-30	商品混凝土泵车输送	m^3	1928.00	26.73	123
16	040302010001	C50 混凝土箱梁	m^3	6822.40	476.53	
	S4-6-43 换	箱梁 0 号块商品混凝土　泵送商品混凝土(5～20mm)C50	m^3	3321.15	386.03	82

续表

序号	项目编码	项目名称	计量单位	数量	综合单价	预算顺序号
	S4-6-47 换	悬浇箱梁商品混凝土 泵送商品混凝土(5～20mm)C50	m^3	2397.49	396.15	85
	S4-6-50 换	现浇箱梁商品混凝土 泵送商品混凝土(5～20mm)C50	m^3	1103.76	385.62	88
	S1-1-30	商品混凝土泵车输送	m^3	6924.74	26.73	123
17	040302015001	C30 混凝土防撞护栏	m^3	752.08	136.04	
	S4-6-68	防撞护栏商品混凝土 泵送商品混凝土(5～20mm)C30	m^3	256.00	322.32	104
	S1-1-30	商品混凝土泵车输送	m^3	259.84	26.73	123
18	040302016001	C50 混凝土箱梁外侧挑梁	m^3	1.20	572.45	
	S6-3-59	牛腿混凝土 泵送商品混凝土(5～20mm)C25	m^3	1.20	363.54	108
	S1-1-30	商品混凝土泵车输送	m^3	1.22	26.73	123
19	040302016002	C30 混凝土人行道缘石	m^3	325.27	374.04	
	S4-6-74	地梁侧石缘石商品混凝土 非泵送商品混凝土(5～40mm)C25	m^3	325.27	327.05	111
20	040302016003	C25 混凝土栏杆立柱	m^3	55.82	382.81	
	S4-6-71	立柱端柱灯柱商品混凝土 非泵送商品混凝土(5～40mm)C25	m^3	55.82	334.71	114
21	040302016004	C25 混凝土桥铭牌	m^3	0.93	382.80	
	S4-6-71	立柱端柱灯柱商品混凝土 非泵送商品混凝土(5～40mm)C25	m^3	0.93	334.71	117
22	040302017001	C40 混凝土桥面铺装 δ=8cm	m^2	9959.83	35.54	
	S4-6-99 换	桥面铺装车行道商品混凝土 泵送商品混凝土(5～40mm)C40	m^3	808.59	355.62	120
	S1-1-30	商品混凝土泵车输送	m^3	820.72	26.73	123
23	040302017002	C40 混凝土桥面铺装 δ=6cm	m^2	7607.68	26.27	
	S4-6-99 换	桥面铺装车行道商品混凝土 泵送商品混凝土(5～40mm)C40	m^3	456.46	355.62	212
	S1-1-30	商品混凝土泵车输送	m^3	463.31	26.73	123
24	040302017003	C40 钢钎维混凝土桥面连续缝	m^2	173.36	151.26	
	S2-3-34	面层钢纤维混凝土(厚 16cm) 钢纤维混凝土	m^2	173.36	122.95	124
	S2-3-35	面层钢纤维混凝土(±1cm) 钢纤维混凝土	m^2	173.36	7.06	125
25	040302017004	桥面粗沥青混凝土铺装 δ=6cm	m^2	11472.58	47.81	
	S2-3-20 换	机械摊铺粗粒式沥青混凝土(厚 6cm)	$100m^2$	114.73	4180.24	127
26	040302017005	桥面粗沥青混凝土铺装 δ=3cm	m^2	11472.58	34.58	
	S2-3-28 换	机械摊铺细粒式沥青混凝土防滑层(厚 3cm)	$100m^2$	114.73	3023.73	128
27	040302018001	C25 混凝土桥头搭板	m^2	163.37	416.94	
	S4-6-1	基础碎石垫层	m^3	72.42	115.06	129
	S4-6-2	基础混凝土垫层 现浇混凝土(5～40mm)C15	m^3	36.21	230.12	130
	S4-6-8	搭板混凝土 现浇混凝土(5～40mm)C25	m^3	163.37	262.54	131
28	040302018002	桥头搭板粗沥青混凝土铺装 δ=9cm	m^2	396.80	71.46	
	S2-3-20 换	机械摊铺粗粒式沥青混凝土(厚 9cm)	$100m^2$	3.97	6248.42	134
29	040302018003	桥头搭板粗沥青混凝土铺装 δ=3cm	m^2	396.80	34.58	
	S2-3-28 换	机械摊铺细粒式沥青混凝土防滑层(厚 3cm)	$100m^2$	3.97	3023.73	135
30	040303003001	C30 非预应力空心板梁	m^3	268.91	1655.35	

续表

序号	项目编码	项目名称	计量单位	数量	综合单价	预算顺序号
	S4-7-72	预制构件场内运输(重≤40t，运距 100m)	m^3	287.73	30.58	140
	S4-8-10	陆上安装板梁(L≤13m)	m^3	287.73	1310.26	141
	S4-6-77 换	板梁间灌缝 现浇混凝土(5～16mm)C40	m^3	6.34	483.98	143
	S4-6-78	板梁底勾缝 水泥砂浆 1：2	m	441.76	0.78	144
31	040303003002	C40 预应力空心板梁	m^3	4104.68	1854.71	
	S4-7-72	预制构件场内运输(重≤40t，运距 100m)	m^3	4474.10	30.58	140
	S4-8-12	陆上安装板梁(L≤20m)	m^3	4235.02	1442.04	141
	S4-8-13	陆上安装板梁(L≤25m)	m^3	239.08	1508.77	142
	S4-6-77	板梁间灌缝 现浇混凝土(5～16mm)C30	m^3	97.68	468.60	143
	S4-6-78	板梁底勾缝 水泥砂浆 1：2	m	7835.65	0.78	144
32	040303005001	C25 混凝土人行道板	m^3	396.32	475.82	
	S4-7-62	预制缘石人行道锚锭板混凝土 预制混凝土(5～40mm)C25	m^3	396.32	304.04	145
	S4-7-70	预制构件场内运输(重≤10t，运距 100m)	m^3	396.32	23.57	148
	S4-8-43 换	安装人行道板 水泥砂浆 M7.5	m^3	396.32	88.44	149
33	040303005002	C50 混凝土箱梁锚板	m^3	16.68	524.62	
	S4-7-62 换	预制缘石人行道锚锭板混凝土 预制混凝土(5～40mm)C50	m^3	16.68	346.70	150
	S4-7-70	预制构件场内运输(重≤10t，运距 100m)	m^3	16.68	23.57	153
	S4-8-43 换	安装人行道板 水泥砂浆 M7.5	m^3	16.68	88.44	154
34	040308006001	铺筑非连锁型彩色预制块人行道板	m^2	3813.05	72.98	
	S2-4-12	铺筑非连锁型彩色预制块(砂浆) 水泥砂浆 M10	$100m^2$	38.13	6380.92	155
35	040308006002	桥铭牌大理石装饰	m^2	2.04	365.10	
	S10-2-6	贴大理石 水泥砂浆 零星项目 水泥砂浆 1：2.5	m^2	2.04	317.86	156
	S10-1-35	每增减一遍素水泥浆 有 108 胶 108 胶素水泥浆	m^2	4.06	0.68	157
36	040309001001	型钢钢管栏杆	t	752.08	69.01	
	S4-8-47	安装钢管栏杆	t	8.68	5228.26	158
37	040309001002	防撞墙钢管栏杆	t	752.08	61.37	
	S4-8-48	安装防撞护栏钢管扶手	t	8.16	4945.34	159
38	040309002	橡胶支座	个	1984.00	741.89	
	S4-8-51	安装板式橡胶支座	dm^3	26178.26	49.16	160
39	040309004001	盆式组合支座 GPZ(Ⅱ)	个	8.00	55636.15	
	S4-8-55	安装盆式组合支座(20000kN 以内) 现浇混凝土(5～16mm)C30	个	8.00	48646.18	161
40	040309004002	盆式组合支座 GPZ(H)	个	8.00	55636.15	
	S4-8-55	安装盆式组合支座(20000kN 以内) 现浇混凝土(5～16mm)C30	个	8.00	48646.18	162
41	040309006001	油毡沉降缝	m^2	57.60	8.33	
	S4-8-67	安装油毡沉降缝(一油)	m^2	57.60	7.28	163
42	040309006002	橡胶伸缩缝	m	282.60	476.78	164
	S4-8-62	安装板式橡胶伸缩缝	m	282.60	416.87	164
43	040309006003	齿形型钢伸缩缝	m	94.28	1268.43	
	S4-8-60	安装梳型钢板伸缩缝	m	94.28	1109.07	165

续表

序号	项目编码	项目名称	计量单位	数　量	综合单价	预算顺序号
44	040309006004	桥面连续缝橡胶板	m	424.80	70.24	
	S4-6-95	桥面防水层(防水橡胶板 2mm)	m^2	594.72	43.87	166
45	040309006005	防撞墙发泡聚乙烯沉降缝	m	16.32	24.41	
	S4-8-69	安装发泡聚乙烯沉降缝	m^2	16.32	21.34	167
46	040309008	桥面泄水系统	套	30.00	1965.64	
	S4-8-59	安装 PVC 塑料管泄水孔　水泥砂浆 M10	m	552.00	48.57	168
	市场价	桥面泄水系统	套	30.00	825.00	169
47	040309009	桥面防水层	m^2	17759.54	15.46	
	S4-6-92	桥面防水层(一布)	m^2	17759.54	5.90	170
	S4-6-93	桥面防水层(一油)	m^2	17759.54	7.62	171
48	040701001	预埋铁件	kg	56872.00	5.61	
	S1-1-25	预埋铁件(单件重≤30kg)	t	3.43	6561.53	172
	S1-1-26	预埋铁件(单件重>30kg)	t	53.44	4801.88	173
49	040701002	非预应力钢筋	t	2097.06	4509.60	
	S4-7-3	预制方桩钢筋	t	293.44	3612.68	36
	S4-4-22	灌注桩钢筋笼	t	7.71	4192.28	53
	S4-4-22	灌注桩钢筋笼	t	18.89	4192.28	53
	S4-6-41	台盖梁钢筋	t	67.10	3945.24	57
	S4-6-12	承台钢筋	t	211.51	3845.38	60
	S4-6-26	立柱钢筋	t	28.76	3830.33	63
	S4-6-26	墩台身钢筋	t	26.93	3830.33	69
	S4-6-37	墩盖梁钢筋	t	274.41	3848.55	72
	S6-3-62	牛腿钢筋	t	0.49	3833.25	110
	S4-6-52	箱梁钢筋	t	468.51	4195.75	87
	S4-6-45	箱梁 0 号块钢筋	t	346.45	3987.54	84
	S4-7-26	锚板梁钢筋	t	7.92	3636.84	152
	S4-6-52	箱梁钢筋	t	7.16	4195.75	90
	S4-6-100	桥面铺装钢筋	t	146.88	3971.01	122
	S4-6-100	桥面连续缝钢筋	t	8.11	3971.01	126
	S4-6-76	人行道缘石钢筋	t	27.95	3886.06	113
	S4-7-66	人行道钢筋	t	65.92	4095.60	147
	S4-6-76	桥铭牌钢筋	t	0.07	3886.06	119
	S4-6-76	防撞墙钢筋	t	50.02	3886.06	106
	S4-6-76	栏杆钢筋	t	24.15	3886.06	116
	S4-6-12	搭板钢筋	t	15.21	3845.38	133
50	040701004001	后张法钢绞线	t	273.21	13204.98	

续表

序号	项目编码	项目名称	计量单位	数　量	综合单价	预算顺序号
	S4-7-48	后张法预应力钢筋(锥形锚)	t	273.21	7223.18	92
	S4-7-60	安装压浆管道(波纹管)	m	36523.44	9.21	93
	S4-7-59	安装压浆管道(铁皮管)	m	1133.55	30.44	94
	S4-7-61	压浆　素水泥浆	m^3	152.50	787.95	95
	BC	锚具　M15-12	套	384.00	480.00	96
	BC	锚具　M15-9	套	512.00	360.00	97
	BC	锚具　M15-7	套	544.00	280.00	98
	BC	锚具　M15-3	套	1296.00	120.00	99
	BC	锚具　JLM	套	160.00	85.00	100

(2) 措施项目清单(表 7-24)

措施项目清单　　　　表 7-24

序号	项目编码	项目名称	计量单位	数　量	综合单价	预算顺序号
5.1	0501	大型机械设备进出场及安拆	项	1	116808	
	ZSM21-2-4	$1m^3$ 以内单斗挖掘机场外运输费	台·次	2.00	2734.00	176
	ZSM21-2-7	压路机(综合)场外运输费	台·次	4.00	1829.00	177
	ZSM21-2-11	1.2t 以内柴油打桩机场外运输费	台·次	2.00	2594.00	178
	S4-1-18	组拆轨道式柴油打桩机(锤重≤1.2t)	架·次	2.00	3519.34	179
	ZSM21-2-13	5.0t 以内柴油打桩机场外运输费	台·次	2.00	4808.00	180
	S4-1-23	组拆履带式柴油打桩机(锤重≤5.0t)	架·次	2.00	5315.53	181
	ZSM21-2-14	5.0t 以外柴油打桩机场外运输费	台·次	2.00	9810.00	182
	S4-1-24	组拆履带式柴油打桩机(锤重≤7.0t)	架·次	4.00	6408.74	183
	ZSM21-1-5	履带式起重机(25t 以内)装卸费	台	2.00	646.00	184
	ZSM21-2-19	履带式起重机(25t 以内)场外运输费	台·次	2.00	5164.00	185
5	0502	混凝土、钢筋混凝土模板及支架			5196046	
	S4-1-31	筑砖地模　水泥砂浆 1∶2	m^2	9323.43	30.11	35
	S4-7-2	预制方桩模板	m^2	9818.23	19.55	38
	S4-6-11	承台无底模模板	m^2	1485.82	26.34	56
	S4-6-22	实体式墩台身模板	m^2	285.64	35.59	59
	S4-6-25	柱式墩台身模板	m^2	796.48	46.62	62
	S4-6-36	墩盖梁模板	m^2	3794.00	37.40	68
	S4-6-40	台盖梁模板	m^2	663.41	40.46	71
	S4-6-44	箱梁 0 号块模板	m^2	5153.43	100.79	83
	S4-6-48	悬浇箱梁模板	m^2	4637.50	85.27	86
	S4-6-51	现浇箱梁模板	m^2	5002.42	70.78	89
	205030	木模成材	m^3	2.85	1420.98	91
	S4-6-11	搭板模板	m^2	48.19	26.34	132

续表

序号	项目编码	项目名称	计量单位	数　量	综合单价	预算顺序号
	S4-6-69	防撞护栏模板	m^2	1460.70	26.08	105
	S4-6-72	桥铭牌模板	m^2	10.11	51.96	118
	S4-6-75	地梁侧石缘石模板	m^2	2695.53	31.26	112
	S4-7-63	预制缘石人行道锚锭板模板	m^2	2091.53	36.34	146
	S6-3-61	牛腿模板	m^2	13.50	59.47	109
	S4-6-72	立柱端柱灯柱模板	m^2	817.09	51.96	115
	S4-7-63	预制缘石人行道锚锭板模板	m^2	92.23	36.34	151
	S4-1-2	陆上桩基础工作平台(锤重≤5.0t)	m^2	6424.94	15.62	39
	S4-1-3	陆上桩基础工作平台(锤重≤8.0t)	m^2	722.30	20.07	40
	S4-1-10	满堂式钢管支架	m^3	20734.72	7.13	75
	CSM4-1-2	钢管支架使用费	t·d	46633.12	6.50	76
	S1-1-5	平整场地	m^2	5819.92	0.84	180
	S4-6-1	基础碎石垫层	m^3	872.99	115.06	181
	S2-1-22	原槽土人工掺灰(石灰含量8%)	m^3	1454.98	42.95	182
	S1-3-15	翻挖碎石类基层(厚15cm)	m^2	5819.92	5.31	183
	S1-3-11换	翻挖二渣及三渣类基层(厚25cm)	m^2	5819.92	15.62	184
	S4-1-26	挂篮制作	t	67.71	5901.91	101
	S4-1-27	挂篮安拆	t	20.31	2402.55	102
	S4-1-28	挂篮推移	t·m	6364.74	11.28	103
	S4-1-12	防撞护栏悬挑支架	m	752.94	96.79	107
5.3	0503	脚手架	m^2	6490.96	6.96	
	S1-1-18	简易脚手架	m^2	1090.82	3.36	64
	S1-1-19	桥梁立柱脚手架(高≤10m)	m^2	229.52	8.39	65
	S1-1-18	简易脚手架	m^2	952.24	3.36	73
	S1-1-21	桥梁盖梁脚手架(高≤10m)	m^2	4045.36	7.41	74
5.4	0504	施工排水、降水			135806	
	S1-1-9	湿土排水	m^3	2702.46	9.63	28
	S1-1-11	筑拆竹箩滤井	座	23.00	40.47	29
	S1-5-1	轻型井点安装	根	172.00	134.19	30
	S1-5-2	轻型井点拆除	根	172.00	17.75	31
	S1-5-3	轻型井点使用	套·d	90.00	720.58	32
5.7	0507	现场施工围栏	m	967.00	109.36	
	S1-1-14	封闭式施工路栏(砖基础)　混合砂浆M7.5	m	967.00	95.62	186
5.8	0508	便道	m^2	1702.35	41.10	
	S1-4-19	铺筑施工便道	m^2	1702.35	35.94	187
5.9	0509	钢便桥	m	36.00	5714.18	
	S1-4-15	搭拆装配式钢桥(双排双层加强)	m	36.00	1022.36	188

续表

序号	项目编码	项目名称	计量单位	数　量	综合单价	预算顺序号
	S1-4-16	装配式钢桥使用(双排双层加强)	m·d	13608.00	10.51	189
5.14	临-001	堆料场地	m^2	750.00	38.64	
	S1-4-20	堆料场地　现浇混凝土(5～20mm)C15	m^2	750.00	33.79	190

二、护岸工程

1. 工程概况及主要施工设计图纸

(1) 工程概况

1) 工程范围：K0＋267～K0＋491 全场为 224m。

2) 结构形式：有桩基础，L 形钢筋混凝土结构。

3) 施工方法：根据设计图纸，预制 C30 钢筋混凝土为现场预制。土方开挖：为放坡开挖，放坡比例 1∶1，围堰高度为 4m，采用圆木桩坝。

4) 清单编制依据：《〈建设工程工程量清单计价规范〉上海市市政工程操作指南》，施工设计图文件等。

5) 工程质量应达到优良标准。

6) 投标报价按《〈建设工程工程量清单计价规范〉上海市市政工程操作指南》的统一格式。

7) 人工、材料、机械费用按上海市市政工程市场信息 2006 年 10 月份计取。

(2) 主要施工设计图纸

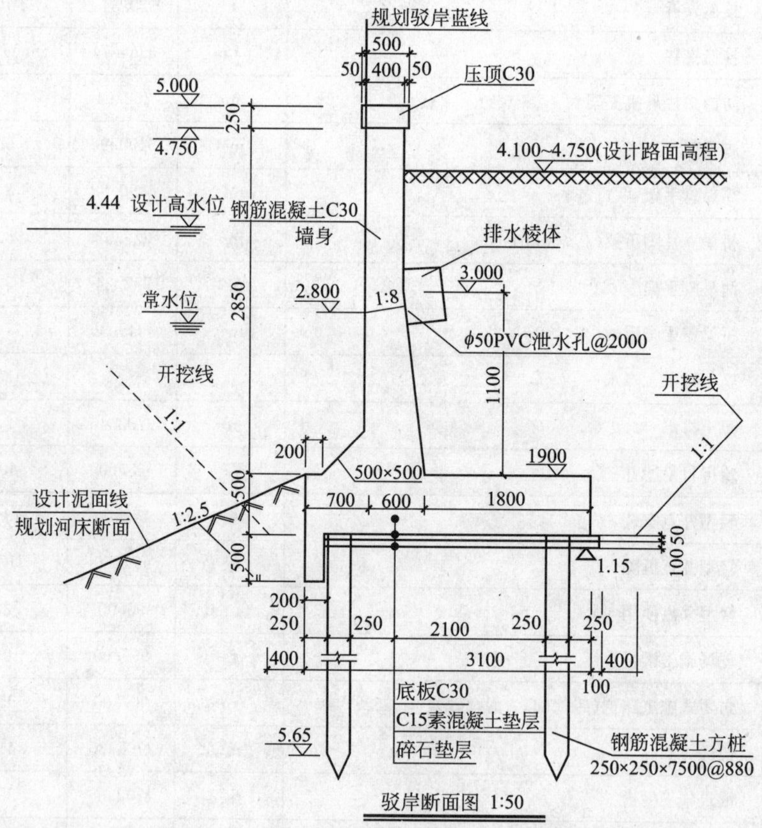

护岸断面图 1

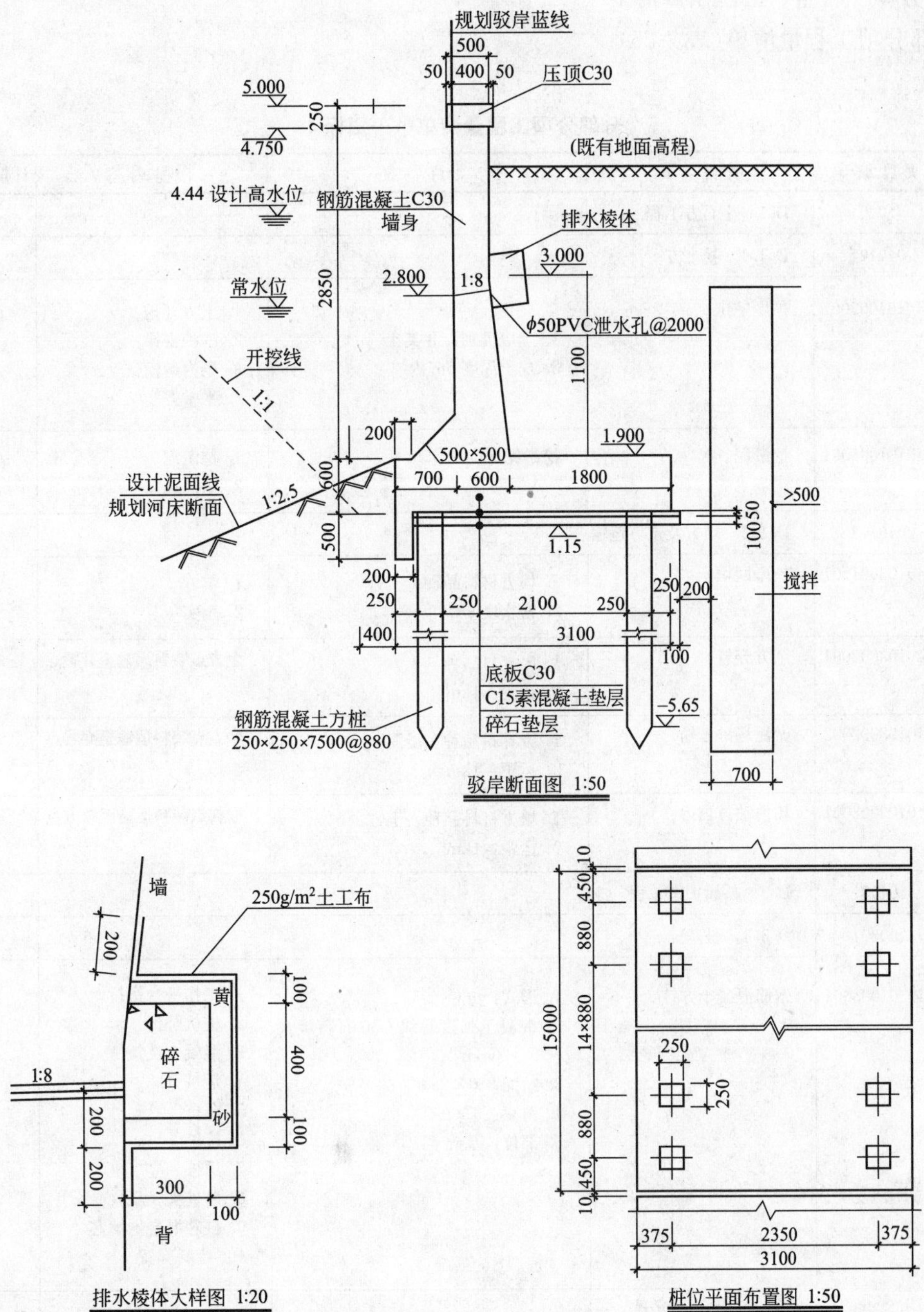

驳岸断面图 1:50

排水棱体大样图 1:20

桩位平面布置图 1:50

驳岸、排水、桩位说明：

1. 本图尺寸单位除标高以米计外、余均以毫米计。
2. 材料：混凝土：垫层 C15，墙身和底板 C30，压顶 C30。
   钢筋：主筋：Ⅱ级，箍筋：Ⅰ级。
3. 本工程范围内新改建驳岸与两端既有驳岸顺接，新老驳岸间设一道沉降缝。驳岸纵向每隔 15m 左右设一道沉降缝，采用橡胶止水带止水。
4. 墙后需回填好土，回填土每 300mm 一层，分层夯实。
5. 驳岸压顶上设栏杆，栏杆形式详见另图，也可根据甲方要求予以调整确定。
6. 墙身强度达到 100%后，墙后方可填土并分层夯填压实。
7. 本图适用于道路中心线对应桩号 K0+105～K0+187，K0+270～K0+367 段驳岸。且既有污水管距规划河道兰线<4m 处，即既有污水管全部翻排段。
8. 施工时请注意，设计泥面线下填土必须夯填密实，且需按照规划河床断面实施。

护岸断面图 2

2. 分部分项工程量、措施项目清单

(1) 分部分项工程量清单(表7-25)

分部分项工程量清单……招标4 **表7-25**

序号	项次	项目编码	项目名称	项目特征	工程内容	计量单位	工程数量
	1	0401	D.1　土石方工程				
	1.1	040101	D.1.1　挖土方				
1	1.1.1	040101002001	护岸挖土	1. 土壤类别：Ⅱ类土 2. 挖土深度5m内	1. 土方开挖 2. 围护支撑 3. 场内运输 4. 平整夯实	m^3	2643.69
2	1.1.2	040101006001	挖淤泥	挖淤泥深度0.35m	1. 挖淤泥 2. 场内运输	m^3	139.23
	1.3	040103	D.1.3　填方及土方运输				
3	1.3.1	040103001001	护岸回填土	1. 填方材料品种：土方 2. 密实度93%	1. 填方 2. 压实	m^3	1717.9
4	1.3.2	040103002001	余方弃置	1. 废弃料品种：土方 2. 运距：1km	余方点装料运输至弃置点	m^3	1009.52
5	1.3.3	040103002002	淤泥场外运输	1. 废弃料品种：淤泥 2. 运距：1km	余方点装料运输至弃置点	m^3	139.23
6	1.3.4	040103003001	场内缺方内运	1. 填方材料品种：土方 2. 运距：1km	取料点装料运输至缺方点	m^3	2704.04
	3	0403	D.3　桥涵护岸工程				
	3.1	040301	D.3.1　桩基础				
7	3.1.1	040301003001	钢筋混凝土方桩	1. 形式：方桩 2. 混凝土强度等级C30石料最大粒径5～20mm 3. 断面250×250 4. 斜率：0 5. 部位：基础	1. 工作平台搭拆 2. 桩机竖拆 3. 混凝土浇筑 4. 运桩 5. 沉桩 6. 接桩 7. 送桩 8. 凿桩头 9. 桩芯混凝土填芯 10. 废料弃置	m	3765
	3.5	040305	D.3.5　挡墙、护坡				
	3.5.1		钢筋混凝土挡墙基础			m^3	480.28
8		040305001001	挡墙承台	1. 混凝土强度等级C30石料最大粒径5～40mm 2. 垫层厚度材料品种强度碎石垫层100mm，5～40mm，5～70mm 3. C15混凝土厚5mm，5～40mm	1. 垫层铺筑 2. 混凝土浇筑 3. 养护		
9	3.5.2	040305002001	现浇混凝土挡墙墙身	1. 混凝土强度等级C30石料最大粒径5～40mm 2. 泄水孔材料品种规格PVC塑料管$\phi50$ 3. 滤水层要求，里层为碎石，外层为黄砂用土工布包装	1. 混凝土浇筑 2. 养护 3. 抹灰 4. 泄水孔制作，安装 5. 滤水层铺筑	m^3	332.4

续表

序号	项　次	项目编码	项目名称	项目特征	工程内容	计量单位	工程数量
10	3.5.3	040305004001	挡墙混凝土压顶	混凝土强度等级 C30 石料最大粒径 5～40mm	1. 混凝土浇筑 2. 养护	m^3	27.63
	3.9	040309	D.3.9　其他				
11	3.9.1	040309006001	挡墙伸缩缝装置	1. 材料品种：橡胶止水带 2. 规格：PE16	1. 制作安装 2. 嵌缝	m	39
	7	0407	D.7　钢筋工程				
	7.1	040701	D.7.1　钢筋工程				
12	7.1.1	040701002	非预应力钢筋			t	100
			1. 预制方桩钢筋	1. 材质：R235、HBR335 2. 部位：预制方桩	制作安装	t	45.18
			2. 基础	1. 材质：R235、HBR335 2. 部位：基础		t	26.04
			3. 挡墙	1. 材质：R235、HBR335 2. 部位：挡墙		t	27.47
			4. 驳岸压顶	1. 材质：R235、HBR335 2. 部位：压顶		t	1.31
	8	0408	D.8　拆除工程				
	8.1	040801	D.8.1　拆除工程				
13	8.1.1	040801006001	拆除砖地模	1. 结构形式：砖地模 2. 强度 M7.5 砂浆	1. 拆除 2. 运输	m^3	61.8

(2) 措施项目清单(表 7-26)

措施项目清单……招标 5　　　　**表 7-26**

序　号	项　次	项目编码	项目名称	单　位	数　量	备　注
	5		5　市政工程			
1	5.1	0501	大型机械进出场运输及安拆			
2	5.2	0502	混凝土、钢筋混凝土模板及支架			
3	5.3	0503	脚手架			
4	5.4	0504	施工排水、降水			
5	5.5	0505	围堰			
6	5.6	0506	筑岛			
7	5.7	0507	现场施工围栏			
8	5.8	0508	施工便道			
9	5.9	0509	便桥			
10	5.10	0510	洞内施工的通风、供水、供气、供电、照明及通信设施			
11	5.11	0511	驳岸块石清理			
12	5.12	沪 0512	地基加固			
13	5.13	沪 0513	地下监测			
14	5.14	临-001	堆场			

3. 分部分项工程量、措施项目清单计算方法

(1) 分部分项工程量清单计算方法(表 7-27)

分部分项工程量清单计算方法 表 7-27

清单序号	项 次	项目编码	项目名称及说明	计算公式及说明	计量单位	计算结果
	1	0401	D.1 土石方工程			
	1.1	040101	D.1.1 挖土方			
	1.1.2	040101002001	挖土	《交底培训讲义》	m^3	2643.69
			工程范围	墙顶标高 5.0m K0+270～K0+367 L=97m		
				墙顶标高 5.0m～5.8m K0+367～K0+491 L=124m		
			设计路面高程	墙顶标高 5.0mK0+270～K0+367 设计路面高程 4.1～4.75m 平均设计高程 4.425m		
				墙顶标高 5.0～5.8mK0+367～K0+491 设计路面高程 4.75～5.6m 平均设计高程 5.175m		
				临水面的常水位按上海地区 2.2m 高程计算		
				《交底培训讲义》(72～73 页) 土方开挖计算公式		
				$V=H/6[A\times B+a\times b+(A+a)\times(B+b)]$		
				式中 V—挖土体积； H—挖土深度； A、B、a、b—分别表示上下底的长和宽(m)。		
1			1. 护岸挖土	(Ⅱ类土)	m^3	5459.64
				按设计图纸放坡为 1∶1；$V=F\times H$		
			K0+270～K0+367 段	L=97m 设计原地面平均标高 4.425m，设计坑底标高 1.15m		
				H_1=4.425m−1.15m=3.275m		
				V_1=97m×[(8.85+2.9)÷2×3.275m]+97m×[(1.3+1.9)÷2×0.9m]−139.23=1866.79m^3		
			K0+367～K0+491 段	L=124m 设计原地面平均标高 4.275m，设计坑底标高 1.15m		
				H_2=4.275m−1.15m=3.025m		
				V_2=124m×[(10.35+3)÷2×3.025m]5=3592.82m^3		
			合计：	Σ=1866.79m^3+3592.82m^3=5459.64m^3		
			2. 挖土场内运输		m^3	558.29
				护岸工程土方场内运输计算公式：挖土场内运输土方数=(挖土数−填土数)×60%		
				填土数按 1.3.1 项计取		
				(5459.64m^3−4529.61m^3)×60%=558.29m^3		
	1.1.6	040101006001	挖淤泥		m^3	139.23
2			捞挖淤泥	第 1.1.1 条 挖淤泥工程量按水抽干后的体积计算； 临水面河道内挖淤泥的厚度暂定厚度为 0.35m；B=1.8m 工程总长度为 K0+270～K0+367 段+K0+367～K0+491 段之和； L=97.0m+124.0m=221.0m 221m×1.8m×0.35m=139.23m^3		
	1.3	040103	D.1.3 填方及土方运输			
	1.3.1	040103001001	回填土			
3				填土场内运输土方数=挖土现场运输土方−余土数	m^3	1717.9
				5459.64m^3−97m×(480.24+332.4+3.96+12.54)×0.015+124m×3.1m×0.15m=4529.15m^3		
4	1.3.2	040103002001	余方弃置		m^3	1009.52
			余土外运	余土=土方+砖结构+钢筋混凝土		
				(5459.64m^3−4529.15m^3)+61.803m^3+17.26m^3=1009.52m^3		
5		040103002002	淤泥场外运输	同 1.1.6	m^3	139.23

续表

清单序号	项　次	项 目 编 码	项目名称及说明	计算公式及说明	计量单位	计算结果
6	1.3.3	040103003001	场内缺方内运		m^3	2704.04
				第 1.2.3 条　筑拆围堰土方量计算：围堰长度在 150m 以内时，缺土(外来土方)数量按下述规定计算：缺土数量＝围堰需要土方数量－可利用的土方数量；当围堰长度大于 150m 时，其后重 150m 长的缺土数量按上式计算，超出 150m 部分的缺土数量，则按超出长度的围堰需要土方数量的 50％计算。如有可利用的土方，则不再计算 围堰定额中已包括了土方的场内运输 缺土来源费用按实际计算		
	3	0403	D.3　桥涵护岸工程			
	3.1	040301	D.3.1　桩基础			
7	3.1.3	040301003001	钢筋混凝土方桩	N＝221m/0.88m×2 排×7.5m/根＝3765m	m	3765
			1. 预制方桩混凝土　非泵送商品混凝土(5～20mm) C30 桩长 7.5m@88cm	V＝3765×0.0625m^3/根＝235.44m^3	m^3	235.44
				第 4.7.1 条　预制桩按桩长(包括桩尖长度)乘以桩截面面积以立方米计算。 预制 C30 钢筋混凝土方桩 250mm×250mm； 方桩截面面积 S＝0.25m×0.25m＝0.0625m^3/根		
			2. 预制构件场内运输(重≤10t，运距 200m)	第 4.7.5 条　预制构件场内运输按构件重量及实际运距以实体计算的实际运距不足 100m，按 100m 计算 同上	m^3	235.44
			3. 支架上打钢混凝土方桩(L≤12m)		m^3	235.44
				第 4.3.1 条　打桩　钢筋混凝土桩　按桩长(包括桩尖长度)乘以桩截面面积以立方米计算，不包括管桩空心部分的体积 方桩长 7.50m，L＜12m　同上		
			4. 支架上送方桩(L≤12m)		m^3	111.46
				第 4.3.2 条　打桩　1. 钢筋混凝土按预制桩截面面积乘以送桩高度(送桩起始点一下至设计桩顶面的距离)以立方米计算 3. 送桩起始点规定(1)陆上打桩为原地面平均标高以上 0.5m 处。 方桩长 7.50m，L＜12m		
			K0＋270～K0＋367 段	设计桩顶标高 1.85m，原地面平均标高 4.425m，总根数 220 根 送桩高度 H_1＝4.425m＋0.5m－1.85m＝3.075m V_1＝0.0625m^2/根×220 根×3.075m＝42.28m^3		
			K0＋367～K0＋491 段	设计桩顶标高 1.75m，原地面平均标高 5.175m，总根数 282 根 送桩高度 H_2＝5.175m＋0.5m－1.75m＝3.925m V_2＝0.0625m^2/根×282 根×3.925m＝69.18m^3 $\sum V$＝V_1＋V_2＝42.28m^3＋69.18m^3＝111.46m^3		
			5. 凿桩 H＝55cm		m^3	17.26
				《定额》第四册第三章说明七：打桩定额不包括桩头的凿除、试桩，凿除桩头套用第一册通用项目相应定额		
			钢筋混凝土方桩总根数	K0＋270～K0＋367 段＋K0＋367～K0＋491 段之和 ∑根数＝220 根＋282 根＝502 根 V＝0.0625m^2/根×502 根×0.55m＝17.26m^3 余方弃置接清单序号 4 号——1.3.2		
	3.5	040305		D.3.5　挡墙、护坡		

续表

清单序号	项　次	项 目 编 码	项目名称及说明	计算公式及说明	计量单位	计算结果
8	3.5.1	040305001001		钢筋混凝土挡墙基础	m^3	480.28
			1. 碎石垫层 H=10cm		m^3	64.41
			K0+270～K0+367 段	V_1=(97m×3m−0.25×0.25×220 根)×0.10m=27.72m^3		
			K0+367～K0+491 段	V_2=(124m×3.1m−0.25×0.25×282 根)×0.10m=36.68m^3		
				∑=27.72m^3+36.68m^3=64.41m^3		
			2. C15 混凝土垫层 H=5cm		m^3	32.2
			K0+270～K0+367 段	V_1=(97m×3m−0.25×0.25×220 根)×0.05m=13.86m^3		
			K0+367～K0+491 段	V_2=(124m×3.1m−0.25×0.25×282 根)×0.05=18.34m^3		
				∑=13.86m^3+18.34m^3=32.2m^3		
			3. C30 混凝土承台浇筑		m^3	480.28
			K0+270～K0+367 段	V_1=97m×(0.5×0.2+3.2×0.6)=190.12m^3		
			K0+367～K0+491 段	V_2=124m×(0.5×0.2+3.2×0.7)=290.16m^3		
				∑=190.12m^3+290.16m^3=480.28m^3		
				余方接清单序号 3 号——1.3.1		
			4. 商品混凝土泵车输送	480.28m^3×1.015m^3/m^3=487.28m^3	m^3	487.48
9	3.5.2	040305002001	现场混凝土浇筑挡墙墙身		m^3	332.4
			1. C30 混凝土挡墙		m^3	332.4
			K0+270～K0+367 段	97m×[0.5×0.5+(0.4+0.6)÷2×1.1+0.4×1.75]=133.38m^3		
			K0+367～K0+491 段	124m×[0.5×0.5×1/2+(0.7+0.4)÷2×1.2+0.4×2.05]=199.02m^3		
				∑=133.38m^3+199.02m^3=332.4m^3		
				余方接清单序号 3 号——1.3.1		
			2. 商品混凝土泵车输送	332.4m^3×1.015m^3/m^3=337.39m^3	m^3	337.39
			3.ϕ50PVC 泄水孔	110m×0.4=44m	m	44
			4. 滤水层铺筑			
			① 碎石滤层(里层)	110m×0.3×0.3×0.4=3.96m^3	m^3	3.96
				余方接清单序号 3 号——1.3.1		
			② 砂滤层(外层)	110m×(0.5×0.5×0.6−0.3×0.3×0.4)=12.54m^3	m^3	12.54
				余方接清单序号 3 号——1.3.1		
			③ 土工布(外层包装)	110m×[(0.2+0.4)×2+0.6+0.6×1×2]=330m^2	m^2	330
10	3.5.4	040305004001	C30 混凝土压顶 H=25cm	0.5m×0.25m	m^3	27.63
			1. C30 混凝土	221m×0.5m×0.25m=27.63m^3	m^3	27.73
			2. 商品混凝土泵车输送	27.63m^3×1.015m^3/m^3=28.04m^3	m^3	28.04
	3.9	040309	D.3.9 其他			
	3.9.6		挡墙伸缩缝装置		m	39
11		040309006001	1. Pe16 橡胶止水带接缝处理		m	102.45
			K0+270～K0+367 段	(3.1+3.4)m/道×(97m÷15m/道)=39m		
			K0+367～K0+491 段	(3.2+3.85)m/道×(124m÷15m/道)=63.45m		
				∑=39m+63.45m=102.45m		
			2. 安装低发泡塑板沉降缝		m^2	57.39
			K0+270～K0+367 段	[0.2×0.5+3.1×0.6+0.5×0.5×1/2+(0.6+0.4)÷2×1.1+0.4×1.75+0.5×0.25]×6=20.76m^2		
			K0+367～K0+491 段	[0.2×0.5+3.2×0.7+0.5×0.5×1/2+(0.7+0.4)\2×1.2+0.4×2.05+0.5×0.25]×9=38.63m^2		
				∑=20.76m^2+38.63m^2=57.39m^2		
	7	0407	D.7　钢筋工程			
	7.1	040701	D.7.1　钢筋工程			
				总说明：第十六条　2. 钢筋可按设计数量(不再加损耗)直接套用相应定额计算。施工用筋经建设单位认可可以增列计算。预埋铁件按设计数量(不再加损耗)套用第一册通用项目相应定额计算		

续表

清单序号	项 次	项目编码	项目名称及说明	计算公式及说明	计量单位	计算结果
12	7.1.2	040701002001	非预应力钢筋		t	100
			1. 预制方桩钢筋		t	45.18
				[90kg/根×(220根+282根)]÷1000kg/t=45.18t		
			2. 承台钢筋		t	26.04
			K0+270～K0+367段	[(25.68+32.97+22.21+4.32+7.22+6.94)kg/m×97m]÷1000kg/t=9.636t		
			K0+367～K0+491段	[(41.31+35.16+33.74+4.32+10.23+7.56)kg/m×124m]÷1000kg/t=16.408t		
			小计：	Σ=9.636t+16.408t=26.04t		
			3. 挡墙钢筋		t	27.47
			K0+270～K0+367段	[(29.06+13.89+22.65+28.38+4.44+1.74)kg/m×97m]÷1000kg/t=9.716t		
			K0+367～K0+491段	[(53.12+19.28+33.58+30.85+4.44+1.9)kg/m×124m]÷1000kg/t=17.753t		
			小计：	Σ=9.716t+17.753t=27.47t		
			4. 驳岸压顶钢筋		t	1.31
				[(3.17+2.77)kg/m×221.0m]÷1000kg/t=1.31t Σ=45.18t+26.04t+27.47t+1.31t=100t		
	8	0408	D.8 拆除工程			
	8.1	040801	D.8.1 拆除工程			
13	8.1.6	040801006001	拆除砖地模	第1.3.3条 拆除砖砌体及混凝土结构按实体以立方米计算； 第4.1.5条 现场预制混凝土构件地模计算规定 4. 拆除地模套用第一册通用项目相应定额，砖地模、混凝土地模厚度分别为7.5cm和10cm。 S同措施项目清单(二)0502-6预制方桩地模为824.04m² $V=S\times H=824.04\text{m}^2\times0.075\text{m}=61.8\text{m}^3$ 余方弃置接清单序号4号——1.3.2	m^3	61.8

(2) 措施项目清单计算方法(表7-28)

措施项目清单(二)计算方法 表7-28

清单序号	项次包括项目编码	项目名称及说明	计算公式及说明	计量单位	计算结果
5	05	5 市政工程			
5.1	0501	5.1 大型机械设备进出场及安拆		项	1
			《定额》总说明：第二十一条 关于大型机械安拆、场外运输，本定额未包括大型机械安拆、场外运输、路基及轨道铺拆等。		
		1. 组拆轨道式柴油打桩机(锤重≤2.5t)	第4.1.2条 组装拆卸桩机：护岸工程按每100米组装拆卸一次桩机计算，其尾数不足100m时，按100m计算，但不得增计设备运输。 工程长度：K0+270～K0+367段 L_1=97m、K0+367～K0+491段 L_2=124m，合计：97m+124m=221.0m 取3	架·次	3
		2. 3.5t以内柴油打桩机场外运输费	1	台·次	1
		3. 1m³以内单斗挖掘机场外运输费	1	台·次	1

续表

清单序号	项次包括项目编码	项目名称及说明	计算公式及说明	计量单位	计算结果
		4. 履带式起重机(25t以内)装卸费	1	台	1
		5. 履带式起重机(25t以内)场外运输费	1	台·次	1
5.2	0502	5.2　混凝土、钢筋混凝土模板及支架		m^2	6849.6
			总说明：第十六条　模板工程量除另有规定外，均按混凝土与模板的接触面积以平方米计算。		
		1. 水上桩基础工作平台	《定额》第四册第一章说明一 1.：水上工作平台，凡从河道原有河岸线向陆地延伸 2.5m 范围，均属水上工作平台。 第 4.4.1 条　搭拆工作平台面积计算；护岸打桩 $F=(L+6)\times(6.5+D)$ 式中：L—桥梁跨径或护岸的第一根桩中心至最后一根桩中心之间的距离(m)； D—两排桩之间距离(m)。 桩宽度为 $b=46cm$	m^2	2066.86
		K0+270～K0+367 段	$F_1=(L_1+6)\times(6.5+D_1)$ $L_1=97m-0.46m=96.54m$，$D_1=2.35m$ $F_1=(96.54m+6)\times(6.5+2.35m)=907.48m^2$		
		K0+367～K0+491 段	$F_2=(L_2+6)\times(6.5+D_2)$ $L_2=124m-0.46=123.54m$，$D_2=2.45m$ $F_2=(123.54m+6)\times(6.5+2.45m)=1159.38m^2$ $\Sigma=F_1+F_2=907.48m^2+1159.38m^2=2066.86m^2$		
		2. 预制方桩模板	第 4.7.2 条　模板：非预应力构件(T 形梁，I 形梁出外)，只计侧模，不计底模。 预制 C30 钢筋混凝土方桩　封头截面：250mm×250mm 高度 25cm	m^2	1913.88
		钢筋混凝土方桩总根数	K0+270～K0+367 段+K0+367～K0+491 段之和 总根数=220 根+282 根=502 根 $\Sigma=(0.25m\times2$ 侧 $\times7.5m+0.25m\times0.25m)\times502$ 根 $=1913.88m^2$		
		3. 承台无底模模板		m^2	515.62
		K0+270～K0+367 段	$97\times(1.1+0.6+0.5)+0.5\times0.2+3.1\times0.6=215.36m^2$		
		K0+367～K0+491 段	$124\times(1.2+0.7+0.5)\times0.5\times0.2+3.2\times0.7+0.1\times3.2=300.26m^2$ $\Sigma=215.36m^2+300.26m^2=515.62m^2$		
		4. 挡墙墙身模板		m^2	1407.4
		K0+270～K0+367 段	$97m\times(0.5\times\sqrt{2}+2.35+2.85)+(0.4+0.6)\div2\times1.1+0.4\times1.75=574.24m^2$		
		K0+367～K0+491 段	$124m\times(0.5\times\sqrt{2}+2.75+3.25)+(0.7+0.4)\div2\times1.2+0.4\times0.05=833.16m^2$ $\Sigma=574.24m^2+833.16m^2=1407.4m^2$		
		5. 压顶模板	$221m\times(0.25\times2+0.05)+0.5\times0.25\times2=121.8m^2$	m^2	121.8
		6. 预制方桩地模	第 4.1.5 条　现场预制混凝土构件地模计算规定 2. 桩按 $3.5m^2/m^3$ 砖地模计算。预制桩混凝土工程量按清单序号 7 号——3.1.1 为 $235.44m^3$ 《定额》第四册第七章说明：二、本章定额未包括地模，发生时按本册第一章说明规定计算。 $F=3.5m^2/m^3\times235.44m^3=824.04m^2$	m^2	824.04

续表

清单序号	项次包括项目编码	项目名称及说明	计算公式及说明	计量单位	计算结果
5.3	0503	5.3 脚手架 双排脚手架 K0＋270～K0＋367 段 K0＋367～K0＋491 段	第 1.1.7 条　1. 结构高度大于 1.8m，且小于 3.6m 时采用简易脚手架。 2. 脚手架面积按长度乘以高度的垂直投影面积计算。 《定额》P251 第四册说明：四、本册定额中未包括各类操作脚手架，发生时套用第一册通用项目相应定额。 脚手架选择：结构高度 3.6m＜h≤10m，采用双排脚手架。 已知墙顶标高 5.0m，混凝土基础面标高 1.15m L＝97.00m，H＝5m－1.15m＝3.85m F_1＝97m×3.85m×2 排＝746.9m² 已知墙顶标高 5.0m，混凝土基础面标高 1.05m L＝124.00m，H＝5.4m－1.05m＝4.35m F_2＝9124m×4.35m×2 排＝1078.8m² Σ＝F_1＋F_2＝746.9m²＋1078.8m²＝1825.7m²	m²	1825.7
5.4	0504	5.4 施工排水、降水 1. 湿土排水 K0＋270～K0＋367 段 K0＋367～K0491 段	第 1.1.3 条　湿土排水按原地面 1m 下的挖土数量计算。 原地面平均标高 4.425m，h＝4.425m－1.0m＝3.175m 97m×[(7.85＋2.9)÷2]×2.275m＋97m×[(1.3＋1.9)÷2]×0.9m＝1325.81m³ 原地面平均标高 5.175m，h＝5.175m－1.0m＝4.175m 124m×[(9.35＋3)÷2]×3.125＋124m×[(1.3＋1.9)÷2]×0.9m＝2571.37m³ Σ＝1325.81m³＋2571.37m³＝3897.18m³	项 m³	1 3897.18
		2. 竹箩滤井	第 1.1.4 条　筑拆集水井安排水管道，开槽埋管工程每 40m 设置一只，其他工程一般按每庄基坑设置一只，大型机坑按批准的施工组织设计确定。 221m÷40m/只＝5.525 只　取 6 只	只	6
		3. 坝内抽水	第 1.1.4 条　抽水定额适用于河塘及坝内河水的排除，工程量按实际排水体积计算 墙顶标高 5.0m，坑底标高 1.05m H＝4.4m－1.9m＝2.5m　b＝2.25m 221m×2.25m×2.5m＝1243.13m³	m³	1243.13
5.5	0505	5.5 围堰	第 1.2.1 条　围堰工程量围堰筑拆、使用及养护三部分。 1. 围堰筑拆按长度以米计算，公式如下： $L=A+2(B+C+D)$ 式中：L—围堰长度； A—结构物基础长度； B—结构物基础端边至围堰体内侧的距离； C—围堰体内侧至围堰中心的距离(即 1/2 围堰底宽)； D—平行结构物基础的围堰体一段与岸边的衔接距离。 当围堰直线长度大于 150m 时，可设腰围堰，腰围堰按草包围堰计算。 腰围堰道数＝围堰直线长度/50－2(尾数不足 1 倒时，计作 1 道) 腰围堰长度＝(D－围堰坝身平均宽度 1/2)×道数	m	240.25

续表

清单序号	项次包括项目编码	项目名称及说明	计算公式及说明	计量单位	计算结果

2. 围堰形式的选择

(1) 正常条件下围堰形式按围堰高选择，即围堰高度确定后，围堰的形式及相应的断面尺寸也就确定。见下表：

围堰高(m)	选择形式	围堰断面尺寸
1.00～3.00	草包围堰	顶宽1.5m，边坡：内侧1∶1，外侧临水面1∶1.5
3.01～4.00	圆木桩围堰	坝身宽2.5m
4.01～5.00	型钢桩围堰	坝身宽2.5m
5.01～6.00	钢板桩围堰	坝身宽3.00m
6.00以上	拉森钢板桩围堰	坝身宽3.35m

附注：围堰高＝(当地施工期的最高潮水位－设计图的实测围堰中心河底标高)＋0.50m。围堰中心河底标高是指结构物基础底的外边线增加0.5m后，以1∶1坡线与原河床线的交点向外平移0.3m为围堰脚内侧(或围堰坡脚)，再增加围堰底宽一半处的原河床底标高即为围堰中心河底标高。(见图)

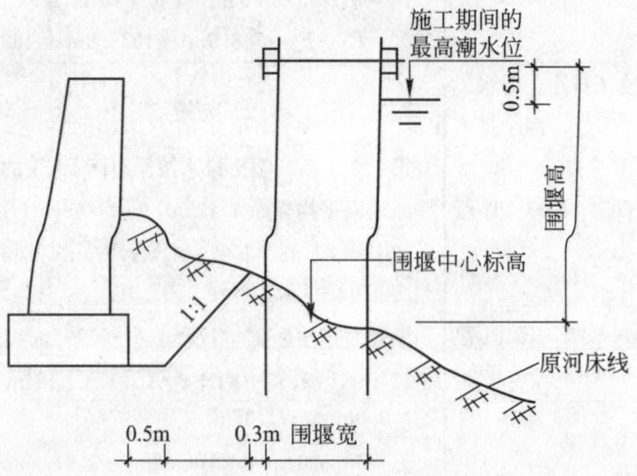

清单序号	项次包括项目编码	项目名称及说明	计算公式及说明	计量单位	计算结果
		1. 围堰筑拆部分			
		① 草包围堰筑拆(高≤3m)		延长米	6.75
			坝高：设计最高水位4.44m		
			坝高4.44－1.94＝2.5m，按H≤3m计取		
		围堰筑拆选择	当围堰高度在1.00～3.00m范围，查表得：则采用草包围堰型式		
			拦腰围堰道数＝围堰直线长度/50－2＝221.0m/50－2＝2.42≈3道		
			腰围堰长度＝(D－围堰坝身平均宽度1/2)×道数		
			养护部分 拦腰坝长＝(3.5－1.25)×3道＝6.75延长米		
		② 圆木桩围堰筑拆(高≤4m)		延长米	233.50
		位置	坝高：设计最高水位4.44m，围堰中心河底标高0.64m		
			H＝4.44m－0.64m＝3.80m		
			筑拆围堰圆木桩坝坝高H<4m，按H≤4m计取		
		围堰筑拆选择	当围堰高度在3.01～4.00m范围，查表得：则采用圆木桩围堰型式，坝身宽为2.5m		
			1. 结构物基础长度A＝221.0m		
			2. 结构物基础端边至围堰体内侧的距离B＝1.5		
			3. 围堰体内侧至围堰中心的距离(即1/2围堰底宽)C＝坝身宽÷2＝2.5m÷2＝1.25m		
			4. 平行结构物基础的围堰体一段与岸边的衔接距离D＝3.5		
			L＝221＋2×(1.5＋1.25＋3.5)＝233.5延长米		
		2. 围堰使用部分	第1.2.1条 3. 围堰使用：按长度乘以天数计算，草土围堰及圆木桩围堰不计使用工程量。		
		3. 围堰养护部分			

续表

清单序号	项次包括项目编码	项目名称及说明	计算公式及说明	计量单位	计算结果
		圆木桩围堰养护（高≤4m） 围堰养护 围堰施工天数	筑拆圆木桩坝 $H=4$m，按≤4m计取 第1.2.1条　3. 按长度乘以潮汛次计算，不受潮汛影响时，不计养护工程量 第1.2.1条　4. 潮汛次数按下列规定计算：(1)驳岸、桥台等新建工程：围堰使用天数为24d，潮汛次数为2次。(2)驳岸、桥台等翻建改建工程：围堰使用天数为31d，潮汛次数为2次。(3)驳岸工程中凡采用高桩承台结构形式的，则不考虑围堰。 拆除原有驳岸，需筑围堰时，其使用天数为12d，潮汛次数为1次。 养护＝坝长×潮汛次数＝L(延长米)×次/汛 坝养护＝233.5延长米×2次/潮汛＝467延长米·次	延长米·次	467
5.7	0507	5.7　现场施工围栏 移动式路拦(取 b＝1m)	第1.1.6条　施工路拦长度应根据施工现场实际需要设置，移动式路拦使用天数按施工合同计算；有桩基础，需筑圆木桩坝，驳岸平均高度4.1m，驳岸长度221m，查工期定额5－1－247为191d [221m＋(1.0m/端部×2端部)]×191d＝46031m·d	m·天	46031
5.8	0508	5.8　施工便道 铺筑施工便道(取 b＝4m)	第1.4.1条　便道 1. 便道长度规定，桥涵及护岸污水处理厂及隧道工程按批准的施工组织设计计算；2. 便道宽度规定(2)道路、护岸、排水管道工程为4m。 221m×4m＝884m²	m²	884
5.13	临时-001	5.13　堆料场地 现浇混凝土（5～20mm)C15	第1.4.3条　2. 堆场面积的其他规定：当单位工程主体采用商品混凝土时，堆料场地面积按上述规定的50%计算。 1. 堆场面积的一般规定(5)驳岸防汛墙为300m² 300m²×50%＝150m²	m²	150

4. 单位工程费用汇总表(表7-29)

单位工程费用汇总表……投表4　　　　**表7-29**

序　号	项　目　名　称	金　　额	序　号	项　目　名　称	金　　额
1	分部分项工程量清单计价合计	1534684	4	规费	4507
2	措施项目清单计价合计	1055479	5	税金	88478
3	其他项目清单计价合计		6	总计	2683149

5. 分部分项工程量、措施项目清单计价表(综合单价)

(1) 分部分项工程量清单计价表(表7-30)

分部分项工程量清单计价表(综合单价)……投表5　　　　**表7-30**

清单序号	项 目 编 码	项 目 名 称	计 量 单 位	数　量	综 合 单 价
1	040101002001	护岸挖土	m³	2643.69	18.91
2	040101006001	挖淤泥	m³	139.23	31.18
3	040103001001	填土方	m³	1717.90	38.47
4	040103002001	余土、旧料弃置	m³	1009.52	31.30

续表

清单序号	项目编码	项目名称	计量单位	数　量	综合单价
5	040103002002	泥浆场外运输	m³	139.23	54.05
6	040103003001	筑坝缺土内运	m³	2704.04	31.30
7	040301003001	钢筋混凝土方桩桩基	m	3765.00	135.62
8	040305001001	钢筋混凝土挡墙基础	m³	480.28	418.29
9	040305002001	现浇钢筋混凝土挡墙墙身	m³	332.40	406.56
10	040305004001	钢筋混凝土挡墙压顶	m³	27.63	385.08
11	040309006001	挡墙伸缩缝	m³	39.00	181.82
12	040701002	非预应力钢筋	m³	100.00	4211.66
13	040801006001	拆除砖结构	m³	61.80	41.42

(2) 措施项目(二)清单计价表(表 7-31)

措施项目(二)清单计价表(综合单价)……投表 6　　　　**表 7-31**

序　号	项目编码	项目名称	计量单位	数　量	综合单价
		措施项目(二)			
5		市政工程			
5.1	0501	大型机械设备进出场及安拆	项	1	33342.80
5.2	0502	混凝土、钢筋混凝土模板及支架	m²	6849.60	87.32
5.3	0503	脚手架	m²	1825.7	10.90
5.4	0504	施工排水、降水	项	1	44121.98
5.5	0505	围堰	m	240.25	1264.52
5.7	0507	现场施工围栏	m·d	46031	0.31
5.8	0508	便道	m²	884	41.10
5.14	临-001	堆料场地	m²	150	38.64

6. 分部分项工程量清单计价分析表(表 7-32)

分部分项工程量清单计价分析表……投表 10　　　　**表 7-32**

工程名称：护岸工程-清单

编制单位：

编号		名　称	单位	综合单价 工料单价	工程量	人工费	材料费	机械费	周材运输费	管理费	安全防护、文明	规费	税金	合计	总计
1		2	3	4	5	6	7	8	9	10	11	12	13	14	15
				4=14/5										6～11	6～13
															2683149
040101002001		护岸挖土	m³	18.91	2643.69							86.97	1707.39	49983	51778
1	S4-2-7	机械挖土(深≤6m)	m³	7.08	5459.64	11424.30		27223.94	193.24	4660.98	699.15	76.91	1509.90	44202	45788
2	S1-1-36	土方场内运输(运土 1km 以内)	m³	9.10	555.47	592.41		4462.83	25.28	609.66	91.45	10.06	197.50	5782	5989
040101006001		挖淤泥	m³	31.18	139.23							7.55	148.31	4342	4498
3	S1-1-7	挖淤泥	m³	27.27	139.23	2546.86		1249.39	18.98	457.83	68.67	7.55	148.31	4342	4498

续表

	编号	名　称	单位	综合单价 工料单价	工程量	人工费	材料费	机械费	周材运输费	管理费	安全防护、文明	规费	税金	合计	总计
	1	2	3	4	5	6	7	8	9	10	11	12	13	14	15
				4=14/5										6～11	6～13
040103001001		回填土	m^3	38.47	1717.90							115.01	2257.80	66096	68469
4	S4-2-8	回填土	m^3	12.76	4529.18	55488.12		2303.82	288.96	6969.71	1045.46	115.01	2257.80	66096	68469
040103002001		余方弃置	m^3	33.68	1009.52							59.16	1161.34	33998	35218
5	ZSM19-1-1	余土场外运输	m^3	27.50	1009.52			29874.90	0.00	3584.99	537.75	59.16	1161.34	33998	35218
040103002002		泥浆场外运输		54.05	139.23							13.10	257.09	7526	7796
6	ZSM20-1-1	泥浆场外运输	m^3	47.50	139.23			6613.42	0.00	793.61	119.04	13.10	257.09	7526	7796
040103002002		筑坝缺土内运	m^3	31.30	2704.04							147.24	2890.66	84623	87661
7	ZSM19-1-1	土方场外运输	m^3	27.50	2704.04			74361.10	0.00	8923.33	1338.50	147.24	2890.66	84623	87661
040301003001		钢筋混凝土方桩	m	135.62	3765.00							888.48	17442.54	510623	528954
8	S4-7-1 换	预制方桩混凝土 非泵送商品混凝土(5～20mm)C30	m^3	378.20	235.44	15155.60	66786.49	7102.20	445.22	10738.74	1610.81	177.20	3478.75	101839	105495
9	S4-7-70 换	预制构件场内运输(重≤10t，运距 200m)	m^3	39.29	235.44	3249.16	5476.97	523.18	46.25	1115.47	167.32	18.41	361.35	10578	10958
10	S4-3-2	支架上打钢混凝土方桩(L≤12m)	m^3	1391.63	235.44	4324.27	301376.76	21945.20	1638.23	39514.14	5927.12	652.02	12800.38	374726	388178
11	S4-3-55	支架上送方桩(L≤12m)	m^3	132.64	111.46	2299.95	807.35	11677.02	73.92	1782.99	267.45	29.42	577.59	16909	17516
12	S1-3-37 系	凿桩	m^3	332.89	17.26	2622.94	211.78	2910.91	28.73	692.92	103.94	11.43	224.47	6571	6807
040302002001		钢筋混凝土挡墙基础	m^3	418.29	480.28							349.56	6862.53	200898	208110
13	S4-6-1	基础碎石垫层	m^3	115.06	64.41	1431.25	5979.82		37.06	893.78	134.07	14.75	289.53	8476	8780
14	S4-6-2	基础混凝土垫层 现浇混凝土（5～40mm)C15	m^3	230.12	32.20	1358.44	5362.67	688.90	37.05	893.65	134.05	14.75	289.49	8475	8779
15	S4-6-9	承台商品混凝土 泵送商品混凝土(5～40mm)C25	m^3	307.74	480.28	2193.14	145106.54	503.79	739.02	17825.10	2673.76	294.13	5774.34	169041	175110
16	S1-1-30	商品混凝土泵车输送	m^3	26.73	487.48		131.62	12901.18	65.16	1571.76	235.76	25.94	509.16	14905	15441
040305002001		钢筋混凝土挡墙墙身	m^3	406.56	332.40							235.14	4616.27	135139	139991
17	S4-6-85	挡墙商品混凝土 泵送商品混凝土(5～40mm)C20	m^3	302.64	332.40	1369.78	98657.92	568.97	502.98	12131.96	1819.79	200.19	3930.08	115051	119182
18	S1-1-30	商品混凝土泵车输送	m^3	26.73	337.39		91.09	8928.86	45.10	1087.81	163.17	17.95	352.39	10316	10686
19	S4-5-23	碎石滤层	m^3	98.17	3.96	57.43	331.34		1.94	46.89	7.03	0.77	15.19	445	461
20	S4-5-22	砂滤层	m^3	96.61	12.54	128.03	1083.48		6.06	146.11	21.92	2.41	47.33	1386	1435
21	S2-1-32	铺设土工布(路基)	m^2	14.57	330.00	83.53	4723.38		24.03	579.71	86.96	9.57	187.79	5498	5695
22	S4-8-59	安装 PVC 塑料管泄水孔　水泥砂浆 M10	m	48.57	44.00	98.90	2038.16		10.69	257.73	38.66	4.25	83.49	2444	2532

续表

	编号	名　称	单位	综合单价 / 工料单价	工程量	人工费	材料费	机械费	周材运输费	管理费	安全防护、文明	规费	税金	合计	总计
	1	2	3	4	5	6	7	8	9	10	11	12	13	14	15
				4=14/5										6～11	6～13
	040305003001	钢筋混凝土挡墙压顶	m^3	385.08	27.63							18.51	363.44	10640	11022
23	S4-6-89	压顶商品混凝土　泵送商品混凝土(5～40mm)C20	m^3	309.56	27.63	136.61	8370.84	45.72	42.77	1031.51	154.73	17.02	334.15	9782	10133
24	S1-1-30	商品混凝土泵车输送	m^3	26.73	28.04		7.57	742.19	3.75	90.42	13.56	1.49	29.29	857	888
	040309006001	挡墙伸缩缝	m	181.82	39.00							12.34	242.22	7091	7346
25	S6-4-25	平板型橡胶止水带接缝处理	m	127.58	39.00	274.57	4700.86		24.88	600.04	90.01	9.90	194.38	5690	5895
26	S4-8-69	安装发泡聚乙烯沉降缝	m^2	21.34	57.39	80.96	1143.73		6.12	147.70	22.15	2.44	47.85	1401	1451
	040701002001	钢筋	t	4211.66	100.00							732.83	14386.75	421166	436286
27	S4-7-3	预制方桩钢筋	t	3612.68	45.18	13896.34	146901.15	2423.36	816.10	19684.43	2952.67	324.81	6376.66	186674	193376
28	S4-6-12	承台钢筋	t	3845.38	26.04	10845.36	85353.35	3935.01	500.67	12076.13	1811.42	199.27	3911.99	114522	118633
29	S4-6-87	挡墙钢筋	t	3640.18	27.47	9683.23	88871.29	1441.11	499.98	12059.47	1808.92	198.99	3906.60	114364	118470
30	S4-6-91	压顶钢筋	t	3741.84	1.31	553.36	4274.52	73.93	24.51	591.16	88.67	9.75	191.50	5606	5807
	040801006001	拆除工程	m^3	41.42	61.80							4.45	87.45	2560	2652
31	S1-3-33	拆除砖结构	m^3	36.22	61.80	2238.33			11.19	269.94	40.49	4.45	87.45	2560	2652
	0501	施工措施—大型机械进出场及安拆										58.02	1138.97	33343	34540
32	S4-7-2	预制方桩模板	m^2	19.55	1913.88	15941.66	18403.33	3074.05	187.10	4512.74	676.91	74.46	1461.88	42796	44332
33	S4-6-11	承台无底模模板	m^2	26.34	515.62	4416.67	8212.94	950.25	67.90	1637.73	245.66	27.02	530.53	15531	16089
34	S4-6-86	挡墙模板	m^2	32.05	1407.40	12611.18	25877.44	6617.27	225.53	5439.77	815.97	89.76	1762.18	51587	53439
35	S4-6-90	压顶模板	m^2	34.47	121.80	1470.83	2636.61	90.68	20.99	506.29	75.94	8.35	164.01	4801	4974
36	S4-1-7	水上桩基础工作平台(锤重≤2.5t)	m^2	192.49	2066.86	120378.84	109527.78	167937.18	1989.22	47979.96	7196.99	791.72	15542.84	455010	471345
37	S4-1-31	筑砖地模　水泥砂浆1∶2	m^2	30.11	824.04	5019.95	19695.42	95.83	124.06	2992.23	448.83	49.37	969.32	28376	29395
38	S1-1-16	双排脚手架(高≤10m)	m^2	9.53	1825.70	7073.67	9106.06	1223.41	87.02	2098.82	314.82	34.63	679.90	19904	20618
39	S4-1-20	组拆轨道式柴油打桩机(锤重≤2.5t)	架·次	5793.57	3.00	3007.00		14373.70	86.90	2096.11	314.42	34.59	679.02	19878	20592
40	ZSM21-2-12	3.5t以内柴油打桩机场外运输费	台·次	3229.00	1.00			3229.00	16.15	389.42	58.41	6.43	126.15	3693	3826
41	ZSM21-2-4	$1m^3$ 以内单斗挖掘机场外运输费	台·次	2734.00	1.00			2734.00	13.67	329.72	49.46	5.44	106.81	3127	3239
42	ZSM21-1-5	履带式起重机(25t以内)装卸费	台	646.00	1.00			646.00	3.23	77.91	11.69	1.29	25.24	739	765
43	ZSM21-2-19	履带式起重机(25t以内)场外运输费	台·次	5164.00	1.00			5164.00	25.82	622.78	93.42	10.28	201.75	5906	6118

续表

	编号	名　称	单位	综合单价 工料单价	工程量	人工费	材料费	机械费	周材运输费	管理费	安全防护、文明	规费	税金	合计	总计
	1	2	3	4	5	6	7	8	9	10	11	12	13	14	15
				4=14/5										6~11	6~13
	0502	施工措施—混凝土模板及支架	m^2	87.32	6849.60							1040.70	20430.76	598102	619573
	0503	施工措施—脚手架	m^2	10.90	1825.70							34.63	679.90	19904	20618
	0504	施工措施—施工降水、排水										76.77	1507.18	44122	45706
44	S1-1-9	湿土排水	m^3	9.63	3897.18	8260.07		29280.29	187.70	4527.37	679.11	74.71	1466.62	42935	44476
45	S1-1-11	筑拆竹箩滤井	座	40.47	6.00	56.66	186.16		1.21	29.28	4.39	0.48	9.49	278	288
46	S1-1-12	抽水	m^2	0.64	1243.13	209.78		585.66	3.98	95.93	14.39	1.58	31.08	910	942
	0505	围堰	m	1264.52	240.25							528.61	10377.62	303800	314707
47	S1-2-5	草包腰坝围堰筑拆(高≤3m)	延长米	1165.67	6.75	7118.50	749.74		39.34	948.91	142.34	15.66	307.39	8999	9322
48	S1-2-10	圆木桩围堰筑拆(高≤4m)	延长米	1004.31	233.50	136770.61	67613.31	30121.36	1172.53	28281.34	4242.20	466.67	9161.58	268201	277830
49	S1-2-11	圆木桩围堰养护(高≤4m)	m·次	49.80	467.00	18377.62	3126.19	1754.33	116.29	2804.93	420.74	46.28	908.64	26600	27555
	0507	施工措施—路栏	m·d	0.31	46031.00							24.50	480.94	14079	14585
50	S1-1-15	移动式施工路栏	m·d	26.74	46031.00	1806.77	7821.38	2682.23	61.55	1484.63	222.69	24.50	480.94	14079	14585
	0508	施工措施—便道	m^2	41.10	884.00							63.22	1241.11	36333	37637
51	S1-4-19	铺筑施工便道	m^2	35.94	884.00	17751.83	13358.23	658.04	158.84	3831.23	574.68	63.22	1241.11	36333	37637
	临-001	施工措施—堆料场地	m^2	38.64	150.00							10.09	198.00	5796	6005
52	S1-4-20	堆料场地　现浇混凝土(5～20mm)C15	m^2	33.79	150.00	2207.25	2715.65	145.30	25.34	611.22	91.68	10.09	198.00	5796	6005

7. 施工图预算书(表 7-33)

施工图预算书　　**表 7-33**

工程名称：护岸工程-预算

编制单位：

	编　号	名　称	单　位	单　价	工程量	合　价
		护岸	m	22359.57	120.00	2683149
1	S4-2-7	机械挖土(深≤6m)	m^3	7.08	5459.64	38648
2	S1-1-36	土方场内运输(运土 1km 以内)	m^3	9.10	555.47	5055
3	S4-2-8	回填土	m^3	12.76	4529.18	57792
4	S1-1-9	湿土排水	m^3	9.63	3897.18	37540
5	S1-1-11	筑拆竹箩滤井	座	40.47	6.00	243
6	S4-1-7	水上桩基础工作平台(锤重≤2.5t)	m^2	192.49	2066.86	397844
7	S4-7-1 换	预制方桩混凝土　非泵送商品混凝土(5～20mm)C30	m^3	378.20	235.44	89044
8	S4-7-2	预制方桩模板	m^2	19.55	1913.88	37419

续表

	编 号	名 称	单 位	单 价	工 程 量	合 价
9	S4-7-3	预制方桩钢筋	t	3612.68	45.18	163221
10	S1-3-33	拆除砖结构	m^3	36.22	61.80	2238
11	S4-1-31	筑砖地模 水泥砂浆 1∶2	m^2	30.11	824.04	24811
12	S4-7-70 换	预制构件场内运输(重≤10t，运距 200m)	m^3	39.29	235.44	9249
13	S4-3-2	支架上打钢混凝土方桩(L≤12m)	m^3	1391.63	235.44	327646
14	S4-3-55	支架上送方桩(L≤12m)	m^3	132.64	111.46	14784
15	S1-3-37 系	凿桩	m^3	332.89	17.26	5746
16	S4-6-1	基础碎石垫层	m^3	115.06	64.41	7411
17	S4-6-2	基础混凝土垫层 现浇混凝土(5~40mm)C15	m^3	230.12	32.20	7410
18	S4-6-9	承台商品混凝土 泵送商品混凝土(5～40mm)C25	m^3	307.74	480.28	147803
19	S4-6-11	承台无底模模板	m^2	26.34	515.62	13580
20	S4-6-12	承台钢筋	t	3845.38	26.04	100134
21	S1-1-16	双排脚手架(高≤10m)	m^2	9.53	1825.70	17403
22	S4-6-85	挡墙商品混凝土 泵送商品混凝土(5～40mm)C20	m^3	302.64	332.40	100597
23	S4-6-86	挡墙模板	m^2	32.05	1407.40	45106
24	S4-6-87	挡墙钢筋	t	3640.18	27.47	99996
25	S4-6-89	压顶商品混凝土 泵送商品混凝土(5～40mm)C20	m^3	309.56	27.63	8553
26	S4-6-90	压顶模板	m^2	34.47	121.80	4198
27	S4-6-91	压顶钢筋	t	3741.84	1.31	4902
28	S1-1-30	商品混凝土泵车输送	m^3	26.73	852.91	22803
29	S4-5-23	碎石滤层	m^3	98.17	3.96	389
30	S4-5-22	砂滤层	m^3	96.61	12.54	1212
31	S2-1-32	铺设土工布(路基)	m^2	14.57	330.00	4807
32	S4-8-59	安装 PVC 塑料管泄水孔 水泥砂浆 M10	m	48.57	44.00	2137
33	S6-4-25	平板型橡胶止水带接缝处理	m	127.58	39.00	4975
34	S4-8-69	安装发泡聚乙烯沉降缝	m^2	21.34	57.39	1225
35	S4-1-20	组拆轨道式柴油打桩机(锤重≤2.5t)	架·次	5793.57	3.00	17381
36	ZSM21-2-12	3.5t 以内柴油打桩机场外运输费	台·次	3229.00	1.00	3229
37	ZSM21-2-4	$1m^3$ 以内单斗挖掘机场外运输费	台·次	2734.00	1.00	2734
38	ZSM21-1-5	履带式起重机(25t 以内)装卸费	台	646.00	1.00	646
39	ZSM21-2-19	履带式起重机(25t 以内)场外运输费	台·次	5164.00	1.00	5164
40	S1-2-5	草包腰坝围堰筑拆(高≤3m)	延长米	1165.67	6.75	7868
41	S1-2-10	圆木桩围堰筑拆(高≤4m)	延长米	1004.31	233.50	234505
42	S1-2-11	圆木桩围堰养护(高≤4m)	延长米·次	49.80	467.00	23258
43	S1-1-7	挖淤泥	m^3	27.27	139.23	3796
44	S1-1-12	抽水	m^3	0.64	1243.13	795
45	ZSM19-1-1	余土、旧料场外运输	m^3	27.50	1086.36	29875
46	ZSM20-1-1	泥浆场外运输	m^3	47.50	139.23	6613
47	ZSM19-1-1	土方场外运输	m^3	27.50	2704.04	74361
48	S1-1-15	移动式施工路栏	100m·d	26.74	460.31	12310
49	S1-4-19	铺筑施工便道	m^2	35.94	884.00	31768
50	S1-4-20	堆料场地 现浇混凝土(5～20mm)C15	m^2	33.79	150.00	5068

8. 施工图预算费用表(表 7-34)

施工图预算费用表　　表 7-34

1	定额直接费	直接费合计	2154445
2	大型周材运输费	[1]×0.5%	10772
3	土方泥浆外运费	土方泥浆外运费	110849
4	直接费	[1]+[2]+[3]	2276066
5	综合费	[4]×11%	250367
6	安全防护、文明	[4]×2.8%	63730
7	施工措施费	施工措施费	
8	其他费用	([4]+[5]+[6]+[7])×(0.074%+0.1%)	4507
9	税前补差	税前补差	
10	税金	([4]+[5]+[6]+[7]+[8]+[9])×3.41%	88478
11	甲供材料	-甲供材料	
12	税后补差	税后补差	
13	总造价	[4] + [5] + [6] + [7] + [8] + [9] + [10] + [11] + [12]	2683149

9. 工程综合实体单价分析表［项目编码暨子目编号顺序对应编列］

(1) 分部分项工程项目清单(表 7-35)

分部分项工程项目清单　　表 7-35

序号	项目编码	项目名称	计量单位	数　量	综合单价	预算顺序号
					工料单价	
1	040101002	护岸挖土	m^3	2643.69	18.91	
	S4-2-7	机械挖土(深≤6m)	m^3	5459.64	7.08	1
	S1-1-36	土方场内运输(运土 1km 以内)	m^3	555.47	9.10	2
2	040101006	挖淤泥	m^3	139.23	31.18	
	S1-1-7	挖淤泥	m^3	139.23	27.27	43
3	040103001001	填土方	m^3	1717.90	38.47	
	S4-2-8	回填土	m^3	4529.18	12.76	3
4	040103002001	余土弃置	m^3	1009.52	31.30	
	ZSM19-1-1	余土场外运输	m^3	1086.36	27.50	45
5	040103002002	泥浆场外运输	m^3	139.23	54.05	
	ZSM20-1-1	泥浆场外运输	m^3	139.23	47.50	46
6	040103003001	筑坝缺土内运	m^3	2704.04	31.30	
	ZSM19-1-1	土方场外运输	m^3	2704.04	27.50	47
7	040301003001	钢筋混凝土方桩桩基	m	3765.00	135.62	
		预制方桩混凝土				
	S4-7-1 换	非泵送商品混凝土(5～20mm)C30	m^3	235.44	378.20	7
	S4-7-70 换	预制构件场内运输(重≤10t，运距 200m)	m^3	235.44	39.29	12
	S4-3-2	支架上打钢混凝土方桩(L≤12m)	m^3	235.44	1391.63	13
	S4-3-55	支架上送方桩(L≤12m)	m^3	111.46	132.64	14
	S1-3-37 系	凿桩	m^3	17.26	332.89	15

续表

序号	项目编码	项目名称	计量单位	数　量	综合单价	预算顺序号
					工料单价	
8	040305001	钢筋混凝土挡墙基础	m^3	480.28	418.29	
	S4-6-1	基础碎石垫层	m^3	64.41	115.06	16
	S4-6-2	基础混凝土垫层　现浇混凝土(5～40mm)C15	m^3	32.20	230.12	17
		承台商品混凝土				
	S4-6-9	泵送商品混凝土(5～40mm)C25	m^3	480.28	307.74	18
	S1-1-30	商品混凝土泵车输送	m^3	487.48	26.73	28
9	040305002	现浇钢筋混凝土挡墙墙身	m^3	332.40	406.56	
		挡墙商品混凝土				
	S4-6-85	泵送商品混凝土(5～40mm)C20	m^3	332.40	302.64	22
	S1-1-30	商品混凝土泵车输送	m^3	337.39	26.73	28
	S4-5-23	碎石滤层	m^3	3.96	98.17	29
	S4-5-22	砂滤层	m^3	12.54	96.61	30
	S2-1-32	铺设土工布(路基)	m^2	330.00	14.57	31
	S4-8-59	安装 PVC 塑料管泄水孔　水泥砂浆 M10	m	44.00	48.57	32
10	040305004	钢筋混凝土挡墙压顶	m^3	27.63	385.08	
		压顶商品混凝土				
	S4-6-89	泵送商品混凝土(5～40mm)C20	m^3	27.63	309.56	25
	S1-1-30	商品混凝土泵车输送	m^3	28.04	26.73	28
11	040309006	挡墙伸缩缝	m	39.00	181.82	
	S6-4-25	平板型橡胶止水带接缝处理	m	39.00	127.58	33
	S4-8-69	安装发泡聚乙烯沉降缝	m	57.39	21.34	34
12	040701002	非预应力钢筋	t	100.00	4211.66	
	S4-7-3	预制方桩钢筋	t	45.18	3612.68	9
	S4-6-12	承台钢筋	t	26.04	3845.38	20
	S4-6-87	挡墙钢筋	t	27.47	3640.18	24
	S4-6-91	压顶钢筋	t	1.31	3741.84	27
13	040801006001	拆除砖结构	m^3	61.80	41.42	
	S1-3-33	拆除砖结构	m^3	61.80	36.22	10

(2) 措施项目清单(表 7-36)

措施项目清单(二)　　**表 7-36**

清单序号	项目编码	项目名称	计量单位	数　量	综合单价	预算子目顺序号
		措施项目费(二)				
		5. 市政工程				
5.1	0501	大型机械设备进出场及安拆			33342.80	
	S4-1-20	组拆轨道式柴油打桩机(锤重≤2.5t)	架·次	3.00	5793.57	35
	ZSM21-2-12	3.5t 以内柴油打桩机场外运输费	台·次	1.00	3229.00	36
	ZSM21-2-4	$1m^3$ 以内单斗挖掘机场外运输费	台·次	1.00	2734.00	37

续表

清单序号	项目编码	项目名称	计量单位	数　量	综合单价	预算子目顺序号
	ZSM21-1-5	履带式起重机(25t以内)装卸费	台	1.00	646.00	38
	ZSM21-2-19	履带式起重机(25t以内)场外运输费	台·次	1.00	5164.00	39
5.2	0502	混凝土、钢筋混凝土模板及支架	m^2	6849.60	87.32	
	S4-7-2	预制方桩模板	m^2	1913.88	19.55	6
	S4-6-11	承台无底模模板	m^2	515.62	26.34	8
	S4-6-86	挡墙模板	m^2	1407.40	32.05	11
	S4-6-90	压顶模板	m^2	121.80	34.47	19
	S4-1-7	水上桩基础工作平台(锤重≤2.5t)	m^2	2066.86	192.49	23
	S4-1-31	筑砖地模　水泥砂浆 1：2	m^2	824.04	30.11	26
5.3	0503	脚手架	m^2	1825.7	10.90	
	S1-1-16	双排脚手架(高≤10m)	m^2	1825.70	9.53	21
5.4	0504	施工排水、降水			44121.98	
	S1-1-9	湿土排水	m^3	3897.18	9.63	4
	S1-1-11	筑拆竹箩滤井	座	6.00	40.47	5
	S1-1-12	抽水	m^3	1243.13	0.64	44
5.5	0505	围堰	m	240.25	1264.52	
	S1-2-5	草包腰坝围堰筑拆(高≤3m)	延长米	6.75	1165.67	40
	S1-2-10	圆木桩围堰筑拆(高≤4m)	延长米	233.50	1004.31	41
	S1-2-11	圆木桩围堰养护(高≤4m)	m·次	467.00	49.80	42
5.6	0507	现场施工围栏	m·d	46031	0.31	
	S1-1-15	移动式施工路栏	m·d	46031.00	26.74	48
5.7	0508	便道	m^2	884	41.10	
	S1-4-19	铺筑施工便道	m^2	884.00	35.94	49
5.14	临-001	堆料场地	m^2	150	38.64	
	S1-4-20	堆料场地　现浇混凝土(5～20mm)C15	m^2	150.00	33.79	50

第三节　隧道工程招投标编辑及应用的计算实例

一、盾构掘进工程

1. 工程概况及主要施工设计图纸

(1) 工程概况

1）盾构外径：11m

2）总长：800m

3）单线长：1600m

4）单线管片环数：1067 环

5）双线管片环数：533 环

6）单线特殊段：10 环

7）双线特殊段：5 环

8）直线段掘进：1600m×75％＝1200m

9）曲线段掘进：1600m×25％＝400m

10）管片混凝土：(5.68m×5.68m－5.2m×5.2m)×π＝16.41m³/m

11）管片混凝土16.41m³×1.5m/环＝26.42m³/环

12）衬砌压浆：5.68m×2×π×0.11m×2＝7.85m³/环

13）泵房井：2座

14）联络通道：2道

15）推进方式：采用大刀盘泥水平衡推进

16）盾构推进不包括工作井的制作

17）清单编制依据：《〈建设工程工程量清单计价规范〉上海市市政工程操作指南》，施工图纸等。

18）工程质量应达到优良标准。

19）投标报价按《〈建设工程工程量清单计价规范〉上海市市政工程操作指南》的统一格式。

20）人工、材料、机械费用按上海市市政工程市场信息2006年10月份计取。

(2) 主要施工设计图纸

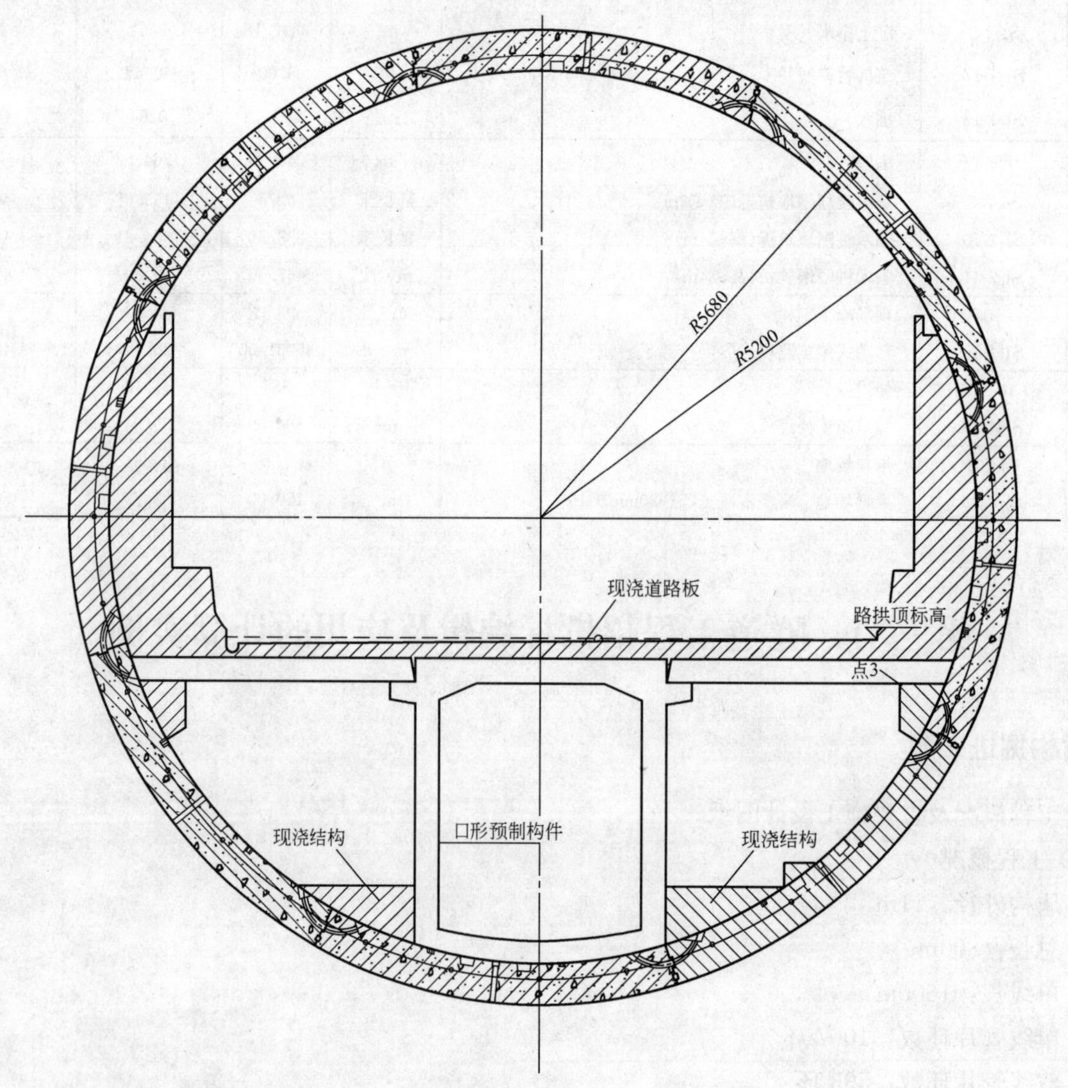

圆隧道道路结构横断面图(一)(1∶30)

2. 分部分项工程量、措施项目清单

(1) 分部分项工程量清单(表7-37)

分部分项工程量清单……招表4　　**表7-37**

序号	项目编码	项目名称	项目特征	工程内容	计量单位	工程数量
	D.1.3　填方及土石方运输					
1	040103002001	余方弃置	1. 废弃料品种：泥浆 2. 运距：1km	余方点装料运输至弃置点	m^3	152053.44
2	040103002002	旧料外运	1. 废弃料品种：混凝土 2. 运距：1km		m^3	415.27
	D.4.4　盾构推进					
3	040403001001	盾构吊装、拆除	1. 直径：ϕ11.36m(外径) 2. 规格型号	1. 整体吊装 2. 分体吊装 3. 车架安装	台·次	2
4	040403002001	隧道盾构掘进	1. 直径：11.36m(外径) 2. 规格：4461mm×1500mm×480mm 3. 形式：圆形	1. 负环段掘进 2. 出洞段掘进 3. 进洞段掘进 4. 正常段掘进 5. 负环管片拆除 6. 隧道内管线路拆除 7. 土方外运	m	1600
5	040403003001	衬砌压浆	1. 材料品种：石膏、粉煤灰 2. 配合比：1∶5.5	1. 同步压浆 2. 分块压浆	m^3	14125.48
6	040403004001	预制钢筋混凝土管片	1. 直径：11.36m(外径) 2. 厚度：480mm 3. 宽度：1500mm 4. 混凝土强度等级，石料最大直径：C40，5～20mm	1. 钢筋混凝土管片制作 2. 管片成环试拼(每100环试拼一组) 3. 管片安装 4. 管片场内外运输	m^3	27082.14
7	040403005001	钢管片	材质：钢材	1. 钢管片制作 2. 钢管片安装 3. 管片场内外运输	t	247.66
8	040403007001	管片设置密封条	1. 直径：11m 2. 材料：氯丁橡胶条 3. 规格：暂缺	密封条安装	环	1067
9	040403008001	隧道洞口柔性接缝环	1. 材料：乳胶水泥海绵橡胶板 2. 规格：11000mm×5500mm×50mm	1. 拆临时防水环板 2. 安装拆除临时止水带 3. 拆除洞口环管片 4. 安装钢环板 5. 柔性接缝环 6. 洞口混凝土环圈	m	138.16
10	040403009001	管片嵌缝	1. 材料：氯丁酚醛橡胶 2. 规格：303	1. 管片嵌缝 2. 管片手孔封堵	环	1067
11	040407008001	隧道内衬弓形底板	1. 混凝土强度等级：C30 2. 石料最大粒径：5～20mm	1. 混凝土浇筑 2. 养护	m^3	1784
12	040407009001	隧道内衬侧墙			m^3	2537.60
13	040407012001	隧道内混凝土路面	1. 厚度：300mm 2. 混凝土强度等级：C30 3. 石料最大粒径：5～20mm	1. 混凝土浇筑 2. 养护	m^2	11385.60
14	040407014001	隧道内附属结构混凝土	1. 车道侧石 2. 混凝土强度等级：C30 3. 石料最大粒径：5～20mm	1. 混凝土浇筑 2. 养护	m^3	1192.80

续表

序号	项目编码	项目名称	项目特征	工程内容	计量单位	工程数量
15	040407014002	隧道内附属结构混凝土	1. 现浇牛腿 2. 混凝土强度等级：C30 3. 石料最大粒径：5～20mm	1. 混凝土浇筑 2. 养护	m^3	936
16	040407014003		1. 口字形预制构件 2. 混凝土强度等级：C30 3. 石料最大粒径：5～20mm	1. 混凝土浇筑 2. 养护 3. 构件场外运输 4. 构件安装	m^3	5846.4
	D.7.1	钢筋工程				
			D.7.2.3 钢筋型钢工程量计算中设计注明搭接时，应计算搭接长度，设计未注明搭接时，不计算搭接长度			
17	040701002001	非预应力钢筋	1. 材质：HRB335 2. 部位：预制管片、弓形底板、现浇路面、侧墙、车道侧石、现浇牛腿、口字形构件	制作、安装	t	7037.47
18	040701005001	型钢	1. 材质：型钢 2. 规格：各种 3. 部位：钢轨枕、夹道板、钢管栏杆、金属支架、钢支撑	1. 制作 2. 运输 3. 安装、定位	t	256.80
	D.8.1	拆除工程				
19	040801007001	拆除混凝土结构	1. 结构形式：洞口封门钢筋混凝土 2. 强度：C30	1. 拆除 2. 运输	m^3	415.27

(2) 措施项目清单(表 7-38)

措施项目清单……招标 5　　**表 7-38**

序　号	项　次	项目编码	项目名称	单　位	数　量	备　注
	5		5　市政工程			
1	5.1	0501	大型机械进出场运输及安拆			
2	5.2	0502	混凝土、钢筋混凝土模板及支架			
3	5.3	0503	脚手架			
4	5.4	0504	施工排水、降水			
5	5.5	0505	围堰			
6	5.6	0506	筑岛			
7	5.7	0507	现场施工围栏			
8	5.8	0508	施工便道			
9	5.9	0509	便桥			
10	5.10	0510	洞内施工的通风、供水、供气、供电、照明及通信设施			
11	5.11	0511	驳岸块石清理			
12	5.12	沪 0512	地基加固			
13	5.13	沪 0513	地下监测			
14	5.14	临-001	堆场			

3. 分部分项工程量、措施项目清单计算方法

(1) 分部分项工程量清单计算方法(表 7-39)

分部分项工程量清单计算方法　　表 7-39

清单序号	项次包括项目编码	项目名称及说明	计算公式及说明	计量单位	计算结果
		D.3.1　填方及土石方运输工程量计算规则			
	040103002	余方弃置：按挖方清单项目工程量减利用回填方体积(正整)计算			
1	040103002001	泥浆外运	5.5m×5.5m×π×1600m	m^3	152053.44
2	040103002002	洞口封门混凝土外运	5.75m×5.75m×π×1m×4 幅	m^3	415.27
		D.4.3　盾构掘进工程量计算规则			
		1 盾构吊装吊拆	按设计图示数量计算		
		2 隧道盾构掘进	按设计图示掘进长度计算		
		3 衬砌压浆	按管片外径和盾构壳体外径所形成的充填体积计算		
		4 预制钢筋混凝土管片	按设计图示尺寸以体积计算		
		5 钢管片	按设计图尺寸以质量计算		
		6 管片设置密封条	按设计图示以数量计算		
		7 隧道内衬弓形底板	按设计图示尺寸以体积计算		
		8 隧道内衬侧墙	按设计图示尺寸以体积计算		
		9 隧道内附属结构混凝土	按设计图示尺寸以体积计算		
		10 隧道内混凝土路面	按设计图示尺寸以面积计算		
		11 非预应力钢筋	按设计图示尺寸以质量计算		
		12 拆除混凝土结构	按施工组织设计或设计图纸以数量计算		
3	040403001001	盾构吊装吊拆		台·次	2
		1 盾构吊装	1×2=2 只		
		2 盾构吊拆	1×2=2 只		
		3 车架安装	4×2=8 节		
		4 车架拆除	4×2=8 节		
4	040403002001	隧道盾构掘进		m	1600
		1 盾构基座制作	(22.19t+14.57t+9.51t)×2 幅=92.54t		
		2 负环段掘进	25m×2 幅=50m		
		3 出洞段掘进	40m×2 幅=80m		
		4 正常段掘进	1600m−80m−110m=1410m		
		5 进洞段掘进	11m×5m×2 幅=110m		
		6 负环管片拆除	25m×2 幅=50m		
		7 隧道内管线路拆除	1600m	m	1600
5	040403003001	衬砌压浆		m^3	14125.48
		衬砌同步压浆	$7.85m^3$×1600m	m^3	12555.98
		衬砌分块压浆	$7.85m^3$×400m×1/2 幅	m	1569.50
6	040403004001	预制钢筋混凝土管片		m^3	27082.14
		1 钢筋混凝土管片	(1600m−10m×1.5m/m)×$16.4m^3$×系数 1.01=$27082.14m^3$		
		2 管片水平拼装	1067m÷100m/组=11 组		
		3 管片短驳	27082.14=$27082.14m^3$		
7	040403005001	钢管片		t	247.66
		1 钢管片制作	单件重(1t 以外)247.66		
		2 钢管片短驳	247.66t÷7.85t/m=$31.55m^3$		
8	040403007001	管片设置密封条	1067	环	1067
9	040403008001	隧道洞口柔性接缝环	11m×π×4=138.16m	m	138.16
		1 安装临时钢环板	5.2t×4=20.8t		
		2 安装临时止水带	138.16m		
		3 拆除临时钢环板	20.8t		
		4 拆除洞口环管片	1.5m×$16.41m^3$×4 个=$98.4m^3$		
		5 安装接缝钢环板	0.245t×11×4×π=34t		
		6 柔性接缝环	138.16m		
		7 洞口钢筋混凝土	10.073m×$16.41m^3$/m=$165.29m^3$		

续表

清单序号	项次包括项目编码	项目名称及说明	计算公式及说明	计量单位	计算结果
10	040403009001	管片嵌缝		环	1067
		1 管片嵌缝	1067 环		
		2 压浆孔封拆	78 孔×1067=83226 孔		
		D.4.7	混凝土结构		
11	040403008001	隧道内侧弓形底板	(1.3m×0.8m+0.5m×0.3m/2)×1600m	m^3	1784
12	040403009001	隧道内衬侧墙混凝土	(2.955m+0.71m+0.1m+0.2m)×0.2m×1600×2m	m^3	2537.60
13	040403012001	隧道内混凝土路面	(0.55m+2.783m+0.15m+0.075m)×2m×1600m	m^2	11385.60
		C30 5～20mm 混凝土路面	(0.55m+2.783m+0.15m+0.075m)×2m×0.3m×1600m	m^3	3415.68
14	040403014	隧道内附属结构混凝土			
15	040403014001	C30 车道侧石	(0.65m×0.71m+0.4m×0.71m)×1600m	m^3	1192.8
16	040403014003	C30 口字形预制物件	(2.4m+0.3)×0.3m+3.04m×2m×0.3m+0.6m×0.3m+0.15m×0.2m×2+0.15m×0.2	m^3	5846.4
		构件场内运输	5846.4		
		构件安装	5846.4		
	040403014002	C30 现浇牛腿	(0.55m×0.45m+0.3m×0.15m)×2m×1600m	m^3	936
17	040701005001	D.7.1 非预应力钢筋工程		t	7037.47
		预制管片	27082.14m^3×0.165t/m^3=4468.55t		
		弓形底板	1784m×0.11t/m=196.24t		
		现浇路面	3415.68m^3×0.165t/m^3=563.59t		
		侧墙	2537.6m^3×0.145t/m^3=367.95t		
		车道侧石	1192.8m^3×0.12t/m^3=143.14t		
		现浇牛腿	936m^3×0.165t/m^3=154.44t		
		口字形构件	5864.4m^3×0.195t/m^3=1143.56t		
18	040701005001	金属栏杆		t	256.8
		钢轨枕	29.18kg×1600m÷1000kg/t=46.69t		
		走道板	66.21kg×1600÷1000kg/t=99.54t		
		钢管栏杆	23.72kg×1600m÷1000kg/t=37.95t		
		金属支架	35.32kg×1600m÷1000kg/t=56.51t		
		钢支架	322.22kg×1600m÷1000kg/t=16.11t		
		Σ	46.69t+99.54t+37.95t+56.51t+16.11t=256.8t	t	256.8
19	040801007001	拆除洞口混凝土	5.75m×5.75m×π×1m×4 幅	m^3	415.27

(2) 措施项目清单计算方法(表 7-40)

措施项目清单　　表 7-40

清单序号	项次包括项目编码	项目名称及说明	计算公式及说明	计量单位	计算结果
		措施项目费(二)			
5		5　市政工程			
5.1	0501	大型机械设备进出场及安拆		项	1
		1. 履带式起重机(25t 以内)装卸费	2	台	2
		2. 履带式起重机(25t 以内)场外运输费	2	台·次	2
		3. 履带式起重机(60～91t)装卸费	2	台	2
		4. 履带式起重机(60～90t)场外运输费	2	台·次	2
		5. 履带式起重机(300t)装卸费	2	台	2
		6. 履带式起重机(300t)场外运输费	2	台·次	2
5.2	0502	混凝土钢筋混凝土模板	工程量计算规则按混凝土接触面以面积计算	m^2	69081.6

续表

清单序号	项次包括项目编码	项目名称及说明	计算公式及说明	计量单位	计算结果
		1. 隧道内衬弓形底板模板	(1.3m+0.5m)×1600m	m^2	2880
		2. 隧道内衬侧墙模板	(2.955m+0.71m+0.1m+0.2m)×2×1600m	m^2	12688
		3. 车道侧石模板	0.71m×2 侧×1600m	m^2	2272
		4. 现浇牛腿模板	(0.45m+0.15m)×2 侧×1600m	m^2	1920
		5. 口字形预制构件模板	(3.04m+0.3m+2.4m+0.3m)×4 侧×1600m	m^2	38656
		6. 车道路面模板	(0.55m+2.783m)×2 侧×1600m	m^2	10665.6
5.7	0507	现场施工围栏		m	360
		现场施工围栏	工程量计算规则：按施工组织设以长度计算		
		封闭式砖基础施工路栏	(40m+50m)×2 侧×2 个	m	360
5.13	沪 0513	地下监测		项	1
		1. 纵向沉降及位移	107	孔	107
		2. 隧道直径变形	107	环	107
		3. 环缝、纵缝变化	107	个	107
		4. 衬砌表面变形	107	只	107
		5. 地下监测六项以内	300	组·d	300
5.14	临-001	堆料场地		m^2	500
			工程量计算规则第 1.4.3 条		
		1. 堆场面积的一般规定	隧道工程为 $1000m^2$		
		2. 堆场面积的其他规定	当单位工程主体采用商品混凝土时，堆料场地面积按上述规定的 50%计算		
			$1000m^2$×50%	m^2	500

4. 单位工程费用汇总表(表 7-41)

单位工程费用汇总表……投表 4　　　　**表 7-41**

序　号	项　目　名　称	金　　额	序　号	项　目　名　称	金　　额
1	分部分项工程量清单计价合计	154418993	4	规费	277230
2	措施项目清单计价合计	4908879	5	税金	5442534
3	其他项目清单计价合计		6	总计	165047637

5. 分部分项工程量、措施项目清单计价表(综合单价)

(1) 分部分项工程量清单计价表(表 7-42)

分部分项工程量清单计价表(综合单价)……投表 5　　　　**表 7-42**

清单序号	项 目 编 码	项 目 名 称	计 量 单 位	数　量	综 合 单 价
1	040103002001	泥浆场外运输	m^3	152053.44	54.06
2	040103002002	旧料场外运输	m^3	415.27	31.29
3	040403001001	盾构吊装、拆除	台·次	2.00	432725.74
4	040403002001	盾构掘进 ϕ11000	m	1600	23532.00
5	040403003001	衬砌压浆	m^3	14125.48	267.43

续表

清单序号	项目编码	项目名称	计量单位	数　量	综合单价
6	040403004001	预制钢筋混凝土管片	m^3	27082.14	1117.98
7	040403005001	钢管片制作	t	247.66	10932.83
8	040403007001	管片氯丁橡胶密封条	环	1067.00	5310.02
9	040403008001	柔性接缝环	m	138.16	15688.18
10	040403009001	管片嵌缝	环	1067.00	7466.45
11	040407008001	隧道内衬弓底板	m^3	1784.00	465.64
12	040407009001	隧道内衬侧墙混凝土	m^3	2537.60	836.51
13	040407012001	隧道内混凝土道路	m^3	11385.60	120.53
14	040407012002	预制口字形混凝土构件	m^3	5846.40	1915.92
15	040407014001	隧道内车道侧石	m^3	1192.80	430.98
16	040407014002	隧道内现浇牛腿混凝土	m^3	936.00	480.06
17	040701002001	非预应力钢筋	t	7037.47	5212.53
18	040701005001	金属构件	t	256.80	8464.19
19	040801007001	拆除钢混凝土结构	m^3	415.27	258.49

（2）措施项目清单计价表（表 7-43）

措施项目清单计价表（综合单价）……投表 6　　　　**表 7-43**

清单序号	编　码	名　称	单　位	工程量	综合单价
		措施项目费（二）			
5		5. 市政工程			
5.1	0501	大型机械设备进出场及安拆	项	1	245738
5.2	0502	混凝土、钢筋混凝土模板及支架	m^2	69081.6	62
5.7	0507	现场施工围栏	m	360	109.36
5.13	沪 0513	地下监测	项	1	351550
5.14	临-001	堆料场地	m^2	500	38.64

6. 分部分项工程量清单计价分析表（表 7-44）

分部分项工程量清单计价分析表……投表 10　　　　**表 7-44**

工程名称：盾构-清单

编制单位：

序号	编　号	名　称	单位	综合单价 工料单价	工程量	人工费	材料费	机械费	周材 运输费	管理费	安全防 护、文明	规　费	税　金	合　计	总　计
	1	2	3	4	5	6	7	8	9	10	11	12	13	14	15
				4=14/5										6～11	6～13
	040103002001	泥浆场外运输	m^3	54.06	152053.44							14301.49	280764.06	8219249	8514314
1	ZSM20-1-1	泥浆场外运输	m^3	47.50	152053.44			722538.40	0.00	866704.6	130005.69	14301.49	280764.06	8219249	8514314
	040103002002	旧料场外运输	m^3	31.29	415.27							22.61	443.93	12996	13462
2	ZSM19-1-1	旧料场外运输	m^3	27.50	415.27			11419.92	0.00	1370.39	205.56	22.61	443.93	12996	13462

续表

序号	编号	名称	单位	综合单价 工料单价	工程量	人工费	材料费	机械费	周材 运输费	管理费	安全防护、文明	规费	税金	合计	总计
	1	2	3	4	5	6	7	8	9	10	11	12	13	14	15
				4=14/5										6～11	6～13
	040403001001	盾构吊装、拆除	台·次	432725.74	2.00							1505.89	29563.25	865451	896521
3	S7-2-4 系	ϕ≤11000 盾构整体吊装	只	189039.19	2.00	53341.31	56955.85	267781.23	1890.39	45596.25	6839.44	752.38	14770.65	432404	447928
4	S7-2-8 系	ϕ≤11000 盾构整体吊拆	只	148524.73	2.00	42613.10	45437.65	208998.72	1485.25	35824.17	5373.62	591.13	11605.04	339733	351929
5	S7-2-10	安装盾构车架(20t 以内)	节	5873.74	8.00	6885.00	17705.19	22399.72	234.95	5666.98	850.05	93.51	1835.79	53742	55671
6	S7-2-12	拆除盾构车架(20t 以内)	节	4325.10	8.00	6196.50	8598.46	19805.86	173.00	4172.86	625.93	68.86	1351.77	39573	40993
	040403002001	盾构掘进 ϕ11000	m	23532.00	1600.00							65513.09	1286140.05	37651204	39002857
7	S7-7-14	盾构基座制作	t	5554.66	92.54	51501.98	362863.06	99663.07	2570.14	61991.79	9298.77	1022.93	20081.89	587889	608994
8	S7-2-81 换	ϕ≤11000 泥水平衡盾构负环段掘进非泵送商品混凝土(5～20mm)C40	m	36589.81	50.00	331257.04	389742.78	110490.75	9147.45	220636.5	33095.48	3640.72	71473.97	2092370	2167485
9	S7-2-82	ϕ≤11000 泥水平衡盾构出洞段掘进	m	33842.79	80.00	239266.65	641722.83	1826433.52	13537.12	326515.60	48977.28	5387.83	105772.76	3096453	3207613
10	S7-2-83	ϕ≤11000 泥水平衡盾构正常段掘进	m	17094.12	1410.00	1847063.40	8782512.83	13473132.8	120514	2906786.96	436018.01	47964.89	941637.13	27566027	28555629
11	S7-2-84	ϕ≤11000 泥水平衡盾构进洞段掘进	m	27564.73	110.00	257258.27	804048.47	1970813.10	15160.60	365673.65	54851.05	6033.98	118457.91	3467805	3592297
12	S7-2-135	拆除 ϕ≤11000 负环管片	m	6025.10	50.00	187331.00	16089.84	97834.28	1506.28	36331.37	5449.71	599.50	11769.34	344542	356911
13	S7-2-141	拆除 ϕ≤11000 水力出土隧道内管线路	m	271.12	1600.00	96984.00	43566.40	293236.18	2168.93	52314.66	7847.20	863.24	16947.04	496117	513928
	040403003001	衬砌压浆	m^3	267.43	14125.48							6572.97	129039.27	3777570	3913182
14	S7-2-85	衬砌同步压浆(石膏：粉煤灰=1：5.5)	m^3	235.24	12555.98	1123822.99	930740.83	899100.45	14768.32	356211.62	53431.79	5877.85	115392.84	3378076	3499347
15	S7-2-89	衬砌分块压浆(石膏：粉煤灰=1：5.5)	m^3	222.56	1569.50	140478.10	123929.12	84895.18	1746.51	42125.87	6318.88	695.12	13646.44	399494	413835
	040403004001	预制钢筋混凝土管片	m^3	1117.98	27082.14							52682.70	1034256.32	30277415	31364354
16	S7-2-104	预制 ϕ≤11000 钢混凝土管片　预制混凝土(5～20mm)C40	m^3	928.84	27082.14	3528308.59	1162181.0	10464617.9	125776	3033705.62	455055.89	50059.18	982751.91	28769645	29802456

续表

序号	编 号	名 称	单位	综合单价 工料单价	工程量	人工费	材料费	机械费	周材 运输费	管理费	安全防 护、文明	规 费	税 金	合 计	总 计
	1	2	3	4	5	6	7	8	9	10	11	12	13	14	15
				4=14/5										6～11	6～13
17	S7-2-110	ϕ≤11000管片成环水平拼装	组	8241.64	11.00	20786.29	18270.98	51600.72	453.29	10933.72	1640.00	180.41	3541.80	103685	107407
18	S7-2-115	ϕ≤11000管片短驳运输	m^3	45.33	27082.14	130705.18	54426.22	1042548.37	6138.40	148058.10	22208.73	2443.11	47962.61	1404085	1454491
	040403005001	钢管片制作	t	10932.83	247.66							4711.27	92490.69	2707626	2804828
19	S7-7-5	钢管片制作（单重>1t）	t	9553.49	247.66	311522.23	1213842.28	840652.57	11830.09	285341.58	42801.25	4708.42	92434.82	2705990	2803133
20	S7-2-115	钢管片短驳运输	m^3	45.33	31.55	152.27	63.41	1214.54	7.15	172.48	25.87	2.85	55.88	1636	1694
	040403007001	管片氯丁橡胶密封条	环	5310.02	1067.00							9516.83	186832.60	5469445	5665794
21	S7-2-120	ϕ≤11000管片氯丁橡胶密封条	环	4481.99	1067.00	228743.46	4188182.81	365352.96	23911.40	576742.8	86511.43	9516.83	186832.60	5469445	5665794
	040403008001	柔性接缝环	m	15688.18	138.16							3641	71474	2092365	2167479
22	S7-2-93	柔性接缝环临时防水环板	t	7764.60	20.80	14826.24	108636.49	38041.04	807.52	19477.35	2921.60	321.40	6309.58	184710	191341
23	S7-2-94	柔性接缝环临时止水缝	m	1815.53	138.16	27790.88	197064.83	25978.46	1254.17	30250.60	4537.59	499.17	9799.51	286877	297175
24	S7-2-95	拆除柔性接缝环临时钢环板	t	1659.77	20.80	11863.80	3359.38	19300.03	172.62	4163.50	624.52	68.70	1348.74	39484	40901
25	S7-2-96	拆除柔性接缝环洞口环管片	m^3	1714.70	98.40	61039.98	1759.00	105927.15	843.63	20348.37	3052.26	335.77	6591.74	192970	199898
26	S7-2-97	安装柔性接缝环钢环板	t	10177.12	34.00	29077.65	244229.64	72714.89	1730.11	41730.27	6259.54	688.59	13518.29	395742	409949
27	S7-2-98	柔性接缝环	m	3464.56	138.16	47794.72	388841.03	42027.63	2393.32	57726.80	8659.02	952.55	18700.27	547443	567095
28	S7-2-99换	柔性接缝环洞口钢混凝土环圈 泵送商品混凝土（5～20mm）C40	m^3	2354.73	165.29	68616.01	215522.97	105073.90	1946.06	46939.07	7040.86	774.54	15205.65	445139	461119
	040403009001	管片嵌缝	环	7466.45	1067.00							13862.07	272137.42	7966707	8252707
29	S7-2-130	ϕ≤11000管片氯丁乳胶水泥嵌缝	环	1474.86	1067.00	444522.87	909034.17	220123.01	7868.40	189785.8	28467.87	3131.66	61480.04	1799802	1864414
30	S5-2-138	压浆孔封拆	孔	64.79	83226.00	1575780.28	2879041.18	937291.21	26960.56	650288.7	97543.32	10730.42	210657.38	6166905	6388293
	040407008001	隧道内衬弓底板	m^3	465.64	1784.00							1445.43	28376.32	830705	860526
31	S7-5-33	内衬弓形底板混凝土泵送商品混凝土（5～20mm）C30	m^3	407.14	1784.00	38775.24	566978.06	120583.91	3631.69	87596.27	13139.44	1445.43	28376.32	830705	860526

续表

序号	编　号	名　称	单位	综合单价工料单价	工程量	人工费	材料费	机械费	周材运输费	管理费	安全防护、文明	规　费	税　金	合　计	总　计
	1	2	3	4	5	6	7	8	9	10	11	12	13	14	15
				4=14/5										6～11	6～13
040407009001		隧道内衬侧墙混凝土	m^3	836.51	2537.60							3693.55	72511.04	2122730	2198934
32	S7-5-39	安装隧道内衬侧墙及顶内衬　泵送商品混凝土(5～20mm)C30	m^3	731.41	2537.60	218734.78	1242641.24	394660.06	9280.18	223837.9	33575.69	3693.55	72511.04	2122730	2198934
040407012001		隧道内混凝土道路	m^2	120.53	11385.60							2387.75	46875.81	1372269	1421533
33	S7-5-21	隧道内路面板混凝土　泵送商品混凝土(5～20mm)C30	m^3	351.28	3415.68	23516.96	1062105.22	114239.18	5999.31	144703.84	21705.49	2387.75	46875.81	1372269	1421533
040407014001		隧道内车道侧石	m^3	430.98	1192.80							894.49	17560.37	514072	532527
34	S7-5-30换	车道侧石混凝土　非泵送商品混凝土(5～20mm)C40	m^3	376.83	1192.80	17270.25	358949.55	73266.06	2247.43	54207.99	8131.20	894.49	17560.37	514072	532527
040407014002		隧道内现浇牛腿混凝土	m^3	480.06	936.00							782	15349	449332	465463
35	S7-5-36换	牛腿混凝土泵送商品混凝土(5～20mm)C40	m^3	419.74	936.00	20091.24	303487.50	69300.37	1964.40	47381.22	7107.18	781.84	15348.88	449332	465463
040407014003		预制口字形混凝土构件	m^3	1915.92	5846.40							19490.16	382627.01	11201243	11603361
36	S4-7-27	预制口字形混凝土构件　预制混凝土(5～40mm)C30	m^3	296.90	5846.40	372848.31	1189238.05	173733.55	8679.10	209339.9	31400.98	3454.32	67814.47	1985240	2056509
37	S4-7-67	先张法构件出槽堆放(重≤20t)	m^3	25.46	5846.40	60773.33	731.02	87349.72	744.27	17951.80	2692.77	296.22	5815.38	170243	176355
38	S4-7-70换	预制构件场内运输(重≤10t,运距400m)	m^3	70.72	5846.40	119751.08	267801.00	25911.23	2067.32	49863.68	7479.55	822.80	16153.06	472874	489850
39	S4-8-9	陆上安装预制口字形混凝土构件	m^3	1282.12	5846.40	24565.84	7388388.0	82859.45	37479.07	903995.1	135599.26	14916.82	292844.10	8572887	8880648
040701002001		钢筋	t	5212.53	7037.47							63828.41	1253066.66	36682994	37999889
40	S7-2-105	预制钢混凝土管片钢筋	t	4799.83	4468.55	2373805.47	15829429.0	3245033.91	107241	2586661.17	387999.17	42682.50	837934.27	24530170	25410787
41	S7-5-35	内衬弓形底板钢筋	t	4003.90	196.24	55236.65	653587.21	76901.02	3928.62	94758.42	14213.76	1563.61	30696.46	898626	930886

续表

序号	编　号	名　称	单位	综合单价 工料单价	工程量	人工费	材料费	机械费	周材 运输费	管理费	安全防 护、文明	规　费	税　金	合　计	总　计
	1	2	3	4	5	6	7	8	9	10	11	12	13	14	15
				4＝14/5										6～11	6～13
42	S7-5-23	隧道内路面板钢筋	t	4030.73	563.59	162250.52	1838604.58	270824.09	11358.40	273964.51	41094.68	4520.69	88749.26	2598097	2691367
43	S7-5-11	墙钢筋	t	3897.61	367.95	100960.88	1199060.89	134103.44	7170.63	172955.50	25943.33	2853.94	56027.96	1640195	1699077
44	S7-5-32	车道侧石钢筋	t	5649.29	143.14	111353.97	491070.81	206214.24	4043.20	97521.87	14628.28	1609.21	31591.66	924832	958033
45	S7-5-38	牛腿钢筋	t	4239.18	154.44	59733.53	517490.42	77474.30	3273.49	78956.61	11843.49	1302.86	25577.55	748772	775652
46	S4-7-29	预制非预应力空心板梁钢筋	t	4084.71	1143.56	505723.83	3764081.77	401305.41	23355.56	563335.99	84500.40	9295.61	182489.51	5342303	5534088
040701005001		金属构件	t	8464.19	256.80							3651.00	71675.74	2098277	2173604
47	S7-7-17	钢轨枕制作	t	5280.20	46.69	24550.77	194153.24	27828.58	1232.66	29731.83	4459.77	490.60	9631.46	281957	292079
48	S7-7-12	配套定型走道板制作	t	8398.52	99.54	142475.33	602132.40	91381.22	4179.94	100820.27	15123.04	1663.64	32660.16	956112	990436
49	S7-7-23	钢管栏杆制作	t	7483.40	37.95	51014.76	204243.19	28737.00	1419.97	34249.79	5137.47	565.16	11095.03	324802	336462
50	S7-7-19	混合型支架制作	t	6153.93	56.51	47356.09	241600.33	58802.34	1738.79	41939.71	6290.96	692.05	13586.13	397728	412006
51	S7-7-25	钢支撑固定头制作	t	7472.38	16.11	11793.12	76068.69	32518.22	601.90	14517.83	2177.67	239.56	4702.97	137677	142620
040801007001		拆除钢混凝土结构	m^3	258.49	415.27							186.78	3666.78	107343	111197
52	S1-3-37	拆除钢混凝土结构	m^3	226.01	415.27	42071.32	5095.36	46690.32	469.29	11319.15	1697.87	186.78	3666.78	107343	111197
	0501	施工措施项目—大型机械设备进出场及安拆	项	245737.81	1.00							427.58	8394.24	245738	254560
53	ZSM21-1-5	履带式起重机（25t 以内）装卸费	台	646.00	2.00			1292.00	6.46	155.82	23.37	2.57	50.48	1478	1531
54	ZSM21-2-19	履带式起重机(25t 以内)场外运输费	台·次	5164.00	2.00			10328.00	51.64	1245.56	186.83	20.55	403.49	11812	12236
55	ZSM21-1-7	履带式起重机(60～91t)装卸费	台	1116.00	2.00			2232.00	11.16	269.18	40.38	4.44	87.20	2553	2644
56	ZSM21-2-21	履带式起重机(60～90t)场外运输费	台·次	13518.00	2.00			27036.00	135.18	3260.54	489.08	53.80	1056.23	30921	32031
57	ZSM21-1-9	履带式起重机(300t)装卸费	台	4079.00	2.00			8158.00	40.79	983.85	147.58	16.23	318.71	9330	9665
58	ZSM21-2-23	履带式起重机（300t）场外运输费	台·次	82909.00	2.00			165818.00	829.09	19997.65	2999.65	329.98	6478.13	189644	196452
	0502	施工措施项目—混凝土、钢筋混凝土模板	m^2	61.56	69081.60							7400	145276	4252902	4405578

续表

序号	编　号	名　　称	单位	综合单价 工料单价	工程量	人工费	材料费	机械费	周材 运输费	管理费	安全防 护、文明	规　费	税　金	合　计	总　计
	1	2	3	4	5	6	7	8	9	10	11	12	13	14	15
				4=14/5										6～11	6～13
59	S7-5-34	内衬弓形底板模板	m²	121.75	2880.00	97783.20	154574.50	98284.23	1753.21	42287.42	6343.11	697.78	13698.77	401026	415422
60	S7-5-13	衬墙模板	m²	51.42	12688.00	263612.23	263590.92	125233.19	3262.18	78683.82	11802.57	1298.36	25489.18	746185	772972
61	S7-5-31	车道侧石模板	m²	36.60	2272.00	37603.87	31320.64	14226.13	415.75	10027.97	1504.20	165.47	3248.50	95099	98513
62	S7-5-37	牛腿模板	m²	48.56	1920.00	32996.16	44457.33	15773.11	466.13	11243.13	1686.47	185.52	3642.15	106622	110450
63	S4-7-28	预制非预应力空心板梁模板	m²	48.19	38656.00	1014096.67	524196.34	324585.66	9314.39	224663.17	33699.48	3707.17	72778.36	2130556	2207041
64	S7-5-22	隧道内路面板模板	m²	63.40	10665.60	191140.88	323652.13	161451.77	3381.22	81555.12	12233.27	1345.74	26419.32	773414	801179
	0507	施工措施费—施工围护	m	109.36	360.00							68.50	1344.79	39368	40781
65	S1-1-14	封闭式施工路栏(砖基础)混合砂浆 M7.5	m	95.62	360.00	4663.17	29758.92		172.11	4151.30	622.70	68.50	1344.79	39368	40781
	临-001	施工措施费—堆料场地	m²	38.64	500.00							33.62	660.01	19322	20015
66	S1-4-20	堆料场地现浇混凝土(5～20mm)C15	m²	33.79	500.00	7357.50	9052.18	484.33	84.47	2037.42	305.61	33.62	660.01	19322	20015
	沪 0513	施工措施费—地下监测	项	351549.64	1.00							611.70	12008.70	351550	364171
67	S7-6-27	地下监测孔布置(隧道纵向沉降及位移)	孔	212.95	107.00	9136.46	4280.00	9369.17	113.93	2747.95	412.19	45.34	890.18	26060	26995
68	S7-6-28	地下监测孔布置(隧道直径变形)	环	349.24	107.00	17081.21	10918.66	9369.17	186.85	4506.71	676.01	74.37	1459.92	42739	44273
69	S7-6-29	地下监测孔布置(隧道环缝纵缝变化)	个	547.20	107.00	17081.21	32100.00	9369.17	292.75	7061.18	1059.18	116.52	2287.43	66963	69367
70	S7-6-30	地下监测孔布置(衬砌表面应变计)	只	547.20	107.00	17081.21	32100.00	9369.17	292.75	7061.18	1059.18	116.52	2287.43	66963	69367
71	S7-6-35	地下监控测试(六项以内)	组·d	433.75	300.00	113602.50		16524.00	650.63	15693.26	2353.99	258.95	5083.74	148824	154167

7. 施工图预算书(表 7-45)

施工图预算书　　　　表 7-45

工程名称：盾构-预算

编制单位：

序号	定额编号	名　　称	单　位	单　价	工程量	合　价
		隧道	m	103154.77	1600.00	165047637
1	S7-2-104	预制 $\phi\leqslant$11000 钢混凝土管片　预制混凝土(5～20mm)C40	m³	928.84	27082.14	25155107
2	S7-2-105	预制钢混凝土管片钢筋	t	4799.83	4468.55	21448268
3	S7-2-4 系	$\phi\leqslant$11000 盾构整体吊装	只	189039.19	2.00	378078

续表

序号	定额编号	名　　称	单　位	单　价	工程量	合　价
4	S7-2-8 系	ϕ≤11000 盾构整体吊拆	只	148524.73	2.00	297049
5	S7-2-10	安装盾构车架(20t 以内)	节	5873.74	8.00	46990
6	S7-2-12	拆除盾构车架(20t 以内)	节	4325.10	8.00	34601
7	S7-7-14	盾构基座制作	t	5554.66	92.54	514028
8	S7-2-110	ϕ≤11000 管片成环水平拼装	组	8241.64	11.00	90658
9	S7-2-115	ϕ≤11000 管片短驳运输	m^3	45.33	27082.14	1227680
10	S7-7-5	钢管片制作(单重>1t)	t	9553.49	247.66	2366017
11	S7-2-115	钢管片短驳运输	m^3	45.33	31.55	1430
12	S7-2-81 换	ϕ≤11000 泥水平衡盾构负环段掘进　非泵送商品混凝土(5～20mm)C40	m	36589.81	50.00	1829491
13	S7-2-82	ϕ≤11000 泥水平衡盾构出洞段掘进	m	33842.79	80.00	2707423
14	S7-2-83	ϕ≤11000 泥水平衡盾构正常段掘进	m	17094.12	1410.00	24102709
15	S7-2-84	ϕ≤11000 泥水平衡盾构进洞段掘进	m	27564.73	110.00	3032120
16	S7-2-135	拆除 ϕ≤11000 负环管片	m	6025.10	50.00	301255
17	S7-2-141	拆除 ϕ≤11000 水力出土隧道内管线路	m	271.12	1600.00	433787
18	S7-2-85	衬砌同步压浆(石膏：粉煤灰＝1：5.5)	m^3	235.24	12555.98	2953664
19	S7-2-89	衬砌分块压浆(石膏：粉煤灰＝1：5.5)	m^3	222.56	1569.50	349302
20	S7-2-120	ϕ≤11000 管片氯丁橡胶密封条	环	4481.99	1067.00	4782279
21	S7-2-93	柔性接缝环临时防水环板	t	7764.60	20.80	161504
22	S7-2-94	柔性接缝环临时止水缝	m	1815.53	138.16	250834
23	S7-2-95	拆除柔性接缝环临时钢环板	t	1659.77	20.80	34523
24	S7-2-96	拆除柔性接缝环洞口环管片	m^3	1714.70	98.40	168726
25	S7-2-97	安装柔性接缝环钢环板	t	10177.12	34.00	346022
26	S7-2-98	柔性接缝环	m	3464.56	138.16	478663
27	S7-2-99 换	柔性接缝环洞口钢混凝土环圈　泵送商品混凝土(5～20mm)C40	m^3	2354.73	165.29	389213
28	S7-2-130	ϕ≤11000 管片氯丁乳胶水泥嵌缝	环	1474.86	1067.00	1573680
29	S5-2-138	压浆孔封拆	孔	64.79	83226.00	5392113
30	S7-5-33	内衬弓形底板混凝土　泵送商品混凝土(5～20mm)C30	m^3	407.14	1784.00	726337
31	S7-5-34	内衬弓形底板模板	m^2	121.75	2880.00	350642
32	S7-5-35	内衬弓形底板钢筋	t	4003.90	196.24	785725
33	S7-5-39	安装隧道内衬侧墙及顶内衬　泵送商品混凝土(5～20mm)C30	m^3	731.41	2537.60	1856036
34	S7-5-13	衬墙模板	m^2	51.42	12688.00	652436
35	S7-5-11	墙钢筋	t	3897.61	367.95	1434125
36	S7-5-21	隧道内路面板混凝土　泵送商品混凝土(5～20mm)C30	m^3	351.28	3415.68	1199861
37	S7-5-22	隧道内路面板模板	m^2	63.40	10665.60	676245
38	S7-5-23	隧道内路面板钢筋	t	4030.73	563.59	2271679
39	S7-5-30 换	车道侧石混凝土　非泵送商品混凝土(5～20mm)C40	m^3	376.83	1192.80	449486
40	S7-5-31	车道侧石模板	m^2	36.60	2272.00	83151
41	S7-5-32	车道侧石钢筋	t	5649.29	143.14	808639
42	S7-5-36 换	内衬支承墙混凝土　泵送商品混凝土(5～20mm)C40	m^3	419.74	936.00	392879
43	S7-5-37	内衬支承墙模板	m^2	48.56	1920.00	93227
44	S7-5-38	内衬支承墙钢筋	t	4239.18	154.44	654698

续表

序号	定额编号	名　称	单　位	单　价	工程量	合　价
45	S4-7-27	预制非预应力空心板梁混凝土　预制混凝土(5～40mm)C30	m^3	296.90	5846.40	1735820
46	S4-7-28	预制非预应力空心板梁模板	m^2	48.19	38656.00	1862879
47	S4-7-29	预制非预应力空心板梁钢筋	t	4084.71	1143.56	4671111
48	S4-7-67	先张法构件出槽堆放(重≤20t)	m^3	25.46	5846.40	148854
49	S4-7-70 换	预制构件场内运输(重≤10t，运距 400m)	m^3	70.72	5846.40	413463
50	S4-8-9	陆上安装板梁(L≤10m)	m^3	1282.12	5846.40	7495813
51	S1-3-37	拆除钢混凝土结构	m^3	226.01	415.27	93857
52	ZSM19-1-1	旧料场外运输	m^3	27.50	415.27	11420
53	ZSM20-1-1	泥浆场外运输	m^3	47.50	152053.44	7222538
54	S7-7-17	钢轨枕制作	t	5280.20	46.69	246533
55	S7-7-12	配套定型走道板制作	t	8398.52	99.54	835989
56	S7-7-23	钢管栏杆制作	t	7483.40	37.95	283995
57	S7-7-19	混合型支架制作	t	6153.93	56.51	347759
58	S7-7-25	钢支撑固定头制作	t	7472.38	16.11	120380
59	ZSM21-1-5	履带式起重机(25t 以内)装卸费	台	646.00	2.00	1292
60	ZSM21-2-19	履带式起重机(25t 以内)场外运输费	台・次	5164.00	2.00	10328
61	ZSM21-1-7	履带式起重机(60～91t)装卸费	台	1116.00	2.00	2232
62	ZSM21-2-21	履带式起重机(60～90t)场外运输费	台・次	13518.00	2.00	27036
63	ZSM21-1-9	履带式起重机(300t)装卸费	台	4079.00	2.00	8158
64	ZSM21-2-23	履带式起重机(300t)场外运输费	台・次	82909.00	2.00	165818
65	S1-1-14	封闭式施工路栏(砖基础)　混合砂浆 M7.5	m	95.62	360.00	34422
66	S1-4-20	堆料场地　现浇混凝土(5～20mm)C15	m^2	33.79	500.00	16894
67	S7-6-27	地下监测孔布置(隧道纵向沉降及位移)	孔	212.95	107.00	22786
68	S7-6-28	地下监测孔布置(隧道直径变形)		349.24	107.00	37369
69	S7-6-29	地下监测孔布置(隧道环缝纵缝变化)	个	547.20	107.00	58550
70	S7-6-30	地下监测孔布置(衬砌表面应变计)	只	547.20	107.00	58550
71	S7-6-35	地下监控测试(六项以内)	组・d	433.75	300.00	130127

8. 施工图预算费用表(表 7-46)

施工图预算费用表　　**表 7-46**

1	定额直接费	直接费合计	132112397
2	大型周材运输费	[1]×0.5%	660562
3	土方泥浆外运费	土方泥浆外运费	7233958
4	直接费	[1]+[2]+[3]	140006917
5	综合费	[4]×12%	16800830
6	安全防护、文明	[4]×1.8%	2520125
7	施工措施费	施工措施费	
8	其他费用	([4]+[5]+[6]+[7])×(0.074%+0.1%)	277230
9	税前补差	税前补差	
10	税金	([4]+[5]+[6]+[7]+[8]+[9])×3.41%	5442534
11	甲供材料	甲供材料	
12	税后补差	税后补差	
13	总造价	[4]+[5]+[6]+[7]+[8]+[9]+[10]+[11]+[12]	165047637

9. 工程综合实体单价分析表［项目编码暨子目编号顺序对应编列］

(1) 分部分项工程项目清单(表 7-47)

分部分项工程项目清单　　**表 7-47**

序号	项目编码	项目名称	计量单位	数量	综合单价 工料单价	预算顺序号
	D.4.4	盾构推进				
1	040103002001	泥浆场外运输	m^3	152053.44	54.06	
	ZSM20-1-1	泥浆场外运输	m^3	152053.44	47.50	53
2	040103002002	旧料场外运输	m^3	415.27	31.29	
	ZSM19-1-1	旧料场外运输	m^3	415.27	27.50	52
3	040403001001	盾构吊装、拆除	台·次	2.00	432725.74	
	S7-2-4 系	$\phi\leqslant$11000 盾构整体吊装	只	2.00	189039.19	3
	S7-2-8 系	$\phi\leqslant$11000 盾构整体吊拆	只	2.00	148524.73	4
	S7-2-10	安装盾构车架(20t 以内)	节	8.00	5873.74	5
	S7-2-12	拆除盾构车架(20t 以内)	节	8.00	4325.10	6
4	040403002001	盾构掘进 ϕ11000	m	1600	23532.00	
	S7-7-14	盾构基座制作	t	92.54	5554.66	7
	S7-2-81 换	$\phi\leqslant$11000 泥水平衡盾构负环段掘进　非泵送商品混凝土(5～20mm)C40	m	50.00	36589.81	12
	S7-2-82	$\phi\leqslant$11000 泥水平衡盾构出洞段掘进	m	80.00	33842.79	13
	S7-2-83	$\phi\leqslant$11000 泥水平衡盾构正常段掘进	m	1410.00	17094.12	14
	S7-2-84	$\phi\leqslant$11000 泥水平衡盾构进洞段掘进	m	110.00	27564.73	15
	S7-2-135	拆除 $\phi\leqslant$11000 负环管片	m	50.00	6025.10	16
	S7-2-141	拆除 $\phi\leqslant$11000 水力出土隧道内管线路	m	1600.00	271.12	17
5	040403003001	衬砌压浆	m^3	14125.48	267.43	
	S7-2-85	衬砌同步压浆(石膏：粉煤灰＝1：5.5)	m^3	12555.98	235.24	18
	S7-2-89	衬砌分块压浆(石膏：粉煤灰＝1：5.5)	m^3	1569.50	222.56	19
6	040403004001	预制钢筋混凝土管片	m^3	27082.14	1117.98	
	S7-2-104	预制 $\phi\leqslant$11000 钢混凝土管片　预制混凝土(5～20mm)C40	m^3	27082.14	928.84	1
	S7-2-110	$\phi\leqslant$11000 管片成环水平拼装	组	11.00	8241.64	8
	S7-2-115	$\phi\leqslant$11000 管片短驳运输	m^3	27082.14	45.33	9
7	040403005001	钢管片制作	t	247.66	10932.83	
	S7-7-5	钢管片制作(单重＞1t)	t	247.66	9553.49	10
	S7-2-115	钢管片短驳运输	m^3	31.55	45.33	11
8	040403007001	管片氯丁橡胶密封条	环	1067.00	5310.02	
	S7-2-120	$\phi\leqslant$11000 管片氯丁橡胶密封条	环	1067.00	4481.99	20
9	040403008001	柔性接缝环	m	138.16	15688.18	
	S7-2-93	柔性接缝环临时防水环板	t	20.80	7764.60	21
	S7-2-94	柔性接缝环临时止水缝	m	138.16	1815.53	22
	S7-2-95	拆除柔性接缝环临时钢环板	t	20.80	1659.77	23
	S7-2-96	拆除柔性接缝环洞口环管片	m^3	98.40	1714.70	24
	S7-2-97	安装柔性接缝环钢环板	t	34.00	10177.12	25
	S7-2-98	柔性接缝环	m	138.16	3464.56	26
	S7-2-99 换	柔性接缝环洞口钢混凝土环圈　泵送商品混凝土(5～20mm)C40	m^3	165.29	2354.73	27

续表

序号	项目编码	项目名称	计量单位	数　量	综合单价 工料单价	预算顺序号
10	040403009001	管片嵌缝	环	1067.00	7466.45	
	S7-2-130	ϕ≤11000管片氯丁乳胶水泥嵌缝	环	1067.00	1474.86	28
	S5-2-138	压浆孔封拆	孔	83226.00	64.79	29
11	040407008001	隧道内衬弓底板	m^3	1784.00	465.64	
	S7-5-33	内衬弓形底板混凝土　泵送商品混凝土(5～20mm)C30	m^3	1784.00	407.14	30
12	040407009001	隧道内衬侧墙混凝土	m^3	2537.60	836.51	
	S7-5-39	安装隧道内衬侧墙及顶内衬　泵送商品混凝土(5～20mm)C30	m^3	2537.60	731.41	33
13	040407012001	隧道内混凝土道路	m^3	11385.60	120.53	
	S7-5-21	隧道内路面板混凝土　泵送商品混凝土(5～20mm)C30	m^3	3415.68	351.28	36
14	040407012002	预制口字形混凝土构件	m^3	5846.40	1915.92	
	S4-7-27	预制口字形混凝土构件　预制混凝土(5～40mm)C30	m^3	5846.40	296.90	45
	S4-7-67	先张法构件出槽堆放(重≤20t)	m^3	5846.40	25.46	48
	S4-7-70换	预制构件场内运输(重≤10t，运距400m)	m^3	5846.40	70.72	49
	S4-8-9	陆上安装预制口字形混凝土构件	m^3	5846.40	1282.12	50
15	040407014001	隧道内车道侧石	m^3	1192.80	430.98	
	S7-5-30换	车道侧石混凝土　非泵送商品混凝土(5～20mm)C40	m^3	1192.80	376.83	39
16	040407014002	隧道内现浇牛腿混凝土	m^3	936.00	480.06	
	S7-5-36换	牛腿混凝土　泵送商品混凝土(5～20mm)C40	m^3	936.00	419.74	42
17	040701002001	非预应力钢筋	t	7037.47	5212.53	
	S7-2-105	预制钢混凝土管片钢筋	t	4468.55	4799.83	2
	S7-5-35	内衬弓形底板钢筋	t	196.24	4003.90	32
	S7-5-23	隧道内路面板钢筋	t	563.59	4030.73	35
	S7-5-11	墙钢筋	t	367.95	3897.61	38
	S7-5-32	车道侧石钢筋	t	143.14	5649.29	41
	S7-5-38	牛腿钢筋	t	154.44	4239.18	43
	S4-7-29	预制非预应力空心板梁钢筋	t	1143.56	4084.71	47
18	040701005001	金属构件	t	256.80	8464.19	
	S7-7-17	钢轨枕制作	t	46.69	5280.20	54
	S7-7-12	配套定型走道板制作	t	99.54	8398.52	55
	S7-7-23	钢管栏杆制作	t	37.95	7483.40	56
	S7-7-19	混合型支架制作	t	56.51	6153.93	57
	S7-7-25	钢支撑固定头制作	t	16.11	7472.38	58
19	040801007001	拆除钢混凝土结构	m^3	415.27	258.49	
	S1-3-37	拆除钢混凝土结构	m^3	415.27	226.01	51

(2) 措施项目清单(表7-48)

措施项目清单　　表7-48

序号	项目编码	项目名称	计量单位	数　量	综合单价 工料单价	预算顺序号
		措施项目费(二)				

续表

序号	项目编码	项目名称	计量单位	数　量	综合单价 工料单价	预算顺序号
5		5　市政工程				
5.1	0501	大型机械设备进出场及安拆	项	1.00	245738	
	ZSM21-1-5	履带式起重机(25t以内)装卸费	台	2.00	646.00	59
	ZSM21-2-19	履带式起重机(25t以内)场外运输费	台・次	2.00	5164.00	60
	ZSM21-1-7	履带式起重机(60～91t)装卸费	台	2.00	1116.00	61
	ZSM21-2-21	履带式起重机(60～90t)场外运输费	台・次	2.00	13518.00	62
	ZSM21-1-9	履带式起重机(300t)装卸费	台	2.00	4079.00	63
	ZSM21-2-23	履带式起重机(300t)场外运输费	台・次	2.00	82909.00	64
5.2	0502	混凝土、钢筋混凝土模板及支架	m^2	69081.6	61.56	
	S7-5-34	内衬弓形底板模板	m^2	2880.00	121.75	31
	S7-5-13	衬墙模板	m^2	12688.00	51.42	34
	S7-5-31	车道侧石模板	m^2	2272.00	36.60	40
	S7-5-37	牛腿模板	m^2	1920.00	48.56	44
	S4-7-28	预制非预应力空心板梁模板	m^2	38656.00	48.19	46
	S7-5-22	隧道内路面板模板	m^2	10665.60	63.40	37
5.7	0507	现场施工围栏	m	360	109.36	
	S1-1-14	封闭式施工路栏(砖基础)　混合砂浆 M7.5	m	360.00	95.62	65
5.13	沪 0513	地下监测	项	1.00	351549.64	
	S7-6-27	地下监测孔布置(隧道纵向沉降及位移)	孔	107.00	212.95	67
	S7-6-28	地下监测孔布置(隧道直径变形)	环	107.00	349.24	68
	S7-6-29	地下监测孔布置(隧道环缝纵缝变化)	个	107.00	547.20	69
	S7-6-30	地下监测孔布置(衬砌表面应变计)	只	107.00	547.20	70
	S7-6-35	地下监控测试(六项以内)	组・d	300.00	433.75	71
5.14	临-001	堆料场地	m^2	500	38.64	
	S1-4-20	堆料场地　现浇混凝土(5～20mm)C15	m^2	500.00	33.79	66

二、地下连续墙工程

1. 工程概况及主要施工设计图纸

(1) 工程概况

1) 工程范围：K0＋490.8～K0＋550 全长。

2) 结构形式：地下连续墙深度分别为 28m 和 31m，墙厚均为 0.8m。

3) 挖土：长度为 59.2m，平均宽度为 20.38m，平均深度为 15.97m，支撑形式：大型支撑采用钢筋混凝土梁型钢及 ϕ609 钢管支撑。与 ϕ800 钻孔灌注桩相结合，井点降水采用大口径深 25m 井点降水。

4) 地基加固形式：采用高压旋喷桩。

5) 清单编制依据：《〈建设工程工程量清单计价规范〉上海市市政工程操作指南》，施工设计图文件等。

6) 工程质量应达到优良标准。

7) 投标报价按《〈建设工程工程量清单计价规范〉上海市市政工程操作指南》的统一格式。

8) 人工、材料、机械费用按上海市市政工程市场信息 2006 年 10 月份计取。

(2) 主要施工设计图纸

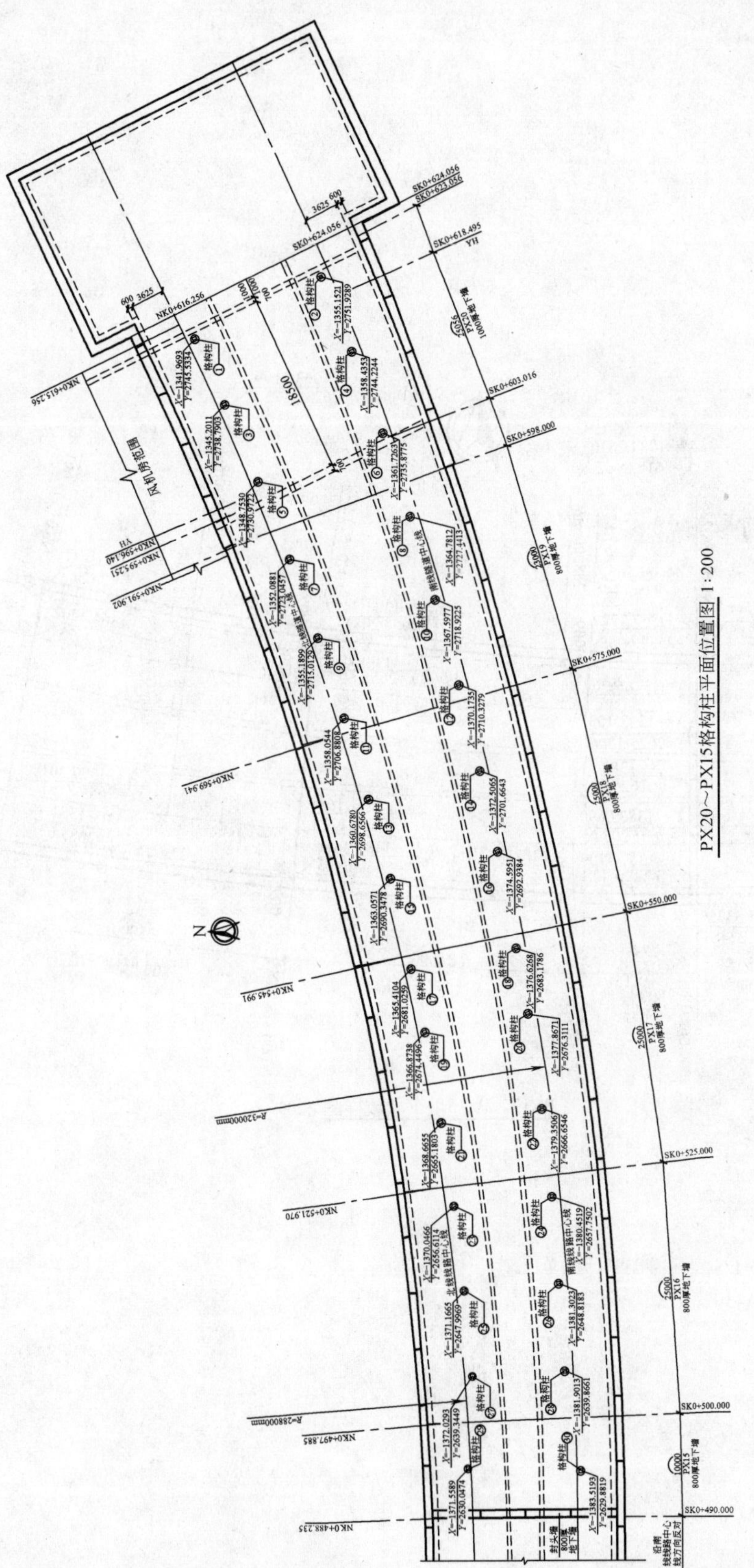

PX20～PX15格构柱平面位置图 1:200

地下连续墙(一)

说明：

1. 本图尺寸以毫米为单位，坐标、里程以米为单位。
2. 图中坐标均为柱中心坐标。

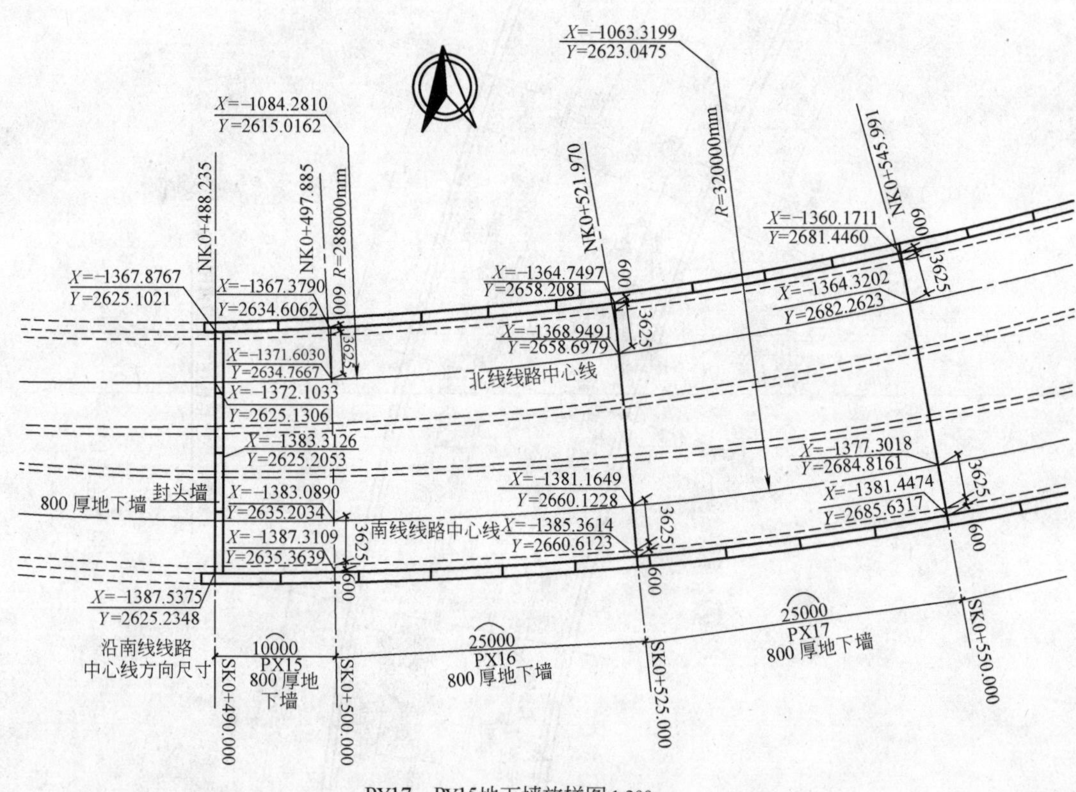

PX17～PX15地下墙放样图 1:200

地下连续墙（二）

说明：

1. 本图尺寸以毫米为单位，坐标、里程以米为单位。
2. 其余参见图 04-03(A)-01。

支撑设计轴力表(kN/m)

里程区域 支撑道数	SK0+550.000～SK0+525.000		SK0+525.000～SK0+500.000		SK0+500.00～SK0+490.000	
	支撑设计轴力	支撑预加力	支撑设计轴力	支撑预加力	支撑设计轴力	支撑预加力
第一道钢筋混凝土支撑	200		140		205	
第二道钢支撑	390	315	320	260	415	335
第三道钢支撑	460	370	460	370	550	440
第四道钢支撑	550	440	540	440	700	
第五道钢支撑	750	600	730	590	490	560
第六道钢支撑	550	440	540	435	550	400

根据变更/修改设计通知单编号修 04-03-01 第 3 条 *a*、*b*、*c*

根据变更/修改设计通知单编号修 04-03-01 第 2 条

围护结构设计说明(三)

(SK0+550.000～SK0+490.000)

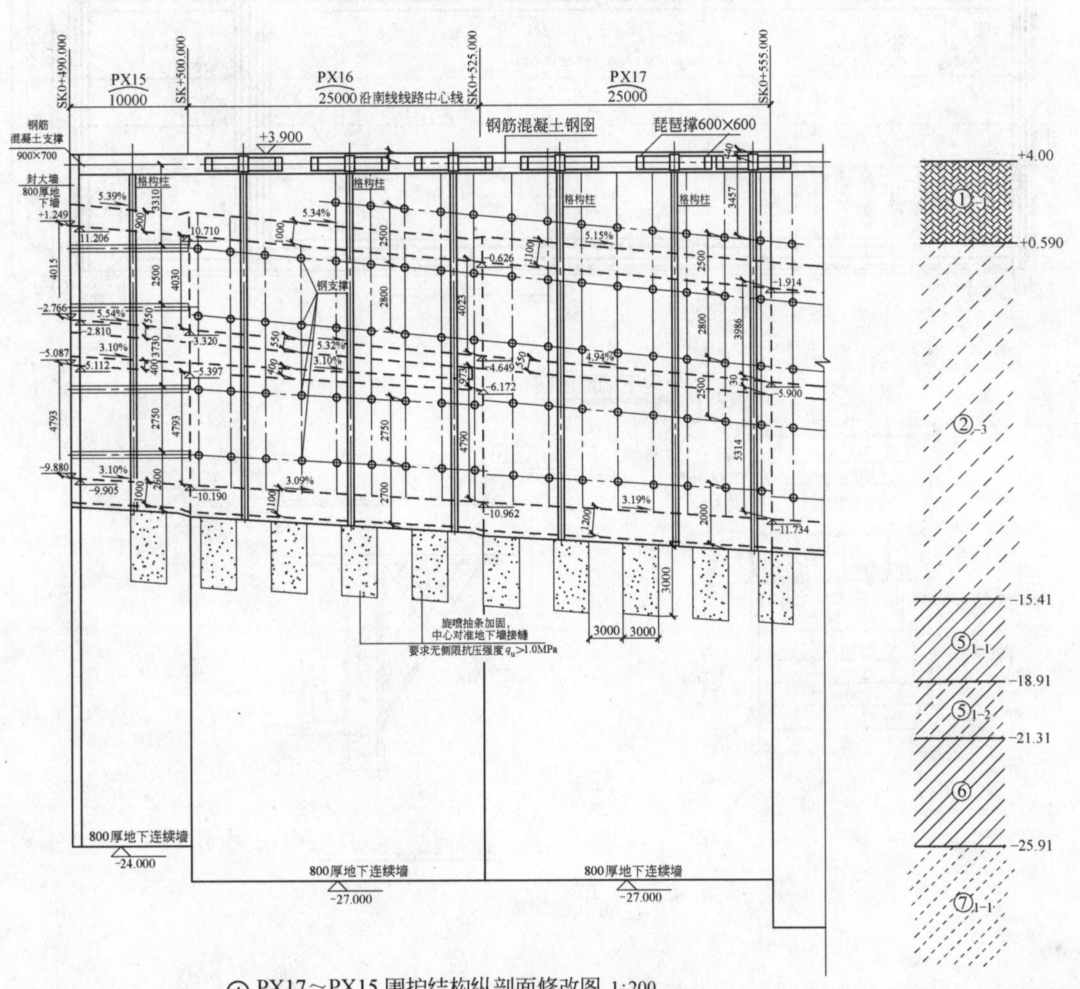

④ PX17～PX15 围护结构纵剖面修改图 1:200

地下连续墙(三)

说明：本图尺寸以毫米为单位，标高及里程以米为单位，标高为绝对标高。

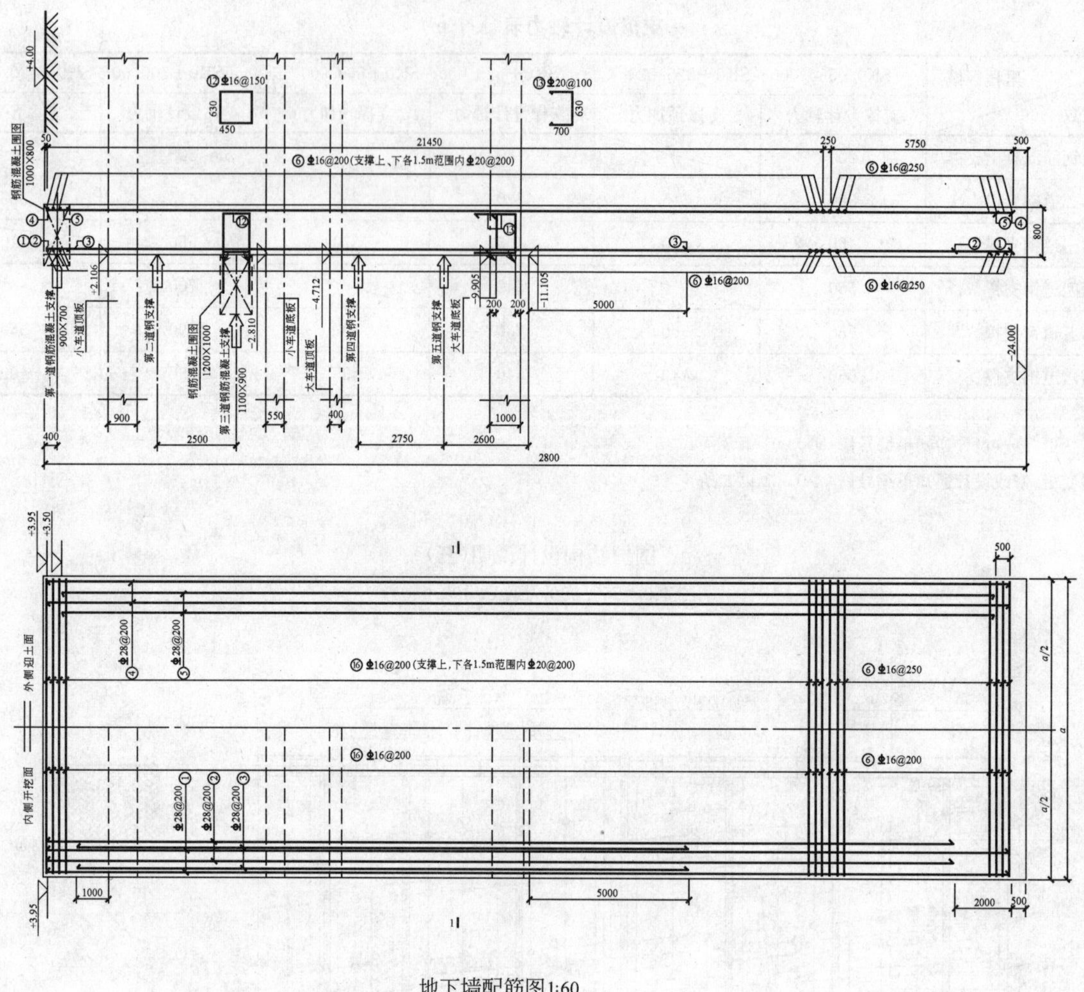

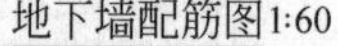

地下墙配筋图1:60

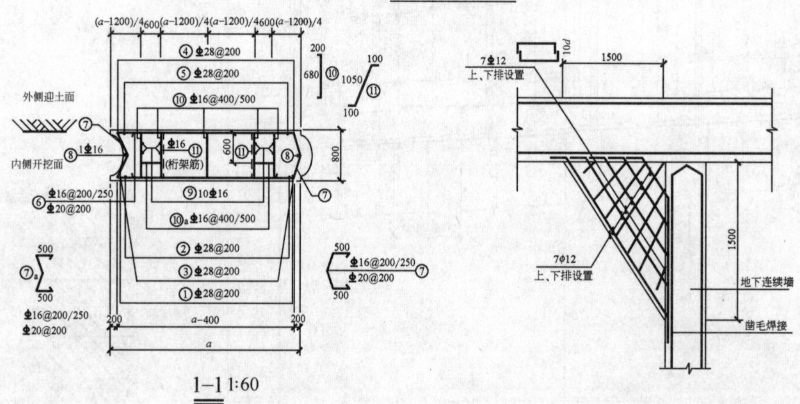

1—1 1:60

钢筋混凝土角撑配筋图（板厚300）

地下连续墙（六）

说明：

1. 本图尺寸以毫米为单位，标高为绝对标高，以米计。
2. 本图为DF15地下墙配筋图，地下墙幅宽尺寸 a 详见图04-03(A)-10。
3. 地下墙施工时必须满足图04-03(A)-09的要求。
4. 地下墙纵向钢筋根数必须按照［幅宽 a/钢筋间距+1］放足。
5. 支撑标高及顶板、中板、底板的厚度和标高详见图04-03(A)-10。
6. 墙面上钢斜撑预埋件由施工单位设置，钢支撑轴力详见图04-03(A)-09。

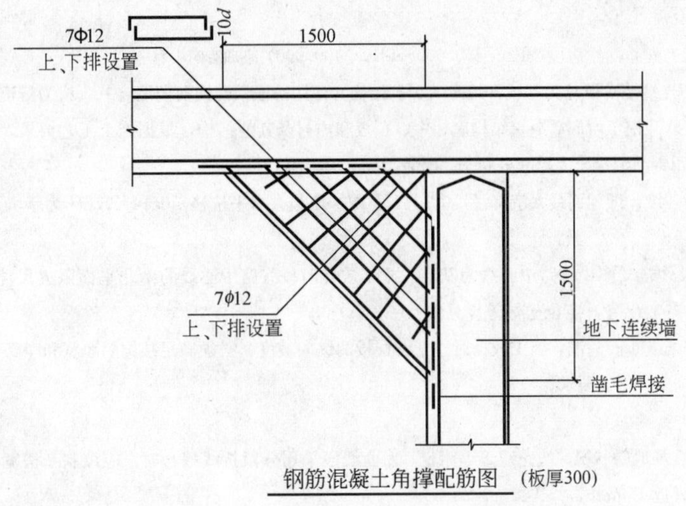

钢筋混凝土角撑配筋图　(板厚300)

地下连续墙(九)

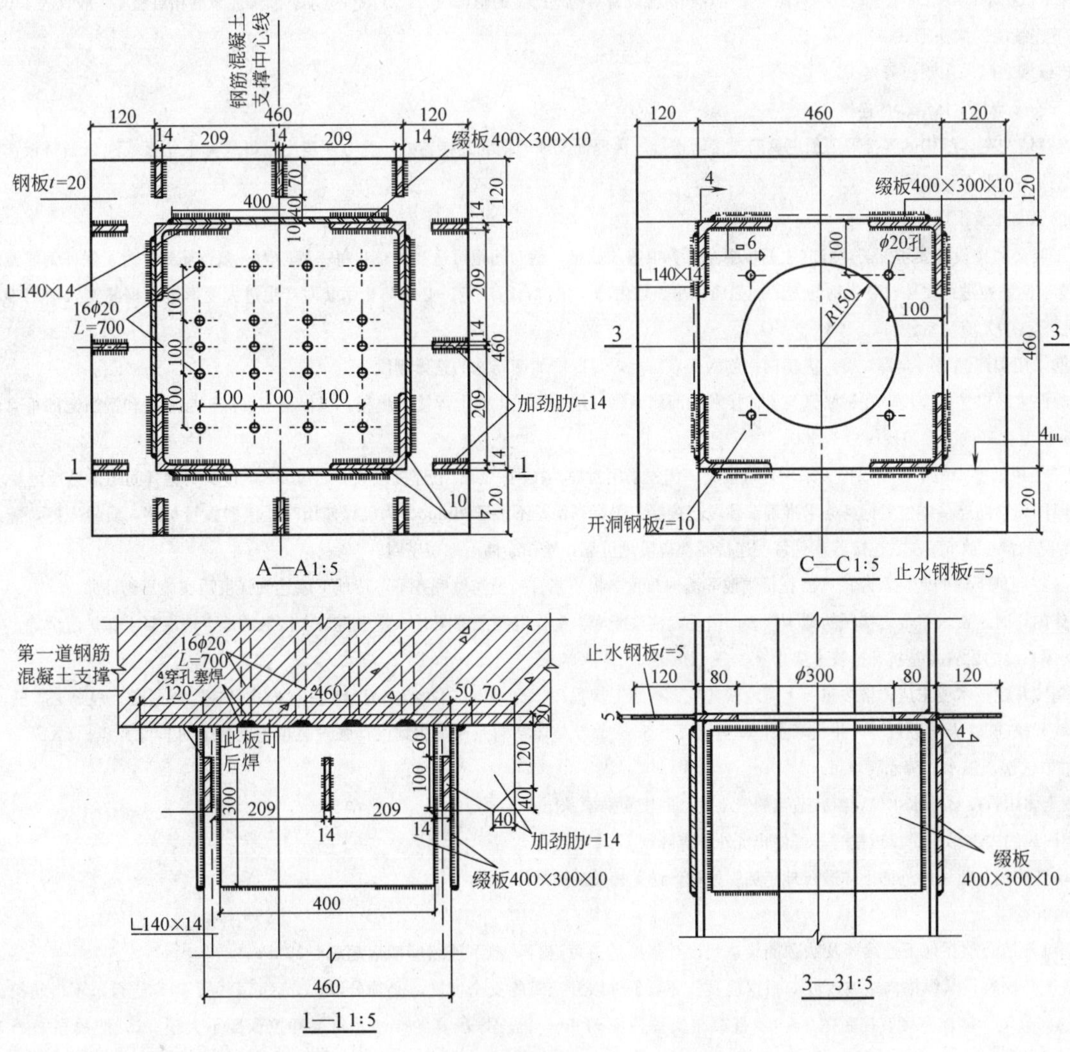

地下连续墙(十)

说明：

1. 本图尺寸以毫米为单位。
2. 图中剖面位置详见图04-03(A)-16。
3. 格构柱为Q235A钢，焊条为E43XX，未注明之焊缝高度均为10mm，格构选用4L 140×14等肢角钢，缀板为4—400×300×10。

一、设计原则

1. 本套图纸为复兴东路隧道工程浦西岸边段(SK0＋550.000～SK0＋490.000)围护结构设计：

隧道两侧采用800mm厚地下连续墙，既作为基坑开挖时的围护结构，使用阶段又与内衬两墙合一，成为隧道结构的主体部分。

2. 基坑均采用明挖法施工，即开挖至坑底后顺筑结构底、中、顶板和内衬及其他结构，根据施工工艺要求，PX17段上层车道底板待盾构推进结束后再浇筑。基坑内支撑采用钢筋混凝土支撑和外径ϕ609(δ=16mm)钢支撑。

3. 基坑变形控制保护等级为一级，即地面最大沉降量≤0.1%H，围护墙最大水平位移≤0.14%H(H为基坑开挖深度)。

二、测量定位

1. 本工程平面定位以线路设计施工图中线路中心线为基准，施工放样时按线路中心线的南北平面限界尺寸及坐标进行测量定位，并应考虑地下墙施工综合偏差而引起的外放尺寸［定位坐标等详见图04-03(A)-08］。

2. 本工程标高定位以本套图纸纵断面为准，施工放样时注意各层板的纵向坡度，必须满足结构的净宽和净高要求。

三、地下连续墙围护结构的施工、构造要求

1. 导墙

导墙形式和分段长度宜根据现场地质状况、线路线形等而定。对曲线段采用分段折线拟合时，应控制基槽宽度方向拟合误差＜20mm。施工时考虑施工综合误差每侧墙体各外放150mm。

2. 成槽和泥浆

为确保槽壁稳定，成槽时槽壁附近尽可能避免堆载和机械设备对槽壁产生的附加应力，并减少振动。新鲜泥浆的相对密度一般宜为1.05～1.10。

3. 地下连续墙的接头形式

地下连续墙之间采用锁口管接头。

4. 地下连续墙与主体结构的连接

地下连续墙与主体结构的连接采用预埋钢筋连接器连接。预埋件及预埋钢筋连接器处，为方便凿出，可放置木丝板或泡沫塑料板，防止连接器孔洞堵塞或黏上油污垃圾。

5. 钢筋笼制作及预埋件埋设

a. 施工时必须按设计要求配筋，竖向主筋按幅宽计算根数须放足，钢筋间距可适当调整；每一槽段为一幅钢筋笼。为了保证钢筋笼的整体性和刚度，要求钢筋笼进行整体拼装。钢筋笼的加强筋和吊点均由施工单位自行决定。必须防止吊装时产生过大变形造成钢筋笼入槽困难和碰撞槽壁，在异形槽段中尤应注意。

b. 钢筋采用国产钢筋时全部焊接，纵横向钢筋的交点需点焊，以增加钢筋笼的整体刚度。

c. 为确保主筋保护层厚度，在钢筋笼与土体接触的两侧面隔一定距离在主筋上焊接钢垫板，以保证钢筋保护层厚度和钢筋笼的垂直度。地下连续墙的垂直度在基坑深度范围内为1/300。

d. 钢筋笼考虑整幅吊下，钢筋接头采用焊接接头，优先采用对焊，在同一断面上焊接接头不超过50%(接头的错开间距详见规范要求)。

e. 预埋件和钢筋连接器位置标高务求准确。预埋连接器位置标高偏差不大于20mm。为确保使用时连接器数量足够，质量完好，施工单位应根据不同情况酌情多放5%左右连接器，且每一连接器都应质量可靠，丝扣涂油后加盖密封。

f. 为了控制地下墙的竖向沉降量，需在每幅地下墙内布置2根压浆管插至与墙底齐平，待地下墙达到强度后实施压密注浆。

6. 制作内衬时，要求将与之接触的地下墙表面凿毛，清洗干净。制作混凝土围图时，要求将与之接触的地下墙混凝土保护层凿除。

四、支撑系统的设置及基坑开挖技术要求

1. 深基坑开挖技术要求应严格按照《上海地铁基坑工程施工规程》(SZ-08-2000)执行，充分应用“时空效应”以提高工程施工质量。

2. 基坑开挖前20天须进行坑内井点降水，降至坑底下3m。直至整体结构完成并达到设计强度且覆土完后方可拆除井点。PX17暗埋段须打设深井点抽取⑦层承压水，降水要求：

(1) 按土体压重反算抽水水位，留有适当的安全度，并按需抽取承压水。

(2) 当回筑的内部结构足以压重时，可停止坑外井点降水。

3. 基坑开挖前，对坑内外的土体进行地基加固处理，详见相关的图纸。

4. 基坑开挖

(1) 基坑开挖必须在地下连续墙及墙顶圈梁达到设计强度后方可进行。地下连续墙墙后超载≤20kPa。

(2) 基坑开挖时，其纵横向边坡放坡应根据地质、环境条件取开挖时的安全坡度。必须分段、分区、分层、对称进行，不得超挖。每步开挖所暴露的部分地下墙体宽度宜控制在3～9m(混凝土支撑段宽约9m，钢支撑段宽约3m)，每层开挖深度不大于2m，严禁在一个工况条件下，一次开挖到底。

(3) 纵向放坡开挖时，应在坡顶外设置截水沟或挡水土堤，防止地表水冲刷坡面和基坑外排水再回流渗入坑内。当施工期较长时，开挖边坡时宜及时采用钢丝网水泥喷浆等措施，做好边坡保护。

(4) 基抗开挖后，应及时设置坑内排水沟和集水井，防止坑底积水。

(5) 土方开挖的顺序。方法必须与设计工况相一致，并遵循“开槽支撑、先撑后挖、分层开挖、严禁超挖”的原则。

(6) 每一工况挖土及钢筋混凝土支撑的完成时间不得超过24～28h，每一工况挖土及钢支撑的安装时间不得超过12～16h。

(7) 机械挖土时，坑底应保留200～300mm厚土层用人工挖除整平，防止坑底土扰动。

(8) 采用机械挖土方式时，挖土机械和车辆不得直接在支撑上行走操作，严禁挖土机械碰撞支撑、立柱、井点管、围护墙。作用于支撑顶面的施工荷载不大于4kPa，钢支撑顶面严禁堆放杂物。

(9) 土方开挖时，弃土堆放应远离基坑顶边线20m以外。

5. 支撑的安装，拆除和主体结构的构筑。

(1) 地下墙钢支撑处预埋钢板，特别是钢斜支撑处的预埋钢板节点构造，必须满足钢结构规范及钢筋混凝土规范有关的强度要求(包括抗剪强度)。

(2) 里程SK0+550.000～SK0+525.000间采用两道钢支撑和四道钢支撑，结构施工顺序为：

a. 浇筑地下墙顶钢筋混凝土围囹在达到设计强度后，开挖土体至第一道钢筋混凝土支撑位置，浇筑钢筋混凝土支撑。

b. 待第一道钢筋混凝土支撑达到设计强度后，开挖土体至第二道钢支撑位置，设置钢支撑，并施加预应力，依次至第三道钢支撑。

c. 开挖土体至第四道钢支撑顶面位置，浇筑第四道钢支撑。

d. 待第四道钢筋混凝土支撑达到设计强度后，开挖土体至第五道钢支撑位置，设置钢支撑，并施加预应力。依次至第六道钢支撑。

e. 开挖土体至底板下基坑底面，分块浇筑素混凝土垫层，结构底板；待底板达到设计强度后，拆除第六道钢支撑。

f. 浇筑侧墙、中隔墙、小车道顶板，待混凝土强度达到设计要求后，拆除第二、三、五道钢支撑。顶板回填土，保留第一、四道钢筋混凝土支撑。

g. 待盾构推进结束后，浇筑小车道底板，待混凝土强度达到设计要求后，拆除第二道钢筋混凝土支撑。

(3) 里程SK0+525.000～SK0+500.000间基坑开挖采用两道钢筋混凝土支撑和四道钢支撑。

结构施工顺序为：

a. 浇筑地下墙顶钢筋混凝土围囹在达到设计强度后，开挖土体至第一道钢筋混凝土支撑位置，浇筑钢筋混凝土支撑。

b. 待第一道钢筋混凝土支撑达到设计强度后，开挖土体至第二道钢支撑位置，设置钢支撑，并施加预应力。依次至第三道钢支撑。

c. 开挖土体至第四道钢筋混凝土支撑顶面位置，开槽浇筑第四道钢筋混凝土支撑。

d. 待第四道钢筋混凝土支撑达到设计强度后，开挖土体至第五道钢支撑位置，设置钢支撑，并施加预应力，依次至第六道钢支撑。

e. 开挖土体至底板下基坑底面，分块浇筑素混凝土垫层，结构底板；待底板达到设计强度后，拆除第六道钢支撑。

f. 浇筑侧墙、中隔墙、大车道顶板及小车道底板，待混凝土强度达到设计要求后，拆除第四道钢筋混凝土支撑。

g. 继续浇筑侧墙、中隔墙，小车道顶板，待混凝土强度达到设计要求后，拆除第二、三、五道钢支撑。顶板回填土，保留第一道钢筋混凝土支撑。

(4) 里程SK0+500.000～SK0+490.000间基坑开挖采用两道钢筋混凝土支撑和三道钢支撑。

a. 浇筑地下墙顶钢筋混凝土围囹在达到设计强度后，开挖土体至第一道钢筋混凝土支撑位置，浇筑钢筋混凝土支撑。

b. 待第一道钢筋混凝土支撑达到设计强度后，开挖土体至第二道钢支撑位置，设置钢支撑，并施加预应力。

c. 开挖土体至第三道钢筋混凝土支撑顶面位置，开槽浇筑第三道钢筋混凝土支撑。

d. 待第三道钢筋混凝土支撑达到设计强度后，开挖土体至第四道钢支撑位置，设置钢支撑，并施加预应力。依次至第五道钢支撑。

e. 开挖土体至底板下基坑底面，分块浇筑素混凝土垫层，结构底板；待底板达到设计强度后，拆除第五道钢支撑。

f. 浇筑侧墙，中隔墙、大车道顶板、小车道底板、顶板、待混凝土强度达到设计要求后，顶板回填土，保留第一、二、三、四道支撑，此四道支撑的具体拆撑步骤详见以后的端封墙图纸。

(5) 由于本段基坑保护等级为一级，尚应按“上海地铁基坑工程施工规程(SZ-08-2000)”要求复加支撑预应力。

6. 支撑与围囹体系的设计安装容许偏差：

(1) 钢筋混凝土构件的截面尺寸允差+8mm、−5mm。

(2) 支撑中心标高偏差不大于30mm。

(3) 支撑构件两端的标高差不大于20mm。

(4) 立柱垂直度偏差不大于基坑开挖深度的1/300。

(5) 支撑与立柱的轴线偏差不大于50mm。

(6) 支撑水平轴线偏差不大于30mm。

7. 支撑设计轴力如下表(按直撑计)

在施工中，要求对每一道钢支撑施加预应力。

五、立柱桩(钻孔灌柱桩)施工要求

1. 钻孔灌注桩施工时，应严格执行上海市标准“钻孔灌注桩施工规程”及“地基基础设计规范”的有关规定，并做好每道工序的原始记录。

2. 钻孔灌注桩桩位偏差不大于50mm，桩身垂直度为1/300。

3. 桩的充盈系数不小于1.1，也不宜大于1.3，成孔需用优质泥浆，以防泥皮过厚。

4. 每根桩需用超声波检测成孔形状，以保证孔径、孔壁粗糙度。

5. 灌注混凝土之前，孔底沉渣不得大于8cm。

6. 每根桩须埋设一根注浆管进行桩底注浆。

六、材料

1. 地下连续墙、钢筋混凝土圈梁及钢筋混凝土支撑的混凝土强度等级为C30，地下墙抗渗等级为S8，底板下素混凝土垫层强度为C20早强。

钻孔灌注桩的混凝土强度等级为C30。

2. 钢筋ϕ为Ⅰ级钢，Φ为Ⅱ级钢。

3. 型钢、钢板的材料为Q235钢，焊条采用E43XX型。

4. 钢支撑采用ϕ609钢管，$\delta=16$mm。

5. 立柱采用ϕ800钻孔灌注桩立柱桩，内插460×460钢格构柱。

6. 钢筋连接器的主要技术标准见“钢筋机械连接通用技术规程”(JGJ 107—96)。

七、主筋混凝土净保护层厚度

1. 地下连续墙外侧(迎土面)为70mm，内侧(开挖面)为50mm。

2. 钻孔灌注桩和钢筋混凝土支撑、圈梁为50mm。

3. 底板下层为50mm，上层为30mm；顶板下层为30mm，上层为50mm；中板、柱为30mm。

内隔墙为30mm，外侧墙(内衬墙)外侧为50mm，内侧为30mm。

八、施工监测

为了控制围护结构、周围建筑物、构筑物及地下管线的变位、沉降和预报施工中出现的异常情况，并正确指导施工，应在施工过程中建立严格的监测网络，实现信息化施工，其主要监测内容有：

1. 地下连续墙和钻孔灌注桩的水平位移和垂直沉降。

2. 周围建筑物、构筑物及周围地下管线的垂直沉降、水平位移、倾斜等。

3. 基坑外地表沉降、基坑内坑底土的回弹量。

4. 钢支撑的轴力和挠度。

5. 控制断面上地下墙的钢筋应力及作用在墙体上的土压力和水压力。

6. 地面沉降和墙体侧向位移监控值和危险值：

(1) 墙顶水平位移

监控值　15mm

实测值　15mm

(2) 墙体水平位移值　　实测变位/开挖深度

监控值　≤0.10%

实测值　≤0.14%

(3) 地面最大沉降　　实测沉降/开挖深度

监控值　≤0.10%

实测值　≤0.10%

(4) 分层沉降(坑外土体)　　实测沉降/开挖深度

监控值　≤0.10%

实测值　≤0.10%

(5) 基坑隆起　　实测隆起/开挖深度

监控值　≤0.10%

实测值　≤0.10%

(6) 墙体位移变化速率

监控值　≤2mm/d(最大日)

实测值　≤3mm/d(最大日)

九、采用的设计规范和标准

1. 混凝土结构设计规范(GB 50010—2002)

2. 上海市工程建设规范　地基基础设计规范(DGJ 08—11—99)

3. 上海市标准　基坑工程设计规程(DBJ 08—61—97)

4. 上海市标准　市政地下工程施工及验收规程(DGJ 08—236—1999)

5. 钢结构设计规范(GB 50017—2003)

6. 地基处理技术规范(DBJ 08—40—94)

7. 上海地铁基坑工程施工规程(SZ—08—2000)

8. 混凝土结构工程施工质量验收规范(GB 50204—2002)

十、尺寸单位

图中所注里程及标高以米为单位，其余尺寸以毫米为单位。

标注说明：图中所注里程及尺寸均以南线线路中心线(隧道中心线)里程为准。

2. 分部分项工程量、措施项目清单

(1) 分部分项工程量(表 7-49)

分部分项工程量清单……招表 4　　**表 7-49**

清单序号	项目编码	项目名称	项目特征	工程内容	计量单位	工程数量
	D. 1. 1		挖土方			
1	040101001001	挖土方	1 土壤类别：Ⅲ类土 2. 挖土深度：H=17.5m	1. 土方开挖 2. 围护支撑 3. 场内运输 4. 平整、夯实	m³	19528.45
2	040101002001	导墙挖土方	1. 土壤类别：Ⅱ类土 2. 挖土深度：H=1.5m		m	451.59
	D. 1. 3		填方及运输			
3	040103001001	填土方	1. 填方材料品种：土方 2. 密实度：95%	1. 填方 2. 压实	m³	4859.91
4	040103002001	泥浆场外运输	1. 废弃料品种：泥浆 2. 运距：10km		m³	3605.83
5	040103002002	余土外运	1. 废弃料品种：土方 2. 运距：10km		m³	19980.04
6	040103002003	废料外运	1. 废弃料品种：混凝土 2. 运距：10km		m³	641.99
	D. 3. 1		桩基			
7	040301007001	机械成孔灌注桩	1. 桩径：ϕ800 2. 深度：平均深度 35.43m 3. 岩土类别：Ⅲ类土 4. 混凝土强度等级、石料最大粒径：C30，5～40mm	1. 工组平台搭拆 2. 成孔机械竖拆 3. 埋设护筒 4. 泥浆制作 5. 钻冲成孔 6. 余方弃置 7. 灌注混凝土 8. 凿除桩头 9. 废料弃置	m	280
	D. 4. 6		地下连续墙			
8	040406001001	地下连续墙	1. 深度：28m 2. 宽度：0.8m 3. 混凝土强度等级石料最大粒径：C30，5～40mm	1. 导墙制作、拆除 2. 挖土成槽 3. 锁口管吊拔 4. 混凝土浇筑 5. 养护 6. 土石方场外运输	m³	3310.16
	D. 7. 1		钢筋工程			
9	040701001001	预埋铁件	1. 材质：型钢 2. 规格：各种	制作、安装	kg	43759
10	040701002001	非预应力钢筋	1. 材质：HPB235、HRB335 级 2. 部位：导墙		t	30.81
			1. 材质：HPB235、HRB335 级 2. 部位：地下连续墙		t	638.50
			1. 材质：HPB235、HRB335 级 2. 部位：钻孔桩		t	9.92
			1. 材质 HRB335 级 2. 部位：圈梁		t	25.82
			1. 材质 HRB335 级 2. 部位：支撑梁		t	69.52
			1. 材质 HRB335 级 2. 部位：角撑		t	0.107

续表

清单序号	项目编码	项目名称	项目特征	工程内容	计量单位	工程数量
	040701002002	钢筋连接器	1. 材质钢管 2. 规格：$\phi32$	1. 制作 2. 运输 3. 安装、定位	个	2810
			1. 材质钢管 2. 规格：$\phi28$		个	768
			1. 材质钢管 2. 规格：$\phi25$		个	1512
		D. 8. 1	拆除工程			
11	040801007001	拆除混凝土	1. 结构形式：导墙、圈梁、支撑梁角撑 2. 强度：C25	1. 拆除 2. 运输	m^3	641.99

（2）措施项目清单(表 7-50)

措施项目清单……招标 5 **表 7-50**

序号	项次	项目编码	项目名称	单位	数量	备注
	5		5 市政工程			
1	5.1	0501	大型机械进出场运输及安拆			
2	5.2	0502	混凝土、钢筋混凝土模板及支架			
3	5.3	0503	脚手架			
4	5.4	0504	施工排水、降水			
5	5.5	0505	围堰			
6	5.6	0506	筑岛			
7	5.7	0507	现场施工围栏			
8	5.8	0508	施工便道			
9	5.9	0509	便桥			
10	5.10	0510	洞内施工的通风、供水、供气、供电、照明及通信设施			
11	5.11	0511	驳岸块石清理			
12	5.12	沪 0512	地基加固			
13	5.13	沪 0513	地下监测			
14	5.14	临-001	堆场			

3. 分部分项工程量、措施项目清单计算方法

（1）分部分项工程量清单计算方法(表 7-51、表 7-53)

分部分项工程量清单计算方法 1 **表 7-51**

清单序号	项次包括项目编码	项目名称及说明	计算公式及说明	计量单位	计算结果
	一	D. 1. 1	挖土方工程量计算规则		
		挖一般土方	按设计图示开挖线以体积计算		
		挖沟槽土方	原地面线以下按构筑物最大水平投影面积乘以挖土深度(原地面平均标高至槽坑底高度)以体积计算		
			其他相关问题应按下列规定处理		
		1	挖土应按天然密实度体积计算，填方应按压实后体积计算		
		2	沟槽、基坑、一般土石方的划分符合下列规定：		
		(1)	• 底宽 7m 以内，底长大于底宽 3 倍以上应按沟槽计算		
		(2)	• 底长小于底宽 3 倍以下底面积在 $150m^2$ 以内应按基坑计算		
		(3)	• 超过上述范围，应按一般土石方计算		
1	040101001001	挖一般土方		m^3	19528.45
	1	挖土长度	SK0＋490.8～SK0＋500＝9.2m SK0＋500～SK0＋525＝25m SK0＋525～SK0＋550＝25m		
	2	挖土宽度	SK0＋490.8：1387.5375－1367.8767＝19.66m SK0＋500：1387.3109－1367.379＝19.93m		

续表

清单序号	项次包括项目编码	项目名称及说明	计算公式及说明	计量单位	计算结果
			SK0＋525：1385.3614－1364.7497＝20.61m		
			SK0＋550：1381.4474－1360.1171＝21.33m		
	3	挖土深度	原地面标高4.00m		
			SK0＋490.8：4m＋9.905m＋1m＋0.2m＝15.11m		
			SK0＋500：4m＋10.19m＋1m＋0.2m＝15.39m		
			SK0＋525：4m＋10.926m＋1m＋0.2m＝16.23m		
			SK0＋5550：4m＋11.734m＋1.2m＋0.2m＝17.13m		
		V_1	SK0＋498.08～SK0＋500： (19.66m＋19.93m)÷2×(15.11m＋15.39m)÷2×9.2m＝2777.24m^3		
		V_2	SK0＋500～SK0＋525： (19.93m＋20.61m)÷2×(15.39m＋16.23m)÷2×25m＝8011.72m^3		
		V_3	SK0＋525～SK0＋550： [(20.61m＋21.33m)÷2×(16.23m＋17.23m)÷2]×25m＝8744.49m^3		
		$\sum$	$V_1+V_2+V_3=$ 2777.24m^3＋8011.72m^3＋8744.49m^3＝19528.45m^3		
2	040101002001	导墙挖沟槽土方	139.38m×2.7m×1.2m	m^3	451.59
3	040103001001	D.1.3	填方及运输		
				m^3	4859.91
		填方	工程量计算规则1.按设计图示尺寸以体积计算；2.按挖方清单项目工程量减基础构筑物埋入体积加原地面线至设计标高的体积计算		
		余方弃置	按挖方清单项目工程量减利用回填方体积(正数)计算		
		缺方内运输	按挖方清单项目工程量减利用回填方体积(负数)计算		
		SK0＋490.8～SK0＋550：			
	1	混凝土垫层	59.2m×(19.66m＋19.93m＋20.61m＋21.33m)÷4×0.2m＝242.55m^3		
	2	混凝土底板			
		SK0＋490.8～SK0＋500	9.2m×(19.66m＋19.93m)÷2×1m＝182.11m^3		
		SK0＋500～SK0＋525	25m×(19.93m＋20.61m)÷2×1.1m＝557.43m^3		
		SK0＋525～SK0＋550	25m×(20.61m＋21.33m)÷2×1.2m＝629.1m^3		
	3	隧道体积	59.2m×(19.66m＋19.93m＋20.61m＋21.33m)÷4×11.09m＝13381.68m^3		
		V_1	19528.45m^3－(242.55m^3＋182.11m^3＋557.43m^3＋629.1m^3＋13381.68m^3)＝4535.58m^3		
	4	导墙回填土方	451.59m^3－127.26m^3＝324.44m^3		
		V_2			
		V_3	V_1+V_2＝4535.58m^3＋324.33m^3＝4859.91m^3		
	040103002001	泥浆外运		m^3	3605.83
	1	地下连续墙			
	V_1	PX15-1～15-4	(6.171m＋6.168m＋6.602m×2)×28m×0.8＝572.16m^3		
		PX16-1～16-8	(5.69m＋5.68m＋5.684m＋5.68m＋6.094m×4幅)×31m×0.8m＝1168.33m^3		
		PX17-1～17-8	(5.676m＋5.673m＋5.669m＋5.665＋6.094m×4幅)×31m×0.8m＝1167.06m^3		
		DF1～DF4	(5m＋4.83m＋4.831m＋5m)×28m×0.8m＝440.412m^3		
	2	钻孔桩			
	V_2	桩号17号～20号	[0.05m＋0.07m＋(4.064m＋5.763m)÷2＋1.1m＋(3.986m＋0.232m)÷2＋0.55m＋(5.224m＋5.763m)÷2＋1.2m＋20m]×0.4m×6根＝112.1m^3		
		桩号23号～30号	[0.05m＋0.07m＋(2.776m＋1.101m)÷2＋1m＋(4.023m＋4.105m)÷2＋0.55m＋(0.573m＋1.371m)÷2＋0.4m＋(4.97m＋4.973m)÷2＋1m＋20m]×0.4m×0.4m×8根＝145.77m^3		
		V_3	V_1+V_2		

续表

清单序号	项次包括项目编码	项目名称及说明	计算公式及说明	计量单位	计算结果
			572.16m³＋1168.33m³＋1167.06m³＋440.41m³＋112.1m³＋145.77m³＝3605.83m³		
	040103002002	土方外运	19528.45m³＋451.59m³	m³	19980.04
	040103002003	废料外运	167.26m³＋474.33m³	m³	641.99
		D.3.1	桩基		
		工程量计算规则	按设计图示以长度计算		
	040301007001	ϕ800 钻孔灌注桩	20m×(6 根＋8 根)	m	280
			地下连续墙		
	040101001001	地下连续墙		m³	3310.16
		工程量计算规则	按设计图示　乘以“宽度×深度”以体积计算		

地下连续墙尺寸见表 7-52。

地下连续墙尺寸表　　**表 7-52**

连续墙编号	宽(m)	地面标高(m)	墙底标高(m)	净高(m)	墙厚(m)	m³
PX15-1	6.171	4.00	−24	28	0.8	138.23
PX15-2	6.168	4.00	−24	28	0.8	138.16
PX15-3	6.602	4.00	−24	28	0.8	147.88
PX15-4	6.602	4.00	−24	28	0.8	147.88
PX16-1	5.690	4.00	−27	31	0.8	141.11
PX16-2	5.698	4.00	−27	31	0.8	141.31
PX16-3	5.684	4.00	−27	31	0.8	140.96
PX16-4	5.88	4.00	−27	31	0.8	145.82
PX16-5	6.094	4.00	−27	31	0.8	151.13
PX16-6	6.094	4.00	−27	31	0.8	151.13
PX16-7	6.094	4.00	−27	31	0.8	151.13
PX16-8	6.094	4.00	−27	31	0.8	151.13
PX17-1	5.686	4.00	−27	31	0.8	141.01
PX17-2	5.173	4.00	−27	31	0.8	128.22
PX17-3	5.669	4.00	−27	31	0.8	140.59
PX17-4	5.665	4.00	−27	31	0.8	140.49
PX17-5	6.094	4.00	−27	31	0.8	151.13
PX17-6	6.094	4.00	−27	31	0.8	151.13
PX17-7	6.094	4.00	−27	31	0.8	151.13
PX17-8	5.00	4.00	−27	31	0.8	124.0
DF-1	4.831	4.00	−24	28	0.8	108.21
DF-2	4.830	4.00	−24	28	0.8	108.19
DF-3	4.830	4.00	−24	28	0.8	108.19
DF-4	5.00	4.00	−24	28	0.8	112.0
						$\sum$ 3310.16

分部分项工程量清单计算方法 2 　　表 7-53

清单序号	项次 包括项目编码	项目名称及说明	计算公式及说明	计量单位	计算结果
	·	D.7.1	钢筋工程		
			工程量计算规则，按图示尺寸以质量计算		
	040701001001	预埋铁件	[(0.275−0.025)×π×31.4+0.42×1.88+0.08+0.42×1.208×3]×8×495	kg	43759
	1.	非预应力钢筋		t	17.43
		钢筋混凝土导墙钢筋			
		ϕ14	4.68×(385+412+1310)×2×1.21÷1000=23.86	t	30.81
		ϕ12	(57.7+61.9+19.6)×28×2×0.888=6.92t		
		Σ	23.86+6.92=30.81t		
	2.	地下连续墙钢筋		t	638.5
	(1)	PX15-1	H=28m　B=6.171m		
		1 号 ϕ28	27.45m×31m×1 个×4.83kg/m÷1000=4.11t		
		2 号 ϕ28	23.45m×30m×1 个×4.83kg/m÷1000=3.412t		
		3 号 ϕ28	27.45m×30m×1 个×4.83kg/m÷1000=3.978t		
		4 号 ϕ28	27.45m×31m×1 个×4.83kg/m÷100=4.11t		
		5 号 ϕ28	26.95m×30m×1 个×4.83kg/m÷1000=3.905t		
		6 号-1ϕ20	15.93÷0.2×2×2.47÷1000=0.43t		
		6 号-2ϕ16	5.75÷0.15×2×1.58÷1000=0.073t		
		6 号-3ϕ16	5.77÷0.2×2×1.58÷1000=0.092t		
		7 号-1ϕ20	(0.5×2+0.34÷0.866×2)×80×2.47÷1000=0.353t		
		7 号 23ϕ16	(0.5×2+0.34÷0.866×2)×52×1.58÷1000=0.147t		
		8 号-1	0.353t		
		8 号-2	0.147t		
		9 号	27.45m×2 个×1.58kg/m÷1000=0.087t		
		10 号	27.45m×10 个×1.58kg/m÷1000=0.434t		
		11 号～11 号 a	[0.68×6.17÷0.4×(0.68×27.45÷0.5)]×1.58kg/m÷1000=0.611t		
		12 号	1.25m×27.45m÷0.5m×2 个×1.58kg/m÷1000=2.217t		
		ϕ32 钢筋连接器 13 号	[(0.73+3.5)×(6.17÷0.1+1)]×6.313÷1000=2880 个		
		ϕ28 钢筋连接器 13a	[(0.73+3.5)×(6.17÷0.2+1)]×4.83÷1000=0.654/32 个		
		ϕ25 钢筋连接器 14 号	[(0.73+2.23)×63×3.85]÷1000=0.718/63 个		
		ϕ25 钢筋连接器 15 号	[(0.73+2.23)×32×3.85]÷1000=0.365/32 个		
		ϕ32 钢筋连接器 16 号	1.682 个		
		Σ	4.11+3.412+3.978+4.11+3.905+0.43+0.073+0.092+0.353+0.147+0.353+0.147+0.087+0.434+0.611+0.217+1.682+0.654+0.718+0.365+1.682=27.557t		
		PX15-1	每立方米混凝土钢筋含量 27.557÷6.171×0.8×27.5=0.203t/m^3		
		PX15-2	6.168×0.8×27.5×0.203=27.627t		
		PX15-3-4	6.602×0.8×27.5×0.203×2=58.969t		
		DF1.4　、	5×0.8×27.5×0.203×2=44.66t		
		DF2.3	4.82×0.8×27.5×0.203×2=43.142t		
		PX16-1～8	(5.69+5.687+5.684+5.68+6.094×4)×0.8×30.5×0.203=203.16t		
		PX17-1～8	(5.676+5.173+5.669+5.665+6.094×4)×0.8×30.5×0.203=233.38t		
		Σ	27.557+27.627+58.969+44.66+43.14+203.16+233.38=638.50t		
	3.	ϕ800 钻孔桩钢筋笼		t	9.92
		1 号主筋 ϕ20	12×(1+3+10.5)×2.47×14÷1000=6.017t		
		2 号加强箍筋 ϕ12	(0.66×π+0.12)×0.888×10×14÷1000=0.274t		
		3 号螺旋箍筋 ϕ8	@200L=3m $[(0.716\times\pi+0.08)\times2+\sqrt{0.716^2+0.1^2}\times\pi\times3\div0.1]\times0.395\times14\div1000=1.019t$		

续表

清单序号	项次 包括项目编码	项目名称及说明	计算公式及说明	计量单位	计算结果
		4 号螺旋箍筋 $\phi8$	@100L＝13.5m		
			$[(0.716\times\pi+0.08)\times2+\sqrt{0.716^2+0.2^2}\times\pi\times13.5\div0.2]\times0.395\times14\div1000=0.899t$		
	040701002003	5 号辅助主筋吊筋	每根桩 3 根，钢护筒高出原地面 0.3m，弯钩长 0.2m		
		桩号 17 号～22 号	[0.3＋0.2＋0.75＋(4.064＋2.776)÷2＋1.1＋(3.986＋4.023)÷2＋0.55＋(5.284＋5.763)÷2＋1.2]×2.47×3×6÷1000＝0.758t		
		桩号 23 号～30 号	[0.3＋0.2＋0.75＋(2.776＋1.101)÷2＋1＋(4.023＋4.015)÷2＋0.55＋(0.573＋1.371)÷2＋0.4＋(4.79＋4.793)÷2＋1.1]×2.47×3×8÷1000＝0.95t		
		Σ	6.017＋0.274＋1.019＋0.899＋0.758＋0.95＝9.92t		
	4.	钢筋混凝土圈梁钢筋	184.4×0.14＝25.82	t	25.82
	5.	钢筋混凝土支撑梁钢筋	289.65×0.24＝69.52	t	69.52
	6.	混凝土角撑钢筋	0.68×0.11t＝0.075t		
		钢筋连接器			
		每幅平均幅长	(6.171＋6.168＋6.602×2＋5＋4.83＋4.03＋5.69＋5.687＋5.684＋5.68＋6.094×3＋5.676＋5.673＋5.669＋5.665＋6.094×4)÷24＝5.31m^2/幅		
		钢筋连接器 $\phi32$	(5.31÷0.1＋1)×24＝1298 个		
		钢筋连接器 $\phi28$	32×24＝768 个		
		钢筋连接器 $\phi25$	63×24＝1512 个		
		钢筋连接器 $\phi32$	63×24＝1512 个		
	040701002007		$\phi32$：1298＋1512	个	2810
	040701002008		$\phi28$：768	个	768
	040701002009		$\phi25$：1512	个	1512
		D.8.1	拆除工程		
			工程量计算规则：按施工组织设计或设计图示尺寸以体积计算		
	040801007001		拆除 C20 钢筋混凝土导墙	m^3	641.99
			拆除 C20 钢筋混凝土导墙 167.26m^3		
			拆 C30 钢筋混凝土支撑梁圈梁 184.4＋289.65＋0.68＝474.43m^3		
		V	167.26m^3＋474.43m^3＝641.99m^3		
	040101001001				
		说明三	大型支撑基坑开挖，定额适用于地下连续墙，混凝土板桩，钢板桩等作用护的跨度大于 8m 的基坑开挖。定额中包括湿土排水，若采用井点降水或支撑安装需打拔中心稳定等另行计算。		
	一	PX17-PX15	挖基坑土方	m^3	19528.45
	1/(1)	挖土长度			
		SK0＋490.8～SK0＋500	L＝9.2m		
		SK0＋500～SK0＋525	L＝25m		
		SK0525SK0＋550	L＝25m		
	(2)	挖土宽度			
		SK0＋490.8	1387.5375－1367.8767＝19.66m		
		SK0＋500	1387.3109－1367.379＝19.93m		
		SK0＋525	1385.3614－1364.7497＝20.61m		
		SK0＋550	1381.4474－1360.1171＝21.33m		
	(3)	挖土深度	地面标高 4.00m		
		SK0＋490.8	4＋9.905＋1＋0.2＝15.11m		
		SKQ＋500	4＋10.19＋1＋0.2＝15.39m		
		SK0＋525	4＋10.926＋1.1＋0.2＝16.23m		
		SK0＋550	4＋11.734＋1.2＋0.2＝17.13m		

续表

清单序号	项次 包括项目编码	项目名称及说明	计算公式及说明	计量单位	计算结果
	(4)	挖土 SK0+49.8～SK0+550			
			(19.66+19.93)÷2×(15.11+15.39)÷2×9.2=2777.24m^3		
		SK0+500～SK0+525	(19.93+20.61)÷2×(16.23+17.13)÷2×25=8011.72m^3		
		SK0+525～SK0+550	(20.61+21.33)÷2×(16.23+17.13)÷2×25=8744.49m^3		
		Σ	2777.24+8011.72+8744.49=19528.45m^3		
	(5)	土方场外运输	19528.45m^3		
	040101002001	挖导墙成槽土方	地下连续墙围护结构的施工，构造要求导墙连续墙施工时考虑施工综合误差每侧墙外侧各外放 150mm，地下连续墙墙体厚 800mm 导墙示意图 导墙示意图：500 300 1100 300 500；Φ14@150；Φ12@150；Φ12@150；1:0.50；连续墙；300 900 300；500 800 150 800 150 800 500	m^3	709.2
		导墙长度 L_1	6.171+6.168+5.69+5.687+5.694+5.68+5.676+5.673+5.669+5.665=57.76m		
		L_2	6.60×2+6.094×8=61.96m		
		L_3	(4.83+5)×2=19.66m		
		Σ	$L_1+L_2+L_3$=57.76+61.96+19.66=139.38m		
		挖沟槽土方	(3.7+4.9)÷2×1.2×139.38=719.2m^3		
		扣除交叉角土方约	10m^3		
		则	719.2−10=709.2m^3		
		土方场内运输	709.2m^3		
	040103001001	地下连续墙回填土方		m^3	4461.61
		混凝土垫层	59.2×(19.66+21.33)÷2×0.2=242.66m^3		
		混凝土底板			
		SK0+49.8～SK0+500	9.2×(19.66+19.93)÷2×1=182.11m^3		
		SK0+500～SK0+525	25×(9.93+20.61)÷2×1.1=557.43m^3		
		SK0+525～SK0+550	25×(20.61+21.33)÷2×1.2=629.1m^3		
		隧道体积	59.2×(19.66+21.33)÷2×11.09=13455.54m^3		
		回填方 V=	19528.45−(242.66+182.11+557.43+519.1+13455.54)=4461.61m^3		
		导墙回填土方	709.2−(1.1×1.2+1.7×0.3×2×139.38)=565.71m^3		
		回填土方场内运输	4461.61m^3+565.71m^3=5027.32m^3		
	040103002001	泥浆外运	原地面标高 4.11m，钻孔桩长设计为 20m		
		桩号 17 号～22 号	[0.05+0.07+(4.064+5.763)÷2+1.1+986+4.0232]÷2+0.55+(5.224+5.763)÷2+1.2+20]×0.4^2×π×6 根=112.1m^3		
		桩号 23 号～30 号	[0.05+0.7+(2.776+1.101)÷2+1+(4.023++4.015)÷2+0.55+(0.573+1.371)÷2+0.4+(4.97+4.973)÷2+1+20]×0.42×π×8 根=145.77m^3		
		Σ	112.1+145.77m^3=257.87m^3		
		连续墙泥浆外运			
		PX15-1～PX15-4	(6.171+6.168+6.602×2)×28×0.8=572.16m^3		
		PX16-1～PX16-8	(5.69+5.68)+5.684+5.68+6.094×4×31×0.8=1168.5m^3		
		PX17-1～PX17-8	(5.676+5.673+5.669+5.665+6.094×4)×31×0.8=1167.06m^3		
		DF1～DF4	(5+4.83+4.831+5)×28×0.8=440.41m^3		
		Σ	572.16+1168.5+1167.06+440.41=3348.13m^3	m^3	3348.13

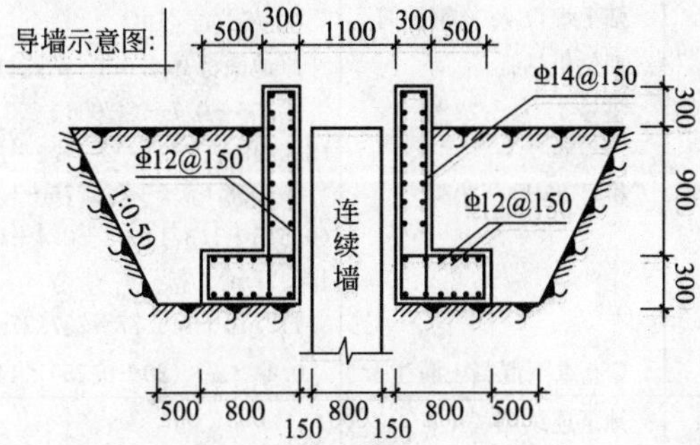

续表

清单序号	项次 包括项目编码	项目名称及说明	计算公式及说明	计量单位	计算结果
	040103002002	土方外运	19528.45m³+451.59m³=19980.04m³	m³	19980.04
	040103002003	废料外运	167.26m³+474.33m³=641.99m³	m³	641.99
	040103003001	缺方内运	4859.91m³	m³	4859.91
		D3.1 桩基			
	040301007001	ϕ80 钻孔灌注桩	工程量计算规则 第4.4.1条：钻孔灌注桩成孔工程量按成孔深度乘以设计桩截面积以立方米计算，成孔深度指原地面（或河床）至设计桩底的深度。 第4.4.2条：陆上灌注桩按设计桩长（设计桩顶至桩底）增加0.25m乘以设计桩截面面积以立方米计算。		
		陆上埋设 ϕ800 钢护筒	1.5×14=21m		
		回钻机钻孔	原地面标高4.0m，钻孔桩长设计为20m		
		桩号17号～22号	[0.05+0.7+(4.066+2.776)÷2+1.1+(3.9865+4.023)÷2+0.55+(5.224+5.763)÷2+1.2+20]×0.4²×π×6=112.10m³		
		桩号23号～30号	[0.058+0.7+(2.776+1.101)÷2+1+(4.023+4.015)÷2+0.55+(0.573+1.371)÷2+0.4+(4.97+4.973)÷2+1+20]×0.4²×π×8=145.77m³		
		Σ	112.10+145.77=257.87m³	m³	257.87
		C30 水下混凝土灌注	0.4²×π×(20+0.25)×14=142.5m³		
	040406001001	地下连续墙			
			工程量计算规则第7.4.1条地下连续墙成槽土方量按连续墙设计长度、宽度和槽深（加超深0.5m）以立方米计算。混凝土浇筑量同连续墙土方量。	m³	3904.31
		第7.4.2条	接头管及清底置换以段为单位（段指槽壁、单元槽段），接头管（箱）吊拔按连续墙段数增加1段计算，定额中已包括接头管（箱）的摊销。		
		第四章说明	一地下连续墙成槽的护壁泥浆密度为1.005t/m³，若需取用重晶泥浆可进行调整。护壁泥浆使用后的泥浆处理另行计算。		
		履带液压抓斗成槽	*H*=28m		
		PX15-1～PX15-4	6.171+6.168+6.602×2×(28+0.5)×0.8=582.38m³		
		DF1～DF4	(5+4.83+4.831+5)×2.85×0.8=448.27m³		
		Σ	582.38+448.27=1031.07m³		
		清底置换	8段		
		安拔接头箱	8+1=9箱		
		C30 水下混凝土	1031.07m³		
		履带液压抓斗成槽	*H*=31		
		PX16-1～PX16-8	(5.69+5.687+5.684+5.68+6.094×4)×(31+0.5)×0.8=1187.35m³		
		PX17-1～PX17-8	(5.676+5.673+5.669+5.665+6.094×4)×(31+0.5)×0.8=1185.89m³		
		Σ	1187.35+1185.89=2873.24m³		
		清底置换	8×2=16段		
		安拔接头箱	8×2=16箱		
		C30 水下混凝土	2873.24=2873.24m³		
		履带液压抓手成槽	1031.07m³+2873.24m³=3904.31m³		
		Σ			
		清底置换	8段+16段=24段		
		安拔接头箱	9段+16段=25段		
		C30 水下混凝土	1031.07m³+2873.24m³=3904.31m³		
		D.7.1	钢筋工程		
	040701001001	预埋铁件	43759	kg	43759
	040701002001	非预应力钢筋			
	1	导墙钢筋	30.81	t	30.81
	2	地下连续墙钢筋	638.5	t	638.5
	3	钻孔桩钢筋	9.92	t	9.92

续表

清单序号	项次包括项目编码	项目名称及说明	计算公式及说明	计量单位	计算结果
	4	圈梁钢筋	25.82	t	25.82
	5	支撑梁钢筋	69.52	t	69.52
	6	角撑钢筋	0.107	t	0.107
	040701002002	钢筋连结器		个	2810
	1	钢筋连接器 ϕ32	2810	个	2810
	2	钢筋连接器 ϕ28	768	个	768
	3	钢筋连接器 ϕ25	1512	个	1512
		D.8.1	拆除工程		
	040801007001	拆除钢筋混凝土	641.99m^3	m^3	641.99

(2) 措施项目清单计算方法(表 7-54～表 7-56)

措施项目清单计算方法 1　　**表 7-54**

清单序号	项次包括项目编码	项目名称及说明	计算公式及说明	计量单位	计算结果
		措施项目(二)			
		5. 市政工程			
5.1	0501	大型机械设备进出场及安拆	1	项	1
		1. 钻孔桩安拆及场外运输	1	台·次	1
		2. 105kW 履带推土机进出场	1	台·次	1
		3. 1m^3 内履带挖土机进出场	1	台·次	1
		4. 25t 内履带起重机进出场及装卸费	1	台·次	1
		5. 60t 内履带起重机进出场及装卸费	1	台·次	1
		6. 300t 内履带起重机进出场及装卸费	1	台·次	1
		7. 地下连续墙成槽机进出场	1	台·次	1
		挖土方围护			
5.2	0502	混凝土、钢筋混凝土模板及支架			
		C20 混凝土导墙 $H=28$	2×0.3×2×45	m^3	54
		ϕ609 钢支撑	工程量计算规则：第 7.7.2 条：钢支撑由活络头固定头和本体组成，本体按固定头计算 上海隧道股份有限公司钢支撑规格一览表 规格 ϕ609×16		

序　号	名　称	长度(m)	质量(t)
1	活络端	2.28	1.37
2	活络端	3.08	1.87
3	中间管	6.00	1.84
4	中间管	9.00	2.33
5	调整管	2.00	0.79
6	调整管	1.85	0.50
7	调整管	1.60	0.50
8	调整管	2.50	0.96
9	调整管	3.00	1.07
10	调整管	3.40	1.17
11	调整管	3.50	1.20
12	调整管	4.00	1.31
13	调整管	4.50	1.43
14	调整管	5.00	1.59

续表

清单序号	项次包括项目编码	项目名称及说明		计算公式及说明		计量单位	计算结果
		序　号	名　称	长度(m)	质量(t)		
		15	调整管	5.50	1.61		
		16	调整管	6.00	1.81		
		17	调整管	7.00	1.90		
		18	短接管	0.20	0.188		
		19	短接管	0.25	0.200		
		20	短接管	0.30	0.212		
		21	短接管	0.35	0.223		
		22	短接管	0.40	0.236		
		23	短接管	0.45	0.248		
		24	短接管	0.50	0.260		
		25	短接管	0.55	0.272		
		26	短接管	0.6	0.284		
		SK0+505～SK0+545		ϕ609 钢支撑长度			
				L_1=19.98m 共 4 道 L_2=20.08 共 4 道			
				L_3=20.18m 共 4 道 L_4=20.28 共 4 道			
				L_5=20.38m 共 5 道 L_6=20.48m 共 5 道			
				L_7=20.69m 共 5 道 L_8=20.68m 共 5 道			
				L_9=20.78m 共 5 道 L_{10}=20.88m 共 5 道			
				L_{11}=21.92m 共 5 道 L_{12}=21.13m 共 5 道			
				L_{13}=21.23m 共 5 道 L_{14}=21.33m 共 5 道			
				L_{15}=21.43m 共 5 道 L_{16}=21.53m 共 5 道			
				L_{17}=21.68m 共 5 道			
	b.3	ϕ609 钢支撑组合					

钢支撑情况　　表 7-55

钢支撑序号	支撑长度(m)	活络头(m)	中间管(m)	调整管(m)	短接管(m)
L_1	19.98	2.28	9	6+2.5	0.20
L_2	20.08	2.28	9	6+2.5	0.30
L_3	20.18	2.28	9	6+2.5	0.40
L_4	20.28	2.28	9	6+2.5	0.50
L_5	20.38	2.28	9	6+2.5	0.60
L_6	20.48	2.28	9	6+2.5	0.3+0.4
L_7	20.58	2.28	9	6+2.5	0.3+0.5
L_8	20.68	2.28	9	6+2.5	0.4+0.5
L_9	20.78	2.28	9	6+3	0.5
L_{10}	20.88	2.28	9	6+3	0.6
L_{11}	20.98	2.28	9	6+3	0.3+0.4
L_{12}	21.13	2.28	9	6+3	0.35+0.5
L_{13}	21.23	2.28	9	6+3	0.45+0.5
L_{14}	21.33	2.28	9	6+3	0.5+0.55
L_{15}	21.43	2.28	9	6+3	0.55+0.6
L_{16}	21.53	2.28	9	6+4	0.25
L_{17}	21.63	2.28	9	6+4	0.35

措施项目清单计算方法 2 表 7-56

清单序号	项次包括项目编码	项目名称及说明	计算公式及说明	计量单位	计算结果
	b.4	大型钢支撑安装		t	572.07
		L_1	(1.37t+2.33t+1.81t+0.96t+0.188t)×4 道=26.632t		
		L_2	(1.37t+2.33t+1.81t+0.96t+0.212t)×4 道=26.728t		
		L_3	(1.37t+2.33t+1.81t+0.96t+0.236t)×4 道=26.824t		
		L_4	(1.37t+2.33t+1.81t+0.96t+0.26t)×4 道=26.92t		
		L_5	(1.37t+2.33t+1.81t+0.96t+0.284t)×5 道=33.77t		
		L_6	(1.37t+2.33t+1.81t+0.96t+0.212t+0.236t)×5 道=34.59t		
		L_7	(1.37t+2.33t+1.81t+0.96t+0.212t+0.26t)×5 道=34.71t		
		L_8	(1.37+2.33+1.81+0.96+0.236+0.26)×5 道=34.83t		
		L_9	(1.37t+2.33t+1.81t+1.07t+0.26t)×5 道=34.20t		
		L_{10}	(1.37t+2.33t+1.81t+1.07t+0.284t)×5 道=34.32t		
		L_{11}	(1.37t+2.33t+1.81t+1.07t+0.212t+0.236t)×5 道=35.14t		
		L_{12}	(1.37t+2.33t+1.81t+1.07t+0.223t+0.26t)×5 道=35.32t		
		L_{13}	(1.37t+2.33t+1.81t+1.07t+0.248t+0.26t)×5 道=35.44t		
		L_{14}	(1.37t+2.33t+1.81t+1.07t+0.26t+0.272t)×5 道=35.56t		
		L_{15}	(1.37t+2.33t+1.81t+1.07t+0.272t+0.284t)×5 道=35.69t		
		L_{16}	(1.37t+2.33t+1.81t+1.37t+0.2t)×5 道=35.10t		
		L_{17}	(1.37t+2.33t+1.81t+1.37t+0.223t)×5 道=35.22t		
	b.5	型钢连系梁钢槽	36*a* 47.8kg/m		
	b.5.1	第四道钢支撑	*L*=(1.5×16+0.41)×2×4=195.28m		
	b.5.2	第二、三、四、五道钢支撑	*L*=(1.5×16+0.41)×2×4=195.28m		
		Σ	(36.82+195.28)×47.8÷1000=11.094t		
	b.6	大型钢支撑安装	26.632+26.728+26.824+26.92+33.77+34.59+34.71+34.83+34.20+34.32+35.14+35.32+35.44+35.56+35.69+35.10+35.22+11.094=572.07t		
	b.7	大型钢支撑拆除	572.07t		
	b.8	大型钢支撑使用	572.07×90=51486.3t·d		
	C	C30 钢筋混凝土	支撑梁		
	C.1	C30 钢筋混凝土	围图梁		
	C.1.1	上道围图断面	1000m×800m		
		SK0+488.063～SK0+550	6.172+6.167+5.687+5.684+5.66+5.676+5.673+5.669+5.665+4.009=61.77m		
		SK0+489.04～SK0+550	6.602+5.602+6.094×8=60.96m		
		封头墙围图	(5+4.83)×2=19.66m		
	C.1.2	下道围图断面			
	C.1.2.1	SK0+488.063～SK0+525SK00+489.04～SK0+525 断面 1200×1000			
		SK0+488.063～SK0+525	36.95m		
		SK0+489.04～SK0+525	35.96m		
		SK0+525～SK0+550	断面 1700×1000*L*=50m		
		则	1×0.8×(61.77+60.96+19.66)=113.91m³		
			1.2×1×(36.95+35.96)=87.49m³		
			1.7×1×50=85m³		
		Σ	113.91+87.49+85=184.4m³		
	C.1.3	C30 钢筋混凝土支撑梁			
	C.1.3.1	SK0+490～SK0+500	上道支撑梁断面 900mm×700mm，下道支撑梁断面 1100mm×900mm，上下两道钢梁混凝土杆断面 600mm×600mm		
		上下两道支撑	(11.8+5.8)×2×(0.9×0.7+1.1×0.9)+2.8×4×0.6×0.6=61.06m³		
	C.1.3.2	SK0+500～SK0+550			
		第一道支撑			

续表

清单序号	项次包括项目编码	项目名称及说明	计算公式及说明	计量单位	计算结果
		SK0+503.4～SK0+550	L=46.59m		
		V_1 横支撑	断面900×700L=19.66m共6道		
		V_2 钢筋混凝土拉杆	断面600×600净长=46.59−5.69÷2−0.9×5−0.45=38.8共2道		
		V_3 钢筋混凝土琵琶撑	断面600×600，L=5m共24道		
		第四道支撑			
		V_4 横支撑	断面900×700，L=19.66共4道		
		V_5 横支撑	断面1200×90，L=19.66共2道		
		V_6 钢筋混凝土拉杆	断面600×600，共16道		
		V_7 钢筋混凝土琵琶撑	600×600，共16道		
		V_1	19.66×0.9×0.7×6=74.31m^3		
		V_2	28.8×0.6×0.6×2=27.94m^3		
		V_3	5×0.6×0.6×24=43.2m^3		
		V_4	19.66×0.9×0.7×4=45.43m^3		
		V_5	19.66×1.2×0.9×2=42.47m^3		
		V_6	38.2×0.6×0.6×2=27.50m^3		
		V_7	5×0.6×0.6×16=28.8m^3		
		Σ	74.31+27.94+43.2+45.43+42.47+27.50+28.8=289.65m^3		
		注：	所有钢筋混凝土加强角忽略不计		
	C.1.4	C30钢筋混凝土角撑	1.5×1.5×1/2×2×0.3=0.68m^3		
		钢板厚14mm	(0.12×0.16+0.07×0.06×1/2)×12×109.9×14÷1000=0.393t		
	二	型钢格构柱	工程量计算规则：第7.7.1条，金属构件的工程量，按设计图示的主材(型钢、钢板、方钢、圆钢等)重量以吨计算，不扣除孔眼、铁角、切肢、切边的重量，圆形和多边形的钢板按作方计算，但不包括螺拴、焊条的重量。		
		角钢∟140×14	29.49kg/m		
		柱号17号～22号	[(4.064m+2.776m)÷2+1.1m+0.55m+(5.284m+5.763m)÷2+1.2m+3m]×29.49kg/m×4根×6根÷1000kg/t=9.762t		
		柱号23号～30号	[(2.776m+1.101m)÷2+1m+(4.023m+4.015m)÷2+0.55m+(0.572m+1.371m)÷2+0.4m+(4.79m+4.793m)÷2+1.1m+3m]×29.49kg/m×4根×8根÷1000kg/t=16.77t		
		缀板规格尺寸	400×300×10=78.5kg/m^2		
		柱号17号～22号	(4.064m+2.776m)÷2÷0.7m/块=5块		
			(3.986m+4.023m)÷2÷0.7m/块=6块		
			(5.284m+5.763m)÷2÷0.7m/块=8块		
		每根格构柱	(5块+1块+6块+1块+8块+1块+4块)×4面=104块		
			104×0.4m×0.3m×78.5kg/m^2×6根÷1000kg/t=5.898t		
		柱号23～30号	(2.776m+1.101m)÷2÷0.7m/块=3块		
			(4.023m+4.015m)÷2÷0.7m/块=6块		
			(0.573m+1.371m)÷2÷0.7m/块=1块		
			4.97m÷0.7m/块=7块		
		每根格构柱	(3块+1块+6块+1块+1块+4块)×4面=64块		
			64块×0.4m×0.3m×78.5kg/m^2×8根÷1000kg/t=4.803t		
		A—A	共14根		
		钢板厚14mm	(0.12m×0.16m+0.07m×0.06m×0.5)×12块×109.9kg/m×14根÷1000kg/t=0.393t		
		钢筋ϕ20	0.7m×16根×2.47kg/m×14根÷1000kg/t=0.387t		
		B—B	柱号17～30号共14根每根设置一道		
		钢板厚10mm	0.46m×0.12m×4面×78.5kg×14根÷1000kg/t=0.243t		
		钢板厚14mm	(0.12m×0.16m+0.07m×0.06m×0.5)×12块×109.9kg/m^2×14根÷1000kg/t=0.393t		
		C—C	14根		

续表

清单序号	项次包括项目编码	项目名称及说明	计算公式及说明	计量单位	计算结果
		止水钢板厚 5mm	$(0.7^2-0.46^2)\times39.25kg/m^2\times14$ 根 $\div1000kg=0.153t$		
		Σ	$9.762t+16.77t+5.898t+4.803t+0.393t+0.387t+0.243t+0.393t+0.153t=38.81t$		
		拆除格构柱	$38.81t-(0.153t+7.1t+2.596t)=28.96t$		
		扣除防水钢板	$-0.153t$		
		扣除∟140×14 角钢	$4.3m\times4$ 根 $\times29.49kg/m\times14$ 根 $\div1000kg/t=-7.1t$		
		扣除缀板	$0.4m\times0.3m\times4$ 面 $\times5$ 道 $\times78.5kg/m\times14$ 根 $\div1000kg/t=-2.596t$		
	5.2	0502 混凝土、钢筋混凝土模板及支架		项	1
		导墙模板			
		1. PX15～PX17 外侧	$1.2m\times2m\times5.92m\times2$ 侧 $=28.42m^2$		
		2. PX15～PX17 内侧	$1.2m\times2m\times(5.92m-0.85m)\times2m\times2$ 侧 $=276m^2$		
		3. PX15～PX17 封头板	$(0.3m\times1.2m+0.3m\times0.5m)\times4$ 侧 $=2.04m^2$		
		4. DF1～DF4 内外侧	$1.2m\times2m\times(19.66m-0.85m\times2m)\times2$ 侧 $=86.21m^2$		
		5. DF1～DF4 封头板	$(0.3m\times1.2m+0.3m\times0.5m)\times2$ 侧 $=1.02m^2$		
		Σ	$284.16m^2+276m^2+2.04m^2+86.21m^2+1.02m^2=393.69m^2$		
		圈梁模板			
		1. 标高 4.02m			
		(1) PX15～PX17 外侧	$0.8m\times2m\times59.2m\times2$ 侧 $=189.44m^2$		
		(2) PX15～PX17 内侧	$0.8m\times2m\times(59.2m-1m)\times2$ 侧 $=186.24m^2$		
		(3) PX15～PX17 封头板	$0.8m\times1m\times4$ 侧 $=3.2m^2$		
		(4) DF1～DF4	$0.8m\times2m\times19.66m=31.46m^2$		
		Σ	$189.44m^2+186.24m^2+3.2m^2+31.46m^2=410.34m^2$		
		2. 第三道钢筋混凝土支撑围圈			
		(1) PX15～PX17 内侧	$1m\times2m\times(59.2m-1.7m)\times2$ 侧 $=230m^2$		
		(2) PX15-PX17 封头板	$1.7m\times1m\times2$ 侧 $=3.4m^2$		
		(3) DF1～DF4 内侧	$1m\times(19.66m-1.7m\times2m)=16.26m^2$		
		Σ	$230m^2+3.4m^2+16.26m^2=249.66m^2$		
		Σ	$(1)+(2)=410.34m^2+249.60m^2=660m^2$		
		3. 支撑梁模板			
		标高 4.00m			
		(1) DF 与 PX 交角处	$0.7m\times(12.8m+4.4m\times2$ 侧 $+3.90m+5m+3m\times4$ 块 $)\times2$ 侧 $=29.75m^2$		
		(2) PX16-1～PX17-4	$0.7m\times(7.4m\times3m+8m+5.2m)\times4$ 侧 $=99.12m^2$		
		琵琶撑	$0.7m\times(5.6m+3.4m)\times12m\times12$ 道 $=151.2m^2$		
			$0.7m\times[3.6m\times2m\times6m\times2$ 侧 $+(9.4m+11m)\div2m\times6$ 根 $]=199.2m$		
		Σ	$29.75m^2+99.12m^2+151.2m^2+199.2m^2=479.27m^2$		
	2	第四道支撑			
		(1)	$29.75m-1m\times0.17m\times\sqrt{2}\times8$ 道 $\times10=10.52m^2$		
		(2) PX19-2～PX17-4	$99.12m^2$		
		(3) 琵琶撑	$151.2m-0.7m\times[(5.6m+3.7m)\times8$ 根 $+1.7m\div0.866m\times24$ 根 $]=67.82m^2$		
		(4) 主撑梁	$1m\times[1.9m\times2m\times6m\times2$ 侧 $+(9.4m+11m)\div2m\times2m\times6$ 根 $]=168m^2$		
		Σ	$10.52m^2+99.12m^2+67.82m^2+168m^2=345.36m^2$		
		Σ	$1+2=479.27m^2+345.36m^2=824.73m^2$		
		4. 角撑模板	$1.5m\times1.5m\times0.5\times2+0.3m\times\sqrt{2}\times1.5\times2=3.52m^2$		
		5. 钻孔灌注桩陆上工作平台			
		ϕ800 钻孔桩	工程量计算规则 第四册：桥涵及护岸工程第一章临时工程说明二：打桩工作平台应根据相应的打桩定额中柴油打桩机的锤重选择。钻孔工作平台按孔径 ϕ≤1000 套用锤重≤2.5t 的桩基础工作平台 ϕ>1000 套用锤重≤4t 的桩基础工作平台		

续表

清单序号	项次包括项目编码	项目名称及说明	计算公式及说明	计量单位	计算结果
		A11 搭拆陆上钻孔桩平台：第 4.1.1 条：钻孔灌注桩工作平台面积			
			计算公式 $F=N_1\times F_1+N_2\times F_2$		
			每桩桥台(墩)$F_1=(A+6.5)\times(6.5+D)$		
			每条通道 $F_1=6.5\times[L-(6.5+D)]$		
			F=工作平台总面积(m^2)		
			F_1=每座桥台(墩)工作平台面积		
			F_2=桥台至桥墩间或桥墩至桥墩间通道工作平台面积(m^2)		
			N_1=桥台和桥墩的总数量		
			N_2=通道总数量		
			D=两排桩之间的距离		
			L=桥梁或护岸的第一根桩中心至最后一根桩中心之间的距离(m)		
			A=桥台(墩)每排桩的第一根桩中心至最后一根桩中心之间的距离		
		通道长度 L_1	17 号～29 号　Y2686.0259－Y2630.0474=50.88m		
		L_2	18 号～30 号　Y2683.1768－Y2629.8819=53.29m		
		L_3 通道平均长度	(50.88+53.29)÷2=52.09m		
		A_1	17 号～18 号桩 X1376.6268－X1365.4104=11.22m		
		A_2	19 号～20 号桩 X1377.8671－X1366.8788=10.99m		
		A_3	21 号～22 号桩 X1379.8506－X1368.6655=10.69m		
		A_4	23 号～24 号桩 X1380.4519－X1370.0466=10.41m		
		A_5	25 号～26 号桩 X1381.3003－X1371.1665=10.41m		
		A_6	27 号～28 号桩 X1381－9013－X1372.0293=9.87m		
		A_7	29 号～30 号桩 X1381.5173－X1371.5589=9.96m		
		A 平均值	(11.22+10.99+10.69+10.41+10.14+9.87+9.96)÷7=10.47m		
			$D=0$　$N_1=7$ 个　$N_3=52.09$m		
		则	$F_1=(A+6.5)\times(6.5+D)\times7=(10.47+6.5)\times(6.5+0)\times7$ 个=772.14m^2		
			$F_2=6.5\times(52.09-6.5\times6)=85.09m^2$		
		Σ	772.14+85.09=857.23m^2		
5.4	0504	施工排水、降水			
			工程量计算规则第 1.1.3 条湿土排水按原地面 1.0m 以下的挖土数量计算。第 1.1.4 条：筑拆集水井，按排水管道开槽埋管每 40m 设置一只，其他工程按每个基坑设置一只，大型基坑按批准的施工组织设计确定。		
		1 导墙挖土湿土排水	井点降水计算规则大口径井点的安装、拆除及使用费按批准的施工组织计算		
			(3.7m+3.8m)÷2×0.2m×139.83m=104.54m^3		
		竹箩滤井	139.38m÷40m/座=4 座		
		2			
		(1) 安拆大口径井点 25m	6 根		
		(2) 井点使用	114 套·d		
5.7	0507	现场施工围栏	(59.2m+10m×2 侧)×2 幅+(19.66m+10m)×2 幅=216.4m		
5.13	临-001	堆料场地			
			工程量计算规则第 1.4.3 条 1. 堆料面积的一般规定(1)主跨≥25m 或每孔总长≥100m 的桥梁，沉井内径 D≥20m 或矩形面积 S≥300m^2 的泵站，隧道及污水处理厂为 1000m^2；2. 堆场面积的其他规定(2)当单位工程主题采用商品混凝土时，堆料面积按上述规定的 50%计算；(3)1000×50%=500m^2		
5.12	沪 0512	地基加固	参见 1993 年版市政工程预算定额第六章工程量计算规则：分层注浆加固的扩散半径为 0.8m，压密注浆加固半径为 0.75m，双重管高压选喷桩的加固半径为 0.4m		

续表

清单序号	项次包括项目编码	项目名称及说明	计算公式及说明	计量单位	计算结果
5.12	沪0512	地基加固	第1.6.3条市政预算定额2000版工程量计算规则：分层注浆1.专控以设计图纸规定深度以米计算；2.注浆数量按设计图纸注明体积计算 第1.6.4条压密注浆：1.钻孔按设计图纸规定深度以米计算；2.注浆(1)设计图纸上明确加固土体体积的应按设计图纸说明的体积计算(2)设计图纸以布关形式图示体积范围的，则按两孔间距的一半作为扩散半径，以布点边线各加扩散半径，形成平面计算注浆体积。(3)如设计图纸上注浆点在钻孔桩之间，按两注浆孔的一半为每孔的扩散半径，以此圆柱体体积计算注浆体积。第1.6.5条：高压选喷桩钻孔按原地面至桩底底面的距离以延长米计算，喷浆按设计加固桩截面面积乘以设计桩长以立方米计算。		
	(1)	压密注浆钻孔			
		SK0+490～SK00+500	L=4(10m钻孔平均深)+(14.49+14.08)÷2=18.29m 10÷0.75×18.21×2=407.73m		
		SK0+500～SK0+525	L=4(25m钻孔平均深)+(14.49+15.36)÷2=18.93m 25÷0.75×18.93×2=1262m		
		SK0+525～SK0+550	L=4(25m钻孔平均深)+(15.36+17.13)÷2=20.25m 25÷0.75+1262+1350=3099.73m		
		Σ	487.73+1262+1350=3099.73m		
	(2)	压密注浆	0.2×3×2×60×2=144m³		
	(3)	高压旋喷桩钻孔			
		SK0+490～SK0+500	H=18.29m		
		SK0+500～SK0+525	H=18.93m		
		SK0+525～SK0+550	H=20.25m		
		平均深度	(18.29+18.93+20.25)÷3=19.16m		
		平均宽度	(19.66+21.33)÷2=20.50m		
		每块高压旋喷桩孔数	3×20.5÷0.8=77孔		
		共	11块		
		则	77×11×19.16=16228.52m		
		高压旋喷桩	3×20.5×3×3×11=6088.5m³		
5.14	临-002	施工检测	工程量计算规则		
		第7.6.1条	监控孔布置的孔深按定额步距内插，工程量是由批准的施工组织设计确定		
		第7.6.2条	监控测试以一个施工区域内监控三项或六项内容划分布局，以米计算		
		施工检测六项	1.墙体水平位移；2.墙顶水平位移；3.地面最大沉降；4.分层沉降；5.基坑隆起；6.墙体位移变化率		
		(1)地面监测六项以内	24组·d		
		(2)地下监测三项以内	10组·d		
		墙体位移H=28m	8孔×2幅=16孔		
		墙体位移H=35m	16孔×2幅=32孔		

4. 单位工程费用汇总表(表7-57)

单位工程费用汇总表……投表4　　　　表7-57

序　号	项目名称	金　额	序　号	项目名称	金　额
1	分部分项工程量清单计价合计	10631280	4	规费	26881
2	措施项目清单计价合计	4817709	5	税金	527727
3	其他项目清单计价合计		6	总计	16003598

5. 分部分项工程量清单计价表(综合单价)

(1) 分部分项工程量清单计价表(表 7-58)

分部分项工程量清单计价表(综合单价)……投表 5 **表 7-58**

清单序号	项目编码	项目名称	计量单位	数量	综合单价
1	040101001001	挖一般土方	m^3	19528.45	25.00
2	040101002001	导墙沟槽土方	m^3	451.59	42.48
3	040103001001	填土方	m^3	4859.91	23.21
4	040103002001	泥浆场外运输	m^3	3605.83	54.05
5	040103002002	余土场外运输	m^3	19980.04	31.30
6	040103002003	旧料场外运输	m^3	641.99	31.29
7	040403007001	φ800 钻孔灌注桩	m	280.00	365.22
8	040406001001	地下连续墙	m^3	3310.16	1341.32
9	040701001001	预埋铁件	kg	45759	7.50
10	040701002001	非预应力钢筋	t	774.68	5226.42
11	040701002002	钢筋连接器	个	5090	16.80
12	040801007001	拆除钢混凝土结构	m^3	641.99	258.49

(2) 措施项目清单计价表(表 7-59)

措施项目清单计价表(综合单价)……投表 6 **表 7-59**

序号	项目编码	项目名称	计量单位	数量	综合单价
		措施项目(二)			
5		5. 市政工程			
5.1	0501	大型机械设备进出场及安拆	项	1	59196
5.2	0502	混凝土、钢筋混凝土模板及支架	项	1	1667121
5.4	0504	施工排水、降水	项	1	443168
5.7	0507	现场施工围栏	m	216.4	109
5.12	沪 0512	地基加固	m^2	500	39
5.13	临-001	堆料场地	m^3	4203	423
5.14	临-002	地下监测	项	1	169412

6. 分部分项工程量清单计价分析表(表 7-60)

分部分项工程量清单计价分析表……投表 10 **表 7-60**

工程名称：盾构-清单-连续墙

编制单位：

序号	编号	名称	单位	综合单价 工料单价	工程量	人工费	材料费	机械费	周材运输费	管理费	安全防护、文明	规费	税金	合计	总计
1		2	3	4	5	6	7	8	9	10	11	12	13	14	15
				4=14/5										6～11	6～13
		连续墙										26881	527727	15448989	6003598
	040101001001	挖土	m^3	25.00	19528.45							849.37	16674.75	488146	505670
1	S7-4-28	支撑基坑挖土(宽＞15m，深≤15m)	m^3	21.86	19528.45	91546.93		335269.96	2134.08	51474.12	7721.12	849.37	16674.75	488146	505670
	040101001002	导墙沟槽土方	m^3	42.48	451.59							33.38	655.23	19182	19870

续表

序号	编　号	名　　称	单位	综合单价 工料单价	工程量	人工费	材料费	机械费	周材运输费	管理费	安全防护、文明	规　费	税　金	合　计	总　计
	1	2	3	4	5	6	7	8	9	10	11	12	13	14	15
				4＝14/5										6～11	6～13
2	S5-1-2	人工挖沟槽Ⅲ类土方（深≤2m）	m^3	23.65	709.20	16771.60			83.86	2022.65	303.40	33.38	655.23	19182	19870
	040103001001	回填土	m^3	23.21	4859.91							196.24	3852.46	112779	116828
3	S6-1-10	基坑回填土	m^3	10.39	4461.61	41951.40		4412.82	231.82	5591.52	838.73	92.27	1811.34	53026	54930
4	S5-1-36	沟槽夯填土	m^3	11.48	565.71	6012.30		480.62	32.46	783.05	117.46	12.92	253.66	7426	7692
5	S1-1-36	土方场内运输（运土 1km 以内）	m^3	9.10	5027.32	5361.64		40391.18	228.76	5517.79	827.67	91.05	1787.46	52327	54206
	040103002001	泥浆场外运输	m^3	54.05	3605.83							339.15	6658.10	194913	201910
6	ZSM20-1-1	泥浆场外运输	m^3	47.50	3605.83			71276.92	0.00	20553.23	3082.98	339.15	6658.10	194913	201910
	040103002002	余土场外运输	m^3	31.30	19980.04							1087.98	21358.99	625275	647722
7	ZSM19-1-1	土方场外运输	m^3	27.50	19980.04			549451.10	0.00	65934.13	9890.12	1087.98	21358.99	625275	647722
	040103002003	旧料场外运输	m^3	31.29	641.99							34.96	686.30	20091	20812
8	ZSM19-1-1	土方场外运输	m^3	27.50	641.99			17654.72	0.00	2118.57	317.78	34.96	686.30	20091	20812
	040301007001	ϕ800 钻孔灌注桩	m	365.22	280.00							177.93	3493.15	102261	105932
9	S4-4-2	陆上埋设拆除钢护筒（$\phi\leqslant$800）	m	70.39	21.00	1109.90	257.43	110.87	7.39	178.27	26.74	2.94	57.75	1691	1751
10	S4-4-12	回旋钻机钻孔（$\phi\leqslant$800）	m^3	154.14	257.87	5630.91	8525.16	25591.44	198.74	4793.55	719.03	79.10	1552.84	45459	47091
11	S4-4-18	灌注桩现浇水下混凝土（$\phi\leqslant$800）水下混凝土（5～40mm）C30	m^3	338.16	142.50	2817.33	38685.14	6684.69	240.94	5811.37	871.71	95.89	1882.56	55111	57090
	040406001001	地下连续墙	m^3	1341.32	3310.16							7725.59	151667.23	4439994	4599387
12	S7-4-7	履带式液压抓斗挖土成槽（35m 以内）	m^3	565.09	3904.31	182502.09	690443.96	1333357.71	11031.52	266080.23	39912.04	4390.59	86195.19	2523328	2613913
13	S7-4-13	连续墙清底置换	段	2338.06	24.00	10829.70	14352.00	30931.68	280.57	6767.27	1015.09	111.67	2192.22	64176	66480
14	S7-4-20	安拔接头箱（35m）	段	5472.93	25.00	16875.00	61545.04	58403.25	684.12	16500.89	2475.13	272.28	5345.37	156483	162101
15	S7-4-14	浇筑连续墙混凝土　非泵送商品混凝土（5～40mm）C25	m^3	379.82	3904.31	80643.52	1341761.75	60519.81	7414.63	178840.76	26826.11	2951.05	57934.46	1696007	1756892

续表

序号	编号	名称	单位	综合单价 工料单价	工程量	人工费	材料费	机械费	周材运输费	管理费	安全防护、文明	规费	税金	合计	总计
	1	2	3	4	5	6	7	8	9	10	11	12	13	14	15
				4=14/5										6～11	6～13
	040701001001	预埋铁件	t	7504.19	43.76							571.39	11217.35	328383	340172
16	S1-1-25	预埋铁件(单件重≤30kg)	t	6561.53	43.76	54245.45	214563.78	18316.91	1435.63	34627.41	5194.11	571.39	11217.35	328383	340172
	040701002001	钢筋	t	5226.42	774.68							7044.91	138304.33	4048801	4194150
17	S7-4-4	导墙钢筋	t	4043.48	30.81	14349.76	103312.27	6917.71	622.90	15024.32	2253.65	247.92	4867.04	142481	147596
18	S7-4-9	钢筋笼制作	t	4257.68	638.50	254282.63	2309722.97	154521.87	13592.64	327854.41	49178.16	5409.93	106206.58	3109153	3220769
19	S7-4-12	钢筋笼吊运就位(35m以内)	t	448.33	638.50	83827.07	37941.84	164490.98	1431.30	34522.94	5178.44	569.66	11183.51	327393	339146
20	S4-4-22	灌注桩钢筋笼	t	4192.28	9.92	4510.09	32746.86	4330.49	207.94	5015.45	752.32	82.76	1624.73	47563	49271
21	S4-6-7	基础钢筋	t	3649.57	25.82	9159.11	83799.84	1272.83	471.16	11364.35	1704.65	187.52	3681.42	107772	111641
22	S7-5-20	梁钢筋	t	3948.55	69.52	18852.52	225239.74	30410.75	1372.52	33105.06	4965.76	546.27	10724.20	313946	325217
23	S7-5-23	平台顶板钢筋	t	4030.73	0.11	30.80	349.07	51.42	2.16	52.01	7.80	0.86	16.85	493	511
	040701002002	钢筋接头	个	16.80	5090.00							148.78	2920.87	85507	88577
24	S1-1-27	钢筋接头(锥螺纹)	个	14.69	5090.00	5359.77	64655.04	4749.42	373.82	9016.57	1352.48	148.78	2920.87	85507	88577
	040801007001	拆除钢筋混凝土结构	m^3	258.49	641.99							288.75	5668.68	165948	171906
25	S1-3-37	拆除钢筋混凝土结构	m^3	226.01	641.99	65040.49	7877.22	72181.27	725.49	17498.94	2624.84	288.75	5668.68	165948	171906
	0501	施工措施费—大型机械设备进出场及安拆													
26	ZSM21-1-1	钻孔灌注桩钻机安装及拆除费	台	3681	1			3681.00	18.41	443.93	66.59	7.33	143.81	4210	4361
27	ZSM21-2-15	钻孔灌注桩钻机场外运输费	台·次	9290	1			9290.00	46.45	1120.37	168.06	18.49	362.94	10625	11006
28	ZSM21-1-5	履带式起重机(25t以内)装卸费	台	646	1			646.00	3.23	77.91	11.69	1.29	25.24	739	765
29	ZSM21-2-19	履带式起重机(25t以内)场外运输费	台·次	5164	1			5164.00	25.82	622.78	93.42	10.28	201.75	5906	6118
30	ZSM21-1-7	履带式起重机(60～91t)装卸费	台	1116	1			1116.00	5.58	134.59	20.19	2.22	43.60	1276	1322
31	ZSM21-2-21	履带式起重机(60～90t)场外运输费	台·次	13518	1			13518.00	67.59	1630.27	244.54	26.90	528.12	15460	16015
32	ZSM21-2-2	120kW以内推土机场外运输费	台·次	2801	1			2801.00	14.01	337.80	50.67	5.57	109.43	3203	3318

续表

序号	编　号	名　　称	单位	综合单价 工料单价	工程量	人工费	材料费	机械费	周材运输费	管理费	安全防护、文明	规　费	税　金	合　计	总　计
	1	2	3	4	5	6	7	8	9	10	11	12	13	14	15
				4=14/5										6～11	6～13
33	ZSM21-2-4	$1m^3$ 以内单斗挖掘机场外运输费	台·次	2734	1			2734.00	13.67	329.72	49.46	5.44	106.81	3127	3239
34	ZSM21-1-10	地下连续墙成槽机械安装及拆除费	台	1195	1			1195.00	5.98	144.12	21.62	2.38	46.69	1367	1416
35	ZSM21-2-24	地下连续墙成槽机械场外运输费	台·次	11614	1			11614.00	58.07	1400.65	210.10	23.11	453.73	13283	13760
	0502	施工措施费—混凝土、钢筋混凝土模板及支架								2883.67	56611.62	1657281	1716776		
36	S7-4-2	导墙混凝土泵送商品混凝土(5～20mm)C20	m^3	398.84	54.00	3336.63	16232.74	1968.22	107.69	2597.43	389.62	42.86	841.42	24632	25517
37	S7-4-3	导墙模板	m^2	33.64	393.69	4491.02	8753.29		66.22	1597.26	239.59	26.36	517.42	15147	15691
38	S4-6-5	基础商品混凝土　泵送商品混凝土(5～40mm)C20	m^3	302.50	184.40	718.81	54866.25	195.13	278.90	6727.09	1009.06	111.00	2179.20	63795	66085
39	S4-6-6	基础模板	m^2	26.16	660.00	4967.32	11035.17	1262.01	86.32	2082.10	312.31	34.36	674.48	19745	20454
40	S7-5-18	梁混凝土泵送商品混凝土(5～20mm)C30	m^3	372.32	289.65	3439.09	90057.94	14346.72	539.22	13005.96	1950.89	214.61	4213.21	123340	127768
41	S7-5-19	梁模板	m^2	61.45	824.73	20258.05	19328.55	11089.31	253.38	6111.51	916.73	100.85	1979.79	57958	60038
42	S7-5-21	平台顶板混凝土　泵送商品混凝土(5～20mm)C30	m^3	351.28	0.68	4.68	211.45	22.74	1.19	28.81	4.32	0.48	9.33	273	283
43	S7-5-22	平台顶板模板	m^2	63.40	3.52	63.08	106.82	53.28	1.12	26.92	4.04	0.44	8.72	255	264
44	S7-7-18	角钢支架制作	t	5325.51	38.81	41731.42	156463.20	8488.54	1033.42	24925.99	3738.90	411.30	8074.63	236381	244867
45	S7-4-32	拆除大型支撑(宽>15m)	t	322.79	28.96	2365.31	731.46	6251.19	46.74	1127.36	169.10	18.60	365.20	10691	11075
46	S7-4-31	安装大型支撑(宽>15m)	t	606.92	572.07	49594.07	133375.17	164233.40	1736.01	41872.64	6280.90	690.94	13564.40	397092	411348
47	S7-4-32	拆除大型支撑(宽>15m)	t	322.79	572.07	46723.82	14449.04	123484.72	923.29	22269.70	3340.46	367.47	7214.14	211191	218773
48	CSM7-4-1	大型支撑使用费	t·d	8.25	51486		424761.98		2123.81	51226.29	7683.94	845.29	16594.47	485796	503236
49	S4-1-1	陆上桩基础工作平台(锤重≤2.5t)	m^2	11.20	857.23	3275.05	6158.54	169.82	48.02	1158.17	173.73	19.11	375.18	10983	11378
	0504	施工措施费—施工排水、降水										771.11	15138.32	443168	459077
50	S1-1-9	湿土排水	m^3	9.63	104.54	221.57		785.43	5.04	121.44	18.22	2.00	39.34	1152	1193
51	S1-1-11	筑拆竹箩滤井	座	40.47	4.00	37.77	124.10		0.81	19.52	2.93	0.32	6.32	185	192

续表

序号	编　号	名　称	单位	综合单价 工料单价	工程量	人工费	材料费	机械费	周材运输费	管理费	安全防护、文明	规　费	税　金	合　计	总　计
	1	2	3	4	5	6	7	8	9	10	11	12	13	14	15
				4=14/5										6～11	6～13
52	S1-5-22	大口径井点安装(25m)	根	5859.42	6.00	4257.97	22116.69	8781.85	175.78	4239.88	635.98	69.96	1373.48	40208	41652
53	S1-5-23	大口径井点拆除(25m)	根	2468.05	6.00	2102.96	5891.46	6813.89	74.04	1785.88	267.88	29.47	578.53	16936	17544
54	S1-5-24	大口径井点使用(25m)	套·d	2950.49	114.00	23085.00	113163.21	200107.62	1681.78	40564.51	6084.68	669.36	13140.64	384687	398497
	0507	施工措施费—施工路栏	m	109.36	216.40							41.18	808.37	23665	24514
55	S1-1-14	封闭式施工路栏(砖基础)混合砂浆M7.5	m	95.62	216.40	2803.08	17888.42		103.46	2495.39	374.31	41.18	808.37	23665	24514
	临-001	施工措施费—堆场	m²	38.64	500.00							33.62	660.01	19322	20015
56	S1-4-20	堆料场地　现浇混凝土(5～20mm)C15	m²	33.79	500.00	7357.50	9052.18	484.33	84.47	2037.42	305.61	33.62	660.01	19322	20015
	沪0512	施工措施费—地基加固	m³	392.41	6232.50							4255.46	83542.30	2445665	2533463
57	S1-6-10	压密注浆(机械钻孔)	m	15.08	3099.73	12658.52	12145.49	21940.76	233.72	5637.42	845.61	93.02	1826.21	53462	55381
58	S1-6-11	压密注浆(注浆)	m³	55.24	144.00	1944.00	4887.70	1123.02	39.77	959.34	143.90	15.83	310.77	9098	9424
59	S1-6-12	高压旋喷桩钻孔	m	20.39	16228.52	73010.08	14849.58	243000.62	1654.30	39901.75	5985.26	658.42	12925.95	378402	391986
60	S1-6-13	高压旋喷桩喷浆(双重管)	m³	287.89	6088.50	202753.90	1076772.24	473312.99	8764.20	211392.40	31708.86	3488.19	68479.37	2004705	2076672
	沪0513	施工措施费—地下监测										294.78	5787.01	169412	175494
61	S7-6-32	地面监控测试(六项以内)	组·d	385.61	24.00	8019.00		1235.52	46.27	1116.10	167.41	18.42	361.55	10584	10964
62	S7-6-34	地下监控测试(三项以内)	组·d	216.88	10.00	1893.38		275.40	10.84	261.55	39.23	4.32	84.73	2480	2569
63	S7-6-12	地表监测墙体位移孔布置(孔深30m)	孔	2354.35	16.00	3445.20	15937.92	18286.51	188.35	4542.96	681.44	74.96	1471.67	43082	44629
64	S7-6-13	地表监测墙体位移孔布置(孔深40m)	孔	3094.84	32.00	8078.40	42257.66	48698.82	495.17	11943.61	1791.54	197.08	3869.06	113265	117331

7. 施工图预算书(表 7-61)

施工图预算书 表 7-61

工程名称：连续墙-预算-LXQ

编制单位：

序号	编 号	名 称	单 位	单价(元)	工程量	合价(元)
		地下连续墙				16003598
1	S5-1-2	人工挖沟槽Ⅲ类土方(深≤2m)	m^3	23.65	709.20	16772
2	ZSM19-1-1	土方场外运输	m^3	27.50	709.20	19503
3	S1-1-9	湿土排水	m^3	9.63	104.54	1007
4	S1-1-11	筑拆竹箩滤井	座	40.47	4.00	162
5	S7-4-2	导墙混凝土 泵送商品混凝土(5～20mm)C20	m^3	398.84	54.00	21538
6	S7-4-3	导墙模板	m^2	33.64	393.69	13244
7	S7-4-4	导墙钢筋	t	4043.48	30.81	124580
8	ZSM21-1-10	地下连续墙成槽机械安装及拆除费	台	1195.00	1.00	1195
9	ZSM21-2-24	地下连续墙成槽机械场外运输费	台·次	11614.00	1.00	11614
10	S7-4-7	履带式液压抓斗挖土成槽(35m 以内)	m^3	565.09	3904.31	2206304
11	S7-4-13	连续墙清底置换	段	2338.06	24.00	56113
12	S7-4-20	安拔接头箱(35m)	段	5472.93	25.00	136823
13	S7-4-14	浇筑连续墙混凝土 非泵送商品混凝土(5～40mm)C25	m^3	379.82	3904.31	1482925
14	S7-4-9	钢筋笼制作	t	4257.68	638.50	2718527
15	S7-4-12	钢筋笼吊运就位(35m 以内)	t	448.33	638.50	286260
16	S1-1-27	钢筋接头(锥螺纹)	个	14.69	5090.00	74764
17	ZSM20-1-1	泥浆场外运输	m^3	47.50	3347.96	159028
18	ZSM21-1-1	钻孔灌注桩钻机安装及拆除费	台	3681.00	1.00	3681
19	ZSM21-2-15	钻孔灌注桩钻机场外运输费	台·次	9290.00	1.00	9290
20	S4-1-1	陆上桩基础工作平台(锤重≤2.5t)	m^2	11.20	857.23	9603
21	S4-4-2	陆上埋设拆除钢护筒(ϕ≤800)	m	70.39	21.00	1478
22	S4-4-12	回旋钻机钻孔(ϕ≤800)	m^3	154.14	257.87	39748
23	ZSM20-1-1	泥浆场外运输	m^3	47.50	257.87	12249
24	S4-4-22	灌注桩钢筋笼	t	4192.28	9.92	41587
25	S4-4-18	灌注桩现浇水下混凝土(ϕ≤800) 水下混凝土(5～40mm)C30	m^3	338.16	142.50	48187
26	S7-4-28	支撑基坑挖土(宽＞15m 深≤15m)	m^3	21.86	19528.45	426817
27	ZSM19-1-1	土方场外运输	m^3	27.50	19270.84	529948
28	S1-5-22	大口径井点安装(25m)	根	5859.42	6.00	35157
29	S1-5-23	大口径井点拆除(25m)	根	2468.05	6.00	14808
30	S1-5-24	大口径井点使用(25m)	套·d	2950.49	114.00	336356
31	S7-4-31	安装大型支撑(宽＞15m)	t	606.92	572.07	347203
32	S7-4-32	拆除大型支撑(宽＞15m)	t	322.79	572.07	184658
33	CSM7-4-1	大型支撑使用费	t·d	8.25	51486.30	424762
34	S7-7-18	角钢支架制作	t	5325.51	38.81	206683
35	S7-4-32	拆除大型支撑(宽＞15m)	t	322.79	28.96	9348
36	S4-6-5	基础商品混凝土 泵送商品混凝土(5～40mm)C20	m^3	302.50	184.40	55780
37	S4-6-6	基础模板	m^2	26.16	660.00	17264
38	S4-6-7	基础钢筋	t	3649.57	25.82	94232
39	S7-5-18	梁混凝土 泵送商品混凝土(5～20mm)C30	m^3	372.32	289.65	107844
40	S7-5-19	梁模板	m^2	61.45	824.73	50676

续表

序号	编号	名称	单位	单价(元)	工程量	合价(元)
41	S7-5-20	梁钢筋	t	3948.55	69.52	274503
42	S7-5-21	平台顶板混凝土 泵送商品混凝土(5～20mm)C30	m^3	351.28	0.68	239
43	S7-5-22	平台顶板模板	m^2	63.40	3.52	223
44	S7-5-23	平台顶板钢筋	t	4030.73	0.11	431
45	S1-1-25	预埋铁件(单件重≤30kg)	t	6561.53	43.76	287126
46	S1-3-37	拆除钢筋混凝土结构	m^3	226.01	641.99	145099
47	ZSM19-1-1	旧料外运输	m^3	27.50	641.99	17655
48	S6-1-10	基坑回填土	m^3	10.39	4461.61	46364
49	S5-1-36	沟槽夯填土	m^3	11.48	565.71	6493
50	S1-1-36	土方场内运输(运土 1km 以内)	m^3	9.10	5027.32	45753
51	S1-6-10	压密注浆(机械钻孔)	m	15.08	3099.73	46745
52	S1-6-11	压密注浆(注浆)	m^3	55.24	144.00	7955
53	S1-6-12	高压旋喷桩钻孔	m	20.39	16228.52	330860
54	S1-6-13	高压旋喷桩喷浆(双重管)	m^3	287.89	6088.50	1752839
55	ZSM21-1-5	履带式起重机(25t 以内)装卸费	台	646.00	1.00	646
56	ZSM21-2-19	履带式起重机(25t 以内)场外运输费	台・次	5164.00	1.00	5164
57	ZSM21-1-7	履带式起重机(60～91t)装卸费	台	1116.00	1.00	1116
58	ZSM21-2-21	履带式起重机(60～90t)场外运输费	台・次	13518.00	1.00	13518
59	ZSM21-2-2	120kW 以内推土机场外运输费	台・次	2801.00	1.00	2801
60	ZSM21-2-4	$1m^3$ 以内单斗挖掘机场外运输费	台・次	2734.00	1.00	2734
61	S7-6-32	地面监控测试(六项以内)	组・d	385.61	24.00	9255
62	S7-6-34	地下监控测试(三项以内)	组・d	216.88	10.00	2169
63	S7-6-12	地表监测墙体位移孔布置(孔深 30m)	孔	2354.35	16.00	37670
64	S7-6-13	地表监测墙体位移孔布置(孔深 40m)	孔	3094.84	32.00	99035
65	S1-1-14	封闭式施工路栏(砖基础) 混合砂浆 M7.5	m	95.62	216.40	20691
66	S1-4-20	堆料场地 现浇混凝土(5～20mm)C15	m^2	33.79	500.00	16894

8. 施工图预算费用表(表 7-62)

施工图预算费用表 **表 7-62**

1	定额直接费	直接费合计	12773313
2	大型周材运输费	[1]×0.5%	63867
3	土方泥浆外运费	土方泥浆外运费	738383
4	直接费	[1]+[2]+[3]	13575562
5	综合费	[4]×12%	1629067
6	安全防护、文明	[4]×1.8%	244360
7	施工措施费	施工措施费	
8	其他费用	([4]+[5]+[6]+[7])×(0.1%+0.074%)	26881
9	税前补差	税前补差	
10	税金	([4]+[5]+[6]+[7]+[8]+[9])×3.41%	527727
11	甲供材料	-甲供材料	
12	税后补差	税后补差	
13	总造价	[4]+[5]+[6]+[7]+[8]+[9]+[10]+[11]+[12]	16003598

9. 工程综合实体单价分析表［项目编码暨子目编号顺序对应编列］

(1) 分部分项工程项目清单(二)(表 7-63)

分部分项工程项目清单(二) **表 7-63**

序号	项目编码	项目名称	计量单位	数量	综合单价 工料单价	预算顺序号
1	040101001001	挖一般土方	m^3	19528	25.00	
	S7-4-28	支撑基坑挖土(宽>15m，深≤15m)	m^3	19528.45	21.86	26
2	040101002001	导墙沟槽土方	m^3	452	42.48	1
	S5-1-2	人工挖沟槽Ⅲ类土方(深≤2m)	m^3	709.20	23.65	
3	040103001001	填土方	m^3	4859.91	23.21	
	S6-1-10	基坑回填土	m^3	4461.61	10.39	48
	S5-1-36	沟槽夯填土	m^3	565.71	11.48	49
	S1-1-36	土方场内运输(运土 1km 以内)	m^3	5027.32	9.10	50
4	040103002001	泥浆场外运输	m^3	3605.83	54.05	
	ZSM20-1-1	泥浆场外运输	m^3	3605.83	47.50	17.23
5	040103002002	余土场外运输	m^3	19980.04	31.30	
	ZSM19-1-1	土方场外运输	m^3	19980.04	27.50	2.27
6	040103002003	旧料场外运输	m^3	641.99	31.29	
	ZSM19-1-1	土方场外运输	m^3	641.99	27.50	47
7	040403007001	ϕ800 钻孔灌注桩	m	280.00	365.22	
	S4-4-2	陆上埋设拆除钢护筒(ϕ≤800)	m	21.00	70.39	21
	S4-4-12	回旋钻机钻孔(ϕ≤800)	m^3	257.87	154.14	22
	S4-4-18	灌注桩现浇水下混凝土(ϕ≤800) 水下混凝土(5～40mm)C30	m^3	142.50	338.16	25
8	040406001001	地下连续墙	m^3	3310.16	1341.32	
	S7-4-7	履带式液压抓斗挖土成槽(35m 以内)	m^3	3904.31	565.09	10
	S7-4-13	连续墙清底置换	段	24.00	2338.06	11
	S7-4-20	安拔接头箱(35m)	段	25.00	5472.93	12
	S7-4-14	浇筑连续墙混凝土 非泵送商品混凝土(5～40mm)C25	m^3	3904.31	379.82	13
9	040701001001	预埋铁件	kg	43.76	7504.19	45
	S1-1-25	预埋铁件(单件重≤30kg)	t	43.76	6561.53	
10	040701002001	非预应力钢筋	t	774.68	5226.42	
	S7-4-4	导墙钢筋	t	30.81	4043.48	7
	S7-4-9	钢筋笼制作	t	638.50	4257.68	14
	S7-4-12	钢筋笼吊运就位(35m 以内)	t	638.50	448.33	15
	S4-4-22	灌注桩钢筋笼	t	9.92	4192.28	24
	S4-6-7	基础钢筋	t	25.82	3649.57	38
	S7-5-20	梁钢筋	t	69.52	3948.55	41
	S7-5-23	平台顶板钢筋	t	0.11	4030.73	44
11	040701002002	钢筋连接器	个	5090.00	16.80	
	S1-1-27	钢筋接头(锥螺纹)	个	5090.00	14.69	16
12	040701005001	拆除钢筋混凝土结构	m^3	641.99	258.49	
	S1-3-37	拆除钢筋混凝土结构	m^3	641.99	226.01	46

(2) 措施项目清单(表 7-64)

措 施 项 目 清 单 **表 7-64**

序号	项目编码	项目名称	计量单位	数量	综合单价 工料单价	预算顺序号
5		措施项目费				
5.1	0501	大型机械设备进出场及安拆			59196	
	ZSM21-1-1	钻孔灌注桩钻机安装及拆除费	台	1	3681	18

续表

序号	项目编码	项目名称	计量单位	数量	综合单价 工料单价	预算顺序号
5.1	ZSM21-2-15	钻孔灌注桩钻机场外运输费	台·次	1	9290	19
	ZSM21-1-5	履带式起重机(25t以内)装卸费	台	1	646	55
	ZSM21-2-19	履带式起重机(25t以内)场外运输费	台·次	1	5164	56
	ZSM21-1-7	履带式起重机(60～91t)装卸费	台	1	1116	57
	ZSM21-2-21	履带式起重机(60～90t)场外运输费	台·次	1	13518	58
	ZSM21-2-2	120kW以内推土机场外运输费	台·次	1	2801	59
	ZSM21-2-4	$1m^3$以内单斗挖掘机场外运输费	台·次	1	2734	60
	ZSM21-1-10	地下连续墙成槽机械安装及拆除费	台	1	1195	8
	ZSM21-2-24	地下连续墙成槽机械场外运输费	台·次	1	11614	9
5.2	0502	混凝土、钢筋混凝土模板及支架	m^2		1667121	
	S7-4-2	导墙混凝土　泵送商品混凝土(5～20mm)C20	m^3	54.00	398.84	5
	S7-4-3	导墙模板	m^2	649.43	33.64	6
	S4-6-5	基础商品混凝土　泵送商品混凝土(5～40mm)C20	m^3	184.40	302.50	20
	S4-6-6	基础模板	m^2	660.00	26.16	31
	S7-5-18	梁混凝土　泵送商品混凝土(5～20mm)C30	m^3	289.65	372.32	32
	S7-5-19	梁模板	m^2	824.73	61.45	33
	S7-5-21	平台顶板混凝土　泵送商品混凝土(5～20mm)C30	m^3	0.68	351.28	34
	S7-5-22	平台顶板模板	m^2	3.52	63.40	35
	S7-7-18	角钢支架制作	t	38.81	5325.51	36
	S7-4-32	拆除大型支撑(宽>15m)	t	28.96	322.79	37
	S7-4-31	安装大型支撑(宽>15m)	t	572.07	606.92	39
	S7-4-32	拆除大型支撑(宽>15m)	t	572.07	322.79	40
	CSM7-4-1	大型支撑使用费	t·d	51486	8.25	42
	S4-1-1	陆上桩基础工作平台(锤重≤2.5t)	m^2	857.23	11.20	43
5.4	0504	施工排水、降水			443168	
	S1-1-9	湿土排水	m^3	4.00	9.63	3
	S1-1-11	筑拆竹箩滤井	座	6.00	40.47	4
	S1-5-22	大口径井点安装(25m)	根	6.00	5859.42	28
	S1-5-23	大口径井点拆除(25m)	根	114.00	2468.05	29
	S1-5-24	大口径井点使用(25m)	套·d		2950.49	30
5.7	0507	现场施工围栏	m	216.4	109	
55	S1-1-14	封闭式施工路栏(砖基础)　混合砂浆M7.5	m	216.40	95.62	65
5.14	临-001	堆料场地	m^2	500	39	
56	S1-4-20	堆料场地　现浇混凝土(5～20mm)C15	m^2	500.00	33.79	66
5.6	沪0512	地基加固	m^3	4203	423	
57	S1-6-10	压密注浆(机械钻孔)	m	3099.73	15.08	51
58	S1-6-11	压密注浆(注浆)	m^3	144.00	55.24	52
59	S1-6-12	高压旋喷桩钻孔	m	16228.52	20.39	53
60	S1-6-13	高压旋喷桩喷浆(双重管)	m^3	4059.00	287.89	54
5.7	沪0513	地下监测			169412	
61	S7-6-32	地面监控测试(六项以内)	组·d	24.00	385.61	61
62	S7-6-34	地下监控测试(三项以内)	组·d	10.00	216.88	62
63	S7-6-12	地表监测墙体位移孔布置(孔深30m)	孔	16.00	2354.35	63
64	S7-6-13	地表监测墙体位移孔布置(孔深40m)	孔	32.00	3094.84	64

第四节　市政管网工程招投标编辑及应用的计算实例

一、管道铺设(开槽埋管)及井类工程(按综合定额编制)

1. 工程概况及主要施工设计图纸

(1) 工程概况

1) 本工程雨水管道工程从1号～4号井采用开槽埋管施工，管径 ϕ1000 长度125m。

2) 招标范围：本招标工程为一个单项工程，排水一个单位工程，具体范围按设计图图示。

3) 清单编制依据：《〈建设工程工程量清单计价规范〉上海市市政工程操作指南》，施工设计图文件等。

4) 工程质量应达到优良标准。

5) 投标报价按《〈建设工程工程量清单计价规范〉上海市市政工程操作指南》的统一格式。

6) 人工、材料、机械费用按上海市市政工程市场信息2006年10月份计取。

7) 施工工期：45天。

(2) 主要施工设计图纸(图3-36)

2. 分部分项工程量、措施项目清单

(1) 分部分项工程量清单(表7-65)

分部分项工程量清单……招表4　　　　**表7-65**

<table>
<tr><th>序　号</th><th>项　次</th><th>项目编码</th><th>项 目 名 称</th><th>项 目 特 征</th><th>工 程 内 容</th><th>计量单位</th><th>数　量</th></tr>
<tr><td></td><td>1</td><td></td><td>管道铺设</td><td></td><td></td><td></td><td></td></tr>
<tr><td>1</td><td>1.1</td><td>040501002</td><td>铺设 ϕ1000PH-48管×3.5</td><td>1. PH-48有筋承插管；
2. 规格　ϕ1000；
3. 埋设深度　3.5m；
4. 接口形式　橡胶；
5. 垫层厚度、材料品种，强度，0.15m砾石砂；
6. 基础断面形式，混凝土强度等级，石料最大粒径：C20，5～40mm</td><td>1. 挖沟槽土方：挖土，支撑，运输；
2. 施工排水、降水；
3. 垫层铺设；
4. 混凝土基础浇筑；
5. 管道铺设；
6. 管道接口；
7. 管道闭水试验；
8. 土方回填运输；
9. 余方弃置</td><td>m</td><td>125.00</td></tr>
<tr><td></td><td>2</td><td colspan="2">砖砌窨井</td><td></td><td></td><td></td><td></td></tr>
<tr><td></td><td>2.1</td><td>040504001</td><td>砖砌窨井</td><td></td><td></td><td>座</td><td>4</td></tr>
<tr><td>2</td><td>2.1.1</td><td>040504001001</td><td>砖砌窨井
1000×1300×3.0</td><td rowspan="2">1. 材料：标准砖；
2. 井深、尺寸：3m，1000×1300；
3. 垫层、基础厚度，材料品种强度</td><td rowspan="2">1. 垫层铺筑；
2. 混凝土浇筑；
3. 养护；
4. 砌筑；
5. 勾缝；
6. 抹面；
7. 盖板，过梁制作、安装；
8. 井盖、井座制作安装</td><td>座</td><td>2</td></tr>
<tr><td>3</td><td>2.1.2</td><td>040504001002</td><td>砖砌窨井
1000×1300×3.0↓</td><td>座</td><td>2</td></tr>
</table>

（2）措施项目清单（表 7-66）

措施项目清单……招标 5　　**表 7-66**

序号	项次	项目编码	项目名称	单位	数量	备注
	5		5 市政工程			
1	5.1	0501	大型机械进出场运输及安拆			
2	5.2	0502	混凝土、钢筋混凝土模板及支架			
3	5.3	0503	脚手架			
4	5.4	0504	施工排水、降水			
5	5.5	0505	围堰			
6	5.6	0506	筑岛			
7	5.7	0507	现场施工围栏			
8	5.8	0508	施工便道			
9	5.9	0509	便桥			
10	5.10	0510	洞内施工的通风、供水、供气、供电、照明及通信设施			
11	5.11	0511	驳岸块石清理			
12	5.12	沪 0512	地基加固			
13	5.13	沪 0513	地下监测			
14	5.14	临-001	堆场			

3. 分部分项工程量、措施项目清单计算方法（表 7-67～表 7-70）

工程名称：××路开槽埋管（综合定额）——管道取定深度计算表　　**表 7-67**

图号	性质	范围	管径	施工方法	长度	左地面标高	左管底标高	右地面标高	右管底标高	平均深度	基础厚	槽深	定额深度
	(1)	(2)	(3)	(4)	(5)	(6)	(7)	(8)	(9)	(10)	(11)	(12)	(13)
	预留	1-	1000	开槽	2							3.36	3.5
	总	1-2	1000	开槽	36	4.78	2.09	5.22	2.13	2.89	0.47	3.36	3.5
	总	2-3	1000	开槽	40	5.2	2.13	5.16	2.17	3.03	0.47	3.50	3.5
	总	3-4	1000	开槽	45	5.16	2.17	5.01	2.21	2.90	0.47	3.37	3.5
	预留	4-	1000	开槽	2							3.37	3.5

注：1. (10)＝1/2[(6)－(7)＋(8)－(9)]；
2. (12)＝(10)＋(11)；
3. (13)查表 3-36。

工程名称：××路开槽埋管（综合定额）——窨井取定深度计算表　　**表 7-68**

图号	窨井编号	窨井尺寸	管径	设计地面标高	管底标高	平均深度	定额深度	落底
	(1)	(2)	(3)	(4)	(5)	(6)	(7)	(8)
	1	1000×1300	1000	4.89	2.09	2.80	3	N
	2	1000×1300	1000	4.97	2.13	2.84	3	Y
	3	1000×1300	1000	5.05	2.17	2.88	3	N
	4	1000×1300	1000	5.13	2.21	2.92	3	Y

注：1. (6)＝(4)－(5)；
2. (7)查表 3-37。

开槽埋管（综合定额）工程数量计算表（清单）　　**表 7-69**

序号	项次	项目名称	计算说明	单位	计算结果
			管道铺设（沪 040501013）		
1	1	管道铺设	沪 040501013		
(1)	1.1	钢筋混凝土承插管 PH-48 管道 ϕ1000×3.5↓	1 号～4 号，加 1 号及 4 号井各预留 2m，$L=2+36+40+45+2=125$m	m	125

续表

序号	项次	项目名称	计算说明	单位	计算结果
(2)	1.2	轻型井点安、拆、使用费	$h>3.0$，采用井点降水	m	125
2	2	窨井砌筑	40504001001		
(1)	2.1	1000×1300×3.0	1号、3号	座	2
(2)	2.2	1000×1300×3.0↓	2号、4号	座	2
		施工措施费			
3		施工便道	125×4×60%	m^2	300.00
4		堆料场地费	400	m^2	400
5		移动式施工路栏	125×2×60	m·d	15000

4. 单位工程费用汇总表(表7-70)

单位工程费用汇总表……投表4　　　　表7-70

序号	项目名称	金额(元)	序号	项目名称	金额(元)
1	分部分项工程量清单计价合计	321999	4	规费	619
2	措施项目清单计价合计	33995	5	税金	12161
3	其他项目清单计价合计		6	总计	368774

5. 分部分项工程量、措施项目清单计价表(综合单价)

(1) 分部分项工程量清单计价表(表7-71)

分部分项工程量清单计价表(综合单价)……投表5　　　　表7-71

序号	项目编码	项目名称	计量单位	数量	综合单价(元)
1		管道铺设			
1.1	040501002	铺设ϕ1000PH-48管×3.5	m	125.00	2466.87
2	砖砌窨井				
2.1	040504001	砖砌窨井	座	4	3409.94
2.1.1	040504001001	砖砌窨井1000×1300×3.0	座	2	3393.82
2.1.2	040504001002	砖砌窨井1000×1300×3.0↓	座	2	3426.06

(2) 措施项目清单计价表(表7-72)

措施项目清单计价表(综合单价)……投表6　　　　表7-72

清单序号	项目编码	名称	单位	工程量	单价(元)
		措施项目(二)			
5		5. 市政工程			
5.1	0501	大型机械设备进出场及安拆	项	1	6700.32
5.7	0507	现场施工围栏	m·d	150	0.30
5.8	0508	便道	m^2	300	40.31
5.14	临-001	堆料场地	m^2	400	39.25

6. 分部分项工程量清单计价表分析表(表 7-73)

分部分项工程量清单计价表分析表……投表 10 **表 7-73**

工程名称：开槽埋管(综合定额)

编制单位：

序号	编　号	名　称	单位	综合单价 工料单价	工程量	人工费	材料费	机械费	周材运输费	管理费	安全防护、文明	规　费	税　金	合　计	总　计
1	2	3	4	5	6	7	8	9	10	11	12	13	14	15	
				4＝14/5										6～11	6～13
	沪040501013001	ϕ1000 钢筋混凝土承插管 3.5m	m	2466.87	125.00							536.54	10533.33	308359	319429
1	PS1-2-51A换	ϕ1000 钢筋混凝土承插管 3.5m	100m	219990	1.25	55613.72	149384.14	69989.69	1319.64	24867.65	7183.99	536.54	10533.33	308359	319429
	040504001	砖砌直线窨井	座	3409.94	4.00							23.73	465.93	13640	14129
2	PS2-1-31	混凝土基础砖砌直线不落底窨井 1000×1300(ϕ1000)3.0m	座	3393.82	2.00	1448.90	4469.17	133.79	30.26	547.39	158.14	11.81	231.86	6788	7031
3	PS2-2-31	混凝土基础砖砌直线落底窨井 1000×1300(ϕ1000)3.0m	座	3426.06	2.00	1470.27	4505.28	133.79	30.55	552.59	159.64	11.92	234.06	6852	7098
	0501	施工措施项目费—大型机械设备进出场及安拆										11.66	228.88	6700	6941
4	ZSM21-2-11	1.2t 以内柴油打桩机场外运输费	台·次	2594.00	1.00			2594.00	12.97	234.63	67.78	5.06	99.38	2909	3014
5	ZSM21-2-4	$1m^3$ 以内单斗挖掘机场外运输费	台·次	2734.00	1.00			2734.00	13.67	247.29	71.44	5.34	104.75	3066	3176
6	ZSM21-1-5	履带式起重机(25t 以内)装卸费	台	646.00	1.00			646.00	3.23	58.43	16.88	1.26	24.75	725	751
	0507	施工措施项目费—移动式施工路栏	m·d	0.30	150.00							0.08	1.54	45.00	46.61
7	S1-1-15	移动式施工路栏	100 m·d	26.74	1.50	5.89	25.49	8.74	0.20	3.63	1.05	0.08	1.54	45	47
	0508	施工措施项目费—施工便道	m^2	40.31	300.00							21.04	413.05	12092	12526
8	S1-4-19	铺筑施工便道	m^2	35.94	300.00	6024.38	4533.33	223.32	53.91	975.14	281.71	21.04	413.05	12092	12526

续表

序号	编　号	名　称	单位	综合单价 工料单价	工程量	人工费	材料费	机械费	周材运输费	管理费	安全防护、文明	规　费	税　金	合　计	总　计
1		2	3	4	5	6	7	8	9	10	11	12	13	14	15
				4=14/5										6～11	6～13
	临-001	施工措施项目费—堆料场地	m²	39.25	400.00							26.38	517.80	15158	15703
9	S1-4-20	堆料场地　现浇混凝土(5～20mm)C15	m²	33.79	400.00	5886.00	7241.74	387.46	67.58	1222.45	353.15	26.38	517.80	15158	15703

7. 施工图预算书(表7-74)

施 工 图 预 算 书　　　　**表7-74**

工程名称：××路雨水管工程

编制单位：

序号	编　号	名　称	单　位	单价(元)	工程量	合价(元)
		ϕ1000钢筋混凝土承插管3.5m		2949.96	125.00	368746
1	PS1-2-51A换	ϕ1000钢筋混凝土承插管3.5m	100m	219990.04	1.25	274988
2	PS2-1-31	混凝土基础砖砌直线不落底窨井1000×1300(ϕ1000)3.0m	座	3025.93	2.00	6052
3	PS2-2-31	混凝土基础砖砌直线落底窨井1000×1300(ϕ1000)3.0m	座	3054.67	2.00	6109
4	1-4-19	铺筑施工便道	m²	35.94	300.00	10781
5	ZSM21-2-11	1.2t以内柴油打桩机场外运输费	台·次	2594.00	1.00	2594
6	ZSM21-2-4	1m³以内单斗挖掘机场外运输费	台·次	2734.00	1.00	2734
7	ZSM21-1-5	履带式起重机(25t以内)装卸费	台	646.00	1.00	646
8	1-4-20	堆料场地　现浇混凝土(5～20mm)C15	m²	33.79	400.00	13515
9	1-1-15	移动式施工路栏	100m·d	26.74	1.50	40

8. 施工图预算费用表(表7-75)

施工图预算费用表　　　　**表7-75**

型钢水泥土复合搅拌桩(SMW)工法接收井

1	定额直接费	直接费合计	306371
2	大型周材运输费	[1]×0.5%	1532
3	土方泥浆外运费	土方泥浆外运费	11088
4	直接费	[1]+[2]+[3]	318990
5	综合费	[4]×9%	28709
6	安全防护、文明	[4]×2.6%	8295
7	施工措施费	施工措施费	
8	其他费用	([4]+[5]+[6]+[7])×(0.074%+0.1%)	619
9	税前补差	税前补差	
10	税金	([4]+[5]+[6]+[7]+[8]+[9])×3.41%	12161
11	甲供材料	甲供材料	
12	税后补差	税后补差	
13	总造价	[4]+[5]+[6]+[7]+[8]+[9]+[10]+[11]+[12]	368774

9. 工程综合实体单价分析表［项目编码暨子目编号顺序对应编列］

(1) 分部分项工程项目清单(表 7-76)

分部分项工程项目清单　　**表 7-76**

序号	项目编码	项目名称	计量单位	数量	综合单价 工料单价	预算顺序号
1		管道铺设				
1.1	40501002	铺设 ϕ1000PH-48 管×3.5	m	125.00	2466.87	
	PS1-2-51A 换	ϕ1000 钢筋混凝土承插管 3.5m	100m	1.25	219990	1
2		砖砌窨井				
2.1	40504001	砖砌窨井	座	4	3409.94	
	PS2-1-31	混凝土基础砖砌直线不落底窨井 1000×1300(ϕ1000)3.0m	座	2	3393.82	2
	PS2-2-31	混凝土基础砖砌直线落底窨井 1000×1300(ϕ1000)3.0m	座	2	3426.06	3

(2) 措施项目清单(表 7-77)

措 施 项 目 清 单　　**表 7-77**

序号	项目编码	项目名称	计量单位	数量	综合单价 工料单价	预算顺序号
		措施项目费(二)				
5		5 市政工程				
5.1	0501	大型机械设备进出场及安拆	项	1	6700.32	
	ZSM21-2-11	1.2t 以内柴油打桩机场外运输费	台·次	1.00	2594.00	5
	ZSM21-2-4	$1m^3$ 以内单斗挖掘机场外运输费	台·次	1.00	2734.00	6
	ZSM21-1-5	履带式起重机(25t 以内)装卸费	台	1.00	646.00	7
5.2	0507	现场施工围栏	m·d	150	0.30	
	S1-1-15	移动式施工路栏	100m·d	1.5	26.74	9
5.3	0508	便道	m^2	300	40.31	
	S1-4-19	铺筑施工便道	m^2	300	35.94	4
5.4	临-001	堆料场地	m^2	400	39.25	
	S1-4-20	堆料场地　现浇混凝土(5～20mm)C15	m^2	400	33.79	8

二、顶管工程：沉井工作井、型钢水泥土复合搅拌桩(SMW)工法接收井、ϕ1000TLM 推立模管道顶管

1. 工程概况及主要施工设计图纸

(1) 工程概况

1) 工程范围：1 号沉井工作坑～2 号型钢水泥土复合搅拌桩(SMW)工法接收坑，长 115m。

2) 工作坑、接收坑：①工作坑为长×宽×高＝7.5×4.5×9.45，采用沉井施工方法。②接收坑为长×宽×高＝7.5×4.5×8.75，采用型钢水泥土复合搅拌桩(SMW)工法围护施工。

3) 管道顶进：管径为 ϕ1000TLM 管，顶进方法为泥水平衡，并设一个中继间。顶进过程中出洞、进洞采用压密注浆加固。

4) 清单编制依据：《〈建设工程工程量清单计价规范〉上海市市政工程操作指南》，施工设计图文件等。

5) 工程质量应达到优良标准。

6) 投标报价按《〈建设工程工程量清单计价规范〉上海市市政工程操作指南》的统一格式。

7) 人工、材料、机械费用按上海市市政工程市场信息 2006 年 10 月份计取。

(2) 主要施工设计图纸

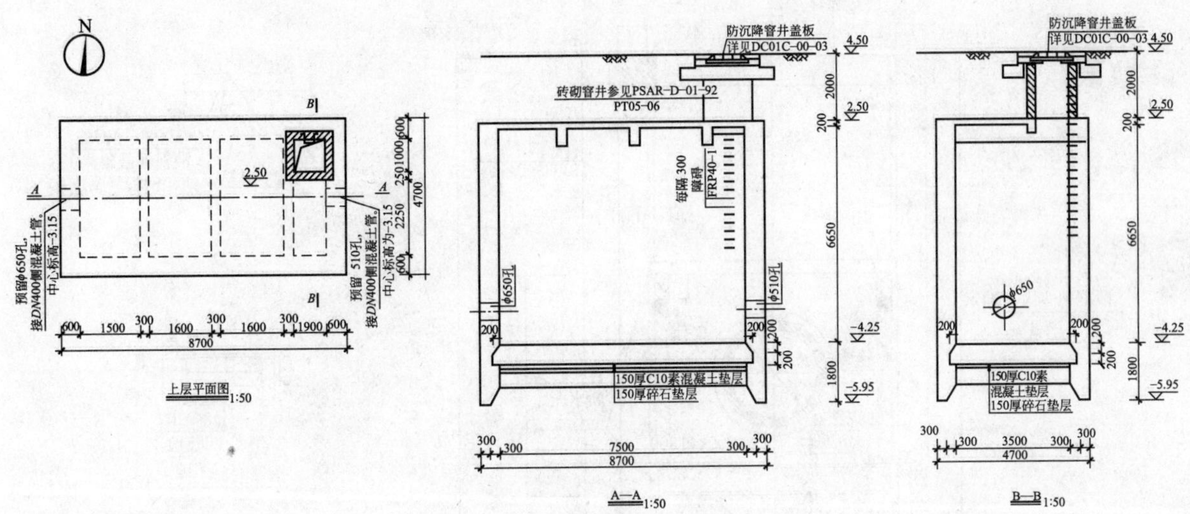

主要施工设计图（一）

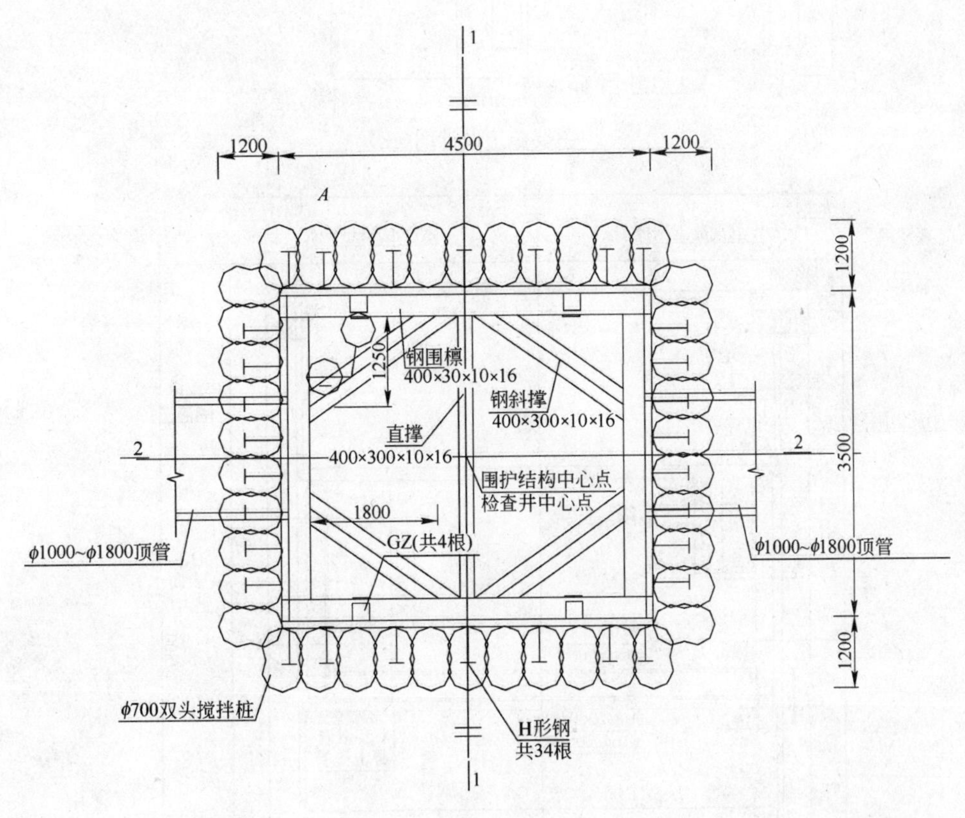

平面图 1:50

主要施工设计图（二）

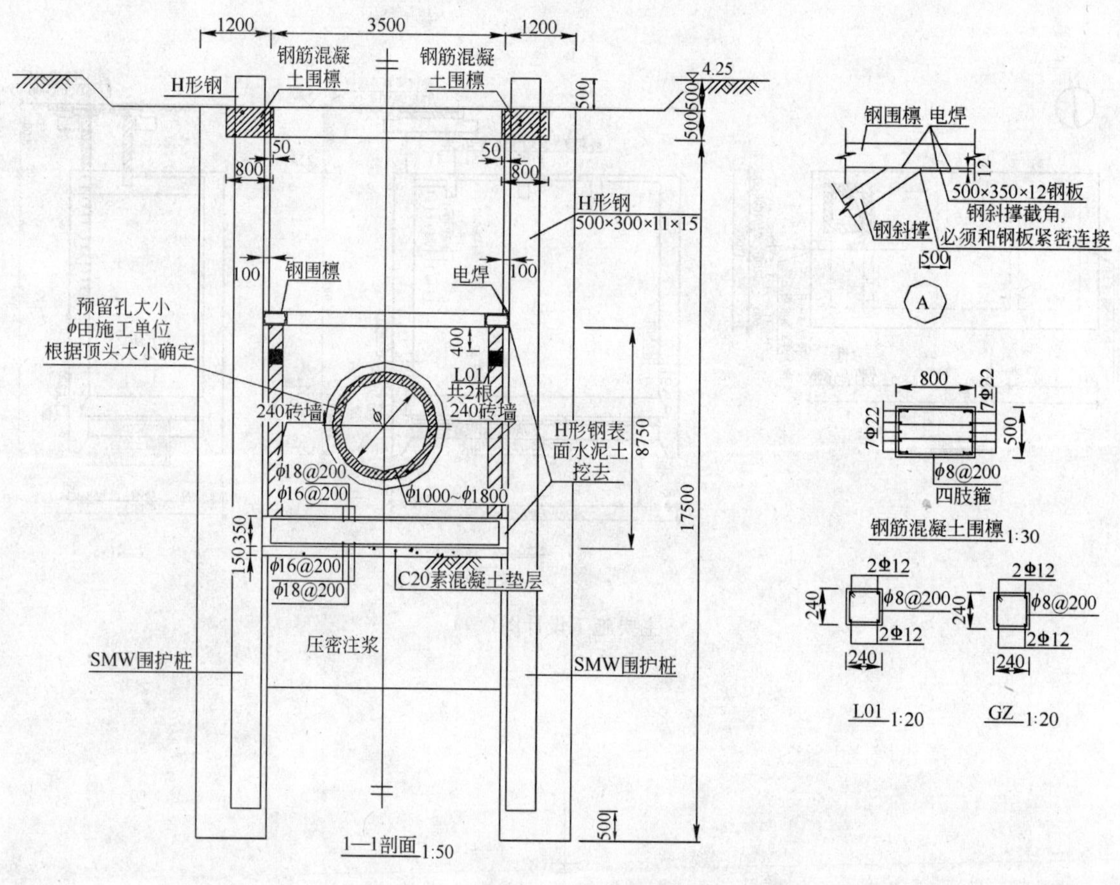

主要施工设计图(三)

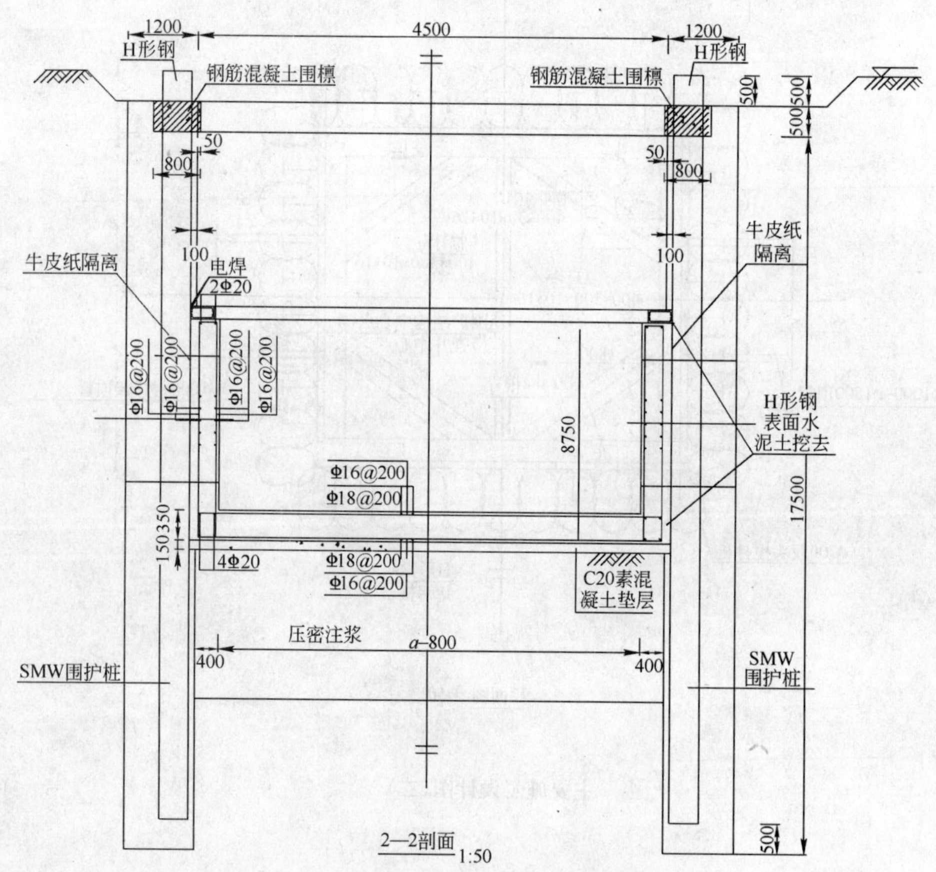

主要施工设计图(四)

2. 分部分项工程量、措施项目清单

(1) 分部分项工程量清单(表 7-78)

分部分项工程量清单……招表 4　　表 7-78

序号	项目编码	项目名称	项目特征	工程内容	计量单位	工程数量
1	沪 040504009001	钢筋混凝土沉井工作坑	1. 土壤类别：Ⅲ类土 2. 断面：5.0m×7.5m 3. 深度：8.5m 4. 垫层厚度材料品种强度 10cm 混凝土 C15	1. 基坑挖土：挖土、支撑围护； 2. 混凝土工作井制作； 3. 挖土下沉定位、触变泥浆助沉； 4. 垫层铺设底板混凝土浇筑、养护； 5. 砖砌井筒、预制盖板安装； 6 土方回填、运输； 7. 余土弃置	座	1
2	沪 040504009002	SMW 工法接收坑	1. 土壤类别：Ⅲ类土 2. 断面：3.5m×4m 3. 深度：8.5m 4. 垫层厚度材料品种强度 10cm 混凝土 C15	1. 基坑挖土：挖土、运输； 2. 混凝土浇筑、养护； 3. 坑内排管； 4. 窨井砌筑、粉刷、盖板安装； 5. 土方回填、运输； 6. 余土弃置	座	1
3	040505001001	ϕ1000 管道顶进	1. 土壤类别：Ⅲ类土 2. 管径 ϕ1000 3. 深度 3.5m 4. 规格：1000mm × 2980mm ×110mm	1. 顶进后座及坑内工作平台搭拆； 2. 顶进设备安、拆； 3. 中继间安、拆； 4. 触变泥浆减助； 5. 套环安装； 6. 挖土、顶进； 7. 洞口止水处理； 8. 余方弃置	m	115.00
4	040701002	非预应力钢筋	1. 材质：HPB235、HBR335 2. 按设计图示各部位	制作、安装	t	62.59

(2) 措施项目清单(表 7-79)

措施项目清单……招标 5　　表 7-79

序号	项次	项目编码	项目名称	单位	数量	备注
	5		5 市政工程			
1	5.1	0501	大型机械进出场运输及安拆			
2	5.2	0502	混凝土、钢筋混凝土模板及支架			
3	5.3	0503	脚手架			
4	5.4	0504	施工排水、降水			
5	5.5	0505	围堰			
6	5.6	0506	筑岛			
7	5.7	0507	现场施工围栏			
8	5.8	0508	施工便道			
9	5.9	0509	便桥			
10	5.10	0510	洞内施工的通风、供水、供气、供电、照明及通信设施			
11	5.11	0511	驳岸块石清理			
12	5.12	沪 0512	地基加固			
13	5.13	沪 0513	地下监测			
14	5.14	临-001	堆场			

3. 分部分项工程量、措施项目清单计算方法(表 7-80～表 7-82)

沉井工作坑数量计算　　**表 7-80**

清单序号	项次包括项目编码	项目名称及说明	计算公式及说明	计量单位	计算结果
1	2	3	4	5	6
			一、钢筋混凝土沉井工作坑		
1	沪 040804009001	钢筋混凝土沉井工作坑	《根据建设工程工程量清单计价规范》附录 D 市政工程工程量清单项目及计算规则：表 D.5.4 井类(编码：040504)040504008 混凝土工作坑的工作内容：1. 混凝土工作井制作；2. 挖土下沉定位；3. 土方场内运输；4. 垫层铺设；5. 混凝土浇筑；6. 养护；7. 回填夯实；8. 余土弃置；9. 缺土内运	座	1
		1. 基坑挖土	依据《上海市市政工程预算定额》第六章第 6.1.1 条说明基坑开挖均按构筑物基础(或沉井结构)外沿加宽 2m 计算。《上海市市政工程预算定额》第六册第一章第四点说明无支护基坑开挖开挖深度 z 在 2.0m 内以 1：0.75 坡度放坡。工作坑尺寸(内径)：A=7.50m B=3.50m　壁厚=0.6m　H 原地面标高－底板标高=4.5+4.25+0.7=9.45 a=7.5+0.6×2+2=10.7m； b=3.5+0.6×2+2=6.7m； a_1=10.7+2×0.75×2=13.7m； b_1=6.7+2×0.75×2=9.7m； V=h/6×[a×b+a_1×b_1+(a+b)×(a_1+b_1)]=1/6×2.0×[10.7×6.7+13.7×9.7+(10.7+13.7)×(6.7+9.7)]	m^3	201.58
		2. 土方场内运输	根据第六册第一章说明，第五点基坑挖土按 75%直接外运，25%按场内运输。沉井挖土为全部外运 V=201.58×0.25=50.40	m^3	50.40
		3. 混凝土刃脚下砂垫层	依据《上海市市政工程预算定额》总则第六章第二节第 6.2.2 条说明混凝土、砂垫层和砾石砂垫层数量按施工及验收技术规程计算。根据施工组织设计断面乘以周长，V=(8.35m+4.35m)×2×1/2(1.5m+2.1m)×0.3	m^3	13.72
		4. 混凝土刃脚下混凝土垫层	依据《上海市市政工程预算定额》总则第六章第二节第 6.2.2 条说明混凝土、砂垫层和砾石砂垫层数量按施工及验收技术规程计算。根据施工组织设计断面乘周长，V=(8.35m+4.35m)×2×1/2×(1.5m+2.1m)×0.25	m^3	11.43
		5. 混凝土刃脚混凝土	根据设计图纸计算，8.7×4.7×1.8m－0.5/6×[7.5m×3.5m+8.1m×4.1m+(7.5m+8.1m)×(3.5m+4.1m)]－7.5m×3.5m×0.7m－7.9m×3.9m×0.4m－0.2/6m×[7.5m×3.5m+7.9m×3.9m+(7.5m+7.9m)×(3.5m+3.9m)]	m^3	22.37
		6. 混凝土井壁混凝土	根据设计图纸计算，(8.7m×4.7m－7.5m×3.5m)×(8.45m－1.8m－0.2m)－π×0.55m×0.55m×0.48m×2	m^3	93.29
		7. 混凝土框架梁混凝土	根据设计图纸计算，L_1=0.25×0.4×1.9=0.19，L_2=0.3m×0.7m×4.7m×3=2.96，Σ=0.19m^3+2.96m^3=3.15	m^3	3.15
		8. 预制、安装混凝土顶板混凝土	根据设计图纸计算，(8.7m×4.7m－1.0m×1.0m－0.25m×1.9m－0.3m×4.7m×3m)×0.2m	m^3	7.04
		9. 砖砌预留孔封拆	根据设计图纸 π×0.55×0.55×0.48×2	m^3	0.91
		10. 沉井挖土	依据《上海市市政工程预算定额》总则第一章第一节第 6.1.2 条说明沉井下沉挖土数量按沉井外壁间(即刃脚外壁)的面积乘以沉井下沉深度计算。沉井下沉深度指沉井基坑底土面至设计垫层底面(即土面)之距离，再加 2/3 垫层底面与刃脚踏面间距离。V=8.7×4.7×(7.45+2/3×1.1)(根据第六册第一章说明，第三点人工、机械可乘以 1.3 系数)	m^3	334.62

续表

清单序号	项次包括项目编码	项目名称及说明	计算公式及说明	计量单位	计算结果
1	2	3	4	5	6
1	沪 040804009001	11. 沉井触变泥浆	依据《上海市市政工程预算定额》总则第一章第二节第6.2.11条说明当沉井井壁为直壁式，设计要求采用触变泥浆助沉时，高度按刃脚踏面至基坑底面的距离计算，长度按沉井外壁周长计算，厚度按设计厚度计算。(设计要求厚度为10cm)$V=(8.8+4.8)\times2\times8.45\times0.1$	m^3	22.98
		12. 碎石垫层	根据设计图纸　$V=7.5m\times3.5m\times0.15m$	m^3	3.94
		13. 混凝土封底	根据设计图纸　$V=7.5m\times3.5m\times0.15m$	m^3	3.94
		14. 混凝土底板混凝土	根据设计图纸　$V=7.9m\times3.9m\times0.4m+1/6m\times0.2m\times[7.5m\times3.5m+7.9m\times3.9m+(7.5m+7.9m)\times(3.5m+3.9m)]$	m^3	18.02
		15. 内壁防水砂浆粉刷	根据设计图纸　$V=(7.5+3.5)\times2\times6.45-\pi\times0.55\times0.55\times2$	m^2	140.00
		16. 外壁沥青防水层涂料	根据设计图纸　$V=(8.7+4.7)\times2\times8.45-\pi\times0.55\times0.55\times2$	m^2	224.56
		17. 砖砌井筒砖墙	根据设计图纸　$V=(1.48\times1.48-1.0\times1.0)m\times1.75m$	m^3	2.08
		18. 砖砌井筒粉刷	根据设计图纸　$V=(1.48+1.0)m\times4\times1.75m$	m^2	17.36
		19. 预制、安装防沉降窨井大盖板混凝土	根据设计图纸　$V=1$块$(1.154m^3)$	块	1.00
		20. 铸铁窨井盖座	根据设计图纸　$V=1$套	套	1.00
		21. 回填土	根据设计图纸　$V=201.58-1.48\times1.48\times1.75-2.7\times2.7\times0.35$	m^3	195.20
		22. 余土场外运输	挖土-填土　$V=201.58-195.2+334.62$	m^3	341.00
		23. 商品混凝土泵车输送	$(22.37+93.29+3.15+18.02)\times1.015$	m^3	138.88
2	040701002001	非预应力钢筋		t	61.67
		1. 预制混凝土刃脚钢筋	根据设计图纸数量	t	12.56
		2. 预制混凝土井壁钢筋	根据设计图纸数量	t	39.8
		3. 预制混凝土框架梁钢筋	根据设计图纸数量	t	4.35
		4. 预制混凝土顶板钢筋	根据设计图纸数量	t	3.28
		5. 混凝土底板钢筋	根据设计图纸数量	t	1.46
		6. 预制防沉降窨井大盖板钢筋	根据设计图纸数量	t	0.22

沉井工作坑措施项目清单　　表 7-81

清单序号	项次包括项目编码	项目名称及说明	计算公式及说明	计量单位	计算结果
1	2	3	4	5	6
5.1	0501	大型机械设备出进场及安拆		项	1
		1. $1m^3$以内单斗挖掘机场外运输费	1	台·次	1
		2. 履带式起重机(25t以内)装卸费	1	台	1
		3. 0～50t 履带式起重机安装及拆除费	1	台	1
5.2	0502	混凝土、钢筋混凝土模板及支架		项	1
		1. 制混凝土刃脚模板	依据《上海市市政工程预算定额》第六册说明第四点模板工程量按混凝土与模板接触面以平方米计算，现浇钢筋混凝土墙、板上单孔面积$\leqslant0.3m^2$的孔洞不扣其所占的体积，洞孔侧壁模板按接触面积并入墙、板工程量。$S=(8.7+4.7)\times2\times1.8+(7.5+3.5)\times2\times0.7+(7.9+3.9)\times2\times0.4+(7.8+3.8)\times\sqrt{2\times(0.3\times0.3+0.50\times0.50)}+(7.7+3.7)\times\sqrt{2\times(0.2\times0.2\times2)}$	m^2	82.79
		2. 制混凝土井壁模板	$S=[(8.7m+4.7m)\times2+(7.5m+3.5m)\times2]\times6.65m+\pi\times1.1m\times0.6m\times2m$	m^2	328.67

续表

清单序号	项次包括项目编码	项目名称及说明	计算公式及说明	计量单位	计算结果
1	2	3	4	5	6
5.2	0502	3. 制混凝土框架梁模板	$S=[(0.4m\times 2m+0.25m)\times 1.9m+0.4m\times 0.25m\times 2+(0.7m\times 2m+0.3m)\times 4.7m+0.3m\times 0.7m\times 2m]\times 3m$	m^2	27.43
		4. 制混凝土顶板模板	$S=(8.7+4.7)\times 2\times 0.2+7.5\times 3.5$	m^2	31.61
		5. 留孔模板	$S=\pi\times 0.55m\times 0.55m\times 0.48m\times 2$	m^2	0.91
5.3	0503	脚手架		m^2	226.46
		浇捣钢筋混凝土脚手架	依据《上海市市政工程预算定额》总则第一章第五节第1.5.4条第2点说明以沉井外壁周长乘高度($h=2.5+5.95=8.45m$) $S=[(7.5+0.6\times 2)+(3.5+0.6\times 2)]\times 2\times 8.45$	m^2	226.46
5.4	0504	施工排水、降水		项	1
		1. 喷射井点安拆	依据《上海市市政工程预算定额》总则第一章第五节第1.5.1条说明喷射井点：井管间距为2.5m，30根井管，相应总管长75m及排水设备。第1.5.3条第2条说明泵房(顶管沉井坑)按沉井外壁直径(不计刃脚与外壁的凸口厚度)加4m作环状布置。$L=(a_1+b_1)\times 2=(13.7+9.7)\times 2+4=51m$，$n=51/2.5=20.4=21$根	根	21
		2. 喷射井点使用费	依据《上海市市政工程预算定额》总则第一章第五节第1.5.4条第2点顶管沉井坑按30套·d计算	套·d	30
		3. 湿土排水	根据上海地质情况及依据《上海市市政工程预算定额》总则第一章第一节第1.1.3条说明，湿土排水按原地面1m以下的挖土数量计算。$a_1=10.7+1\times 0.75\times 2=12.2m$，$b_1=6.7+1\times 0.75\times 2=8.2m$ $V=1/6\times 1.0\times[10.7\times 6.7+12.2\times 8.2+(10.7+12.2)\times(6.7+8.2)]$	m^3	87.23
5.7	0507	现场施工围栏		m	66.80
		15封闭式施工路栏(砖基础)	$L=(18.7+14.7)\times 2$	m	66.80
5.8	0508	施工便道		m^2	234.00
		施工便道	$S=(13.7+9.7)\times 2\times 5$	m^2	234.00
5.14	临-001	堆场		m^2	200.00
		14堆料场地	根据第一册第一章第四节第1.4.3条，第2.(2)说明，工程主体采用商品混凝土时，堆料场地按50%计算。$S=400\times 50\%$	m^2	200.00

型钢水泥土复合搅拌桩(SMW)工法接收坑数量计算　　表 7-82

清单序号	项次包括项目编码	项目名称及说明	计算公式及说明	计量单位	计算结果
	1	2	3	4	5
			二、SMW工法接收坑		
2	沪040504009002	型钢水泥土复合搅拌桩(SMW)工法接收坑		座	1
		《根据建设工程工程量清单计价规范》附录D市政工程工程量清单项目及计算规则：表D.5.4井类(编码：040504) 040504008混凝土工作坑的工作内容：1. 混凝土工作井制作；2. 挖土下沉定位；3. 土方场内运输；4. 垫层铺设；5. 混凝土浇筑；6. 养护；7. 回填夯实；8. 余土弃置；9. 缺土内运			
		1. 深层搅拌桩	根据设计图纸数量(根数)接收坑内净尺寸4.5m×3.5m　$H=4.5+4.25=8.75$外围为双头一喷一搅深层搅拌桩，内插H形钢。(坑内砖砌窨井本工程不包括)$N=42$根。搅拌桩长$L=18m$。SMW工法$D=700$的双头深层搅拌桩，两个圆交叉200，面积计算扣除交叉部分。计算公式：$S-2\times S_1$(S_1为扣除的弓形面积)$S=0.702m^3/m$。$V=0.702\times 18\times 42$	m^3	530.71
		2. 插拔H形钢	H形钢为500×300×11×15，间隔插，H形钢的每米重量为120kg。18×42/2×0.120	t	45.36
		3. H型钢使用费	根据施工组织设计使用60d，45.36×60	t·d	2722
		4. 基坑挖土	根据设计图纸　$V=a\times b\times h=4.5\times 3.5\times(8.75+0.5)$	m^3	145.69
		5. 混凝土垫层	根据设计图纸　$V=A\times B\times h_1=4.5\times 3.5\times 0.15$	m^3	2.36

续表

清单序号	项次包括项目编码	项目名称及说明	计算公式及说明	计量单位	计算结果
	1	2	3	4	5
		6. 混凝土底板	根据设计图纸　$V=A\times B\times h_2=4.5\times3.5\times0.35$	m^3	5.51
		7. 钢支撑安、拆	根据设计图纸 HM400×300×10×16 $L=(4.5+2.9)\times2\times2=29.6$m，双拼［28b $L=1.15\times2\times4\times2=18.4$m，双拼［32b$L=3.5\times2\times2=14.0$m，$V=(29.6\times106.76+18.4\times35.83+14\times43.11)/1000$	t	4.42
		8. 钢支撑使用费	4.42×60	t·d	265
		9. 钢筋混凝土框架梁混凝土	根据设计图纸　$V=a\times b\times L=0.5\times0.8\times(4.5+0.8+3.5+0.8)$	m^3	3.84
		10. 回填土	根据设计图纸，$V=145.69-2.36-5.51-\pi\times0.6\times0.6\times2.95\times2-$(井)25.4	m^3	105.75
		11. 坑内排管 ϕ1000	根据施工组织设计，SMW 工法接收井内排管，$L=7.5/2-1/2-0.3$(根据第五册第二章说明第九点人工、机械可乘以 1.25 系数)	m	2.95
		12. 余土场外运输	根据设计图纸 $V=$挖土$-$填土$=145.69-105.75$	m^3	39.94
		13. 商品混凝土泵车输送	3.84×1.015	m^3	3.90
		14. 底板下压密注浆—钻孔	根据设计图纸 $L=n\times h=(4.5/1.5)\times(3.5/1.3)\times3.0=3\times3\times(8.75+0.5+3)$	m	110.25
		15. 底板下压密注浆—注浆	根据设计图纸　$V=a\times b\times h=4.5\times3.5\times3.0$	m^3	47.25
4	040701002	非预应力钢筋		t	0.92
		1. 混凝土底板钢筋	根据设计图纸	t	0.38
		2. 钢筋混凝土框架梁钢筋	根据设计图纸	t	0.54

型钢水泥土复合搅拌桩(SMW)工法接收坑措施项目清单(表 7-83)

型钢水泥土复合搅拌桩(SMW)工法接收坑措施项目清单　　表 7-83

清单序号	项次包括项目编码	项目名称及说明	计算公式及说明	计量单位	计算结果
			项目措施清单(二)		
5			5 市政工程		
5.1	0501	大型机械设备出进场及安拆		项	1
		1. 深层搅拌桩钻机安装及拆除费	1	台	1
		2. 深层搅拌桩钻机场外运输费	1	台·次	1
		3. 30～50t 履带式起重机安装及拆除费	1	台	1
		4. 30～50t 履带式起重机场外运输费		台·次	1
5.2	0502	钢筋混凝土框架梁模板	依据《上海市市政工程预算定额》第六册说明第四点模板工程量按混凝土与模板接触面以平方米计算，现浇钢筋混凝土墙、板上单孔面积≤$0.3m^2$ 的孔洞不扣其所占的体积，洞孔侧壁模板按接触面积并入墙、板工程量。$S=(0.5+0.1)\times(4.5+3.5)\times2$	m^2	9.60
5.4	0504	湿土排水	根据上海地质情况及依据《上海市市政工程预算定额》总则第一章第一节第 1.1.3 条说明，湿土排水按原地面 1m 以下的挖土数量计算 $V=a\times b\times h=4.5\times3.5\times(8.75+0.5-1)$	m^3	129.94
5.7	0507	封闭式施工路栏(砖基础)	$L=(11.9+10.9)\times2$	m	45.60
5.8	0508	施工便道	$S=[(4.5+2.4)+(3.5+2.4)]\times2\times5$	m^2	138.00

ϕ1000 管道顶进项目清单见表 7-84。

ϕ1000 管道顶进项目清单　　　　表 7-84

清单序号	项次包括项目编码	项目名称及说明	计算公式及说明	计量单位	计算结果
	1	2	3	4	5
			三、ϕ1000 管道顶进		
3	040505001001	ϕ1000 管道顶进		m	115
			《根据建设工程工程量清单计价规范》附录 D 市政工程工程量清单项目及计算规则：表 D.5.5 顶管(编码：040505)040505001 混凝土管顶进的工作内容：1. 顶进后座及坑内工作平台搭拆；2. 顶进设备安装、拆除；3. 中继间安装拆除；4. 触变泥浆减阻；5. 套环安装；6. 挖土、管道顶进；7. 洞口止水处理；8. 余土弃置；9. 泥浆弃置管道 ϕ1000 顶进 $L=115$m 设中继间 1 只(ϕ1000 为 TLM 管，管长 $L=3$m)		
		1. 按拆顶进枋木后座	1	座	1.00
		2. 按拆 ϕ1000 泥水平衡顶进设备	1	套	1.00
		3. ϕ1000 钢筋混凝土洞口处理	2	套	2.00
		4. ϕ1000 管道顶进无中继间	根据施工组织设计，第一节无中继间 $L_1=40$	m	40
		5. ϕ1000 管道顶进一级中继间	根据《上海市市政工程预算定额》总则第五章第二节第 5.2.1 条说明，顶进长度按相邻两坑井壁内侧之间的长度加 0.6m。$L=115-1/2\times(7.5+4.5)+0.6=109.60$m，$L_1=40$m，$L_2=109.60-40=69.60$m	m	69.6
		6. ϕ1000 中继间	根据施工组织设计，设一只中继间 $n=1$	只	1
		7. ϕ1000 顶进触变泥浆减阻	实际顶进长度　$L=109.60$m	m	109.60
		8. 压浆孔封拆	根据施工组织设计，间隔管子设压浆孔，每个管子设 3 个。$N=109.60/(3\times2)\times3$	只	55
		9. ϕ1000 管道内接口	$n=109.6/3-1=37$	只	37
		10. ϕ1000 管道 T 形接口	$n=109.6/3-1=37$	只	37
		11. 泥浆外运	$V=\pi\times R^2\times L=3.1412\times0.7\times0.7\times109.6$	m^3	168.70
5			5 市政工程		
5.12	沪 0512	地基加固		项	1
		1. 置换浆	根据施工组织设计，在管道顶进后，在管子外壁采用 10cm 水泥砂浆置换 $V=\pi\times D\times\delta\times L=3.1412\times(1.4+0.1)\times0.1\times109.6$	m^3	51.64
		2. 进出洞口压密注浆	根据施工组织设计顶管在出洞和进洞处采用压密注浆加固，平面位置是出洞为离井壁外 5m，进洞为井壁外 4m，深度为管顶以上 1m，管底以下 3m。	m^3	153.62
		(1) 钻孔	平面布置为间距 1.5m，$H=1.5$，$H_1=\sqrt{1.5\times1.5-0.75\times0.75}=1.3$，$N=3.5/1.5\times5/1.3+3.5/1.5\times4/1.3=17$ 根，$L=17\times(1+1.2+3)=88.4$m	m	88.4
		(2) 注浆	$V=(3.5\times5+3.5\times4)\times5.2-\pi\times0.6\times0.6\times9=153.62$	m^3	153.62

4. 单位工程费用汇总表(表 7-85)

单位工程费用汇总表……投表 4　　　　表 7-85

序　号	项 目 名 称	金额(元)	序　号	项 目 名 称	金额(元)
1	分部分项工程量清单计价合计	850043	4	规费	1870
2	措施项目清单计价合计	224694	5	税金	36712
3	其他项目清单计价合计		6	总计	1113319

5. 分部分项工程量、措施项目(二)清单计价表(综合单价)

(1) 分部分项工程量清单计价表(表 7-86)

分部分项工程量清单计价表……投表 5　　　　**表 7-86**

序号	项目编码	项　目　名　称	计量单位	数　　量	综合单价
1	沪 040504009001	钢筋混凝土沉井工作井 $a\times b\times h=3.5\times9\times8.5$	座	1	119610
2	沪 040504010001	SMW 工法接收井 $a\times b\times h=3.5\times4.5\times8.5$	座	1	141103
3	040505001001	ϕ1000 管道顶进	m	115.00	2736.11
4	040701002001	钢筋	t	62.59	4388.52

(2) 措施项目(二)清单计价表(表 7-87)

措施项目(二)清单计价表(综合单价)……投表 6　　　　**表 7-87**

清单序号	项 目 编 码	项　目　名　称	计量单位	数　　量	综合单价
		措施项目(二)			
5		5. 市政工程			
5.1	0501	大型机械设备进出场及安拆	项	1	28974
5.2	0502	混凝土、钢筋混凝土模板及支架	m²	480.1	50.21
5.3	0503	脚手架	m²	226.46	11.07
5.4	0504	施工排水、降水	项	1	118411
5.7	0507	现场施工围栏	m	112.4	111.08
5.8	0508	便道	m²	372	41.75
5.12	沪 0512	地基加固	m³	153.62	108.94
5.14	0514	堆料场地	m²	200	39.25

6. 分部分项工程量清单计价分析表(表 7-88～表 7-90)

分部分项工程量清单计价分析表……投表 10　　　　**表 7-88**

工程名称：××路顶管工程

编制单位：

序号	编　号	名　　称	单位	综合单价 工料单价	工程量	人工费	材料费	机械费	周材运输费	管理费	安全防护、文明	规　费	税　金	合　计
	1	2	3	4	5	6	7	8	9	10	11	12	13	14
				4＝14/5										6～11
沪 040504009001		钢筋混凝土沉井工作坑 7.5×4.5×8.5	座	119610	1.00							208.12	4085.80	119610
1	S5-2-13	基坑机械挖土	m³	17.79	201.58	1938.95		1647.78	17.93	324.42	93.72	7.00	137.42	4023
2	S1-1-36	土方场内运输(运土 1km 以内)	m³	9.10	50.40	53.75		404.93	2.29	41.49	11.99	0.90	17.57	514
3	S6-2-1	刃脚黄砂垫层	m³	143.75	13.72	463.79	1190.99	317.51	9.86	178.39	51.54	3.85	75.56	2212
4	S6-2-4 换	C15 刃脚混凝土垫层 非泵送商品混凝土(5～40mm)C20	m³	540.42	11.43	1498.46	3559.95	1118.62	30.89	558.71	161.41	12.05	236.66	6928
5	S6-2-6	C25 刃脚商品混凝土　泵送商品混凝土(5～40mm)C25	m³	310.44	22.37	181.88	6734.34	28.42	34.72	628.14	181.46	13.55	266.07	7789
6	S6-2-19	C25 井壁商品混凝土　泵送商品混凝土(5～40mm)C25	m³	311.24	93.29	806.03	28111.02	118.52	145.18	2626.27	758.70	56.66	1112.42	32566

续表

序号	编　号	名　称	单位	综合单价 工料单价	工程量	人工费	材料费	机械费	周材运输费	管理费	安全防护、文明	规　费	税　金	合　计
1		2	3	4	5	6	7	8	9	10	11	12	13	14
				4=14/5										6～11
7	S6-2-50	C25矩形梁商品混凝土　泵送商品混凝土(5～40mm)C25	m^3	322.81	3.15	58.10	954.16	4.60	5.08	91.97	26.57	1.98	38.96	1140
8	S6-2-23	井壁预留孔封堵及拆除　混合砂浆M7.5	m^3	577.88	0.91	210.31	243.69	71.87	2.63	47.56	13.74	1.03	20.15	590
9	S6-1-7系	履带吊抓斗沉井挖土(深≤16m)	m^3	41.24	334.62	6837.15		6963.14	69.00	1248.24	360.60	26.93	528.72	15478
10	S7-1-31	触变泥浆制作灌注	m^3	471.24	22.98	376.15	4953.09	5499.78	54.15	979.48	282.96	21.13	414.89	12146
11	S6-2-24	沉井碎石垫层	m^3	120.67	3.94	81.57	335.94	57.91	2.38	43.00	12.42	0.93	18.21	533
12	S6-2-28	C20沉井商品混凝土垫层　非泵送商品混凝土(5～40mm)C20	m^3	312.12	3.94	124.33	1100.82	4.59	6.15	111.23	32.13	2.40	47.11	1379
13	S6-2-30	C25底板商品混凝土　泵送商品混凝土(5～40mm)C25	m^3	309.31	18.02	109.11	5420.84	43.88	27.87	504.15	145.64	10.88	213.55	6251
14	S6-3-71换	C30预制盖板混凝土(顶板)　非泵送商品混凝土(5～40mm)C30	m^3	403.79	7.04	660.50	2106.56	75.60	14.21	257.12	74.28	5.55	108.91	3188
15	S6-3-74	安装预制盖(顶板)	m^3	83.31	7.04	425.30		161.20	2.93	53.05	15.33	1.14	22.47	658
16	S5-3-2	砖砌窨井(深≤4m)水泥砂浆M10	m^3	353.56	2.08	196.62	538.78		3.68	66.52	19.22	1.44	28.17	825
17	S5-3-6	窨井水泥砂浆抹面　水泥砂浆1:2	m^2	9.90	17.36	114.54	57.33		0.86	15.55	4.49	0.34	6.58	193
18	S6-4-21	工程防水(防水砂浆)水泥砂浆1:2.5	m^2	10.94	140.00	807.98	715.47	8.61	7.66	138.57	40.03	2.99	58.70	1718
19	S6-4-20	工程防水(喷涂沥青)	m^2	12.93	224.56	280.42	2548.57	73.78	14.51	262.56	75.85	5.66	111.21	3256
20	S5-3-14	预制防沉降大盖板混凝土　预制混凝土(5～40mm)C20	m^3	433.10	1.15	164.02	311.70	23.65	2.50	45.17	13.05	0.97	19.13	560
21	S5-3-17	安装钢筋混凝土防沉降大盖板(1m³以内)水泥砂浆1:2	m^3	111.18	1.15	77.31	10.99	39.89	0.64	11.59	3.35	0.25	4.91	144
22	S5-3-18	安装铸铁盖座　水泥砂浆1:2	套	547.11	1.00	12.65	517.16	17.30	2.74	49.49	14.30	1.07	20.96	614
23	S6-1-10	基坑回填土	m^3	10.39	195.20	1835.42		193.07	10.14	183.48	53.00	3.96	77.72	2275
24	S1-1-30	商品混凝土泵车输送	m^3	26.73	138.88		37.50	3675.43	18.56	335.83	97.02	7.25	142.25	4164
25	ZSM19-1-1	土方场外运输	m^3	27.50	341.00			9377.50	0.00	843.98	243.82	18.21	357.49	10465

型钢水泥土复合搅拌桩(SMW)工法接收坑清单计价分析表　　**表7-89**

序号	编　号	名　称	单位	综合单价 工料单价	工程量	人工费	材料费	机械费	周材运输费	管理费	安全防护、文明	规　费	税　金	合　计	总　计
1		2	3	4	5	6	7	8	9	10	11	12	13	14	15
				4=14/5										6～11	6～13
沪040504009002		型钢水泥土复合搅拌桩(SMW)工法接收井4.5×3.5×8.5	座	141103	1.00							245.52	4819.97	141103	146168

续表

序号	编号	名称	单位	综合单价 工料单价	工程量	人工费	材料费	机械费	周材运输费	管理费	安全防护、文明	规费	税金	合计	总计
1		2	3	4	5	6	7	8	9	10	11	12	13	14	15
				4=14/5										6～11	6～13
26	S1-6-4	深层搅拌桩一喷二搅（水泥掺量12%）	m³	120.48	530.71	7680.44	37198.85	19061.24	319.70	5783.42	1670.77	124.78	2449.72	71714	74289
27	S1-6-18	SMW工法搅拌桩 插拔型钢	t	544.91	45.36	1056.32	16110.63	7550.00	123.58	2235.65	645.85	48.24	946.97	27722	28717
28	CSM5-1-4	H形钢使用费	t·d	7.50	2722.00		20415.00		102.08	1846.54	533.44	39.84	782.15	22897	23719
29	S7-4-23系	支撑基坑挖土（宽≤15m，深≤11m）	m³	19.26	145.69	486.30		2320.40	14.03	253.87	73.34	5.48	107.53	3148	3261
30	S6-3-2	池底混凝土垫层 现浇混凝土(5～40mm) C15	m³	317.72	2.36	240.15	398.14	111.53	3.75	67.82	19.59	1.46	28.73	841	871
31	S6-2-30	底板商品混凝土 泵送商品混凝土(5～40mm)C25	m³	309.31	5.51	33.36	1657.54	13.42	8.52	154.16	44.53	3.33	65.30	1912	1980
32	S7-4-29	安装大型支撑(宽≤15m)	t	590.55	4.42	403.12	1314.30	892.80	13.05	236.09	68.21	5.09	100.00	2928	3033
33	S7-4-30	拆除大型支撑(宽≤15m)	t	254.08	4.42	428.13	111.64	583.28	5.62	101.58	29.35	2.19	43.03	1260	1305
34	CSM7-4-1	大型支撑使用费	t·d	8.25	265.00		2186.25		10.93	197.75	57.13	4.27	83.76	2452	2540
35	S6-2-38	C25框架商品混凝土 泵送商品混凝土(5～40mm)C25	m³	318.06	3.84	55.77	1159.96	5.61	6.11	110.47	31.91	2.38	46.79	1370	1419
36	S5-2-14	基坑夯填土	m³	11.96	105.75	1182.79		81.47	6.32	114.35	33.04	2.47	48.44	1418	1469
37	S5-1-71系	铺设 ϕ1000 PH-48管	100m	63443	0.03	33.37	1760.79	77.40	9.36	169.28	48.90	3.65	71.70	2099	2174
38	S1-1-30	商品混凝土泵车输送	m³	26.73	3.90		1.05	103.15	0.52	9.42	2.72	0.20	3.99	117	121
39	ZSM19-1-1	土方场外运输	m³	27.50	39.94			1098.35	0.00	98.85	28.56	2.13	41.87	1226	1270

ϕ1000管道顶进清单计价分析表　　表7-90

序号	编号	名称	单位	综合单价 工料单价	工程量	人工费	材料费	机械费	周材运输费	管理费	安全防护、文明	规费	税金	合计	总计
1		2	3	4	5	6	7	8	9	10	11	12	13	14	15
				4=14/5										6～11	6～13
040505001001		ϕ1000TLM管道顶管	m	2736.11	115.00							547.50	10748.32	314653	325948
40	S5-2-41	安拆 ϕ600～ϕ1200 顶进枋木后座	座	2299.56	1.00	448.92	1034.09	816.55	11.50	208.00	60.09	4.49	88.10	2579	2672

续表

序号	编号	名称	单位	综合单价	工程量	人工费	材料费	机械费	周材运输费	管理费	安全防护、文明	规费	税金	合计	总计
				工料单价											
	1	2	3	4	5	6	7	8	9	10	11	12	13	14	15
				4=14/5										6～11	6～13
41	S5-2-56	安拆 ϕ1000 泥水平衡顶管设备	套	16375.71	1.00	2520.41	4064.17	9791.12	81.88	1481.18	427.90	31.96	627.39	18367	19026
42	S5-2-29	ϕ1000 钢筋混凝土沉井洞口处理	个	2004.32	2.00	53.93	3819.00	135.72	20.04	362.58	104.75	7.82	153.58	4496	4657
43	S5-2-93	ϕ1000 泥水平衡管道顶进	100m	144331	0.40	2875.85	33199.35	21657.13	288.66	5221.89	1508.55	112.67	2211.87	64751	67076
44	S5-2-93 系	ϕ1000 泥水平衡管道顶进	100m	156597	0.69	5940.07	57144.38	44732.81	539.09	9752.07	2817.27	210.41	4130.74	120926	125267
45	S5-2-112	安拆 ϕ1000 中继间	套	13417.82	1.00	155.18	12700.00	562.63	67.09	1213.64	350.61	26.19	514.07	15049	15589
46	S5-2-126	ϕ1000 顶进触变泥浆减阻	100m	9936.82	1.10	1566.53	1073.33	8250.89	54.45	985.07	284.58	21.25	417.25	12215	12653
47	S5-2-138	压浆孔封拆	孔	64.79	55.00	1041.36	1902.62	619.41	17.82	322.31	93.11	6.95	136.52	3997	4140
48	S5-2-141	ϕ1000 水泥砂浆内接口水泥砂浆 1∶2	只	48.85	37.00	1253.25	260.53	293.81	9.04	163.50	47.23	3.53	69.25	2027	2100
49	S5-2-155	ϕ1000T 形接口	只	914.56	37.00	4305.81	29532.93		169.19	3060.71	884.21	66.04	1296.44	37953	39315
50	ZSM20-1-1	泥浆场外运输	m^3	47.50	168.70			8013.25	0.00	721.19	208.34	15.56	305.48	8943	9264
51	7-2-88	置换浆(水泥砂浆 1∶2.5)水泥砂浆 1∶2.5	m^3	403.15	51.64	4920.07	12200.99	3697.80	104.09	1883.07	544.00	40.63	797.62	23350	24188
040701002001		非预应力钢筋		4388.52	62.59							477.94	9382.80	274677	284538
52	S6-2-8	刃脚钢筋	t	4106.60	12.56	4656.63	40616.11	6306.19	257.89	4665.31	1347.76	100.66	1976.11	57850	59927
53	S6-2-21	井壁钢筋	t	3864.61	39.80	13176.21	129834.03	10801.32	769.06	13912.26	4019.10	300.17	5892.89	172512	178705
54	S6-2-52	矩形梁钢筋	t	3902.54	4.35	1703.74	14244.18	1028.14	84.88	1535.48	443.58	33.13	650.39	19040	19724
55	S6-2-32	底板钢筋	t	3809.30	1.46	449.89	4751.92	359.78	27.81	503.05	145.32	10.85	213.08	6238	6462
56	S6-3-73	预制盖板钢筋(顶板)	t	3846.03	3.28	1460.93	10931.94	222.12	63.07	1141.03	329.63	24.62	483.31	14149	14657
57	S5-3-15	预制防沉降大盖板钢筋	t	3840.50	0.22	98.61	734.86	11.44	4.22	76.42	22.08	1.65	32.37	948	982
58	S6-2-32	底板钢筋	t	3809.30	0.38	117.09	1236.80	93.64	7.24	130.93	37.82	2.82	55.46	1624	1682
59	S6-2-40	框架钢筋	t	3827.14	0.54	171.27	1759.50	135.88	10.33	186.93	54.00	4.03	79.18	2318	2401
501	0501	措施项目费—大型机械进出场及安拆										50.41	989.72	28974	30014
60	ZSM21-2-4	$1m^3$ 以内单斗挖掘机场外运输费	台·次	2734.00	1.00			2734.00	13.67	247.29	71.44	5.34	104.75	3066	3176
61	ZSM21-1-5	履带式起重机(25t 以内)装卸费	台	646.00	1.00			646.00	3.23	58.43	16.88	1.26	24.75	725	751

续表

序号	编号	名称	单位	综合单价 工料单价	工程量	人工费	材料费	机械费	周材运输费	管理费	安全防护、文明	规费	税金	合计	总计
	1	2	3	4	5	6	7	8	9	10	11	12	13	14	15
				4=14/5										6～11	6～13
62	ZSM21-2-19	履带式起重机（25t以内）场外运输费	台·次	5164.00	1.00			5164.00	25.82	467.08	134.94	10.08	197.85	5792	6000
63	ZSM21-1-2	深层搅拌桩钻机安装及拆除费	台	2617.00	1.00			2617.00	13.09	236.71	68.38	5.11	100.26	2935	3041
64	ZSM21-2-16	深层搅拌桩钻机场外运输费	台·次	5386.00	1.00			5386.00	26.93	487.16	140.74	10.51	206.35	6041	6258
65	ZSM21-1-6	30～50t履带式起重机安装及拆除费	台	896.00	1.00			896.00	4.48	81.04	23.41	1.75	34.33	1005	1041
66	ZSM21-2-20	30～50t履带式起重机场外运输费	台·次	8390.00	1.00			8390.00	41.95	758.88	219.23	16.37	321.44	9410	9748
502	0502	措施项目费—模板、支架	m²	50.21	480.10							41.94	823.38	24104	24969
67	S6-2-39	框架模板	m²	50.25	9.60	151.47	124.74	206.17	2.41	43.63	12.60	0.94	18.48	541	560
68	S6-2-7	刃脚模板	m²	45.49	82.79	2059.58	1005.92	700.32	18.83	340.62	98.40	7.35	144.28	4224	4375
69	S6-2-20	井壁模板	m²	46.14	328.67	4535.77	4322.25	6307.42	75.83	1371.71	396.27	29.60	581.02	17009	17620
70	S6-2-51	矩形梁模板	m²	46.10	27.43	453.44	259.27	551.90	6.32	114.38	33.04	2.47	48.45	1418	1469
71	S6-3-72	预制盖板模板（顶板）	m²	25.71	31.61	495.01	289.45	28.38	4.06	73.52	21.24	1.59	31.14	912	944
503	0503	措施项目费—脚手架	m²	11.07	226.46							4.21	82.70	2421	2508
72	S1-1-16	双排脚手架（高≤10m）	m²	9.53	226.46	877.42	1129.52	151.75	10.79	195.25	56.41	4.21	82.70	2421	2508
504	0504	措施项目费—施工排水、降水										206.04	4044.85	118411	122662
73	S1-5-7	喷射井点安装（15m）	根	1361.08	21.00	3659.99	17932.20	6990.45	142.91	2585.30	746.86	55.78	1095.07	32058	33209
74	S1-5-8	喷射井点拆除（15m）	根	244.88	21.00	1386.32	559.04	3197.21	25.71	465.15	134.38	10.04	197.02	5768	5975
75	S1-5-9	喷射井点使用（15m）	套·d	2322.58	30.00	6075.00	10942.47	52659.90	348.39	6302.32	1820.67	135.98	2669.51	78149	80954
76	S1-1-9	湿土排水	m³	9.63	217.17	460.29		1631.64	10.46	189.22	54.66	4.08	80.15	2346	2430
77	S1-1-11	筑拆竹箩滤井	座	40.47	2.00	18.89	62.05		0.40	7.32	2.11	0.16	3.10	91	94
505	0507	措施项目费—施工路栏	m	111.08	112.40							20.97	411.76	12054	12487
78	S1-1-14	封闭式施工路栏（砖基础）混合砂浆M7.5	m	95.62	112.40	1455.95	9291.40		53.74	972.10	280.83	20.97	411.76	12054	12487

续表

序号	编　号	名　　称	单位	综合单价 / 工料单价	工程量	人工费	材料费	机械费	周材运输费	管理费	安全防护、文明	规　费	税　金	合　计	总　计
1		2	3	4	5	6	7	8	9	10	11	12	13	14	15
				4＝14/5										6～11	6～13
506	0508	措施项目费—施工便道	m^2	41.75	372.00							26.09	512.18	14994	15532
79	S1-4-19	铺筑施工便道	m^2	35.94	372.00	7470.23	5621.34	276.91	66.84	1209.18	349.32	26.09	512.18	14994	15532
507	临-001	措施项目费—堆料场地	m^2	39.25	200.00							13.19	258.90	7579	7851
80	S1-4-20	堆料场地　现浇混凝土(5～20mm)C15	m^2	33.79	200.00	2943.00	3620.87	193.73	33.79	611.22	176.58	13.19	258.90	7579	7851
508	沪 0512	措施项目费—地基加固	m^3	108.94	153.62							28.11	551.92	16157	16737
81	S1-6-10	压密注浆(机械钻孔)	m	15.08	219.45	896.18	859.86	1553.33	16.55	299.33	86.47	6.46	126.79	3712	3845
82	S1-6-11	压密注浆(注浆)	m^3	55.24	200.87	2711.74	6818.01	1566.53	55.48	1003.66	289.95	21.65	425.13	12445	12892

7. 施工图预算书(表 7-91～表 7-93)

钢筋混凝土沉井工作坑　　**表 7-91**

工程名称：××路顶管工程

编制单位：

序号	定额编号	名　　称	单　位	单价(元)	工程量	合价(元)
		钢筋混凝土沉井工作坑　7.5×4.5×8.5	座	58736103	1.00	587361
1	S1-5-7	喷射井点安装(15m)	根	1361.08	21.00	28583
2	S1-5-8	喷射井点拆除(15m)	根	244.88	21.00	5143
3	S1-5-9	喷射井点使用(15m)	套·d	2322.58	30.00	69677
4	S5-2-13	基坑机械挖土	m^3	17.79	201.58	3587
5	S1-1-36	土方场内运输(运土 1km 以内)	m^3	9.10	50.40	459
6	S1-1-9	湿土排水	m^3	9.63	87.23	840
7	S1-1-11	筑拆竹箩滤井	座	40.47	1.00	40
8	S6-2-1	刃脚黄砂垫层	m^3	143.75	13.72	1972
9	S6-2-4 换	C15 刃脚混凝土垫层　非泵送商品混凝土(5～40mm)C20	m^3	540.42	11.43	6177
10	S6-2-6	C25 刃脚商品混凝土　泵送商品混凝土(5～40mm)C25	m^3	310.44	22.37	6945
11	S6-2-8	刃脚钢筋	t	4106.60	12.56	51579
12	S6-2-7	刃脚模板	m^2	45.49	82.79	3766
13	S1-1-16	双排脚手架(高≤10m)	m^2	9.53	226.46	2159
14	S6-2-19	C25 井壁商品混凝土　泵送商品混凝土(5～40mm)C25	m^3	311.24	93.29	29036
15	S6-2-21	井壁钢筋	t	3864.61	39.80	153812
16	S6-2-20	井壁模板	m^2	46.14	328.67	15165
17	S6-2-50	C25 矩形梁商品混凝土　泵送商品混凝土(5～40mm)C25	m^3	322.81	3.15	1017
18	S6-2-52	矩形梁钢筋	t	3902.54	4.35	16976

续表

序号	定额编号	名　称	单　位	单价(元)	工程量	合价(元)
19	S6-2-51	矩形梁模板	m^2	46.10	27.43	1265
20	S6-2-23	井壁预留孔封堵及拆除　混合砂浆 M7.5	m^3	577.88	0.91	526
21	S6-1-7 系	履带吊抓斗沉井挖土(深≤16m)	m^3	41.24	334.62	13800
22	S7-1-31	触变泥浆制作灌注	m^3	471.24	22.98	10829
23	S6-2-24	沉井碎石垫层	m^3	120.67	3.94	475
24	S6-2-28	C20 沉井商品混凝土垫层　非泵送商品混凝土(5～40mm)C20	m^3	312.12	3.94	1230
25	S6-2-30	C25 底板商品混凝土　泵送商品混凝土(5～40mm)C25	m^3	309.31	18.02	5574
26	S6-2-32	底板钢筋	t	3809.30	1.46	5562
27	S6-3-71 换	C30 预制盖板混凝土(顶板)　非泵送商品混凝土(5～40mm)C30	m^3	403.79	7.04	2843
28	S6-3-72	预制盖板模板(顶板)	m^2	25.71	31.61	813
29	S6-3-73	预制盖板钢筋(顶板)	t	3846.03	3.28	12615
30	S6-3-74	安装预制盖(顶板)	m^3	83.31	7.04	587
31	S5-3-2	砖砌窨井(深≤4m)　水泥砂浆 M10	m^3	353.56	2.08	735
32	S5-3-6	窨井水泥砂浆抹面　水泥砂浆 1:2	m^2	9.90	17.36	172
33	S6-4-21	工程防水(防水砂浆)　水泥砂浆 1:2.5	m^2	10.94	140.00	1532
34	S6-4-20	工程防水(喷涂沥青)	m^2	12.93	224.56	2903
35	S5-3-14	预制防沉降大盖板混凝土　预制混凝土(5～40mm)C20	m^3	433.10	1.15	499
36	S5-3-15	预制防沉降大盖板钢筋	t	3840.50	0.22	845
37	S5-3-17	安装钢筋混凝土防沉降大盖板($1m^3$ 以内)　水泥砂浆 1:2	m^3	111.18	1.15	128
38	S5-3-18	安装铸铁盖座　水泥砂浆 1:2	套	547.11	1.00	547
39	S6-1-10	基坑回填土	m^3	10.39	195.20	2028
40	S1-1-30	商品混凝土泵车输送	m^3	26.73	138.88	3713
41	ZSM19-1-1	土方场外运输	m^3	27.50	341.00	9378
42	ZSM21-2-4	$1m^3$ 以内单斗挖掘机场外运输费	台·次	2734.00	1.00	2734
43	ZSM21-1-5	履带式起重机(25t 以内)装卸费	台	646.00	1.00	646
44	ZSM21-2-19	履带式起重机(25t 以内)场外运输费	台·次	5164.00	1.00	5164
45	S1-4-19	铺筑施工便道	m^2	35.94	234.00	8409
46	S1-4-20	堆料场地　现浇混凝土(5～20mm)C15	m^2	33.79	200.00	6758
47	S1-1-14	封闭式施工路栏(砖基础)　混合砂浆 M7.5	m	95.62	66.80	6387

型钢水泥土复合搅拌桩(SMW)工法接收井　　　　表 7-92

序号	定额编号	名　称	单　位	单价(元)	工程量	合价(元)
		型钢水泥土复合搅拌桩(SMW)工法接收井 4.5×3.5×8.5		188177.47	1.00	188177
48	S1-6-4	深层搅拌桩一喷二搅(水泥掺量 12%)	m^3	120.48	530.71	63941
49	S1-6-18	型钢水泥土复合搅拌桩(SMW)工法搅拌桩　插拔型钢	t	544.91	45.36	24717
50	CSM5-1-4	H 形钢使用费	t·d	7.50	2722.00	20415
51	S7-4-23 系	支撑基坑挖土(宽≤15m 深≤11m)	m^3	19.26	145.69	2807
52	S1-1-9	湿土排水	m^3	9.63	129.94	1252
53	S1-1-11	筑拆竹箩滤井	座	40.47	1.00	40
54	S6-3-2	池底混凝土垫层　现浇混凝土(5～40mm)C15	m^3	317.72	2.36	750

续表

序号	定额编号	名　称	单　位	单价(元)	工程量	合价(元)
55	S6-2-30	底板商品混凝土　泵送商品混凝土(5～40mm)C25	m^3	309.31	5.51	1704
56	S6-2-32	底板钢筋	t	3809.30	0.38	1448
57	S7-4-29	安装大型支撑(宽≤15m)	t	590.55	4.42	2610
58	S7-4-30	拆除大型支撑(宽≤15m)	t	254.08	4.42	1123
59	CSM7-4-1	大型支撑使用费	t·d	8.25	265.00	2186
60	S6-2-38	C25框架商品混凝土　泵送商品混凝土(5～40mm)C25	m^3	318.06	3.84	1221
61	S6-2-39	框架模板	m^2	50.25	9.60	482
62	S6-2-40	框架钢筋	t	3827.14	0.54	2067
63	S5-2-14	基坑夯填土	m^3	11.96	105.75	1264
64	S5-1-71系	铺设 ϕ1000PH-48管	100m	63442.70	0.03	1872
65	S1-1-30	商品混凝土泵车输送	m^3	26.73	3.90	104
66	S1-6-10	压密注浆(机械钻孔)	m	15.08	110.25	1663
67	S1-6-11	压密注浆(注浆)	m^3	55.24	47.25	2610
68	ZSM19-1-1	土方场外运输	m^3	27.50	39.94	1098
69	ZSM21-1-2	深层搅拌桩钻机安装及拆除费	台	2617.00	1.00	2617
70	ZSM21-2-16	深层搅拌桩钻机场外运输费	台·次	5386.00	1.00	5386
71	ZSM21-1-6	30～50t履带式起重机安装及拆除费	台	896.00	1.00	896
72	ZSM21-2-20	30～50t履带式起重机场外运输费	台·次	8390.00	1.00	8390
73	S1-4-19	铺筑施工便道	m^2	35.94	138.00	4959
74	S1-1-14	封闭式施工路栏(砖基础)　混合砂浆M7.5	m	95.62	45.60	4360

ϕ1000TLM管道顶管　　　　**表7-93**

序号	定额编号	名　称	单　位	单价(元)	工程量	合价(元)
		ϕ1000TLM管道顶管		2936.48	115.00	337695
75	S5-2-41	安拆 ϕ600～ϕ1200顶进枋木后座	座	2299.56	1.00	2300
76	S5-2-56	安拆 ϕ1000泥水平衡顶管设备	套	16375.71	1.00	16376
77	S5-2-29	ϕ1000钢混凝土沉井洞口处理	个	2004.32	2.00	4009
78	S5-2-93	ϕ1000泥水平衡管道顶进	100m	144330.83	0.40	57732
79	S5-2-93系	ϕ1000泥水平衡管道顶进	100m	156597.32	0.69	107817
80	S5-2-112	安拆 ϕ1000中继间	套	13417.82	1.00	13418
81	S5-2-126	ϕ1000顶进触变泥浆减阻	100m	9936.82	1.10	10891
82	S5-2-138	压浆孔封拆	孔	64.79	55.00	3563
83	S5-2-141	ϕ1000水泥砂浆内接口　水泥砂浆1∶2	只	48.85	37.00	1808
84	S5-2-155	ϕ1000T形接口	只	914.56	37.00	33839
85	ZSM20-1-1	泥浆场外运输	m^3	47.50	168.70	8013
86	S7-2-88	置换浆(水泥砂浆1∶2.5)　水泥砂浆1∶2.5	m^3	403.15	51.64	20819
87	S1-6-10	压密注浆(机械钻孔)	m	15.08	109.20	1647
88	S1-6-11	压密注浆(注浆)	m^3	55.24	153.62	8486

8. 施工图预算费用表(表 7-94～表 7-96)

钢筋混凝土沉井工作坑 表 7-94

1	定额直接费	直接费合计	496250
2	大型周材运输费	[1]×0.5%	2481
3	土方泥浆外运费	土方泥浆外运费	9378
4	直接费	[1]+[2]+[3]	508109
5	综合费	[4]×9%	45730
6	安全防护、文明	[4]×2.6%	13211
7	施工措施费	施工措施费	
8	其他费用	([4]+[5]+[6]+[7])×(0.074%+0.1%)	987
9	税前补差	税前补差	
10	税金	([4]+[5]+[6]+[7]+[8]+[9])×3.41%	19370
11	甲供材料	—甲供材料	
12	税后补差	税后补差	
13	总造价	[4]+[5]+[6]+[7]+[8]+[9]+[10]+[11]+[12]	587407

SMW 工法接收井 表 7-95

1	定额直接费	直接费合计	160884
2	大型周材运输费	[1]×0.5%	804
3	土方泥浆外运费	土方泥浆外运费	1098
4	直接费	[1]+[2]+[3]	162787
5	综合费	[4]×9%	14651
6	安全防护、文明	[4]×2.6%	4232
7	施工措施费	施工措施费	
8	其他费用	([4]+[5]+[6]+[7])×(0.074%+0.1%)	316
9	税前补差	税前补差	
10	税金	([4]+[5]+[6]+[7]+[8]+[9])×3.41%	6206
11	甲供材料	-甲供材料	
12	税后补差	税后补差	
13	总造价	[4]+[5]+[6]+[7]+[8]+[9]+[10]+[11]+[12]	188192

ϕ1000TLM 管道顶管 表 7-96

1	定额直接费	直接费合计	282704
2	大型周材运输费	[1]×0.5%	1414
3	土方泥浆外运费	土方泥浆外运费	8013
4	直接费	[1]+[2]+[3]	292130
5	综合费	[4]×9%	26292
6	安全防护、文明	[4]×2.6%	7595
7	施工措施费	施工措施费	
8	其他费用	([4]+[5]+[6]+[7])×(0.074%+0.1%)	567
9	税前补差	税前补差	
10	税金	([4]+[5]+[6]+[7]+[8]+[9])×3.41%	11137
11	甲供材料	-甲供材料	
12	税后补差	税后补差	
13	总造价	[4]+[5]+[6]+[7]+[8]+[9]+[10]+[11]+[12]	337721

9. 工程综合实体单价分析表［项目编码暨子目编号顺序对应编列］
分部分项工程项目清单(表 7-97)

分部分项工程项目清单　　表 7-97

序　号	项目编码	项　目　名　称	计量单位	数　量	综合单价 工料单价(元)	预算顺序号
1	沪 040504009001	钢筋混凝土沉井工作井　$a\times b\times h=3.5\times9\times8.5$	座	1	119610	
	S5-2-13	基坑机械挖土	m^3	201.58	17.79	4
	S1-1-36	土方场内运输(运土 1km 以内)	m^3	50.40	9.10	5
	S6-2-1	刃脚黄砂垫层	m^3	13.72	143.75	8
	S6-2-4 换	C15 刃脚混凝土垫层　非泵送商品混凝土(5～40mm)C20	m^3	11.43	540.42	9
	S6-2-6	C25 刃脚商品混凝土　泵送商品混凝土(5～40mm)C25	m^3	22.37	310.44	10
	S6-2-19	C25 井壁商品混凝土　泵送商品混凝土(5～40mm)C25	m^3	93.29	311.24	14
	S6-2-50	C25 矩形梁商品混凝土　泵送商品混凝土(5～40mm)C25	m^3	3.15	322.81	17
	S6-2-23	井壁预留孔封堵及拆除　混合砂浆 M7.5	m^3	0.91	577.88	20
	S6-1-7 系	履带吊抓斗沉井挖土(深≤16m)	m^3	334.62	41.24	21
	S7-1-31	触变泥浆制作灌注	m^3	22.98	471.24	22
	S6-2-24	沉井碎石垫层	m^3	3.94	120.67	23
	S6-2-28	C20 沉井商品混凝土垫层　非泵送商品混凝土(5～40mm)C20	m^3	3.94	312.12	24
	S6-2-30	C25 底板商品混凝土　泵送商品混凝土(5～40mm)C25	m^3	18.02	309.31	25
	S6-3-71 换	C30 预制盖板混凝土(顶板)　非泵送商品混凝土(5～40mm)C30	m^3	7.04	403.79	27
	S6-3-74	安装预制盖(顶板)	m^3	7.04	83.31	30
	S5-3-2	砖砌窨井(深≤4m)　水泥砂浆 M10	m^3	2.08	353.56	31
	S5-3-6	窨井水泥砂浆抹面　水泥砂浆 1：2	m^2	17.36	9.90	32
	S6-4-21	工程防水(防水砂浆)　水泥砂浆 1：2.5	m^2	140.00	10.94	33
	S6-4-20	工程防水(喷涂沥青)	m^2	224.56	12.93	34
	S5-3-14	预制防沉降大盖板混凝土　预制混凝土(5～40mm)C20	m^3	1.15	433.10	35
	S5-3-17	安装钢筋混凝土防沉降大盖板($1m^3$ 以内)　水泥砂浆 1：2	m^3	1.15	111.18	37
	S5-3-18	安装铸铁盖座　水泥砂浆 1：2	套	1.00	547.11	38
	S6-1-10	基坑回填土	m^3	195.20	10.39	39
	S1-1-30	商品混凝土泵车输送	m^3	138.88	26.73	40
	ZSM19-1-1	土方场外运输	m^3	341.00	27.50	41
2	沪 040504010001	型钢水泥土复合搅拌桩(SMW)工法接收井　$a\times b\times h=3.5\times4.5\times8.5$	座	1	141103	
	S1-6-4	深层搅拌桩一喷二搅(水泥掺量 12%)	m^3	530.71	120.48	48
	S1-6-18	型钢水泥土复合搅拌桩(SMW)工法搅拌桩　插拔型钢	t	45.36	544.91	49
	CSM5-1-4	H 形钢使用费	t·d	2722.00	7.50	50
	S7-4-23 系	支撑基坑挖土(宽≤15m，深≤11m)	m^3	145.69	19.26	51
	S6-3-2	池底混凝土垫层　现浇混凝土(5～40mm)C15	m^3	2.36	317.72	54
	S6-2-30	底板商品混凝土　泵送商品混凝土(5～40mm)C25	m^3	5.51	309.31	55
	S7-4-29	安装大型支撑(宽≤15m)	t	4.42	590.55	57
	S7-4-30	拆除大型支撑(宽≤15m)	t	4.42	254.08	58
	CSM7-4-1	大型支撑使用费	t·d	265.00	8.25	59
	S6-2-38	C25 框架商品混凝土　泵送商品混凝土(5～40mm)C25	m^3	3.84	318.06	60
	S5-2-14	基坑夯填土	m^3	105.75	11.96	63
	S5-1-71 系	铺设 ϕ1000PH-48 管	100m	0.03	63443	64
	S1-1-30	商品混凝土泵车输送	m^3	3.90	26.73	65
	ZSM19-1-1	土方场外运输	m^3	39.94	27.50	66

续表

序号	项目编码	项目名称	计量单位	数量	综合单价 工料单价（元）	预算顺序号
3	040505001001	ϕ1000 管道顶进	m	115.00	2736.11	
	S5-2-41	安拆 ϕ600～ϕ1200 顶进枋木后座	座	1.00	2299.56	73
	S5-2-56	安拆 ϕ1000 泥水平衡顶管设备	套	1.00	16375.71	74
	S5-2-29	ϕ1000 钢筋混凝土沉井洞口处理	个	2.00	2004.32	75
	S5-2-93	ϕ1000 泥水平衡管道顶进	100m	0.40	144331	76
	S5-2-93 系	ϕ1000 泥水平衡管道顶进	100m	0.69	156597	77
	S5-2-112	安拆 ϕ1000 中继间	套	1.00	13417.82	78
	S5-2-126	ϕ1000 顶进触变泥浆减阻	100m	1.10	9936.82	79
	S5-2-138	压浆孔封拆	孔	55.00	64.79	80
	S5-2-141	ϕ1000 水泥砂浆内接口　水泥砂浆 1∶2	只	37.00	48.85	81
	S5-2-155	ϕ1000T 形接口	只	37.00	914.56	82
	ZSM20-1-1	泥浆场外运输	m^3	168.70	47.50	83
	S7-2-88	置换浆（水泥砂浆 1∶2.5）　水泥砂浆 1∶2.5	m^3	51.64	403.15	84
4	040701002001	非预应力钢筋	t	62.59	4388.52	
	S6-2-8	刃脚钢筋	t	12.56	4106.60	11
	S6-2-21	井壁钢筋	t	39.80	3864.61	15
	S6-2-52	矩形梁钢筋	t	4.35	3902.54	18
	S6-2-32	底板钢筋	t	1.46	3809.30	26
	S6-3-73	预制盖板钢筋（顶板）	t	3.28	3846.03	29
	S5-3-15	预制防沉降大盖板钢筋	t	0.22	3840.50	36
	S6-2-32	底板钢筋	t	0.38	3809.30	56
	S6-2-40	框架钢筋	t	0.54	3827.14	62

第五节　排水构筑物工程招投标编辑及应用的计算实例

一、提升泵房下部结构工程

1. 工程概况及主要施工设计图纸

（1）工程概况

1）构筑物形式：现浇钢筋混凝土地下结构

内径尺寸：宽 8.4m　长 12.4m　高 8.6m　壁厚 0.5m

混凝土底板尺寸：宽 11m　长 15.2m　底板厚 0.6m

地下结构设计有：插水板、隔墙、梁、顶板及毛石混凝土。栏杆采用不锈钢栏杆，预留孔盖板采用玻璃钢盖板。

2）施工方法：

① 挖土：采用明挖法，围护采用拉森钢板桩桩长 12～16m，平均为 14m，支撑采用 ϕ580×12(mm) 无缝钢管，上中下各设一道。

基坑四周设置喷射井点降水，间距为 2.5m/根。

② 钢筋混凝土采用商品钢筋混凝土

3）清单编制依据：《建设工程工程量清单计价规范》上海市市政工程操作指南，施工设计图文件等。

4）工程质量应达到优良标准。

5）投标报价按《建设工程工程量清单计价规范》上海市市政工程操作指南的统一格式。

6）人工、材料、机械费用按上海市市政工程市场信息 2006 年 10 月份计取。

（2）主要施工设计图纸

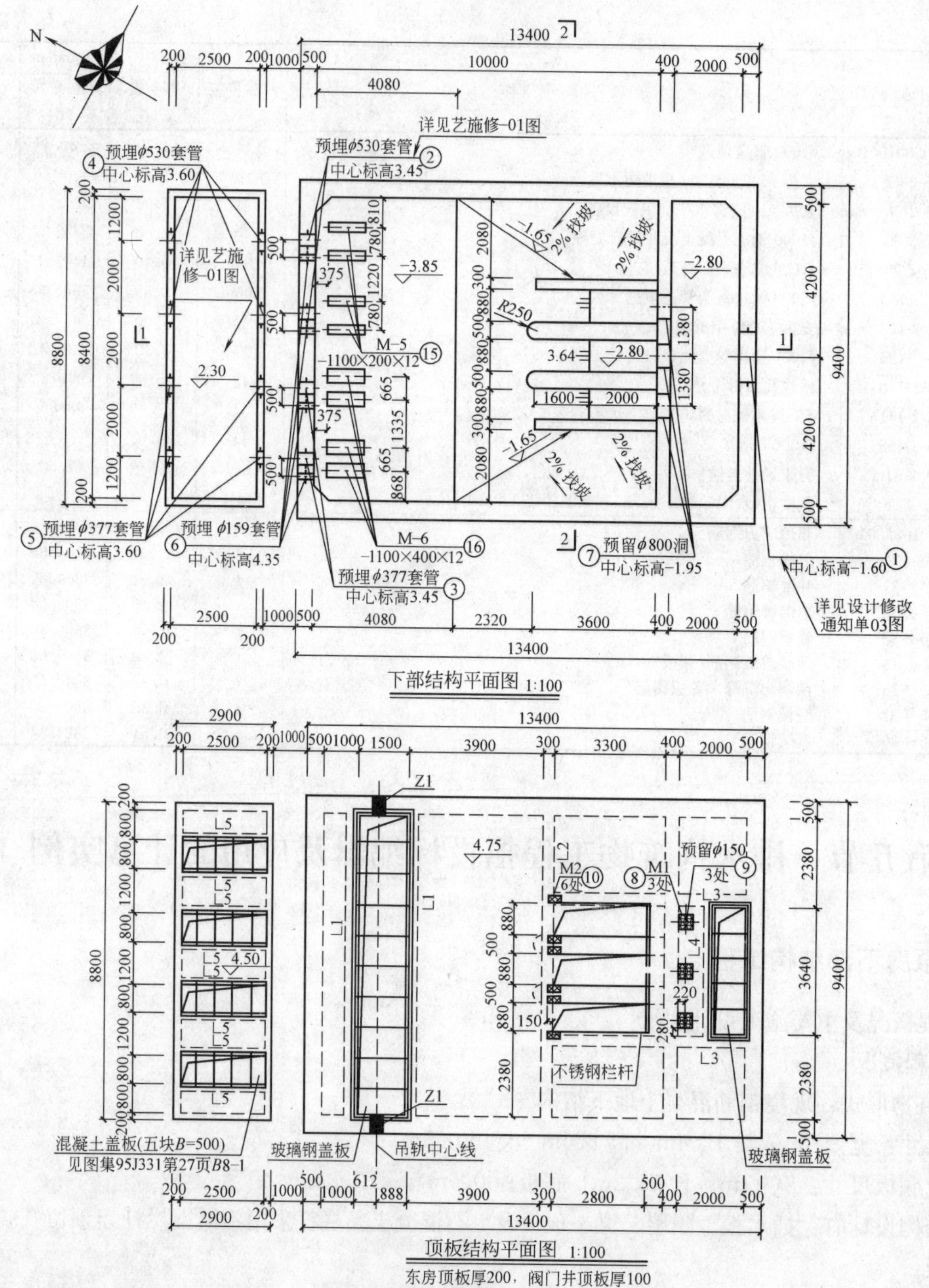

进水泵房结构平面图和施工说明(一)

施工说明：

1. 图中尺寸除标高(绝对)以米计外，其余均以毫米计；平整后地面标高 4.50，采用吴淞高程。
2. 本构筑物基底持力层为第③-4 层灰色粉土。
3. 泵房盖板选用单面复面玻璃钢盖板，承载力>2kN/m²，且单块承载力>2kN，盖板禁止设备荷载和车辆荷载。
4. 材料：泵房结构混凝土 C25，抗渗标号 S8；水泥采用普通硅酸盐水泥，强度等级不高于 32.5(R)水灰比不大于 0.55，水泥用量控制在 320～350kg/m²；垫层混凝土为 C10；钢筋：φ为 HPB235 钢，Φ为 HRB335 钢，预埋钢板为 Q235 钢。
5. 混凝土保护层：池壁、内隔墙 30；底板 50，盖板 h=200 时，取 20，其他取 15；梁、柱 25。
6. 钢筋锚固长度：受力钢筋锚固 HPB235 钢，HRB335 钢 40d。钢筋搭接长度：HPB235 钢 36d，HRB335 钢 2d。钢筋焊接单面焊 10d，双面焊 5d。
7. 结构钢筋遇洞口时应尽量绕过，不得截断之，且钢筋应与洞口加固筋焊牢。
8. 钢筋接头：钢筋接头位置应相互错开，接头不宜位于构件最大弯矩处。钢筋焊接接头的类型、质量、搭接长度和同一断面位置的接头数量均应符合相关规范规程要求。
9. 贯穿钢筋混凝土墙体的施工螺栓均应装有止水环片，施工螺栓的选用及处理应参照 CBJ 141—90 规程第 5.2.7 条处理。
10. 由于该构筑物地下水位较高，为满足抗浮要求，在外调底板处浇筑浆砌毛石混凝土配重，详见剖面图，井点降水须延续到池体配重后覆土为止。
11. 预留埋管及埋件须仔细核对工艺施工图后方可浇筑混凝土。
12. 施工过程若遇不良现象或图纸疑问请与设计人员联系。

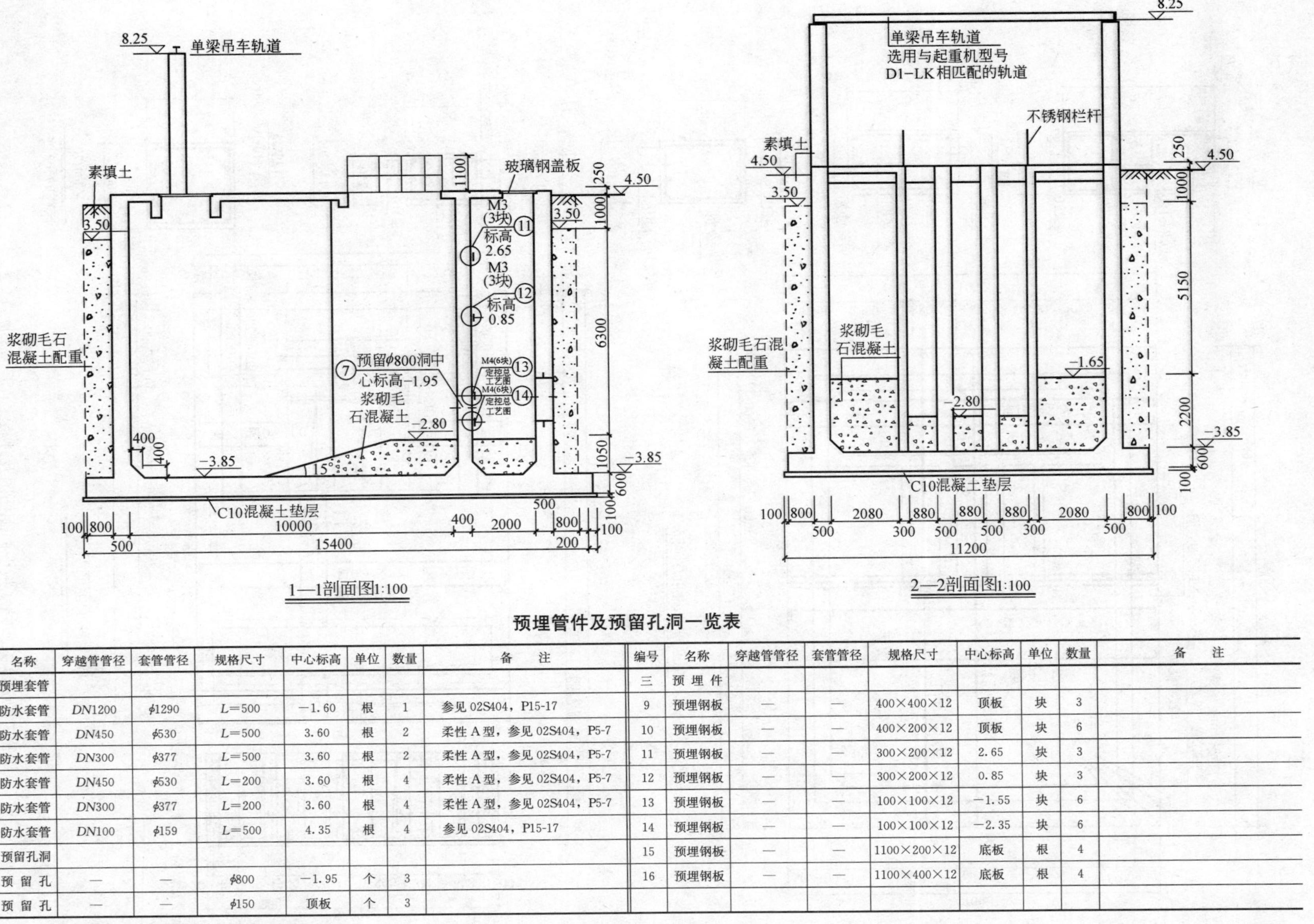

预埋管件及预留孔洞一览表

编号	名称	穿越管管径	套管管径	规格尺寸	中心标高	单位	数量	备注	编号	名称	穿越管管径	套管管径	规格尺寸	中心标高	单位	数量	备注
一	预埋套管								三	预埋件							
1	防水套管	DN1200	ϕ1290	L=500	−1.60	根	1	参见 02S404，P15-17	9	预埋钢板	—	—	400×400×12	顶板	块	3	
2	防水套管	DN450	ϕ530	L=500	3.60	根	2	柔性A型，参见 02S404，P5-7	10	预埋钢板	—	—	400×200×12	顶板	块	6	
3	防水套管	DN300	ϕ377	L=500	3.60	根	2	柔性A型，参见 02S404，P5-7	11	预埋钢板	—	—	300×200×12	2.65	块	3	
4	防水套管	DN450	ϕ530	L=200	3.60	根	4	柔性A型，参见 02S404，P5-7	12	预埋钢板	—	—	300×200×12	0.85	块	3	
5	防水套管	DN300	ϕ377	L=200	3.60	根	4	柔性A型，参见 02S404，P5-7	13	预埋钢板	—	—	100×100×12	−1.55	块	6	
6	防水套管	DN100	ϕ159	L=500	4.35	根	4	参见 02S404，P15-17	14	预埋钢板	—	—	100×100×12	−2.35	块	6	
二	预留孔洞								15	预埋钢板	—	—	1100×200×12	底板	根	4	
7	预留孔	—	—	ϕ800	−1.95	个	3		16	预埋钢板	—	—	1100×400×12	底板	根	4	
8	预留孔	—	—	ϕ150	顶板	个	3										

注：除特别注明外，防水套管均采用A型刚性防水套管，详见 02S404。

进水泵房结构剖面图及埋件统计表(二)

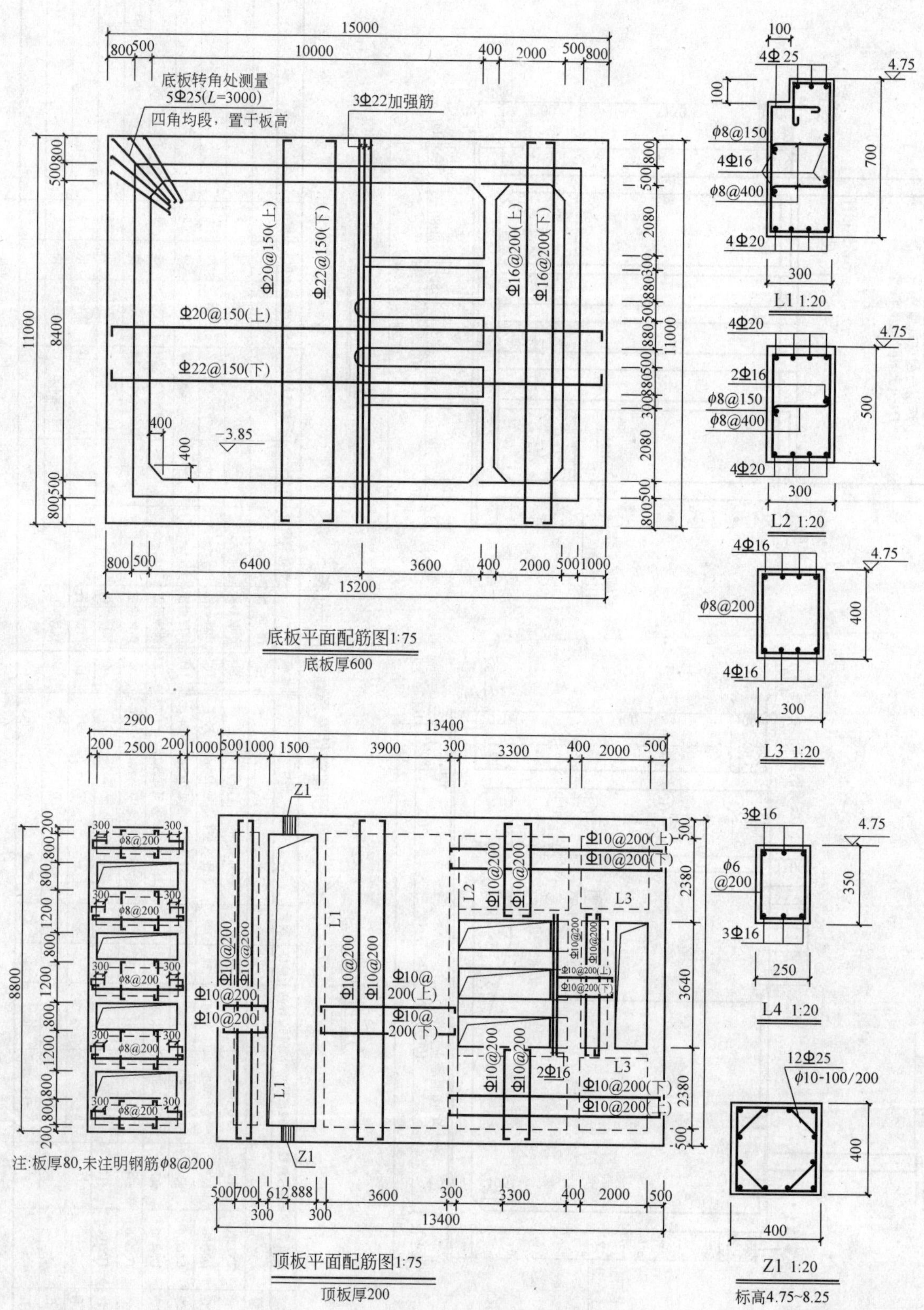

进水泵房结底板平面配筋图及顶板平面配筋图(三)

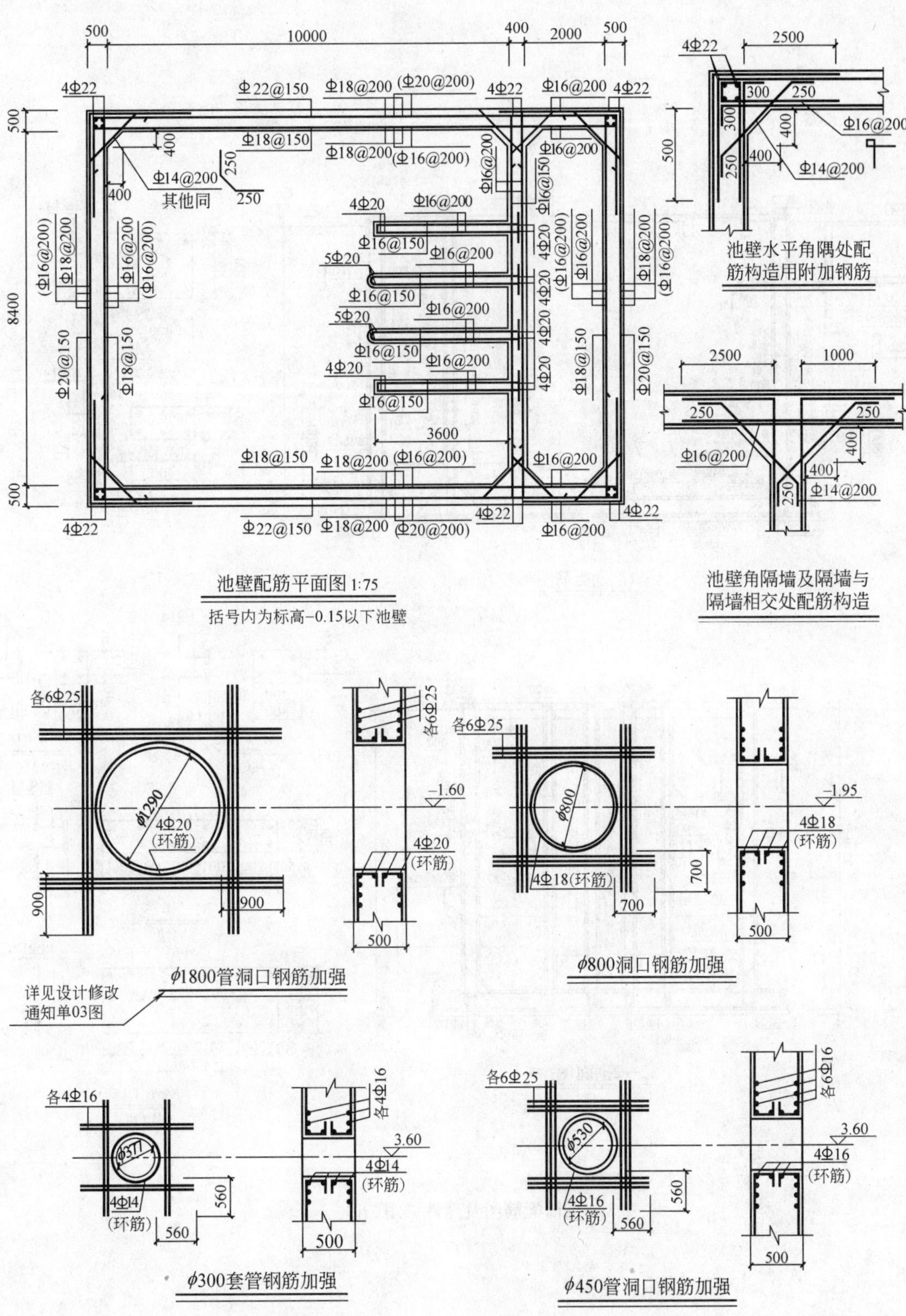

池壁配筋图及洞口加强筋详图(四)

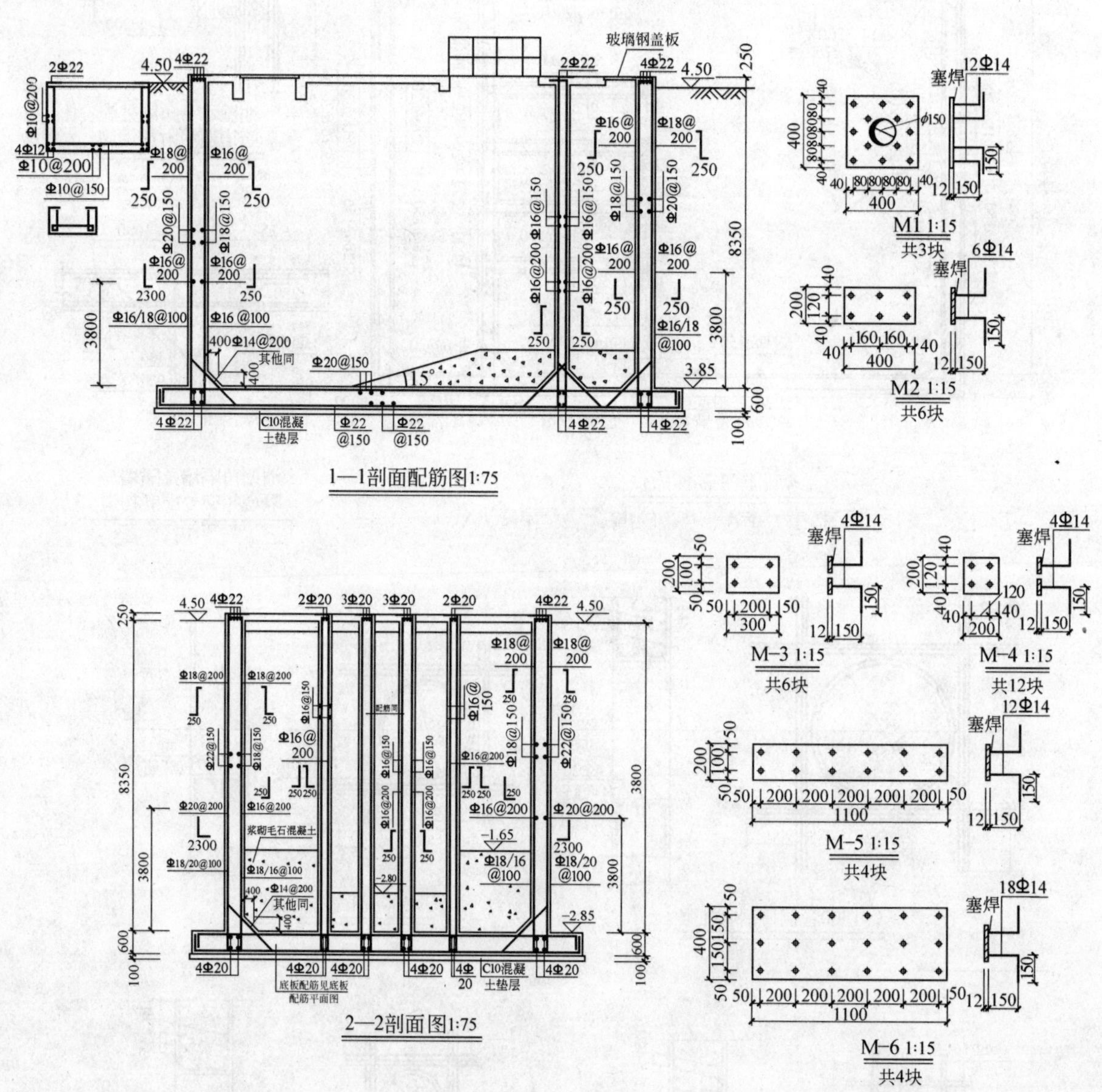

剖面配筋图及埋件详图(五)

(3) 措施项目清单(表 7-98)

措施项目清单 表 7-98

序号	项目编码	项目名称	计量单位	数量	综合单价 工料单价	预算顺序号
		措施项目费(二)				
5		5 市政工程				
5.1	0501	大型机械设备进出场及安拆	项	1	28974	
	ZSM21-2-4	$1m^3$ 以内单斗挖掘机场外运输费	台·次	1.00	2734.00	42
	ZSM21-1-5	履带式起重机(25t 以内)装卸费	台	1.00	646.00	43
	ZSM21-2-19	履带式起重机(25t 以内)场外运输费	台·次	1.00	5164.00	44
	ZSM21-1-2	深层搅拌桩钻机安装及拆除费	台	1.00	2617.00	67
	ZSM21-2-16	深层搅拌桩钻机场外运输费	台·次	1.00	5386.00	68
	ZSM21-1-6	30～50t 履带式起重机安装及拆除费	台	1.00	896.00	69
	ZSM21-2-20	30～50t 履带式起重机场外运输费	台·次	1.00	8390.00	70
5.2	0502	混凝土、钢筋混凝土模板及支架	m^2	480.1	50.21	
	S6-2-39	框架模板	m^2	9.60	50.25	12
	S6-2-7	刃脚模板	m^2	82.79	45.49	16
	S6-2-20	井壁模板	m^2	328.67	46.14	19
	S6-2-51	矩形梁模板	m^2	27.43	46.10	28
	S6-3-72	预制盖板模板(顶板)	m^2	31.61	25.71	61
5.3	0503	脚手架	m^2	226.46	11.07	
	S1-1-16	双排脚手架(高≤10m)	m^2	226.46	9.53	13
5.4	0504	施工排水、降水	项	1	118411	
	S1-5-7	喷射井点安装(15m)	根	21.00	1361.08	1
	S1-5-8	喷射井点拆除(15m)	根	21.00	244.88	2
	S1-5-9	喷射井点使用(15m)	套·d	30.00	2322.58	3
	S1-1-9	湿土排水	m^3	217.17	9.63	6.52
	S1-1-11	筑拆竹箩滤井	座	2.00	40.47	7.53
5.7	0507	现场施工围栏	m	112.4	111.08	
	S1-1-14	封闭式施工路栏(砖基础) 混合砂浆 M7.5	m	112.40	95.62	47.72
5.8	0508	便道	m^2	372	41.75	
	S1-4-19	铺筑施工便道	m^2	372.00	35.94	45.71
5.12	沪 0512	地基加固	m^3	153.62	108.94	
	S1-6-10	压密注浆(机械钻孔)	m	219.45	15.08	85
	S1-6-11	压密注浆(注浆)	m^3	200.87	55.24	86
5.14	临-001	堆料场地	m^2	200	39.25	
	S1-4-20	堆料场地 现浇混凝土(5～20mm)C15	m^2	200.00	33.79	46

2. 分部分项工程量、措施项目清单

(1) 分部分项工程量(表 7-99)

分部分项工程量清单……招表 4 表 7-99

序号	项次	项目编码	项目名称	项目特征	工程内容	计量单位	工程数量
	1	D.1.1	挖土方				
1	1.1	040101003	挖基坑土方	1. 土壤类别Ⅲ类土 2. 挖土深度：H≤9.05m	1. 土方开挖 2. 围护支撑 3. 场内运输 4. 平整、夯实	m^3	1546.60
	2	D.1.3	填方及运输				

续表

序号	项次	项目编码	项目名称	项目特征	工程内容	计量单位	工程数量
2	2.1	040103001001	填土方	1. 填方材料品种：土方 2. 密实度：95％	1. 填方 2. 压实	m^3	377.79
3	2.3	040103002	余土、旧料弃置	1. 废料弃置品种：土方 2. 运距：1km	余方点装料运输至弃置点	m^3	1134.87
	3	D.5.6	构筑物				
4	3.1	040506008001	现浇混凝土井壁	1. 混凝土强度等级：C25 2. 混凝土抗渗要求：S8 3. 石料最大粒径：5～40mm	1. 混凝土浇筑 2. 养护 3. 预留孔封口	m^3	188.56
5	3.2	040506008002	现浇混凝土隔墙			m^3	29.39
6	3.3	040506007001	现浇混凝土池底	1. 混凝土强度等级：C25 2. 混凝土抗渗要求：S8 3. 石料最大粒径：5～40mm 4. 垫层厚度：100mm　材料品种：混凝土强度 C10	1. 垫层铺筑 2. 混凝土浇筑 3. 养护	m^3	103.6
7	3.4	040506018001	现浇混凝土挡水板	1. 所在部位：挡水板 2. 混凝土强度等级：C25 3. 混凝土抗渗要求：S8 4. 石料最大粒径：5～40mm	1. 混凝土浇筑 2. 养护	m^3	49.74
8	3.5	040506010001	现浇混凝土矩形梁	1. 所在部位：矩形梁 2. 混凝土强度等级：C25 3. 混凝土抗渗要求：S8 4. 石料最大粒径：5～40mm		m^3	2.75
9	3.6	040506010002	现浇混凝土异形梁	1. 所在部位：矩形梁 2. 混凝土强度等级：C25 3. 混凝土抗渗要求：S8 4. 石料最大粒径：5～40mm	1. 混凝土浇筑 2. 养护	m^3	3.36
10	3.7	040506012001	现浇混凝土顶板	1. 混凝土强度等级：C25 2. 混凝土抗渗要求：S8 3. 石料最大粒径：5～40mm		m^3	13.65
11	3.8	040506009001	现浇混凝土矩形柱	1. 所在部位：立柱 2. 混凝土强度等级：C25 3. 混凝土抗渗要求：S8 4. 石料最大粒径：5～40mm	1. 混凝土浇筑 2. 养护	m^3	1.14
12	3.9	040506018002	其他现浇混凝土浆砌毛石混凝土	1. 所在部位：池内 2. 混凝土强度等级 C15 3. 石料最大粒径 5～40mm 块石	制作　安装	m^3	389.8
	4	D.3.9	其他				
13	4.1	040309001	金属栏杆	1. 材质：不锈钢管 2. 规格：ϕ50	制作　安装	t	0.085
14	4.2	040309002	玻璃钢盖板	1. 材质：玻璃钢 2. 部位：洞口		m^2	4.61
	5	D.7.1	钢筋工程				
15	5.1	040701001	预埋铁件	1. 材质：型钢 2. 部位：全部	制作　安装	kg	463
16	5.2	040701002	预埋防水钢套管	1. 材质：型钢套管 2. 部位：全部		kg	494
17	5.3	040701002	非预应力钢筋	1. 材质：R235、HBR335 2. 部位：全部	制作　安装	t	69.98

(2) 措施项目清单(表 7-100)

措施项目清单……招标 5　　表 7-100

序　号	项　次	项目编码	项　目　名　称	单　位	数　量	备　注
	5		5 市政工程			
1	5.1	0501	大型机械设备进出场及安拆			
2	5.2	0502	混凝土、钢筋混凝土模板及支架			
3	5.3	0503	脚手架			
4	5.4	0504	施工排水、降水			
5	5.5	0505	围堰			
6	5.6	0506	筑岛			
7	5.7	0507	现场施工围栏			
8	5.8	0508	施工便道			
9	5.9	0509	便桥			
10	5.10	0510	洞内施工的通风、供水、供气、供电、照明及通信设施			
11	5.11	0511	驳岸块石清理			
12	5.12	沪 0512	地基加固			
13	5.13	沪 0513	地下监测			
14	5.14	临-001	堆场			

3. 分部分项工程量、措施项目清单计算方法

(1) 分部分项工程量清单计算方法(表 7-101)

分部分项工程量清单计算方法　　表 7-101

清单序号	项次包括项目编码	项目名称及说明	计算公式及说明	计量单位	计算结果
1	040301003001	挖基坑土方	9.25×15.2×11=1546.6	m^3	1546.6
			机械挖土方：①基坑挖土的底宽按构筑物基础外沿加宽 2m 计算，设计图底的底宽分别为 11m、15.2m，则分别为 15m、19.2m；②挖土深度：原地面标高至设计垫层底面的距离，原地面标高 4.5m，设计垫层底标高 4.55m，即 4.5+4.55=9.05m		
			9.25m×15.2m×11m=1546.66m^3		
		1. $H\leqslant6$m	$a\times b\times h$=13×17.2×6	m^3	1341.6
		2. $H\leqslant7$m	$a\times b\times h$=13×17.2×1	m^3	223.6
		3. $H\leqslant8$m	$a\times b\times h$=13×17.2×1	m^3	223.6
		4. $H\leqslant9$m	$a\times b\times h$=13×17.2×1	m^3	223.6
		5. $H\leqslant10$m	$a\times b\times h$=13×17.2×0.05	m^3	11.18
		6. 土方场内运输		m^3	505.9
			基坑挖土按 75%直接装车外运 2.5%按场内运输		
			土方外运(1341.6+223.6×3+11.18)×75%=1517.69m^3		
			土方场内运输 2023.58×25%=505.9m^3		
		7. 打拉森钢板桩		m	68.4
			①打拔钢板桩沿基坑单排方向计算；②基坑深大于 8m 采用拉森钢板桩长 12.01～16m		
			(15+19.2)×2=68.4m		
		8. 拔拉森钢板桩	同上	m	68.4
		9. 大型支撑安装			99.22

续表

清单序号	项次包括项目编码	项目名称及说明	计算公式及说明	计量单位	计算结果
1	040301003001		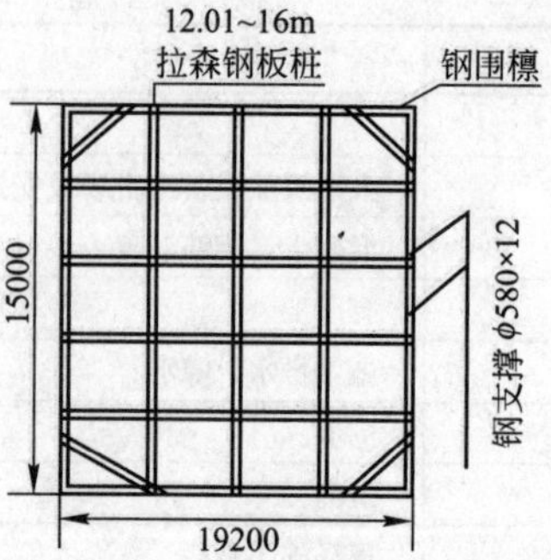 12.01~16m 拉森钢板桩 钢围檩 15000 钢支撑 ϕ580×12 19200		
		10. 大型支撑拆除 大型支撑平面图	99.22t 99.22	t	99.22
			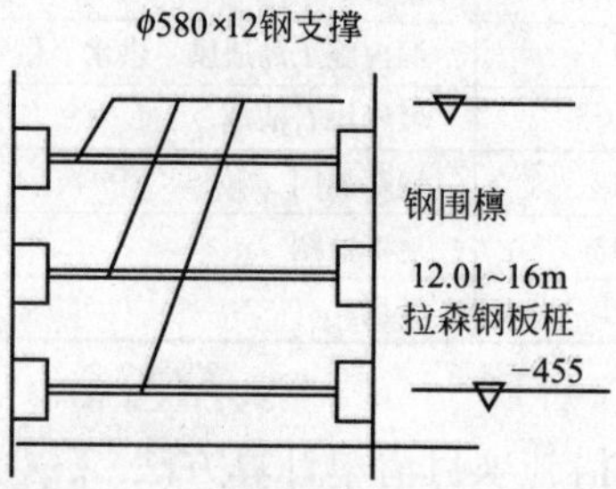 ϕ580×12钢支撑 钢围檩 12.01~16m 拉森钢板桩 −455		
			中间管 3m 16×3=48 根×0.65t=31.2t 中间管 2.3m 15×3=45 根×0.5t=27t 加强角 2m 4×3=12 根×0.43t=5.16t 十字接管 12×3=36 只×0.7t=25.2t 钢围檩(15+19.2)×2×3=205m×0.052=10.66t 31.2t+27t+5.16t+25.2t+10.66t=99.22t		
		11. 拉森钢板桩使用		t·d	25830
			① 泵房容积为 8.4×12.4×8.6=896m^3 ② 使用天数：90d ③ 使用 t/d 68.4m×3 根/m×14m×0.1t×90d=25830t·d		
		12. 大型支撑使用		t·d	8930
			99.22t×90d=8929.8t·d		
2	040103001001	基坑回填土方	1546.6−(15.2×11×0.7+13.4×9.4×8.35)	m^3	377.79
		1. 基坑回填土方	① 挖方 1954.8+655.6=2606.46m^3 ② 垫层 15.4×11.2×0.1=17.25m^3 ③ 混凝土地板 15.2×11×0.6=100.32m^3 ④ 下部结构 13.4×9.4×8.35=1051.77m^3 ⑤ 浆砌毛石混凝土(11×15−9.4×12.8)×7.35=328.40m^3 2606.46−(17.25+100.32+1051.77+328.4)=1108.72m^3	m^3	1108.72
		2. 土方场内运输	同上	m^3	1108.72
3	040103002001	土方外运		m^3	1134.87
			挖方回填土：1546.60−377.79=1134.87	m^3	1497.74
4	040506008001	现浇混凝土井壁		m^3	188.56
		1. 现浇混凝土井壁	C25，S8	m^3	188.56
			工程量计算规则第 4.6.1 条混凝土工程按设计尺寸，以实体积计算，不扣除钢筋、铁丝、铁条和螺栓所占的体积；第 4.6.2 条现浇混凝土墙板上单孔面积在 0.3m^2 以内的孔洞体积不予扣除，孔洞侧壁模板不计工程量，单孔面积在 0.3m^2 以外的应予拆除，孔洞侧壁模板并入墙，桩模板工程量		

续表

清单序号	项次包括项目编码	项目名称及说明	计算公式及说明	计量单位	计算结果
4	040506008001		(9.4×13.4−8.4×12.4)×8.6+0.4×0.4×0.5×8.15×4−(0.9^2+0.4^2)×π×0.5=185.56m^3		
		2. 商品混凝土输送泵车	185.56m^3×1.015m^3/m^3=191.39m^3	m^3	191.39
5	040506008002	现浇混凝土隔墙		m^3	29.39
		1. 现浇混凝土隔墙	C25，S8	m^3	29.39
			工程量计算规则第 4.6.2 条隔墙的高度按设计高度计算，隔墙长度按内定长度计算，隔墙若有增强角并入隔墙计算		
			8.4×8.15×0.4−0.4^2×π×3+0.4×0.5×8.15×4=29.39m^3		
		2. 商品混凝土输送泵车	29.69m^3×1.015m^3/m^3=29.83m^3	m^3	29.83
6	040506007001	现浇混凝土底板		m^3	103.6
		1. h=10cmC10 商品混凝土	15.4×11.2×0.1=16.91m^3	m^3	16.91
		2. 现浇混凝土底板	C25，S8	m^3	103.6
			工程量清单计算规则第 6.2.9 条底板的宽度及厚度按设计计算，底板下的枕梁及侧墙(隔墙)下部扩大部分并入底板计算		
			15.2×11×0.6+2×8.4×1.4−0.4/6×(2×8.4+1.2×7.6+10.4×8.8)+10×8.4×0.4−0.4/6×(10×8.4+9.2×7.6+18.4×16.8)=103.6m^3		
		3. 商品混凝土输送泵	103.6m^3×1.015m^3=105.15m^3	m^3	105.15
7	040506005001	现浇混凝土挡水板		m^3	49.74
		1. 现浇混凝土挡水板	C25，S8 工程量计算规则参见隔墙	m^3	49.74
			3.6×0.8×2×8.35+0.25^2×π×8.35		
		2. 商品混凝土输送泵车	49.74m^3×1.015m^3/m^3=50.49m^3	m^3	50.49
8	040506005002	现浇混凝土矩形梁		m^3	2.75
		现浇混凝土矩形梁	C25，S8 工程量计算规则第 6.2.4 条：梁的高度按设计梁高计算	m^3	2.75
			L_2　0.5×0.3×8.4=1.26m^3		
			L_3　0.4×0.3×5.3×2=1.27m^3		
			L_4　0.2×0.35×3.64=0.22m^3		
			Σ=1.26+1.27+0.22=2.75m^3		
		商品混凝土输送泵车	2.75m^3×1.015m^3/m^3=2.79m^3	m^3	2.79
9	040506005003	现浇混凝土异形梁		m^3	3.36
		1. 现浇混凝土异形梁	C25，S8 工程量计算规则同矩形梁	m^3	3.36
			L_1(0.3×0.7−0.1×0.1)×8.4×2		
		2. 商品混凝土输送泵车	3.36m^3×1.015m^3/m^3=3.41m^3	m^3	3.41
10	040506005004	现浇混凝土顶板		m^3	13.65
		1. 现浇混凝土顶板		m^3	13.65
			C25，S8 工程量计算规则第 6.2.8 条：平台的宽度、长度均按内净尺寸计算，并应拆除所占的体积		
			[(3.3+2)×2.38×2+(0.7+3.9)×8.4+3.64×(0.7+0.5)]×0.2=13.65m^3		
		2. 混凝土输送泵车	13.65m^3×1.015m^3/m^3=13.85m^3	m^3	13.85
11	040506005005	现浇混凝土立柱		m^3	1.14
		1. C30 现浇混凝土立柱		m^3	1.14
			工程量计算规则第 6.3.3 条混凝土柱按图示断面尺寸乘以立柱高度立方米计算，柱高以下列计算规则计算：1. 有梁板的柱高自混凝土的底板(平台)面至顶板上表面；2. 无梁池盖的标高，自地底表面至池盖的下表面，其工程量应包括柱座及柱帽的体积；3. 架空式池的柱高自柱基上表面自架空式池盖的梁板下表面，混凝土柱按图示断面尺寸乘以立柱高度立方米计算，柱高以下列计算规则计算：(8.25−4.69)×0.4×0.4×2=1.14m^3		
		2. 商品混凝土输送泵车	1.14m^3×1.015m^3/m^3=1.16m^3	m^3	1.16
12	040506005006	浆砌毛石混凝土		m^3	389.8
			(11×15−9.4×12.8)×7.35=328.4m^3		

续表

清单序号	项次包括项目编码	项目名称及说明	计算公式及说明	计量单位	计算结果
12	040506005006	浆砌毛石混凝土	$2\times8.4\times0.65+0.416\times(2\times8.4+1.2\times7.6+10.4\times8.8)=18.75m^3$		
			$(2.2\times3.6\times2.08-0.4\times0.74\times0.5\times5.68)\times2=32.04m^3$		
			$0.88\times3\times1.05\times2-0.4\times0.4\times0.5\times0.88\times3+0.88\times3\times4\times0.5=10.61m^3$		
			$\Sigma=328.4+18.75+32.04+10.61$	m^3	389.8
		D3.9	其他		
13	040506017001	不锈钢栏杆		t	0.085
			工程量计算规则：以设计图尺寸以延长米计算		
			$(46.25m+36.75m)\times2+12.5m\times4\times2+11.64m\times4+5.5m\times4+0.9m\times4+\sqrt{27^2+3.75^2}m\times4+2.8m$	m	364.78
14	040506018001	玻璃钢盖板		m^2	4.61
			工程量计算规则以设计图示尺寸以平方米计算		
			$1.2\times3.84=4.61m^2$	m^2	4.61
		D7.1	钢筋工程		
15	040701001001	预埋铁件		kg	463
			工程量计算规则以设计图示以千克计算		
		1. 单件重≤30kg		kg	271.45
			$M_1(0.4\times0.4\times94.2+0.3\times12\times1.208)\times3=19.42kg$		
			$M_2(0.4\times0.2\times94.2+0.3\times6\times1.208)\times6=46.52kg$		
			$M_3(0.3\times0.2\times94.2+0.3\times4+1.208)\times6=42.61kg$		
			$M_4(0.2\times0.2\times94.2+0.3\times4\times1.208)\times12=62.61kg$		
			$M_5(1.1\times0.2\times94.2+0.3\times12\times1.208)\times4=100.29kg$		
		Σ	19.42kg+46.52kg+42.61kg+62.61kg+100.29kg=271.45kg		
		2. 单件重>30kg	$M_6(1.1\times0.4\times94.2+0.3\times18\times1.208)\times4=191.88kg$	kg	191.88
		Σ	192kg+271.45kg=463kg		
16	040701001003	预埋防水钢套管		kg	494
			1. ϕ530 工程量计算规则同上		
			(41.64+19.6)×4=245kg		
			2. ϕ1800(78.3+60.2)×1×1.8=249kg		
			Σ=245kg+249kg=494kg	kg	494
17	040701002001	非预应力钢筋		t	69.98
		1. 底板钢筋		t	15.798
		2. 井壁钢筋		t	30.428
		3. 隔墙钢筋		t	15.20
		4. 挡水板钢筋	见钢筋表	t	6.022
		5. 矩形梁钢筋		t	0.497
		6. 异形梁钢筋		t	0.353
		7. 模板钢筋		t	1.19
		8. 立柱钢筋		t	0.494
			Σ=15.798t+30.428t+15.20t+6.022t+0.497t+0.353t+1.19t+0.494t=69.98t		

(2) 措施项目(二)清单计算方法(表 7-102)

措施项目(二)清单计算方法　　表 7-102

清单序号	项次包括项目编码	项目名称及说明	计算公式及说明	计量单位	计算结果
			措施项目(二)		
5			5 市政工程		
5.1	0501	大型机械设备进出场及安拆		项	1
		1. $1m^3$ 单斗挖掘机进出场	1	台·次	1
		2. 1.8t 轨道式柴油打桩机场外运输	1	架·次	1
		3. 组装、拆卸 1.8t 柴油打桩机	1	台·次	1
		4. 25t 以内履带起重机场外运输	1	台·次	1
5.2	0502	混凝土、钢筋混凝土模板		m^2	1734.01
			工程量计算规则：上海市市政工程预算定额(2000)541 页第四条模板工程量按混凝土与模板的接触面积以平方米计，现浇钢筋混凝土墙、板上单孔面积≤$0.3m^2$ 的孔洞，不排除其所占的体积，洞孔侧壁模板也不增加单孔面积>$0.3m^2$ 的孔洞应扣其所占的体积洞孔侧壁模板按接触面积并入墙板工程量		
		1. 底板模板	(15.2m+11m)×2 侧×0.6m+[(10m+9.2m)÷2m×2m+(8.4m+7.6m)÷2m×3m+(2m+1.2m)÷2m×2m+(2.08m+1.68m)÷2m×2m+0.88m×3m]×0.4m×2m=$61.25m^2$	m^2	61.25
		2. 井壁模板		m^2	714.3
		1) 井壁模板外	(13.4m+9.4m)×2×8.6m=$392.16m^2$		
		2) 井壁模板内	[(7.6+9.2+1.2)×2m+0.4×2×4m]×8.4m+0.2m×3.64m=$322.14m^2$		
			Σ=$392.16m^2$+$322.14m^2$=$714.3m^2$		
		3. 预留孔模板	1.8m×π×0.5m=$2.83m^2$	m^2	2.83
		4. 砖砌封门及拆除	(0.92+0.2652×4)m×π×0.5m=$1.71m^3$	m^3	1.71
		5. 隔墙模板	(7.6+0.4×2×2)m×2m×8.4m=$165.69m^2$	m^2	165.69
		6. 预留孔模板	0.8×π×0.4×3=$3.02m^2$	m^2	3.02
		7. 挡水板模板	(3.6×8+0.5×π+0.3×2)m×8.4m=$260.15m^2$	m^2	260.15
		8. 矩形梁模板	(0.3×3×8.4−0.3×0.2×2)m+(0.3×3×5.3×4−0.15×0.25×2+0.2×4.3×2)m+(0.35+0.25+0.15)m×3.64m=$30.9m^2$	m^2	30.9
		9. 异形梁模板	(2.6+0.5+0.3)m×8.4m×2m=$23.52m^2$	m^2	23.52
		10. 顶板模板	(0.7+3.6)m×3.4m+5.3m×2.38m×2m+0.7m×3.64m+0.5m×0.88m×3−0.4m×0.4m×0.5m×8m=$64.58m^2$	m^2	64.58
		11. 立柱模板	0.4×0.4×3.55×2=$11.36m^2$	m^2	11.36
		12. 浆砌毛石模板	(2.2×2.08−0.4×0.4×0.5)m×2m=$8.99m^2$	m^2	394.97
			2.1m×0.6m×0.5m×3m×2m=$3.78m^2$		
			(15+11)m×2m×7.35m=$382.2m^2$		
			Σ=$8.99m^2$+$3.78m^2$+$382.2m^2$=$394.97m^2$		
5.3	0503	脚手架		m^2	704.48
			工程量计算规则第 1.1.7 条 1. 结构高度大于 1.8m 且小于 3.6m 时采用简易脚手架；2. 脚手架面积按长度乘以高度的垂直投影面积计算。长度一般以结构中心长度计算。独立柱长度按外围周长+3.6m 计算；3. 挡水板脚手架按其水平投影面积乘以顶高计算		
		1. 井壁脚手架	(8.9m+12.9m)×2 侧×9.3m=$405.48m^2$	m^2	405.48
		2. 隔墙脚手架	8.4m×8.4m×2 侧=$141.12m^2$	m^2	141.12
		3. 挡水板脚手架	3.6m×8.4m×4 侧=$120.96m^2$	m^2	120.96
		4. 立柱脚手架	(0.4m×4 面+3.6m)×3.55m×2 个=$36.92m^2$	m^2	36.92
			Σ=$405.48m^2$+$141.12m^2$+$120.96m^2$=$667.56m^2$		

续表

清单序号	项次包括项目编码	项目名称及说明	计算公式及说明	计量单位	计算结果
5.4	0504	施工排水降水		项	1
			工程量计算规则第1.5.1条每套井点设备规定：1. 各类井点使用条件：开挖深度在6m以内采用轻型井点，当开挖深度在6m以上时则采用喷射井点《交底培训讲义》第34页；2. 喷射特点：井管间距为2.5m，相应总管75m及排水设施第1.5.2条井点使用定额单位为套·d，累计尾数不足一套者计作一套，一天按24h计算。第1.5.3条井点布置：泵站沉井（顶管沉井按沉井外壁直径加4m作环状布置）；第1.5.4条井点使用周期：泵站沉井内径≤15m为50套·d，当内径>15m时为55d，套数按实际长度计算；矩形沉井按等圆面积计算		
		1. 喷射井点安装	(1.5+19.2)×2÷2.5=28根	根	28
		2. 喷射井点拆除	同上	根	28
		3. 喷射井点使用	50套·d	套·d	50
		4. 湿土排水	15m×19m×(1.71m−1.0m)=202.36m^3	m^3	202.36
		5. 筑拆竹箩滤井	2座	座	2
5.7	0507	施工现场围栏		m·d	1949.2
			工程量计算规则第1.1.6条施工路拦长度应根据施工现场实际需要设置移动路拦，使用天数按施工合同计算		
			[(15m+5m)+(19.2m+5m)]×2边×221d	m·d	1949.2
5.8	0508	现场施工便道		m^2	342
			工程量计算规则第1.4.1条　1. 泵站工程按沉井基坑顶坡周长计算；2. 便道宽度的规定：泵站为5m；3. 便道结构的规定：定额中便道按20cm原道渣铺筑规定，当实际结构不同时允许调整《交底培训讲义》 (1.5m+19.2m)×2侧×5m	m^2	342
5.14	临-001	堆料场地		m^2	250
			工程量计算规则第1.4.3条1. 堆场地一般规定：沉井内径$D\geqslant$20m或矩形面积$S\geqslant$300m^2的泵站，隧道及污水处理厂为1000m^2；2. 沉井内径$D<$20m或矩形面积$S<$300m^2的泵站为500m^2；3. 堆料面积的其他规定：1. 当现场有可利用的场地时，堆料场地面积应该排除该部分的面积；2. 当单位工程主体采用商品混凝土时，堆料场地面积按上述规定的50%计算；3. 排水管道与泵站由同一企业同时施工时，堆场面积按两者之和的80%记取		
			S=11×15.2=167.2m^2		
			则$S<$300m^2为500m^2采用商品混凝土为50%	m^2	250

4. 单位工程费用汇总表(表7-103)

单位工程费用汇总表……投表4　　**表7-103**

清单序号	项目名称	金额(元)	清单序号	项目名称	金额(元)
1	分部分项工程量清单计价合计	1157944	4	规费	2579
2	措施项目清单计价合计	324528	5	税金	50640
3	其他项目清单计价合计		6	总计	1535691

5. 分部分项工程量、措施项目清单计价表(综合单价)

(1) 分部分项工程量清单计价表(表7-104)

分部分项工程量清单计价表……投表 5　　**表 7-104**

清单序号	项目编码	项目名称	计量单位	数量	综合单价
1	040101003	挖基坑土方	m^3	1546.6	328.15
2	040103001001	填土方	m^3	377.79	73.97
3	040103001001	余土、旧料弃置	m^3	1134.87	41.30
4	040103002001	现浇混凝土井壁	m^3	188.56	387.00
5	040103002002	现浇混凝土隔墙	m^3	29.39	388.56
6	040506008	现浇混凝土池底	m^3	103.60	441.98
7	040506007	现浇混凝土矩形梁	m^3	2.75	400.23
8	040506010001	现浇混凝土异形梁	m^3	3.36	398.07
9	040506010002	现浇混凝土顶板	m^3	13.65	390.58
10	040506012001	现浇混凝土矩形柱	m^3	1.14	417.85
11	040506009001	其他现浇混凝土(挡水板)	m^3	49.74	394.73
12	040506018001	其他现浇混凝土浆砌毛石混凝土	m^3	389.80	255.17
13	040506018002	金属栏杆	t	0.09	3581.50
14	040309001	玻璃钢盖板	m^2	4.61	297.36
15	040309002	预埋铁件	t	0.46	6715.13
16	040701001	预埋防水钢套管	t	0.49	5536.67
17	040701002	非预应力钢筋	t	69.98	4438.89

(2) 措施项目(二)清单计价表(表 7-105)

措施项目(二)清单计价(综合单价)……投表 6　　**表 7-105**

清单序号	项目编码	项目名称	计量单位	数量	综合单价
		措施项目(二)			
5		5. 市政工程			
5.1	0501	大型机械设备进出场及安拆	项	1	17888.38
5.2	0502	混凝土、钢筋混凝土模板及支架	m^2	1734.01	49.56
5.3	0503	脚手架	m^2	704.56	10.91
5.4	0504	施工排水、降水	项	1	186565.69
5.7	0507	现场施工围栏	m·d	19492	0.32
5.8	0508	便道	m^2	342	42.57
5.14	临-001	堆料场地	m^2	250	40.03

6. 分部分项工程量清单计价分析表(表 7-106)

分部分项工程量清单计价分析表……投表 10　　**表 7-106**

工程名称：进水泵房下部结构-清单

编制单位：

编号	名称	单位	综合单价 工料单价	工程量	人工费	材料费	机械费	周材 运输费	管理费	安全防 护、文明	规费	税金	合计	总计
1	2	3	4	5	6	7	8	9	10	11	12	13	14	15
			4=14/5										6～11	6～13
040301003001	挖基坑土方	m^3	328.13	1546.6							883.03	17335.52	507490	525708

续表

	编 号	名 称	单位	综合单价工料单价	工程量	人工费	材料费	机械费	周材运输费	管理费	安全防护、文明	规 费	税 金	合 计	总 计
	1	2	3	4	5	6	7	8	9	10	11	12	13	14	15
				4=14/5										6～11	6～13
1	S6-1-5	基坑有支护挖土(深≤6m)	m³	5.89	1341.60	2635.24		5261.37	39.48	952.33	142.85	15.71	308.50	9031	9355
2	S6-1-5 系	基坑有支护挖土(深≤7m)	m³	6.95	223.60	518.26		1034.74	7.77	187.29	28.09	3.09	60.67	1776	1840
3	S6-1-5 系	基坑有支护挖土(深≤8m)	m³	8.20	223.60	611.55		1220.99	9.16	221.00	33.15	3.65	71.59	2096	2171
4	S6-1-5 系	基坑有支护挖土(深≤9m)	m³	9.67	223.60	721.62		1440.74	10.81	260.78	39.12	4.30	84.48	2473	2562
5	S6-1-5 系	基坑有支护挖土(深≤10m)	m³	11.41	11.18	42.58		85.01	0.64	15.39	2.31	0.25	4.98	146	151
6	S1-1-36	土方场内运输(运土 1km 以内)	m³	9.10	505.90	539.54		4064.57	23.02	555.26	83.29	9.16	179.87	5266	5455
7	S5-1-17	打沟槽拉森钢板桩(长 12.01～16.00m,单面)	m	612.85	68.00	8423.90	18958.76	14536.54	209.60	5055.46	758.32	83.42	1637.69	47943	49664
8	S5-1-22	拔沟槽拉森钢板桩(长 12.01～16.00m,单面)	m	350.99	68.00	6039.94	1107.12	16860.83	120.04	2895.35	434.30	47.78	937.93	27458	28443
9	S7-4-31	安装大型支撑(宽>15m)	t	606.92	99.22	8601.61	23132.63	28484.69	301.09	7262.40	1089.36	119.84	2352.61	68872	71344
10	S7-4-32	拆除大型支撑(宽>15m)	t	322.79	99.22	8103.79	2506.05	21417.23	160.14	3862.46	579.37	63.73	1251.22	36629	37944
11	CSM5-1-4	拉森钢板桩使用费	t·d	7.50	25830.00		193725.00		968.63	23363.24	3504.49	385.52	7568.39	221561	229515
12	CSM7-4-1	大型支撑使用费	t·d	8.25	8928.00		73656.00		368.28	8882.91	1332.44	146.58	2877.57	84240	87264
	040103001001	基坑回填土	m³	73.97	377.79							48.63	954.64	27947	28950
13	S6-1-10	基坑回填土	m³	10.39	1108.72	10425.02		1096.60	57.61	1389.51	208.43	22.93	450.12	13177	13650
14	S1-1-37	土方场内运输(装运土 1km 以内)	m³	11.65	1108.72	1466.84		11447.19	64.57	1557.43	233.61	25.70	504.52	14770	15300
	040103002001	土方场外运输	m³	41.30	1134.87							81.56	1601.11	46872	48554
15	ZSM19-1-1	土方场外运输	m³	27.50	1497.74			41187.85	0.00	4942.54	741.38	81.56	1601.11	46872	48554
	040506008001	井壁商品混凝土	m³	387.00	188.56							126.97	2492.68	72972	75592
16	S6-2-19	井壁商品混凝土 泵送商品混凝土(5～40mm)C25	m³	311.24	188.56	1629.16	56818.66	239.56	293.44	7077.70	1061.65	116.79	2292.78	67120	69530

续表

编　号	名　　称	单位	综合单价 工料单价	工程量	人工费	材料费	机械费	周材 运输费	管理费	安全防 护、文明	规　费	税　金	合　计	总　计
1	2	3	4	5	6	7	8	9	10	11	12	13	14	15
			4=14/5										6～11	6～13
17　S1-1-30	商品混凝土泵车输送	m^3	26.73	191.39		51.67	5065.06	25.58	617.08	92.56	10.18	199.90	5852	6062
040506008002	隔墙商品混凝土	m^3	388.56	29.39							19.87	390.09	11420	11830
18　S6-2-10	隔墙商品混凝土　泵送商品混凝土(5～40mm)C25	m^3	312.61	29.39	279.32	8870.92	37.34	45.94	1108.02	166.20	18.28	358.94	10508	10885
19　S1-1-30	商品混凝土泵车输送	m^3	26.73	29.83		8.05	789.47	3.99	96.18	14.43	1.59	31.16	912	945
040506007001	底板商品混凝土	m^3	441.98	103.60							79.67	1564.12	45789	47433
20　S6-3-2换	池底混凝土垫层　现浇混凝土（5～40mm)C10	m^3	306.33	16.91	1720.76	2660.18	799.15	25.90	624.72	93.71	10.31	202.37	5924	6137
21　S6-2-30	底板商品混凝土　泵送商品混凝土(5～40mm)C25	m^3	309.31	103.60	627.27	31165.33	252.28	160.22	3864.61	579.69	63.77	1251.92	36649	37965
22　S1-1-30	商品混凝土泵车输送	m^3	26.73	105.15		28.39	2782.88	14.06	339.04	50.86	5.59	109.83	3215	3331
040506007001	矩形梁商品混凝土	m^3	400.23	2.75							1.92	37.60	1101	1140
23　S6-2-50	矩形梁商品混凝土　泵送商品混凝土(5～40mm)C25	m^3	322.81	2.75	50.72	833.00	4.02	4.44	107.06	16.06	1.77	34.68	1015	1052
24　S1-1-30	商品混凝土泵车输送	m^3	26.73	2.79		0.75	73.87	0.37	9.00	1.35	0.15	2.92	85	88
040506007002	异形梁商品混凝土	m^3	398.07	3.36							2.33	45.69	1338	1386
25　S6-2-54	异形梁商品混凝土　泵送商品混凝土(5～40mm)C25	m^3	320.92	3.36	56.09	1017.29	4.91	5.39	130.04	19.51	2.15	42.13	1233	1278
26　S1-1-30	商品混凝土泵车输送	m^3	26.73	3.41		0.92	90.26	0.46	11.00	1.65	0.18	3.56	104	108

续表

编号		名称	单位	综合单价 工料单价	工程量	人工费	材料费	机械费	周材 运输费	管理费	安全防 护、文明	规费	税金	合计	总计
1		2	3	4	5	6	7	8	9	10	11	12	13	14	15
				4=14/5										6～11	6～13
040506012001		顶板商品混凝土	m^3	390.58	13.65							9.28	182.12	5331	5523
27	S6-2-34	平台商品混凝土　泵送商品混凝土(5～40mm)C25	m^3	314.37	13.65	101.58	4161.65	27.95	21.46	517.52	77.63	8.54	167.65	4908	5084
28	S1-1-30	商品混凝土泵车输送	m^3	26.73	13.85		3.74	366.66	1.85	44.67	6.70	0.74	14.47	424	439
040506009001		矩形柱商品混凝土	m^3	417.85	1.14							0.83	16.27	476	493
29	S6-3-20换	混凝土矩形柱商品　泵送商品混凝土(5～40mm)C25	m^3	338.22	1.14	40.31	343.81	1.45	1.93	46.50	6.97	0.77	15.06	441	457
30	S1-1-30	商品混凝土泵车输送	m^3	26.73	1.16		0.31	30.62	0.15	3.73	0.56	0.06	1.21	35	37
040506018001		挡水板商品混凝土	m^3	394.73	49.74							34.16	670.68	19634	20339
31	S6-2-46	挡水板商品混凝土　泵送商品混凝土(5～40mm)C25	m^3	318.00	49.74	612.06	15142.19	63.19	79.09	1907.58	286.14	31.48	617.95	18090	18740
32	S1-1-30	商品混凝土泵车输送	m^3	26.73	50.49		13.63	1336.11	6.75	162.78	24.42	2.69	52.73	1544	1599
040506018002		浆砌毛石混凝土	m^3	255.17	389.80							173.07	3397.61	99464	103034
33	S4-6-3	基础嵌石混凝土　现浇混凝土(5～40mm)C15	m^3	223.11	389.80	14033.24	66125.00	6809.15	434.84	10488.27	1573.24	173.07	3397.61	99464	103034
040309001001		不锈钢栏杆	t	3581.50	0.085							0.53	10.40	304	315
34	S4-8-47换	安装不锈钢钢管栏杆	t	3131.54	0.085	73.74	158.66	33.78	1.33	32.10	4.82	0.53	10.40	304	315
040309001002		玻璃钢盖板	m^2	297.36	4.61							2.39	46.83	1371	1420
35	市场价	玻璃钢盖板	m^2	260.00	4.61		1198.60		5.99	144.55	21.68	2.39	46.83	1371	1420
040701001001		预埋铁件	kg	6.72	463							5.37	105.52	3089	3200
36	S1-1-25	预埋铁件(单件重≤30kg)	t	6561.53	0.27	336.19	1329.78	113.52	8.90	214.61	32.19	3.54	69.52	2035	2108
37	S1-1-26	预埋铁件(单件重>30kg)	t	4801.88	0.19	77.86	777.02	66.50	4.61	111.12	16.67	1.83	36.00	1054	1092

续表

编号		名称	单位	综合单价 工料单价	工程量	人工费	材料费	机械费	周材 运输费	管理费	安全防 护、文明	规费	税金	合计	总计
1		2	3	4	5	6	7	8	9	10	11	12	13	14	15
				4=14/5										6～11	6～13
	040701001002	预埋防水钢套管	t	5536.67	0.49							4.72	92.67	2713	2810
38	S1-1-26	预埋防水钢套管	t	4801.88	0.49	200.45	2000.46	171.21	11.86	286.08	42.91	4.72	92.67	2713	2810
	040701002001	钢筋	t	4438.89	69.98							540.50	10611.03	310633	321785
39	S6-2-32	底板钢筋	t	3809.30	15.80	4868.06	51418.33	3892.99	300.90	7257.63	1088.64	119.76	2351.07	68827	71297
40	S6-2-21	井壁钢筋	t	3864.61	30.43	10073.51	99261.05	8257.85	587.96	14181.64	2127.25	234.01	4594.06	134489	139317
41	S6-2-12	隔墙钢筋	t	3957.25	15.20	5436.88	49064.49	5648.87	300.75	7254.12	1088.12	119.70	2349.93	68793	71263
42	S6-2-48	挡水板钢筋	t	3962.68	6.02	2831.27	19977.85	1054.12	119.32	2877.91	431.69	47.49	932.28	27292	28272
43	S6-2-52	矩形梁钢筋	t	3902.54	0.50	194.66	1627.44	117.47	9.70	233.91	35.09	3.86	75.77	2218	2298
44	S6-2-56	异形梁钢筋	t	3892.18	0.35	153.60	1155.82	64.52	6.87	165.70	24.85	2.73	53.68	1571	1628
45	S6-2-36	顶板钢筋	t	3843.48	1.19	444.09	3893.44	236.22	22.87	551.59	82.74	9.10	178.69	5231	5419
46	S6-3-22	矩形柱钢筋	t	3914.49	0.49	191.26	1613.47	129.03	9.67	233.21	34.98	3.85	75.55	2212	2291
	0501	施工措施—大型机械设备进出场及安拆										31.13	611.05	17888	18531
47	ZSM21-2-4	$1m^3$ 以内单斗挖掘机场外运输费	台·次	2734.00	1.00			2734.00	13.67	329.72	49.46	5.44	106.81	3127	3239
48	S4-1-19	组拆轨道式柴油打桩机(锤重≤1.8t)	架·次	4513.93	1.00	762.92		3751.01	22.57	544.38	81.66	8.98	176.35	5163	5348
49	ZSM21-2-12	3.5t 以内柴油打桩机场外运输费	台·次	3229.00	1.00			3229.00	16.15	389.42	58.41	6.43	126.15	3693	3826
50	ZSM21-2-19	履带式起重机(25t 以内)场外运输费	台·次	5164.00	1.00			5164.00	25.82	622.78	93.42	10.28	201.75	5906	6118
	0502	施工措施—混凝土、钢筋混凝土模板及支架	m^2	49.56	1734.01							144.37	2834.33	82974	85953
51	S6-2-31	底板模板	m^2	40.59	61.25	843.83	529.38	1113.15	12.43	299.86	44.98	4.95	97.14	2844	2946
52	S6-2-20	井壁模板	m^2	46.14	714.30	9857.61	9393.56	13707.95	164.80	3974.87	596.23	65.59	1287.64	37695	39048
53	S6-2-22	井壁预留孔模板	m^2	48.02	2.83	43.47	37.43	55.01	0.68	16.39	2.46	0.27	5.31	155	161
54	S6-2-23	井壁预留孔封堵及拆除混合砂浆 M7.5	m^3	577.88	1.71	395.20	457.91	135.06	4.94	119.17	17.88	1.97	38.61	1130	1171

续表

	编　号	名　　称	单位	综合单价 工料单价	工程量	人工费	材料费	机械费	周材 运输费	管理费	安全防 护、文明	规　费	税　金	合　计	总　计
	1	2	3	4	5	6	7	8	9	10	11	12	13	14	15
				4＝14/5										6～11	6～13
55	S6-2-11	隔墙模板	m^2	47.46	165.69	2458.26	2220.94	3185.16	39.32	948.44	142.27	15.65	307.24	8994	9317
56	S6-2-22	隔墙预留孔模板	m^2	48.02	3.02	46.39	39.94	58.70	0.73	17.49	2.62	0.29	5.67	166	172
57	S6-2-47	挡水板模板	m^2	44.34	260.15	3351.35	3276.39	4907.75	57.68	1391.18	208.68	22.96	450.66	13193	13667
58	S6-2-51	矩形梁模板	m^2	46.10	30.90	510.80	292.07	621.72	7.12	171.81	25.77	2.83	55.66	1629	1688
59	S6-2-55	异形梁模板	m^2	47.80	23.52	434.45	252.95	436.91	5.62	135.59	20.34	2.24	43.92	1286	1332
60	S6-2-35	平台模板	m^2	49.88	64.58	1186.56	622.38	1412.56	16.11	388.51	58.28	6.41	125.86	3684	3817
61	S6-3-21	矩形柱模板	m^2	28.41	11.36	162.45	90.13	70.13	1.61	38.92	5.84	0.64	12.61	369	382
62	S6-3-80	毛石混凝土模板	m^2	26.18	394.97	5236.12	3326.96	1778.67	51.71	1247.22	187.08	20.58	404.03	11828	12252
	0503	施工措施—脚手架	m^2	10.91	704.56							12.91	253.48	7420	7687
63	S1-1-16	井壁脚手架(高≤10m)	m^2	9.53	405.48	1571.03	2022.42	271.71	19.33	466.14	69.92	7.69	151.00	4421	4579
64	S1-1-16	隔墙脚手架(高≤10m)	m^2	9.53	141.20	547.08	704.26	94.62	6.73	162.32	24.35	2.68	52.58	1539	1595
65	S1-1-16	挡水板脚手架(高≤10m)	m^2	9.53	120.96	468.66	603.31	81.06	5.77	139.06	20.86	2.29	45.05	1319	1366
66	S1-1-18	简易脚手架	m^2	3.36	36.92	62.93	56.82	4.30	0.62	14.96	2.24	0.25	4.85	142	147
	0504	施工措施—施工排水、降水										324.62	6372.96	186566	193263
67	S1-5-7	喷射井点安装(15m)	根	1361.08	28.00	4879.98	3909.60	9320.60	190.55	4596.09	689.41	75.84	1488.88	43586	45151
68	S1-5-8	喷射井点拆除(15m)	根	244.88	28.00	1848.42	745.39	4262.95	34.28	826.93	124.04	13.65	267.88	7842	8124
69	S1-5-9	喷射井点使用(15m)	套·d	2322.58	50.00	10125.00	8237.45	87766.50	580.64	14005.15	2100.77	231.10	4536.89	132816	137584
70	S1-1-9	湿土排水	m^3	9.63	202.36	428.90		1520.37	9.75	235.08	35.26	3.88	76.15	2229	2309
71	S1-1-11	筑拆竹箩滤井	座	40.47	2.00	18.89	62.05		0.40	9.76	1.46	0.16	3.16	93	96
	0507	施工措施—施工现场围栏	m·d	0.32	9492.00							10.37	203.66	5962	6176
72	S1-1-15	移动式施工路栏	100 m·d	26.74	194.92	765.09	3311.99	1135.80	26.06	628.67	94.30	10.37	203.66	5962	6176
	0508	施工措施—施工便道	m^2	42.57	342.00							24.46	480.16	14056	14561
73	S1-4-19	铺筑施工便道	m^2	35.94	342.00	6867.79	5168.00	254.58	61.45	1482.22	222.33	24.46	480.16	14056	14561
	临-001	施工措施—堆料场地	m^2	40.03	250.00							16.81	330.00	9661	10008
74	S1-4-20	堆料场地现浇混凝土(5～20mm)C15	m^2	33.79	250.00	3678.75	4526.09	242.16	42.24	1018.71	152.81	16.81	330.00	9661	10008

7. 施工图预算书(表 7-107)

施工图预算书　　表 7-107

工程名称：进水泵房下部结构-预算

编制单位：

序号	定额编号	名　称	单位	单价	工程量	合价
		下部结构				1535691
1	S6-1-5	基坑有支护挖土(深≤6m)	m^3	5.89	1341.60	7897
2	S6-1-5 系	基坑有支护挖土(深≤7m)	m^3	6.95	223.60	1553
3	S6-1-5 系	基坑有支护挖土(深≤8m)	m^3	8.20	223.60	1833
4	S6-1-5 系	基坑有支护挖土(深≤9m)	m^3	9.67	223.60	2162
5	S6-1-5 系	基坑有支护挖土(深≤10m)	m^3	11.41	11.18	128
6	S1-1-36	土方场内运输(运土 1km 以内)	m^3	9.10	505.90	4604
7	S1-1-9	湿土排水	m^3	9.63	202.36	1949
8	S1-1-11	筑拆竹箩滤井	座	40.47	2.00	81
9	S5-1-17	打沟槽拉森钢板桩(长 12.01～16.00m，单面)	100m	61285.40	0.68	41919
10	S5-1-22	拔沟槽拉森钢板桩(长 12.01～16.00m，单面)	100m	35099.24	0.68	24008
11	S7-4-31	安装大型支撑(宽＞15m)	t	606.92	99.22	60219
12	S7-4-32	拆除大型支撑(宽＞15m)	t	322.79	99.22	32027
13	CSM5-1-4	拉森钢板桩使用费	t·d	7.50	25830.00	193725
14	CSM7-4-1	大型支撑使用费	t·d	8.25	8928.00	73656
15	S6-1-10	基坑回填土	m^3	10.39	1108.72	11522
16	S1-1-37	土方场内运输(装运土 1km 以内)	m^3	11.65	1108.72	12914
17	ZSM19-1-1	土方场外运输	m^3	27.50	1497.74	41188
18	S1-1-16	井壁脚手架(高≤10m)	m^2	9.53	405.48	3865
19	S1-1-16	隔墙脚手架(高≤10m)	m^2	9.53	141.20	1346
20	S6-2-19	井壁商品混凝土　泵送商品混凝土(5～40mm)C25	m^3	311.24	188.56	58687
21	S6-2-21	井壁钢筋	t	3864.61	30.43	117592
22	S6-2-20	井壁模板	m^2	46.14	714.30	32959
23	S6-2-22	井壁预留孔模板	m^2	48.02	2.83	136
24	S6-2-23	井壁预留孔封堵及拆除混合砂浆 M7.5	m^3	577.88	1.71	988
25	S6-2-10	隔墙商品混凝土　泵送商品混凝土(5～40mm)C25	m^3	312.61	29.39	9188
26	S6-2-12	隔墙钢筋	t	3957.25	15.20	60150
27	S6-2-11	隔墙模板	m^2	47.46	165.69	7864
28	S6-2-22	隔墙预留孔模板	m^2	48.02	3.02	145
29	S6-3-2 换	池底混凝土垫层　现浇混凝土(5～40mm)C10	m^3	306.33	16.91	5180
30	S6-2-32	底板钢筋	t	3809.30	15.80	60179
31	S6-2-31	底板模板	m^2	40.59	61.25	2486
32	S6-2-30	底板商品混凝土　泵送商品混凝土(5～40mm)C25	m^3	309.31	103.60	32045
33	S1-1-16	挡水板脚手架(高≤10m)	m^2	9.53	120.96	1153
34	S6-2-46	挡水板商品混凝土　泵送商品混凝土(5～40mm)C25	m^3	318.00	49.74	15817
35	S6-2-48	挡水板钢筋	t	3962.68	6.02	23863
36	S6-2-47	挡水板模板	m^2	44.34	260.15	11535
37	S6-2-50	矩形梁商品混凝土　泵送商品混凝土(5～40mm)C25	m^3	322.81	2.75	888
38	S6-2-52	矩形梁钢筋	t	3902.54	0.50	1940
39	S6-2-51	矩形梁模板	m^2	46.10	30.90	1425
40	S6-2-54	异形梁商品混凝土　泵送商品混凝土(5～40mm)C25	m^3	320.92	3.36	1078

续表

序号	定额编号	名　称	单　位	单　价	工程量	合　价
41	S6-2-56	异形梁钢筋	t	3892.18	0.35	1374
42	S6-2-55	异形梁模板	m^2	47.80	23.52	1124
43	S6-2-34	平台商品混凝土　泵送商品混凝土(5～40mm)C25	m^3	314.37	13.65	4291
44	S6-2-36	顶板钢筋	t	3843.48	1.19	4574
45	S6-2-35	平台模板	m^2	49.88	64.58	3221
46	S6-3-20 换	混凝土矩形柱商品　泵送商品混凝土(5～40mm)C25	m^3	338.22	1.14	386
47	S6-3-22	矩形柱钢筋	t	3914.49	0.49	1934
48	S6-3-21	矩形柱模板	m^2	28.41	11.36	323
49	S1-1-30	商品混凝土泵车输送	m^3	26.73	398.07	10642
50	S4-6-3	基础嵌石混凝土　现浇混凝土(5～40mm)C15	m^3	223.11	389.80	86967
51	S6-3-80	毛石混凝土模板	m^2	26.18	394.97	10342
52	S4-8-47 换	安装不锈钢钢管栏杆	t	3131.54	0.09	266
53	市场价	玻璃钢盖板	m^2	260.00	4.61	1199
54	S1-1-25	预埋铁件(单件重≤30kg)	t	6561.53	0.27	1779
55	S1-1-26	预埋铁件(单件重>30kg)	t	4801.88	0.19	921
56	S1-1-26	预埋防水钢套管	t	4801.88	0.49	2372
57	ZSM21-2-4	$1m^3$ 以内单斗挖掘机场外运输费	台·次	2734.00	1.00	2734
58	S4-1-19	组拆轨道式柴油打桩机(锤重≤1.8t)	架·次	4513.93	1.00	4514
59	ZSM21-2-12	3.5t 以内柴油打桩机场外运输费	台·次	3229.00	1.00	3229
60	ZSM21-2-19	履带式起重机(25t 以内)场外运输费	台·次	5164.00	1.00	5164
61	S1-1-18	简易脚手架	m^2	3.36	36.92	124
62	S1-5-7	喷射井点安装(15m)	根	1361.08	28.00	38110
63	S1-5-8	喷射井点拆除(15m)	根	244.88	28.00	6857
64	S1-5-9	喷射井点使用(15m)	套·d	2322.58	50.00	116129
65	S1-1-15	移动式施工路栏	100m·d	26.74	194.92	5213
66	S1-4-19	铺筑施工便道	m^2	35.94	342.00	12290
67	S1-4-20	堆料场地　现浇混凝土(5～20mm)C15	m^2	33.79	250.00	8447

8. 施工图预算费用表(表 7-108)

施工图预算费用表　　**表 7-108**

1	定额直接费	直接费合计	1255235
2	大型周材运输费	[1]×0.5%	6276
3	土方泥浆外运费	土方泥浆外运费	41188
4	直接费	[1]+[2]+[3]	1302699
5	综合费	[4]×11%	143297
6	安全防护、文明	[4]×2.8%	36476
7	施工措施费	施工措施费	
8	其他费用	([4]+[5]+[6]+[7])×(0.074%+0.1%)	2579
9	税前补差	税前补差	
10	税金	([4]+[5]+[6]+[7]+[8]+[9])×3.41%	50640
11	甲供材料	甲供材料	
12	税后补差	税后补差	
13	总造价	[4]+[5]+[6]+[7]+[8]+[9]+[10]+[11]+[12]	1535691

9. 工程综合实体单价分析表［项目编码暨子目编号顺序对应编列］

(1) 分部分项工程项目清单(表 7-109)

分部分项工程项目清单 **表 7-109**

序号	项目编码	项目名称	计量单位	数量	综合单价 工料单价	预算顺序号
1	040101003	挖基坑土方	m^3	1546.6	328.13	
	S6-1-5	基坑有支护挖土(深≤6m)	m^3	1341.60	5.89	1
	S6-1-5 系	基坑有支护挖土(深≤7m)	m^3	223.60	6.95	2
	S6-1-5 系	基坑有支护挖土(深≤8m)	m^3	223.60	8.20	3
	S6-1-5 系	基坑有支护挖土(深≤9m)	m^3	223.60	9.67	4
	S6-1-5 系	基坑有支护挖土(深≤10m)	m^3	11.18	11.41	5
	S1-1-36	土方场内运输(运土 1km 以内)	m^3	505.90	9.10	6
	S5-1-17	打沟槽拉森钢板桩(长 12.01～16.00m，单面)	m	68.40	612.85	9
	S5-1-22	拔沟槽拉森钢板桩(长 12.01～16.00m，单面)	m	68.40	350.99	10
	S7-4-31	安装大型支撑(宽＞15m)	t	99.22	606.92	11
	S7-4-32	拆除大型支撑(宽＞15m)	t	99.22	322.79	12
	CSM5-1-4	拉森钢板桩使用费	t·d	25830.00	7.50	13
	CSM7-4-1	大型支撑使用费	t·d	8930.00	8.25	14
2	040103001001	填土方	m^3	377.79	73.97	
	S6-1-10	基坑回填土	m^3	1108.72	10.39	15
	S1-1-37	土方场内运输(装运土 1km 以内)	m^3	1108.72	11.65	16
3	040103002	余土、旧料弃置	m^3	1134.87	41.30	
	ZSM19-1-1	土方场外运输	m^3	1497.74	27.50	17
4	040506008001	现浇混凝土井壁	m^3	188.56	387.00	
	S6-2-19	井壁商品混凝土　泵送商品混凝土(5～40mm)C25	m^3	188.56	311.24	20.24
	S1-1-30	商品混凝土泵车输送	m^3	191.39	26.73	49
5	040506008002	现浇混凝土隔墙	m^3	29.39	388.56	
	S6-2-10	隔墙商品混凝土　泵送商品混凝土(5～40mm)C25	m^3	29.39	312.61	25
	S1-1-30	商品混凝土泵车输送	m^3	29.83	26.73	49
6	040506007001	现浇混凝土池底	m^3	103.60	441.98	
	S6-3-2 换	池底混凝土垫层　现浇混凝土(5～40mm)C10	m^3	16.91	306.33	29
	S6-2-30	底板商品混凝土　泵送商品混凝土(5～40mm)C25	m^3	103.60	309.31	32
	S1-1-30	商品混凝土泵车输送	m^3	105.15	26.73	49
7	040506018001	其他现浇混凝土(挡水板)	m^3	49.74	394.73	
	S6-2-46	挡水板商品混凝土　泵送商品混凝土(5～40mm)C25	m^3	49.74	318.00	34
	S1-1-30	商品混凝土泵车输送	m^3	50.49	26.73	49
8	040506010001	现浇混凝土矩形梁	m^3	2.75	400.23	
	S6-2-50	矩形梁商品混凝土　泵送商品混凝土(5～40mm)C25	m^3	2.75	322.81	37
	S1-1-30	商品混凝土泵车输送	m^3	2.79	26.73	49
9	040506010002	现浇混凝土异形梁	m^3	3.36	398.07	
	S6-2-54	异形梁商品混凝土　泵送商品混凝土(5-40mm)C25	m^3	3.36	320.92	40
	S1-1-30	商品混凝土泵车输送	m^3	3.41	26.73	49
10	040506012001	现浇混凝土顶板	m^3	13.65	390.58	
	S6-2-34	平台商品混凝土　泵送商品混凝土(5～40mm)C25	m^3	13.65	314.37	43
	S1-1-30	商品混凝土泵车输送	m^3	13.85	26.73	49
11	040506009001	现浇混凝土矩形柱	m^3	1.14	417.85	
	S6-3-20 换	混凝土矩形柱商品　泵送商品混凝土(5～40mm)C25	m^3	1.14	338.22	46
	S1-1-30	商品混凝土泵车输送	m^3	1.16	26.73	49
12	040506018002	其他现浇混凝土浆砌毛石混凝土	m^3	389.80	255.17	
	S4-6-3	基础嵌石混凝土　现浇混凝土(5～40mm)C15	m^3	389.80	223.11	50

续表

序号	项目编码	项目名称	计量单位	数量	综合单价 工料单价	预算顺序号
13	040309001001	金属栏杆	t	0.085	3581.50	
	S4-8-47换	安装不锈钢钢管栏杆	t	0.085	3131.54	52
14	040309001002	玻璃钢盖板	m²	4.61	297.36	
	市场价	玻璃钢盖板	m²	4.61	260.00	53
15	040701001001	预埋铁件	t	0.46	6715.13	
	S1-1-25	预埋铁件(单件重≤30kg)	t	0.27	6561.53	54
	S1-1-26	预埋铁件(单件重>30kg)	t	0.19	4801.88	55
16	040701001002	预埋防水钢套管	t	0.49	5536.67	
	S1-1-26	预埋防水钢套管	t	0.49	4801.88	56
17	040701002001	非预应力钢筋	t	69.98	4438.89	
	S6-2-32	底板钢筋	t	15.80	3809.30	21
	S6-2-21	井壁钢筋	t	30.43	3864.61	26
	S6-2-12	隔墙钢筋	t	15.20	3957.25	30
	S6-2-48	挡水板钢筋	t	6.02	3962.68	35
	S6-2-52	矩形梁钢筋	t	0.50	3902.54	38
	S6-2-56	异形梁钢筋	t	0.35	3892.18	41
	S6-2-36	顶板钢筋	t	1.19	3843.48	44
	S6-3-22	矩形柱钢筋	t	0.49	3914.49	47

(2) 措施项目清单(表7-110)

措施项目清单　　表7-110

序号	项目编码	项目名称	计量单位	数量	综合单价 工料单价	预算顺序号
		措施项目费(二)				
5		5　市政工程				
5.1	0501	大型机械设备进出场及安拆	项	1	17888.38	
	ZSM21-2-4	1m³以内单斗挖掘机场外运输费	台·次	1.00	2734.00	57
	S4-1-19	组拆轨道式柴油打桩机(锤重≤1.8t)	架·次	1.00	4513.93	58
	ZSM21-2-12	3.5t以内柴油打桩机场外运输费	台·次	1.00	3229.00	59
	ZSM21-2-19	履带式起重机(25t以内)场外运输费	台·次	1.00	5164.00	60
5.2	0502	混凝土、钢筋混凝土模板及支架	m²	1734.01	49.56	
	S6-2-31	底板模板	m²	61.25	40.59	22
	S6-2-20	井壁模板	m²	714.30	46.14	23
	S6-2-22	井壁预留孔模板	m²	2.83	48.02	24
	S6-2-23	井壁预留孔封堵及拆除　混合砂浆M7.5	m³	1.71	577.88	27
	S6-2-11	隔墙模板	m²	165.69	47.46	28
	S6-2-22	隔墙预留孔模板	m²	3.02	48.02	31
	S6-2-47	挡水板模板	m²	260.15	44.34	36
	S6-2-51	矩形梁模板	m²	30.90	46.10	39
	S6-2-55	异形梁模板	m²	23.52	47.80	42

续表

序号	项目编码	项　目　名　称	计量单位	数　量	综合单价	预算顺序号
					工料单价	
5.2	S6-2-35	平台模板	m^2	64.58	49.88	45
	S6-3-21	矩形柱模板	m^2	11.36	28.41	48
	S6-3-80	毛石混凝土模板	m^2	394.97	26.18	51
5.3	0503	脚手架	m^2	704.48	10.91	
	S1-1-16	井壁脚手架(高≤10m)	m^2	405.48	9.53	18
	S1-1-16	隔墙脚手架(高≤10m)	m^2	141.20	9.53	19
	S1-1-16	挡水板脚手架(高≤10m)	m^2	120.96	9.53	33
	S1-1-18	简易脚手架	m^2	36.92	3.36	61
5.4	0504	施工排水、降水	项	1.00	186565.69	
	S1-5-7	喷射井点安装(15m)	根	28.00	1361.08	7
	S1-5-8	喷射井点拆除(15m)	根	28.00	244.88	8
	S1-5-9	喷射井点使用(15m)	套·d	50.00	2322.58	62
	S1-1-9	湿土排水	m^3	202.36	9.63	63
	S1-1-11	筑拆竹箩滤井	座	2.00	40.47	64
5.7	0507	现场施工围栏	m·d	19492.00	0.32	
	S1-1-15	移动式施工路栏	100m·d	194.92	26.74	65
5.8	0508	施工便道	m^2	342.00	42.57	
	S1-4-19	铺筑施工便道	m^2	342.00	35.94	66
5.14	临-001	堆料场地	m^2	250.00	40.03	
	S1-4-20	堆料场地　现浇混凝土(5～20mm)C15	m^2	250.00	33.79	67

二、SBR污水处理池工程

1. 工程概况及主要施工设计图纸

(1) 工程概况

1) 结构形式：钢筋混凝土半埋地式活水处理池，混凝土强度等级为C25，抗渗要求为S6，盖板采用玻璃钢盖板。

2) 构筑物尺寸：底板宽34.05m，长45.95m，厚度为0.6m，池壁：外型尺寸宽3305m，长度44.95m，高5.6m。内部结构：梁、隔墙、顶板为挑檐式走道板。池壁外为钢筋混凝土楼梯。栏杆采用不锈钢栏杆。

3) 挖土：采用明挖法放坡挖土，放坡比例为1∶1。施工降水采用轻型井点降水间距为1.2m/根。

4) 装饰池壁在设计地面标高以部分采用外墙涂料(包括走道板底部面积)。

5) 清单编制依据：《建设工程工程量清单计价规范》上海市市政工程操作指南，施工设计图文件等。

6) 工程质量应达到优良标准。

7) 投标报价按《建设工程工程量清单计价规范》上海市市政工程操作指南的统一格式。

8) 人工、材料、机械费用按上海市市政工程市场信息2006年10月份计取。

(2) 主要施工设计图纸

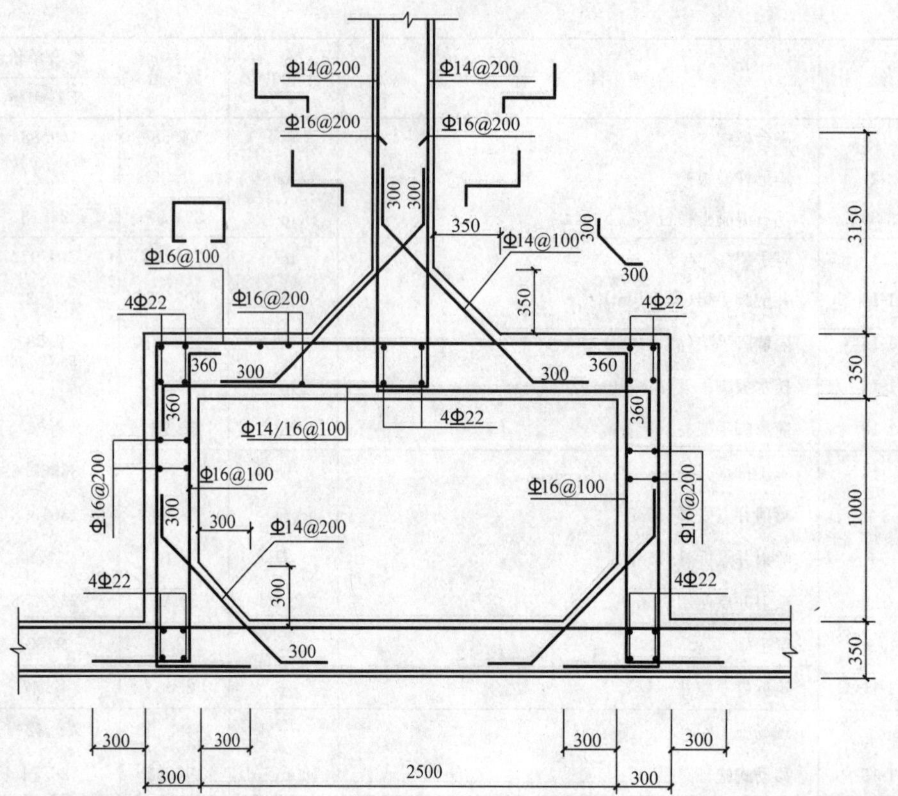

预埋管件及预留孔洞一览表

编号	名称	穿越管管径	套管管径	规格尺寸	中心标高	单位	数量	备　注
一	预埋套管							
1	防水套管	*DN*350	ϕ426	*L*=200	进水井井底	根	2	参见 02S404，P15-17
2	防水套管	*DN*700	ϕ790	*L*=350	2.05	根	1	参见 02S404，P15-17
3	防水套管	*DN*350	ϕ426	*L*=350	1.85	根	2	参见 02S404，P15-17
4	防水套管	*DN*80	ϕ127	*L*=350	7.00	根	2	柔性 A 型参见 02S404，P5-7
5	防水套管	*DN*500	ϕ590	*L*=300	4.30	根	2	参见 02S404，P15-17
6	防水套管	*DN*100	ϕ160	*L*=350	6.90	根	2	参见 02S404，P15-17
二	预留孔洞							
7	预 留 孔	—	—	500×500	1.85	个	20	
8	预 留 孔	—	—	1250×560	6.60	个	2	
9	预 留 孔	—	—	ϕ150	顶板	个	6	
10	预 留 孔	—	—	ϕ450	顶板	个	2	
三	预 埋 件							
11	预埋钢板	—	—	400×400×12	顶板	块	2	
12	预埋钢板	—	—	500×500×16	顶板	块	8	
13	预埋钢板	—	—	300×300×12	池底	块	8	
14	预埋钢板	—	—	1100×400×16	3.90	块	4	
15	预埋钢板	—	—	400×400×16	顶板	块	6	
16	预埋钢板	—	—	550×200×12	6.20 5.40 4.60	块	12	
17	预埋钢板	—	—	250×250×12	3.10	块	8	

说明：除特别注明外，防水套管均采用 A 型刚性防水套管，详见 02S404。

埋管预留洞口图及统计表(二)

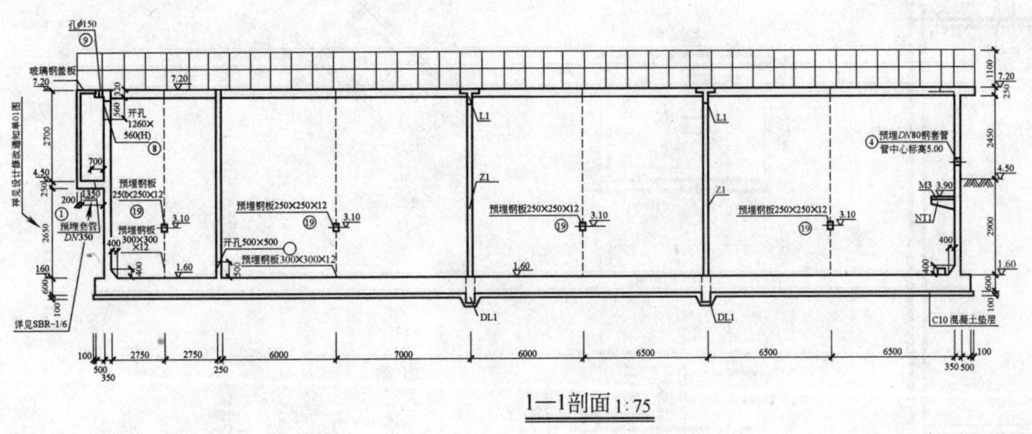

1—1剖面 1:75

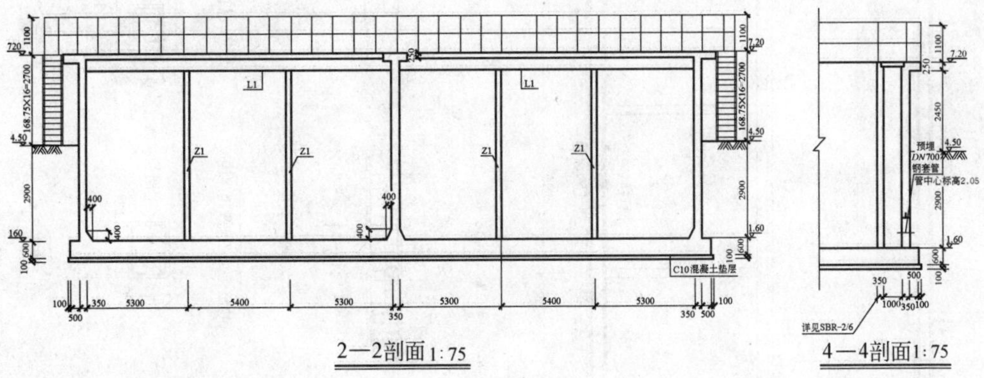

2—2剖面 1:75

4—4剖面 1:75

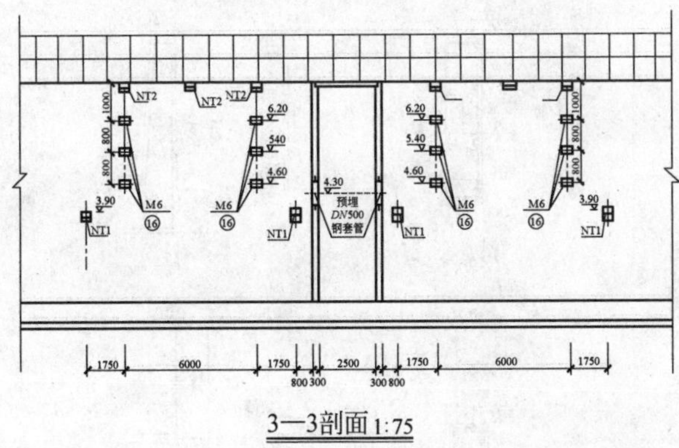

3—3剖面 1:75

SBR池结构剖面图(三)

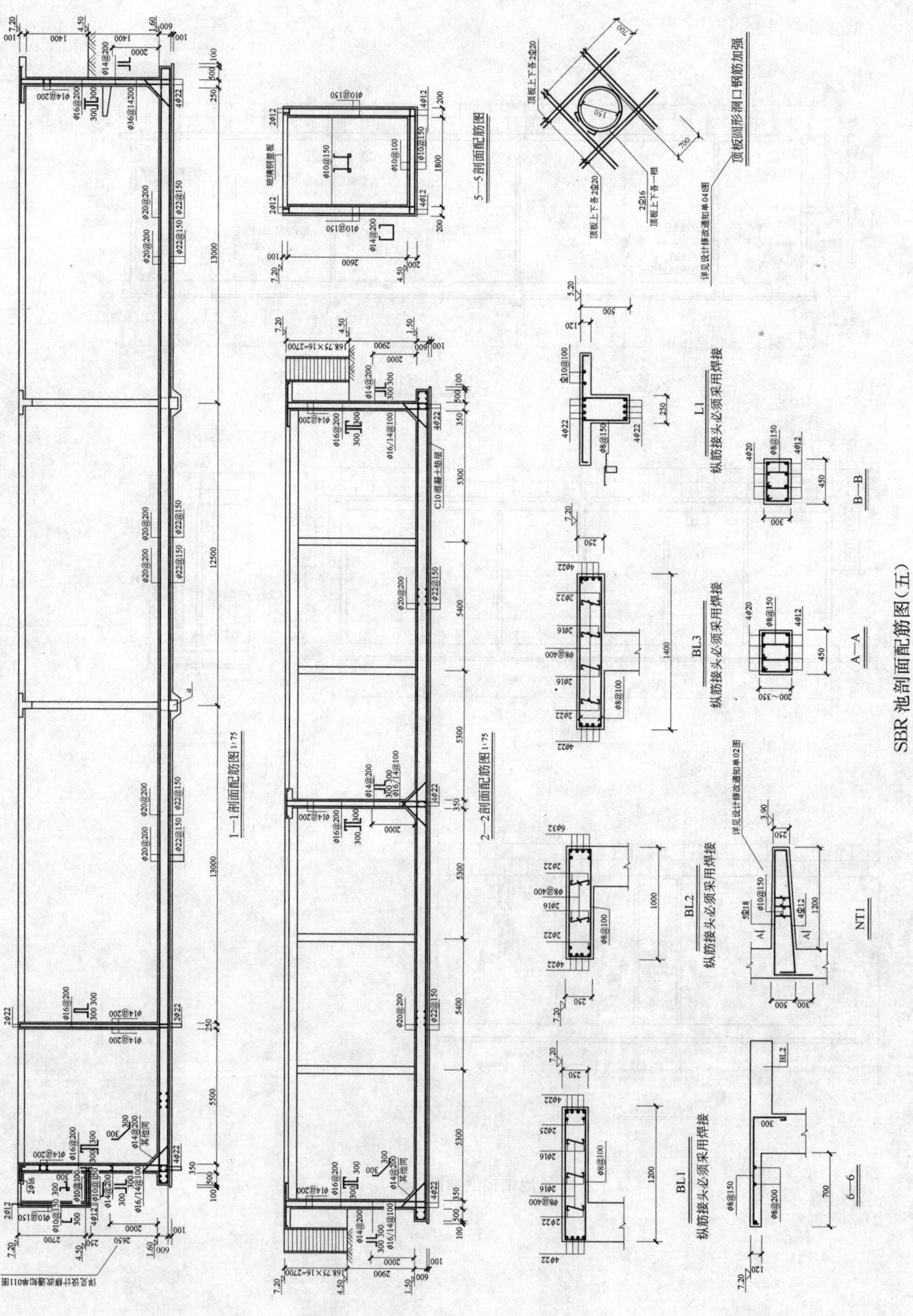
1—1剖面配筋图 1:75
2—2剖面配筋图 1:75
5—5剖面配筋图
顶板圆形洞口钢筋加强
L1
纵筋接头必须采用焊接
BL3
纵筋接头必须采用焊接
BL2
纵筋接头必须采用焊接
BL1
纵筋接头必须采用焊接
B—B
A—A
NT1
6—6
SBR 池剖面配筋图（五）

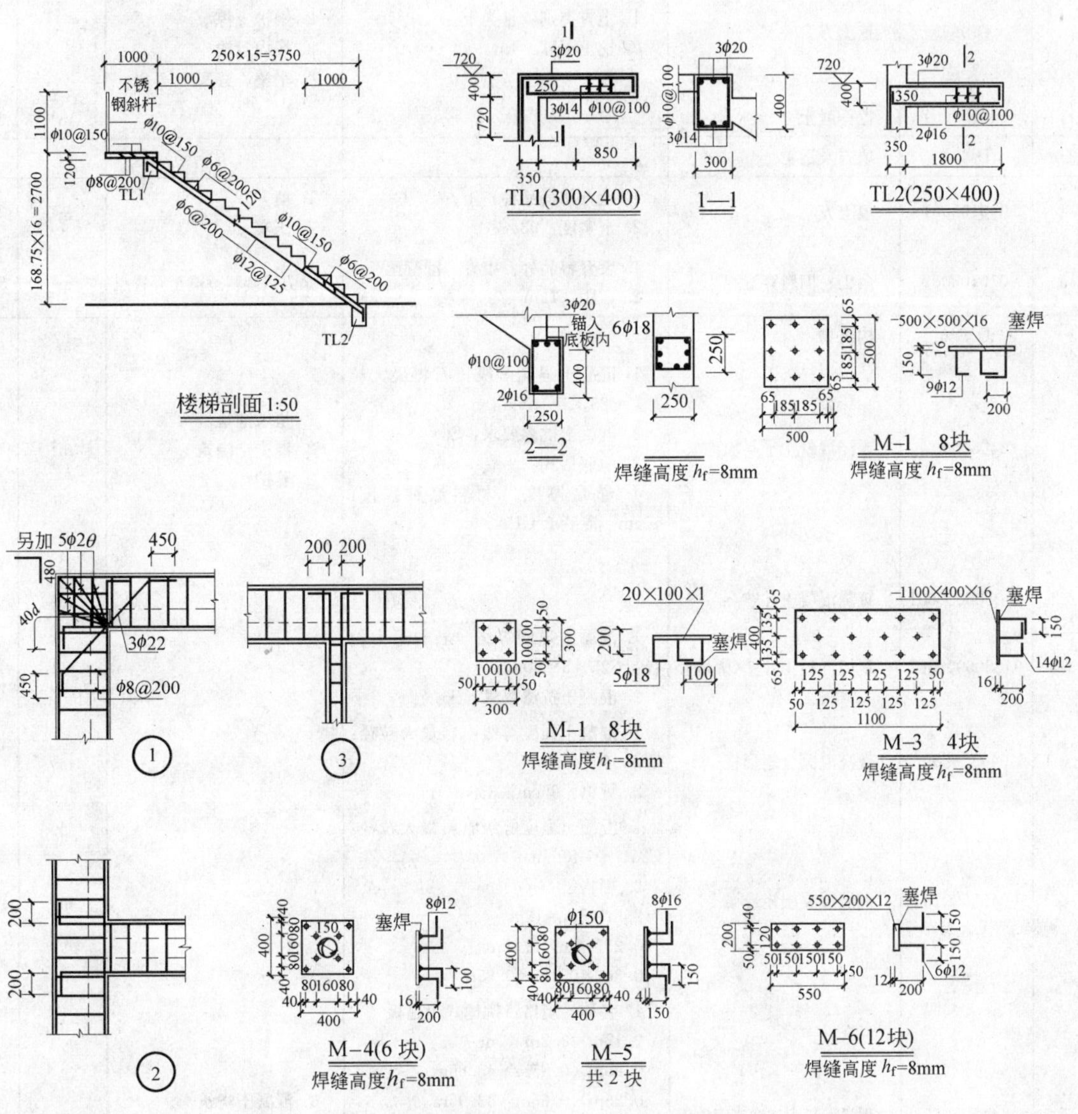

楼梯配筋详图、埋件详图(六)

2. 分部分项工程量、措施项目(二)清单

(1) 分部分项工程量清单(表 7-111)

分部分项工程量清单……招表 4　　**表 7-111**

序号	项次	项目编码	项目名称	项目特征	工程内容	计量单位	工程数量
	1	D.1.1	挖土方	1. 土方类别：Ⅲ类土 2. 挖土深度：4m	1. 土方开挖 2. 围护支撑 3. 场内运输 4. 平整、夯实		
1	1.1	040101001	挖一般土方			m^3	6275.70
	2	D.1.3	填方及运输				
2	2.1	040103001	填土方	1. 土方材料品种：土方 2. 密实度：98%	1. 填方 2. 压实	m^3	841.46
3	2.3	040103002	余土、旧料弃置	1. 废弃料品种：土方、混凝土 2. 运距：1km	余方点装料运输至弃置点	m^3	5434.23
	3	D.5.6	构筑物				
4	3.1	040506007	现浇混凝土平斜坡池底	1. 混凝土强度等级　石料最大粒径：C25，5～40mm 2. 混凝土抗渗要求：S6 3. 池底形式：平底 4. 垫层厚度　材料品种强度：10cm，混凝土 C15	1. 垫层铺筑 2. 混凝土浇筑 3. 养护	m^3	970.88
5							
	3.2.1	040506008001	现浇混凝土井壁			m^3	310.48
	3.2.2	040506008002	现浇混凝土井壁(隔墙)	1. 混凝土强度等级　石料最大粒径：C25，5～40mm 2. 混凝土抗渗要求：S6		m^3	138.87
6	3.3	040506009	现浇混凝土矩形柱	1. 混凝土强度等级石料最大粒径：C25，5～40mm 2. 规格：35cm×35cm		m^3	5.49
7	3.4	040506010	现浇混凝土矩形梁	1. 混凝土强度等级石料最大粒径：C25，5～40mm 2. 规格： 25m×5m×16m 0.25×4m×0.85m 0.3m×0.4m×0.85m		m^3	8.75
8	3.5	040506012	现浇混凝土挑檐式走道板	1. 名称、规格：挑檐式走道板 0.17m×0.2m×1m 0.25m×0.85m×43.65m 0.25m×0.65m×33.95m 0.25m×1.05m×42.9m 0.75m×0.12m×30.95m 2. 混凝土强度　石料最大粒径：C25，5～40mm	1. 混凝土浇筑 2. 养护	m^3	46.7
9	3.6	040506016	现浇混凝土楼梯	1. 规格：$H_1=2.7m$，$H_2=3.75m$，$B=1m$ 2. 混凝土强度石料最大粒径：C25 5～40mm		m^3	4.69
10	3.7	040506018	现浇混凝土牛腿	1. 规格：0.275m×0.45m×1.2m 2. 混凝土强度　石料最大粒径：C25，5～40mm		m^3	0.59
11	3.8	040308001	工程防水砂浆	1. 砂浆配合比 1：25 2. 部位：池内外壁 3. 厚度：2cm	砂浆抹面	m^2	2318.62

续表

序号	项 次	项目编码	项目名称	项目特征	工程内容	计量单位	工程数量
12	3.9	040308007	工程防水涂料	1. 材料品种：防水涂料 2. 部位：池外壁	涂料涂刷	m^2	841.55
13	4.1	040506017001	金属栏杆	1. 材质：不锈钢 2. 规格：ϕ50	制作　安装	m	364.78
14	4.2	040506017002	玻璃钢盖板	1. 材质：玻璃钢 2. 规格：δ=50mm		m^2	6.16
	5	D.7.1	钢筋工程				
15	5.1	040701001	预埋铁件	1. 材质：型钢套管 2. 规格：*DN*125，*DN*150，*DN*450		kg	885
16	5.2	040701002	预埋防水钢套管			kg	554
17	5.3	040701002	非预应力钢筋	1. 材质：R235，HRB335 级 2. 部位：SBR 池全部	制作　安装	t	199.53

(2) 措施项目(二)清单(表 7-112)

措施项目(二)清单……招标 5　　　　**表 7-112**

序　号	项目编码	项　目　名　称	计量单位	数　量	综合单价
5		5　市政工程			
5.1	0501	大型机械进出场运输及安拆			
5.2	0502	混凝土、钢筋混凝土模板及支架			
5.3	0503	脚手架			
5.4	0504	施工排水、降水			
5.5	0505	围堰			
5.6	0506	筑岛			
5.7	0507	现场施工围栏			
5.8	0508	施工便道			
5.9	0509	便桥			
5.10	0510	洞内施工的通风、供水、供气、供电、照明及通信设施			
5.11	0511	驳岸块石清理			
5.12	沪 0512	地基加固			
5.13	沪 0513	地下监测			
5.14	临-001	堆场			

3. 分部分项工程量、措施项目(二)清单计算方法

(1) 分部分项工程量清单计算方法(表 7-113)

分部分项工程量清单计算方法　　　　**表 7-113**

清单序号	项次包括项目编码	项目名称及说明	计算公式及说明	计量单位	计算结果
	D1.1		挖土方		
	040501001001	配水井挖一般土方	已包括基坑土方内		
	040101002001	扶梯挖沟槽土方	已包括基坑土方内		
1	040101001001	挖一般土方	本基坑挖土方工艺按放坡大开挖 工程量计算规则第 6.1.1 条基坑挖土的底宽均按构筑物基础外延加宽 2m 计算	m^3	6275.70

续表

清单序号	项次包括项目编码	项目名称及说明	计算公式及说明	计量单位	计算结果
1	040101003001		第 6.2.6 条底板下的地梁并入底板计算		
			放坡比例≤4m 按 1∶1		
			构筑物基础长 45.95m、宽 34.05m、深 4m、地梁宽 0.45m、长 32.05m	m^3	6275.70
			计算式：$V=H/6\times[AB+ab+(A+a)\times(B+b)]$		
		1 一般土方挖土	V_1 = 45.95m × 34.05 × 4m + 0.45m × 0.6m × 0.6m ×32.05m×2 根=6275.70m^3		
		(1) 挖土	a=45.95m+4m=49.95m，b=34.05m+4m=38.05m A=49.95m+8m=57.95m，B=38.05m+8m=46.05m V_1 = 4/6 × [(57.95 × 46.05 + 49.95 × 38.05) + (57.95 +49.95) × (46.05 + 38.05)] = 4 × 1/6 × (2668.6 + 1900.6 +107.9m × 84.1m) = 4m ÷ 6 × (2668.6m^3 + 1900.6m^3 +9074.39m^3)=9095.73m^3		
		(2) 地梁	为梯形断面 b=0.45m+2m=2.45m　B=2.45m+1.2m=3.65m　A=32.05m		
			V_2=(2.45m+3.65m)÷2m×32.05m×0.6m×2 根=117.30m^3		
			V_2=9095.73m^3+117.3m^3=9213.03m^3	m^3	9213.03
		2 土方场内运输	工程量计算规则		
			基坑挖土 25%场内运输		
			9213.03m^3×25%	m^3	2303.26
		3 整修坡面	704	m^2	704
		D1.3	填方及土石方运输		
2	04010301001	沟槽回填土方	6275.7−(168.3+938.76+1.71+17.51+4308.23)=841.46m^3	m^3	841.46
		1. 基坑回填土方	已包括基坑回填土方内 V_1 = 6275.70m^3 − (45.95m × 34.05m × 0.1m + 45.95m ×34.05m×0.6m+2.2m×1.55m×0.25m×2 个+32.05m ×0.45m × 0.6m × 2 个 + 33.05m × 44.95m × 2.9m) = 853.23m^3		
		(1) 垫层	34.25m×46.15m×0.1m+4m×0.4m×1/2×32.05m×4 个=168.23m^3		
		(2) 池底	34.05m×45.95m×0.6m=938.76m^3		
			2.2m×15.5m×0.25m×2 个=1.71m^3		
		(3) 地梁	32.05m×0.45m×0.6m×2 个=17.31m^3		
		(4) 池壁	33.05m×44.95m×2.9m=4308.23m^3		
			V_2 = 9213.03m^3 − (168.32m^3 + 938.76m^3 + 1.71m^3 +17.31m^3+4308.23m^3)=3778.3m^3	m^3	3778.3
		2. 回填土场内运输	同上	m^3	3778.3
3	040103003001	余方弃置	V_1=6275.70−841.46=5434.24m^3	m^3	5434.24
		D5.6	构筑物		
4	040506007001	1. C25S6 现浇混凝土池底		m^3	970.88
				m^3	168.23
			工程量计算规则：1）按设计图示尺寸计算		
			第 6.2.6 条底板下的地梁并入底板计算		
			第 6.3.1 条池底工程应包括池壁下部的扩大部分，壁基梁的体积		
			34.26m×46.15m×0.1m+0.4m×0.4m×0.5m×32.05m ×4 个=168.23m^3		
		2. C10 混凝土垫层		m^3	970.88
		(1) 池底	34.05m×45.95m×0.6m=938.76m^3		
		(2) 底梁	0.4m×0.45m×32.35m×2m=11.65m^3		

续表

清单序号	项次包括项目编码	项目名称及说明	计算公式及说明	计量单位	计算结果
4	040506007001	(3) 加强角	0.4m×0.4m×12m×(16m×2m+14.625m×2m+5.5m×4m+38.5m×2m+37.15m×2个)=18.76m^3		
			∑=938.76m^3+11.64m^3+18.76m^3=969.17m^3		
		C25，S6现浇混凝土池底	2.2m×1.55m×0.25m×2个=1.73m^3	m^3	985.46
			∑=969.17m^3+1.73m^3=970.88m^3		
			970.88m^3×1.015m^3/m^3=985.46m^3		
		3. 商品混凝土泵车输送			
5	040506008001	池壁商品混凝土		m^3	310.48
			C25S6现浇混凝土池壁　工程量计算规则		
			第6.3.2条池壁高度不包括池壁上下的扩大部分，若无扩大部分时，则按壁基梁或池底上表面至池盖下表面计算		
			《交底培训教材》第99页工程量计算规则1.本册惯性第(1)条		
		1. 池壁	(44.95m×33.05m−44.25m×32.35m)×5.6m−1.26m×0.56m×0.35m×2个=302.52m^3	m^3	310.48
			(1.55m×2.2m−1.8m×1.35m)×2.7m×2个=5.29m^3		
		加强角	0.4m×0.4m×1/2×(5.6m×4m+5.48m×2m)=2.67m^3		
			∑=302.5m^3+5.29m^3+2.67m=310.48m^3		
		2. 商品混凝土泵车输送	310.48m^3×1.015m^3/m^3	m^3	315.14
6	040506008002	C25 S6混凝土隔墙		m^3	138.87
			工程量计算规则第6.2.7条隔墙的高度按设计高度计算，隔墙长度按内净长度计算，隔墙若有加强角并入隔墙计算		
			0.25m×32m×5.6m=44.8m^3		
			(3.1m×1.35m−2.5m×1m)×5.6m+0.3m×0.3m×1/2×5.6m×2个=9.99m^3		
			0.35m×42.9m×5.6m=84.08m^3		
			∑=44.8m^3+9.99m^3+84.08m^3=138.87m^3		
			138.87m^3×1.015m^3/m^3=140.95m^3		
		2. 商品混凝土泵车输送		m^3	140.95
7.	040506009001	现浇混凝土矩形柱		m^3	5.49
		1. 现浇混凝土矩形柱	C25S6混凝土池壁　工程量计算规则		
			第6.3.3条混凝土柱按图示断面尺寸乘以柱高以立方米计算柱高按下列规格计算		
			有梁的柱高自混凝土底板(平台)面至顶板上表面		
			0.35m×0.35m×5.6m×8m=5.49m^3		
		2. 商品混凝土泵车输送	5.49m^3×1.015m^3/m^3=5.57m^3	m^3	5.57
8	040506010001	现浇混凝土矩形梁		m^3	8.75
		1. C25，S6混凝土池梁	工程量计算规则		
			第6.3.5条与池壁、水槽相连的梁按图示断面尺寸乘以梁长以立方米计算，梁长不包括伸入壁内的部分		
			0.25m×0.5m×16m×2m×2个+(0.25m×0.4m+0.3m×0.4m)×0.85m×4个=8.75m^3		
		2. 商品混凝土泵车输送	8.75m^3×1.015m^3/m^3=8.88m^3	m^3	8.88
9	040506012001	现浇混凝土挑檐式走道板		m^3	46.70
		1. C25，S6混凝土板	工程量计算规则		
			第6.3.8条挑檐式走道，板至池壁上环形走道及扩大部分计算时拆除池壁原部分体积		
			0.7m×1m×0.2m×2侧=0.28m^3		
		BL_1	0.25m×0.85m×43.65m×2侧=18.55m^3		

续表

清单序号	项次包括项目编码	项目名称及说明	计算公式及说明	计量单位	计算结果
9	040506012001	BL_2	0.25m×0.65m×33.95m×2侧=11.034m^3		
		BL_3	0.25m×1.05m×42.9m=11.261m^3		
		L_1	0.75×0.12×30.95×2侧=5.571m^3		
			$\sum$=0.28m^3+18.551m^3+11.034m^3+11.261m^3+5.571m^3=46.70m^3		
		2. 商品混凝土泵车输送	46.70m^3×1.015m^3/m^3=47.40m^3	m^3	47.40
10	040506016001	C25 混凝土楼梯		m^3	4.69
		1. 楼梯	工程量计算按图示尺寸以立方米计算，包括休息平台、梁、斜板、踏步		
		TL1.2	(0.4m×0.3m+0.25m×0.4m)×1×4个=0.88m^3		
		斜板	0.12m×2.7^2+3.75^2×4个=2.218m^3		
		平台	0.12m×0.65m×1m×4个=0.312m^3		
		踏步	0.25m×0.17m×1/2m×15m×4个=1.275m^3		
			$\sum$=0.88m^3+2.218m^3+0.312m^3+1.275m^3=4.69m^3		
		2. 商品混凝土泵车输送	4.69m^3×1.015m^3/m^3=4.76m^3	m^3	4.76
11	040506018001	现浇混凝土牛腿		m^3	0.59
		1. C25S6 混凝土牛腿			
			工程量计算规则第6.3.6条牛腿未包括池壁中应单独计算		
			0.275×0.45×1.2×4个=0.59m^3		
		2. 商品混凝土泵车输送	0.59m^3×1.015m^3/m^3=0.60m^3	m^3	0.60
	D3.8		水泥砂浆抹面		
12	040308001001	工程防水砂浆		m^2	2318.62
		1:2 防水砂浆找平(池内外壁)			
			第6.4.2条水泥砂浆粉刷按其展开面积以平方米计算		
		(1) 池柱	0.35×4面×5.1×8面=57.12m^2		
		(2) 内壁	(15.2m×5.6m−1.25m×0.56m)×2m−0.25m×1.05m=168.58m^2		
			16m×5.6m×2个−(0.25m×1.05m+0.5m×0.5m×20m)=84.34m^2		
			(15.2m−1.55m)×5.6m×2−(0.12m×1.7m×2个+0.35m×0.45m×4个)=151.68m^2		
			(1.35m×2个+3.1m−0.35m+0.25m+0.7m×2个+1.9×0.3m×2×2)×5.6m=67.75m^2		
			5.35m×5.6m×4个−0.25m×1.05m×2个=119.32m^2		
			12.5m×5.6m×4个−0.25m×1.05m×2个=279.48m^2		
			11.6m×5.6m×4个−0.25m×1.05m×2个=259.32m^2		
			12.1m×5.6m×2个+10.75m×5.6m×2−0.25m×1.05m=255.16m^2		
			0.4m×$\sqrt{2}$×(4m×5.6m+5.35m×4m)=24.78m^2		
			[(1.35m+1.8m)×2−(1.26m×0.56m)×2−0.65m×0.25×4个]=10.54m^2		
		外壁 S_1	33.05m×5.6m−(1.55m×2+2.2m)×2.9m−1.8m×2.45m)×2个=163.16m^2		
		S_2	33.05m×5.6m=185.08m^2		
		S_3	44.05m×5.6m×2个=493.36m^2		
			$\sum$=57.12m^2+168.58m^2+84.34m^2+151.68m^2+67.75m^2+119.32m^2+279.48m^2+259.32m^2+255.16m^2+24.78m^2+10.54m^2+163.16m^2+185.03m^2+493.36m^2=2318.62m^2		

续表

清单序号	项次包括项目编码	项目名称及说明	计算公式及说明	计量单位	计算结果
13	040308007001	工程防水涂料			
		外壁涂料	工程量计算规则按设计图示以千克计算，定额中已包括损耗计算时不得另行增加	m^2	841.55
		外壁　S_1	33.05m×5.6m－(1.55m×2＋2.2m)×2.9m－1.8m×2.45m)×2个＝163.16m^2		
		S_2	33.05m×5.6m＝185.08m^2		
		S_3	44.05m×5.6m×2个＝493.36m^2		
			∑＝163.16m^2＋185.08m^2＋493.36m^2＝841.55m^2		
14	040506017001	不锈钢栏杆		m	364.78
		不锈钢栏杆	工程量计算规则 按设计图示以米计算 (46.25m＋36.75m)×2个＋12.5m×4×2＋11.6m×4＋5.5m×4＋0.9m×4＋$\sqrt{2.7^2+3.75^2}$×4m＋2.8m＝364.78m 364.78m×8.855kg/m÷1000＝3.23t	t	3.23
15	040506018002	玻璃钢盖板		m^2	6.16
		玻璃钢盖板	工程量计算规则按图示尺寸以平方米计算 6.16m^2	m^2	6.16
		D.7.1	钢筋工程		
16	040307001001	预埋铁件		kg	885
		1.(单件重≤30kg)		kg	273.58
		M_1	(0.5m×0.5m×125.6kg/m^2＋0.35m×9根×0.888kg/m)×8个＝273.58kg		
		2.(单件重＞30kg)		kg	611.41
		M_2	(0.3m×0.3m×125.6kg/m^2＋0.3m×5根×0.888kg/m)×8个＝101.09kg		
		M_3	(0.4m×1.1m×125.6kg/m^2＋0.3m×14根×0.888kg/m)×4个＝235.97kg		
		M_4	(0.4m×0.4m×125.6kg/m^2＋0.3m×8根×0.888kg/m)×4个＝88.91kg		
		M_5	(0.4m×0.4m×125.6kg/m^2＋0.3m×8根×0.888kg/m)×2个＝44.45kg		
		M_6	(0.2m×0.55m×94.2kg/m^2＋0.35m×8根×0.888kg/m)×12个＝140.98kg		
			∑＝101.09kg＋235.97kg＋133.36kg＋44.45kg＋154.18kg＝669.05kg		
			∑＝273.58kg＋101.09kg＋235.97kg＋88.91kg＋44.45kg＋140.98kg＝884.98kg		
17	040701001002	预埋钢套管		kg	554
		1. 预埋放水钢套管 *DN*600 内	工程量计算规则 按设计图示以千克计算及按有关标准图以克计算		
		(1) *DN*125	(7.49kg＋4.14kg)×2个＝23.26kg		
		(2) *DN*150	(9.21kg＋4.54kg)×2个＝27.5kg		
		(3) *DN*450	(37.34kg＋17.8kg)×2个×2侧＝220.56kg		
		(4) *DN*600	(49.13kg＋35.68kg)×2个＝169.62kg		
			∑＝(23.26kg＋27.5kg＋220.56kg＋169.62kg)＝441kg		
		2. 预埋防水钢套管 *DN*600 外	工程量计算规则同上	t	0.113
		(1) *DN*800	(63.26＋49.7)×1＝113kg		
			∑＝441kg＋113kg＝554kg		
18	040701002001	非预应力钢筋		t	199.53
		1. 底板地梁钢筋		t	126.65
			118.898t＋7.749t＝126.65t		

续表

清单序号	项次包括项目编码	项目名称及说明	计算公式及说明	计量单位	计算结果
18	040701002001	2. 池壁钢筋	38.036t	t	38.04
		3. 隔墙钢筋	18.51t	t	18.51
		4. 配水井钢筋	2.2t	t	2.20
		5. 立柱钢筋	1.278t	t	1.28
		6. 牛腿钢筋	0.162t	t	0.16
		7. 板钢筋		t	11.96
		(1) 小平台	0.015t		
		(2) BL_1	5.677t		
		(3) BL_2	3.847t		
		(4) BL_3	2.424t		
		8. 楼梯钢筋	Σ=0.212+0.208+0.316=0.736t	t	0.74
			Σ = 118.898 + 7.749 + 38.036 + 18.51 + 2.2 + 1.278 +0.162+0.015+5.677+3.847+2.424+0.736=199.53t		

(2) 措施项目(二)清单计算方法(表 7-114)

措施项目(二)清单计算方法 **表 7-114**

清单序号	项次包括项目编码	项目名称及说明	计算公式及说明	计量单位	计算结果
			措施项目(二)		
5			5. 市政工程		
5.1	0501	大型机械设备进出场及安拆		项	1
		1. $1m^3$ 内单斗挖掘机场外运输	1	台·次	1
		2. 25t 内履带起重机场外运输	1	台·次	1
5.2	0502	混凝土及钢筋混凝土模板及支架		m^2	
			工程量计算规划第 4.6.2 条现浇混凝土墙，板上单孔面积在 $0.3m^2$ 内的孔洞体积不予扣除，孔洞侧壁模板不计工程量，单孔面积在 $0.3m^2$ 以外的应予以扣除，孔洞侧壁模板并入墙、板、模板工程量。按混凝土接触面，按图示尺寸以平方米计算		
		1. 池底模板		m^2	233.57
		(1) 池底模板	(34.05m+45.95m)×2m×0.6m=$96m^2$		
		(2) 地梁	0.4m×32.35m×2 侧×2 根=$51.76m^2$		
		(3) 加强角	(16m+15.2m)÷2×0.4m×$\sqrt{2}$×2=$17.65m^2$		
			(44.25m+43.45m)÷2×0.4m×$\sqrt{2}$×2=$49.61m^2$		
			(14.45m+13.65m)÷2×0.4m×$\sqrt{2}$×2=$15.90m^2$		
		(4) 进水井	(1.55m+2.2m)×0.25m×2=$2.65m^2$		
			Σ = $96m^2$ + $51.76m^2$ + $17.65m^2$ + $49.61m^2$ + $15.9m^2$+$2.65m^2$=$233.57m^2$	m^2	1650.11
		2. 池壁模板			
		(1) 外壁	(44.95m+33.05m)×2×5.35m−1.8m×2.95m×2−1.26m×0.56m×2=$822.57m^2$		
		(2) 内壁	15.2m × 4.95m × 2 − 1.26m × 0.56m × 2 = $149.07m^2$		
			5.1m×4.95m×4 个=$100.98m^2$		
			38.5m×4.95m×2 个=$381.15m^2$		
			(32.35m−3.1m)×1.95m−0.45m×0.35m×4 个=$144.16m^2$		

续表

清单序号	项次包括项目编码	项目名称及说明	计算公式及说明	计量单位	计算结果
5.2	0502	(3) 进水井内壁	(1.8m+1.35m)×2m×2.7m×2侧=34.02m^2		
		(4) 加强角	0.4m×$\sqrt{2}$×5m×5.35m×6个=18.16m^2		
			Σ=822.57m^2+149.07m^2+100.98m^2+381.15m^2+144.16m^2+34.02m^2+18.16m^2	m^2	1650.11
		3. 预留孔模板	(1.26m+0.56m)×2m×2个×0.35m	m^2	2.55
		4. 隔墙模板	16m×2m×5.35m=171.2m^2	m^2	652.06
			(44.25m−0.75m−1.35m−0.25m)×4.95m×2个=414.81m^2		
			(1.35m×2+0.975m×2+2.5m+0.7m×2+1.9m)×5.35m=55.91m^2		
		(1) 加强角	(0.35m+0.3m)×2m×$\sqrt{2}$×5.35m=9.84m^2		
			Σ=171.2m^2+414.8$m^2$1+55.91m^2+9.84m^2=652.06m^2		
		5. 池柱模板	0.35m×4m×8个×501m	m^2	57.12
		6. 牛腿模板	[0.2m×0.45m+(0.2m+0.35m)÷2m×1.2m×2m+0.45m×1.2m]×4个	m^2	5.16
		7. 梁模板	(0.38m×2m+0.25m)×32.35m×2m−0.35m×0.35m×8个	m^2	64.37
		8. 板模板		m^2	387.99
			[0.7m×1m+(0.7m×2m+1)×0.2]×2个=2.36m^2		
		BL_1	0.85m×33.05m×2−0.65m×0.2m×4+0.85m×0.85m×4个=59.60m^2		
			0.25m×(33.05m×2−2.2m×2m+0.85m×4m)+0.13m×0.85m×2个=16.72m^2		
		BL_2	0.65m×44.95m×2m+0.25m×44.95m×2个=80.91m^2		
		BL_3	1.05m×42.9m−0.35m×0.35m×1/2m×2m−0.25m×1.05m−0.35m×1.05m×2个=43.93m^2		
			0.25m×42.1m×2个=21.05m^2		
		L_1	1.2m×15.475m×8m+0.12m×15.475m×8个=163.42m		
			Σ=2.36m^2+59.6m^2+16.72m^2+80.91m^2+43.93m^2+21.05m^2+163.42m^2=387.99m^2		
		9. 楼梯模板		m^2	24.27
		平台	[0.65m×1m+(1m+0.65m)×0.12m]×2个=1.7m^2		
		$TL_{1.2}$	(0.4m×1.85m×2m+1.85m×0.3m+1.85m×0.28m)×2+(1.8m×0.4m×2m+1.8m×0.25m+0.4m×0.25m)×2m=6.53m^2		
		斜板	$\sqrt{2.7^2+3.75^2}$×1m×2m=9.24m^2		
		踏步	(0.17m×1m×16m+0.25m×0.17m×16个×1/2×2m)×2个=6.8m^2		
			Σ=1.7m^2+6.53m^2+9.24m^2+6.8m^2=24.27m^2		
		10. 现浇板、满堂支架 参考第4.1.3条	工程量计算规则： 第1点：支架以立方米空间体积计算 第2点：现浇梁板支架工程量按高度(结构底至原地面的纵向平均高度)乘向纵向距离乘以宽度计算	m^3	811.48

续表

清单序号	项次包括项目编码	项目名称及说明	计算公式及说明	计量单位	计算结果
5.2	0502	BL_1	59.6m²×3.1m－0.65m×2.2m×2个×3.1m＝175.89m³		
		BL_2	0.65m×44.95m×2×3.1m＝181.15m³		
		BL_3	1.05m×42.9m×5.35m＝240.99m³		
		L_1	1.2m×15.475m×2×5.536m＝205.61m³		
		B_1	0.7m×1m×2×5.6m＝7.84m³		
			∑＝175.89m³＋181.15m³＋240.99m³＋205.61m³＋7.84m³＝811.48m³		
		11. 钢管支架使用费		t/d	1217.22
			工程量计算规则支架使用工程量以吨/天计算。满堂是钢管支架每立方米空间体积按50kg(包括连接件长)计算。支架使用天数按施工合同期计算		
			811.48m³×30d×0.05t＝1217.22t/d		
5.3	0503	脚手架		m²	1909.59
		1. 双排脚手架	工程量计算规则第1.1.7条 1. 结构高度大于1.8m且小于3.6m时采用简易脚手架。2. 脚手架面积按长度乘以高度的垂直投影面积计算。长度一般以结构中心长度计算，独立柱长度按外围周长加3.6m计算。3. 楼梯脚手架按其水面投影长度乘以顶高计算	m²	1845.34
		(1) 外池壁	33.05m－0.35m＝32.7m　44.95m－0.35m＝4.6m		
			(32.7m＋44.6m)×2面×6.3m＝973.98m²		
		(2) 隔墙	16m×5.6m×4面＋42.9m×5.6m×2道＋(1.35m×2道＋3.1m)×5.6m＝871.36m²		
			∑＝973.98m²＋871.36m²＝1845.34m²		
		2. 简易脚手架		m²	64.25
		(1) 配水井简易脚手架	(1.55m×2道＋2.2m)×2个×2.95m＝31.27m²		
		(2) 楼梯简易脚手架	[2.7m×2m＋(2.7m＋1.85m)÷2m]×4个＝32.98m²		
			∑＝31.27m²＋32.98m²＝64.25m²		
			∑＝1845.34m²＋64.25m²＝1909.59m²		
5.4	0504	施工排水降水		项	1
			工程量计算规则第1.1.3条湿土排水按原地面1.0m下的挖土数量计算；		
			第1.1.4条筑拆集水井大型基坑按批准的施工组织设计确定		
		1. 湿土排水		m³	6324.70
			3/6m×[55.95m×44.05m＋49.95m×38.05m＋(55.95m＋44.95m)×(44.05m＋38.05m)]－3/6m×(2464.6m³＋1900.6m³＋100.9m³×82.1d)＝3×1/6×(2464.6m³＋1900.6m³＋8283.89m³)＝6324.70m³		
		2. ϕ800混凝土管集水井	6	座	6
		3. 满水试验		m³	7837.30
			容积：33.05m×44.25m×5.35m＋1.8m×1.35m×2.7m×2次＝7837.30m³		
			工程量计算规则		
			第6.3.9条满水试验按设计要求的每个池的冲水量计算		
		扣除部分	隔墙138.87	m³	－138.87

续表

清单序号	项次包括项目编码	项目名称及说明	计算公式及说明	计量单位	计算结果
5.4	0504		池柱 5.49	m^3	−54.9
			池梁 8.75	m^3	−8.25
			牛腿 0.59	m^3	−0.59
			池底加强角 18.76	m^3	−18.76
5.7	0507	施工现场路拦		m/d	76484.20
			工程量计算规则第 1.1.6 条施工路拦长度应根据施工现场实际需要设置，移动式路拦使用天数按施工合同计算		
		水池容积	7837.30m^3 挖土深度 4m 明挖法		
		查工期定额	4-1-16 容积≤5000m^3　挖土深度≤6m 为 299d		
		移动路拦长度	按施工便道＋5m 计算		
			[(57.95m＋5m×2 根)＋(49.95m＋5m×2 根)]×2×299d＝76484.2m/d	m/天	76484.20
5.8	0508	施工便道		m^2	1029
			工程量计算规则第 1.4.1 条 1. 便道长度规定：泵站工程按沉井基坑坡顶周长计算；2. 便道宽度规定：泵站沉井工程为 5m		
			(57.95m＋44.95m)×2 道×5m＝1029m^2	m^2	1029
5.13	临-001	堆料场地		m^2	500
			工程量计算规则第 1.4.3 条 1. 堆场面积的一般规定：沉井内径 D≥20m 或矩形面积 S≥300m^2 时及污水处理厂为 1000m^2　2. 当单位体工程采用商品混凝土时，堆料场地面积按上述规定的 50％计算		
			1000×50％	m^2	500

4. 单位工程费用汇总表(表 7-115)

单位工程费用汇总表……投表 4　　　　**表 7-115**

清单序号	项 目 名 称	金　额	清单序号	项 目 名 称	金　额
1	分部分项工程量清单计价合计	1948519	4	规费	4002
2	措施项目清单计价合计	351575	5	税金	78570
3	其他项目清单计价合计		6	总计	2382666

5. 分部分项工程量、措施项目清单计价表(综合单价)

(1) 分部分项工程量清单计价表(表 7-116)

分部分项工程量清单计价表(综合单价)……投表 5　　　　**表 7-116**

序　号	项目编码	项 目 名 称	计量单位	数　量	综合单价
1	040101003	挖基坑土方	m^3	6275.70	12.64
2	040103001	填土方	m^3	841.46	98.73
3	040103002	余土、旧料弃置	m^3	5434.73	31.37
4	040506007	现浇混凝土平斜坡池底	m^3	970.90	485.28
5	040506008001	现浇混凝土井壁	m^3	310.48	387.49
6	040506008002	现浇混凝土隔墙	m^3	138.87	387.49
7	040506009	现浇混凝土矩形柱	m^3	5.49	417.85

续表

序　号	项目编码	项　目　名　称	计量单位	数　量	综合单价
8	040506010	现浇混凝土矩形梁	m^3	8.75	433.29
9	040506012	现浇混凝土挑檐式走道板	m^3	46.70	427.89
10	040506016	现浇混凝土楼梯	m^3	4.69	389.23
11	040506018	现浇混凝土牛腿	m^3	0.59	443.53
12	040308001	工程防水砂浆	m^2	2318.62	12.52
13	040308007	工程防水涂料	m^2	841.55	17.73
14	040506017001	金属栏杆	t	3.23	3581.17
15	040506017002	玻璃钢盖板	m^2	6.16	297.36
16	040701001	预埋铁件	kg	885	6.11
17	040701002	预埋防水钢套管	kg	554	6.53
18	040701002	非预应力钢筋	t	199.53	4385.77

(2) 措施项目(二)清单计价表(表 7-117)

措施项目(二)清单计价表(综合单价)……投表 6　　**表 7-117**

清单序号	项目编码	项　目　名　称	计量单位	数　量	综合单价
		措施项目费(二)			
5		5. 市政工程			
5.1	0501	大型机械设备进出场及安拆	项	1	5177
5.2	0502	混凝土、钢筋混凝土模板及支架	m^2	3888.68	35.07
5.3	0503	脚手架	m^2	1909.59	10.66
5.4	0504	施工排水、降水	项	1	104650
5.7	0507	现场施工围栏	m・d	76484.2	0.31
5.8	0508	便道	m^2	1029	41.10
5.14	临-001	堆料场地	m^2	500	38.64

6. 分部分项工程量清单计价表分析表(表 7-118)

分部分项工程量清单计价表分析表……投表 10　　**表 7-118**

工程名称：SBR 池-清单

编制单位：

序号	编号	名　称	单位	综合单价 工料单价	工程量	人工费	材料费	机械费	周材运输费	管理费	安全防护、文明	规费	税金	合计	总计
1		2	3	4	5	6	7	8	9	10	11	12	13	14	15
				4=14/5										6～11	6～13
040501003001		基坑挖土	m^3	12.64	6275.70							138.01	2709.29	79313	82161
1	S6-1-2	基坑无支护挖土(深≤4m)	m^3	5.15	9213.03	8426.47		39005.53	237.16	5720.30	858.04	94.39	1853.06	54248	56195
2	S1-1-36	土方场内运输(运土1km以内)	m^3	9.10	2303.26	2456.43		18505.16	104.81	2527.97	379.20	41.71	818.92	23974	24834
3	S1-1-23	整修坡面(Ⅰ、Ⅱ类土)	m^2	1.36	704.00	955.15			4.78	115.19	17.28	1.90	37.32	1092	1132

续表

序号	编号	名称	单位	综合单价 工料单价	工程量	人工费	材料费	机械费	周材运输费	管理费	安全防护、文明	规费	税金	合计	总计
	1	2	3	4	5	6	7	8	9	10	11	12	13	14	15
				4＝14/5										6～11	6～13
040103001001		基坑回填土	m^3	98.73	841.46							146.58	2877.60	84241	87265
4	S6-1-10	基坑回填土	m^3	10.39	3778.70	35530.17		3737.38	196.34	4735.67	710.35	78.14	1534.09	44910	46522
5	S1-1-36	土方场内运输（运土1km以内）	m^3	9.10	3778.70	4029.98		30359.35	171.95	4147.35	622.10	68.44	1343.51	39331	40743
040103002001		土方场外运输	m^3	31.37	5434.24							295.94	5809.82	170080	176186
6	ZSM19-1-1	土方场外运输	m^3	27.50	5434.24			149455.07	0.00	17934.61	2690.19	295.94	5809.82	170080	176186
040506007001		平斜坡池底商品混凝土	m^3	485.28	970.88							819.82	16094.47	471159	488073
7	S6-3-2换	池底混凝土垫层 现浇混凝土（5～40mm）C10	m^3	306.33	168.23	17119.02	26464.96	7950.41	257.67	6215.05	932.26	102.55	2013.33	58939	61055
8	S6-3-4	平斜坡池底商品混凝土 泵送商品混凝土(5～40mm)C25	m^3	344.10	970.90	39649.13	292069.67	2364.26	1670.42	40290.42	6043.56	664.83	13051.85	382087	395804
9	S1-1-30	商品混凝土泵车输送	m^3	26.73	985.46		266.08	26080.12	131.73	3177.35	476.60	52.43	1029.29	30132	31214
040506008001		池壁商品混凝土	m^3	387.49	310.48							209.34	4109.64	120308	124627
10	S6-3-16	池壁商品混凝土 泵送商品混凝土(5～40mm)C25	m^3	311.67	310.48	2781.05	93532.85	453.74	483.84	11670.18	1750.53	192.57	3780.49	110672	114645
11	S1-1-30	商品混凝土泵车输送	m^3	26.73	315.14		85.09	8340.05	42.13	1016.07	152.41	16.77	329.15	9636	9982
040506008002		隔墙商品混凝土	m^3	387.49	138.87							93.63	1838.14	53811	55743
12	S6-3-16	池壁商品混凝土 泵送商品混凝土(5～40mm)C25	m^3	311.67	138.87	1243.89	41834.92	202.95	216.41	5219.78	782.97	86.13	1690.92	49501	51278
13	S1-1-30	商品混凝土泵车输送	m^3	26.73	140.95		38.06	3730.30	18.84	454.46	68.17	7.50	147.22	4310	4465
040506009001		混凝土矩形柱商品	m^3	417.85	5.49							3.99	78.36	2294	2376
14	S6-3-20换	混凝土矩形柱商品 泵送商品混凝土(5～40mm)C25	m^3	338.22	5.49	194.13	1655.73	6.97	9.28	223.93	33.59	3.70	72.54	2124	2200
15	S1-1-30	商品混凝土泵车输送	m^3	26.73	5.57		1.50	147.47	0.74	17.97	2.69	0.30	5.82	170	176
040506010001		矩形梁商品混凝土	m^3	433.29	8.75							6.60	129.51	3791	3927
16	S6-3-36换	配水井异形圈梁商品混凝土 泵送商品混凝土(5～40mm)C25	m^3	351.72	8.75	121.82	2677.75	277.97	15.39	371.15	55.67	6.12	120.23	3520	3646
17	S1-1-30	商品混凝土泵车输送	m^3	26.73	8.88		2.40	235.04	1.19	28.64	4.30	0.47	9.28	272	281
040506012001		挑檐式走道板商品混凝土	m^3	427.89	46.70							34.77	682.59	19983	20700
18	S6-3-56换	挑檐式走道板商品混凝土 泵送商品混凝土(5～40mm)C25	m^3	347.00	46.70	549.59	14171.65	1483.58	81.02	1954.30	293.15	32.25	633.08	18533	19199

续表

序号	编号	名　称	单位	综合单价 工料单价	工程量	人工费	材料费	机械费	周材运输费	管理费	安全防护、文明	规费	税金	合计	总计
1		2	3	4	5	6	7	8	9	10	11	12	13	14	15
				4＝14/5										6～11	6～13
19	S1-1-30	商品混凝土泵车输送	m^3	26.73	47.40		12.80	1254.45	6.34	152.83	22.92	2.52	49.51	1449	1501
	040506016001	楼梯商品混凝土	m^3	389.23	4.69							3.18	62.36	1825	1891
20	S6-2-42	扶梯商品混凝土泵送商品混凝土(5～40mm)C25	m^3	313.19	4.69	41.61	1420.39	6.85	7.34	177.14	26.57	2.92	57.38	1680	1740
21	S1-1-30	商品混凝土泵车输送	m^3	26.73	4.76		1.29	125.98	0.64	15.35	2.30	0.25	4.97	146	151
	040506018001	牛腿商品混凝土	m^3	443.53	0.59							0.44	8.63	253	262
22	S6-3-60 换	牛腿商品混凝土泵送商品混凝土(5～40mm)C25	m^3	347.26	0.59	6.94	179.20	18.74	1.02	24.71	3.71	0.41	8.00	234	243
23	S1-1-30	商品混凝土泵车输送	m^3	26.73	0.60		0.16	15.85	0.08	1.93	0.29	0.03	0.63	18	19
	040308001001	工程防水砂浆	m^2	12.52	2318.62							50.49	991.27	29019	30061
24	S6-4-21	工程防水（防水砂浆）水泥砂浆 1∶2.5	m^2	10.94	2318.62	13381.34	11849.32	142.55	126.87	3060.01	459.00	50.49	991.27	29019	30061
	040308001002	工程防水涂料	m^2	17.73	841.55							25.96	509.60	14918	15454
25	BC	工程防水（防水涂料）	m^2	15.50	841.55		13044.02		65.22	1573.11	235.97	25.96	509.60	14918	15454
	040506017001	安装不锈钢钢管栏杆	m	3581.51	364.78							20.13	395.16	11568	11984
26	S4-8-47 换	安装不锈钢钢管栏杆	t	3131.54	3.23	2802.05	6029.13	1283.69	50.57	1219.85	182.98	20.13	395.16	11568	11984
	040506018002	玻璃钢盖板	m^2	297.36	6.16							3.19	62.57	1832	1897
27	BC	玻璃钢盖板	m^2	260.00	6.16		1601.60		8.01	193.15	28.97	3.19	62.57	1832	1897
	040701001001	预埋铁件	kg	6329.50	885							9.42	184.86	5412	5606
28	S1-1-25	预埋铁件(单件重≤30kg)	t	6561.53	0.274	339.66	1343.51	114.69	8.99	216.82	32.52	3.58	70.24	2056	2130
29	S1-1-26	预埋铁件(单件重＞30kg)	t	4801.88	0.611	247.93	2474.26	211.76	14.67	353.83	53.08	5.84	114.62	3356	3476
	040701001002	预埋钢套管(DN≤600)	kg	6581.29	554							6.30	123.65	3620	3750
30	S6-2-13	预埋钢套管(DN≤600)	kg	5.36	441.00	253.02	1984.50	125.32	11.81	284.96	42.74	4.70	92.31	2702	2799
31	S6-2-14	预埋钢套管(DN＞600)	kg	7.10	113.00	215.86	508.50	77.74	4.01	96.73	14.51	1.60	31.34	917	950
	040701002001	钢筋	t	4385.77	199.53							1522.66	29892.58	875093	906508
32	S6-3-6	平斜坡池底钢筋	t	3840.58	126.65	43778.61	412104.34	30515.47	2431.99	58659.65	8798.95	967.94	19002.46	556289	576259
33	S6-3-18	池壁钢筋	t	3792.97	38.04	13059.49	123317.18	7892.77	721.35	17398.89	2609.83	287.10	5636.27	165000	170923
34	S6-3-18	隔墙钢筋	t	3792.97	18.51	6356.70	60024.56	3841.80	351.12	8468.90	1270.34	139.75	2743.45	80313	83197

续表

序号	编号	名　称	单位	综合单价 工料单价	工程量	人工费	材料费	机械费	周材运输费	管理费	安全防护、文明	规费	税金	合计	总计
	1	2	3	4	5	6	7	8	9	10	11	12	13	14	15
				4=14/5										6～11	6～13
35	S6-3-22	矩形柱钢筋	t	3914.49	1.28	494.79	4174.12	333.80	25.01	603.33	90.50	9.96	195.44	5722	5927
36	S6-3-62	牛腿钢筋	t	3833.25	0.16	67.63	529.19	24.16	3.10	74.89	11.23	1.24	24.26	710	736
37	S6-3-58	挑檐式走道板钢筋	t	3918.06	11.96	6112.19	39054.42	1705.11	234.36	5652.73	847.91	93.28	1831.17	53607	55531
38	S6-3-38	配水井异形圈梁钢筋	t	4067.95	2.20	1169.12	7222.53	553.78	44.73	1078.82	161.82	17.80	349.48	10231	10598
39	S6-2-44	扶梯钢筋	t	3827.12	0.74	285.98	2389.47	141.31	14.08	339.70	50.96	5.61	110.04	3222	3337
	0501	施工措施—大型机械设备进出场及安装	项	5177	1							9.01	176.86	5177	5363
40	ZSM21-2-4	1m³ 以内单斗挖掘机场外运输费	台·次	2734.00	1.00			2734.00	13.67	329.72	49.46	5.44	106.81	3127	3239
41	ZSM21-2-9	SF500 型铣刨机场外运输费	台·次	1793.00	1.00			1793.00	8.97	216.24	32.44	3.57	70.05	2051	2124
	0502	施工措施—模板及支架	m²	35.07	3888.68							237.29	4658.46	136374	141270
42	S6-3-5	平斜坡池底模板	m²	33.23	233.57	2363.32	1630.40	3768.73	38.81	936.15	140.42	15.45	303.26	8878	9197
43	S6-3-17	池壁模板	m²	33.16	1650.11	22705.31	22065.20	9951.02	273.61	6599.42	989.91	108.90	2137.84	62584	64831
44	S6-3-17	池壁模板	m²	33.16	652.06	8972.26	8719.32	3932.26	108.12	2607.84	391.18	43.03	844.79	24731	25619
45	S6-2-22	井壁预留孔模板	m²	48.02	2.55	39.17	33.72	49.57	0.61	14.77	2.22	0.24	4.78	140	145
46	S6-3-37	配水井异形圈梁模板	m²	39.21	64.37	1256.13	975.12	292.59	12.62	304.38	45.66	5.02	98.60	2886	2990
47	S6-3-57	挑檐式走道板模板	m²	39.80	387.99	7812.28	4267.01	3363.79	77.22	1862.44	279.37	30.73	603.33	17662	18296
48	S6-3-21	矩形柱模板	m²	28.41	57.12	816.81	453.17	352.65	8.11	195.69	29.35	3.23	63.39	1856	1922
49	S6-3-61	牛腿模板	m²	59.47	5.16	190.96	62.07	53.84	1.53	37.01	5.55	0.61	11.99	351	364
50	S6-2-43	扶梯模板	m²	58.46	24.27	820.75	252.05	345.96	7.09	171.10	25.67	2.82	55.43	1623	1681
51	S4-1-10	满堂式钢管支架	m³	7.13	811.48	4598.35	1185.05		28.92	697.48	104.62	11.51	225.94	6614	6852
52	CSM4-1-2	钢管支架使用费	t·d	6.50	1217.22		7911.93		39.56	954.18	143.13	15.74	309.10	9049	9374
	0503	施工措施—脚手架	m²	10.66	1909.59							35.43	695.65	20365	21096
53	S1-1-16	双排脚手架(高≤10m)	m²	9.53	1845.34	7149.77	9204.02	1236.57	87.95	2121.40	318.21	35.01	687.21	20118	20840
54	S1-1-18	简易脚手架	m²	3.36	64.25	109.51	98.88	7.49	1.08	26.04	3.91	0.43	8.43	247	256
	0504	施工措施—施工排水	项	104650	1							182.09	3574.78	104650	108407
55	S1-1-9	湿土排水	m³	9.63	6324.70	13405.20		47518.74	304.62	7347.43	1102.11	121.24	2380.16	69678	72179
56	S1-1-10	筑拆混凝土管集水井	座	435.72	6.00	911.25	1703.09		13.07	315.29	47.29	5.20	102.14	2990	3097
57	S6-3-81	满水试验　水泥砂浆 M10	100m³	356.81	78.373	4079.26	22940.83	943.90	139.82	3372.46	505.87	55.65	1092.49	31982	33130
	0507	施工措施—施工现场围栏	m·d	0.31	76484.20							40.71	799.12	23394	24234
58	S1-1-15	移动式施工路栏	100m·d	26.74	764.84	3002.10	12995.85	4456.73	102.27	2466.83	370.03	40.71	799.12	23394	24234

续表

序号	编号	名称	单位	综合单价 工料单价	工程量	人工费	材料费	机械费	周材运输费	管理费	安全防护、文明	规费	税金	合计	总计
1	2	3	4	5	6	7	8	9	10	11	12	13	14	15	
			4=14/5											6～11	6～13
	0508	施工措施—铺筑施工便道	m²	41.10	1029.00							73.59	1444.68	42292	43811
59	S1-4-19	铺筑施工便道	m²	35.94	1029.00	20663.61	15549.34	765.98	184.89	4459.66	668.95	73.59	1444.68	42292	43811
	临-001	施工措施—堆料场地	m²	38.64	500.00							33.62	660.01	19322	20015
60	S1-4-20	堆料场地 现浇混凝土(5～20mm)C15	m²	33.79	500.00	7357.50	9052.18	484.33	84.47	2037.42	305.61	33.62	660.01	19322	20015

7. 施工图预算书(表 7-119)

施 工 图 预 算 书 **表 7-119**

工程名称：SBR 池-预算

编制单位：

序号	定额编号	名 称	单 位	单价(元)	工程量	合价(元)
		SBR 池	m³	258.66	9213.03	2383049
1	S6-1-2	基坑无支护挖土(深≤4m)	m³	5.15	9213.03	47432
2	S1-1-36	土方场内运输(运土 1km 以内)	m³	9.10	2303.26	20962
3	S1-1-23	整修坡面(Ⅰ、Ⅱ类土)	m²	1.36	704.00	955
4	S1-1-9	湿土排水	m³	9.63	6324.70	60924
5	S1-1-10	筑拆混凝土管集水井	座	435.72	6.00	2614
6	S6-1-10	基坑回填土	m³	10.39	3778.70	39268
7	S1-1-36	土方场内运输(运土 1km 以内)	m³	9.10	3778.70	34389
8	S6-3-2 换	池底混凝土垫层 现浇混凝土(5～40mm)C10	m³	306.33	168.23	51534
9	S6-3-4	平斜坡池底商品混凝土 泵送商品混凝土(5～40mm)C25	m³	344.10	970.90	334083
10	S6-3-6	平斜坡池底钢筋	t	3840.58	126.65	486398
11	S6-3-5	平斜坡池底模板	m²	33.23	233.57	7762
12	S6-3-16	池壁商品混凝土 泵送商品混凝土(5～40mm)C25	m³	311.67	310.48	96768
13	S6-3-18	池壁钢筋	t	3792.97	38.04	144269
14	S6-3-17	池壁模板	m²	33.16	1650.11	54722
15	S6-2-22	井壁预留孔模板	m²	48.02	2.55	122
16	S6-3-16	池壁商品混凝土 泵送商品混凝土(5～40mm)C25	m³	311.67	138.87	43282
17	S6-3-17	池壁模板	m²	33.16	652.06	21624
18	S6-3-18	隔墙钢筋	t	3792.97	18.51	70223
19	S6-3-20 换	混凝土矩形柱商品 泵送商品混凝土(5～40mm)C25	m³	338.22	5.49	1857
20	S6-3-22	矩形柱钢筋	t	3914.49	1.28	5003
21	S6-3-21	矩形柱模板	m²	28.41	57.12	1623
22	S6-3-36 换	配水井异形圈梁商品混凝土 泵送商品混凝土(5～40mm)C25	m³	351.72	8.75	3078
23	S6-3-38	配水井异形圈梁钢筋	t	4067.95	2.20	8945
24	S6-3-37	配水井异形圈梁模板	m²	39.21	64.37	2524
25	S6-3-56 换	挑檐式走道板商品混凝土 泵送商品混凝土(5～40mm)C25	m³	347.00	46.70	16205
26	S6-3-58	挑檐式走道板钢筋	t	3918.06	11.96	46872
27	S6-3-57	挑檐式走道板模板	m²	39.80	387.99	15443

续表

序号	定额编号	名　　称	单　位	单价(元)	工　程　量	合价(元)
28	S6-2-42	扶梯商品混凝土　泵送商品混凝土(5～40mm)C25	m^3	313.19	4.69	1469
29	S6-2-44	扶梯钢筋	t	3827.12	0.74	2817
30	S6-2-43	扶梯模板	m^2	58.46	24.27	1419
31	S6-3-60 换	牛腿商品混凝土　泵送商品混凝土(5～40mm)C25	m^3	347.26	0.59	205
32	S6-3-62	牛腿钢筋	t	3833.25	0.16	621
33	S6-3-61	牛腿模板	m^2	59.47	5.16	307
34	S1-1-30	商品混凝土泵车输送	m^3	26.73	1508.75	40336
35	S6-4-21	工程防水(防水砂浆)　水泥砂浆 1∶2.5	m^2	10.94	2318.62	25373
36	BC	工程防水(防水涂料)	m^2	15.50	841.55	13044
37	BC	玻璃钢盖板	m^2	260.00	6.16	1602
38	S4-8-47 换	安装不锈钢钢管栏杆	t	3131.54	3.23	10115
39	S1-1-25	预埋铁件(单件重≤30kg)	t	6561.53	0.27	1798
40	S1-1-26	预埋铁件(单件重>30kg)	t	4801.88	0.61	2934
41	S6-2-13	预埋钢套管(*DN*≤600)	kg	5.36	441.00	2363
42	S6-2-14	预埋钢套管(*DN*>600)	kg	7.10	113.00	802
43	ZSM21-2-4	$1m^3$ 以内单斗挖掘机场外运输费	台·次	2734.00	1.00	2734
44	ZSM21-2-9	SF500 型铣刨机场外运输费	台·次	1793.00	1.00	1793
45	S4-1-10	满堂式钢管支架	m^3 空间体积	7.13	811.48	5783
46	CSM4-1-2	钢管支架使用费	t·d	6.50	1217.22	7912
47	S1-1-16	双排脚手架(高≤10m)	m^2	9.53	1845.34	17590
48	S1-1-18	简易脚手架	m^2	3.36	64.25	216
49	S6-3-81	满水试验　水泥砂浆 M10	$100m^3$	356.81	78.37	27964
50	ZSM19-1-1	土方场外运输	m^3	27.50	5434.73	149455
51	S1-1-15	移动式施工路栏	100m·d	26.74	764.84	20455
52	S1-4-19	铺筑施工便道	m^2	35.94	1029.00	36979
53	S1-4-20	堆料场地　现浇混凝土(5～20mm)C15	m^2	33.79	500.00	16894

8. 施工图预算费用表(表 7-120)

施工图预算费用表　　**表 7-120**

1	定额直接费	直接费合计	1862404
2	大型周材运输费	[1]×0.5%	9312
3	土方泥浆外运费	土方泥浆外运费	149455
4	直接费	[1]+[2]+[3]	2021171
5	综合费	[4]×11%	222329
6	安全防护、文明	[4]×2.8%	56594
7	施工措施费	施工措施费	
8	其他费用	([4]+[5]+[6]+[7])×(0.074%+0.1%)	4002
9	税前补差	税前补差	
10	税金	([4]+[5]+[6]+[7]+[8]+[9])×3.41%	78570
11	甲供材料	—甲供材料	
12	税后补差	税后补差	
13	总造价	[4]+[5]+[6]+[7]+[8]+[9]+[10]+[11]+[12]	2382666

9. 工程综合实体单价分析表［项目编码暨子目编号顺序对应编列］

（1）分部分项工程项目清单分析表（表 7-121）

分部分项工程项目清单　　**表 7-121**

序号	项目编码	项目名称	计量单位	数量	综合单价 工料单价	预算顺序号
1	040101003	挖基坑土方	m^3	9213.03	8.61	
	S6-1-2	基坑无支护挖土(深≤4m)	m^3	9213.03	5.15	1
	S1-1-36	土方场内运输(运土 1km 以内)	m^3	2303.26	9.10	2
	S1-1-23	整修坡面(Ⅰ、Ⅱ类土)	m^2	704.00	1.36	3
2	040103001	填土方	m^3	3778.70	22.29	
	S6-1-10	基坑回填土	m^3	3778.70	10.39	6
	S1-1-36	土方场内运输(运土 1km 以内)	m^3	3778.70	9.10	7
3	040103002	余土外运	m^3	5434.73	31.29	
	ZSM19-1-1	土方场外运输	m^3	5434.73	27.50	50
4	040506007	现浇混凝土平斜坡池底	m^3	970.90	485.28	
	S6-3-2 换	池底混凝土垫层　现浇混凝土(5～40mm)C10	m^3	168.23	306.33	8
	S6-3-4	平斜坡池底商品混凝土　泵送商品混凝土(5～40mm)C25	m^3	970.90	344.10	9
	S1-1-30	商品混凝土泵车输送	m^3	985.46	26.73	34
5	040506008001	现浇混凝土井壁	m^3	310.48	387.49	
	S6-3-16	池壁商品混凝土　泵送商品混凝土(5～40mm)C25	m^3	310.48	311.67	12
	S1-1-30	商品混凝土泵车输送	m^3	315.14	26.73	34
6	040506008002	现浇混凝土隔墙	m^3	138.87	387.49	
	S6-3-16	池壁商品混凝土　泵送商品混凝土(5～40mm)C25	m^3	138.87	311.67	16
	S1-1-30	商品混凝土泵车输送	m^3	140.95	26.73	34
7	040506009	现浇混凝土矩形柱	m^3	5.49	417.85	
	ZS6-3-20 换	混凝土矩形柱商品　泵送商品混凝土(5～40mm)C25	m^3	5.49	338.22	19
	S1-1-30	商品混凝土泵车输送	m^3	5.57	26.73	34
8	040506010	现浇混凝土矩形梁	m^3	8.75	433.29	
	S6-3-36 换	配水井异形圈梁商品混凝土　泵送商品混凝土(5～40mm)C25	m^3	8.75	351.72	22
	S1-1-30	商品混凝土泵车输送	m^3	8.88	26.73	34
9	040506012	现浇混凝土挑檐式走道板	m^3	46.70	427.89	
	S6-3-56 换	挑檐式走道板商品混凝土　泵送商品混凝土(5～40mm)C25	m^3	46.70	347.00	25
	S1-1-30	商品混凝土泵车输送	m^3	47.40	26.73	34
10	040506016	现浇混凝土楼梯	m^3	4.69	389.23	
	S6-2-42	扶梯商品混凝土　泵送商品混凝土(5～40mm)C25	m^3	4.69	313.19	28
	S1-1-30	商品混凝土泵车输送	m^3	4.76	26.73	34
11	040506018	现浇混凝土牛腿	m^3	0.59	443.53	
	S6-3-60 换	牛腿商品混凝土　泵送商品混凝土(5～40mm)C25	m^3	0.59	347.26	31
	S1-1-30	商品混凝土泵车输送	m^3	0.60	26.73	34
12	040308001	工程防水砂浆	m^2	2318.62	12.52	
	S6-4-21	工程防水(防水砂浆)　水泥砂浆 1：2.5	m^2	2318.62	10.94	35
13	040308002	工程防水涂料	m^2	841.55	17.73	
	BC	工程防水(防水涂料)	m^2	841.55	15.50	36
14	040506017001	金属栏杆	t	3.23	3581.51	
	S4-8-47 换	安装不锈钢钢管栏杆	t	3.23	3131.54	38
15	040506017002	玻璃钢盖板	m^2	6.16	297.36	
	BC	玻璃钢盖板	m^2	6.16	260.00	37
16	040701001	预埋铁件	t	0.855	6329.50	
	S1-1-25	预埋铁件(单件重≤30kg)	t	0.274	6561.53	39
	S1-1-26	预埋铁件(单件重>30kg)	t	0.611	4801.88	40

续表

序号	项目编码	项目名称	计量单位	数　量	综合单价	预算顺序号
					工料单价	
17	040701002	预埋防水钢套管	t	0.55	6581.29	
	S6-2-13	预埋钢套管(*DN*≤600)	kg	441.00	5.36	41
	S6-2-14	预埋钢套管(*DN*>600)	kg	113.00	7.10	42
18	040701002	非预应力钢筋	t	199.53	4385.77	
	S6-3-6	平斜坡池底钢筋	t	126.65	3840.58	10
	S6-3-18	池壁钢筋	t	38.04	3792.97	13
	S6-3-18	隔墙钢筋	t	18.51	3792.97	18
	S6-3-22	矩形柱钢筋	t	1.28	3914.49	20
	S6-3-62	牛腿钢筋	t	0.16	3833.25	23
	S6-3-58	挑檐式走道板钢筋	t	11.96	3918.06	26
	S6-3-38	配水井异形圈梁钢筋	t	2.20	4067.95	29
	S6-2-44	扶梯钢筋	t	0.74	3827.12	32

(2) 措施项目清单分析表(表 7-122)

措施项目清单　　　　表 7-122

序号	项目编码	项目名称	计量单位	数　量	综合单价	预算顺序号
					工料单价	
		措施项目费(二)				
5		5　市政工程				
5.1	0501	大型机械设备进出场及安拆	项	1	5177	
	ZSM21-2-4	$1m^3$ 以内单斗挖掘机场外运输费	台·次	1.00	2734.00	43
	ZSM21-2-9	SF500 型铣刨机场外运输费	台·次	1.00	1793.00	44
5.2	0502	混凝土、钢筋混凝土模板及支架	项	1	136374.50	
	S6-3-5	平斜坡池底模板	m^2	233.57	33.23	11
	S6-3-17	池壁模板	m^2	1650.11	33.16	14
	S6-3-17	池壁模板	m^2	652.06	33.16	15
	S6-2-22	井壁预留孔模板	m^2	2.55	48.02	17
	S6-3-37	配水井异形圈梁模板	m^2	64.37	39.21	24
	S6-3-57	挑檐式走道板模板	m^2	387.99	39.80	27
	S6-3-21	矩形柱模板	m^2	57.12	28.41	29
	S6-3-61	牛腿模板	m^2	5.16	59.47	30
	S6-2-43	扶梯模板	m^2	24.27	58.46	33
	S4-1-10	满堂式钢管支架	m^3	811.48	7.13	45
	CSM4-1-2	钢管支架使用费	t·d	1217.22	6.50	56
5.3	0503	脚手架	m^2	1909.59	10.66	
	S1-1-16	双排脚手架(高≤10m)	m^2	1845.34	9.53	47
	S1-1-18	简易脚手架	m^2	64.25	3.36	48
5.4	0504	施工排水、降水			104650	
	S1-1-9	湿土排水	m^3	6324.70	9.63	4
	S1-1-10	筑拆混凝土管集水井	座	6.00	435.72	5
	S6-3-81	满水试验　水泥砂浆 M10	$100m^3$	78.373	356.81	49
5.5	0507	现场施工围栏	m·d	76484.2	0.31	
	S1-1-15	移动式施工路栏	100m·d	764.84	26.74	51
5.6	0508	便道	m^2	1029	41.10	
	S1-4-19	铺筑施工便道	m^2	1029.00	35.94	52
5.7	临-001	堆料场地	m^2	500	38.64	
	S1-4-20	堆料场地　现浇混凝土(5～20mm)C15	m^2	500.00	33.79	53

附件：本章节的《材料表》，全书统一计价月份(二〇〇六年十月份)

参 考 文 献

[1] 桥梁史话编写组. 桥梁史话 [M]. 上海：上海科学技术出版社，1979.
[2] 上海市市政工程管理局. 上海市市政工程预算定额(1993) [S]. 上海：同济大学出版社，1994.
[3] 上海市市政工程定额管理站. 交底培训讲义(1993) [M]，1994.
[4] 上海市市政工程管理局. 上海市市政工程综合预算定额(1993) [S]，1994.
[5] 上海市建设工程定额管理总站. 上海市建设工程审价人员培训《市政辅导讲义》[M]，1995.
[6] 广州基本建设定额站. 广州建设工程造价工作手册 [M]，1996.
[7] 陈飞. 城市道路工程 [M]. 北京：中国建筑工业出版社，1998.
[8] 中等专业学校市政工程施工专业系列教材编写组. 城市桥梁工程 [M]. 北京：中国建筑工业出版社，1998.
[9] 杨子敏. 公路工程造价指南——估算、概算、预算与决算 [M]. 北京：人民交通出版社，1999.
[10] 邓爱民. 商品混凝土机械 [M]. 北京：人民交通出版社，2000.
[11] 李良训. 市政管道工程 [M]. 北京：中国建筑工业出版社，2000.
[12] 交通部第一公路工程总公司. 道路建筑工程材料手册 [M]. 北京：人民交通出版社，2000.
[13] 上海市市政工程定额管理站. 上海市市政工程预算定额(2000) [S]. 上海：同济大学出版社，2001.
[14] 上海市市政工程定额管理站. 交底培训讲义(2000) [M]. 2001.
[15] 黄绳武. 桥梁施工及组织管理 [M]. 北京：人民交通出版社，2001.
[16] 上海市市政工程定额管理站. 上海市市政工程预算组合定额室外排水管道工程(2000) [S]，2002.
[17] 王竣. 市政工程定额与预算 [M]. 北京：中国建筑工业出版社，2002.
[18] 中华人民共和国建设部公告第 119 号.《建设工程工程量清单计价规范》(GB 50500—2003) [S]. 北京：中国计划出版社，2003.
[19] 桥梁工作室. 通用项目工程预算定额与工程量计价应用手册 [M]. 北京：中国建筑工业出版社，2003.
[20] 李世华. 道路桥梁维修技术手册 [M]. 北京：中国建筑工业出版社，2003.
[21] 上海市市政工程定额管理站.《建设工程工程量清单计价规范》上海市市政工程操作指南 [M]，2004.
[22] 建设部人事教育司，城市建设司中国市政工程协会. 造价员专业与实务 [M]. 北京：中国建筑工业出版社，2006.

《市政工程工程量清单编制及应用实务》计算公式、表格及示意图索引

续表

续表

续表

续表

顺序号	项目名称	编码(章、节、编号)			所在页码
		计算公式	计算表格	示意图	
1	2	3	4	5	
147	工程质量、工程经济、工程进度三者的关系			图 4-1	129
148	路基施工的作业种类机械种类		表 4-7		129
149	机械经济运输距离表		表 4-8		130
150	积距法计算出横断面面积			图 4-2	132
151	横断面填方的总面积公式	(4-1)			132
152	横断面挖方的总面积公式	(4-2)			132
153	相邻两断面间填方体积公式	(4-3)			132
154	相邻两断面间挖方体积公式	(4-4)			132
155	车行道整修——直线段示意图			图 4-3	133
156	车行道直线段面积公式	(4-5)			133
157	车行道整修——直线段正交示意图			图 4-4	133
158	车行道直线段交叉口正交面积公式	(4-6)			133
159	车行道整修——直线段斜交示意图			图 4-5	134
160	车行道直线段交叉口斜交面积公式	(4-7)			134
161	车行道整修交叉口——正交示意图			图 4-6	134
162	车行道正交面积公式	(4-8)			134
163	车行道整修交叉口——斜交示意图			图 4-7	135
164	车行道斜交面积公式	(4-9)			134
165	人行道整修——直线段示意图			图 4-8	135
166	人行道直线段面积	(4-10)			134
167	人行道整修交叉口——正交示意图			图 4-9	135
168	人行道正交面积公式	(4-11)			135
169	人行道整修交叉口——斜交示意图			图 4-10	136
170	人行道斜交面积公式	(4-12)			135
171	排砌侧平石——正交示意图			图 4-11	136
172	侧平石正交长度公式	(4-13)			136
173	排砌侧平石——斜交示意图			图 4-12	136
174	侧平石斜交长度公式	(4-14)			137
175	土方挖、填方工程量计算表		表 4-9		133
176	钢筋布置质量汇总表		表 4-10		137
177	“工程项目”设置表		表 4-11		138
178	计量单位调整表		表 4-12		139
179	《建设工程工程量清单计价规范》、施工设计图和《市政工程预算定额》之间关系表		表 4-13		139
	小计	14	13	12	
	第五章　投标报价编制的技巧和方法				
180	技术经济指标公式	(5-1)			145
181	常见投标谋略表		表 5-1		148
182	常见的不平衡报价技巧表		表 5-2		149
183	节约或超出工日数公式	(5-2)			154
184	计划工日降低率公式	(5-3)			154

续表

顺序号	项 目 名 称	编码(章、节、编号)			所在页码
		计算公式	计算表格	示意图	
1	2	3	4	5	
185	人工费降低率公式	(5-4)			154
186	材料费节约或超出数量公式	(5-5)			154
187	材料费降低率公式	(5-6)			154
188	《实物对比法》表		表 5-3		153
189	"两算"主要技术经济指标对比分析表		表 5-4		154
190	企业定额预算(预测工程成本)与工程量清单报价(施工图预算)对比表		表 5-5		155
191	工程成本公式	(5-7)			156
192	间接费比率系数公式	(5-8)			156
193	每个项目单价公式	(5-9)			156
194	施工图预算(标底)和预测成本之差公式	(5-10)			156
195	中标率公式	(5-11)			156
196	利润公式	(5-12)			156
197	利润率公式	(5-13)			156
	小 计	13	5		
	第六章 计价软件在工程量清单算量、报价中的应用				
198	排水构筑物及出口工程结构分部图			图 6-1	164
199	隧道工程结构分部图			图 6-2	165
200	《市政工程预算定额》道路工程——单位工程性质分类示意图			图 6-3	169
201	《市政工程预算定额》桥梁工程——单位工程性质分类示意图			图 6-4	170
202	《市政工程预算定额》市政管网工程——单位工程性质分类示意图			图 6-5	170
203	"图形算量"输入法示意图		表 6-1		172
204	第二类《计算公式算量法》——分部分项工程量清单综合单价计算表		表 6-2		173
205	投标文件标准格(表)式的组成分布表		表 6-4		175
	小 计		3	6	

注释说明:

1. 为有助于理解内容，书中安排了共 256 道计算公式、张表及幅图，并以索引的形式列在书末，因此本书亦可当作工具书灵活使用。
2. 每道计算公式、每张表格、每幅图示的编号以章、节为单位，如第 5 章第 5 节第 5 道/张/幅，编号分别为 5-5、表 5-5、图 5-5。
3. 若读者准确、熟练地掌握了书中纂辑的基本教案及典型的单位工程计算实例，则在编制及应用时，就能使读者更加深理解，在参照应用的实际操作中起到举一反三、触类旁通的效果。

《市政工程工程量清单工程系列丛书》之二

《市政工程工程量清单“算量”手册》内容提要

本书是以建设部第119号公告发布的《建设工程工程量清单计价规范》(GB 50500—2003)为准绳，并结合市政工程工程量清单中工程量计算的实际组织编写的，是《市政工程工程量清单编制与应用实务》、《市政工程工程量清单常用数据手册》的姊妹篇。

这是一本关于市政工程工程结构与市政工程预算定额，分部分项工程与措施项目，常用计算数据的书籍。

本书以市政工程招、投标者为视角来诠释市政工程工程量清单“算量”的内涵，独特的编排格式，使读者依据所要的内容可直接查到其所涉及的内容，为其招、投标提供必要的决策辅助。

本书整体内容脉络清晰，详略得当，招投标诸多方面知识都条文缕析，一目了然。其内容涉及：市政工程结构的内容与分类、市政工程性质的内容与分类、市政工程建设定额的分类和体系结构、量价合和一量价分离及施工工期定额、市政工程材料、市政工程施工机械及设备、“图形算量”输入法(分部、分项工程与《实物图形算量法》暨《计算公式算量法》编码及定额子目编号对应比照表)；土石方工程、道路工程、桥涵护岸工程、隧道工程、市政管网工程、地铁工程、钢筋工程、拆除工程，大型机械设备进出场及安拆、混凝土和钢筋混凝土模板及支架脚手架、施工排水及降水、围堰、现场施工围栏、便道、便桥、地基加固，数据库的一般计算资料(数学公式)、计量单位及换算、体积计算、截面图形，市政工程材料库的市政材料定额基本数据、混凝土及砂浆强度等级配合比表，市政工程机械设备库的市政机械定额基本数据，施工组织设计、工程索赔等诸多方面；在编纂上，按学科分门别类，具有特色，这些栏目使理论与实际紧密联系；是读者快速进行市政工程工程量清单“算量”的一本必不可少的工具书，它具有很强的实用性和可操作性，是一本价值颇高的参考书。

本书汇集了市政工程量清单工程量计算所需掌握的应用内容。以便读者在阅读其他书籍和资料，以及作调研报告时参考。

本书可作为市政、公路工程专业人员岗位培训教材，还可供业主单位、设计、施工、监理以及政府主管部门从事市政工程造价专业技术人员的工具书，及有关院校相关专业师生使用参考。

《市政工程工程量清单工程系列丛书》之三

《市政工程工程量清单常用数据手册》内容提要

本书是以建设部第119号公告发布的《建设工程工程量清单计价规范》(GB 50500—2003)为准绳，并结合市政工程工程量清单中工程量计算的实际组织编写的，是《市政工程工程量清单编制与应用实务》、《市政工程工程量清单“算量”手册》的姊妹篇；同时亦是配合建设部人事教育司和城市建设司、中国市政工程协会组织编写“市政工程专业岗位培训教材”之一《造价员专业与实务》中三项市政配套工程招投标实务教案，本书则与《市政工程预算定额》相配套，作为该教案工程量清单的工程量计算工具参考书。

本书主要内容包括：市政工程工程量清单项目中分部、子分部、分项工程项目划分及计量单位，市政工程施工费用计算顺序；分部分项工程项目的常用求面积、体积和表面积的公式、数值表及部分对应举例，常用钢材截面积、理论质量、每吨钢材展开面积及钢筋常用计算尺寸、数据；措施项目中的大型机械设备进出场及安拆、混凝土、钢筋混凝土模板及支架、脚手架、施工排水、降水、围堰、现场施工围栏、便道、便桥、地基加固、堆场等项常用计算规则、公式、数值表及部分对应举例；工程实体结构物项目工程量常用资料和计算数据；《市政工程预算定额》分部分项工程名称目录检索(包括计量单位及预算价格)等常用数据。

本书的特点是：系统性较强；全面认真贯彻执行《建设工程工程量清单计价规范》(GB 50500—2003)“附录D市政工程工程量清单项目及计算规则”项目顺序编排；通过《建设工程工程量清单计价规范》与《市政工程预算定额》在分部分项工程项目划分、计量单位及预算价格等项目的对照应用，对从事市政工程工程造价领域的专业工程技术人员在从事具体工作时，既能起到一册在手、查检方便的效果，又能在应用本计算工具书实务过程中得到提示和启迪的作用。

本书内容丰富、简明常用，具有很强的实用性和可操作性，是一本价值颇高的市政工程工程量清单工程量计算工具参考书。

本书可作为市政工程专业人员岗位培训的辅导教材，还可供业主单位、设计、施工、监理以及政府主管部门从事市政工程造价专业技术人员的工具书，及可供有关院校相关专业师生使用参考。